国家卫生健康委员会"十四五"规划教材

全国高等学校**制药工程专业第二轮**规划教材

供制药工程专业用

U0298138

物理化学

主　编　袁　悦

副主编　成日青　周　闯

编　者（以姓氏笔画为序）

卫　涛（温州医科大学）

包志红（沈阳药科大学）

成日青（内蒙古医科大学）

宋玉光（天津医科大学）

张光辉（陕西中医药大学）

陆　明（中山大学药学院）

周　闯（成都大学食品与生物工程学院）

袁　悦（沈阳药科大学）

栾玉霞（山东大学药学院）

人民卫生出版社

·北京·

图书在版编目（CIP）数据

物理化学 / 袁悦主编. —北京：人民卫生出版社，
2024.1
ISBN 978-7-117-35610-7

Ⅰ. ①物… Ⅱ. ①袁… Ⅲ. ①物理化学－医学院校－
教材 Ⅳ. ①O64

中国国家版本馆 CIP 数据核字（2023）第 221550 号

人卫智网	www.ipmph.com	医学教育、学术、考试、健康，购书智慧智能综合服务平台
人卫官网	www.pmph.com	人卫官方资讯发布平台

物 理 化 学
Wuli Huaxue

主　　编：袁　悦
出版发行：人民卫生出版社（中继线 010-59780011）
地　　址：北京市朝阳区潘家园南里 19 号
邮　　编：100021
E - mail：pmph @ pmph.com
购书热线：010-59787592　010-59787584　010-65264830
印　　刷：天津科创新彩印刷有限公司
经　　销：新华书店
开　　本：850×1168　1/16　印张：25
字　　数：592 千字
版　　次：2024 年 1 月第 1 版
印　　次：2024 年 2 月第 1 次印刷
标准书号：ISBN 978-7-117-35610-7
定　　价：89.00 元

打击盗版举报电话：**010-59787491**　**E-mail：WQ @ pmph.com**
质量问题联系电话：010-59787234　**E-mail：zhiliang @ pmph.com**
数字融合服务电话：4001118166　**E-mail：zengzhi @ pmph.com**

出版说明

随着社会经济水平的增长和我国医药产业结构的升级,制药工程专业发展迅速,融合了生物、化学、医学等多学科的知识与技术,更呈现出了相互交叉、综合发展的趋势,这对新时期制药工程人才的知识结构、能力、素养方面提出了新的要求。党的二十大报告指出,要"加强基础学科、新兴学科、交叉学科建设,加快建设中国特色、世界一流的大学和优势学科"。教育部印发的《高等学校课程思政建设指导纲要》指出,"落实立德树人根本任务,必须将价值塑造、知识传授和能力培养三者融为一体、不可割裂"。通过课程思政实现"培养有灵魂的卓越工程师",引导学生坚定政治信仰,具有强烈的社会责任感与敬业精神,具备发现和分析问题的能力、技术创新和工程创造的能力、解决复杂工程问题的能力,最终使学生真正成长为有思想、有灵魂的卓越工程师。这同时对教材建设也提出了更高的要求。

全国高等学校制药工程专业规划教材首版于 2014 年,共计 17 种,涵盖了制药工程专业的基础课程和专业课程,特别是与药学专业教学要求差别较大的核心课程,为制药工程专业人才培养发挥了积极作用。为适应新形势下制药工程专业教育教学、学科建设和人才培养的需要,助力高等学校制药工程专业教育高质量发展,推动"新医科"和"新工科"深度融合,人民卫生出版社经广泛、深入的调研和论证,全面启动了全国高等学校制药工程专业第二轮规划教材的修订编写工作。

此次修订出版的全国高等学校制药工程专业第二轮规划教材共 21 种,在上一轮教材的基础上,充分征求院校意见,修订 8 种,更名 1 种,为方便教学将原《制药工艺学》拆分为《化学制药工艺学》《生物制药工艺学》《中药制药工艺学》,并新编教材 9 种,其中包含一本综合实训,更贴近制药工程专业的教学需求。全套教材均为国家卫生健康委员会"十四五"规划教材。

本轮教材具有如下特点:

1. 专业特色鲜明,教材体系合理 本套教材定位于普通高等学校制药工程专业教学使用,注重体现具有药物特色的工程技术性要求,秉承"精化基础理论、优化专业知识、强化实践能力、深化素质教育、突出专业特色"的原则来合理构建教材体系,具有鲜明的专业特色,以实现服务新工科建设,融合体现新医科的目标。

2. 立足培养目标,满足教学需求 本套教材编写紧紧围绕制药工程专业培养目标,内容构建既有别于药学和化工相关专业的教材,又充分考虑到社会对本专业人才知识、能力和素质的要求,确保学生掌握基本理论、基本知识和基本技能,能够满足本科教学的基本要求,进而培养出能适应规范化、规模化、现代化的制药工业所需的高级专业人才。

3. 深化思政教育，坚定理想信念　以习近平新时代中国特色社会主义思想为指导，将"立德树人"放在突出地位，使教材体现的教育思想和理念、人才培养的目标和内容，服务于中国特色社会主义事业。各门教材根据自身特点，融入思想政治教育，激发学生的爱国主义情怀以及敢于创新、勇攀高峰的科学精神。

4. 理论联系实际，注重理工结合　本套教材遵循"三基、五性、三特定"的教材建设总体要求，理论知识深入浅出，难度适宜，强调理论与实践的结合，使学生在获取知识的过程中能与未来的职业实践相结合。注重理工结合，引导学生的思维方式从以科学、严谨、抽象、演绎为主的"理"与以综合、归纳、合理简化为主的"工"结合，树立用理论指导工程技术的思维观念。

5. 优化编写形式，强化案例引入　本套教材以"实用"作为编写教材的出发点和落脚点，强化"案例教学"的编写方式，将理论知识与岗位实践有机结合，帮助学生了解所学知识与行业、产业之间的关系，达到学以致用的目的。并多配图表，让知识更加形象直观，便于教师讲授与学生理解。

6. 顺应"互联网＋教育"，推进纸数融合　在修订编写纸质教材内容的同时，同步建设以纸质教材内容为核心的多样化的数字化教学资源，通过在纸质教材中添加二维码的方式，"无缝隙"地链接视频、动画、图片、PPT、音频、文档等富媒体资源，将"线上""线下"教学有机融合，以满足学生个性化、自主性的学习要求。

　　本套教材在编写过程中，众多学术水平一流和教学经验丰富的专家教授以高度负责、严谨认真的态度为教材的编写付出了诸多心血，各参编院校对编写工作的顺利开展给予了大力支持，在此对相关单位和各位专家表示诚挚的感谢！教材出版后，各位教师、学生在使用过程中，如发现问题请反馈给我们（发消息给"人卫药学"公众号），以便及时更正和修订完善。

人民卫生出版社

2023 年 3 月

前　言

　　《物理化学》是全国高等学校制药工程专业规划教材,根据全国高等学校制药工程专业第二轮规划教材主编人会议精神,《物理化学》教材在编写上围绕制药工程专业培养目标,突出了专业特色,推进了纸质数字融合,优化了编写形式。物理化学是制药工程专业重要的专业基础课,为后继制药工程专业课程的学习提供方法和理论指导,在大学课程体系中占据着非常重要的地位。

　　本教材紧紧围绕制药工程专业本科教育培养目标需求,具有以下几个特色:①精化基础知识,突出重点。精简教材语言,突出教学适用性,便于教师讲解和学生学习;优化教材内容,贯彻少而精的原则,适当简化公式推导,侧重理论应用,注重深度和广度的结合。②突出专业特色,引入案例分析。对与制药工程专业相关的内容重点阐述,并在每章中列举与制药工业或医药研究相关的案例,通过案例分析,可以加深对理论知识的理解,激发学生学习兴趣。③聚焦前沿,增加知识拓展,融入课程思政。每章中都有物理化学学科的前沿发展和先进技术的知识拓展,开阔学生的视野,通过对科学家事迹的介绍,提高学生对科学研究的热情。④以纸质版教材为核心,以数字资源为补充。为适应教材建设时代发展需要,在纸版教材的相应知识点位置引入课件、内容提要、微课、动画、视频、目标测试、习题详解等相关数字内容,对于每章中的重点和难点配有微课讲解,可以提升读者学习的便捷性与高效性。

　　本教材共分九章,内容依次为热力学第一定律、热力学第二定律、化学平衡、相平衡、电化学、化学动力学、表面化学、胶体分散系统和大分子溶液。每章配有适量的例题、简答题、计算题和计算题答案,在数字资源里还配有习题的详细讲解,使学生能够更好地掌握物理化学的基本概念、基本原理和基本公式的应用,能够运用物理化学的基本理论和方法解决科研和生活中的相关问题。

　　本教材在编写过程中得到了各位编委所在院校的大力支持,在此表示衷心的感谢。因编者水平有限,本教材难免会存在一些不妥或错误之处,诚恳希望读者批评指正。

编者

2023 年 3 月

目 录

绪论···1
　　一、物理化学的任务和内容···1
　　二、物理化学的建立和发展···1
　　三、物理化学在制药工程领域的应用···2
　　四、物理化学的学习方法···2

第一章　热力学第一定律···4
　第一节　热力学基本概念与术语···4
　　一、系统与环境···4
　　二、系统的性质···5
　　三、状态函数与状态方程···6
　　四、热力学平衡态··7
　　五、过程与途径···7
　　六、热和功··8
　　七、热力学能··8
　第二节　热力学第一定律概述···9
　　一、热力学第一定律的文字表述··9
　　二、热力学第一定律的数学表达式··10
　第三节　体积功与可逆过程···11
　　一、体积功的计算公式···11
　　二、几种过程的体积功···12
　　三、可逆过程··14
　第四节　热和焓···15
　　一、等容热··15
　　二、等压热与焓··15
　第五节　热容···17
　　一、热容的定义··17
　　二、摩尔等容热容与摩尔等压热容··17

第六节　热力学第一定律在简单状态变化过程的应用 ················· 21

一、理想气体的等温过程——焦耳实验 ························· 21

二、理想气体的绝热可逆过程 ······························· 22

三、真实气体的绝热膨胀过程 ······························· 25

第七节　热力学第一定律在相变化过程的应用 ····················· 26

第八节　热力学第一定律在化学变化过程的应用 ··················· 28

一、热化学 ··· 28

二、化学反应的热效应 ··································· 30

三、标准摩尔反应焓的计算 ······························· 31

四、标准摩尔反应焓与温度的关系 ························· 36

第二章　热力学第二定律 45

第一节　热力学第二定律概述 ······························· 45

一、自发过程的共同特征 ································· 45

二、热力学第二定律的经典表述 ··························· 46

第二节　卡诺循环和卡诺定理 ······························· 47

一、卡诺循环 ··· 47

二、卡诺定理 ··· 49

第三节　熵 ··· 49

一、熵的导出 ··· 49

二、热力学第二定律数学表达式——克劳修斯不等式 ··········· 51

三、熵增加原理 ······································· 52

四、熵的物理意义 ····································· 53

第四节　熵变的计算 ······································· 53

一、环境熵变的计算 ··································· 53

二、系统熵变的计算 ··································· 54

第五节　热力学第三定律和化学反应的熵变 ····················· 59

一、热力学第三定律 ··································· 59

二、规定熵和标准摩尔熵 ································· 60

三、化学反应的标准摩尔反应熵 ··························· 61

第六节　亥姆霍兹能和吉布斯能 ····························· 61

一、亥姆霍兹能 ······································· 62

二、吉布斯能 ··· 63

三、自发过程方向和限度的判据 ··························· 64

第七节　热力学函数间的关系 ······························· 64

一、热力学基本关系式 ··································· 64

二、麦克斯韦关系式 ··································· 66

第八节　ΔF 和 ΔG 的计算 ··· 67

一、理想气体简单状态变化过程的 ΔF 和 ΔG ·························· 68

二、相变过程的 ΔF 和 ΔG ·· 69

三、化学反应的 $\Delta_r G^{\ominus}$ ·· 71

四、ΔG 与温度的关系——吉布斯 - 亥姆霍兹方程 ·················· 72

第九节　偏摩尔量 ··· 74

一、偏摩尔量的定义 ·· 75

二、偏摩尔量的集合公式 ·· 77

三、吉布斯 - 杜安方程 ·· 78

第十节　化学势 ··· 78

一、化学势的定义 ·· 78

二、多组分系统的热力学基本方程和广义化学势 ···················· 79

三、温度和压力对化学势的影响 ···································· 80

四、化学势的判据及其应用 ·· 80

五、化学势的表达式 ·· 81

第十一节　化学势在稀溶液中的应用 ································· 86

一、蒸气压下降 ·· 86

二、凝固点降低 ·· 86

三、沸点升高 ·· 89

四、渗透压 ·· 90

第三章　化学平衡 ·· 97

第一节　化学反应的平衡条件 ······································· 97

第二节　化学反应等温方程和标准平衡常数 ··························· 99

一、化学反应等温方程 ·· 99

二、标准平衡常数 ·· 100

第三节　平衡常数表示法 ··· 102

一、气体反应的平衡常数 ·· 102

二、液相反应的平衡常数 ·· 104

三、复相反应的平衡常数 ·· 105

第四节　平衡常数的测定和反应限度的计算 ··························· 107

一、平衡常数的测定 ·· 107

二、反应限度的计算 ·· 108

第五节　标准反应吉布斯能变的计算 ································· 109

一、利用标准生成吉布斯能 ·· 109

二、利用赫斯定律 ·· 110

三、利用标准电动势数据 ·· 111

第六节　各种因素对化学平衡的影响 ………………………………………… 111
　一、温度对化学平衡的影响 …………………………………………………… 111
　二、压力对化学平衡的影响 …………………………………………………… 113
　三、惰性组分对化学平衡的影响 ……………………………………………… 115

第四章　相平衡 ……………………………………………………………… 122
第一节　相平衡基本概念与相律 ………………………………………………… 122
　一、相与相数 ………………………………………………………………… 122
　二、物种数与组分数 ………………………………………………………… 123
　三、自由度 …………………………………………………………………… 124
　四、相律 ……………………………………………………………………… 124
　五、相图 ……………………………………………………………………… 126
第二节　单组分系统 ……………………………………………………………… 126
　一、水的相图与冷冻干燥技术 ………………………………………………… 127
　二、二氧化碳的相图与超临界流体萃取技术 ………………………………… 129
　三、克劳修斯 - 克拉珀龙方程 ……………………………………………… 131
第三节　二组分气 - 液平衡系统 ……………………………………………… 134
　一、理想的完全互溶双液系统 ………………………………………………… 134
　二、杠杆规则 ………………………………………………………………… 137
　三、非理想的完全互溶双液系统 ……………………………………………… 137
　四、蒸馏与精馏 ……………………………………………………………… 140
第四节　部分互溶和完全不互溶双液系统 ……………………………………… 142
　一、部分互溶双液系统 ……………………………………………………… 142
　二、完全不互溶双液系统与水蒸气蒸馏 ……………………………………… 144
第五节　二组分固 - 液平衡系统 ……………………………………………… 146
　一、简单低共熔系统 ………………………………………………………… 146
　二、生成化合物的系统 ……………………………………………………… 150
　三、固态完全互溶和部分互溶系统 …………………………………………… 152
第六节　三组分系统 ……………………………………………………………… 155
　一、等边三角形组成表示法 …………………………………………………… 155
　二、三组分水盐系统 ………………………………………………………… 156
　三、部分互溶三液系统 ……………………………………………………… 157
　四、萃取原理 ………………………………………………………………… 159
　五、分配定律及应用 ………………………………………………………… 160

第五章　电化学 ……………………………………………………………… 167
第一节　电化学基本概念及理论 ………………………………………………… 167

一、电子导体和离子导体 ··· 167

二、原电池与电解池 ··· 168

三、法拉第电解定律 ··· 169

四、离子迁移现象 ··· 170

■第二节　电解质溶液的电导 ··· 171

一、电导、电导率和摩尔电导率 ··· 171

二、电导率、摩尔电导率与浓度的关系 ··· 173

三、科尔劳施离子独立迁移定律 ··· 174

■第三节　电解质溶液电导的测定及其应用 ··· 176

一、电解质溶液电导的测定 ··· 176

二、电导测定的应用 ··· 177

■第四节　强电解质溶液的活度和活度系数 ··· 180

一、溶液中离子的活度和活度系数 ··· 180

二、离子的平均活度、平均活度系数及平均质量摩尔浓度 ··· 180

三、离子强度 ··· 182

四、德拜 - 休克尔极限定律 ··· 183

■第五节　可逆电池 ··· 184

一、可逆电池的意义和形成条件 ··· 184

二、可逆电池的书写方式 ··· 185

三、可逆电极的类型 ··· 186

四、可逆电池的设计 ··· 187

■第六节　电池电动势与电极电势 ··· 188

一、电池电动势的构成 ··· 188

二、电极电势 ··· 190

三、电池反应的能斯特方程 ··· 192

四、电极反应的能斯特方程 ··· 193

五、生物氧化还原系统的电极电势 ··· 194

■第七节　可逆电池电动势的测定及其应用 ··· 195

一、可逆电池电动势的测定 ··· 195

二、可逆电池热力学的计算 ··· 197

三、判断化学反应的方向 ··· 198

四、求化学反应的标准平衡常数 ··· 199

五、求难溶盐的活度积 ··· 199

六、测定溶液的 pH ··· 200

七、测定电池的标准电动势 $E^{\ominus}$ 及离子平均活度系数 ··· 201

■第八节　浓差电池 ··· 203

一、单液浓差电池 ··· 203

二、双液浓差电池·······203

三、双联浓差电池·······204

四、膜电势及其医学应用·······204

第九节　电极的极化和超电势·······206

一、实际电解过程与电极的极化·······206

二、极化产生的原因和超电势·······207

三、极化曲线与电解时的实际电极反应·······207

第六章　化学动力学·······215

第一节　化学反应速率·······215

一、反应速率的定义和表示方法·······215

二、反应速率的测定·······217

第二节　化学反应速率方程·······217

一、总反应与基元反应·······217

二、反应分子数·······218

三、基元反应的速率方程·······219

四、经验反应速率方程与反应级数·······219

五、速率常数·······220

第三节　简单级数反应·······221

一、一级反应·······221

二、二级反应·······223

三、零级反应·······225

四、n级反应·······225

五、简单级数反应的速率方程与特征·······226

第四节　反应级数的确定·······227

一、微分法·······227

二、积分法·······227

三、孤立法·······228

第五节　温度对反应速率的影响·······229

一、阿伦尼乌斯经验公式·······229

二、活化能·······231

三、药物贮存期预测·······231

第六节　典型的复杂反应·······233

一、对峙反应·······234

二、平行反应·······235

三、连续反应·······236

第七节　复杂反应的近似处理·······238

一、速控步骤近似法 ·· 238

二、稳态近似法 ·· 238

三、平衡态近似法 ·· 240

四、链反应及其速率方程 ·· 240

■第八节　反应速率理论简介 ··· 242

一、碰撞理论 ·· 242

二、过渡态理论 ·· 244

■第九节　溶液中的反应 ··· 245

一、溶剂与反应组分无明显相互作用 ·· 245

二、溶剂与反应组分有明显相互作用 ·· 246

■第十节　催化反应 ··· 247

一、催化剂和催化作用 ·· 247

二、催化机制 ·· 248

三、酸碱催化 ·· 249

四、酶催化 ·· 249

■第十一节　光化学反应 ··· 251

一、光化学反应的特征 ·· 252

二、光化学基本定律 ·· 252

三、光化学反应机制及速率方程 ··· 253

四、光对药物稳定性的影响 ··· 254

第七章　表面化学 ·· 261

■第一节　表面吉布斯能与表面张力 ··· 261

一、比表面 ·· 261

二、比表面吉布斯能和表面张力 ··· 262

三、影响表面张力大小的因素 ·· 264

四、表面热力学基本公式 ·· 265

■第二节　弯曲液面的表面现象 ··· 266

一、弯曲液面的附加压力——杨 - 拉普拉斯方程 ·························· 266

二、弯曲液面对蒸气压的影响 ·· 268

三、弯曲液面对溶解度的影响 ·· 270

四、亚稳定状态 ·· 271

■第三节　铺展与润湿 ··· 273

一、铺展 ·· 273

二、润湿 ·· 275

三、毛细现象 ·· 277

■第四节　溶液的表面吸附 ·· 277

一、溶液的表面吸附现象···································277

二、吉布斯吸附等温式及其应用·······················278

▊ 第五节　表面活性剂·····································281

一、表面活性剂的结构和分类··························281

二、表面活性剂的特性··································283

三、表面活性剂的作用··································286

▊ 第六节　固-气界面吸附·································288

一、物理吸附和化学吸附·······························289

二、吸附等温线·······································289

三、弗仑因德立希吸附等温式··························290

四、单分子层吸附理论——兰格缪尔吸附等温式········291

五、多分子层吸附理论——BET吸附等温式············293

▊ 第七节　固-液界面吸附·································294

一、分子吸附···294

二、离子吸附···295

三、固体吸附剂·······································296

第八章　胶体分散系统··································303

▊ 第一节　溶胶的分类及基本特性·······················304

一、溶胶的分类·······································304

二、溶胶的基本特性··································304

▊ 第二节　溶胶的制备和净化·····························304

一、溶胶的制备·······································304

二、溶胶的净化·······································307

▊ 第三节　溶胶的动力性质·······························308

一、布朗运动···308

二、扩散··309

三、沉降与沉降平衡··································311

▊ 第四节　溶胶的光学性质·······························314

一、溶胶的光散射现象·································314

二、溶胶的颜色·······································314

三、瑞利散射公式····································315

四、溶胶粒径的测定方法·······························316

▊ 第五节　溶胶的电学性质·······························317

一、电动现象···317

二、溶胶粒子表面电荷的来源··························320

三、双电层理论和电动电势······························321

███第六节　溶胶的稳定性与聚沉 ··· 323

一、胶团的结构 ··· 323

二、溶胶稳定性 ··· 324

三、溶胶的稳定性理论 ··· 325

四、溶胶的聚沉 ··· 327

███第七节　乳状液及微乳液 ··· 330

一、乳状液 ··· 330

二、微乳液 ··· 332

███第八节　气溶胶 ··· 333

一、气溶胶的分类与性质 ··· 333

二、气溶胶的应用 ··· 334

███第九节　纳米粒子和纳米技术在制药领域中的应用 ······························· 335

一、纳米粒子的结构和特性 ··· 335

二、纳米粒子的制备方法 ··· 336

三、纳米技术在制药领域中的应用 ··· 336

第九章　大分子溶液 340

███第一节　大分子的概述 ··· 341

一、大分子的结构 ··· 341

二、大分子的平均摩尔质量 ··· 341

三、大分子的摩尔质量分布 ··· 343

███第二节　大分子溶液的形成 ··· 343

一、大分子的溶解特征 ··· 343

二、溶剂的选择 ··· 344

三、大分子在溶液中的形态 ··· 345

███第三节　大分子溶液的黏度及流变性 ··· 346

一、黏度与黏度公式 ··· 346

二、流变曲线与流型 ··· 347

三、大分子溶液的黏度与平均摩尔质量的测定 ··· 348

███第四节　大分子在超离心力场下的沉降 ··· 351

一、沉降速率法 ··· 351

二、沉降平衡法 ··· 352

███第五节　大分子溶液的渗透压 ··· 352

一、大分子非电解质溶液的渗透压 ··· 352

二、大分子电解质溶液的渗透压 ··· 354

███第六节　大分子溶液的稳定性 ··· 360

一、大分子溶液的盐析 ··· 360

　　二、pH 对两性大分子电解质荷电性质的影响 ································360

　　三、外加絮凝剂 ··361

　　四、大分子电解质溶液的相互作用 ····························361

■ 第七节　凝胶 ··361

　　一、凝胶的分类 ··362

　　二、凝胶的结构 ··362

　　三、凝胶的制备 ··363

　　四、凝胶的性质 ··363

　　五、智能水凝胶在药学中的应用 ····························365

参考文献 ··370

附录 ···372

■ 附录 1　部分气体的摩尔等压热容与温度的关系 $C_{p,\,\mathrm{m}}=a+bT+cT^2$ ········372

■ 附录 2　部分物质的标准摩尔生成焓、标准摩尔熵、标准摩尔生成吉布斯能及
　　　　　摩尔等压热容（$p^\ominus$=100kPa，298.15K）·······················372

■ 附录 3　部分有机化合物的标准摩尔燃烧焓（$p^\ominus$=100kPa，298.15K）········375

■ 附录 4　水溶液中一些常用电极的标准电极电势（$p^\ominus$=100kPa，298.15K）·····376

中英文名词对照索引 ··377

绪论

一、物理化学的任务和内容

化学是自然科学中的一门重要学科,是研究物质的组成、性质、变化和应用的科学,与人们的日常生活息息相关。物理化学是化学学科的一个重要分支,是从物理变化和化学变化的联系入手,采用物理的原理和方法探求化学变化规律的一门科学。物理化学是化学的理论基础,物理化学学科所取得的理论成就和先进的实验技术,能够为相关学科的研究和发展提供理论指导。因此,物理化学的任务是解决实际生产和科学实验过程中遇到的化学理论问题,揭示化学变化的本质,使其更好地服务于生产实践。

根据其所要解决的问题,物理化学研究的主要内容有以下三个方面。

1. 化学热力学　化学热力学主要依据热力学第一定律和热力学第二定律,解决化学变化的方向和限度问题。例如,一个化学反应在指定条件下能否朝着设定的方向进行? 若能进行,则反应进行的程度如何? 改变外界条件,对化学反应的方向和限度又有怎样的影响? 反应进行时能量如何变化? 这些都属于化学热力学的范畴。化学热力学是从宏观现象出发,研究各宏观性质之间所遵循的普遍规律。与化学变化密切相关的相变化、电化学以及表面化学等过程的研究也是化学热力学研究的内容。

2. 化学动力学　化学动力学主要研究化学变化的速率和反应机制。即一个化学反应的速率究竟多大? 外界条件对化学反应的速率有什么影响? 如何通过控制外界条件来抑制副反应发生,以及如何提高主反应的速率? 化学反应经历什么样的具体步骤? 化学动力学一方面从宏观角度研究温度、浓度、催化剂等对化学反应速率的影响;另一方面从微观角度研究化学反应的机制。

3. 物质结构　物质的性质从本质上说是由物质的结构所决定的。深入了解物质的内部结构,不仅可以理解引起化学变化的内在因素,同时可以预测在适当外在因素的作用下,物质的结构将发生何种变化,对物质的性质产生怎样的影响,这将为合成新的功能材料提供有力的理论基础。这些研究属于结构化学的范畴。由于结构化学已经成为独立的课程系统并设有单独的课程,本教材对此方面的内容不作介绍。

上述三个方面的研究往往是相互联系、相互制约的,而不是孤立无关的。

二、物理化学的建立和发展

"物理化学"这一术语最早是在 18 世纪中叶,由俄国化学家罗蒙诺索夫(M. V. Lomonosov,

1711—1765)首次提出。1887 年德国科学家奥斯特瓦尔德(W. Ostwald，1853—1932)和荷兰科学家范特霍夫(J. H. Van't Hoff，1852—1911)创办了全球第一份《物理化学杂志》(德文)，这标志着物理化学这一学科的正式诞生。

从物理化学学科的建立到 20 世纪初，以热力学第一定律和热力学第二定律为基础建立的化学热力学和以反应速率唯象规律建立的化学动力学得到蓬勃发展。在工业生产和化学科学研究中，物理化学的基本原理得到了广泛的应用，特别是在石油化学工业，化学热力学、化学动力学、催化和表面化学等成果得到了重要的应用。

20 世纪 60 年代，物理化学开始进入分子水平的研究，结构化学成为物理化学的一个重要分支。物理化学的实验研究手段和测量技术飞速发展，使晶体化学在测定复杂的生物大分子晶体结构方面有了重大突破，青霉素、维生素 B_{12}、蛋白质、胰岛素的结构测定和脱氧核糖核酸的螺旋体构型的测定都获得了成功。光谱的研究阐明了光化学初步过程的实质，促进了对各种化学反应机理的研究，使分子反应动力学得到发展。

20 世纪 80 年代以来，随着扫描隧道显微技术的兴起，人们对介于宏观与微观之间的介观领域的研究越来越重视，尤其是尺寸介于 1～100nm 范围的纳米材料。纳米材料不仅有着极强的应用背景，有关材料的合成、表征、功能和它们的应用研究，往往涉及多种学科和技术。然而纳米尺度的微粒所包含粒子数的量级和经典的物理化学体系偏离甚远，因此，开发适合纳米体系的物理化学的理论研究和实验方法，将成为 21 世纪物理化学中的一个极具挑战性的新领域。由此可见，物理化学是一门既有悠久历史又富有生命活力的基础学科。

三、物理化学在制药工程领域的应用

药学是揭示药物与人体或药物与各种病原生物体相互作用与规律的科学。在新药的研制、药物合成条件的预测、制药工艺条件的优化等方面都需要化学热力学的理论指导；中药生产中活性成分的提取、药物稳定性及储存期的预测与化学动力学中反应速率、半衰期以及温度对速率常数的影响效果有直接关系；分离纯化技术在制药工业中具有举足轻重的地位，相平衡、表面化学在药物分离、纯化等方面有着实际的应用，如蒸馏、结晶、萃取和吸附等都是常用的分离纯化方法；为提高药物疗效，减少其毒副作用，新兴的胶体化学和大分子溶液的理论将为新剂型药物的研发提供重要的基础和方向。

物理化学是制药工程专业必修的一门重要的专业基础课程。它综合了无机化学、有机化学、分析化学、物理学、高等数学等基础课程的知识，为后续专业课如药物化学、药剂学、药理学和药物动力学等课程的学习提供了方法和理论指导，起到了基础课程和专业课程之间的纽带作用。

四、物理化学的学习方法

物理化学是一门理论深、逻辑强且应用广的学科，学好物理化学，不仅要从思想上重视这门课程，而且要根据自身的特点找到适合自己的学习方法。

1. **重视基本概念的含义和公式的适用条件** 与其他化学基础课程相比,物理化学的基本概念和公式较多,理论抽象,逻辑性强,学习时应抓住基本概念的含义,掌握公式的适用条件,对于复杂的公式推导过程以理解为主,切忌盲目套用公式。

2. **注重章节之间的联系** 随着学习的深入,更应把握章节之间的联系,把握新知识与已掌握知识的联系。每一章都附有思维导图,通过前后联系,反复思考,才能达到融会贯通。

3. **重视例题和习题** 例题是对理论的具体应用,能够加深对理论的理解。做习题是检查学习效果、培养独立思考和解决问题能力的重要环节。通过解题,不仅可以掌握重要公式的应用,而且能够更深刻地理解公式、概念、定理的本质,以及它们之间的相互关系。

在物理化学的学习中,掌握其基本内容只是完成了学习任务的一个方面,更重要的任务是要进一步培养独立思考和独立解决问题的能力,以便在今后的生产实践和科学研究中,能够利用自己的所学,为我国制药行业的发展贡献力量。

(袁　悦)

第一章　热力学第一定律

ER1-1　第一章
热力学第一定律
（课件）

热力学（thermodynamics）是研究宏观系统在能量转换过程中所遵循的规律的科学，是自然科学中较早建立的学科之一。19世纪中叶，焦耳（Joule）提出了热功转化的当量关系，为热力学第一定律的建立提供了实验基础；之后，在卡诺（Carnot）研究工作的基础上，开尔文（Kelvin）和克劳修斯（Clausius）建立了热力学第二定律。这两个定律的建立标志着热力学的形成。20世纪初，热力学第三定律的建立使热力学成为更加严密、完整的科学体系。

ER1-2　第一章
内容提要（文档）

热力学第一定律即能量守恒定律，利用它可以解决各种变化过程中的能量衡算问题。利用热力学第二定律可以判断变化的方向和限度。热力学第三定律虽然其应用范围不如热力学第一定律、热力学第二定律广泛，但在化学反应熵变的研究中具有重要意义。热力学第零定律又称热平衡定律，它给出了温度的严格定义，是温度测定的理论依据，它的确立比热力学第一定律和热力学第二定律晚了80余年，但是它却是热力学三大定律的基础，所以将其称为热力学第零定律。

热力学基本定律是人类在长期生产经验和科学实验的基础上总结出来的，得出的热力学关系及结论都与事实或经验相符，因此，其正确性毋庸置疑。热力学从这几个基本定律出发，通过严密的数理逻辑推理得出结论，基础牢固，方法严谨，具有高度的普遍性和可靠性。经典热力学中，人们利用热力学基本原理，根据系统状态变化前后某些宏观性质的改变来解决过程能量的衡算、过程的方向与限度的判断等问题，热力学仅考虑系统由始态到终态变化的净结果，不考虑变化的快慢和细节，也就是说热力学原理不能解决变化的速率和机理问题。本章主要介绍热力学第一定律的基本理论及其在化学和制药领域的应用。

第一节　热力学基本概念与术语

一、系统与环境

化学是研究物质变化的科学。物质世界是无限的，物质之间是相互联系、相互影响的。为了研究方便，把作为研究对象的物质称为**系统**（system），也称**体系**；把与系统密切联系的外界称为**环境**（surroundings）。例如，要研究烧杯中水的性质时，烧杯中的水即为系统，与烧杯和水密切相关的外界作为环境。自然界中的物质一般有气、液、固三种聚集状态。气体分为理想气体和真实气体,人们把在任何温度和压力下均符合理想气体模型,或服从理想气体状态方程的气体称为**理想气体**。在微观上,理想气体具有分子间无相互作用力和分子本身不占有体积两个特征。**凝聚态**是指由大量具有很强相互作用的粒子组成的系统。自然界中存在着各种各样的凝聚态,其中固态和液态是最常见的凝聚态。在热力学研究中,经常以理想气体或凝聚态物质作为系统。

系统与环境的联系包括两者之间的物质交换和能量传递,根据两者之间联系情况的不同,可把系统分为以下三类。

1. **敞开系统**(open system) 系统与环境之间既有物质的交换,又有能量的传递。例如前面提到的烧杯中的水,如对其进行加热操作,水蒸气扩散到环境中,发生物质的交换,烧杯的器壁与环境之间有能量(热)的传递,此系统属于敞开系统。

2. **封闭系统**(closed system) 系统与环境之间没有物质的交换,只有能量的传递。例如,用一块表面皿将上述敞开系统中的烧杯盖上,此时水蒸气就无法扩散到环境中,因此只存在烧杯器壁与环境之间能量(热)的传递。封闭系统是热力学研究中最常用的系统,在本书的内容中,除有特别注明外,均以封闭系统作为研究对象。

3. **孤立系统**(isolated system) 系统与环境之间既无物质的交换,也无能量的传递,该系统亦被称为隔离系统。例如,我们将上述封闭系统中的烧杯用隔热套包裹起来,则系统与环境之间既没有物质交换也没有能量的传递,属于孤立系统。在热力学中,有时为了研究问题的需要,常把系统和与系统相关的小环境作为一个整体考虑,这个整体对大环境来说就是孤立系统。

二、系统的性质

研究一个系统,需要了解这个系统所处的温度、压力、体积、质量、密度等宏观物理量,这些物理量称为**系统的性质**(the property of system),简称**性质**。根据系统性质的数值与物质的数量之间的相关性,可以将性质分为**广度性质**(extensive property)和**强度性质**(intensive property)。

1. **广度性质** 又称容量性质,其数值与系统中物质的数量有关,具有加和性,系统的某种广度性质的数值等于系统中各部分该性质数值的总和。如质量、体积等。

2. **强度性质** 其数值取决于系统的特性而与系统所含物质的数量无关,不具有加和性,整个系统的强度性质的数值与系统中各部分的强度性质的数值相同。如温度、压力、密度、黏度等。

一般来说,系统的两个广度性质之比是系统的一个强度性质,例如

$$\frac{广度性质(质量m)}{广度性质(体积V)} = 强度性质(密度\rho)$$

若系统中所含物质的量是单位量,则广度性质就成为强度性质。例如,体积是广度性质,摩尔体积就是强度性质。

三、状态函数与状态方程

（一）状态函数及其特性

系统的状态(the state of system)是系统的物理性质和化学性质的综合表现。系统的状态确定后，系统的各宏观性质均有唯一确定的值。换言之，系统的任一性质发生变化，系统的状态也一定发生变化。鉴于状态与性质之间的这种对应关系，系统的性质又称为**状态函数**(state function)。例如，在标准状态下 1mol 理想气体的体积为 22.4dm³(1dm³=0.001m³)，这是由该系统当时所处的状态决定，而与系统此前是否经历冷却、加热等过程无关。无论系统经历过何种变化，只要最终达到标准状态，1mol 理想气体的体积一定是 22.4dm³。

状态函数具有以下四点重要特性。

1. 状态函数是状态的单值函数 系统的状态确定后，其状态函数具有唯一确定的值。系统的状态改变，必定有至少一个状态函数改变，反之，系统的状态函数改变，系统的状态也随之改变。

2. 系统状态函数的改变量只与系统的始态和终态有关，而与经历的具体过程无关 例如，将 1kg 的水从 25℃加热到 50℃，其温度差为 25℃，这个温度差值不会因为水中间经历冷却、加热等过程而发生改变。若系统经历循环后又重新回到原态，则状态函数必定恢复原值，其变化值为零。

3. 状态函数的微小变化在数学上是全微分 例如，一定量的理想气体的体积 V 是温度 T 和压力 p 的函数

$$V=f(T,p)$$

状态函数体积的全微分关系式为

$$dV=\left(\frac{\partial V}{\partial T}\right)_p dT+\left(\frac{\partial V}{\partial p}\right)_T dp$$

dV 的环路积分代表系统恢复原态时体积的变化，显然

$$\oint dV=0$$

由此可见，状态函数全微分的环积分为零。上述关系的逆定理亦成立，即若沿封闭曲线的环积分为零，则所积变量应当是某状态函数的全微分。

4. 不同状态函数构成的初等函数(和、差、积、商)也是状态函数 这一特征在之后的焓、亥姆霍兹能和吉布斯能的学习中有重要应用。

热力学正是以状态函数的特征为基础解决各种实际问题的。

（二）状态方程

系统状态函数之间的定量关系式称为**状态方程**(state equation)。例如，某理想气体的状态方程为

$$pV=nRT$$

式中，R 是摩尔气体常数，数值为 8.314J/(K·mol)。

需要明确的是，热力学定律并不能导出具体系统的状态方程，它必须由实验来确定。

四、热力学平衡态

在没有外界影响的条件下，系统的性质不随时间变化时，则系统就处于**热力学平衡态**（thermodynamic equilibrium state）。热力学平衡态应同时满足下列平衡。

1. **热平衡**　系统内部各处温度相等，即系统有唯一的温度。
2. **力平衡**　系统各部分之间没有不平衡的力存在。
3. **相平衡**　系统中各相的组成和数量不随时间而变化。
4. **化学平衡**　系统中化学反应达到平衡时，系统的组成和数量不随时间而变。

如果不满足上述四个平衡，则系统就不处于热力学平衡态，其状态就不能用简单的热力学方法加以描述。在之后的讨论中，若不特别说明，系统的状态就是指系统处于这种热力学平衡状态。将系统变化前的状态称为**始态**，变化后的状态称为**终态**。

五、过程与途径

系统从一个状态变化到另一个状态，称为系统发生了一个热力学过程，简称为**过程**（process）。变化的具体步骤称为**途径**（path）。系统可以通过不同的途径来完成从始态到终态的一个变化过程。按变化的性质，可将过程分为以下三类。

（一）简单状态变化过程

系统中没有发生任何相变化和化学变化，只有单纯的压力、体积、温度变化的过程称为简单状态变化过程。

（二）相变化过程

系统中发生聚集状态变化的过程称为相变化过程。如液体的汽化和气体的液化；液体的凝固和固体的熔化；固体的升华和气体的凝华；固体不同晶型间的转化等都是典型的相变化过程。通常，相变化过程是在等温等压条件下进行的。

（三）化学变化过程

系统中发生化学反应，使组成发生变化的过程称为化学变化过程。例如氢气的爆炸反应、合成氨反应等。

根据途径的不同，热力学中常遇到的变化过程主要有以下几种。

1. **等温过程**（isothermal process）　在环境温度恒定下，系统始、终态温度相同且等于环境温度，即

$$T = T_e = 常数$$

下标"e"表示"环境"，T_e 表示环境的温度，T 表示系统的温度。今后的讨论中，物理量中不加下角标均表示系统的性质。

2. **等压过程**（isobaric process）　在环境压力恒定下，系统始、终态压力相同且等于环境压力，即 $p_1 = p_2 = p_e$。

3. **等容过程**（isochoric process）　系统的体积保持不变的过程。

4. **绝热过程**（adiabatic process）　变化过程中，系统与环境之间没有热量交换的过程。

5. 恒外压过程（constant external pressure process） 变化过程中系统所对抗的环境压力 p_e 始终不变，因系统最终处于平衡态，所以环境压力 p_e 与系统终态压力 p_2 相等，但系统始态的压力 p_1 与终态压力 p_2 一般不等，即 $p_1 \neq p_2 = p_e$。

6. 循环过程（cyclic process） 系统从某一状态出发，经过一系列变化，又回到原来状态的过程。循环过程中，所有状态函数的改变量都等于零，如 $\Delta p = 0$，$\Delta V = 0$。

六、热和功

在系统发生变化的过程中，系统与环境可通过传热或做功交换能量。热和功的国际单位（SI）都是焦耳（J）。

（一）热

热是物质运动的一种表现形式，与大量分子的无规则运动紧密相关。当两个温度不同的物体相互接触时，无规则运动的差异导致它们通过分子间的碰撞而交换能量，这种能量交换的方式就是**热**（heat），用符号 Q 表示，且规定系统从环境吸热则 $Q > 0$，系统向环境放热则 $Q < 0$。热不是系统的状态函数，而是与过程相关的物理量。只有当系统进行某一过程，系统与环境间交换的热才能体现出来。处于一定状态的系统，没有热的概念。因为热不是状态函数，故微量热记作 δQ（而非 dQ），用以与状态函数的全微分进行区别。

热的形式有多种，最常见的是系统既不发生化学变化又没有相变化，而仅仅因与环境有温度的差异而交换的热，称为显热。系统发生相变化而交换的热，因过程温度不变，又称潜热。另外，把系统发生化学变化过程交换的热称为化学反应热或反应热效应。从这一点看，把热定义为"由于系统与环境间存在分子热运动差异而交换的能量"更为全面、科学。

（二）功

除热以外，系统与环境之间能量交换的另一种形式称为**功**（work），用符号 W 表示。同样规定系统对环境做功，系统失去能量，$W < 0$；环境对系统做功，系统获得能量，$W > 0$。与热一样，功也不是系统的状态函数，而是过程量，功也只有在系统的变化过程中才得以体现，处于一定状态的系统，也没有功的概念。微小变化过程的功常用 δW 表示。

在物理化学中，功分为体积功和非体积功两类。体积功是指在变化过程中因系统体积变化而与环境交换的能量，用符号 W 表示。除体积功以外的其他形式的功，如机械功、电功、表面功等统称为非体积功。为与体积功区分，非体积功用符号 W' 表示。热力学中讨论最多的是体积功，且一般假设不做非体积功。电功和表面功等非体积功，将在电化学和表面化学等章节中加以阐述和应用。

七、热力学能

一般而言，系统的总能量包括系统整体运动的动能、系统在外力场中的位能和系统内部的能量三种形式。在化学热力学中，研究的往往是宏观静止系统，没有系统整体运动的动能，而且一般也不考虑在特殊的外力场作用下产生的势能。因此，化学热力学关注的仅仅是最后一种能量（系统内部的能量），称为**内能**（internal energy），也称为**热力学能**（thermodynamic energy），用符号 U 表示，SI 制单位为 J。

热力学能概念的引入有着科学的实验基础。焦耳自 1840 年起通过实验，证明了使一定量的物质（即系统）从同一始态升高相同的温度达到同一终态，在绝热情况下所需要的各种形式的功，在数值上是完全相同的。这些实验结果表明，系统具有一个反映其内部能量的函数，这一函数的变化值只取决于始终状态，故该函数是一个状态函数，这个函数就是热力学能。此外，热力学能的大小与系统所含物质的量成正比，即热力学能是系统的广度性质。

在化学热力学中，热力学能包括分子动能和分子间势能。系统的分子动能包含分子平动能、转动能、分子内部各原子间的振动、电子及核运动等，与温度有关。分子间相互作用的势能与分子间的距离（体积）有关。因此，对于封闭系统，确定系统热力学能只需要 T 和 V 两个独立变量，即

$$U=f(T, V)$$

又因为热力学能 U 是状态函数，其全微分表达式为

$$dU=\left(\frac{\partial U}{\partial T}\right)_V dT+\left(\frac{\partial U}{\partial V}\right)_T dV \qquad \text{式（1-1）}$$

根据式（1-1）可以得出有关理想气体的一个很有用的结论：对于理想气体，由于气体分子本身不占体积，分子间无相互作用力，故理想气体分子间的势能为零。所以，理想气体的热力学能仅仅是各类动能之和，只与温度有关，而与体积无关。

$$U=f(T)$$

即理想气体的热力学能仅是温度的函数。

第二节　热力学第一定律概述

18 世纪末到 19 世纪初，随着蒸汽机在生产中的广泛应用，人们对热和功的转换关系越来越关注，于是热力学应运而生。19 世纪中叶，焦耳（Joule）通过精心、严谨的实验，建立了热功转化的当量关系，即 1cal（卡）=4.184J（焦耳），为**热力学第一定律**（the first law of thermodynamics）的建立提供了可靠的实验证明和坚固的实验基础。

一、热力学第一定律的文字表述

热力学第一定律的本质是能量守恒定律，即"自然界的所有物质都具有能量，能量有多种形式，可以从一种形式转化为另一种形式，总的能量保持不变"。它是人们从实践中总结出来的规律。热力学第一定律的表述方式常见的有以下两种。

（1）不靠外界供给能量，本身能量也不减少，却能连续不断地对外做功的第一类永动机是不可能制造出来的。

（2）能量有多种形式，可以从一种形式转化为另一种形式，在转化中能量的总量保持不变。

热力学第一定律是人类经验的总结，无数事实都证明了它的正确性，它无须再用任何原理去证明，因为第一类永动机永远不可能制造出来的事实就是最有力的证明。

二、热力学第一定律的数学表达式

对于封闭系统,若由始态变到终态的过程中系统从环境吸收的热量为 Q,系统对环境做功为 W,如图 1-1 所示。

则由能量守恒原理,有

$$U_2 = U_1 + Q + W$$

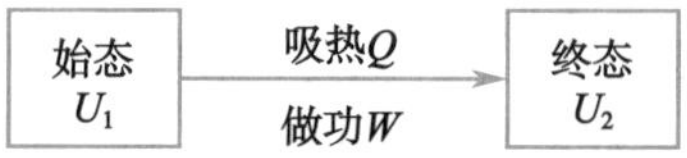

即

图 1-1 始态和终态的热力学能关系

$$\Delta U = Q + W \qquad \text{式}(1\text{-}2)$$

对于无限小的过程,则有

$$\mathrm{d}U = \delta Q + \delta W \qquad \text{式}(1\text{-}3)$$

式(1-2)和式(1-3)是**封闭系统的热力学第一定律的数学表达式**,表明了热力学能、热、功相互转化时的定量关系。表达式中的 W 实际上包括体积功和非体积功两种,大多数情况下,都是在假定 $W'=0$,只考虑存在体积功而对热力学第一定律进行讨论。

式(1-2)和式(1-3)也说明,尽管 Q 和 W 是过程量,但它们的和却与状态函数 U 的改变量相等。因此,$Q+W$ 也只取决于封闭系统的始、终态,而与具体途径无关。对于封闭系统的循环过程,状态函数热力学能的改变值 $\Delta U=0$,则 $Q=-W$,即封闭系统循环过程中所吸收的热等于系统对环境所做的功。对于孤立系统,$Q=0$,$W=0$,则 $\Delta U=0$,即孤立系统的 U 始终不变,U 为常数。

案例 1-1

能量代谢与失温

生物体最基本的特征之一是物质代谢并伴随有能量代谢,一切生命过程都遵守热力学第一定律。人体本身是一个热力学系统,而且是一个非常复杂的敞开系统。首先,人体通过呼吸和消化系统不断摄入氧气和所需的各种营养物质,转变成机体的热力学能。之后,经过各种不同的方式将它转变为机体活动所需要的热和功。与此同时,为顺利完成生物体的呼吸、循环、排泄、神经和运动等功能,机体的热力学能还要生成用以合成高能化合物三磷酸腺苷的能量,以及维持人体正常体温的能量。最后,经一系列复杂的生化反应后,将废物与二氧化碳气体排出体外。可用 $\Delta U = Q + W + U_{\mathrm{m}}$ 对人体的热力学第一定律进行表达,其中 U_{m} 表示由物质或食物带入的能量。

2021 年 5 月 22 日,在甘肃白银举办的山地马拉松百公里越野赛遭遇极端天气,因气温骤降和大风天气,造成选手的热量流失大于热量补给,致命的"失温"夺走了 21 人的生命。为避免悲剧再次发生,人们要避免过度出汗和疲劳,及时增添衣物保持身体热量,及时摄入饮食补充身体热量,及时补充维持生命体各项机能的机体的热力学能 U_{m},让运动更健康、更安全。

第三节 体积功与可逆过程

一、体积功的计算公式

ER1-3 物理学家焦耳（文档）

体积功本质上是机械功,可用力与在力作用方向上的位移的乘积计算。如图 1-2 所示,考虑外压 p_e 通过一个无质量、与器壁无摩擦、横截面积为 A 的活塞对汽缸内的气体（系统）进行压缩,使活塞向左位移 dl 时,环境对系统做压缩功。

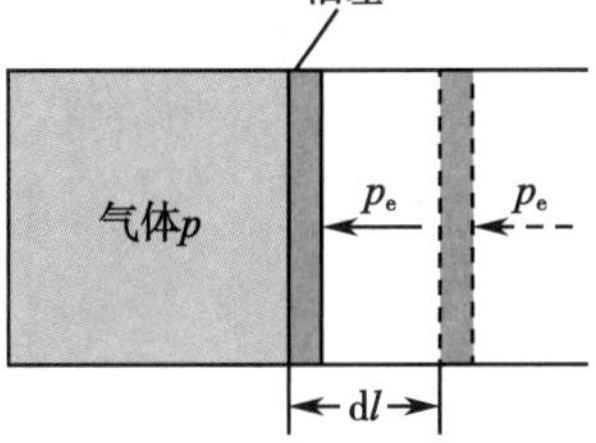

根据功的定义有

$$\delta W = Fdl = p_e Adl \qquad \text{式（1-4）}$$

图 1-2 体积功的示意图

式（1-4）中,Adl 为压缩过程中系统体积的改变量 dV,且 $dV < 0$。按规定气体的压缩过程,系统得功,$\delta W > 0$。为保证式（1-4）两边符号相等,在等式右边加上负号,即

$$\delta W = -p_e dV \qquad \text{式（1-5）}$$

对式（1-5）进行积分,得

$$W = -\int_{V_1}^{V_2} p_e dV \qquad \text{式（1-6）}$$

式（1-5）和式（1-6）是计算体积功的基本公式,不论系统膨胀还是被压缩均适用,只须注意式中 p_e 为环境压力,V_1 为始态体积,V_2 为终态体积。计算体积功的关键,是要分析具体过程中环境压力 p_e 与系统压力 p 的关系,同时找出系统体积 V 与系统压力 p 的联系,代入式（1-6）就可以计算出结果。

例 1-1 1mol H_2 在始态 $T_1 = 298.15K$,$p_1 = 101.325kPa$ 沿下列途径等温膨胀至终态压力为 $p_2 = 50.663kPa$,求两种途径下产生的体积功。（H_2 可视为理想气体）

（1）向真空膨胀。

（2）反抗恒外压 $p_e = 50.663kPa$。

解:（1）根据体积功的计算公式,若气体向真空自由膨胀,即 $p_e = 0$,则不管体积变化多大,体积功总为零。因此,$W_1 = 0J$。

（2）根据式（1-6）

$$W = -\int_{V_1}^{V_2} p_e dV$$

因过程恒外压,所以

$$W = -p_e(V_2 - V_1)$$

根据理想气体状态方程 $V = \dfrac{nRT}{p}$,可分别求出始态体积 V_1 和终态体积 V_2,最终可得

$$W_2 = -p_e(V_2 - V_1) = -50\,663 \times (0.048\,9 - 0.024\,5) = -1\,236J$$

可见,系统由相同始态出发,经不同途径变化到相同的终态,系统做功的大小是不相等的,再一次证明了功不是系统的状态函数,而是过程量。

二、几种过程的体积功

在 298.15K 下，将 1mol 理想气体置于带有活塞（其质量和摩擦忽略不计）的气缸中，气体的压力 $p_1 = 400$kPa。开始时施加在活塞上的外压等于 p_1（用 4 个砝码表示），由于系统压力与外压相等，活塞静止不动，系统处于平衡状态。下面在相同始、终态间，对气体在不同途径下进行等温膨胀的体积功的情况进行分析（图 1-3）。

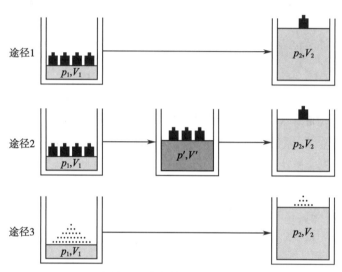

图 1-3　气体不同途径等温膨胀过程的示意图

（一）一次恒外压膨胀过程

按图 1-3 的途径 1，将活塞上的砝码一次性移去 3 个，外压由 400kPa 降低至 100kPa，气体在恒定外压 100kPa 下膨胀，平衡时 $p_2 = p_e = 100$kPa。此过程系统所做的功为

$$W_1 = -\int_{V_1}^{V_2} p_e dV = -p_e\left(\frac{nRT}{p_2} - \frac{nRT}{p_1}\right)$$

$$= -100 \times 10^3 \times \left(\frac{1 \times 8.314 \times 298.15}{100 \times 10^3} - \frac{1 \times 8.314 \times 298.15}{400 \times 10^3}\right)$$

$$= -1\,859\text{J}$$

（二）二次恒外压膨胀过程

按图 1-3 的途径 2，此过程分两步进行，先从活塞上移走 1 个砝码，外压从 400kPa 降至 300kPa（用 p_e' 表示），此时系统在恒外压 p_e' 下体积从 V_1 膨胀到 V'；之后再从活塞上移走 2 个砝码，外压由 300kPa 降为 100kPa，体积膨胀至终态体积 V_2，整个过程系统所做的体积功为两次恒外压膨胀的体积功之和。

$$W_2 = -p_e'(V' - V_1) - p_e(V_2 - V')$$

$$= -\left[300 \times 10^3 \times \left(\frac{1 \times 8.314 \times 298.15}{300 \times 10^3} - \frac{1 \times 8.314 \times 298.15}{400 \times 10^3}\right)\right]$$

$$-\left[100 \times 10^3 \times \left(\frac{1 \times 8.314 \times 298.15}{100 \times 10^3} - \frac{1 \times 8.314 \times 298.15}{300 \times 10^3}\right)\right]$$

$$= -2\,272\text{J}$$

（三）准静态膨胀过程

若将活塞上面的砝码换成相同质量的细砂，如图 1-3 的途径 3 所示。逐一取下细砂，外压就减少 $\mathrm{d}p$，则系统的体积就膨胀了 $\mathrm{d}V$，此时 p 降低到 p_e；在整个膨胀过程中 $p_e = p - \mathrm{d}p$，略去无限小值 $\mathrm{d}p$，即可用 p 近似代替体积功计算公式中的 p_e，所以在无限缓慢的膨胀过程中，系统所做的功为

$$W_3 = -\int_{V_1}^{V_2} p_e \mathrm{d}V = -\int_{V_1}^{V_2} (p - \mathrm{d}p)\,\mathrm{d}V \approx -\int_{V_1}^{V_2} p\,\mathrm{d}V \qquad \text{式（1-7）}$$

在上述这种无限缓慢的过程中，系统在任一瞬间的状态都无限接近于平衡态，整个过程可以看作是由一系列无限接近于平衡的状态所构成，因此，这种过程称为**准静态过程**（quasi-static process）。

若气缸中的气体为理想气体且为等温膨胀，则 W_3 为

$$\begin{aligned}
W_3 &= -\int_{V_1}^{V_2} p\,\mathrm{d}V = -\int_{V_1}^{V_2} \frac{nRT}{V}\mathrm{d}V = -nRT\ln\frac{V_2}{V_1} = -nRT\ln\frac{p_1}{p_2} \\
&= -1 \times 8.314 \times 298.15 \times \ln\frac{400 \times 10^3}{100 \times 10^3} \\
&= -3\,436\mathrm{J}
\end{aligned}$$

由此可见，始、终态相同，经历的过程不同，系统所做的功就不相同，即功与过程密切相关。因此，功不是状态函数，不是系统本身的性质，不能说系统中含有多少功。此外，$|W_3| > |W_2| > |W_1|$，因此，在准静态膨胀过程中，系统对外做的功最大。

若采取与图 1-3 过程相反的步骤，将膨胀后的气体压缩到初始的状态。根据体积功的计算公式，同样可以计算出气体压缩过程中做功的情况。

（四）一次恒外压压缩

将外压由 p_2（100kPa）一次增加到 p_1（400kPa，即加上 3 个砝码），在恒外压 $p_e = p_1 = 400\mathrm{kPa}$ 下，环境对系统所做的功为

$$\begin{aligned}
W_1' &= -p_e\left(\frac{nRT}{p_1} - \frac{nRT}{p_2}\right) \\
&= -400 \times 10^3 \times \left(\frac{1 \times 8.314 \times 298.15}{400 \times 10^3} - \frac{1 \times 8.314 \times 298.15}{100 \times 10^3}\right) \\
&= -7\,436\mathrm{J}
\end{aligned}$$

（五）二次恒外压压缩

将外压先增加到 p_e'（300kPa，即先加上 2 个砝码），在恒定外压 p_e' 下将系统从 V_2 压缩到 V'；再将外压增加到 $p_e = p_1$（400kPa，即再加上 1 个砝码），在恒定外压 p_1 下将系统从 V' 压缩到 V_1，则环境对系统所做的功为

$$\begin{aligned}
W_2' &= -p_e'(V' - V_2) - p_1(V_1 - V') \\
&= -300 \times 10^3 \times \left(\frac{1 \times 8.314 \times 298.15}{300 \times 10^3} - \frac{1 \times 8.314 \times 298.15}{100 \times 10^3}\right) \\
&\quad -400 \times 10^3 \times \left(\frac{1 \times 8.314 \times 298.15}{400 \times 10^3} - \frac{1 \times 8.314 \times 298.15}{300 \times 10^3}\right) \\
&= 5\,784\mathrm{J}
\end{aligned}$$

（六）准静态压缩过程

若将取下的细砂再一粒粒重新加到活塞上，使外压 p_e 始终比气缸内气体压力 p 大 $\mathrm{d}p$，即在 $p_e = p + \mathrm{d}p$ 的情况下，使系统的体积从 V_2 压缩至 V_1，同样有 p_e 近似等于 p，则环境对系统所做的功为

$$W_3' = -\int_{V_2}^{V_1} p_e \mathrm{d}V = -\int_{V_2}^{V_1} (p + \mathrm{d}p) \mathrm{d}V \approx -\int_{V_2}^{V_1} p \mathrm{d}V \qquad \text{式（1-8）}$$

式（1-7）和式（1-8）是用于计算准静态膨胀和压缩过程体积功的计算公式。若气体为理想气体且为等温压缩，则

$$W_3' = -\int_{V_2}^{V_1} \frac{nRT}{V} \mathrm{d}V = nRT \ln \frac{V_2}{V_1} = nRT \ln \frac{p_1}{p_2}$$

$$= 1 \times 8.314 \times 298.15 \times \ln \frac{400 \times 10^3}{100 \times 10^3}$$

$$= 3\ 436 \mathrm{J}$$

显然，$W_1' > W_2' > W_3'$。由此可知，压缩时分步越多，环境对系统所做的功就越少，准静态压缩过程中环境对系统所做的功最小。

三、可逆过程

上述准静态过程是热力学中一种极为重要的过程。综合上述准静态膨胀和准静态压缩过程体积功的计算结果可以发现，准静态膨胀过程所做的功 W_3 与准静态压缩过程所做的功 W_3'，大小相等，符号相反。这就是说，当系统恢复到原来状态时，在环境中没有功的得失。由于系统复原，$\Delta U = 0$，根据热力学第一定律 $\Delta U = Q + W$，故 $Q = -W$，所以在环境中也无热的得失。即当系统恢复到原态时，环境也恢复到原态。准静态过程中每一步膨胀或压缩，其推动力都无限小，系统与环境之间的相互作用是在无限接近平衡的条件下进行变化的。在经过无限缓慢的膨胀和压缩循环之后，系统和环境都回到了原来的状态而不留下任何痕迹，这样的过程称为**可逆过程**（reversible process）。反之，系统经过一个过程之后，如果使系统回到原来的状态但对环境留下了痕迹（功和热的得失），这样的过程称为**不可逆过程**（irreversible process）。上述的准静态膨胀或压缩过程就是一个可逆过程。而恒外压等温膨胀过程，在系统复原后，环境总是失去功而得到热，即环境无法复原，故为不可逆过程。

综上所述，热力学可逆过程具有下述特点。

（1）可逆过程是以无限小的变化进行，系统始终无限接近于平衡态，即整个过程是由一系列无限接近于平衡的状态所构成的。

（2）在等温可逆膨胀过程中，系统对环境做最大功，体现出可逆过程的效率最高准则；在等温可逆压缩过程中，环境对系统做最小功，或者说环境对系统做功最省力，反映了可逆过程的经济最佳准则。

（3）在可逆过程中，采用与原来过程同样的手段逆向操作，可以使系统和环境都完全恢复到原来的状态而不留下任何痕迹。

与理想气体的概念一样，可逆过程是一种理想的过程。事实上并不存在真正的可逆过

程,自然界的一切宏观过程都是不可逆过程,实际过程只能无限趋近于可逆。例如,液体在其沸点时的蒸发、固体在其熔点时的熔化、可逆电池在电动势差无限小时的充电与放电以及在平衡条件下的化学反应等,都可近似地视为可逆过程。有些重要的热力学函数的改变量只有通过可逆过程才能求算。此外,可逆过程是效率最高的过程,将实际过程与理想的可逆过程进行比较,就可以确定提高实际过程效率的可能性。因此,可逆过程的概念非常重要。

ER1-4 体积功
与可逆过程
(微课)

第四节 热和焓

在科学研究和化工生产中,对于过程热的研究有重要意义。虽然热和功一样都是途径函数,是一个与过程有关的物理量,但在某些特定条件下,如在等容过程和等压过程中,这些变化过程的热只取决于系统的始态和终态,而与变化过程的具体途径无关。下面应用热力学第一定律,对这两类典型过程中的热进行讨论。

一、等容热

在非体积功为零($W'=0$)时,系统在等容变化的过程中与环境交换的热,称为**等容热**,用符号 Q_V 表示。

对于某封闭系统,因过程等容,故体积功 $W=0$。根据热力学第一定律 $\Delta U=Q+W$ 可得

$$\Delta U=Q_V \qquad\qquad 式(1\text{-}9)$$

对于微小变化

$$dU=\delta Q_V$$

可见,对于 $W=0$ 的等容过程,系统与环境交换的热等于系统热力学能的变化量。因为 ΔU 只与始态和终态有关而与途径无关,所以在等容且 $W=0$ 的条件下,Q_V 也是一个与途径无关的量。然而 Q_V 不是系统的性质,故 Q_V 不是状态函数,只是在数值上 Q_V 等于状态函数 U 的变化量。

二、等压热与焓

在 $W'=0$ 时,系统在等压变化的过程中与环境交换的热,称为**等压热**,用符号 Q_p 表示。

对于封闭系统,等压($p_1=p_2=p_e$)且 $W'=0$,热力学第一定律 $\Delta U=Q+W$ 可写成

$$\Delta U=U_2-U_1=Q_p-p_e(V_2-V_1)$$

$$U_2-U_1=Q_p-p_2V_2+p_1V_1$$

$$Q_p=(U_2+p_2V_2)-(U_1+p_1V_1) \qquad\qquad 式(1\text{-}10)$$

由于 U、p、V 均为系统的状态函数,其组合($U+pV$)仍是一个状态函数,在热力学上定义

为**焓**(enthalpy),用H表示,即

$$H = U + pV$$

代入式(1-10)得

$$Q_p = H_2 - H_1 = \Delta H \qquad\qquad 式(1-11)$$

对于微小变化,则

$$\delta Q_p = \mathrm{d}H$$

式中,Q_p为等压过程的热效应。因为焓是状态函数,ΔH只取决于系统的始、终态,所以Q_p也只取决于系统的始、终态。同理,Q_p只是数值上等于状态函数H的变化量,但因为Q_p不是系统的性质,所以Q_p仍然不是状态函数。

由于系统热力学能的绝对值无法确定,故焓的绝对值也不能确定,但热力学所关注的仍然是变化过程的焓变ΔH。热力学能U代表系统的总能量,而焓H是组合函数,没有明确的物理意义。因为U、p和V都是广度性质,所以焓也是广度性质,具有能量的量纲。理想气体的热力学能U只是温度的函数,而与压力、体积无关,且$pV = nRT$,故$H = U(T) + nRT$。因此,理想气体的焓也只是温度的函数,同样与压力、体积无关,即理想气体$H = f(T)$。

例1-2 假设N_2为理想气体,在298.15K,1mol N_2由压力3×10^5Pa经历如下两种途径等温膨胀到压力为1×10^5Pa,求两种过程的Q、W、ΔU和ΔH。

(1)可逆膨胀。

(2)在1×10^5Pa的恒外压下膨胀。

解:(1)理想气体经历等温过程,因此$\Delta U = \Delta H = 0$J。在等温可逆膨胀过程中,有

$$W = nRT\ln\frac{p_2}{p_1} = 1 \times 8.314 \times 298.15 \times \ln\frac{1 \times 10^5}{3 \times 10^5} = -2\,723\text{J}$$

根据热力学第一定律,有$Q = -W = 2\,723$J

(2)理想气体经历等温过程,因此$\Delta U = \Delta H = 0$J。根据理想气体状态方程分别计算出

$$V_1 = \frac{nRT_1}{p_1} = \frac{1 \times 8.314 \times 298.15}{3 \times 10^5} = 8.26 \times 10^{-3}\text{m}^3$$

$$V_2 = \frac{nRT_2}{p_2} = \frac{1 \times 8.314 \times 298.15}{1 \times 10^5} = 24.8 \times 10^{-3}\text{m}^3$$

根据体积功的计算公式有

$$W = -p_e(V_2 - V_1) = -1 \times 10^5 \times (24.8 - 8.26) \times 10^{-3} = -1\,654\text{J}$$

$$Q = -W = 1\,654\text{J}$$

式(1-9)与式(1-11)是热力学第一定律分别应用于等容$W' = 0$和等压$W' = 0$过程的结果,其重要意义体现在以下两个方面:①在关系式$Q_V = \Delta U$与$Q_p = \Delta H$中,左侧均为过程的热,过程的热是可以通过实验直接测量的,右侧是不可测量但在热力学中又极其重要的两个状态函数的改变量。因此,利用关系式,可以通过可测量的Q_V和Q_p的数据获得一系列重要的基础热力学数据,从而解决相应的热力学问题。②在关系式$Q_V = \Delta U$与$Q_p = \Delta H$中,右侧是两个状态函数H和U的改变量,左侧是过程量Q_V和Q_p,因此,通过关系式将过程量与状态函数联系

起来,使得有关热效应 Q_V 和 Q_p 的计算可以使用"状态函数"这一特性进行,为热的计算提供了方便。

第五节 热容

热容是热力学最重要的基础热数据之一,用于计算系统发生简单状态变化时的 ΔU 和 ΔH,以及过程的 Q_V 和 Q_p。

一、热容的定义

在无化学变化和相变化且 $W'=0$ 的条件下,封闭系统吸收的热 δQ 与温度的升高 $\mathrm{d}T$ 成正比,比例常数为系统的**热容**(heat capacity),即

$$C = \frac{\delta Q}{\mathrm{d}T} \qquad \text{式(1-12)}$$

在式(1-12)中,C 为热容,它的物理意义为系统升高单位热力学温度所吸收的热,单位为 J/K。

热容的数值与系统所含物质的量有关,1mol 物质的热容称为**摩尔热容**,用 C_m 表示,单位为 J/(K·mol),即

$$C_m = \frac{C}{n}$$

二、摩尔等容热容与摩尔等压热容

因为热与过程有关,所以系统的热容也与过程有关。根据系统升温时的不同条件,在等容或等压下进行,热容又可以分为等容热容或等压热容。

(一)摩尔等容热容

封闭系统等容过程的热容称为**等容热容**,用 C_V 表示

$$C_V = \frac{\delta Q_V}{\mathrm{d}T} \qquad \text{式(1-13)}$$

对于封闭系统 $W'=0$ 的等容过程,$\mathrm{d}U = \delta Q_V$,代入式(1-13)得

$$C_V = \frac{\delta Q_V}{\mathrm{d}T} = \left(\frac{\partial U}{\partial T}\right)_V \qquad \text{式(1-14)}$$

可见,在 $W'=0$ 的等容过程中,等容热容的物理意义是热力学能随温度的变化率。

1mol 物质的等容热容称为**摩尔等容热容**,用 $C_{V,m}$ 表示,其表示式为

$$C_{V,m} = \frac{C_V}{n} \qquad \text{式(1-15)}$$

结合式(1-15),对式(1-14)移项积分,得

$$\Delta U = Q_V = \int_{T_1}^{T_2} nC_{V,\mathrm{m}}\mathrm{d}T \qquad\qquad \text{式（1-16）}$$

利用式（1-16）可以计算无化学变化和相变化且 $W'=0$ 的封闭系统的热力学能的变化值。

若 $C_{V,\mathrm{m}}$ 在 T_1-T_2 范围内是与温度 T 无关的常数，则式（1-16）可整理为

$$\Delta U = nC_{V,\mathrm{m}}(T_2 - T_1) \qquad\qquad \text{式（1-17）}$$

若过程不等容，理想气体在简单状态变化过程的 ΔU 也可以利用式（1-16）进行计算，只是此时 $\Delta U \neq Q_V$，分析讨论如下。

设有物质的量为 n 的某理想气体由始态（T_1，V_1）变化到终态（T_2，V_2），为求此非等容过程中系统的 ΔU，可将过程分为两步实现，即先沿途径 a 等容变温至 T_2，然后再沿途径 b 等温变容至 V_2。

$$(T_1,V_1) \xrightarrow{\quad\Delta U\quad} (T_2,V_2)$$

因 U 具有状态函数的性质，因此有

$$\Delta U = \Delta_V U + \Delta_T U$$

其中

$$\Delta_V U = \int_{T_1}^{T_2} nC_{V,\mathrm{m}}\mathrm{d}T$$

对于理想气体等温过程

$$\Delta_T U = 0$$

将以上结果代入 $\Delta U = \Delta_V U + \Delta_T U$，则有

$$\Delta U = \int_{T_1}^{T_2} nC_{V,\mathrm{m}}\mathrm{d}T$$

可见，理想气体在简单状态变化过程中，无论过程是否等容，系统的热力学能改变量均可由式（1-16）或式（1-17）计算。等容与否的区别仅在于：等容过程 $\Delta U = Q_V$，而非等容过程 $\Delta U \neq Q$。

（二）摩尔等压热容

封闭系统等压过程的热容称为**等压热容**，用 C_p 表示

$$C_p = \frac{\delta Q_p}{\mathrm{d}T} \qquad\qquad \text{式（1-18）}$$

对于封闭系统 $W'=0$ 的等压过程，$\mathrm{d}H = \delta Q_p$，代入式（1-18）得

$$C_p = \frac{\delta Q_p}{\mathrm{d}T} = \left(\frac{\partial H}{\partial T}\right)_p \qquad\qquad \text{式（1-19）}$$

可见，在 $W'=0$ 的等压过程中，等压热容的物理意义是焓随温度的变化率。

1mol 物质的等压热容称为**摩尔等压热容**，用 $C_{p,\mathrm{m}}$ 表示，其表示式为

$$C_{p,\mathrm{m}} = \frac{C_p}{n} \qquad\qquad \text{式（1-20）}$$

结合式(1-20),将式(1-19)移项积分,得

$$\Delta H = Q_p = \int_{T_1}^{T_2} nC_{p,m}dT \qquad 式(1-21)$$

利用式(1-21)可以计算无化学变化和相变化且非体积功为零的封闭系统的焓的变化值。

若 $C_{p,m}$ 在 $T_1 - T_2$ 范围内是与温度 T 无关的常数,则

$$\Delta H = nC_{p,m}(T_2 - T_1) \qquad 式(1-22)$$

同摩尔等容热容 $C_{V,m}$ 可以计算理想气体在简单状态变化过程中的热力学能变化量一样,理想气体在简单状态变化过程中的焓的改变量均可用式(1-21)或式(1-22)计算,而不受过程是否等压限制。等压与否的区别在于:等压过程 $\Delta H = Q_p$,而非等压过程 $\Delta H \neq Q$。

对于凝聚态物质,在温度一定时,只要压力变化不大,压力对 ΔH 的影响往往可以忽略。因此,凝聚态物质发生简单状态变化过程时,系统的焓变 ΔH 仅取决于始态、终态的温度,即凝聚态物质的 ΔH 可由式(1-21)或式(1-22)计算。

物质的摩尔等压热容 $C_{p,m}$ 与温度有关,通常用下述经验方程式表示

$$C_{p,m} = a + bT + cT^2$$

式中,a、b、c 为随物质及温度范围而变的常数。一些物质的摩尔等压热容与温度的关系参见附录1。

(三) $C_{p,m}$ 与 $C_{V,m}$ 的关系

对于任意的没有相变化和化学变化且只做体积功的封闭系统,其 C_p 与 C_V 之差为

$$C_p - C_V = \left(\frac{\partial H}{\partial T}\right)_p - \left(\frac{\partial U}{\partial T}\right)_V \qquad 式(1-23)$$

将 $H = U + pV$ 代入式(1-23)得

$$C_p - C_V = \left(\frac{\partial U}{\partial T}\right)_p + p\left(\frac{\partial V}{\partial T}\right)_p - \left(\frac{\partial U}{\partial T}\right)_V \qquad 式(1-24)$$

根据 U 的全微分式

$$dU = \left(\frac{\partial U}{\partial T}\right)_V dT + \left(\frac{\partial U}{\partial V}\right)_T dV$$

在等压条件下,两边同除以 dT 得

$$\left(\frac{\partial U}{\partial T}\right)_p = \left(\frac{\partial U}{\partial T}\right)_V + \left(\frac{\partial U}{\partial V}\right)_T\left(\frac{\partial V}{\partial T}\right)_p \qquad 式(1-25)$$

将式(1-25)代入式(1-24)得

$$C_p - C_V = \left(\frac{\partial U}{\partial V}\right)_T\left(\frac{\partial V}{\partial T}\right)_p + p\left(\frac{\partial V}{\partial T}\right)_p$$

整理得

$$C_p - C_V = \left[\left(\frac{\partial U}{\partial V}\right)_T + p\right]\left(\frac{\partial V}{\partial T}\right)_p \qquad 式(1-26)$$

现从式(1-26)出发讨论理想气体及凝聚态物质的 $C_{p,m}$ 与 $C_{V,m}$ 的关系。

1. 理想气体 根据理想气体状态方程有 $\left(\dfrac{\partial V}{\partial T}\right)_p = \dfrac{nR}{p}$，又因理想气体 $\left(\dfrac{\partial U}{\partial V}\right)_T = 0$，代入式（1-26）可得

$$C_p - C_V = nR$$

或

$$C_{p,\mathrm{m}} - C_{V,\mathrm{m}} = R$$

即理想气体的 $C_{p,\mathrm{m}}$ 与 $C_{V,\mathrm{m}}$ 的差值为气体常数 R。根据统计热力学可以证明在常温下，理想气体的 $C_{V,\mathrm{m}}$ 和 $C_{p,\mathrm{m}}$ 均为常数，数值与气体分子的形状有关，表 1-1 列举出几种典型理想气体的 $C_{V,\mathrm{m}}$ 和 $C_{p,\mathrm{m}}$。

表 1-1　常温下理想气体分子的 $C_{V,\mathrm{m}}$ 和 $C_{p,\mathrm{m}}$ 数值

理想气体	$C_{V,\mathrm{m}}$	$C_{p,\mathrm{m}}$
单原子分子	$\dfrac{3}{2}R$	$\dfrac{5}{2}R$
双原子分子	$\dfrac{5}{2}R$	$\dfrac{7}{2}R$
多原子分子（非线型）	$3R$	$4R$

2. 凝聚态物质 对于固体或液体系统，因其体积随温度变化很小，$\left(\dfrac{\partial V}{\partial T}\right)_p$ 近似为零，代入式（1-26）后，得 $C_p \approx C_V$ 或 $C_{p,\mathrm{m}} \approx C_{V,\mathrm{m}}$，即凝聚态物质的 $C_{p,\mathrm{m}}$ 与 $C_{V,\mathrm{m}}$ 近似相等。

例 1-3　5mol 单原子理想气体在 298.15K 时，分别按下列 3 种方式从 25.00dm³ 膨胀到 50.00dm³，求 3 种过程的 Q、W、ΔU 和 ΔH。

（1）等温可逆膨胀。

（2）等温对抗 100kPa 外压。

（3）在气体压力与外压相等并保持恒定的条件下加热。

解：（1）因为理想气体的热力学能和焓都只是温度的函数，所以等温过程

$$\Delta U = \Delta H = 0$$

$$W = -nRT\ln\frac{V_2}{V_1} = -5 \times 8.314 \times 298.15 \times \ln\frac{50.00 \times 10^{-3}}{25.00 \times 10^{-3}} = -8\,591\mathrm{J}$$

$$Q = -W = 8\,591\mathrm{J}$$

（2）同理，$\Delta U = \Delta H = 0$

$$W = -p_\mathrm{e}(V_2 - V_1) = -100 \times 10^3 \times (50.00 - 25.00) \times 10^{-3} = -2\,500\mathrm{J}$$

$$Q = -W = 2\,500\mathrm{J}$$

（3）根据题意可求气体压力为 $p_1 = \dfrac{nRT_1}{V_1} = \dfrac{5 \times 8.314 \times 298.15}{25.00 \times 10^{-3}} = 495.8\mathrm{kPa}$

$$W = -p_\mathrm{e}(V_2 - V_1) = -495.8 \times 10^3 \times (50.00 - 25.00) \times 10^{-3} = -12\,395\mathrm{J}$$

$$T_2 = \frac{p_2 V_2}{nR} = \frac{495.8 \times 10^3 \times 50.00 \times 10^{-3}}{5 \times 8.314} = 596\mathrm{K}$$

对于单原子理想气体,有

$$C_{V,m} = (3/2)R, C_{p,m} = (5/2)R$$

$$\Delta H = Q_p = nC_{p,m}(T_2 - T_1) = 5 \times \frac{5}{2} \times 8.314 \times (596 - 298.15) = 30\ 954\text{J}$$

$$\Delta U = nC_{V,m}(T_2 - T_1) = 5 \times \frac{3}{2} \times 8.314 \times (596 - 298.15) = 18\ 572\text{J}$$

第六节　热力学第一定律在简单状态变化过程的应用

一、理想气体的等温过程——焦耳实验

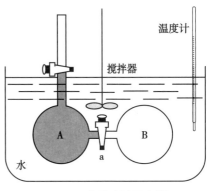

图 1-4　焦耳实验示意图

为了研究气体的热力学能与体积的关系,焦耳于 1843 年设计了如下实验(图 1-4):将两个体积容量相等的导热容器 A 和 B 浸在水浴中,两个容器之间用带有活塞 a 的管子连接,其中一个容器 B 抽成真空,另一个容器 A 装有低压气体,打开活塞 a,气体就由容器 A 向容器 B 作自由膨胀,直到系统达到平衡状态。通过水浴中的温度计观测水温变化,发现实验中水浴温度维持不变。

下面用热力学第一定律对此过程进行分析:将容器 A 中的低压气体作为系统,将水浴作为环境,因系统与环境间没有热量的交换,即 $Q=0$;气体向真空膨胀,$p_e=0$,故体积功 $W=0$。根据热力学第一定律 $\Delta U = Q + W$,可知实验气体在自由膨胀过程中热力学能不变。

对一定量的纯物质,热力学能可表示为温度和体积的函数,即

$$dU = \left(\frac{\partial U}{\partial T}\right)_V dT + \left(\frac{\partial U}{\partial V}\right)_T dV$$

实验测得 $dT=0$,又因为 $dU=0$,所以

$$\left(\frac{\partial U}{\partial V}\right)_T dV = 0$$

而气体体积发生了变化,$dV \neq 0$,故

$$\left(\frac{\partial U}{\partial V}\right)_T = 0 \qquad\qquad\qquad 式(1-27)$$

式(1-27)表明,在等温情况下,实验气体的热力学能不随体积而变。实验中采用的是低压实际气体,可近似看作理想气体。因此,在等温条件下,理想气体的热力学能不随体积而改变,这是焦耳实验得出的结论。这一结论与之前从理想气体微观模型解释热力学能只是温度的函数是一致的。

实际上，焦耳上述实验是不够精确的，因为水浴中水的热容很大，所以实际气体膨胀可能引起水温的微小变化就不易被测出。即便如此，焦耳实验测定精度上的欠缺并不影响"理想气体的热力学能只是温度的函数"这一结论的正确性。

二、理想气体的绝热可逆过程

绝热过程是指变化过程中系统与环境之间没有热量的交换，即 $Q = 0$，根据热力学第一定律可得

$$dU = \delta W$$

因为

$$dU = C_V dT$$

所以

$$\delta W = dU = C_V dT \qquad\qquad 式(1\text{-}28)$$

可见，若 $\delta W \neq 0$，则 $dT \neq 0$。表明在绝热过程中，只要系统与环境之间有功的交换，系统温度必然发生变化。若系统对环境做功，则系统温度降低，热力学能减小；若环境对系统做功，则系统温度升高，热力学能增加。

对于理想气体的绝热可逆过程，若 $W' = 0$，则

$$\delta W = -p_e dV = -p dV$$

代入式(1-28)得

$$-p dV = -\frac{nRT}{V} dV = C_V dT$$

或

$$\frac{nR dV}{V} = -\frac{C_V dT}{T}$$

积分得

$$\int_{V_1}^{V_2} \frac{nR dV}{V} = \int_{T_1}^{T_2} -\frac{C_V dT}{T}$$

$$nR \ln \frac{V_2}{V_1} = -C_V \ln \frac{T_2}{T_1} \qquad\qquad 式(1\text{-}29)$$

因为，理想气体的 $C_p - C_V = nR$，代入式(1-29)得

$$(C_p - C_V) \ln \frac{V_2}{V_1} = C_V \ln \frac{T_1}{T_2} \qquad\qquad 式(1\text{-}30)$$

两边同除以 C_V，并令 $C_p/C_V = C_{p,\mathrm{m}}/C_{V,\mathrm{m}} = \gamma$，$\gamma$ 称为**热容比**(heat capacity ratio)。于是式(1-30)可写成

$$(\gamma - 1) \ln \frac{V_2}{V_1} = \ln \frac{T_1}{T_2}$$

所以

$$T_1 V_1^{\gamma-1} = T_2 V_2^{\gamma-1}$$

$$TV^{\gamma-1} = K \qquad\qquad 式(1-31)$$

若将 $T = \dfrac{pV}{nR}$ 和 $V = \dfrac{nRT}{p}$ 分别代入式(1-31)得

$$pV^{\gamma} = K' \qquad\qquad 式(1-32)$$

$$T^{\gamma}p^{1-\gamma} = K'' \qquad\qquad 式(1-33)$$

K、K'、K'' 均为常数。

式(1-31)～式(1-33)均为理想气体在 $W'=0$ 条件下的**绝热可逆过程方程**。这些式子能定量给出理想气体绝热可逆变化时始态和终态 p、V 和 T 的关系。

理想气体从同一始态 (p_1, V_1) 出发,若分别经等温可逆膨胀和绝热可逆膨胀达到相同体积 V_2,图 1-5 表明两种过程的 p-V 关系,从图中可以看出绝热可逆过程曲线(AC 线)斜率的绝对值总是比等温可逆过程曲线(AB 线)斜率的绝对值大。这一点可以从它们不同的过程方程式来证明。

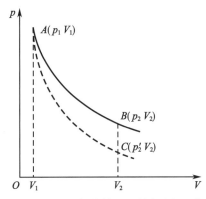

图 1-5 理想气体等温可逆膨胀(AB) 和绝热可逆膨胀(AC)的 p-V 曲线

对于绝热可逆过程 $pV^{\gamma} = K'$,则

$$\left(\frac{\partial p}{\partial V}\right)_{Q_r=0} = -\gamma\frac{K'}{V^{\gamma+1}} = -\gamma\frac{pV^{\gamma}}{V^{\gamma+1}} = -\gamma\frac{p}{V}$$

式中,下标"$Q_r=0$"表示绝热可逆过程。

对等温可逆过程 $pV = nRT$,则

$$\left(\frac{\partial p}{\partial V}\right)_{T} = -\frac{nRT}{V^{2}} = -\frac{pV}{V^{2}} = -\frac{p}{V}$$

因为 $\gamma > 1$,故绝热可逆过程曲线斜率的绝对值较大。因此,如果从同一始态 A 出发,体积由 V_1 膨胀到 V_2,绝热可逆膨胀过程中气体压力降低更为显著。分析其原因:在等温可逆膨胀过程中,气体的压力仅随体积的增大而减小;在绝热可逆膨胀过程中,则有气体的体积增大和温度降低两个因素使压力降低,所以气体的压力降低更明显。

例 1-4 1mol 单原子理想气体从 300K、500kPa 膨胀到最终压力为 300kPa。若分别经下列两种方式膨胀至终态,试计算两种过程的 Q、W、ΔU 和 ΔH。

(1)绝热可逆膨胀。

(2)绝热恒外压 300kPa。

解:(1)此过程的始、终态如下。

对于单原子理想气体

$$\gamma = \frac{C_{p,\,m}}{C_{V,\,m}} = \frac{5/2R}{3/2R} = \frac{5}{3} = 1.67$$

根据理想气体的绝热可逆过程方程求 T_2

$$T_1^{\gamma} p_1^{1-\gamma} = T_2^{\gamma} p_2^{1-\gamma}$$

代入 T_1、p_1、p_2 求得

$$300^{1.67} \times (500 \times 10^3)^{1-1.67} = T_2^{1.67} \times (300 \times 10^3)^{1-1.67}$$

$$T_2 = 244.4 \text{K}$$

因为过程绝热，$Q = 0$，则

$$W = \Delta U = nC_{V,\,m}(T_2 - T_1) = 1 \times \frac{3}{2} \times 8.314 \times (244.4 - 300) = -693.4 \text{J}$$

$$\Delta H = nC_{p,\,m}(T_2 - T_1) = 1 \times \frac{5}{2} \times 8.314 \times (244.4 - 300) = -1\,155.6 \text{J}$$

（2）此过程为绝热不可逆过程，始、终态如下。

因为该过程不是绝热可逆过程，所以不能用（1）的方法求 T_2。

因为过程绝热，$Q = 0$，所以

$$W = \Delta U = nC_{V,\,m}(T_2 - T_1)$$

对于恒外压膨胀过程

$$W = -p_e(V_2 - V_1) = -p_2(V_2 - V_1)$$

$$V_2 = \frac{nRT_2}{p_2} \qquad V_1 = \frac{nRT_1}{p_1}$$

所以

$$nC_{V,\,m}(T_2 - T_1) = -p_2\left(\frac{nRT_2}{p_2} - \frac{nRT_1}{p_1}\right)$$

$$1 \times \frac{3}{2} \times 8.314 \times (T_2 - 300) = -1 \times 8.314 \times T_2 + \frac{300 \times 10^3}{500 \times 10^3} \times 1 \times 8.314 \times 300$$

求得

$$T_2 = 252 \text{K}$$

$$W = \Delta U = nC_{V,\,m}(T_2 - T_1) = 1 \times \frac{3}{2} \times 8.314 \times (252 - 300) = -598.6 \text{J}$$

$$\Delta H = nC_{p,\,m}(T_2 - T_1) = 1 \times \frac{5}{2} \times 8.314 \times (252 - 300) = -997.7 \text{J}$$

比较过程（1）与（2）的结果可知，系统从同一始态出发，经绝热可逆和绝热不可逆过程，

达不到相同的终态。当终态的压力相同时,由于可逆过程所做的功多,热力学能降低得更多一些,导致终态的温度也会更低些。

三、真实气体的绝热膨胀过程

(一)焦耳 - 汤姆孙实验

理想气体分子间没有相互作用,U 与 H 仅仅是 T 的函数。而真实气体就不同了,其 U 与 H 还应与 p 或 V 有关。前面的焦耳实验中,低压真实气体(近似看成理想气体)发生自由膨胀,因水的热容很大,会因温度测量困难而影响正确结论的得出。针对这一问题,焦耳和汤姆孙(W. Thomson)于 1952 年设计了另一个实验,即焦耳 - 汤姆孙实验。这个实验使人们对真实气体的 U 和 H 的性质有所了解。

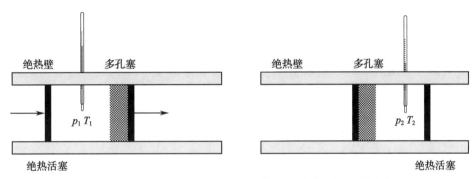

图 1-6　焦耳 - 汤姆孙实验示意图(左图:始态;右图:终态)

如图 1-6 所示,在一个圆形绝热筒中有两个绝热活塞,绝热筒中部有一个刚性多孔塞。实验时,将压力和温度恒定为 p_1 和 T_1 的某种气体,连续地压过多孔塞,使气体在多孔塞右边的压力恒定为 p_2,且 $p_1 > p_2$。由于多孔塞的孔很小,气体只能缓慢地从左侧进入右侧,从 p_1 到 p_2 的压差基本上全部发生在多孔塞内。由于多孔塞的节流作用,可保持左室高压 p_1 部分和右室低压 p_2 部分的压力恒定不变,即分别为 p_1 与 p_2。这种在绝热条件下,气体的始态、终态压力分别保持恒定的膨胀过程称为**节流膨胀**(throttling expansion)。实际工业生产中,当稳定流动的气体突然受阻而使压力下降的情况,即可认为是节流膨胀。节流膨胀的实质是减压、绝热过程。

上述焦耳 - 汤姆孙实验结果发现:当始态为室温、常压时,多数气体经节流膨胀后温度下降,产生致冷效应。而氢气、氦气等少数气体经节流膨胀后温度却升高,产生致热效应。实验还发现,各种气体在压力足够低时,节流膨胀后温度基本不变。

(二)节流膨胀的热力学特征

下面用热力学第一定律对真实气体的节流膨胀过程进行分析。当节流膨胀达稳定状态后,设一定量的气体由左侧的 $p_1 V_1 T_1$ 状态变为右侧的 $p_2 V_2 T_2$ 状态,由于该过程在绝热条件下进行,即 $Q = 0$,根据热力学第一定律有

$$\Delta U = W$$

在此过程中环境对系统做功为

$$W_1 = -p_1(0 - V_1) = p_1V_1$$

系统对环境做功为

$$W_2 = -p_2(V_2 - 0) = -p_2V_2$$

对于整个过程有

$$\Delta U = U_2 - U_1 = W = p_1V_1 - p_2V_2$$

移项后得

$$U_2 + p_2V_2 = U_1 + p_1V_1$$

即 $H_2 = H_1$ 或 $\Delta H = 0$。所以,气体的节流膨胀为恒焓过程。

对于理想气体,焓仅是温度的函数,若焓不变,则温度不变。因此,理想气体通过节流膨胀后,其温度保持不变。而对于真实气体,通过节流膨胀后,焓值不变,但温度却发生了变化,这说明真实气体的焓不仅取决于温度,还与气体的压力或体积有关。同理,真实气体的热力学能也与气体的压力或体积有关。

(三)焦耳-汤姆孙系数

真实气体经节流膨胀后,系统的压力减小 $\mathrm{d}p$,温度改变 $\mathrm{d}T$,将温度随压力的变化率称为**节流膨胀系数**(throttling expansion coefficient),或称**焦耳-汤姆孙系数**(Joule-Thomson coefficient),用符号 $\mu_{\mathrm{J-T}}$ 表示,即

$$\mu_{\mathrm{J-T}} = \left(\frac{\partial T}{\partial p}\right)_H \qquad \text{式(1-34)}$$

式(1-34)中,下标"H"表示节流膨胀过程焓不变,因为 T、p 为强度性质,故 $\mu_{\mathrm{J-T}}$ 亦为强度性质,并且与系统的其他强度性质一样,也是 T、p 的函数。因节流膨胀是减压过程,$\mathrm{d}p < 0$,若某气体的 $\mu_{\mathrm{J-T}} > 0$,则说明该气体经节流膨胀后 $\mathrm{d}T < 0$,即气体的温度降低;反之,若 $\mu_{\mathrm{J-T}} < 0$,则说明气体经节流膨胀后温度将升高。$|\mu_{\mathrm{J-T}}|$ 越大,表明其致冷或致热能力越强。$\mu_{\mathrm{J-T}}$ 值的大小,不仅取决于气体的种类,还与气体所处的温度和压力有关。在常温下,一般气体的 $\mu_{\mathrm{J-T}}$ 值为正,而 H_2、He 的 $\mu_{\mathrm{J-T}}$ 值为负。节流膨胀最重要的用途是降温和气体的液化,因而在工业上它被广泛应用在致冷和气体的液化过程中。应用焦耳-汤姆孙效应所研制出的氩氦刀,已在临床上推广应用,其关键技术是控制低温区域和冷冻速率。

第七节 热力学第一定律在相变化过程的应用

系统中物理性质和化学性质完全相同的均匀部分,称为一个**相**(phase)。例如,237.15K、101.325kPa 下水与冰平衡共存的系统,尽管水与冰化学组成相同,但其物理性质不同(如冰的密度小于水的密度),因此,水是一个相,属于液相;冰是另一相,属于固相。

系统中同一种物质从一个相到另一个相的转变过程称为**相变化过程**。常见的相变化过程有:**蒸发**(evaporation)和**凝结**(condensation)、**升华**(sublimation)和**凝华**(deposition)、**熔化**(fusion)和**凝固**(solidification),以及固体不同晶型间的转变等。

（一）相变焓

一定量的纯物质在一定温度和压力下发生相变时与环境交换的热称为该物质的**相变热**。因为相变过程通常是在等温等压且 $W'=0$ 时进行,所以过程热 Q_p 等于系统的焓变,故相变热又称为**相变焓**。在温度 T 时,由 α 相变为 β 相的相变焓表示为 $\Delta_{\alpha \to \beta}H(T)$,单位为 J。1mol 纯物质的相变焓称为该物质的**摩尔相变焓**,用 $\Delta_{\alpha \to \beta}H_m(T)$ 表示,单位为 J/mol。在相变过程中,系统的温度维持恒定,系统与环境交换的热全部用于改变物质的聚集状态,故相变热又称为相变潜热。

（二）相变过程热力学函数的计算

应用热力学第一定律可以计算相变过程系统的 ΔU 和 ΔH 及其与环境之间的 Q 和 W 的交换。相变过程分为可逆相变和不可逆相变两种。

可逆相变是指物质在其正常相变点时的相变化。根据平衡条件,可逆相变时,两相的温度和压力均相等。两相平衡时的温度称为**平衡温度**,两相平衡时的压力称为**平衡压力**,平衡温度与平衡压力具有函数关系。可逆相变焓只是温度的函数,物理化学手册所给的相变焓均为可逆相变焓。

不满足可逆过程条件的相变过程称为**不可逆相变**。例如,268.15K、101.325kPa 下,过冷水凝固成同温同压的冰;378.15K、101.325kPa 下,过热水蒸发成同温同压的水蒸气等。除上述不可逆相变以外,373.15K、101.325kPa 下,液态水在真空条件下蒸发成同温同压的水蒸气,由于系统与环境的压力不同,不满足过程等压的条件,故也是不可逆相变过程。计算不可逆相变过程的 ΔU 和 ΔH 时,可设计与所求不可逆相变过程具有相同始态和终态的途径进行相关计算。

例 1-5 求 323.15K、101.325kPa 时 1mol 水蒸气(视为理想气体)凝结成液态水过程中的 Q、W、ΔU 和 ΔH。已知水在正常沸点下的摩尔蒸发焓为 40.67kJ/mol。液态水和水蒸气的摩尔等压热容分别为 $C_{p,m,H_2O(l)}=75.75\text{J/(K}\cdot\text{mol)}$ 和 $C_{p,m,H_2O(g)}=33.76\text{J/(K}\cdot\text{mol)}$。

解: 因为所求的相变过程为不可逆相变,所以根据题目所给条件,设计如下途径。

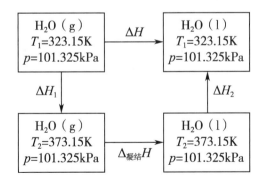

因为 H 是状态函数,故有

$$\Delta H = \Delta H_1 + \Delta_{凝结}H + \Delta H_2$$

ΔH_1 为水蒸气(理想气体)在等压升温过程中的焓变,计算得

$$\Delta H_1 = nC_{p,m,H_2O(g)}(T_2 - T_1) = 1 \times 33.76 \times (373.15 - 323.15) = 1\,688\text{J}$$

$\Delta_{凝结}H$ 为 373.15K，101.325kPa 下水蒸气凝结成液态水的可逆相变焓，根据已知条件得

$$\Delta_{凝结}H = -n\Delta_{蒸发}H = -1 \times 40.67 \times 10^3 = -40\ 670\text{J}$$

ΔH_2 为液态水（凝聚态）在等压降温过程中的焓变，计算得

$$\Delta H_2 = nC_{p,\text{m},\text{H}_2\text{O}(\text{l})}(T_1 - T_2) = 1 \times 75.75 \times (323.15 - 373.15) = -3\ 787.5\text{J}$$

因此，323.15K、101.325kPa 下水蒸气变为液态水的相变焓为

$$\Delta H = \Delta H_1 + \Delta_{凝结}H + \Delta H_2 = 1\ 688 - 40\ 670 - 3\ 787.5 = -42\ 769.5\text{J}$$

因为过程是在等压条件下进行，所以相变过程的

$$Q_p = \Delta H = -42\ 769.5\text{J}$$

系统的热力学能变化为

$$\Delta U = \Delta H - \Delta(pV) = \Delta H - p(V_1 - V_g) \approx \Delta H + pV_g = \Delta H + nRT$$
$$= -42\ 769.5 + 1 \times 8.314 \times 323.15 = -40\ 082.8\text{J}$$

根据热力学第一定律，得

$$W = \Delta U - Q_p = -40\ 082.8 - (-42\ 769.5) = 2\ 686.7\text{J}$$

第八节　热力学第一定律在化学变化过程的应用

化学化工生产中离不开化学反应，而化学反应常常伴随热的交换。因此，研究热化学实验方法、获得热化学数据具有重大的理论意义和应用价值。考虑到实际生产常常是在等容或等压条件下进行，故本节重点对这两种情况下的化学反应热效应进行讨论。

一、热化学

化学反应往往伴随着系统与环境之间热的交换。在 $W' = 0$ 的条件下，封闭系统中发生某化学反应，当产物的温度与反应物的温度相同时，系统吸收或放出的热量，称为该**化学反应的热效应**，亦称为**化学反应热**。研究化学反应热效应的科学称为**热化学**（thermochemistry），它是热力学第一定律在化学变化过程中的具体应用。为了更好地研究化学反应过程中的热效应，首先需要明确一些基本概念。

（一）反应进度

设某反应在反应起始时和反应进行到 t 时刻时各物质的量分别为

$$a\text{A} + d\text{D} \longrightarrow g\text{G} + h\text{H}$$

$$t = 0 \quad n_{\text{A},0} \quad n_{\text{D},0} \quad\quad n_{\text{G},0} \quad n_{\text{H},0}$$

$$t = t \quad n_{\text{A}} \quad n_{\text{D}} \quad\quad n_{\text{G}} \quad n_{\text{H}}$$

则反应进行到 t 时刻的**反应进度**（advancement of reaction）定义为

$$\xi = \frac{\Delta n_{\text{B}}}{\nu_{\text{B}}} = \frac{n_{\text{A}} - n_{\text{A},0}}{-a} = \frac{n_{\text{D}} - n_{\text{D},0}}{-d} = \frac{n_{\text{G}} - n_{\text{G},0}}{g} = \frac{n_{\text{H}} - n_{\text{H},0}}{h}$$

$$\mathrm{d}\xi = \frac{\mathrm{d}n_B}{\nu_B} = \frac{\mathrm{d}n_A}{-a} = \frac{\mathrm{d}n_D}{-d} = \frac{\mathrm{d}n_G}{g} = \frac{\mathrm{d}n_H}{h}$$

反应进度的单位为 mol，以 ξ 表示，它是描述反应进行程度的物理量。由于产物的 Δn_B 和 ν_B 均为正值，反应物的 Δn_B 和 $-\nu_B$ 均为负值，故反应进度 ξ 恒为正值。又因为各物质的 Δn_B 正比于各自化学计量系数 ν_B，所以用任一反应物或产物所表示的反应进度都是相等的，这是引入反应进度衡量化学反应进行程度的最大优点。

当 $\Delta n_B = \nu_B$ 时，$\xi = 1\mathrm{mol}$，表示 a mol 的 A 与 d mol 的 D 完全反应生成 g mol 的 G 和 h mol 的 H，即化学反应按反应方程式的系数比例进行了一个单位的反应。反应进度为 1mol 时，化学反应产生的焓变和热力学能变化分别称为反应的摩尔焓变 $\Delta_r H_m$ 和反应的摩尔热力学能变化 $\Delta_r U_m$，即

$$\Delta_r H_m = \frac{\Delta_r H}{\xi}$$

$$\Delta_r U_m = \frac{\Delta_r U}{\xi}$$

对于同一个化学反应，即便物质 B 的 Δn_B 相同，但由于反应方程式书写形式的不同，因此 ν_B 不同，化学反应进度 ξ 也不相同。例如，合成氨反应有以下两种写法。

$$\mathrm{N_2(g) + 3H_2(g) \longrightarrow 2NH_3(g)} \qquad 反应方程式（1）$$

$$\frac{1}{2}\mathrm{N_2(g)} + \frac{3}{2}\mathrm{H_2(g) \longrightarrow NH_3(g)} \qquad 反应方程式（2）$$

若反应过程中 $\mathrm{N_2(g)}$ 的消耗量为 3mol，即 $\Delta n_{N_2} = -3\mathrm{mol}$，对于反应方程式（1），反应进度为

$$\xi = \frac{\Delta n_{N_2}}{\nu_B} = \frac{-3}{-1} = 3\mathrm{mol}$$

对于反应方程式（2），反应进度为

$$\xi = \frac{\Delta n_{N_2}}{\nu_B} = \frac{-3}{-\dfrac{1}{2}} = 6\mathrm{mol}$$

可见，反应进度的数值与化学方程式的写法有关。反应方程式的写法不同，$\xi = 1\mathrm{mol}$ 所代表的意义也不同。

（二）热化学方程式

表示化学反应及其热效应的方程式，称为**热化学方程式**。热化学方程式既要表示出化学反应各组分之间的计量关系，又要表示反应的热效应。因为温度、压力及相态等均对反应热有影响，所以在书写热化学方程式时要遵循以下几点规定。

（1）热化学方程式中要注明反应的温度和压力，若不注明温度和压力，则一般认为温度为 298.15K，压力为 100kPa。

（2）必须注明方程式中各物质的聚集状态，一般用"g"表示气态，用"l"表示液态，用"s"表示固态。如果固态有不同的晶型，也须指出，如 C（石墨）、C（金刚石）等。

例如，1mol 石墨在 298.15K 和 100kPa 下完全燃烧放出 393.51kJ 的热量，热化学方程式表示为

$$C(石墨)+O_2(g)\longrightarrow CO_2(g) \qquad \Delta_r H_m = -393.51\text{kJ/mol}$$

（3）对于在溶液中进行的化学反应，在其热化学方程式中应注明物质的浓度，当溶液为无限稀释时，用 aq 表示。例如

$$HCl(aq)+NaOH(aq)\longrightarrow NaCl(aq)+H_2O(1) \qquad \Delta_r H_m = -57.32\text{kJ/mol}$$

二、化学反应的热效应

（一）等容热效应与等压热效应

热与过程有关，通常化学反应的热效应分为等容热效应和等压热效应。在 $W' = 0$ 的条件下，若反应在等容条件下进行，其热效应称为**等容热效应**，用 Q_V 表示；若反应在等压条件下进行，其热效应称为**等压热效应**，用 Q_p 表示，由 Q_p 与反应的焓变 ΔH 数值相等，故等压热效应也称为**反应焓**。

大多数化学反应的热效应是在量热计中测定出来的。由于使用的反应器是一种等容容器，量热计测得的是等容热效应 Q_V。化学反应大多是在等压下进行的，要获得等压热效应 Q_p 的数据，可以从 Q_V 与 Q_p 的关系求算。

如下图所示，设某等温化学反应经两种变化途径从相同的反应始态到达相同的反应终态：①等压反应；②等容反应与简单状态变化。

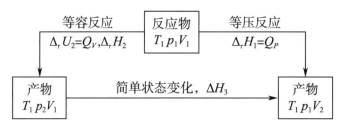

等压反应与等容反应的产物虽然相同，但产物的状态不同（即 p 和 V 不同）。等容反应的产物再经简单状态变化过程即可达到等压反应产物的状态。

因为焓是状态函数，所以

$$\Delta_r H_1 = \Delta_r H_2 + \Delta H_3 = \Delta_r U_2 + \Delta(pV)_2 + \Delta H_3 \qquad 式（1-35）$$

式中，$\Delta(pV)_2$ 表示等容反应的始、终态的 $\Delta(pV)$，对于反应系统中的固体与液体物质，由于其体积与气体组分相比要小得多且反应前后的体积变化很小，因此其 $\Delta(pV)$ 可忽略不计，只须考虑气体组分的 $\Delta(pV)$ 即可。若假设气体可视为理想气体，则

$$\Delta(pV)_2 = p_2 V_1 - p_1 V_1 = n_{产物}RT_1 - n_{反应物}RT_1 = (\Delta n)RT_1$$

式中，Δn 即为气体产物与气体反应物的物质的量之差值。

式（1-35）中，ΔH_3 是等温变化过程的焓变，若产物是理想气体，因焓仅是温度的函数，故等温过程的 $\Delta H_3 = 0$；若产物是液体或者固体等凝聚态物质，ΔH_3 其数值与化学反应的 $\Delta_r H$ 相比，一般微不足道，可以忽略不计。因此式（1-35）可写成

$$\Delta_r H_1 = \Delta_r U_2 + (\Delta n)RT$$

即

$$Q_p = Q_V + (\Delta n) RT \qquad \text{式（1-36）}$$

ER1-5 燃烧热
的测定（视频）

在 Q_V 已知的条件下,可利用式(1-36),求等压热效应 Q_p。式中, Δn 为化学反应方程式中气体产物与气体反应物的物质的量之差。

（二）标准摩尔反应焓

1. 标准态　　大量事实表明,同一化学反应在不同条件下的热力学函数的改变量有所不同。为了便于比较和计算,需要规定一个参考状态,即**热力学标准状态**,简称**标准态**(standard state)。通常标准状态下的状态函数用上标"⊖"表示,例如,标准热力学能变化 $\Delta U^\ominus$、标准焓变 $\Delta H^\ominus$ 等。标准态的压力规定为 100kPa,用符号" $p^\ominus$ "表示。热力学对各种聚集状态物质的标准态规定如下。

（1）气体的标准态: 在指定温度 T, $p^\ominus$ 下具有理想气体性质的纯气体所处的状态为标准态。理想气体实际上并不存在,而压力为 $p^\ominus$ 时的实际气体,其行为又不理想,所以气体的标准态是一种假想的状态。

（2）纯液体的标准态: 在指定温度 T, $p^\ominus$ 下的纯液体即为液体的标准态。必须指出的是,物质的热力学标准态的温度 T 是任意的,无具体的规定。不过,通常查表所得的热力学有关数据都是温度 298.15K 的标准态。

（3）纯固体的标准态: 在指定温度 T 下,压力为 $p^\ominus$ 的纯固体,即为固体的标准态。若固体有不同的存在形态,则选最稳定的形态作为标准态。例如,碳有石墨和金刚石等多种形态,石墨最为稳定,以石墨为标准态物质。

规定了物质的标准态后就可以将化学反应在标准态下的热效应和热力学函数的改变量进行比较,并将其他任意状态热力学量的改变量与标准态的改变量比较,从而获得任意状态下化学反应热力学函数的改变量。

2. 标准摩尔反应焓　　在温度 T 下,反应方程式中各物质都处于标准态时,化学反应的摩尔反应焓就是温度 T 时的**标准摩尔反应焓**(standard molar enthalpy of reaction),用 $\Delta_r H_m^\ominus(T)$ 表示。

例如,对于化学反应

$$\frac{1}{2} N_2(g) + \frac{3}{2} H_2(g) \longrightarrow NH_3(g)$$

298.15K 时的标准摩尔反应焓为 $\Delta_r H_m^\ominus(T) = -46.11kJ/mol$,这表明在 298.15K,标准态下,上述化学反应完成进度为 1mol 的反应时,系统放热 46.11kJ/mol。此外,标准摩尔反应焓与化学反应方程式的书写也相关。

三、标准摩尔反应焓的计算

如果反应系统的任一组分 B 的标准摩尔焓 $H_m^\ominus(B, T)$ 已知,则标准摩尔反应焓可以按下式计算

$$\Delta_r H_m^\ominus(T) = \sum_B \nu_B H_m^\ominus(B, T)$$

遗憾的是，$H_m^{\ominus}(B, T)$无法知道，所以通常利用一些可测的热力学基础数据和赫斯定律计算标准摩尔反应焓。物质的标准摩尔生成焓、标准摩尔燃烧焓等是计算化学反应标准摩尔反应焓的基础热力学数据。

（一）利用物质的标准摩尔生成焓计算反应的标准摩尔反应焓

在指定温度 T、标准压力 $p^{\ominus}$（100kPa）下，由最稳定的单质生成标准状态下 1mol 化合物 $B(\beta)$ 的标准摩尔反应焓称为该化合物 $B(\beta)$ 在此温度下的**标准摩尔生成焓**（standard molar enthalpy of formation），用 $\Delta_f H_m^{\ominus}(B, \beta, T)$ 表示，单位为 J/mol。其中下标"f"表示生成，"B"表示化合物，"β"表示相态，"T"表示温度。

在标准摩尔生成焓的定义中，强调生成反应的单质必须是相应条件下稳定的相态。例如，在标准压力下，碳的最稳定相态是石墨而不是金刚石，硫的热力学稳定相态为正交硫而非单斜硫。根据标准摩尔生成焓的定义，规定最稳定单质在指定温度 T 时，其标准摩尔生成焓为零，即 $\Delta_f H_m^{\ominus}$（最稳定单质，T）$= 0$。不稳定单质的 $\Delta_f H_m^{\ominus} \neq 0$。

例如，298.15K 时金刚石的 $\Delta_f H_m^{\ominus} = 1.895$kJ/mol，它实际是 298.15K，$p^{\ominus}$ 下 C（石墨）$\longrightarrow$ C（金刚石）的晶型转变焓。

例如，在 298.15K，$p^{\ominus}$ 下

$$\frac{1}{2}H_2(g) + \frac{1}{2}Cl_2(g) \longrightarrow HCl(g) \qquad \Delta_f H_m^{\ominus} = -92.31\text{kJ/mol}$$

在 298.15K 下 HCl（g）的标准摩尔反应焓也是 298.15K 下 HCl（g）的标准摩尔生成焓。可见，一个化合物的生成焓并不是这个化合物焓的绝对值，而是相对于合成它的稳定单质的相对焓。一些物质在 298.15K 下的标准摩尔生成焓见附录 2。

由物质的标准摩尔生成焓，可以方便地计算在标准状态下化学反应的标准摩尔反应焓。例如，某化学反应 $aA + dD \longrightarrow gG + hH$，可设计成如下途径。

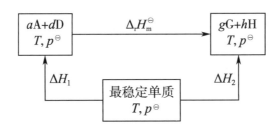

因为，H 是状态函数，所以

$$\Delta H_1 + \Delta_r H_m^{\ominus} = \Delta H_2$$

移项得
$$\Delta_r H_m^{\ominus} = \Delta H_2 - \Delta H_1 \qquad\qquad 式（1\text{-}37）$$

其中
$$\Delta H_1 = a\Delta_f H_m^{\ominus}(A) + d\Delta_f H_m^{\ominus}(D) = \sum_B (r_B \Delta_f H_m^{\ominus})_{反应物}$$

$$\Delta H_2 = g\Delta_f H_m^{\ominus}(G) + h\Delta_f H_m^{\ominus}(H) = \sum_B (p_B \Delta_f H_m^{\ominus})_{产物}$$

代入式（1-37）得

$$\Delta_r H_m^{\ominus} = \sum_B (p_B \Delta_f H_m^{\ominus})_{产物} - \sum_B (r_B \Delta_f H_m^{\ominus})_{反应物} \qquad\qquad 式（1\text{-}38）$$

式(1-38)中, p_B 和 r_B 分别表示产物和反应物在化学计量方程式中的计量系数, 均为正值。根据式(1-38)可知, 任一化学反应的标准摩尔反应焓等于产物的标准摩尔生成焓总和减去反应物的标准摩尔生成焓总和。

(二)利用物质的标准摩尔燃烧焓计算反应的标准摩尔反应焓

在指定温度 T、标准压力 $p^\ominus$(100kPa)下, 1mol 指定相态的物质 B(β)完全氧化的标准摩尔反应焓, 称为物质 B 的**标准摩尔燃烧焓**(standard molar enthalpy of combustion), 用 $\Delta_c H_m^\ominus(B, \beta, T)$ 表示, 单位为 J/mol。其中"c"表示燃烧, 其他符号的意义如前所述。

定义中的完全氧化, 又称完全燃烧, 是指物质在没有催化剂作用下与氧气充分地自然燃烧, 分子中的各元素生成指定产物的过程。例如, 化合物中的 C 元素变为 $CO_2(g)$, H 元素变为 $H_2O(l)$, N 元素变为 $N_2(g)$, S 元素变为 $SO_2(g)$, Cl 元素变为 HCl(aq)。根据上述定义, 这些指定产物的标准摩尔燃烧焓为零。

例如, 在 298.15K, 标准压力下

$$CH_3COOH(l) + 2O_2(g) \longrightarrow 2CO_2(g) + 2H_2O(l)$$

$$\Delta_c H_m^\ominus(CH_3COOH, l) = -874.54kJ/mol$$

在 298.15K 下该反应的标准摩尔反应焓也是 298.15K 时 $CH_3COOH(l)$ 的标准摩尔燃烧焓。可见, 一个化合物的燃烧焓也不是这个化合物焓的绝对值, 而是相对于指定产物的相对焓。

绝大多数有机化合物难以由稳定单质直接合成, 且即使可以合成但有机反应过程中常伴有副反应, 因而它们的标准摩尔生成焓不易直接测定或测量不准。但是, 有机化合物能在氧气中充分燃烧, 生成完全氧化的产物, 所以其标准摩尔燃烧焓能够方便、准确地直接测定。物质的标准摩尔燃烧焓 $\Delta_c H_m^\ominus$ 是重要的热化学数据, 附录 3 列举了一些有机化合物在 298.15K 时的标准摩尔燃烧焓的数据。

利用标准摩尔燃烧焓 $\Delta_c H_m^\ominus$ 数据可以计算化学反应的标准摩尔反应焓 $\Delta_r H_m^\ominus$。对某化学反应 $aA + dD \longrightarrow gG + hH$, 可设计成如下途径。

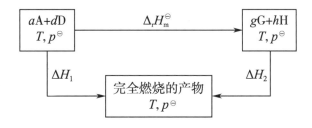

因为 H 是状态函数, 所以

$$\Delta_r H_m^\ominus + \Delta H_2 = \Delta H_1$$

移项有

$$\Delta_r H_m^\ominus = \Delta H_1 - \Delta H_2 \qquad\qquad 式(1-39)$$

其中

$$\Delta H_1 = \sum_B (r_B \Delta_c H_m^\ominus)_{反应物}$$

$$\Delta H_2 = \sum_B (p_B \Delta_c H_m^\ominus)_{产物}$$

代入式（1-39）得

$$\Delta_r H_m^{\ominus} = \sum_B (r_B \Delta_c H_m^{\ominus})_{反应物} - \sum_B (p_B \Delta_c H_m^{\ominus})_{产物} \qquad 式（1-40）$$

由式（1-40）可知，任一反应的热效应等于反应物的标准摩尔燃烧焓总和减去产物的标准摩尔燃烧焓总和。

例 1-6 在 298.15K、100kPa 时，环丙烷 $C_3H_6(g)$、C（石墨）和 $H_2(g)$ 的 $\Delta_c H_m^{\ominus}$ 分别为 $-2\,091.5kJ/mol$、$-393.5kJ/mol$ 和 $-285.8kJ/mol$，若已知丙烯在 298.15K 时的 $\Delta_f H_m^{\ominus} = 20.42kJ/mol$，试分别求算以下内容。

（1）298.15K 时，环丙烷的 $\Delta_f H_m^{\ominus}$。

（2）298.15K 时，环丙烷异构为丙烯反应的 $\Delta_r H_m^{\ominus}$。

解：（1）环丙烷的生成反应为

$$3C（石墨）+ 3H_2(g) \longrightarrow C_3H_6(g)$$

$$\Delta_r H_m^{\ominus} = \Delta_f H_m^{\ominus}(C_3H_6) = \sum_B (r_B \Delta_c H_m^{\ominus})_{反应物} - \sum_B (p_B \Delta_c H_m^{\ominus})_{产物}$$

$$= [3 \times (-393.5) + 3 \times (-285.8) - 1 \times (-2\,091.5)]$$

$$= 53.6kJ/mol$$

（2）环丙烷异构为丙烯的反应为

$$C_3H_6(g) \longrightarrow CH_3-CH=CH_2(g)$$

$$\Delta_r H_m^{\ominus} = \sum_B (p_B \Delta_f H_m^{\ominus})_{产物} - \sum_B (r_B \Delta_f H_m^{\ominus})_{反应物}$$

$$= 1 \times 20.42 + [(-1) \times 53.6]$$

$$= -33.18kJ/mol$$

燃烧焓是评价有机燃料品质好坏的一个重要标志。另外，蛋白质、脂肪、淀粉和糖等都可作为生物体的能源，这些物质的燃烧焓在营养学的研究中也是重要的数据。

（三）利用标准摩尔键焓估算反应的标准摩尔反应焓

一切化学反应都可归结为化学键旧键的断裂和新键的形成，在此过程中必然伴有能量的变化，这是出现反应热效应的根本原因。如果能够获得分子中各原子之间的化学键，再根据反应过程中键的变化情况，就能计算出反应热，这是从物质结构的角度解决反应热的根本途径。但遗憾的是，到目前为止，有关键能的数据既不完善也不精确。

目前，常利用标准摩尔键焓估算反应的标准摩尔反应焓。**标准摩尔键焓**（standard molar enthalpy of bond）是指在指定温度 T、$p^{\ominus}$（100kPa）时，断开 1mol 气态分子中某化学键的焓变，用 $\Delta_b H_m^{\ominus}(AB, T)$ 表示，单位为 J/mol。其中 AB 表示 A—B 键，下标"b"表示化学键。值得注意的是，键能与键焓在意义上有所不同，某个键的键能是指断裂气态化合物中的某个具体的键生成气态原子所需的能量，而某个键的键焓则是各种化合物中该键键能的平均值。例如，从光谱数据可知

$$H_2O(g) \longrightarrow H(g) + OH(g) \qquad \Delta_r H_m^{\ominus}(298.15K) = 502.1kJ/mol$$

$$OH(g) \longrightarrow H(g) + O(g) \qquad \Delta_r H_m^{\ominus}(298.15K) = 423.4kJ/mol$$

可见，在 $H_2O(g)$ 中，断裂第一个 H—O 键与断裂第二个 H—O 键的键能是不同的。根据键焓

的定义则有

$$\Delta_b H_m^{\ominus}(\text{OH}) = \frac{502.1 + 423.4}{2} = 462.8 \text{kJ/mol}$$

由此可知,键焓只是作为计算使用的平均数据,而不是实验的直接结果。但对于双原子分子$H_2(g)$来说,298.15K下的标准摩尔键焓和标准摩尔键能是相等的,即

$$\text{H}_2(\text{g}) \longrightarrow 2\text{H}(\text{g}) \qquad \Delta_b H_m^{\ominus}(298.15\text{K}) = \Delta_r H_m^{\ominus}(298.15\text{K}) = 435.9 \text{kJ/mol}$$

通常,一些常见化学键在298.15K下的键焓数据可从手册中查到。

显然,任一化学反应的热效应等于反应物的总键焓减去产物的总键焓,即

$$\Delta_r H_m^{\ominus} = \sum_B \left(\Delta_b H_m^{\ominus}\right)_{反应物} - \sum_B \left(\Delta_b H_m^{\ominus}\right)_{产物}$$

由于在化学反应中许多键在反应前后并没有发生变化,故只需要考虑起变化的化学键的键焓,即

$$\Delta_r H_m^{\ominus} = \sum_B \left(\Delta_b H_m^{\ominus}\right)_{断裂} - \sum_B \left(\Delta_b H_m^{\ominus}\right)_{形成}$$

还须指出,虽然用键焓估算反应热不是特别准确,但在缺乏热力学实验数据的情况下,它可以作为一种初步估算的方法。

（四）赫斯定律

1840年,赫斯(Hess)在总结大量实验结果的基础上提出了**赫斯定律**(Hess's law):一个化学反应不论是一步完成,还是分几步完成,其热效应是相同的。这就是说,化学反应的热效应只与反应的始、终态有关,而与反应所经历的途径无关。实验表明,赫斯定律只是在$W' = 0$的等容反应或等压反应中才严格成立。

赫斯定律实际上是热力学第一定律的必然结果。因为在$W' = 0$时,对于等容反应,$\Delta_r U = Q_V$,对于等压反应,$\Delta_r H = Q_p$。而U和H都是状态函数,因此,任一化学反应,不论其反应途径如何,只要给定了化学反应的始、终态,$\Delta_r U$和$\Delta_r H$便有定值,而与具体途径无关。借助赫斯定律,利用已知的化学反应的热效应可以间接求得一些难于测量或无法测量的化学反应的热效应,因此,赫斯定律为热化学的计算奠定了基础。

例 1-7 在煤气生产中,碳燃烧生成$CO(g)$的反应热效应数据对于工厂设计与生产很重要,但碳和氧气生成一氧化碳的反应热不能由实验直接测得,因为产物中不可避免地会含有二氧化碳。若通过实验可以准确测定下列两个反应的热效应数据

$$\text{C(s)} + \text{O}_2(\text{g}) \longrightarrow \text{CO}_2(\text{g}) \qquad \Delta_r H_m(1) = -393.5 \text{kJ/mol} \qquad 反应(1)$$

$$\text{CO(g)} + \frac{1}{2}\text{O}_2(\text{g}) \longrightarrow \text{CO}_2(\text{g}) \qquad \Delta_r H_m(2) = -283.0 \text{kJ/mol} \qquad 反应(2)$$

求反应(3) $\qquad\qquad \text{C(s)} + \frac{1}{2}\text{O}_2(\text{g}) \longrightarrow \text{CO(g)}$ 的$\Delta_r H_m$。

解: 因为反应(1)与反应(2)进行相减即得反应(3),所以

$$\Delta_r H_m(3) = \Delta_r H_m(1) - \Delta_r H_m(2) = -393.5 - (-283.0) = -110.5 \text{kJ/mol}$$

利用键焓预测抗氧化剂的活性机理

抗氧化自由基简称抗氧化。人体因与外界的持续接触(呼吸－氧化反应、外界污染、放射线照射等)不断在人体体内产生自由基,癌症、衰老或其他疾病大多与过量自由基的产生有关。抗氧化剂是一类以低浓度存在就能有效抑制自由基氧化反应的物质,其作用机理可以是直接作用在自由基,或是间接消耗易生成自由基的物质,防止发生进一步反应。

含巯基的小分子药物因具有游离性巯基,具有消除自由基的能力,是一类良好的抗氧化剂。刘立等利用量子化学方法,获得五种含巯基的小分子药物在非极性溶剂和极性溶剂条件下的 S—H 键的键解离焓和质子解离焓,发现在 2 种溶剂中,5 种药物的键解离焓值均低于质子解离焓值,说明含巯基药物的抗氧化机理主要倾向于 S—H 键断裂的自由基反应,即 RSH + X· $\longrightarrow$ RS· + HX,进而和自由基结合,达到去除自由基的目的。白藜芦醇是常见的天然抗氧化剂之一,其分子结构中存在着 3 种不同位置的酚羟基,使其在空气或其他条件下容易与自由基发生反应,因此可清除自由基,具有提高免疫力、延缓衰老等功效。裴玲等采用量子化学方法对亚胺白藜芦醇化合物不同位置酚羟基的键解离焓进行计算,发现化合物分子亚胺对位上的酚羟基键解离焓最小,是最可能的活性位点。这些研究为设计更高性能的抗氧化剂提供了理论基础。

四、标准摩尔反应焓与温度的关系

在 298.15K、标准态下进行的化学反应,其标准摩尔反应焓变 $\Delta_r H_m^{\ominus}$ 可以通过 298.15K 时物质的标准摩尔生成焓和标准摩尔燃烧焓等算出。然而绝大多数化学反应并非在 298.15K 下进行,因此,如何利用 298.15K 下 $\Delta_r H_m^{\ominus}$(298.15K)计算任意温度下的 $\Delta_r H_m^{\ominus}$(T)更有实际意义。下面将针对两种变化情况对求算任意温度下 $\Delta_r H_m^{\ominus}$(T)的方法进行介绍。

(一)反应物和产物在 298.15K 到 T K 范围内无相变化

对于任意温度 T、标准压力 $p^{\ominus}$ 下进行的化学反应,即可以一步直接生成产物,也可以由以下三步完成。

$$T, p^{\ominus}: \quad a\text{A}+d\text{D} \xrightarrow{\Delta_r H_m^{\ominus}(T)} g\text{G}+h\text{H}$$

$$① \downarrow \Delta H_1^{\ominus} \qquad\qquad ③ \uparrow \Delta H_2^{\ominus}$$

$$298.15\text{K}, p^{\ominus}: \quad a\text{A}+d\text{D} \xrightarrow[②]{\Delta_r H_m^{\ominus}(298.15\text{K})} g\text{G}+h\text{H}$$

由于 H 是状态函数,故

$$\Delta_r H_m^{\ominus}(T) = \Delta H_1^{\ominus} + \Delta_r H_m^{\ominus}(298.15\text{K}) + \Delta H_2^{\ominus}$$

过程①是反应物 A 和 D 发生等压变温的过程,其过程的焓变 $\Delta H_1^{\ominus}$ 为

$$\Delta H_1^{\ominus} = \int_T^{298.15} \left[aC_{p,m}(\text{A}) + dC_{p,m}(\text{D}) \right] \mathrm{d}T = \int_T^{298.15} \sum (C_p)_{反应物} \mathrm{d}T$$

过程②是在 298.15K、$p^{\ominus}$ 下发生的化学反应,其过程的反应焓变 $\Delta_r H_m^{\ominus}(298.15\text{K})$ 可以通过各物质的 $\Delta_f H_m^{\ominus}(298.15\text{K})$ 和 $\Delta_c H_m^{\ominus}(298.15\text{K})$ 数据进行计算。

过程③是产物 G 和 H 发生等压变温的过程,其过程的焓变 $\Delta H_2^{\ominus}$ 为

$$\Delta H_2^{\ominus} = \int_{298.15}^T \left[gC_{p,m}(\text{G}) + hC_{p,m}(\text{H}) \right] \mathrm{d}T = \int_{298.15}^T \sum (C_p)_{产物} \mathrm{d}T$$

因此

$$\Delta_r H_m^{\ominus}(T) = \Delta_r H_m^{\ominus}(298.15\text{K}) + \int_{298.15}^T \left[\sum (C_p)_{产物} - \sum (C_p)_{反应物} \right] \mathrm{d}T$$

$$\Delta_r H_m^{\ominus}(T) = \Delta_r H_m^{\ominus}(298.15\text{K}) + \int_{298.15}^T \Delta_r C_p \mathrm{d}T \qquad \text{式}(1\text{-}41)$$

式中,$\Delta_r C_p$ 为各产物等压热容之和减去各反应物等压热容之和,即

$$\Delta_r C_p = \left[gC_{p,m}(\text{G}) + hC_{p,m}(\text{H}) \right] - \left[aC_{p,m}(\text{A}) + dC_{p,m}(\text{D}) \right] = \sum_B \nu_B C_{p,m}(\text{B})$$

式(1-41)两边在等压条件下,对温度 T 求导,得

$$\left[\frac{\partial \Delta_r H_m^{\ominus}(T)}{\partial T} \right]_p = \Delta_r C_p \qquad \text{式}(1\text{-}42)$$

式(1-41)和式(1-42)都称为**基尔霍夫定律**(Kirchhoff's law),前者为积分式,后者为微分式。两式都表明了任意温度时化学反应的标准摩尔反应焓随温度的变化规律。

从式(1-42)可以看出,温度对化学反应的标准摩尔反应焓的影响主要是由反应物与产物的热容不同所致。若 $\Delta_r C_p = 0$,则标准摩尔反应焓不随温度而变;若 $\Delta_r C_p > 0$,则温度升高时,标准摩尔反应焓将增大;若 $\Delta_r C_p < 0$,则温度升高时,标准摩尔反应焓将减小。

若温度变化范围不大时,可将 $\Delta_r C_p$ 视为常数,则积分式(1-41)可写成

$$\Delta_r H_m^{\ominus}(T) = \Delta_r H_m^{\ominus}(298.15\text{K}) + \Delta_r C_p(T - 298.15) \qquad \text{式}(1\text{-}43)$$

此时各物质的 $C_{p,m}$ 为 298.15K~TK 温度范围内的平均摩尔等压热容。

若 $\Delta_r C_p$ 是温度的函数,如 $\Delta_r C_p = f(T)$,将这种函数关系代入式(1-41)先积分再代入温度数据,便能计算出温度 T 时的标准摩尔反应焓变 $\Delta_r H_m^{\ominus}(T)$。

例 1-8 葡萄糖在细胞呼吸中的氧化作用如下列反应

$$\text{C}_6\text{H}_{12}\text{O}_6(\text{s}) + 6\text{O}_2(\text{g}) \longrightarrow 6\text{H}_2\text{O}(\text{l}) + 6\text{CO}_2(\text{g})$$

已知该反应的 $\Delta_r H_m^{\ominus}(298.15\text{K}) = -2\,801.71\text{kJ/mol}$,在 298.15K 时,$\text{O}_2(\text{g})$、$\text{CO}_2(\text{g})$、$\text{H}_2\text{O}(\text{l})$、$\text{C}_6\text{H}_{12}\text{O}_6(\text{s})$ 的 $C_{p,m}^{\ominus}$ 分别为 29.36J/(K·mol)、37.11J/(K·mol)、75.29J/(K·mol)和 218.9J/(K·mol)。假设各物质的 $C_{p,m}^{\ominus}$ 在 298.15~310.15K 温度范围内不变,求在生理温度 310.15K 时该反应的热效应。

解: $\Delta_r C_p^{\ominus} = \sum_B \nu_B C_{p,m}^{\ominus}(\text{B})$

$$= 6 \times 75.29 + 6 \times 37.11 - 218.9 - 6 \times 29.36 = 279.34\text{J/(K·mol)}$$

$$\Delta_r H_m^{\ominus}(310.15K) = \Delta_r H_m^{\ominus}(298.15K) + \int_{298.15}^{310.15} \Delta_r C_p^{\ominus} dT$$
$$= -2\,801.71 + 279.34 \times (310.15 - 298.15) \times 10^{-3}$$
$$= -2\,798.36 kJ/mol$$

（二）反应物或产物中的物质在298.15K到TK范围内有相变化

若在298.15K到TK范围内,反应物或产物有相变化,由于$C_{p,m}^{\ominus}$与T的关系是不连续的,因此必须在相变化前后分段积分,最终计算的$\Delta_r H_m^{\ominus}(T)$还应包括相变热。下面以反应物A在298.15K到$T$K范围内有相态的变化（$\alpha \to \beta$）为例,求任意温度$T$、$p^{\ominus}$下的化学反应焓。

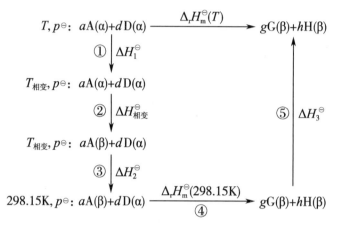

H是状态函数,反应物A（α）、D（α）由一步生成产物与由五步生成产物的反应焓变是一样的。因此有

$$\Delta_r H_m^{\ominus}(T) = \Delta H_1^{\ominus} + \Delta H_{相变}^{\ominus} + \Delta H_2^{\ominus} + \Delta_r H_m^{\ominus}(298.15K) + \Delta H_3^{\ominus}$$

其中,过程①、过程③、过程⑤都是简单状态变化,过程的焓变分别为

$$\Delta H_1^{\ominus} = \int_T^{T_{相变}} \left[aC_{p,m}(A,\alpha) + dC_{p,m}(D,\alpha) \right] dT$$

$$\Delta H_2^{\ominus} = \int_{T_{相变}}^{298.15} \left[aC_{p,m}(A,\beta) + dC_{p,m}(D,\alpha) \right] dT$$

$$\Delta H_3^{\ominus} = \int_{298.15}^T \left[gC_{p,m}(G,\beta) + hC_{p,m}(H,\beta) \right] dT$$

相变过程的相变焓$\Delta H_{相变}^{\ominus}$和298.15K的反应焓$\Delta_r H_m^{\ominus}(298.15K)$通常是已知或者可以查表求得。

因此,在298.15K到TK范围内,无论反应物或产物是否有相变化,都可以对任一温度下的化学反应焓进行计算。

知识拓展

等温滴定量热技术在药学研究中的应用

量热学是热力学的一个重要分支,具有重要的科学意义和应用价值。等温滴定量热法是一种微热量热方法,它能直接测量反应系统中放出或吸收的热量,是研究分子间弱相互作用最有效的实验手段之一。等温滴定量热法具有普适性广、灵敏度和精确度高、响应时间短、样品用量小、不破坏样品、操作简单和自动化程度高等优点，在分子生物学以及药物研究中得到广泛的应用。下面对等温滴定量热技术的原理及其在药学研究中的应用等作以简单介绍。

ER1-6　等温滴定量热技术在药学研究中的应用（文档）

本章小结

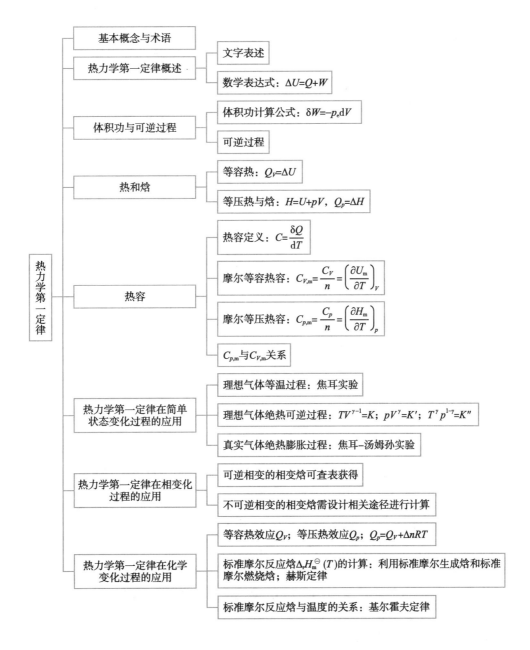

热力学第一定律
- 基本概念与术语
- 热力学第一定律概述
  - 文字表述
  - 数学表达式：$\Delta U=Q+W$
- 体积功与可逆过程
  - 体积功计算公式：$\delta W=-p_e dV$
  - 可逆过程
- 热和焓
  - 等容热：$Q_V=\Delta U$
  - 等压热与焓：$H=U+pV$，$Q_p=\Delta H$
- 热容
  - 热容定义：$C=\dfrac{\delta Q}{\mathrm{d}T}$
  - 摩尔等容热容：$C_{V,m}=\dfrac{C_V}{n}=\left(\dfrac{\partial U_m}{\partial T}\right)_V$
  - 摩尔等压热容：$C_{p,m}=\dfrac{C_p}{n}=\left(\dfrac{\partial H_m}{\partial T}\right)_p$
  - $C_{p,m}$ 与 $C_{V,m}$ 关系
- 热力学第一定律在简单状态变化过程的应用
  - 理想气体等温过程：焦耳实验
  - 理想气体绝热可逆过程：$TV^{\gamma-1}=K$；$pV^{\gamma}=K'$；$T^{\gamma}p^{1-\gamma}=K''$
  - 真实气体绝热膨胀过程：焦耳–汤姆孙实验
- 热力学第一定律在相变化过程的应用
  - 可逆相变的相变焓可查表获得
  - 不可逆相变的相变焓需设计相关途径进行计算
- 热力学第一定律在化学变化过程的应用
  - 等容热效应 Q_V；等压热效应 Q_p；$Q_p=Q_V+\Delta nRT$
  - 标准摩尔反应焓 $\Delta_r H_m^{\ominus}(T)$ 的计算：利用标准摩尔生成焓和标准摩尔燃烧焓；赫斯定律
  - 标准摩尔反应焓与温度的关系：基尔霍夫定律

ER1-7 第一章 目标测试

本章习题

一、简答题

1．状态函数的基本特征是什么？指出下列物理量中哪些是状态函数，哪些是过程量，哪些是强度性质，哪些是广度性质。

Q，W，U，U_m，H，C，V，V_m，T，p。

2．理想气体的热力学能 U 和焓 H 都仅仅是温度的函数，这是否说明理想气体的状态仅用一个变量（温度 T）即可确定？

3．有人说：系统的温度越高，其放出的热量越大。这句话对吗，为什么？

4．等量的理想气体从同一始态出发，分别经等温可逆膨胀和等温不可逆膨胀，达到相同的终态。两个过程相比，何者吸收的热量更大，为什么？

5．可逆过程有哪些特征？

6．试根据可逆过程特征指出下列过程中哪些是可逆过程？

（1）在室温和大气压力（101.325kPa）下，水蒸发为同温同压的水蒸气。

（2）在373.15K 和大气压力（101.325kPa）下，水蒸发为同温同压的水蒸气。

（3）摩擦生热。

（4）用干电池使灯泡发光。

（5）水在冰点时凝结成同温同压的冰。

（6）在等温等压下将氮气与氧气混合。

7．何为焦耳实验，何为焦耳 - 汤姆孙实验，通过这两个实验各说明什么问题？

8．系统状态发生下列变化，试问各变化过程的 Q、W、ΔU 和 ΔH 为正、为负还是为零？

（1）理想气体自由膨胀。

（2）理想气体等温可逆膨胀。

（3）理想气体节流膨胀。

（4）理想气体绝热、反抗恒外压膨胀。

（5）在充满氧气的定容绝热反应器中，石墨剧烈燃烧，以反应器及其中所有物质为系统。

（6）水蒸气通过蒸汽机对外做一定量的功后恢复原状，以水蒸气为系统。

（7）水在冰点时凝结成同温同压的冰。

9．试写出3种不同类型的等焓过程。

10．一个绝热圆筒上有理想绝热活塞，其中有理想气体，内壁绕有电阻丝。当通电时气体就慢慢膨胀。因为是等压变化，$Q_p = \Delta H > 0$；又因为是绝热系统，所以 $Q_p' = 0$，但 $Q_p' \neq \Delta H$。如何解释这两个相互矛盾的结论？

11. 夏天打开室内正在运行中的电冰箱的门,若紧闭门窗(设门窗及墙壁均不传热),能否使室内温度降低,为什么?

12. $H_2O(l)$的标准摩尔生成焓等于$H_2(g)$的标准摩尔燃烧焓吗?

13. 试写出在一定温度下,3种不同单质的标准摩尔燃烧焓分别等于3种不同化合物的标准摩尔生成焓。

14. 假设下列所有反应物和产物均为298.15K下的正常状态,指出哪个反应的ΔU大于ΔH,哪个反应的ΔU小于ΔH。

(1)蔗糖($C_{12}H_{22}O_{11}$)完全燃烧。

(2)萘($C_{10}H_8$)被氧气完全氧化成邻苯二甲酸[$C_6H_4(COOH)_2$]。

(3)乙醇(C_2H_5OH)的完全燃烧。

(4)PbS与O_2完全燃烧,氧化成PbO和SO_2。

15. 锌与稀硫酸作用何者放热较多,为什么?

(1)在敞开的容器中进行。

(2)在密闭的刚性容器中进行。

二、计算题

1. 1mol理想气体在恒定压力下温度降低1K,求过程中系统与环境交换的功。

2. 3mol理想气体从298.15K、$0.025m^3$经下述4个过程变为298.15K、$0.1m^3$。试求下述过程系统所做的体积功,比较结果,并进行说明。

(1)向真空膨胀。

(2)恒外压为终态压力下膨胀。

(3)等温下,先在外压恒定为气体体积等于$0.05m^3$的压力下膨胀至$0.05m^3$后,再在恒定外压等于终态压力下膨胀至$0.1m^3$。

(4)等温可逆膨胀。

3. 已知水和冰的密度分别为$1g/cm^3$和$0.92g/cm^3$,现有3mol的水发生如下变化(假设密度与温度无关),试求下述两过程系统所作的体积功。

(1)在373.15K和101.325kPa下蒸发为水蒸气(假设水蒸气为理想气体)。

(2)在237.15K和101.325kPa下凝结为冰。

4. 始态为323.15K、200kPa的1mol理想气体,经a、b两个不同途径到达相同的末态。途径a先经绝热膨胀到237.15K、100kPa,过程的功$W_a = -8.66kJ$;再等容加热到压力200kPa的末态,过程的热$Q_a = 35.73kJ$。途径b为等压升温过程。求途径b的W_b及Q_b。

5. 2mol某理想气体的$C_{p,m} = 2.5R$。由始态100kPa、$100dm^3$,先等容加热使压力升高到150kPa,再等压冷却使体积缩小至$50dm^3$。求整个过程的Q、W、ΔU及ΔH。

6. 1mol某理想气体于330.15K、200kPa的始态下,先受某恒定外压等温压缩至平衡态,再等容升温至370.15K、300kPa。求过程的Q、W、ΔU及ΔH。已知气体的$C_{V,m} = 20.92J/(K·mol)$。

7. 已知乙醇的蒸发热为858kJ/kg,每0.001kg乙醇蒸气的体积为$607 \times 10^{-6}m^3$。试计算下列过程的Q、W、ΔU及ΔH。

（1）0.05kg液体乙醇在101.325kPa、351.55K（乙醇沸点）下蒸发为同温同压下的乙醇气体（计算时可忽略液体体积）。

（2）若将101.325kPa、351.55K下0.05kg的液体乙醇放置于定温351.55K的真空容器中，乙醇立即蒸发并充满容器，最后气体的压力为101.325kPa。

8．在体积为0.1m³的恒容绝热容器中有一绝热隔板，其两侧分别为273.15K，2mol的Ar（g）及373.15K，1mol的Cu（s）。现将隔板撤掉，整个系统达到热平衡，求末态温度T及过程的ΔH。已知：Ar（g）和Cu（s）的摩尔等压热容$C_{p,m}$分别为20.786J/（K·mol）及24.435J/（K·mol），且假设均不随温度而变。

9．已知H_2（g）的$C_{p,m}=(29.07-0.836\times10^{-3}T+2.01\times10^{-6}T^2)$J/（K·mol），现将1mol的$H_2$（g）从400K升至800K，试求下述内容。

（1）等压升温吸收的热及H_2（g）的ΔH。

（2）等容升温吸收的热及H_2（g）的ΔU。

10．已知苯的正常沸点为353.15K，此时的摩尔蒸发焓$\Delta_{vap}H_m=30.878$kJ/mol。液体苯和苯蒸气在323.15～353.15K之间的平均摩尔等压热容分别为$C_{p,m,l}=131$J/（K·mol）和$C_{p,m,g}=101.9$J/（K·mol）。试求323.15K、101.325kPa时液体苯的摩尔蒸发焓。

11．1mol双原子理想气体，始态压力为101.325kPa，体积为22.4L，经过pT为常数的可逆压缩过程至终态压力为202.65kPa，求下述内容。

（1）终态的体积与温度。

（2）系统的ΔU及ΔH。

（3）该过程系统所做的功。

12．容器中装有一种未知气体，可能是氮气或氩气。在298.15K时取出一些样品气体，经绝热可逆膨胀后体积从5cm³变为6cm³，气体温度降低21K。试判断容器中装有何种气体？已知单原子分子气体的$C_{V,m}=1.5R$，双原子分子气体的$C_{V,m}=2.5R$。

13．1mol双原子理想气体从始态300K、200kPa，先等温可逆膨胀到压力为50kPa，再绝热可逆压缩到末态压力200kPa。求末态温度T及整个过程的W、Q、ΔU及ΔH。

14．3mol单原子理想气体，在298K和200kPa下，分别经下列两种不同的途径到达各自平衡终态，终态压力都为100kPa。试求两个过程的W、ΔU和ΔH。

（1）绝热可逆膨胀。

（2）绝热反抗恒外压膨胀。

15．298.15K的1g正庚烷在等容条件下完全燃烧，使热容为6 547.2J/K的量热计温度上升了5K，求正庚烷在298.15K完全燃烧的ΔH。

16．应用附录中有关物质的热化学数据，计算298.15K时反应

$$2CH_3OH(1)+O_2(g)\longrightarrow HCOOCH_3(1)+2H_2O(1)$$

的标准摩尔反应焓，要求如下。

（1）应用298.15K的标准摩尔生成焓数据；已知甲酸甲酯的$\Delta_f H_m^\ominus$（HCOOCH$_3$，1）=-379.07kJ/mol。

（2）应用298.15K的标准摩尔燃烧焓数据；已知$\Delta_c H_m^\ominus$（CH$_3$OH，1）=-726.51kJ/mol，

$\Delta_c H_m^\ominus(\text{HCOOCH}_3, 1) = -979.5\text{kJ/mol}$。

17. 已知 298.15K 的标准状态下, 下列物质燃烧的热化学反应方程式和标准摩尔反应焓数据如下。

（1）$2C_2H_2(g) + 5O_2(g) \longrightarrow 4CO_2(g) + 2H_2O(1)$　　　$\Delta_r H_{m,1}^\ominus = -2\,599.16\text{kJ/mol}$

（2）$2C_2H_6(g) + 7O_2(g) \longrightarrow 4CO_2(g) + 6H_2O(1)$　　　$\Delta_r H_{m,2}^\ominus = -3\,121.66\text{kJ/mol}$

（3）$H_2(g) + \dfrac{1}{2}O_2(g) \longrightarrow H_2O(1)$　　　$\Delta_r H_{m,3}^\ominus = -285.83\text{kJ/mol}$

根据以上反应的标准摩尔反应焓变, 不查表计算在 298.15K 的标准状态下, $C_2H_2(g) + 2H_2(g) \longrightarrow C_2H_6(g)$ 的标准摩尔反应焓变 $\Delta_r H_{m,4}^\ominus$。

18. 若在高山上, 因为衣服潮湿, 登山运动员会损失大量的热, 如不及时补充食物, 会使体温下降。假如体重为 75kg 的运动员, 穿的衣服吸水 1kg, 用冷风吹干,（1）运动员将损失多少热量?（2）此时体温要下降几度?（3）要保持体温不变应补充葡萄糖多少克?

假设: 高山上水的摩尔蒸发热为 40.67kJ/mol, 葡萄糖的燃烧热为 2\,808kJ/mol, 水的热容为 75.291J/(K·mol)。

19. 已知 $CH_3COOH(g)$、$CH_4(g)$ 和 $CO_2(g)$ 的平均摩尔等压热容分别为 52.3J/(K·mol)、37.7J/(K·mol)、75.3J/(K·mol)、31.4J/(K·mol)。应用附录中物质在 298.15K 的标准摩尔生成焓数据, 计算 1\,000K 时反应 $CH_3COOH(g) \longrightarrow CH_4(g) + CO_2(g)$ 的 $\Delta_r H_m^\ominus$。

20. 在 100kPa、298.15K 的条件下, 反应 $N_2(g) + 3H_2(g) \longrightarrow 2NH_3(g)$ 的 $\Delta_r H_m^\ominus = -92.88\text{kJ/mol}$, 且已知下述内容, 求此反应在 100kPa、398.15K 时的 $\Delta_r H_m^\ominus$。

$$C_{p,m}(N_2, g) = (26.98 + 5.912 \times 10^{-3}T - 3.376 \times 10^{-7}T^2)\text{J}/(\text{K·mol})$$

$$C_{p,m}(H_2, g) = (29.07 - 0.837 \times 10^{-3}T + 20.12 \times 10^{-7}T^2)\text{J}/(\text{K·mol})$$

$$C_{p,m}(NH_3, g) = (25.89 + 33.00 \times 10^{-3}T - 30.46 \times 10^{-7}T^2)\text{J}/(\text{K·mol})$$

三、计算题答案

1. $W = 8.314\text{J}$

2.（1）$W_1 = 0\text{J}$;（2）$W_2 = -5\,577.3\text{J}$;（3）$W_3 = -7\,436.4\text{J}$;（4）$W_4 = -10\,309\text{J}$

3.（1）$W_1 = -9\,307\text{J}$;（2）$W_2 = -0.476\text{J}$

4. $W_b = -1\,400\text{J}$; $Q_b = 28\,470\text{J}$

5. $Q = -11\,251\text{J}$; $W = 7\,500\text{J}$; $\Delta U = -3\,751\text{J}$; $\Delta H = -6\,252\text{J}$

6. $Q = -69.3\text{J}$; $W = 906.1\text{J}$; $\Delta U = 836.8\text{J}$; $\Delta H = 1\,169.4\text{J}$

7.（1）$Q = \Delta H = 42\,900\text{J}$; $W = -3\,075.2\text{J}$; $\Delta U = 39\,825\text{J}$

　　（2）$Q = \Delta U = 39\,825\text{J}$; $W = 0\text{J}$; $\Delta H = 42\,900\text{J}$

8. $T = 322.6\text{K}$; $\Delta H = 820.5\text{J}$

9.（1）$\Delta H = 11\,728\text{J}$;（2）$\Delta U = 8\,402.4\text{J}$

10. $\Delta H = 31\,751\text{J}$

11.（1）$V_2 = 5.6 \times 10^{-3}\text{m}^3$; $T_2 = 136.5\text{K}$;（2）$\Delta U = -2\,837\text{J}$; $\Delta H = -3\,972\text{kJ}$;（3）$W = 2\,270\text{J}$

12. 氮气

13. $T_2 = 445.8\text{K}$；$Q = 3\,458\text{J}$；$W = -427.5\text{J}$；$\Delta U = 3\,030.5\text{J}$；$\Delta H = 4\,242.6\text{J}$

14. （1）$W = \Delta U = -2\,701.2\text{J}$；$\Delta H = -4\,502\text{J}$；（2）$W = \Delta U = -2\,230\text{J}$；$\Delta H = -3\,716.4\text{J}$

15. $\Delta H = -3\,283.5\text{kJ}$

16. （1）$\Delta_r H_m^{\ominus} = -473.41\text{kJ/mol}$；（2）$\Delta_r H_m^{\ominus} = -473.52\text{kJ/mol}$

17. $\Delta_r H_{m,4}^{\ominus} = -310.41\text{kJ/mol}$

18. （1）损失热量为 $Q = -2.26 \times 10^3 \text{kJ/kg}$；（2）体温下降 7.21K；（3）需要补充葡萄糖 145g

19. $\Delta_r H_m^{\ominus}(1\,000\text{K}) = -24.3\text{kJ/mol}$

20. $\Delta_r H_m^{\ominus}(398.15\text{K}) = -97.09\text{kJ/mol}$

ER1-8　第一章　习题详解（文档）

（包志红）

第二章　热力学第二定律

ER2-1　第二章
热力学第二定律
（课件）

热力学第一定律指出了系统内发生的任何变化过程都遵守能量守恒定律，但是它并不能指出变化过程的方向和限度。自然界的过程都不违反热力学第一定律，但不违反第一定律的过程未必都能发生。例如，在一定条件下，反应 $H_2(g) + Cl_2(g) = 2HCl(g)$ 和其逆反应 $2HCl(g) = H_2(g) + Cl_2(g)$，根据热力学第一定律，只能知道在指定条件下两个反应焓分别为 $\Delta_r H$ 和 $-\Delta_r H$，却无法判断在指定条件下，反应是向生成 $HCl(g)$ 的方向进行，还是向分解 $HCl(g)$ 的方向进行，以及反应进行的程度。热力学第二定律提出了具有普遍意义的熵判据，对于判断反应的方向和限度具有重要意义。判断反应的方向和限度是热力学第二定律所要解决的核心问题，热力学第二定律与热力学第一定律一样，是人类长期生产实践的总结，对于指导工业生产、开发新的工艺路线等具有重要的意义。

ER2-2　第二章
内容提要（文档）

第一节　热力学第二定律概述

一、自发过程的共同特征

自发过程（spontaneous process）是指在一定条件下，不需要任何外力任其自然就能自动发生的过程。自发过程具有如下的共同特征。

1. **自发过程具有确定的方向和限度**　自然界发生的自发过程都有一定的方向性，并且总是单向地趋于平衡态。例如，水总是自发地从高处流向低处，直至两处水位高度相等为止；气体会自动地由高压区流向低压区，直至压力相等为止；热量自发地从高温物体传向低温物体，直至两物体温度相等为止；锌和硫酸铜溶液可以自动发生置换反应生成铜和硫酸锌。

从这些例子可以看出，自发过程都具有确定的方向，而限度是该条件下系统的平衡态。例如，水流过程的限度是水位差为零；气体流动过程的限度是压力差为零，即力平衡；热传导过程的限度是热平衡；化学反应的限度是化学平衡。

2. **自发过程具有不可逆性**　自发过程的逆过程不能自动发生，称为非自发过程，非自发过程必须借助外力才能进行。例如，水不能自动从低处流向高处，若实现水的倒流就必须借助外力（如水泵），即环境对系统做功；大气中的气体不可能自动流入气缸而使气缸的压力升高，若想实现这一过程需要通过压缩机做功；铜不能自动从硫酸锌溶液中置换出锌，但是可以利用电解做功实现这一反应。

对于热传导过程,热由高温物体传给低温物体是自发过程,当两物体的温度相等时,若要使两物体都恢复原来的温度,必须通过制冷机消耗电功迫使热量反向流动,使系统复原。这种复原的代价是环境消耗了功,同时从系统得到了等量的热。要使环境也恢复原状,则取决于在不引起其他变化条件下,热能否全部转变为功。

ER2-3 焦耳热功当量实验（动画）

人类经验告诉我们,功能全部转化为热,但在不引起任何变化条件下,热不能全部转变为功。例如,焦耳的热功当量实验,重物自动下降,带动搅拌片旋转,与水摩擦产生的热使水温升高,这是功转变成热的自发过程。但是,其逆过程,即水的温度降低,搅拌器吸热全部转化为功,将重物升至原来高度,这个过程是不可能自动发生的。经验证明,在不引起任何变化的条件下,热不能全部转变为功。

事实上,所有自发过程是否热力学可逆,都可归结为"在不引起其他任何变化条件下热能否全部变为功"这一共同问题。实践表明,热完全转化为功而不留下任何影响是不可能的。因此,可以得出:一切自发过程都是热力学不可逆的,这是自发过程的共同特征,其本质是功与热转换的不可逆性。

3. 自发过程具有做功的能力　任何自发过程都可以利用适当装置,在进行的过程中对外做功。例如,热从高温热源转移到低温热源的过程中带动热机做功;气体由高压向低压流动过程中,中间加个气压机可以对外做功;化学反应在电池中进行可做电功。但是,自发过程伴随着过程的进行,系统做功的能力逐渐降低,直至到达平衡,丧失做功能力。

二、热力学第二定律的经典表述

一切自发过程在热力学上都是不可逆的,这些不可逆过程又是相互关联的,可以从一个自发过程的不可逆性推断另一个过程的不可逆性,从而人们总结出反映这种自发过程的简便说法,这个普遍原理就是热力学第二定律。热力学第二定律是人类在长期实践中总结出来的关于自发过程的方向和限度的规律。热力学第二定律有多种表述方式,各种表述方式都是等效的,其中最经典的是克劳修斯(Clausius)和开尔文(Kelvin)的两种表述。

（一）克劳修斯表述

"热量由低温物体传给高温物体而不引起其他变化是不可能的"。就是说,如果将热由低温物体传给高温物体,必定会引起其他变化。例如制冷机可以将热由低温物体传至高温物体,但环境必须对系统做功。

（二）开尔文表述

"从单一热源取热使之完全变为功,而不发生其他变化是不可能的"。也可表述为"**第二类永动机**(perpetual motion machine of the second kind)是不可能制成的"。第二类永动机是指无须外界供给热而能不断循环做功的机器,它是在不违反第一定律的前提下设计出来的。如果第二类永动机是可以制成的,它可以从大海和空气等巨大单一热源中源源不断地取热转化为功,轮船和飞机不需要燃料就可以工作,这是不可能的。这种永动机存在的条件是从单一热源吸热而做出等量的功,同时又不引起其他变化,但是实践证明是不可能的。

克劳修斯表述指明了热传导过程的不可逆性,开尔文表述指明了热功转换过程的不可逆性，以上两种表述是用具体的自发过程的不可逆性概括了一切自发过程的逆过程是不可能自动进行的，两种说法实质上是完全等效的，若违背其中的一种表述，也必然违背另一种表述。利用热力学第二定律的经典表述可以判定过程的方向和限度，但是这种判定方法比较抽象，使用起来也不方便。为此，需要寻找一个简单适用的判定过程的方向和限度的判据，这是本章所要解决的核心问题。

第二节　卡诺循环和卡诺定理

一、卡诺循环

热力学第二定律是人们在研究热机效率的基础上建立起来的。将热能（热）转变为机械能（功）的装置称为**热机**（heat engine），根据热力学第二定律可知，热转变为功是有一定限度的。最早出现的热机是 18 世纪发明的蒸汽机，其工作原理可以抽象表述为：热机从高温热源（T_2）吸热 Q_2，一部分用于对外做功 W，另一部分 Q_1 传给低温热源（T_1），完成一个循环，系统复原，如图 2-1 所示。

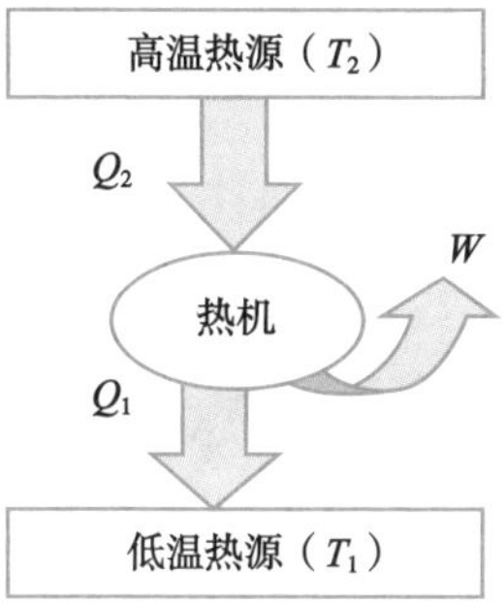

热机效率与热转变为功的限度密切相关，**热机效率**（efficiency of heat engine）定义为热机对外做的功与热机从高温热源所吸热的比值，用 η 表示。循环过程，$\Delta U = 0$，根据热力学第一定律，$-W = Q = Q_1 + Q_2$，所以

$$\eta = \frac{-W}{Q_2} = \frac{Q_1 + Q_2}{Q_2} = 1 + \frac{Q_1}{Q_2} \qquad\qquad 式（2\text{-}1）$$

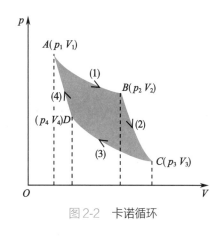

图 2-1　热机工作原理

式（2-1）中，W 前加负号是因为按规定系统对环境做功为负值，而热机效率是正值。

历史上，正是通过热机效率的研究而得到在指定条件下，自发过程进行的方向和限度的判别标准。

1824 年，法国工程师卡诺（S. Carnot）首次提出热机效率是有理论极限的，为此，他设计了由等温可逆膨胀、绝热可逆膨胀、等温可逆压缩和绝热可逆压缩四步可逆过程构成循环的可逆热机，该循环称为**卡诺循环**（Carnot cycle），由卡诺循环构成的热机称为卡诺热机或理想热机。

设工作物质为 1mol 的理想气体，工作在 T_1 和 T_2 两个热源之间，经过四步可逆过程构成的卡诺循环，气体恢复到原态，这个循环可以用图 2-2 表示。在 p-V 图上，四条曲线所包围的面积，就等于循环系统所做的功。

这个理想热机的效率就是完成循环后热机所做的总功与从高温热源吸收的热量之比。

（1）由 $p_1 V_1$ 等温可逆膨胀到 $p_2 V_2$（$A \rightarrow B$）：系统与高温热源（T_2）接触，等温可逆膨胀，$\Delta U_1 = 0$，所做的功与吸收的热数值相等。

图 2-2　卡诺循环

$$Q_2 = -W_1, \qquad W_1 = -\int_{V_1}^{V_2} p\,\mathrm{d}V = RT_2 \ln \frac{V_1}{V_2}$$

（2）由 $p_2 V_2$ 绝热可逆膨胀到 $p_3 V_3$（$B \to C$）：系统经绝热可逆膨胀，温度由 T_2 降至 T_1，由于绝热，故 $Q = 0$。

$$W_2 = \Delta U_2 = \int_{T_2}^{T_1} C_{V,\mathrm{m}}\,\mathrm{d}T$$

（3）由 $p_3 V_3$ 等温可逆压缩到 $p_4 V_4$（$C \to D$）：系统与低温热源（T_1）接触，等温可逆压缩，因此 $\Delta U_3 = 0$。

$$Q_1 = -W_3, \qquad W_3 = -\int_{V_3}^{V_4} p\,\mathrm{d}V = RT_1 \ln \frac{V_3}{V_4}$$

系统放热 Q_1 到低温热源。

（4）由 $p_4 V_4$ 绝热可逆压缩到 $p_1 V_1$（$D \to A$）：系统经绝热可逆压缩，回到始态，由于绝热，故 $Q = 0$。

$$W_4 = \Delta U_4 = \int_{T_1}^{T_2} C_{V,\mathrm{m}}\,\mathrm{d}T$$

以上四步构成可逆循环，系统回到原态，系统内能的变化 $\Delta U = 0$，卡诺循环所做的总功应等于系统的总热，即 $-W = Q_1 + Q_2$。

$ABCD$ 四条线所包围的面积就是系统对环境所做的总功 W，其大小为：

$$\begin{aligned}
W &= W_1 + W_2 + W_3 + W_4 \\
&= RT_2 \ln \frac{V_1}{V_2} + \int_{T_2}^{T_1} C_{V,\mathrm{m}}\,\mathrm{d}T + RT_1 \ln \frac{V_3}{V_4} + \int_{T_1}^{T_2} C_{V,\mathrm{m}}\,\mathrm{d}T \qquad \text{式（2-2）} \\
&= RT_2 \ln \frac{V_1}{V_2} + RT_1 \ln \frac{V_3}{V_4}
\end{aligned}$$

因为过程（2）和过程（4）是绝热可逆过程，根据理想气体的绝热可逆过程方程，有

$$T_2 V_2^{\gamma-1} = T_1 V_3^{\gamma-1}$$
$$T_2 V_1^{\gamma-1} = T_1 V_4^{\gamma-1}$$

两式相除得

$$\frac{V_1}{V_2} = \frac{V_4}{V_3}$$

代入式（2-2）得

$$\begin{aligned}
W &= RT_2 \ln \frac{V_1}{V_2} + RT_1 \ln \frac{V_3}{V_4} \\
&= R(T_2 - T_1) \ln \frac{V_1}{V_2}
\end{aligned}$$

代入式（2-1）可得卡诺热机的效率 η

$$\eta = \frac{-W}{Q_2} = \frac{-R(T_2 - T_1)\ln \dfrac{V_1}{V_2}}{-RT_2 \ln \dfrac{V_1}{V_2}} = \frac{T_2 - T_1}{T_2} = 1 - \frac{T_1}{T_2} \qquad \text{式（2-3）}$$

由式（2-3）可以得出如下结论。

（1）卡诺热机的效率与两热源的温度有关,两热源的温差越大,热机的效率越大,热量的利用越完全。

（2）热机必须工作于不同温度的两热源之间,把热量从高温热源传到低温热源而做功。若 $T_2 = T_1$,则 $\eta = 0$,即等温循环过程中,热机效率等于零。也就是说,从单一热源吸热而循环做功的机器即第二类永动机是不可能制造出来的。

（3）若 $T_1 = 0$,热机效率 $\eta = 100\%$,但这是不能实现的,因为绝对零度不可能达到,后续的热力学第三定律可以证明这一点,所以热机效率总是小于1。

二、卡诺定理

卡诺在推导出可逆热机的效率之后,提出了著名的**卡诺定理**（Carnot theorem）,其内容包括两个方面。

（1）在两个不同温度的热源之间工作的所有热机,卡诺热机的效率最大。

（2）卡诺热机的效率只与两热源的温度有关,而与工作物质无关。

卡诺定理可以采用反证法证明,其结论是正确的,否则将违反热力学第二定律。

ER2-4 反证法证明卡诺定理（微课）

依据卡诺定理,可以把热机分为两类,一类是卡诺热机,也称为可逆热机,其循环过程为可逆循环,其热机效率 $\eta = 1 - \dfrac{T_1}{T_2}$;另一类热机为不可逆热机,其循环过程为不可逆循环。若以 η_i 表示任意热机的效率,η_r 表示可逆热机的效率,则

$$\eta_r \geqslant \eta_i \qquad\qquad 式（2-4）$$

将式（2-1）和式（2-3）分别代入式（2-4）,可得

$$1 - \frac{T_1}{T_2} \geqslant 1 + \frac{Q_1}{Q_2}$$

$$\frac{Q_1}{T_1} + \frac{Q_2}{T_2} \leqslant 0 \qquad\qquad 式（2-5）$$

式（2-5）中,$\dfrac{Q}{T}$ 称为热温商,等号用于可逆热机,不等号用于不可逆热机,即可逆热机的热温商之和等于零,不可逆热机的热温商之和小于零。卡诺定理将可逆循环与不可逆循环定量地区分开,为熵函数的导出奠定了基础。

第三节 熵

一、熵的导出

由式（2-5）可知,卡诺循环过程的热温商之和为零,即

$$\frac{Q_1}{T_1} + \frac{Q_2}{T_2} = 0 \qquad\qquad 式(2\text{-}6)$$

这一结论可推广到任意的可逆循环过程,即:任意可逆循环过程的热温商之和为零,现对此结论进行证明。

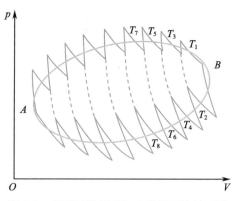

图 2-3　任意可逆循环与卡诺循环的关系图

　　假设有一任意可逆循环,如 p-V 图(图 2-3)上的 A—B—A 所示,可以用许多排列极为接近的可逆等温线 T_1、T_2、T_3、T_4……和可逆绝热线,将整个封闭曲线分割成许多小的卡诺循环,图中虚线所代表的相邻两个小的卡诺循环的绝热膨胀线和绝热压缩线相互重叠,其所做的功互相抵消。因此这些小卡诺循环总效果与图中封闭折线相当,当分成无限多个小卡诺循环时,则封闭的折线与封闭的曲线重合,即可用一连串的极小的卡诺循环来代替原来的任意可逆循环。

　　对于每一个小卡诺循环,其热温商之和等于零,即

$$\frac{(\delta Q_1)_r}{T_1} + \frac{(\delta Q_2)_r}{T_2} = 0, \quad \frac{(\delta Q_3)_r}{T_3} + \frac{(\delta Q_4)_r}{T_4} = 0 \cdots\cdots$$

对于任意的可逆循环,合并上式可得

$$\frac{(\delta Q_1)_r}{T_1} + \frac{(\delta Q_2)_r}{T_2} + \frac{(\delta Q_3)_r}{T_3} + \frac{(\delta Q_4)_r}{T_4} + \cdots\cdots = 0$$

即

$$\sum \frac{(\delta Q_B)_r}{T_B} = 0$$

式中,δQ_r 表示任意无限小可逆过程的系统与热源交换的热,T 是热源的温度,因为过程可逆,所以 T 也是系统的温度。当为无限多个小的卡诺循环时,上式可以表示为

$$\oint \frac{(\delta Q_B)_r}{T_B} = 0 \qquad\qquad 式(2\text{-}7)$$

即任意可逆循环过程的热温商沿封闭曲线的环积分为零,这就证明了任意可逆循环过程的热温商之和为零。

　　如果任意的可逆循环,如图 2-4 所示,由可逆过程 I 和 II 构成,则式(2-7)可以表示为两项积分的加和,即

$$\int_A^B \left(\frac{\delta Q_r}{T}\right)_1 + \int_B^A \left(\frac{\delta Q_r}{T}\right)_2 = 0$$

移项后,得

$$\int_A^B \left(\frac{\delta Q_r}{T}\right)_1 = -\int_B^A \left(\frac{\delta Q_r}{T}\right)_2 = \int_A^B \left(\frac{\delta Q_r}{T}\right)_2 \qquad 式(2\text{-}8)$$

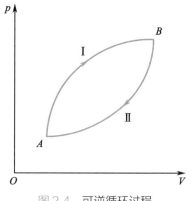

图 2-4　可逆循环过程

　　式(2-7)表明 $\dfrac{\delta Q_r}{T}$ 的环积分为零,根据积分定理的逆定理,若沿封闭曲线的环积分为零,则所积变量应当是某状态函数的全微分。式(2-8)表明该变

量的积分值只取决于系统的始态和终态,而与过程的具体途径无关。即所积变量 $\dfrac{\delta Q_r}{T}$ 应是某一个状态函数的全微分。克劳修斯将此状态函数定义为**熵**(entropy),用符号 S 表示,即

$$dS = \frac{\delta Q_r}{T} \qquad 式(2\text{-}9)$$

式(2-9)是熵的定义式,熵的单位是 J/K。熵是状态函数,其变化量只取决于系统的始态和终态,而与具体途径无关。若系统从状态 A 变化到状态 B,S_A 和 S_B 分别表示始态的熵和终态的熵,则系统熵的变化量为

$$\Delta S = S_B - S_A = \int_A^B \frac{\delta Q_r}{T} \quad 或 \quad \Delta S - \sum_B \left(\frac{\delta Q_B}{T}\right)_r = 0 \qquad 式(2\text{-}10)$$

式(2-10)的意义是:系统由状态 A 到状态 B,ΔS 有唯一的值,等于从 A 到 B 可逆过程的热温商之和。熵是系统的广度性质,具有加和性,系统各部分的熵之和等于系统的总熵。

ER2-5 熵函数的导出(微课)

二、热力学第二定律数学表达式——克劳修斯不等式

根据卡诺定理的推论式(2-5),可知对于不可逆循环

$$\frac{Q_1}{T_1} + \frac{Q_2}{T_2} < 0 \qquad 式(2\text{-}11)$$

若推广至任意不可逆循环,使系统在循环中与一系列不同温度 T_B 的热源接触,交换热量分别为 δQ_B,则式(2-11)可表示为

$$\sum_B \left(\frac{\delta Q_B}{T_B}\right)_{ir} < 0 \qquad 式(2\text{-}12)$$

式(2-12)中,括号外下角 ir 代表不可逆,因不可逆过程,系统处于非平衡态,系统没有确定的平衡温度,式中 T_B 只能代表热源(环境)的温度。

设有一不可逆循环过程,如图 2-5 所示,若系统从状态 A 经不可逆过程到达状态 B,然后再从状态 B 经可逆过程返回状态 A,因循环中有不可逆步骤,故整个循环过程为一不可逆循环。根据式(2-12),得

$$\left(\sum_A^B \frac{\delta Q}{T}\right)_{ir} + \left(\sum_B^A \frac{\delta Q}{T}\right)_r < 0$$

因

$$\left(\sum_B^A \frac{\delta Q}{T}\right)_r = S_A - S_B = -\Delta S$$

其中的 ΔS 为由 A 到 B 过程的熵变,则

$$\left(\sum_A^B \frac{\delta Q}{T}\right)_{ir} - \Delta S < 0$$

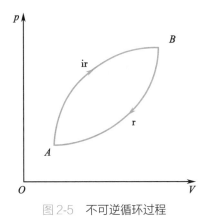

图 2-5 不可逆循环过程

或

$$\Delta S - \left(\sum_{A}^{B} \frac{\delta Q}{T}\right)_{ir} > 0 \qquad 式(2-13)$$

从式(2-13)中看出,不可逆过程的热温商之和小于该过程系统的熵变。熵是状态函数,熵变数值上等于可逆过程的热温商之和。

结合熵变的表达式(2-10),可得

$$\Delta S - \sum_{A}^{B} \frac{\delta Q}{T} \geqslant 0 \qquad 式(2-14)$$

对于一个微小过程,式(2-14)可写成

$$dS - \frac{\delta Q}{T} \geqslant 0 \qquad 式(2-15)$$

式(2-14)和式(2-15)称作**克劳修斯不等式**(Clausius inequality),也是热力学第二定律的数学表达式,δQ 是实际过程中交换的热,T 是环境的温度。式中等号表示该过程可逆,此时环境与系统处于平衡状态,温度相等;不等号表示该过程不可逆。克劳修斯不等式将熵变与热温商之和进行比较,用于判断过程是否可逆。不可能有 $dS - \frac{\delta Q}{T} < 0$ 的过程发生,因按卡诺定理,在同一组热源之间工作的热机效率不可能超过卡诺热机,否则将违反热力学第二定律。

三、熵增加原理

对于封闭系统的绝热过程,$\sum \delta Q_{绝热} = 0$,克劳修斯不等式可以写成

$$\Delta S_{绝热} \geqslant 0 \qquad 式(2-16)$$

对于绝热可逆过程,系统的熵值不变,$\Delta S = 0$;对绝热不可逆过程,系统的熵值增加,$\Delta S > 0$。绝热过程系统的熵值永不减少,这就是**熵增加原理**(principle of entropy increasing)。应该指出,自发过程一定是不可逆过程;而不可逆过程可能是自发过程,也可能是非自发过程。绝热过程系统与环境无热交换,但不排除以功的形式交换能量。式(2-16)只能判定过程是否可逆,不能用来判定过程是否自发。

对于孤立系统,由于系统与环境间没有热和功的交换,必然是绝热的,式(2-16)也同样适于孤立系统,孤立系统排除了环境对系统以任何方式的干扰,因此,孤立系统的不可逆过程必然是自发过程。式(2-16)可表示为

$$\Delta S_{孤立} \geqslant 0 \qquad 式(2-17)$$

孤立系统自发过程的方向总是朝着熵值增大的方向进行,直到在该条件下系统熵值达到最大为止,即孤立系统中过程的限度就是其熵值达到最大,孤立系统的熵值永不会减少,这是孤立系统的熵增加原理。利用孤立系统的熵变可以用来判断过程的方向和限度。

对于封闭系统,若将系统与其密切相关的环境放在一起考虑,就可构建一个孤立系统,这个孤立系统的熵变就是系统的熵变与环境熵变之和,可以作为判定过程的方向和限度的判据,表示为

$$\Delta S_{孤立} = \Delta S_{系统} + \Delta S_{环境} \geqslant 0 \qquad 式(2-18)$$

对于给定系统,只要能够计算系统和环境的熵变,就可以依据式(2-18)判定过程的方向。如果 $\Delta S_{孤立} > 0$,就是自发过程;如果 $\Delta S_{孤立} = 0$,就是可逆过程,即过程在该条件下到达了限度。这就解决了热力学第二定律关于自发过程方向和限度的判定问题。

四、熵的物理意义

热力学系统是由大量分子组成的集合体,系统的宏观性质是大量分子微观性质综合的体现。解释热力学性质的微观意义,有利于深入了解热力学函数的物理意义。

以一定量的纯物质从固态经液态到气态的可逆相变过程为研究系统,系统在整个过程中不断吸热,根据熵的定义式,可知系统的熵在不断增加,因此,可得 $S_{固} < S_{液} < S_{气}$。在物质的固、液、气三种聚集状态中,气态的无序度(混乱度)最大,因为气体分子运动空间范围增大;固态分子只能在其平衡位置附近振动,因此其无序度最小;液体的无序度介于气态和固态之间。由此可见,熵与系统的无序度有关,系统的无序度增加时,熵增加。再如,理想气体 A 和气体 B 的混合过程,混合前,在一密闭容器中,气体 A 和气体 B 由隔板分开,这是一种有序状态;抽去隔板,两种气体均匀混合,就其中某种气体而言,其运动空间范围增大,系统的有序性降低,无序度增加,熵值增大。这说明,自发过程总熵的增加可以看作是混乱度增加的度量。分析其他过程也会得出同样的结果,因而,熵可以看成是系统混乱度的标志或度量,这就是**熵的物理意义**。

玻尔兹曼(Boltzmann)采用统计热力学的方法给出了熵与热力学概率 Ω 的定量关系式,即玻尔兹曼定理

$$S = k\ln\Omega \qquad\qquad 式(2-19)$$

式(2-19)中,k 是波尔兹曼常数,Ω 是热力学概率,即系统的微观状态数,式(2-19)是将系统的宏观物理量 S 与微观 Ω 联系起来的重要公式,成为宏观量与微观量联系的重要桥梁。说明系统总的微观状态数越大,系统越混乱,系统的熵越大。

自发过程的共同特征是具有不可逆性,当自发过程进行时,一般都伴随着热和功之间的转换。从微观角度看,热是分子混乱运动的一种表现,功是系统内分子的有序运动。热力学第二定律指出,热功转化是有方向的,即功可自发地全部变为热,但热不能全部转变为功而不引起其他任何变化。这是由于功转变为热的过程是大量分子从有序运动转化为无序运动,是向混乱度增加的方向自发进行,直至在该条件下最混乱的状态,即熵值最大的状态。相反,无序的热运动却不会自发地转变为有序运动,这也是自发过程不可逆的本质。

第四节　熵变的计算

一、环境熵变的计算

环境通常是大气或大热源,与系统相比,环境很大。系统发生变化时所吸收或放出的热

对环境而言是微量的,对环境而言可视为可逆热,用 $Q_{环,r}$ 表示,其大小等于系统热的负值,即 $Q_{环,r}=-Q_{系统}$;环境可以看作是个大的储热器,其温度不会因为这部分热交换而发生变化,因此其温度可视为常数。根据熵变的定义,环境的熵变为

$$\Delta S_{环} = \frac{Q_{环,r}}{T_{环}} = -\frac{Q_{系统}}{T_{环}} \qquad 式(2-20)$$

式(2-20)中的下角标"系统"可以省略。

系统各过程的 Q 如何计算或测定已在热力学第一定律中解决,环境熵变的计算已经不再是问题。若能获知系统的熵变,就可以判断过程的方向和限度。

二、系统熵变的计算

熵是状态函数,其变化只与始终态有关,与过程无关,因此无论过程是否可逆,系统由状态 A 变化至状态 B,均可用下式计算熵变

$$\Delta S_{系统} = \int_A^B \frac{\delta Q_r}{T} \qquad 式(2-21)$$

对于不可逆过程,必须在相同的始终态间设计适当的可逆过程,这个可逆过程的热温商就是 $\Delta S_{系统}$,下角标"系统"常常省略。

本节仅讨论纯物质系统状态变化及相变化过程的熵变计算,与化学反应有关的熵变及其计算将在下一节讨论。

(一)简单状态变化过程 ΔS 的计算

根据熵的定义式和热力学第一定律表达式,可知

$$dS = \frac{\delta Q_r}{T} = \frac{dU - \delta W_r}{T} = \frac{dU + pdV}{T} \qquad 式(2-22)$$

式(2-22)是计算简单状态变化过程中系统熵变的通用公式。

1. 理想气体简单状态变化 设 n mol 理想气体,由始态 A(p_1, V_1, T_1)变到终态 B(p_2, V_2, T_2)的任意过程,其熵变可用式(2-22)计算。

$$\Delta S = \int_A^B \frac{dU + pdV}{T} = \int_{T_1}^{T_2} \frac{nC_{V,m}}{T}dT + \int_{V_1}^{V_2} \frac{nR}{V}dV$$

$$\Delta S = nC_{V,m} \ln \frac{T_2}{T_1} + nR \ln \frac{V_2}{V_1} \qquad 式(2-23)$$

根据理想气体状态方程,$V = \frac{nRT}{p}$,以及 $C_{p,m} - C_{V,m} = R$,代入式(2-23)可得

$$\Delta S = nC_{p,m} \ln \frac{T_2}{T_1} + nR \ln \frac{p_1}{p_2} \qquad 式(2-24)$$

式(2-23)和式(2-24)是理想气体简单状态变化过程计算熵变的通用公式。对于理想气体的特殊情况可简化为

等温过程 $\qquad\qquad \Delta S = nR \ln \frac{V_2}{V_1} = nR \ln \frac{p_1}{p_2} \qquad 式(2-25)$

等压过程
$$\Delta S = nC_{p,m} \ln \frac{T_2}{T_1} = nC_{p,m} \ln \frac{V_2}{V_1}$$
式（2-26）

等容过程
$$\Delta S = nC_{V,m} \ln \frac{T_2}{T_1} = nC_{V,m} \ln \frac{p_2}{p_1}$$
式（2-27）

例 2-1　在 298K 下，1mol 理想气体，从 100kPa 恒外压膨胀至 10kPa，计算该过程的熵变，并判断过程的方向性。

解：理想气体等温过程

$$\Delta S = nR \ln \frac{p_1}{p_2} = 1 \times 8.314 \ln \frac{100 \times 10^3}{10 \times 10^3} = 19.14 \text{J/K}$$

$$Q = -W = p_e(V_2 - V_1) = p_e\left(\frac{nRT}{p_2} - \frac{nRT}{p_1}\right) = nRTp_e\left(\frac{1}{p_2} - \frac{1}{p_1}\right)$$

$$= 8.314 \times 298 \times 10 \times 10^3 \times \left(\frac{1}{10 \times 10^3} - \frac{1}{100 \times 10^3}\right) = 2\,229.8 \text{J/mol}$$

$$\Delta S_{环} = \frac{-Q}{T_环} = \frac{-2\,229.8}{298} = -7.48 \text{J/K}$$

$$\Delta S_孤 = \Delta S + \Delta S_环 = 19.14 - 7.48 = 11.66 \text{J/K} > 0$$

根据熵的判据，该过程可以自发进行。

由例 2-1 可以得知，温度相同时，低压气体的熵比高压气体的熵大，即 $S_{低压} > S_{高压}$。

例 2-2　1mol 双原子理想气体，由始态 400K、200kPa，经绝热、反抗恒外压 150kPa 膨胀至平衡态，计算该过程的熵变，并判断过程的方向性。

解：对于双原子理想气体，$C_{V,m} = \frac{5}{2}R$，$C_{p,m} = \frac{7}{2}R$

因为过程绝热 $Q = 0$，所以有 $\Delta U = W$，得

$$nC_{V,m}(T_2 - T_1) = -p_e(V_2 - V_1) = -p_2\left(\frac{nRT_2}{p_2} - \frac{nRT_1}{p_1}\right) = -nRT_2 + nRT_1\frac{p_2}{p_1}$$

$$1 \times \frac{5}{2} \times 8.314 \times (T_2 - 400) = -1 \times 8.314 \times T_2 + 1 \times 8.314 \times 400 \times \frac{150}{200}$$

$$T_2 = 371.4 \text{K}$$

根据理想气体简单状态变化过程的熵变公式，得

$$\Delta S = nC_{p,m} \ln \frac{T_2}{T_1} + nR \ln \frac{p_1}{p_2} = 1 \times \frac{7}{2} \times 8.314 \times \ln \frac{371.4}{400} + 1 \times 8.314 \times \ln \frac{200}{150} = 0.233 \text{J/K}$$

绝热过程 $Q = 0$，所以 $\Delta S_环 = 0$，因此

$$\Delta S_孤 = \Delta S + \Delta S_环 = 0.233 \text{J/K}$$

$\Delta S_孤 > 0$，该过程是自发过程。

2. 理想气体的混合过程　不同理想气体混合过程的熵变，总的计算原则是分别计算各组分气体的熵变，然后求和。

（1）理想气体等温等压下混合：理想气体等温等压下混合时，$\Delta U = 0$，$\Delta H = Q_p = 0$，$W = 0$，但混合熵 > 0。

例 2-3　273K 时，用一隔板将容器分隔为两部分（图 2-6），一边装有 2mol、100kPa 的 O_2，另一边是 3mol、100kPa 的 N_2，抽去隔板后，两气体混合均匀。试求气体的混合熵，并判断此混合过程的可逆性。

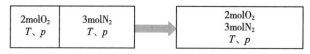

图 2-6　理想气体的混合熵

解：混合气体中，O_2 和 N_2 的分压分别为

$$p_{O_2} = px_{O_2}, \qquad p_{N_2} = px_{N_2}$$

混合前 O_2 与 N_2 的压力与混合后气体的总压力相同，都是 100kPa，对 O_2 而言混合过程压力从 p 膨胀到 p_{O_2}，对 N_2 而言混合过程压力从 p 膨胀到 p_{N_2}，根据式（2-24）

$$\Delta S_{O_2} = -n_{O_2} R \ln \frac{p_{O_2}}{p} = -n_{O_2} R \ln x_{O_2}$$

$$= -2 \times 8.314 \times \ln 0.4 = 15.24 \, \text{J/K}$$

同理

$$\Delta S_{N_2} = -n_{N_2} R \ln \frac{p_{N_2}}{p} = -n_{N_2} R \ln x_{N_2}$$

$$= -3 \times 8.314 \times \ln 0.6 = 12.74 \, \text{J/K}$$

故

$$\Delta S = \Delta S_{O_2} + \Delta S_{N_2} = 15.24 + 12.74 = 27.98 \, \text{J/K}$$

因 $Q = 0$，故 $\Delta S_{环} = 0$

$$\Delta S_{孤} = \Delta S + \Delta S_{环} = 27.98 \, \text{J/K} > 0$$

因此，混合过程是自发的。

将例子推广，当气体单独存在与混合后气体压力相等时，则混合过程熵变的通式可表示为

$$\Delta_{mix} S = -R \sum_{B} n_B \ln x_B \qquad \text{式（2-28）}$$

式（2-28）中，x_B 是气体 B 的摩尔分数，$\Delta_{mix}S$ 就是混合熵。

（2）理想气体等温等容下混合：理想气体等温等容下混合过程的熵变为零。例如，理想气体 A 和 B 的始态均为（T, V），两气体混合后的终态也为（T, V），对于任意一个组分来说其状态没有改变，其熵变为零，因此，混合熵变也为零。

3. 凝聚态物质的简单状态变化　对于凝聚态，可以近似认为状态变化的过程中，体积没有变化，$dV = 0$，根据式（2-22），可得

$$\Delta S = \int_{T_1}^{T_2} \frac{dU + p dV}{T} = \int_{T_1}^{T_2} \frac{dU}{T} = \int_{T_1}^{T_2} \frac{n C_{V,m}}{T} dT \qquad \text{式（2-29）}$$

凝聚态的 $C_{p,m}$ 和 $C_{V,m}$ 近似相等，当 $C_{p,m}$ 和 $C_{V,m}$ 看作常数

$$\Delta S = n C_{p,m} \ln \frac{T_2}{T_1} = n C_{V,m} \ln \frac{T_2}{T_1} \qquad \text{式（2-30）}$$

若 $T_2 > T_1$，则 $\Delta S > 0$，因此对于凝聚态的纯物质 $S_{高温} > S_{低温}$。

例 2-4 1mol $H_2O(1)$在 100kPa 下, 自 298K 升温至 318K, 已知 $C_{p,m}=75.29J/(K\cdot mol)$, 求下列过程中系统和环境的熵变, 并判断过程的可逆性。

（1）热源温度为 973K。

（2）热源温度为 373K。

解：（1） $\Delta S = \int_{T_1}^{T_2} \dfrac{nC_{p,m}}{T} dT = nC_{p,m} \ln \dfrac{T_2}{T_1} = 1 \times 75.29 \times \ln \dfrac{318}{298} = 4.89J/K$

$$\Delta S_{环} = \frac{-Q}{T_{环}} = \frac{-nC_{p,m}(T_2-T_1)}{T_{环}} = \frac{-1 \times 75.29 \times (318-298)}{973} = -1.55J/K$$

$$\Delta S_{孤} = \Delta S + \Delta S_{环} = 4.89 - 1.55 = 3.34J/K > 0$$

（2）系统始终态与（1）相同, 因此, $\Delta S=4.88J/K$

$$\Delta S_{环} = \frac{-Q}{T_{环}} = \frac{-nC_{p,m}(T_2-T_1)}{T_{环}} = \frac{-1 \times 75.29 \times (318-298)}{373} = -4.04J/K$$

$$\Delta S_{孤} = \Delta S_{系} + \Delta S_{环} = 4.88 - 4.04 = 0.84J/K > 0$$

由此可知, 过程（1）与（2）都是不可逆过程, 但过程（2）的不可逆程度较过程（1）的小。

（二）相变化过程 ΔS 的计算

1. 可逆相变 在某一温度及其平衡压力下进行的相变称为可逆相变, 纯物质在正常相变点发生的相变过程都是可逆相变, 如 101.325kPa 下, 0℃的水变成 0℃的冰, 100℃的水变成 100℃水蒸气等。这些过程是在等温等压、非体积功为零的条件下可逆进行, 过程的 ΔS 就等于相变热除以相变温度。

$$\Delta S = \frac{Q_r}{T} = \frac{Q_p}{T} = \frac{\Delta H}{T} = \frac{n\Delta H_m}{T} \qquad \text{式（2-31）}$$

如果某物质由固体变为液体, 再由液体变为气体, 由于熔化和蒸发过程都是吸热的, 熔化焓 $\Delta_{fus}H$ 和蒸发焓 $\Delta_{vap}H$ 均为正值, 故对应相变过程的熵均增加。

所以, 对于同一物质当温度相同时, 有 $S_气 > S_液 > S_固$。

例 2-5 已知苯的正常凝固点为 278.15K, 求 2mol 固态苯在 278.15K 熔化成液态苯的熵变, 并判断可逆性。已知 278.15K、101.325kPa 下, 苯的熔化焓为 9 940J/mol。

解：
$$\Delta S = \frac{\Delta H}{T} = \frac{n\Delta H_m}{T} = \frac{2 \times 9\,940}{278.15} = 71.47J/K$$

$$\Delta S_{环} = \frac{-Q}{T_{环}} = \frac{-2 \times 9\,940}{278.15} = -71.47J/K$$

$$\Delta S_{孤} = \Delta S + \Delta S_{环} = 0$$

$\Delta S_{孤}=0$, 所以此相变过程是一个可逆过程。

如果一个过程, 既有纯物质的变温过程, 又有可逆相变, 其熵变就是二者的加和, 见下面例题。

例 2-6 设一保温瓶内有 50g 313.15K 的水, 向其中加入 10g 273.15K 的冰, 求下述内容。

（1）保温瓶内最终温度。

（2）计算该过程的 ΔS。

已知:正常冰点下冰的熔化热 $\Delta_{\mathrm{fus}}H = 6\,025\mathrm{J/mol}$;水的热容为 $C_{p,\mathrm{m}}(1) = 75.29\mathrm{J/(K\cdot mol)}$。

解:(1)保温瓶内的变化是绝热过程。设最终系统温度为 T_2,则 50g 313.15K 水降温到 T_2 所释放的热,与 10g 的冰在 273.15K 熔化成液态水,再升温到 T_2 所吸的热相当。若 n 和 n' 分别代表系统中冰和水的物质的量,则有

$$n'C_{p,\mathrm{m}}(1)(313.15 - T_2) = n\Delta_{\mathrm{fus}}H + nC_{p,\mathrm{m}}(1)(T_2 - 273.15)$$

$$\frac{50}{18} \times (313.15 - T_2) \times 75.29 = \frac{10}{18} \times [6\,025 + 75.29 \times (T_2 - 273.15)]$$

$$T_2 = 293.15\mathrm{K}$$

(2)求该过程的熵变,设计可逆过程如下。

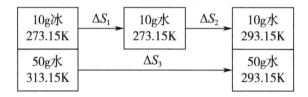

分别求出 10g 冰和 50g 水的熵变,再求和。

$$\Delta S_1 = \frac{n\Delta_{\mathrm{fus}}H}{T} = \frac{10}{18} \times \frac{6\,025}{273.15} = 12.25\mathrm{J/K}$$

$$\Delta S_2 = \int_{273.15}^{293.15} \frac{nC_{p,\mathrm{m}}(1)}{T}\mathrm{d}T = \frac{10}{18} \times 75.29 \times \ln\frac{293.15}{273.15} = 2.96\mathrm{J/K}$$

$$\Delta S_3 = \int_{313.15}^{293.15} \frac{n'C_{p,\mathrm{m}}(1)}{T}\mathrm{d}T = \frac{50}{18} \times 75.29 \times \ln\frac{293.15}{313.15} = -13.80\mathrm{J/K}$$

$$\Delta S_{\text{体}} = \Delta S_1 + \Delta S_2 + \Delta S_3 = 1.41\mathrm{J/K} > 0$$

$\Delta S_{\text{环}} = 0$,因此 $\Delta S_{\text{孤立}} > 0$,该过程自发进行。

由此例题可知,将温度不同的物体放在一起,高温物体会将热自发传给低温物体,直至热平衡,绝热系统的混合熵大于零。

2. 不可逆相变　凡不是在指定温度及该温度下的平衡压力下进行的相变均为不可逆相变,不可逆相变的熵变计算需要在始终态之间设计一条包含可逆相变和简单状态变化的途径来完成。

例 2-7　试求 101.325kPa、1mol 的 268.15K 过冷液态苯变为固态苯的 ΔS,并判断该过程能否自发进行。已知苯的正常凝固点为 278.15K,在 278.15K 时的熔化焓为 9 940J/mol,液态苯和固态苯的平均摩尔等压热容分别为 135.77J/(K·mol) 和 123J/(K·mol)。

解:268.15K 的液态苯变为 268.15K 固态苯是一个不可逆过程,该变化的熵变需要设计一可逆过程来计算。

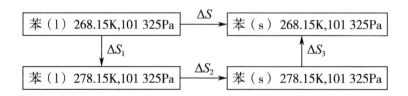

$$\Delta S_1 = nC_{p,m}(1)\ln\frac{T_2}{T_1} = 1 \times 135.77 \times \ln\frac{278.15}{268.15} = 4.97\text{J/K}$$

$$\Delta S_2 = \frac{\Delta H}{T_2} = \frac{-9\ 940}{278.15} = -35.74\text{J/K}$$

$$\Delta S_3 = nC_{p,m}(s)\ln\frac{T_1}{T_2} = 1 \times 123 \times \ln\frac{268.15}{278.15} = -4.5\text{J/K}$$

$$\Delta S = \Delta S_1 + \Delta S_2 + \Delta S_3 = -35.27\text{J/K}$$

用基尔霍夫公式可求出 268.15K 实际凝固过程的热效应。

$$\Delta H_{268.15} = \Delta H_{278.15} + \int_{278.15}^{268.15} \Delta C_p \mathrm{d}T$$

$$= -9\ 940 + (123 - 135.77)(268.15 - 278.15)$$

$$= -9\ 812.3\text{J/mol}$$

则

$$\Delta S_{环} = \frac{-Q}{T_{环}} = -\frac{-\Delta H_{268.15}}{T_{环}} = \frac{9\ 812.3}{268.15} = 36.59\text{J/K}$$

$$\Delta S_{孤立} = \Delta S + \Delta S_{环} = -35.27 + 36.59 = 1.32\text{J/K} > 0$$

$\Delta S_{孤立} > 0$，上述过程可以自发进行。

第五节 热力学第三定律和化学反应的熵变

对于通常的化学反应, $a\text{A} + d\text{D} \longrightarrow g\text{G} + h\text{H}$, 化学反应的熵变为

$$\Delta S = \sum S_{(产物)} - \sum S_{(反应物)}$$

如果已知各种反应物和生成物的熵值,就很容易求出化学反应的熵变。但是,目前为止各物质的熵的绝对值无法测出,因此,无法采用上述方法获得化学反应的熵变。热力学第三定律提出后,人们引入了规定熵,从而解决了这一问题。

一、热力学第三定律

20 世纪初,研究者发现许多低温凝聚相的化学反应,随着温度的降低,反应的熵变也在降低。在此基础上,能斯特(Nernst)提出了能斯特热定理:凝聚系统在等温过程的熵变,随着温度趋于 0K 而趋于零。

普朗克(Planck)等科学家在能斯特热定理的基础上,根据一系列低温实验,提出了**热力学第三定律**:在 0K 时,任何纯物质完整晶体的熵等于零,即

$$\lim_{T \to 0} S = 0 \qquad\qquad 式(2\text{-}32)$$

所谓完整晶体,即晶体中的原子或分子只有一种排列方式,例如 NO 晶体,若分子按规则顺序 NONONO……排列,就是完整晶体;若有分子 NONOON……反向排列,则不是完美晶体。

热力学第三定律也可以表述为"在热力学温标下,绝对零度是不可能达到的",绝对零度虽然无法达到,但是热力学第三定律的重要意义在于其为任意状态下物质的熵值提供了相对标准。

二、规定熵和标准摩尔熵

由热力学第二定律可以求得任意物质由 0K 到温度 T 时的熵变,即

$$\Delta S = S_T - S_{0K} = \int_0^T \frac{C_p \mathrm{d}T}{T} = \int_0^T C_p \mathrm{d}\ln T$$

依热力学第三定律 $S_{0K} = 0$,所得的任何物质 B 在温度 T 时的熵值 $S_{B,T}$,称为该物质在此状态下的**规定熵**(conventional entropy)。

$$S_{B,T} = \int_0^T \frac{C_p \mathrm{d}T}{T} \qquad\qquad 式(2\text{-}33)$$

标准状态(T, $p^{\ominus} = 100\text{kPa}$)下,1mol 物质的规定熵又称该物质在温度 T 时的**标准摩尔熵**(standard molar entropy),用 $S_{m,B}^{\ominus}$ 表示,本书在附录 2 中列出一些物质处于标准压力 $p^{\ominus}$ 和 298.15K 下的标准摩尔熵。

如果在 0K $\rightarrow$ T 之间有相变化时,可以采用图解积分法分段计算,此时必须考虑相变过程的熵变,采用对应状态及温度下的 C_p 值。

设 1mol 的纯物质 B 在标准压力下,从 0K 的固态变为温度为 T 的气体,假设固体为完整晶体且变化过程中没有晶型转变,各变化过程如图 2-7 所示。

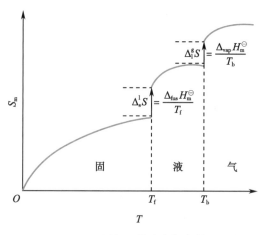

图 2-7　图解积分法求规定熵

纯物质 B 在温度 T 的规定熵由下述步骤求得：

$$S_{\mathrm{m}}^{\ominus} = \int_{0\mathrm{K}}^{10\mathrm{K}} \frac{\alpha T^3}{T} \mathrm{d}T + \int_{10\mathrm{K}}^{T_{\mathrm{f}}} \frac{C_{p,\mathrm{m(s)}}}{T} \mathrm{d}T + \frac{\Delta_{\mathrm{fus}} H_{\mathrm{m}}^{\ominus}}{T_{\mathrm{f}}} + \int_{T_{\mathrm{f}}}^{T_{\mathrm{b}}} \frac{C_{p,\mathrm{m(l)}}}{T} \mathrm{d}T + \frac{\Delta_{\mathrm{vap}} H_{\mathrm{m}}^{\ominus}}{T_{\mathrm{b}}} + \int_{T_{\mathrm{b}}}^{T} \frac{C_{p,\mathrm{m(g)}}}{T} \mathrm{d}T$$

式中，T_{f} 表示熔点，T_{b} 表示沸点，$\Delta_{\mathrm{fus}} H_{\mathrm{m}}^{\ominus}$ 表示熔化焓，$\Delta_{\mathrm{vap}} H_{\mathrm{m}}^{\ominus}$ 表示蒸发焓。对于固体来说，极低温度（一般指低于 10K）下的 $C_{p,\mathrm{m}}$ 难以测定，可以通过德拜（Debye）公式来计算，$C_V = \alpha T^3$，α 为比例常数，凝聚态物质的 $C_V \approx C_p$，从而解决了低温等压热容的问题。

三、化学反应的标准摩尔反应熵

与利用物质的标准摩尔生成焓和标准摩尔燃烧焓的方法计算标准状态下化学反应的标准摩尔反应焓类似，对于任意化学反应，在指定温度下，若各物质均处于标准状态，产物的标准摩尔熵与反应物的标准摩尔熵之差即为**化学反应的标准摩尔反应熵**，用符号 $\Delta_{\mathrm{r}} S_{\mathrm{m}}^{\ominus}$ 表示，可由下式计算

$$\Delta_{\mathrm{r}} S_{\mathrm{m}}^{\ominus} = \sum_{\mathrm{B}} \nu_{\mathrm{B}} S_{\mathrm{m,B}}^{\ominus} \qquad \text{式（2-34）}$$

式中，$S_{\mathrm{m,B}}^{\ominus}$ 为物质 B 的标准摩尔熵，ν_{B} 为化学计量式中 B 物质的计量系数，对于产物取正号，反应物取负号。

通常物理化学手册中 $S_{\mathrm{m,B}}^{\ominus}$ 给出的都是 298.15K 的数值，若在温度变化过程中不引起物质的相变，可以利用下面的公式（2-35），计算等压条件下其他温度化学反应的 $\Delta_{\mathrm{r}} S_{\mathrm{m}}^{\ominus}$。

$$\Delta_{\mathrm{r}} S_{\mathrm{m}}^{\ominus}(T) = \Delta_{\mathrm{r}} S_{\mathrm{m}}^{\ominus}(298.15) + \int_{298.15}^{T} \frac{\Delta C_{p,\mathrm{m}}}{T} \mathrm{d}T \qquad \text{式（2-35）}$$

需要注意的是，若在温度变化过程中物质有相变发生，应注意分段积分，同时考虑相变熵。

例 2-8 求蔗糖的氧化反应 $C_{12}H_{22}O_{11}(\mathrm{s}) + 12O_2(\mathrm{g}) = 12CO_2(\mathrm{g}) + 11H_2O(\mathrm{l})$ 在 298.15K 及 $p^{\ominus}$ 条件下的熵变。已知蔗糖的标准摩尔熵为 360.24J/(K·mol)。

解： 查表可得在 298.15K 下，$S_{\mathrm{m,O_2,g}}^{\ominus}$、$S_{\mathrm{m,CO_2,g}}^{\ominus}$ 和 $S_{\mathrm{m,H_2O,l}}^{\ominus}$ 分别为 205.14J/(K·mol)、213.74J/(K·mol)及 69.91J/(K·mol)。

则

$$\begin{aligned}
\Delta_{\mathrm{r}} S_{\mathrm{m}}^{\ominus} &= 11 \times S_{\mathrm{m,H_2O,l}}^{\ominus} + 12 \times S_{\mathrm{m,CO_2,g}}^{\ominus} - S_{\mathrm{m,C_{12}H_{22}O_{11},s}}^{\ominus} - S_{\mathrm{m,O_2,g}}^{\ominus} \\
&= 11 \times 69.91 + 12 \times 213.74 - 360.24 - 12 \times 205.14 \\
&= 511.97 \mathrm{J/K}
\end{aligned}$$

第六节　亥姆霍兹能和吉布斯能

根据克劳修斯不等式，熵增加原理作为判据来判别自发变化的方向和限度时，必须将系统与其环境组成一个孤立系统，也就是说需要同时计算系统的熵变和环境的熵变。然而，当涉及复杂环境的情况时，难以对过程的性质做出判断。在化学化工和制药生产中，常遇到等

温等容或等温等压且非体积功为零的过程。在等温等容非体积功为零或等温等压非体积功为零的条件下,通过克劳修斯不等式可以分别引出两个新的状态函数——亥姆霍兹能和吉布斯能,将其作为自发过程的判据,只须通过系统自身的状态函数的变化值来判别变化的方向,而无须再考虑环境。

一、亥姆霍兹能

(一)亥姆霍兹能的定义

根据克劳修斯不等式,对于封闭系统进行的可逆过程有

$$dS \geqslant \frac{\delta Q}{T_{环}}$$

再根据热力学第一定律

$$\delta Q = dU - \delta W(W 这里指的是总功)$$

将二式联合,得

$$T_{环}dS \geqslant dU - \delta W(不等号表示不可逆过程,等号表示可逆过程)$$

在等温条件下,系统始终态温度与环境温度相等,$T_1 = T_2 = T_{环}$,因此上式可变为

$$d(TS) - dU \geqslant -\delta W$$

整理得

$$-d(U - TS) \geqslant -\delta W \qquad 式(2-36)$$

定义

$$F \equiv U - TS \qquad 式(2-37)$$

式中,F 称为**亥姆霍兹能**(Helmholtz energy),也称**亥姆霍兹函数**(Helmholtz function)或**功函数**(work function)。因 U、T、S 均为状态函数,故 F 也为状态函数,是系统的广度性质,具有能量的量纲,单位为 J 或 kJ。因 U 的绝对值无法确定,因此,F 的绝对值也无法确定。

(二)亥姆霍兹能判据

1. 将亥姆霍兹能的定义式代入式(2-36),得等温条件下

$$-dF_T \geqslant -\delta W \quad 或 -\Delta F_T \geqslant -W \qquad 式(2-38)$$

式(2-38)中,大于号表示不可逆过程,等号表示可逆过程,仅适用于等温过程。其意义是:封闭系统在等温条件下,若过程是不可逆的,则系统亥姆霍兹能的减少($-\Delta F_T$)大于系统对外所做的功($-W$);若过程是可逆的,则系统亥姆霍兹能的减少等于系统对外所做的最大功,这也是亥姆霍兹能称为功函数的原因。因此,ΔF_T 反映了系统在等温变化过程中所具有的对外做功能力的大小,只有在等温的条件下,才可根据亥姆霍兹能的变化与做功的大小比较,判断过程的可逆性。

2. 在等温等容条件下,因等容过程体积功为零,$\delta W = \delta W'$,因此式(2-38)可表示为

$$-dF_{T,V} \geqslant -\delta W' \quad 或 \quad -\Delta F_{T,V} \geqslant -W' \qquad 式(2-39)$$

式(2-39)中,大于号适用于不可逆过程,等号适用于可逆过程,$\Delta F_{T,V}$ 代表了系统在等温等容过程中做非体积功的能力,其意义是:封闭系统在等温等容条件下,系统亥姆霍兹能的减少等于系统对外所做的最大非体积功。

3. 在等温等容、$\delta W' = 0$ 条件下,式(2-39)可表示为

$$dF_{T,V,W'=0} \leqslant 0 \quad \text{或} \quad \Delta F_{T,V,W'=0} \leqslant 0 \qquad \qquad \text{式（2-40）}$$

式（2-40）中，小于号适用于不可逆过程，等号适用于可逆过程。因为在此条件下，环境对系统不做功，根据自发过程的不可逆性，$\Delta F_{T,V,W'=0} < 0$ 的不可逆过程即是自发过程；$\Delta F_{T,V,W'=0} = 0$ 时，系统处于平衡态；$\Delta F_{T,V,W'=0} > 0$ 的过程则不可能发生。因此，式（2-40）表示封闭系统在等温等容和 $\delta W' = 0$ 条件下，自发变化总是朝亥姆霍兹能减少的方向进行，直到系统的亥姆霍兹能达到最小值时为止，此时系统达到平衡态，这一规则称为**最小亥姆霍兹能原理**（principle of minimization of Helmholtz energy）。

二、吉布斯能

（一）吉布斯能的定义

根据式（2-36），在等温条件下，有

$$-d(U - TS) \geqslant -\delta W$$

将式中的 δW 分为体积功 $-p_e dV$ 和非体积功 $\delta W'$ 两项，代入式（2-36），得

$$-d(U - TS) \geqslant p_e dV - \delta W'$$

若再引入等压条件，则 $p_e dV = pdV$，上式可以写成

$$-d(U - TS) - pdV \geqslant -\delta W'$$

$$-d(U + pV - TS) \geqslant -\delta W'$$

或
$$-d(H - TS) \geqslant -\delta W' \qquad \qquad \text{式（2-41）}$$

令
$$G \equiv H - TS \qquad \qquad \text{式（2-42）}$$

式中，G 称为**吉布斯能**（Gibbs energy），亦称**吉布斯函数**（Gibbs function）。因 H、T、S 均为状态函数，则 G 也为状态函数，具有广度性质，具有能量量纲，单位为 J 或 kJ，其绝对值也无法确定。

（二）吉布斯能判据

1. 将吉布斯能定义式代入式（2-41），得在等温等压条件下

$$-dG_{T,p} \geqslant -\delta W' \quad \text{或} \quad -\Delta G_{T,p} \geqslant -W' \qquad \qquad \text{式（2-43）}$$

式（2-43）中，大于号表示等温等压的不可逆过程，等号表示等温等压的可逆过程。

对于等温等压的可逆过程 $-\Delta G_{T,p} \geqslant -W'$，该式表明了吉布斯能的物理意义：封闭系统在等温等压下系统的吉布斯能的减少（$-\Delta G_{T,p}$）等于系统对外做的最大非体积功（$-W'$）。吉布斯能是状态函数，ΔG 只由系统的始、终态决定，与变化过程无关。只有在等温等压条件下，可根据吉布斯能的变化与所做非体积功的大小，利用式（2-43）判断该过程是否可逆。

2. 在等温等压、$\delta W' = 0$ 条件下，式（2-43）可表达为

$$dG_{T,p,W'=0} \leqslant 0 \quad \text{或} \quad \Delta G_{T,p,W'=0} \leqslant 0 \qquad \qquad \text{式（2-44）}$$

式（2-44）中，小于号表示不可逆过程，等号表示可逆过程。在等温等压、$\delta W' = 0$ 条件下，

$\Delta G_{T, p, W'=0} < 0$ 的不可逆过程即是自发过程；$\Delta G_{T, p, W'=0} = 0$ 时，系统处于平衡态；$\Delta G_{T, p, W'=0} > 0$ 的过程则不可能发生。因此，式（2-44）表示封闭系统在等温等压和 $\delta W' = 0$ 条件下，自发变化总是朝吉布斯能减少的方向进行，直到系统的吉布斯能达到最小值时为止，此时系统达到平衡态，这一规则称为**最小吉布斯能原理**（principle of minimization of Gibbs energy）。通常情况下，化学变化和相变化大多是在等温等压和 $\delta W' = 0$ 的条件下进行，因此式（2-44）作为自发性判据应用更加广泛。

三、自发过程方向和限度的判据

判断自发过程进行的方向和限度是热力学第二定律的核心内容。用熵作为判据必须是孤立系统，既要考虑系统的熵变，又要考虑环境的熵变。与熵判据不同，用亥姆霍兹能和吉布斯能做判据，适用于封闭系统，只需要考虑系统自身的性质，不需要考虑环境。表 2-1 归纳总结了热力学中三个判断自发过程方向和限度判据的条件。

表2-1　过程方向和限度的判据

判据名称	适用系统	过程条件	自发过程的方向	数学表达式
熵	孤立系统	任何过程	熵增加	$\mathrm{d}S_{孤立} \geqslant 0$
亥姆霍兹能	封闭系统	等温等容且非体积功为零	亥姆霍兹能减小	$\mathrm{d}F_{T, V, W'=0} \leqslant 0$
吉布斯能	封闭系统	等温等压且非体积功为零	吉布斯能减小	$\mathrm{d}G_{T, p, W'=0} \leqslant 0$

第七节　热力学函数间的关系

热力学状态函数可分为两大类：一类是可直接测定，如 p、V、T 等；另一类是不能直接测定，如 U、H、S、F、G 等。不可直接测定的状态函数中，U、H 主要用于能量的衡算，而 S、F、G 主要用于过程方向和限度的判定。因此，仔细研究热力学函数之间的关系，对于确定系统状态、进行相关热力学计算和判断，显然意义重大。

根据热力学状态函数的定义式，它们之间存在如下关系（图 2-8）：

$$H = U + pV$$
$$F = U - TS$$
$$G = H - TS = F + pV$$

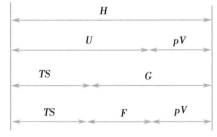

图2-8　热力学函数间的关系

一、热力学基本关系式

根据热力学第一定律

$$\mathrm{d}U = \delta Q + \delta W$$

根据热力学第二定律,对于可逆且非体积功为零的过程有

$$\delta Q = T\mathrm{d}S, \delta W = -p\mathrm{d}V$$

将上式代入热力学第一定律,得

$$\mathrm{d}U = T\mathrm{d}S - p\mathrm{d}V \qquad 式(2\text{-}45)$$

由焓的定义式 $H = U + pV$,有

$$\mathrm{d}H = \mathrm{d}U + p\mathrm{d}V + V\mathrm{d}p$$

将式(2-45)代入上式,得

$$\mathrm{d}H = T\mathrm{d}S + V\mathrm{d}p \qquad 式(2\text{-}46)$$

由亥姆霍兹能的定义式 $F = U - TS$,有

$$\mathrm{d}F = \mathrm{d}U - T\mathrm{d}S - S\mathrm{d}T$$

将式(2-45)代入上式,得

$$\mathrm{d}F = -S\mathrm{d}T - p\mathrm{d}V \qquad 式(2\text{-}47)$$

由吉布斯能的定义式 $G = H - TS$,有

$$\mathrm{d}G = \mathrm{d}H - T\mathrm{d}S - S\mathrm{d}T$$

将式(2-46)代入上式,得

$$\mathrm{d}G = -S\mathrm{d}T + V\mathrm{d}p \qquad 式(2\text{-}48)$$

式(2-45)至式(2-48)称为**热力学基本方程**,其适用条件为组成不变且非体积功为零的封闭系统。

上述热力学基本方程中不含组成变量,因此只适用于组成不变的封闭系统。此外,在推导过程中,使用条件为非体积功为零的可逆过程,但导出的关系式中所有的物理量均为状态函数,在始态和终态确定时,其变量为定值,因此热力学关系式与过程是否可逆无关。具体来说,如果系统发生简单的状态变化,由于其组成是不变的,不管过程是否可逆,热力学基本方程均适用;如果系统发生相变化或化学变化必须是可逆的,因为只有可逆相变或可逆化学变化,系统组成才不发生变化。

利用全微分的性质,由热力学基本方程可以导出其他一些热力学公式,即

$$T = \left(\frac{\partial U}{\partial S}\right)_V = \left(\frac{\partial H}{\partial S}\right)_p \qquad 式(2\text{-}49)$$

$$p = -\left(\frac{\partial U}{\partial V}\right)_S = -\left(\frac{\partial F}{\partial V}\right)_T \qquad 式(2\text{-}50)$$

$$V = \left(\frac{\partial H}{\partial p}\right)_S = \left(\frac{\partial G}{\partial p}\right)_T \qquad 式(2\text{-}51)$$

$$S = -\left(\frac{\partial F}{\partial T}\right)_V = -\left(\frac{\partial G}{\partial T}\right)_p \qquad 式(2\text{-}52)$$

式(2-49)至式(2-52)称为**对应系数关系式**,其适用条件与热力学基本方程相同。

热力学基本方程是热力学中重要的公式,有着广泛的应用。尤其式(2-48)常用于理想气体或凝聚相在等温或等压条件下 ΔG 的计算。

二、麦克斯韦关系式

状态函数的变化只与始态和终态有关,与过程无关的性质恰是数学中全微分的性质。热力学基本方程均可视为热力学函数的全微分的表达式。全微分在数学上具有如下性质。

设 z 是系统某一状态函数,z 是 x,y 的函数,即 $z=z(x,y)$

$$\mathrm{d}z = \left(\frac{\partial z}{\partial x}\right)_y \mathrm{d}x + \left(\frac{\partial z}{\partial y}\right)_x \mathrm{d}y$$
$$= M\mathrm{d}x + N\mathrm{d}y$$

式中 $M = \left(\dfrac{\partial z}{\partial x}\right)_y$,$N = \left(\dfrac{\partial z}{\partial y}\right)_x$,若 M 和 N 分别对 y 和 x 再求偏导数,有

$$\left(\frac{\partial M}{\partial y}\right)_x = \frac{\partial^2 z}{\partial y \partial x} \qquad \left(\frac{\partial N}{\partial x}\right)_y = \frac{\partial^2 z}{\partial x \partial y}$$

因二阶混合偏导数与求导次序无关,有

$$\left(\frac{\partial M}{\partial y}\right)_x = \left(\frac{\partial N}{\partial x}\right)_y$$

将上述关系式用到四个热力学基本关系式,可得

$$\left(\frac{\partial T}{\partial V}\right)_S = -\left(\frac{\partial p}{\partial S}\right)_V \qquad\qquad 式(2\text{-}53)$$

$$\left(\frac{\partial T}{\partial p}\right)_S = \left(\frac{\partial V}{\partial S}\right)_p \qquad\qquad 式(2\text{-}54)$$

$$\left(\frac{\partial S}{\partial V}\right)_T = \left(\frac{\partial p}{\partial T}\right)_V \qquad\qquad 式(2\text{-}55)$$

$$\left(\frac{\partial S}{\partial p}\right)_T = -\left(\frac{\partial V}{\partial T}\right)_p \qquad\qquad 式(2\text{-}56)$$

式(2-53)至式(2-56)为**麦克斯韦关系(Maxwell's relation)式**。麦克斯韦关系式的意义在于,它将不能或不易直接测量的物理量的变化规律,用易于测量的物理量的变化规律表示出来。如用等压下体积随温度变化的负值 $-\left(\dfrac{\partial V}{\partial T}\right)_p$ 代替 $\left(\dfrac{\partial S}{\partial p}\right)_T$,这里熵不能直接测定,而体积随温度的变化容易测定,可以帮助我们了解熵随压力的变化规律。下面举例说明麦克斯韦关系式的应用。

例 2-9 求证理想气体的热力学能 U 只是温度的函数。

证明: 热力学基本公式 $\mathrm{d}U = T\mathrm{d}S - p\mathrm{d}V$,温度不变时,两边对 V 求偏导数,得

$$\left(\frac{\partial U}{\partial V}\right)_T = T\left(\frac{\partial S}{\partial V}\right)_T - p$$

将麦克斯韦关系式 $\left(\dfrac{\partial S}{\partial V}\right)_T = \left(\dfrac{\partial p}{\partial T}\right)_V$ 代入得

$$\left(\frac{\partial U}{\partial V}\right)_T = T\left(\frac{\partial p}{\partial T}\right)_V - p$$

对理想气体，将 $p = \dfrac{nRT}{V}$ 在 V 不变的条件下对 T 求导，有

$$\left(\frac{\partial p}{\partial T}\right)_V = \frac{nR}{V}$$

代入上式得

$$\left(\frac{\partial U}{\partial V}\right)_T = \frac{nRT}{V} - p = p - p = 0$$

即理想气体的热力学能仅是温度的函数，与气体体积无关。

第八节　ΔF 和 ΔG 的计算

在等温等容、$\delta W' = 0$ 或等温等压、$\delta W' = 0$ 的条件下，ΔF 和 ΔG 可用于封闭系统自发过程方向和限度的判定，所以 ΔF 和 ΔG 的计算非常重要。ΔF 和 ΔG 的计算主要有以下两种方法。

一种方法是根据 F 和 G 的定义和状态函数的性质计算。

根据 F 的定义式：　　　$F = U - TS$　　　　　　$\Delta F = \Delta U - \Delta(TS)$

根据 G 的定义式：　　　$G = H - TS$　　　　　　$\Delta G = \Delta H - \Delta(TS)$

等温过程：　　　　　　$\Delta F = \Delta U - T\Delta S$　　　　$\Delta G = \Delta H - T\Delta S$

等熵过程：　　　　　　$\Delta F = \Delta U - S\Delta T$　　　　$\Delta G = \Delta H - S\Delta T$

可见，要计算 ΔF 和 ΔG，需要先计算过程 ΔU、ΔH 和 ΔS，这些状态函数变化值的计算方法在前面已经介绍，因此 ΔF 和 ΔG 是可以计算的。

另一种方法是依据热力学基本方程进行计算。与由定义式 $\Delta G = \Delta H - T\Delta S$ 计算相比，利用热力学基本方程进行计算更为简单。

例如，封闭系统发生简单的状态变化时，若过程等温，且 $\delta W' = 0$，压力由 p_1 变到 p_2，由式（2-48）$dG = -SdT + Vdp$，有

$$\Delta G = \int_{p_1}^{p_2} V dp \qquad\qquad 式（2-57）$$

若系统为理想气体，将 $V = \dfrac{nRT}{p}$ 代入并积分，可得理想气体等温变压过程 ΔG 的计算式为

$$\Delta G = \int_{p_1}^{p_2} V dp = nRT \ln \frac{p_2}{p_1} \qquad\qquad 式（2-58）$$

若系统为凝聚相物质，将对应体积和压力代入式（2-57），可得

$$\Delta G = \int_{p_1}^{p_2} V dp = V(p_2 - p_1)$$

同理，根据式（2-47）$dF = -SdT - pdV$，可得理想气体等温条件下 ΔF 的计算式

$$\Delta F = -\int_{V_1}^{V_2} p dV = nRT \ln \frac{V_1}{V_2} \qquad\qquad 式（2-59）$$

一、理想气体简单状态变化过程的 ΔF 和 ΔG

（一）理想气体的等温过程

理想气体简单状态变化，依据 F 和 G 的定义或者式（2-58）式（2-59）都可以计算等温过程的 ΔF 和 ΔG。

例 2-10 在 298K、1mol 理想气体由 10.132 5kPa 等温可逆膨胀至 1.013 25kPa，试计算此过程的 ΔU、ΔH、ΔS、ΔF 和 ΔG。

解： 对理想气体，等温过程有 $\Delta U = 0$，$\Delta H = 0$。

由过程等温可逆得

$$W_r = nRT \ln \frac{V_1}{V_2} = nRT \ln \frac{p_2}{p_1} = 1 \times 8.314 \times 298 \times \ln \frac{1.013\ 25}{10.132\ 5} = -5\ 705\text{J}$$

$$Q_r = -W_r = 5\ 705\text{J}$$

$$\Delta S = \frac{Q_r}{T} = 19.14\text{J/K}$$

$$\Delta F = \Delta G = -T\Delta S = -5\ 705\text{J}$$

或

$$\Delta F = \Delta G = nRT \ln \frac{p_2}{p_1} = -5\ 705\text{J}$$

理想气体等温过程的 ΔF 和 ΔG 相等。

（二）理想气体的变温过程

例 2-11 在标准压力下，10mol 氦气从 473K 加热至 673K，求此过程的 ΔH、ΔS 及 ΔG。已知 473K 时氦气的标准摩尔熵为 135J/（K·mol），氦气可视为理想气体。

解： 氦气的 $C_{p,m} = \frac{5}{2}R$

$$\Delta H = nC_{p,m}(T_2 - T_1) = 10 \times \frac{5}{2} \times 8.314 \times (673 - 473) = 41.57\text{kJ}$$

$$\Delta S = nC_{p,m} \ln \frac{T_2}{T_1} = 10 \times \frac{5}{2} \times 8.314 \times \ln \frac{673}{473} = 73.3\text{J/K}$$

由 G 定义式有

$$\Delta G = \Delta H - \Delta(TS) = \Delta H - (T_2 S_2 - T_1 S_1)$$

这里，$T_1 = 473\text{K}$ 时，10mol 氦气的标准熵为

$$S_1 = 10 \times S_m^\ominus(473\text{K}) = 1\ 350\text{J/K}$$

在理想气体变温过程中有

$$\Delta S = S_2 - S_1$$

因此，$T_2 = 673\text{K}$ 时有

$$S_2 = \Delta S + S_1 = 73.3 + 1\ 350 = 1\ 423.3\text{J/K}$$

代入并计算得

$$\Delta G = \Delta H - (T_2 S_2 - T_1 S_1)$$
$$= 41\ 570 - [(673 \times 1\ 423.3) - (473 \times 1\ 350)]$$
$$= -2.78 \times 10^5 \text{J}$$

注意：由于此过程并不等温，不符合等温等压、$\delta W' = 0$ 的条件，故不能根据 $\Delta G < 0$ 判定该过程为自发过程。

二、相变过程的 ΔF 和 ΔG

相变过程通常是一个等温等压、$\delta W' = 0$ 的过程，分为等温等压可逆相变和等温等压不可逆相变。

（一）等温等压可逆相变

依据在等温等压、$\delta W' = 0$ 条件下，$\Delta G_{T, p, W'=0} \leqslant 0$ 的判据，可知等温等压可逆相变的 $\Delta G = 0$。

例 2-12　1mol 水在 373.15K、101.325kPa 下蒸发为水蒸气，已知该条件下水的蒸发热为 40.64kJ/mol，设水蒸气是理想气体。求该过程的 Q、W、ΔU、ΔH、ΔS、ΔF 及 ΔG。

解：$Q = \Delta H = n\Delta H_{\mathrm{m}} = 1 \times 40.64 = 40.64\mathrm{kJ}$

$$W = -p_e\Delta V = -p(V_g - V_1) \approx -pV_g = -nRT = -1 \times 8.314 \times 373.15 = -3\,102.37\mathrm{J}$$

$$\Delta U = Q + W = 37\,537.63\mathrm{J}$$

$$\Delta S = \frac{Q_r}{T} = \frac{40\,640}{373.15} = 108.91\mathrm{J/K}$$

$$\Delta F = \Delta U - T\Delta S = 37\,537.63 - 373.15 \times 108.91 = -3\,102.14\mathrm{J}$$

$$\Delta G = 0$$

（二）等温等压不可逆相变

不可逆相变，需要在相同的始态和终态间设计可逆途径计算，途径中包括可逆相变过程和简单状态变化过程。

例 2-13　求 1mol 过冷水在 263.15K，101.325kPa 下结冰过程的 ΔG。已知：273.15K 时冰的熔化热为 6 020J/mol，水和冰的平均摩尔热容分别为 $C_{p,\mathrm{m,(l)}} = 75.3\mathrm{J/(K \cdot mol)}$ 和 $C_{p,\mathrm{m,(s)}} = 37.6\mathrm{J/(K \cdot mol)}$。

解：该过程为不可逆相变，设计过程如下。

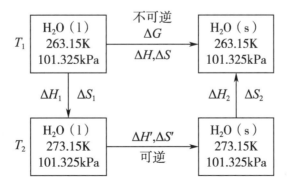

根据状态函数的性质

$$\Delta H = \Delta H_1 + \Delta H' + \Delta H_2$$

凝聚相 pVT 变化过程

$$\Delta H_1 = nC_{p,m,(1)}(T_2 - T_1) = 1 \times 75.3 \times (273.15 - 263.15) = 753\text{J}$$

$$\Delta H_2 = nC_{p,m,(s)}(T_1 - T_2) = 1 \times 37.6 \times (263.15 - 273.15) = -376\text{J}$$

可逆相变过程

$$\Delta H' = -n\Delta_{熔化}H_m = -6\ 020\text{J}$$

不可逆相变过程

$$\Delta H = 753 - 6\ 020 - 376 = -5\ 643\text{J}$$

根据状态函数的性质

$$\Delta S = \Delta S_1 + \Delta S' + \Delta S_2$$

凝聚相 pVT 变化过程

$$\Delta S_1 = nC_{p,m,(1)}\ln\frac{T_2}{T_1} = 1 \times 75.3 \times \ln\frac{273.15}{263.15} = 2.808\text{J/K}$$

$$\Delta S_2 = nC_{p,m,(s)}\ln\frac{T_2}{T_1} = 1 \times 37.6 \times \ln\frac{263.15}{273.15} = -1.402\text{J/K}$$

可逆相变过程

$$\Delta S' = \frac{\Delta H'}{T} = \frac{-6\ 020}{273.15} = -22.039\text{J/K}$$

不可逆相变过程

$$\Delta S = 2.808 - 22.039 - 1.402 = -20.633\text{J/K}$$

所以

$$\Delta G = \Delta H - T\Delta S = -5\ 643 - 263.15 \times (-20.633) = -213.4\text{J} < 0$$

这说明，$-10℃$、101.325kPa 下过冷水结冰的过程是自发的过程。

例 2-14 求在 268.15K、101.325kPa 下，1mol 水凝固为冰的 ΔG，并判断该过程能否自发进行。已知 268.15K 过冷水和冰的饱和蒸气压分别为 421Pa 和 401Pa，密度分别为 1.0kg/dm³ 和 0.91kg/dm³。

解: 该相变为不可逆相变，设计过程如下。

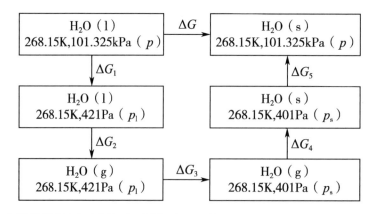

根据 G 状态函数的性质，因此不可逆相变 ΔG 为

$$\Delta G = \Delta G_1 + \Delta G_2 + \Delta G_3 + \Delta G_4 + \Delta G_5$$

其中，在一定温度及该温度的饱和蒸气压下，发生的相变为可逆相变，因此 $\Delta G_2 = \Delta G_4 = 0$，代

入上式得

$$\Delta G = \Delta G_1 + \Delta G_3 + \Delta G_5$$

利用等温条件下,热力学基本关系式 $\mathrm{d}G = V\mathrm{d}p$,对于凝聚相,有

$$\Delta G_1 = \int_p^{p_1} V_1 \mathrm{d}p = V_1(p_1 - p) = \frac{1 \times 18 \times 10^{-3}}{1.0 \times 10^3} \times (421 - 101\ 325) = -1.82\mathrm{J}$$

$$\Delta G_5 = \int_{p_s}^p V_s \mathrm{d}p = V_s(p - p_s) = \frac{1 \times 18 \times 10^{-3}}{0.91 \times 10^3} \times (101\ 325 - 401) = 2.0\mathrm{J}$$

对于理想气体,有

$$\Delta G_3 = \int_{p_1}^{p_s} V_g \mathrm{d}p = nRT \ln\frac{p_s}{p_1} = 1 \times 8.314 \times 268.15 \times \ln\frac{401}{421} = -108.5\mathrm{J}$$

由计算结果可知,$|\Delta G_1 + \Delta G_5| \ll |\Delta G_3|$

$$\Delta G \approx \Delta G_3 = -108.5\mathrm{J} < 0$$

由于 $\Delta G < 0$,故该过程为自发过程。

上述将不可逆过程设计成可逆过程的方法非常重要。注意:当题中物质的密度未知的情况下,近似认为 $\Delta G_1 = \Delta G_5 \approx 0$。

三、化学反应的 $\Delta_r G^\ominus$

对于等温、标准态下的化学反应,有 $\Delta_r G_m^\ominus = \Delta_r H_m^\ominus - T\Delta_r S_m^\ominus$,其中化学反应过程的标准反应焓 $\Delta_r H_m^\ominus$ 和标准反应熵 $\Delta_r S_m^\ominus$ 的计算前面已经介绍。

例 2-15　在标准压力、298.15K 下,计算下面反应的 $\Delta_r G_m^\ominus$。并判断该反应在此条件下能否自发进行。

$$\mathrm{C_6H_5COOH(s)} + \frac{15}{2}\mathrm{O_2(g)} \longrightarrow 7\mathrm{CO_2(g)} + 3\mathrm{H_2O(l)}$$

已知各物质的 $\Delta_f H_m^\ominus$ 及 $S_m^\ominus$ 如下。

项目	$\mathrm{C_6H_5COOH(s)}$	$\mathrm{O_2(g)}$	$\mathrm{CO_2(g)}$	$\mathrm{H_2O(l)}$
$\Delta_f H_m^\ominus/(\mathrm{kJ \cdot mol^{-1}})$	−385.14	0	−393.509	−258.83
$S_m^\ominus/(\mathrm{J \cdot K^{-1} \cdot mol^{-1}})$	167.57	205.138	213.74	69.91

解: $\Delta_r H_m^\ominus = 7\Delta_f H_{m,\mathrm{CO_2(g)}}^\ominus + 3\Delta_f H_{m,\mathrm{H_2O(l)}}^\ominus - \Delta_f H_{m,\mathrm{C_6H_5COOH(s)}}^\ominus - \frac{15}{2}\Delta_f H_{m,\mathrm{O_2(g)}}^\ominus$

$$= 7 \times (-393.509) + 3 \times (-258.83) - (-385.14) - 0 = -3\ 145.91\mathrm{kJ/mol}$$

$\Delta_r S_m^\ominus = 7S_{m,\mathrm{CO_2(g)}}^\ominus + 3S_{m,\mathrm{H_2O(l)}}^\ominus - S_{m,\mathrm{C_6H_5COOH(s)}}^\ominus - \frac{15}{2}S_{m,\mathrm{O_2(g)}}^\ominus$

$$= 7 \times 213.74 + 3 \times 69.91 - 167.57 - \frac{15}{2} \times 205.138 = -0.195\mathrm{J/(K \cdot mol)}$$

$\Delta_r G_m^\ominus = \Delta_r H_m^\ominus - T\Delta_r S_m^\ominus$

$$= -3\ 145.91 - 298.15 \times (-0.195) \times 10^{-3} = -3\ 145.85\mathrm{kJ/mol} < 0$$

因此,该反应在上述条件下可以自发进行。

此外,化学反应过程的 $\Delta_r G_m^\ominus$ 还可以通过参与反应的各物质的标准摩尔生成吉布斯能 $\Delta_f G_m^\ominus$ 来直接计算。这部分内容将在第三章"化学平衡"中介绍。

药物合成条件的预测中常常需要化学热力学理论的指导,通过计算合成路线中各步骤的热力学参数来确定其合成的可行性,从而为药物合成和进一步动力学研究提供科学依据。

案例2-1

共晶形成与热力学函数的关系

在药物的研究中,常利用共晶来改善药物的溶解度和溶出速率,从而提高药物的口服生物利用度。共晶是指活性药物成分和配体在氢键或非共价键的作用下自组装形成的超分子复合物。通过对共晶形成热力学行为的探讨,为共晶的工业化生产提供指导。

例如:柚皮素是二氢黄酮类化合物,具有抗炎、抗氧化和抗肿瘤等药理作用,但柚皮素几乎不溶于水,口服生物利用度低。异烟酰胺是常用的碱性小分子配体,可与柚皮素通过氢键连接形成共晶。实验测定在甲醇溶剂中,不同温度(298K、303K 和 308K)下柚皮素 – 异烟酰胺共晶生成反应的 ΔG 分别为 –12.661kJ/mol、–12.403kJ/mol 和 –12.017kJ/mol。

问题:反应向共晶生成的方向进行是否为自发反应? 随着温度升高,共晶更易生成吗?

分析:如果共晶形成方向的 $\Delta G < 0$,表示该系统有利于共晶生成,共晶是最稳定的形态;反之,若 $\Delta G > 0$,则表明活性药物或配体较稳定。在本案例中,向共晶生成的方向的 $\Delta G < 0$,表明柚皮素 – 异烟酰胺的共晶生成为自发过程;随温度升高,ΔG 的绝对值逐渐减小,表明共晶生成的自发性逐渐减弱,即温度越高,共晶越不容易生成。

四、ΔG 与温度的关系——吉布斯 - 亥姆霍兹方程

以上我们解决了在标准压力、298.15K 下化学反应的 $\Delta_r G$ 的求算问题,但在实际中,常常会遇到不同的反应温度,因此,我们还须解决由某一温度下的 $\Delta_r G(T_1)$ 求出另一个温度下的 $\Delta_r G(T_2)$ 的问题。

利用热力学函数的对应系数关系式(2-48),在等压条件下

$$\left(\frac{\partial G}{\partial T} \right)_p = -S$$

对于化学反应有

$$\left(\frac{\partial \Delta_r G}{\partial T}\right)_p = -\Delta_r S \qquad \qquad 式（2-60）$$

由于指定温度下，反应物和产物的温度是相同的，所以有

$$\Delta_r G = \Delta_r H - T\Delta_r S \quad 或 \quad -\Delta_r S = \frac{\Delta_r G - \Delta_r H}{T}$$

因此，式（2-60）可写作

$$\left(\frac{\partial \Delta_r G}{\partial T}\right)_p = \frac{\Delta_r G - \Delta_r H}{T} \qquad \qquad 式（2-61）$$

两边同时除以 T 并移项，式（2-61）可写成

$$\frac{1}{T}\left(\frac{\partial \Delta_r G}{\partial T}\right)_p - \frac{\Delta_r G}{T^2} = -\frac{\Delta_r H}{T^2}$$

上式左边是 $\dfrac{\Delta_r G}{T}$ 对 T 的偏导数，即

$$\left[\frac{\partial (\Delta_r G/T)}{\partial T}\right]_p = -\frac{\Delta_r H}{T^2} \qquad \qquad 式（2-62）$$

式（2-62）称为**吉布斯 - 亥姆霍兹方程**（Gibbs-Helmholtz function）。从 T_1 到 T_2 进行积分，则

$$\frac{\Delta_r G_2}{T_2} - \frac{\Delta_r G_1}{T_1} = -\int_{T_1}^{T_2} \frac{\Delta_r H}{T^2} dT$$

1. 当温度变化范围不大时，$\Delta_r H$ 可近似看作不随温度变化的常数，则上式定积分结果为

$$\frac{\Delta_r G_2}{T_2} - \frac{\Delta_r G_1}{T_1} = \Delta_r H\left(\frac{1}{T_2} - \frac{1}{T_1}\right) \qquad \qquad 式（2-63）$$

显然，根据式（2-63），就可由某一温度 T_1 下的 $\Delta_r G_1$，求算另一温度 T_2 下的 $\Delta_r G_2$。

例 2-16　298.15K，100kPa 下，反应 $2SO_3(g) \Longrightarrow 2SO_2(g) + O_2(g)$ 的 $\Delta_r G_m = 1.400 \times 10^5 J/mol$，已知反应 $\Delta_r H_m = 1.966 \times 10^5 J/mol$，且不随温度而变化，求上述反应在 773.15K 进行时的 $\Delta_r G_m$。

解：根据吉布斯 - 亥姆霍兹方程

$$\frac{\Delta_r G_2}{T_2} - \frac{\Delta_r G_1}{T_1} = \Delta_r H\left(\frac{1}{T_2} - \frac{1}{T_1}\right)$$

$$\Delta_r G_{773.15K} = 773.15 \times \left[\frac{1.400 \times 10^5}{298.15} + 1.966 \times 10^5 \times \left(\frac{1}{773.15} - \frac{1}{298.15}\right)\right] = 49.83kJ/mol$$

2. 当温度变化范围较大时，$\Delta_r H$ 是温度的函数，等压条件下，根据 ΔH 与 C_p 的关系 $\left(\dfrac{\partial H}{\partial T}\right)_p = C_p$，因为 C_p 是温度的函数，所以可以找到 $\Delta_r H$ 与温度的关系。

例如

$$C_p = a + bT + cT^2 + \cdots$$

产物与反应物等压热容之差为

$$\Delta_r C_p = \Delta_r a + \Delta_r bT + \Delta_r cT^2 + \cdots$$

则

$$\Delta_r H = \Delta_r H_0 + \Delta_r aT + \frac{1}{2}\Delta_r bT^2 + \frac{1}{3}\Delta_r cT^3 + \cdots \qquad \text{式(2-64)}$$

式(2-64)中 $\Delta_r H_0$ 是积分常数,代入式(2-62)

$$\left[\frac{\partial(\Delta_r G/T)}{\partial T}\right]_p = \frac{-\Delta_r H_0 - \Delta_r aT - \frac{1}{2}\Delta_r bT^2 - \frac{1}{3}\Delta_r cT^3 + \cdots}{T^2}$$

积分得

$$\Delta_r G_T = \Delta_r H_0 - \Delta_r aT\ln T - (\Delta_r b/2)T^2 - (\Delta_r c/3)T^3 + \cdots\cdots + IT \qquad \text{式(2-65)}$$

I 是积分常数。因此可以由式(2-65)计算 T 温度下的 $\Delta_r G$。

例 2-17 氨的合成 $\frac{1}{2}N_2(g) + \frac{3}{2}H_2(g) = NH_3(g)$。已知,在 298.15K 各种气体均处于 100kPa 时,$\Delta_r H_{m,298}^\ominus = -46.11\text{kJ/mol}$,$\Delta_r G_{m,298}^\ominus = -16.45\text{kJ/mol}$,试求 1 000K 时的 $\Delta_r G_{m,1\,000}^\ominus$ 值,各物质的等压热容可以查表。

解: 查表可知

$$\Delta_r C_p = -25.46 + 18.33 \times 10^{-3}T - 2.05 \times 10^{-7}T^2$$

$$\Delta_r H_m = \Delta H_0 + \int_0^T \Delta_r C_p \mathrm{d}T$$

$$= \Delta H_0 - 25.46T + \frac{1}{2}\times 18.33\times 10^{-3}T^2 - \frac{1}{3}\times 2.05\times 10^{-7}T^3$$

当 $T = 298.15\text{K}$,$\Delta_r H_{m,298.15}^\ominus = -46.11\text{kJ/mol}$,代入上式,求得

$$\Delta H_0 = -39.33\text{kJ/mol}$$

代入式(2-65)得

$$\Delta_r G_m^\ominus = -39\,340 + 25.46T\ln T - 9.16\times 10^{-3}T^2 + 0.35\times 10^{-7}T^3 + IT$$

已知 $T = 298.15\text{K}$,$\Delta_r G_{m,298.15}^\ominus = -16.45\text{kJ/mol}$,代入上式得

$$I = -65.6\text{J/(mol·K)}$$

因此

$$\Delta_r G_m^\ominus = -39\,340 + 25.46T\ln T - 9.16\times 10^{-3}T^2 + 0.35\times 10^{-7}T^3 - 65.6T$$

将 $T = 1\,000\text{K}$ 代入上式,得

$$\Delta_r G_{m,1\,000}^\ominus = 61.8\text{kJ/mol}$$

计算结果说明,在给定条件下,298.15K 时合成氨反应可以进行($\Delta_r G_{m,298}^\ominus = -16.45\text{kJ/mol} < 0$);而在 1 000K 时,反应不能自发进行($\Delta_r G_{m,1\,000}^\ominus = 61.8\text{kJ/mol} > 0$)。

第九节　偏摩尔量

通过热力学基本关系式可知,对于单一物质或组成不变的均相封闭系统,只需两个独立的变量足以确定系统的状态,例如 $G = G(T,p)$。但是,在化学化工和制药工程中常见的往往是组成发生变化的多组分系统,这种系统的状态只用两个变量是无法确定的,还应考

虑系统的组成。

本节将两种或两种以上物质或组分所形成的系统即多组分系统作为研究对象,讨论热力学定律在多组分系统中的应用。

需要指明,多组分系统可以是单相的或多相的。对于多相系统,处理时可以把它先分成几个单相的多组分系统来计算,然后再加和,所以本节重点对单相多组分系统进行讨论。单相多组分系统是由两种或两种以上物质以分子尺寸混合而成的均匀系统。按处理方法的不同,可以分为混合物和溶液。

1. 混合物 任何组分可按同样的方法来处理的均相系统称为**混合物**(mixture)。当我们任选其中一种组分 B 作为研究对象时,其结果可以用于其他任何组分。

2. 溶液 各组分不能用同样的方法来处理的均相系统称为**溶液**(solution)。通常将含量较多的组分称为**溶剂**(solvent),其他组分称为**溶质**(solute)。溶质和溶剂遵循不同的经验定律。本节主要讨论非电解质溶液,对电解质溶液的讨论则在第五章"电化学"中进行。

简而言之,有溶剂和溶质之分者称为溶液,无溶剂和溶质之分者称为混合物。其实,它们并没有本质不同,都是由多种物质以分子形式混合而形成的系统,只是在热力学处理时有所不同。

一、偏摩尔量的定义

多组分系统的广度性质不是各组分广度性质的简单加和。以体积这一最直观的广度性质为例,在 293.15K 和标准压力下,将 50ml 水和 50ml 乙醇混合,混合后的体积不是 100ml,而是 97ml。我们再来看一组实验,在 293.15K 和 $p^{\ominus}$ 下,将乙醇与水以不同的比例混合形成溶液,使溶液的总质量为 100g,根据 1g 纯乙醇体积为 1.276ml,1g 纯水体积为 1.040ml,计算不同浓度时乙醇、水和溶液体积的理论值,通过实验测定溶液体积的实验值,结果如表 2-2 所示。

表 2-2 20℃,100kPa 下乙醇与水混合液的体积与浓度的关系

质量分数 $W_{乙醇}$	$V_{乙醇}$/ml	$V_{水}$/ml	$V_{溶液}$/ml（理论值）	$V_{溶液}$/ml（实验值）	ΔV/ml
10	12.67	90.36	103.03	101.84	1.19
20	25.34	80.32	105.66	103.24	2.42
30	38.01	70.28	108.29	104.34	3.95
40	50.68	60.24	110.92	106.93	3.99
50	63.35	50.20	113.55	109.43	4.12
60	76.02	40.16	116.18	112.22	3.96
70	88.69	30.12	118.81	115.25	3.56
80	101.36	20.08	121.44	118.56	2.88
90	114.03	10.04	124.07	122.25	1.82

由表中数据可知,溶液的总体积并不等于各组分在纯态时的体积之和,即

$$V \neq n_{水}V^{*}_{m,水} + n_{乙醇}V^{*}_{m,乙醇}$$

而且混合前后的体积差随浓度的不同也不同。产生这种实验结果是因为水与乙醇这两种分子间的相互作用与它们在纯态时分子间的相互作用不同,所以,当水与乙醇进行混合时,分子间的相互作用发生变化,而且这种变化随系统浓度的不同而不同。即每种组分 1mol 物质在溶液中对系统体积的贡献与纯态时摩尔体积不同,而且浓度不同贡献也不同。事实说明对乙醇和水的溶液来说,只确定温度、压力,系统的广度性质 V 并不能确定,还必须指定浓度。对其他热力学广度性质如 U、S、H、G 等也是如此。因此,路易斯(G. L. Lewis)提出了偏摩尔量的概念,来代替纯组分时的摩尔量。

设 X 代表多组分系统中任一广度性质(X 可代表 V、U、H、S、G 等),X 可以看作是温度 T、压力 p 及各组成的物质的量 n_1、$n_2\cdots$ 的函数,即

$$X = f(T, p, n_1, n_2, \cdots)$$

当系统状态发生微小变化时,X 有相应的改变,可用全微分表示

$$\mathrm{d}X = \left(\frac{\partial X}{\partial T}\right)_{p, n_i} \mathrm{d}T + \left(\frac{\partial X}{\partial p}\right)_{T, n_i} \mathrm{d}p + \left(\frac{\partial X}{\partial n_1}\right)_{T, p, n_{j \neq 1}} \mathrm{d}n_1 + \left(\frac{\partial X}{\partial n_2}\right)_{T, p, n_{j \neq 2}} \mathrm{d}n_2 + \cdots \quad 式(2\text{-}66)$$

式(2-66)中,偏导数下角标 n_i 表示所有组分物质的量均不变,n_j 表示除 B 外其余组分物质的量保持恒定。令

$$X_{\mathrm{B, m}} = \left(\frac{\partial X}{\partial n_{\mathrm{B}}}\right)_{T, p, n_{j \neq \mathrm{B}}} \qquad\qquad 式(2\text{-}67)$$

式(2-67)即为**偏摩尔量**(partial molar quantity)的定义式。根据该定义式可知,偏摩尔量 $X_{\mathrm{B, m}}$ 的物理意义为:在等温等压及除组分 B 以外其他各组分的量均保持不变的条件下,系统广度量 X 随组分 B 的物质的量的变化率。从实验的角度可以理解为:在等温等压下,向一定浓度的大量溶液中加入 1mol B 物质(此时系统的浓度仍可看作不变)对系统广度量 X 的贡献。

将偏摩尔量的定义代入等温、等压下系统广度性质 X 的全微分式中,有

$$\mathrm{d}X = \left(\frac{\partial X}{\partial T}\right)_{p, n_i} \mathrm{d}T + \left(\frac{\partial X}{\partial p}\right)_{T, n_i} \mathrm{d}p + \sum_{\mathrm{B}} X_{\mathrm{B, m}} \mathrm{d}n_{\mathrm{B}} \qquad 式(2\text{-}68)$$

在等温等压下,式(2-68)变成

$$\mathrm{d}X = X_{1, \mathrm{m}} \mathrm{d}n_1 + X_{2, \mathrm{m}} \mathrm{d}n_2 + \cdots = \sum_{\mathrm{B}} X_{\mathrm{B, m}} \mathrm{d}n_{\mathrm{B}} \qquad 式(2\text{-}69)$$

X 代表系统任意广度性质,常见的偏摩尔量有

$$V_{\mathrm{B, m}} = \left(\frac{\partial V}{\partial n_{\mathrm{B}}}\right)_{T, p, n_{j \neq \mathrm{B}}} \qquad\text{B 物质的偏摩尔体积}$$

$$S_{\mathrm{B, m}} = \left(\frac{\partial S}{\partial n_{\mathrm{B}}}\right)_{T, p, n_{j \neq \mathrm{B}}} \qquad\text{B 物质的偏摩尔熵}$$

$$U_{\mathrm{B, m}} = \left(\frac{\partial U}{\partial n_{\mathrm{B}}}\right)_{T, p, n_{j \neq \mathrm{B}}} \qquad\text{B 物质的偏摩尔热力学能}$$

$$G_{\mathrm{B,m}} = \left(\frac{\partial G}{\partial n_{\mathrm{B}}}\right)_{T,p,n_{j\neq\mathrm{B}}} \qquad \mathrm{B}\text{物质的偏摩尔吉布斯能}$$

在使用偏摩尔量时应注意以下几点。

（1）只有广度性质的状态函数才有偏摩尔量，强度性质不存在偏摩尔量。

（2）偏导数下角标均为 $T,p,n_{j\neq\mathrm{B}}$，即必须在等温、等压、除 B 以外的其他组分的量保持不变的条件下。

（3）偏摩尔量是强度性质的状态函数，与系统的量无关，但是与系统的组成有关，这与纯物质的摩尔量相似。

（4）对于纯物质，偏摩尔量即为摩尔量。例如纯物质的偏摩尔吉布斯能 $G_{\mathrm{B,m}}$ 就是它的摩尔吉布斯能 G_{m}。

二、偏摩尔量的集合公式

偏摩尔量是强度性质，与混合物的浓度有关，而与混合物的总量无关。如果我们按照原始系统中物质的比例，同时加入物质 $1,2,\cdots,i$，由于是按原比例同时加入，在过程中系统的浓度始终保持不变。因偏摩尔量是 T,p,n 的函数，在等温、等压、溶液浓度不变条件下，偏摩尔量 $X_{\mathrm{B,m}}$ 的值也保持不变。依偏摩尔量的定义式（2-67），有

$$\mathrm{d}X = X_{1,\mathrm{m}}\mathrm{d}n_1 + X_{2,\mathrm{m}}\mathrm{d}n_2 + \cdots + X_{i,\mathrm{m}}\mathrm{d}n_i = \sum_{\mathrm{B}=1}^{i} X_{\mathrm{B,m}}\mathrm{d}n_{\mathrm{B}}$$

对上式积分，当加入 $n_1,n_2,\cdots,n_i$ 后，有

$$\begin{aligned} X &= X_{1,\mathrm{m}}\int_0^{n_1}\mathrm{d}n_1 + X_{2,\mathrm{m}}\int_0^{n_2}\mathrm{d}n_2 + \cdots + X_{i,\mathrm{m}}\int_0^{n_i}\mathrm{d}n_i \\ &= n_1 X_{1,\mathrm{m}} + n_2 X_{2,\mathrm{m}} + \cdots + n_i X_{i,\mathrm{m}} \end{aligned}$$

$$X = \sum_{\mathrm{B}=1}^{i} n_{\mathrm{B}} X_{\mathrm{B,m}} \qquad\qquad \text{式（2-70）}$$

式（2-70）称为**偏摩尔量的集合公式**。此式表明，系统的任一广度性质 X 等于各组分物质的量 n_{B} 与偏摩尔量 $X_{\mathrm{B,m}}$ 乘积之和，这表明在多组分系统中，用偏摩尔量代替摩尔量之后，系统的广度性质 X 具有加和性。例如二组分溶液的体积，依集合公式可写作

$$V = n_1 V_{1,\mathrm{m}} + n_2 V_{2,\mathrm{m}}$$

例 2-18 298K 有摩尔分数为 0.40 的甲醇水溶液，若向大量的此种溶液中加 1mol 的水，溶液体积增加 17.35ml；若向大量的此种溶液中加 1mol 的甲醇，溶液体积增加 39.01ml。试计算将 0.4mol 的甲醇及 0.6mol 的水混合成溶液时，体积为多少。已知 298K 时甲醇和水的密度分别为 0.791 1g/ml 和 0.997 1g/ml。

解：已知 $V_{\text{甲醇},\mathrm{m}} = 39.01\mathrm{ml/mol}$；$V_{\text{水},\mathrm{m}} = 17.35\mathrm{ml/mol}$，按集合公式

$$V = n_1 V_{1,\mathrm{m}} + n_2 V_{2,\mathrm{m}} = 0.4 \times 39.01 + 0.6 \times 17.35 = 26.01\mathrm{ml}$$

未混合前

$$V = V_{纯甲醇} + V_{纯水} = \frac{32.04}{0.791\,1} \times 0.4 + \frac{18.02}{0.997\,1} \times 0.6 = 27.04\text{ml}$$

混合过程中体积变化

$$27.04 - 26.01 = 1.03\text{ml}$$

三、吉布斯 - 杜安方程

对偏摩尔量的集合公式（2-70）求全微分可得

$$X = \sum_{B=1}^{i} n_B dX_{B,m} + \sum_{B=1}^{i} X_{B,m} dn_B$$

根据偏摩尔量的定义式,等温等压条件下有

$$dX = X_{1,m} dn_1 + X_{2,m} dn_2 + \cdots X_{i,m} dn_i = \sum_{B=1}^{i} X_{B,m} dn_B$$

比较上面两式,可知等温等压下,一定有

$$\sum_{B=1}^{i} n_B dX_{B,m} = 0 \qquad\qquad\qquad 式（2-71）$$

将式（2-71）除以 $n = \sum n_B$,可得

$$\sum_{B=1}^{i} x_B dX_{B,m} = 0 \qquad\qquad\qquad 式（2-72）$$

式（2-71）和式（2-72）均称为吉布斯 - 杜安（Gibbs-Duhem）方程。这个方程给出了在恒定的温度、压力下,混合物的组成发生改变时,各组分偏摩尔量变化的相互依赖关系。例如二组分系统,根据式（2-72）可得

$$x_1 dX_{1,m} + x_2 dX_{2,m} = 0$$

由上式可见,当一个组分的偏摩尔量增加时,另一个组分的偏摩尔量必将减少,其变化是以此消彼长且符合公式（2-72）的方式进行。

第十节　化学势

热力学第二定律在化学中最重要的应用是用它来判断化学反应的方向和限度,而化学反应很多情况下都是在等温等压条件下进行的,所以等温等压下吉布斯能判据在化学中有着重要的地位。而将吉布斯能判据用于多组分系统时,需要使用偏摩尔吉布斯能进行计算,因此可以说偏摩尔吉布斯能 $G_{B,m}$ 是化学热力学中一个最为重要的偏摩尔量。

一、化学势的定义

等温等压下,偏摩尔吉布斯能的变化决定了系统中物质传递的方向,因此吉布斯提

出将混合物（或溶液）中组分 B 的偏摩尔吉布斯能 $G_{B,m}$ 定义为组分 B 的**化学势**（chemical potential），用符号 μ_B 表示如下

$$\mu_B = G_{B,m} = \left(\frac{\partial G}{\partial n_B}\right)_{T,p,n_{j\neq B}} \qquad 式（2-73）$$

化学势是强度性质，是温度、压力和组成的函数，具有能量量纲，单位为 J/mol。

二、多组分系统的热力学基本方程和广义化学势

对于多组分系统，系统的吉布斯能 G 除与温度 T、压力 p 有关外，还和系统的组成 n_B 也有关，即

$$G = f(T, p, n_1, n_2\cdots)$$

根据状态函数的全微分性质，有

$$\mathrm{d}G = \left(\frac{\partial G}{\partial T}\right)_{p,n_i}\mathrm{d}T + \left(\frac{\partial G}{\partial p}\right)_{T,n_i}\mathrm{d}p + \left(\frac{\partial G}{\partial n_1}\right)_{T,p,n_{j\neq1}}\mathrm{d}n_1 + \left(\frac{\partial G}{\partial n_2}\right)_{T,p,n_{j\neq2}}\mathrm{d}n_2 + \cdots$$

在组成不变条件下，有 $\left(\frac{\partial G}{\partial T}\right)_{p,n_i} = -S$，$\left(\frac{\partial G}{\partial p}\right)_{T,n_i} = V$，代入上式，得

$$\mathrm{d}G = -S\mathrm{d}T + V\mathrm{d}p + \sum_B \mu_B \mathrm{d}n_B \qquad 式（2-74）$$

根据 U、H、F 与 G 的定义式，可知 U、H、F 与 G 有如下的关系式

$$\mathrm{d}U = \mathrm{d}(G - pV + TS), \mathrm{d}H = \mathrm{d}(G + TS), \mathrm{d}F = \mathrm{d}(G - pV)$$

将式（2-74）代入上述 $\mathrm{d}U$、$\mathrm{d}H$ 和 $\mathrm{d}F$ 关系式中，可得

$$\mathrm{d}U = T\mathrm{d}S - p\mathrm{d}V + \sum_B \mu_B \mathrm{d}n_B \qquad 式（2-75）$$

$$\mathrm{d}H = T\mathrm{d}S + V\mathrm{d}p + \sum_B \mu_B \mathrm{d}n_B \qquad 式（2-76）$$

$$\mathrm{d}F = -S\mathrm{d}T - p\mathrm{d}V + \sum_B \mu_B \mathrm{d}n_B \qquad 式（2-77）$$

式（2-74）至式（2-77）称为**多组分系统的热力学基本方程**，由于其中考虑了系统中各组分物质的量的变化对热力学状态函数的影响，故该方程不仅适用于组成可变的封闭系统，也适用于敞开系统。

由于实际物理化学变化常在等温等压条件下进行，故式（2-74）是组成可变、只做体积功的系统最常用的热力学基本公式。

将式（2-75）的两端除以 $\mathrm{d}n_B$，并保持 S、V 及除 B 组分之外其他组分的物质的量不变，可得

$$\mu_B = \left(\frac{\partial U}{\partial n_B}\right)_{S,V,n_j\neq B}$$

对式（2-76）和式（2-77）做同样处理，可得化学势的其他表示式，因此

$$\mu_B = \left(\frac{\partial U}{\partial n_B}\right)_{S,V,n_{j\neq B}} = \left(\frac{\partial H}{\partial n_B}\right)_{S,p,n_{j\neq B}} = \left(\frac{\partial F}{\partial n_B}\right)_{T,V,n_{j\neq B}} = \left(\frac{\partial G}{\partial n_B}\right)_{T,p,n_{j\neq B}} \qquad \text{式（2-78）}$$

上述四个偏微商都称作化学势，这是**化学势的广义定义**。注意：不是任意热力学函数对 n_B 的偏微商都称作化学势，必须满足对应下角标的条件；并且只有偏摩尔吉布斯能既是化学势，又是偏摩尔量。

三、温度和压力对化学势的影响

（一）温度对化学势的影响

$$\left(\frac{\partial \mu_B}{\partial T}\right)_{p,n_i} = \left[\frac{\partial}{\partial T}\left(\frac{\partial G}{\partial n_B}\right)_{T,p,n_{j\neq B}}\right]_{p,n_i} = \left[\frac{\partial}{\partial n_B}\left(\frac{\partial G}{\partial T}\right)_{p,n_i}\right]_{T,p,n_{j\neq B}}$$

$$= \left[\frac{\partial}{\partial n_B}(-S)\right]_{T,p,n_{j\neq B}} = -S_{B,m}$$

即

$$\left(\frac{\partial \mu_B}{\partial T}\right)_{p,n_i} = -S_{B,m} \qquad \text{式（2-79）}$$

$S_{B,m}$ 就是物质 B 的偏摩尔熵。

（二）压力对化学势的影响

根据 $\left(\frac{\partial G}{\partial p}\right)_T = V$，按上述方法同理推导，可得化学势与压力的关系

$$\left(\frac{\partial \mu_B}{\partial p}\right)_{T,n_i} = V_{B,m} \qquad \text{式（2-80）}$$

$V_{B,m}$ 就是物质 B 的偏摩尔体积。

由上述关系式可知，对于多组分系统，热力学函数关系与纯物质的公式具有相似的表述形式，不同的只是用偏摩尔量代替相应的摩尔量而已。

四、化学势的判据及其应用

（一）化学势判据

对于多组分系统

$$dG = -SdT + Vdp + \sum_B \mu_B dn_B$$

因等温等压非体积功为零的条件下，$dG_{T,p,W'=0} \leqslant 0$ 是过程进行方向及限度的判据。根据上式，可得出在相同条件下，化学势作为多组分系统过程方向及限度的判据，即

$$\sum_B \mu_B dn_B \leqslant 0 \qquad \text{式（2-81）}$$

式（2-81）中，小于号是自发过程，等号是达到平衡。该判据既适用于封闭系统，也适用于敞开系统。

（二）化学势判据的应用

1. 化学势在相变化过程中的应用 在等温等压下，设系统中有 α 相和 β 相，且每个相均为多组分。设 α 相中有 dn_B 的 B 物质转移到 β 相中，此时系统吉布斯能的总变化为

$$dG = dG^{\alpha} + dG^{\beta} = \mu_B^{\alpha}dn_B^{\alpha} + \mu_B^{\beta}dn_B^{\beta}$$

其中 α 相中 B 物质的减少是 β 相中 B 物质的增加，即 $-dn_B^{\alpha} = dn_B^{\beta} = dn_B$，代入上式，有

$$dG = -\mu_B^{\alpha}dn_B + \mu_B^{\beta}dn_B = (\mu_B^{\beta} - \mu_B^{\alpha})dn_B \leq 0$$

因 $dn_B > 0$，则

$$\mu_B^{\beta} - \mu_B^{\alpha} \leq 0$$

$$\mu_B^{\beta} \leq \mu_B^{\alpha} \qquad\qquad 式（2-82）$$

式（2-82）说明，物质总是从化学势高的相向化学势低的相转移，直至两相化学势相等。多组分系统达到平衡的条件是：系统中各相温度和压力相等，并且任意组分 B 在各相中的化学势必须相等，即

$$\mu_B^{\alpha} = \mu_B^{\beta} = \cdots = \mu_B^{\Phi}$$

2. 化学势在化学变化过程中的应用 某化学反应在等温等压下进行，反应式如下

$$aA + dD \longrightarrow gG + hH$$

当反应进行到某一程度，A、D、G、H 各自有确定量，其化学势也有确定值。设有微小量 adn 的 A 和 ddn 的 D 反应，生成 gdn 的 G 和 hdn 的 H，则整个化学反应系统的吉布斯能的改变为

$$dG = \sum \mu_B dn_B = (g\mu_G + h\mu_H - a\mu_A - d\mu_D)dn$$

当 $dG < 0$，此化学反应可自发进行，当 $dG = 0$，该化学反应达到平衡。由于 $dn > 0$，则

$$g\mu_G + h\mu_H - a\mu_A - d\mu_D \leq 0 \quad 或 \quad g\mu_G + h\mu_H \leq a\mu_A + d\mu_D$$

即

$$\sum (v_B \mu_B)_{产物} \leq \sum (v_B \mu_B)_{反应物} \qquad\qquad 式（2-83）$$

式（2-83）中，v_B 代表 B 物质在化学计量式中的系数。此式说明，在等温等压、非体积功为零的条件下，若反应物化学势之和大于产物化学势之和，反应将自发进行；产物的化学势之和与反应物化学势之和相等时，该化学反应达到平衡。

通过在相变化和化学变化中化学势的应用，可以看出化学势的物理意义，其作用相当于水势决定水流方向和限度、电势决定电流方向和限度一样，化学势是物质传递过程方向和限度的判据。

五、化学势的表达式

化学势是某物质的偏摩尔吉布斯能，是多组分系统中重要的热力学量。化学势与吉布斯

能一样，是系统状态的函数，其绝对值无法测定，但在化学势的应用中，所关注的是过程中物质化学势的改变量，而不是其绝对值。因此，对物质处于不同状态（如气态、液态和固态等）时，可各选定一个**标准态**（standard state）作为相对起点，此点的化学势称为标准态化学势，对于其他状态下物质的化学势，表示为与标准态化学势的关系式，进而解决化学势作为自发变化方向和限度的判据问题。

（一）气体的化学势

对于气体，其标准态规定为在标准压力 100kPa 下具有理想气体性质的纯气体，对温度则没有限制，该状态下的化学势称为标准化学势，用符号 $\mu_B^{\ominus}$ 表示。对于纯气体可以省略下标"B"。显然，气体的标准化学势只是温度的函数。

1. 纯态理想气体的化学势　现有某理想气体 B 在温度 T 下由标准压力 $p^{\ominus}$ 变至任意压力 p，其化学势由 $\mu^{\ominus}$ 变为 μ。由于化学势就是偏摩尔吉布斯能，纯态物质偏摩尔量就是其摩尔量，因此，纯物质的化学势就是其摩尔吉布斯能。根据热力学基本方程，得

$$d\mu = dG_m = -S_m dT + V_m dp$$

当温度不变时，有

$$d\mu = V_m dp$$

对理想气体 $V_m = \dfrac{RT}{p}$，代入上式，有

$$d\mu = V_m dp = \frac{RT}{p} dp$$

对上式进行定积分，压力从标准压 $p^{\ominus}$ 到任意压力 p，化学势从标准态 $\mu^{\ominus}$ 积分到任意态 μ，可得

$$\int_{\mu^{\ominus}}^{\mu} d\mu = RT \int_{p^{\ominus}}^{p} \frac{dp}{p}$$

$$\mu = \mu^{\ominus}(T) + RT \ln \frac{p}{p^{\ominus}} \qquad\qquad 式（2-84）$$

式（2-84）为理想气体纯组分在温度 T、压力 p 条件下的化学势的表达式。式中，$\mu^{\ominus}$ 为理想气体在温度 T 的标准态的化学势，只是温度的函数。

2. 理想气体混合物中组分 B 的化学势　根据理想气体模型的假设，气体分子的体积可忽略，分子间相互作用力也可忽略。因此，理想气体混合物中各组分的热力学性质都不会因其他组分的存在而有所改变。故理想气体混合物中组分 B 的化学势应与其纯态时的化学势相同，即

$$\mu_B = \mu_B^{\ominus}(T) + RT \ln \frac{p_B}{p^{\ominus}} \qquad\qquad 式（2-85）$$

式（2-85）中，p_B 为理想气体混合物中 B 气体的分压，根据道尔顿分压定律 $p_B = p x_B$，其中 p 为理想气体混合物的总压，x_B 为 B 气体的摩尔分数。

3. 纯态真实气体的化学势　对于真实气体，p 与 V 的关系复杂，所得化学势的表达式也十分复杂，不便于应用。为了克服这一困难，路易斯（G. N. Lewis）于 1901 年提出了一个解决

办法,用校正的压力 f 代替压力 p,使其符合理想态,保留理想气体化学势表示的简单形式,f 称为**逸度**(fugacity)或**有效压力**(effective pressure)。因此,纯态真实气体的化学势可表示为

$$\mu = \mu^{\ominus}(T) + RT \ln \frac{f}{p^{\ominus}} \qquad \text{式(2-86)}$$

式(2-86)中,逸度 f 定义为实际压力 p 乘以校正因子 γ,即

$$f = \gamma p$$

校正因子 γ 又称为**逸度系数**(fugacity coefficient),它反映该实际气体对理想气体性质的偏差程度。γ 不仅与气体的本性有关,还与气体所处温度和压力有关。在温度一定时,当气体压力很大时,$\gamma > 1$;当气体压力不太大时,$\gamma < 1$;当气体的压力趋近于 0 时,$\gamma = 1$,这时真实气体的行为就趋于理想气体行为,逸度 f 就趋近于压力 p。

4. 真实气体混合物中组分 B 的化学势　对于真实气体混合物中的每个组分,按照路易斯的处理方法,用逸度 f_B 替代 p_B,化学势的表示式为

$$\mu_B = \mu_B^{\ominus}(T) + RT \ln \frac{f_B}{p^{\ominus}} \qquad \text{式(2-87)}$$

其中,f_B 为实际气体混合物中气体 B 的逸度。

从以上各种化学势表示式看出,对于气体物质的标准态,不论是纯态还是混合物,不论是理想气体还是真实气体,都是当 $p_B = p^{\ominus}$ 时,表现出理想气体特性的纯物质的化学势。

(二)液态混合物的化学势

在气体性质的研究中,人们提出了理想气体模型。与之相对应,人们又提出了理想液态混合物的模型,而这个模型是建立在拉乌尔定律基础之上的。

1. 拉乌尔定律　一定温度下,纯溶剂中加入溶质,无论溶质挥发与否,溶剂在气相中的蒸气压都要降低。1887 年,拉乌尔在实验中总结出如下的规律:在一定温度下,稀溶液中溶剂的蒸气压等于该温度下纯溶剂的饱和蒸气压乘以溶液中溶剂的摩尔分数,这就是**拉乌尔定律**(Raoult's law)。用公式表示,即

$$p_A = p_A^{*} x_A \qquad \text{式(2-88)}$$

式(2-88)中,p_A^{*} 为纯溶剂 A 的饱和蒸气压,p_A 为稀溶液中溶剂的蒸气压,x_A 为溶剂的摩尔分数。

2. 理想液态混合物任一组分的化学势　任一组分在全部组成范围内都遵守拉乌尔定律的液态混合物称为**理想液态混合物**,即理想溶液。也就是说,理想液态混合物中各组分的处理方法是一样的。设想温度 T 时,当理想液态混合物与其蒸气达平衡时,理想液态混合物中任一组分 B 与气相中该组分的化学势相等,即

$$\mu_B(1) = \mu_B(g) = \mu_B^{\ominus}(T) + RT \ln \frac{p_B}{p^{\ominus}} \qquad \text{式(2-89)}$$

由于液相中任一组分都遵从拉乌尔定律,$p_B = p_B^{*} x_B$,代入式(2-89),得 B 组分的化学势为

$$\mu_B = \mu_B^{\ominus}(T) + RT \ln \frac{p_B^{*}}{p^{\ominus}} + RT \ln x_B$$

其中

$$\mu_{\mathrm{B}}^{*}(T, p) = \mu_{\mathrm{B}}^{\ominus}(T) + RT \ln \frac{p_{\mathrm{B}}^{*}}{p^{\ominus}}$$

因此

$$\mu_{\mathrm{B}} = \mu_{\mathrm{B}}^{*}(T, p) + RT \ln x_{\mathrm{B}} \qquad \text{式（2-90）}$$

式（2-90）中，μ_{B}^{*}是液态混合物中组分 B 的标准态化学势，当$x_{\mathrm{B}} = 1$，即纯 B 在温度 T 及饱和蒸气压状态下，是液态混合物中组分 B 的标准态。

（三）理想稀溶液中各组分的化学势

理想稀溶液指的是溶质的相对含量趋于零的溶液。在这种溶液中，溶质分子之间的距离远，每一个溶剂分子或溶质分子周围几乎没有溶质分子而完全是溶剂分子。对于理想稀溶液来说，溶剂符合拉乌尔定律，而溶质符合亨利定律，故溶质和溶剂须选用不同的标准态来分别导出化学势的表达式。

下面仍从某组分在气、液两相达到平衡时化学势相等的原理出发，分别推导理想稀溶液中溶剂和溶质的化学势的表达式。为简洁起见，只考虑与溶液成平衡的气相可看成理想气体混合物的情况。

1. 亨利定律   1803 年，亨利（Henry W.）在研究气体在液体中的溶解度时发现，一定温度下气体在液态溶剂中的溶解度与该气体的压力成正比，这一规律对于稀溶液中挥发性溶质同样适用。因此，**亨利定律**（Henry's law）可以表述为：在一定温度下，稀溶液中挥发性溶质在气相中的平衡分压与其在溶液中的摩尔分数成正比。其数学表达式为

$$p_{\mathrm{B}} = k_{x, \mathrm{B}} x_{\mathrm{B}} \qquad \text{式（2-91）}$$

式（2-91）中，x_{B} 指溶质 B 的摩尔分数，$k_{x, \mathrm{B}}$ 称为亨利系数，是一个与温度、溶质及溶剂有关的常数。通常来说，温度升高，挥发性溶质的挥发能力增强，亨利系数增大。

同理，若溶质浓度用质量摩尔浓度 m_{B} 或物质的量浓度 c_{B} 表示，亨利定律仍然适用，即

$$p_{\mathrm{B}} = k_{m, \mathrm{B}} m_{\mathrm{B}} \qquad \text{式（2-92）}$$

$$p_{\mathrm{B}} = k_{c, \mathrm{B}} c_{\mathrm{B}} \qquad \text{式（2-93）}$$

2. 理想稀溶液中溶剂的化学势   若 A 代表溶剂，B 代表溶质，由于稀溶液中溶剂 A 服从拉乌尔定律，所以溶剂的化学势和液态混合物化学势一样，仍表示为

$$\mu_{\mathrm{A}} = \mu_{\mathrm{A}}^{*}(T, p) + RT \ln x_{\mathrm{A}} \qquad \text{式（2-94）}$$

3. 理想稀溶液中溶质的化学势   一定温度下，溶质 B 与其蒸气平衡时，溶质 B 在液、气两相的化学势相等，即

$$\mu_{\mathrm{B}}(1) = \mu_{\mathrm{B}}(\mathrm{g}) = \mu_{\mathrm{B}}^{\ominus}(T) + RT \ln \frac{p_{\mathrm{B}}}{p^{\ominus}}$$

由于稀溶液中溶质 B 服从亨利定律，当溶质浓度用摩尔分数表示时，将 $p_{\mathrm{B}} = k_{x, \mathrm{B}} x_{\mathrm{B}}$ 代入上式，得

$$\mu_{\mathrm{B}} = \mu_{\mathrm{B}}^{\ominus}(T) + RT \ln \frac{k_{x, \mathrm{B}}}{p^{\ominus}} + RT \ln x_{\mathrm{B}}$$

合并两个常数项，$\mu_{B,x}^* = \mu_B^{\ominus}(T) + RT\ln\dfrac{k_{x,B}}{p^{\ominus}}$，可得

$$\mu_B = \mu_{B,x}^*(T, p) + RT\ln x_B \qquad\qquad \text{式}(2\text{-}95)$$

式（2-95）中，$\mu_{B,x}^*$ 称为稀溶液中溶质 B 的参考标准化学势。其参考标准态为温度 T、压力 p 下，B 的浓度 $x_B = 1$ 且服从亨利定律的一种假想态。

同理，当溶质浓度用质量摩尔浓度 m_B 和物质的量浓度 c_B 表示时，则溶质 B 的化学势分别表示为

$$\mu_B = \mu_{B,m}^*(T, p) + RT\ln\dfrac{m_B}{m^{\ominus}} \qquad\qquad \text{式}(2\text{-}96)$$

$$\mu_B = \mu_{B,c}^*(T, p) + RT\ln\dfrac{c_B}{c^{\ominus}} \qquad\qquad \text{式}(2\text{-}97)$$

需要指出的是，溶质的浓度采用不同的表示方法时，相应地，化学势的表示式、参考标准化学势及参考标准态也将不同。式（2-96）和式（2-97）的参考标准态分别为 $m_B = 1\text{mol/kg}$ 和 $c_B = 1\text{mol/L}$，这也是一种假想的状态。

（四）真实溶液中各组分的化学势

与真实气体引入逸度和逸度因子来修正其对理想气体的偏差类似，对于真实（非理想）溶液，通过引入活度及活度因子来修正其对理想液态混合物及理想稀溶液浓度的偏差。

1. 真实溶液中溶剂的化学势　真实溶液中的溶剂 A 不遵从拉乌尔定律，需要对溶剂的浓度 x_A 进行修正。$a_A = \gamma_A x_A$，式中 a_A 为溶剂 A 的**活度**（activity），γ_A 为**活度系数**（activity coefficient），它表示真实溶液中溶剂 A 的浓度与理想溶液浓度的偏差。因此，拉乌尔定律可修正为

$$p_A = p_A^* \gamma_A x_A = p_A^* a_A$$

真实溶液中溶剂 A 的化学势可表示为

$$\mu_A = \mu_A^*(T, p) + RT\ln(\gamma_A x_A) = \mu_A^*(T, p) + RT\ln a_A \qquad \text{式}(2\text{-}98)$$

2. 真实溶液中溶质的化学势　对真实溶液中溶质 B，亨利定律修正为

$$p_B = k_B \gamma_B x_B = k_B a_{B,x}$$

式中，$a_{B,x}$ 是溶质 B 摩尔分数表示的活度，γ_B 是活度系数，$\lim\limits_{x_B \to 0}\gamma_B = 1$，当溶质 B 的浓度趋于零，即溶液极稀时，活度系数趋近于 1。真实溶液中，溶质的化学势可表示为

$$\mu_B = \mu_B^*(T, p) + RT\ln(\gamma_B x_B) = \mu_B^*(T, p) + RT\ln a_{B,x} \qquad \text{式}(2\text{-}99)$$

同理，当溶质浓度用质量摩尔浓度 m_B 和物质的量浓度 c_B 表示时，则亨利定律修正为 $p_B = k_B \gamma_B m_B = k_B a_{B,m}$ 和 $p_B = k_B \gamma_B c_B = k_B a_{B,c}$，相应的溶质 B 的化学势可以表示为

$$\mu_B = \mu_B^*(T, p) + RT\ln a_{B,m} \qquad\qquad \text{式}(2\text{-}100)$$

$$\mu_B = \mu_B^*(T, p) + RT\ln a_{B,c} \qquad\qquad \text{式}(2\text{-}101)$$

（五）化学势的表达式小结

本节共导出了多组分系统的三类化学势的表达式：气体化学势、液态混合物化学势和溶

液化学势。这三类化学势分别建立在三个理想模型上：理想气体模型、理想液态混合物模型和理想稀溶液模型。推导液态多组分系统中任意组分的化学势表达式所采用的基本方法是：从气 - 液平衡时该组分在液相中的化学势与气相中的化学势相等这一原理出发，由气体的化学势导出液体的化学势。对于真实多组分系统中任意组分的化学势，则是通过引入逸度和活度来修正理想模型而完成。

综上，各种状态物质的化学势可以统一表示为

$$\mu_B = \mu_B(\text{标准态}) + RT \ln a_B \qquad \text{式（2-102）}$$

式中，a_B 称为广义活度，表示有效浓度（或有效压力）与标准浓度（或标准压力）之比，对于不同的气体和液体具有不同的含义，例如，对于理想气体，活度为 $\frac{p_B}{p^\ominus}$；真实气体的活度为 $\frac{f_B}{p^\ominus}$；真实溶液溶质的活度根据浓度的表示方法不同（摩尔分数、质量摩尔浓度和物质的量浓度），可以分别表示为 $\gamma_B x_B$、$\frac{\gamma_m m_B}{m^\ominus}$ 和 $\frac{\gamma_c c_B}{c^\ominus}$。

第十一节 化学势在稀溶液中的应用

在指定溶剂的种类和数量后，稀溶液的某些性质只取决于所含溶质分子的数量，而与溶质的本性无关，这些现象称为**稀溶液的依数性**（colligative properties）。依数性包括溶液中溶剂的蒸气压下降、凝固点降低、沸点升高和产生渗透压。由于稀溶液中 $x_A \ll 1$，根据理想稀溶液中溶剂化学势的表达式 $\mu_A = \mu_A^* + RT \ln x_A$ 可知，溶液中溶剂的化学势必然小于相同温度和压力下纯溶剂的化学势，这正是造成上述稀溶液依数性最根本的原因。

一、蒸气压下降

溶液中溶剂的蒸气压 p_A 低于同温度下纯溶剂的蒸气压 p_A^*，这一现象称为溶剂的蒸气压下降。稀溶液的溶剂蒸气压下降值可通过拉乌尔定律求得

$$\Delta p_A = p_A^* - p_A = p_A^* - p_A^* x_A = p_A^*(1 - x_A) = p_A^* x_B \qquad \text{式（2-103）}$$

即稀溶液溶剂的蒸气压降低值与溶质的摩尔分数成正比，比例系数为相同温度下纯溶剂的饱和蒸气压。

二、凝固点降低

在一定外压下，液体逐渐冷却开始析出固体时的平衡温度称为液体的凝固点，固体逐渐加热开始出现液体时的温度称为固体的熔点。当溶剂 A 中溶有少量非挥发性溶质 B 形成稀溶液后，从溶液中析出固态纯溶剂 A 的温度，即溶液的凝固点低于纯溶剂在同样外压下的凝固点，并遵循一定的规律，这就是凝固点降低。下面推导凝固点降低值与溶液组成之间的关系。

压力 p 时, 设有一稀溶液的凝固温度为 T, 两相平衡时溶剂 A (浓度为 x_A) 在液相中化学势 $\mu_{A(1)}$ 等于溶剂在固相中化学势 $\mu^*_{A(s)}$, 因此有

$$\mu_{A(1)}(T, p, x_A) = \mu^*_{A(s)}(T, p)$$

在压力 p 恒定时, 若使溶液的浓度由 x_A 变到 $x_A + \mathrm{d}x_A$, 则凝固点相应地由 T 变到 $T + \mathrm{d}T$ 而重新建立平衡, 达到新的平衡时, 化学势各自改变但仍保持相等, 即

$$\mu_{A(1)} + \mathrm{d}\mu_{A(1)} = \mu^*_{A(s)} + \mathrm{d}\mu^*_{A(s)}$$

因此

$$\mathrm{d}\mu_{A(1)} = \mathrm{d}\mu^*_{A(s)}$$

对于稀溶液中的溶剂, 有 $\mu_{A(1)} = \mu^*_{A(1)} + RT\ln x_A$, 对其进行微分得 $\mathrm{d}\mu_{A(1)} = \mathrm{d}\mu^*_{A(1)} + RT\mathrm{d}\ln x_A$, 代入上式, 得

$$\mathrm{d}\mu^*_{A(1)} + RT\mathrm{d}\ln x_A = \mathrm{d}\mu^*_{A(s)} \qquad \text{式}(2\text{-}104)$$

此外, 根据热力学偏微分关系式, 有

$$\left(\frac{\partial \mu^*_A}{\partial T}\right)_{p, n_i} = -S^*_{m, A}$$

可得

$$\mathrm{d}\mu^*_{A(1)} = -S^*_{m, A(1)}\mathrm{d}T, \ \mathrm{d}\mu^*_{A(s)} = -S^*_{m, A(s)}\mathrm{d}T$$

将其代入式 (2-104) 中, 得

$$-S^*_{m, A(1)}\mathrm{d}T + RT\mathrm{d}\ln x_A = -S^*_{m, A(s)}\mathrm{d}T$$

移项整理得

$$\mathrm{d}\ln x_A = \frac{S^*_{m, A(1)} - S^*_{m, A(s)}}{RT}\mathrm{d}T$$

由于上述液固相变为可逆相变, $S^*_{m, A(1)} - S^*_{m, A(s)} = \dfrac{\Delta_{fus}H^*_{m, A}}{T}$, 代入上式, 可得

$$\mathrm{d}\ln x_A = \frac{\Delta_{fus}H^*_{m, A}}{RT^2}\mathrm{d}T$$

设纯溶剂 ($x_A = 1$) 的凝固点为 T^*_f, 浓度为 x_A 时凝固点为 T_f, 对上式进行定积分, 可得

$$\int_1^{x_A} \frac{\mathrm{d}x_A}{x_A} = \int_{T^*_f}^{T_f} \frac{\Delta_{fus}H^*_{m, A}}{RT^2}\mathrm{d}T$$

假设温度改变不大时, 可认为 $\Delta_{fus}H^*_{m, A}$ 与温度无关, 对上式进行积分得

$$\ln x_A = -\frac{\Delta_{fus}H^*_{m, A}}{R}\left(\frac{1}{T_f} - \frac{1}{T^*_f}\right) = -\frac{\Delta_{fus}H^*_{m, A}}{R}\left(\frac{T^*_f - T_f}{T_f T^*_f}\right)$$

令 $\Delta T_f = T^*_f - T_f$, $T_f T^*_f \approx (T^*_f)^2$, 则上式可改写成

$$\ln x_A = -\frac{\Delta_{fus}H^*_{m, A}}{R(T^*_f)^2}\Delta T_f \qquad \text{式}(2\text{-}105)$$

因稀溶液中 $x_B \ll 1$，故 $\ln x_A = \ln(1 - x_B)$，将左式的对数项级数展开，有

$$\ln x_A = \ln(1 - x_B) = -x_B - \frac{1}{2}x_B^2 - \cdots \approx -x_B = -\frac{n_B}{n_A + n_B} \approx -\frac{n_B}{n_A}$$

式中，n_A、n_B 分别为溶剂和溶质的物质的量，将上式代入式（2-105），移项整理有

$$\Delta T_f = \frac{R(T_f^*)^2}{\Delta_{fus}H_{m,A}^*} \cdot \left(\frac{n_B}{n_A}\right) \qquad\qquad 式（2-106）$$

式（2-106）是稀溶液凝固点降低公式，此式表明凝固点降低值 ΔT_f 与溶质的物质量 n_B 成正比。现将溶质的浓度表示为质量摩尔浓度 m_B，溶剂的质量用 $m(A)$ 表示，则

$$\frac{n_B}{n_A} = \frac{n_B}{m(A)/M_A} = M_A\frac{n_B}{m(A)} = M_A m_B$$

代入式（2-106）有

$$\Delta T_f = \frac{R(T_f^*)^2 M_A}{\Delta_{fus}H_{m,A}^*} \cdot m_B$$

令

$$k_f = \frac{R(T_f^*)^2 M_A}{\Delta_{fus}H_{m,A}^*}$$

因此，凝固点降低公式可写成

$$\Delta T_f = k_f m_B \qquad\qquad 式（2-107）$$

式（2-107）中，k_f 称为溶剂的**凝固点降低常数**（freezing point depression constant or cryoscopic constant），其单位是 K·kg/mol。从 k_f 的关系式中可知，k_f 只与溶剂的性质（如凝固点温度、熔化热和摩尔质量）有关。表 2-3 列出了部分溶剂的 k_f 值。

表2-3　一些常见溶剂的 k_f 值和 k_b 值

项目	水	乙酸	萘	苯	苯酚	四氯化碳
k_f/(K·kg mol^{-1})	1.86	3.90	6.94	5.12	7.27	30
k_b/(K·kg mol^{-1})	0.52	3.07	5.80	2.53	3.04	4.95

由于在公式推导中，利用稀溶液的特定条件取了近似，故凝固点降低公式只适用于稀溶液，对较浓的溶液会有较大的偏差。此外，稀溶液凝固点降低通常被用于测定溶质的摩尔质量 M_B。

例 2-19　在 101.325kPa 下，有一质量分数为 1.5% 的氨基酸水溶液，测得其凝固点为 272.96K，试求该氨基酸的摩尔质量。已知水的凝固点降低常数 k_f 为 1.86K·kg/mol。

解：根据稀溶液凝固点降低公式 $\Delta T_f = k_f m_B$

$$m_B = \frac{n_B}{m(A)} = \frac{m_B}{m(A)M_B}$$

$$\Delta T_f = k_f \frac{m_B}{m(A)M_B}$$

$$M_B = k_f \frac{m_B}{m(A)\Delta T_f}$$

由于该溶液浓度较小，所以

$$\frac{m_B}{m(A)+m_B} \approx \frac{m_B}{m(A)} \approx 1.5\%$$

$$M_B = \frac{1.86 \times 1.5\%}{273.15 - 272.96} = 0.147 \text{kg/mol}$$

氨基酸的摩尔质量为 0.147kg/mol。

案例 2-2

凝固点降低性质的应用

凝固点降低具有广泛的应用。例如，在寒冷的季节，通常加入乙二醇等有机醇类使溶液的凝固点下降而防止汽车水箱中的水结冰。在白雪皑皑的寒冬，松树叶子能保持常青而不冻，这是因为入冬之前植物细胞的机体内已储存了大量的糖分，使细胞液浓度增大，凝固点降低，保证了在一定的低温条件下细胞液不结冰，表现出一定的防寒功能。

问题： 在实验室研究中如何采用简单方法获得低温环境？

分析： 常利用凝固点降低的原理实现低温的实验条件，例如将氯化钠或氯化钙与冰混合，可以使温度降低到 0℃以下。

三、沸点升高

液体的饱和蒸气压等于外压时的温度称为沸点，在一定温度下，含有非挥发性溶质的溶液的蒸气压低于纯溶剂的蒸气压，只有升高温度使蒸气压增大到等于外压，才能使溶液沸腾，所以溶液的沸点比纯溶剂高。

当气 - 液两相平衡时，溶剂 A 在气液两相中的化学势相等，有

$$\mu_{A(l)}(T, p, x_A) = \mu_{A(g)}^*(T, p)$$

若溶液浓度有 dx_A 的变化，则沸点相应地有 dT 的变化。按凝固点降低的处理方法，对稀溶液沸点的升高 ΔT_b 作相同的推导，得

$$\Delta T_b = \frac{R(T_b^*)^2}{\Delta_{vap} H_{m,A}^*} \cdot \frac{n_B}{n_A} \qquad \text{式（2-108）}$$

其中

$$k_b = \frac{R(T_b^*)^2}{\Delta_{vap} H_{m,A}^*} M_A$$

因此

$$\Delta T_b = k_b m_B \qquad \text{式（2-109）}$$

式（2-109）中，$\Delta T_b = T_b - T_b^*$（溶液沸点-纯溶剂沸点）为沸点上升值，$\Delta_{vap}H_{m,A}^*$ 为溶剂 A 的摩尔蒸发焓，k_b 为溶剂的**沸点升高常数**（boiling point elevation constant, ebullioscopic constant），单位为 K·kg/mol。从 k_b 的关系式中可知，其值只与溶剂的性质（如沸点温度、蒸发焓和摩尔质量）有关。部分溶剂的 k_b 值见表 2-3，同样，沸点升高公式也只适用于稀溶液。

沸点升高也可用于确定溶质的相对分子质量，方法与利用凝固点降低确定溶质的摩尔质量的方法类似。此外，在有机化学实验中常用测定化合物的熔点或沸点的方式来检验化合物的纯度。如果被测化合物的熔点低于纯物质的熔点，则说明该化合物不纯，含有杂质，杂质的含量可通过沸点的升高值得到。

四、渗透压

如果用半透膜（只允许溶剂通过，溶质不能通过的膜）将溶液与纯溶剂分开，溶剂分子会透过半透膜向溶液扩散，这种现象称为**渗透**（osmosis）。以蔗糖水溶液与纯水形成的体系为例，如图 2-9 所示，在一个连通器的两侧各装有溶液与溶剂，中间用半透膜隔开。扩散开始前，连通器两边的液柱高度相同，经过一段时间的扩散之后，纯水中的水分子通过半透膜进入溶液中，因此，蔗糖溶液的液面升高。当压力达到定值时，单位时间内从两个相反方向通过半透膜的水分子数相等，渗透达到平衡，两侧液面不再发生变化。当渗透平衡时液面高度差所产生的压力称为**渗透压**（osmotic pressure），如图 2-9（A）所示，用 Π 表示，单位为 Pa。如果对溶液一侧施加额外压力 p_1 以消除液面差，则 p_1 就是渗透压 Π，如图 2-9（B）所示。渗透过程，是溶剂分子从溶剂浓度大的一侧（化学势大）向溶剂浓度小的一侧（化学势小）转移，直到两边化学势相同，是自发进行的过程。

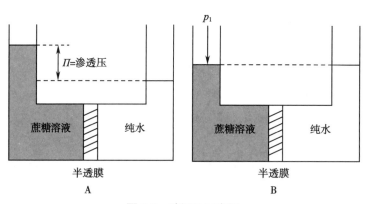

图 2-9　渗透压示意图

渗透压的大小自然取决于溶质的浓度，其定量关系可从热力学平衡的角度进行推导。当两边渗透平衡时，左侧溶液中溶剂的化学势 μ_A 等于右侧纯溶剂的化学势 μ_A^*，即

$$\mu_{A(1)}(T, p + \Pi, x_A) = \mu_{A(1)}^*(T, p) \qquad 式（2-110）$$

根据稀溶液中溶剂的化学势表达式，有

$$\mu_{A(1)}(T, p + \Pi, x_A) = \mu_{A(1)}^*(T, p + \Pi) + RT \ln x_A$$

将上式代入式（2-110），移项得

$$\mu^*_{A(1)}(T, p+\Pi) - \mu^*_{A(1)}(T, P) = -RT\ln x_A \qquad \text{式(2-111)}$$

等式左边是纯溶剂在等温不同压力时化学势差（即 ΔG_m），由 $\left(\dfrac{\partial \mu_B}{\partial p}\right)_{T,n_i} = V_{B,m}$ 可知，当压力变化不大时，水的摩尔体积 $V_{m,A}$ 视为常数，因此有

$$\Delta G_m = \int_p^{p+\Pi} V^*_{m,A}\mathrm{d}p = V^*_{m,A}(p+\Pi-p) = \Pi V^*_{m,A} = -RT\ln x_A \qquad \text{式(2-112)}$$

因稀溶液中 x_B 很小，故 $\ln x_A = \ln(1-x_B)$ 可作级数展开，有

$$\ln x_A = \ln(1-x_B) = -x_B - \frac{1}{2}x_B^2 - \cdots \approx -x_B = -\frac{n_B}{n_A+n_B} \approx -\frac{n_B}{n_A} \qquad \text{式(2-113)}$$

将式（2-113）代入式（2-112），得

$$\Pi V^*_{m,A} = RT\frac{n_B}{n_A}$$

因稀溶液中，溶液总体积（V）$\approx$ 溶剂体积（$n_A V^*_{m,A}$），因此有

$$\Pi = \frac{n_B}{n_A V^*_{m,A}} RT \approx \frac{n_B}{V} RT$$

$$\Pi = c_B RT \qquad \text{式(2-114)}$$

式（2-114）称为**范特霍夫（Van't Hoff）公式**，式中 c_B 是溶质的物质的量浓度，此处 c_B 单位为 $\mathrm{mol/m^3}$。根据推导过程中的一些近似，该公式只适用于稀溶液。

渗透现象在自然界中广泛存在。植物吸收水分和养分是通过渗透作用进行的；动植物的生物膜具有半透膜的性质；人和动物体内的血液都要维持等渗关系，因此患者在输液时，应输入等渗溶液。

案例 2-3

输液与渗透压的关系

正常人体血液的渗透压摩尔浓度范围为 285～310mOsmol/kg，临床输液需要使用等渗溶液，0.9%NaCl 溶液和 5% 葡萄糖溶液的渗透压摩尔浓度与人体血液相当，因此临床输液时常将其作为等渗溶液。

问题： 如果临床输液时给患者输入低渗或高渗溶液，会产生什么后果？

分析： 如果输入高渗溶液，则红细胞内水分外渗而发生细胞萎缩，会影响红细胞的功能；如果输入低渗溶液，水分自外渗入红细胞中使其膨胀甚至破裂，造成溶血现象，严重会危及生命。

如果在渗透平衡后继续增加溶液一侧压力，此时溶剂分子将从溶液一侧透过半透膜进入纯溶剂一侧，这称为**反渗透（reverse osmosis）**。反渗透技术可用于海水淡化、工业污水处理等方面。人体中肾就有反渗透功能，可阻止血液中的糖分不排到尿液中。如果

ER2-6　利用凝固点降低法测定溶液的渗透压（动画）

肾功能有缺陷,血液中的糖分将进入尿液而形成糖尿病。

利用渗透压测定大分子化合物的摩尔质量,将在第九章"大分子溶液"中讨论。

知识拓展

非平衡态热力学简介

本书此前所涉及的热力学都是平衡态热力学(即经典热力学),根据热力学第二定律可知,孤立系统中的自发过程总是向着熵增加(即混乱度增大)的方向进行,从微观状态看,自发过程是孤立系统从有序趋向于无序的过程。而达尔文的生物进化论指出,生物的发展是一个从低级到高级,从简单到复杂,从无序到有序的演变过程。显然,热力学第二定律的结论与达尔文的生物进化论之间存在不可调和的矛盾,两者的矛盾最终在诺贝尔奖获得者普里高津(Prigogine)的耗散结构理论中得到统一。以普里高津为首的布鲁塞尔学派将经典热力学的原理推广应用于敞开系统的不可逆过程中,进而开创了非平衡态热力学理论,在不可逆热力学研究的基础上,进一步提出了耗散结构理论。该理论认为远离平衡态的敞开系统在一定条件下能自发地形成有序结构(耗散结构),生命系统是一个非平衡的敞开系统,耗散结构理论为生命活动的研究提供了一种可行的探索方法。

ER2-7 熵与生命(文档)

本章小结

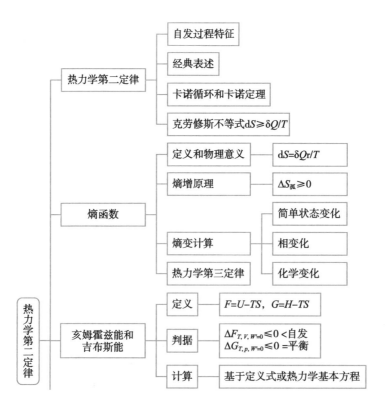

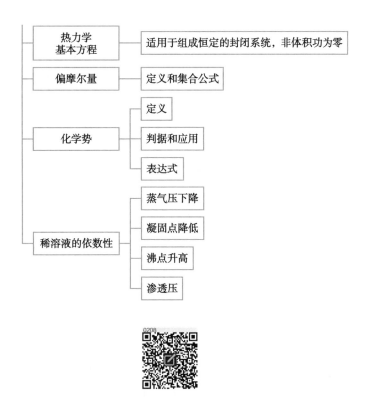

ER2-8　第二章　目标测试

本章习题

一、简答题

1．为什么热和功的转换是不可逆的？

2．在一个密闭绝热的房间里放置一台电冰箱，现将冰箱门打开，并接通电源使其工作，过一段时间之后，室内的平均气温为什么会升高？

3．有人说：自发过程是不需要外界干扰就能自发进行的过程，由于是自发的，故不具有做功的能力。此说法是否正确，为什么？

4．"在可逆过程中 $dS = \dfrac{\delta Q}{T}$，而在不可逆过程中 $dS > \dfrac{\delta Q}{T}$，因此不可逆过程的熵变大于可逆过程的熵变"的说法是否正确，为什么？

5．绝热过程中 $\Delta S_{绝热} \geqslant 0$ 可以用来判断过程是否自发吗？

6．当系统经循环过程回到原态时，$\Delta S = 0$，能够说它一定是个可逆循环过程吗？

7．在 373.15K、101.325kPa 下，水蒸发成水蒸气的过程是可逆过程，所以此过程的 $\Delta S = 0$。此说法是否正确，为什么？

8．热力学第三定律的表述是什么，热力学第三定律的提出解决了什么问题？

9．计算绝热不可逆过程的熵变时，为什么不能用绝热可逆过程替代？试分析原因。

10．1mol 四氯化碳在其沸点 350.15K、101 325Pa 时向真空蒸发为同温同压下的蒸气，此过程的 ΔG 大小如何？

11．凡是吉布斯能降低的过程，一定是自发过程；凡是亥姆霍兹能降低的过程，一定是自发过程。上述两种说法是否正确,并说明理由。

12. 某绝热刚性容器内,有一个隔板将容器分为两部分,两部分温度相同,但两边气体的压力不同,若将隔板抽开,整个容器内压力均匀。设气体是理想气体,达到平衡后,Q、W、ΔS、ΔH、ΔU 中何者为零,何者不为零?

13. 用半透膜做的海洋球(球中装海水)置于淡水中,长时间放置后发现其体积胀大,试解释其原因。

14. 试解释下列现象

(1)纯水可以在 0℃时完全变成冰,但糖水溶液中水却不可能在 0℃时结成冰。

(2)被稀盐水烫伤的程度要比被开水烫伤厉害得多。

15. 两只各装有 1 000g 水的烧杯中,分别向第一个烧杯中加入 0.01mol 的蔗糖,向第二个烧杯中加入 0.01mol 的 NaCl,按同样的速度降温,则两杯同时结冰。这种说法正确吗?

二、计算题

1. 1L 理想气体在 298K、150kPa 下,经等温膨胀最后体积变到 10L,计算该过程的 W_{max}、ΔH、ΔU 及 ΔS。

2. 1mol N_2 在 300K 时从 1L 向真空膨胀至 10L,求系统的熵变。若使该 N_2 在 300K 从 1L 经等温可逆膨胀至 10L,其熵变又是多少,由此得到怎样的结论?

3. 在绝热容器中,将 0.1kg、283K 的水与 0.2kg、313K 的水混合,求混合过程的熵变。已知水的 $C_{p,m}=75.29$J/(K·mol)。

4. 在恒熵的条件下,1mol 理想气体从 100kPa、288.15K 压缩至 700kPa,然后保持体积不变,降温至 288.15K,求过程的 ΔS。已知 $C_{V,m}=20.78$J/(K·mol)。

5. 1mol 甲醇在 337.8K(沸点)和 101.325kPa 下向真空蒸发,变成同温同压下的甲醇蒸气,试计算此过程的 ΔS、$\Delta S_{环境}$ 和 $\Delta S_{孤立}$,并判断此过程是否自发。已知甲醇的摩尔蒸发热为 35.32kJ/mol。

6. 在 101 325Pa 下,1mol、263.15K 的过冷水凝固为同温度的冰,求此过程的 ΔS、$\Delta S_{环境}$ 和 $\Delta S_{孤立}$,并判断此过程是否为自发过程。已知水和冰的摩尔等压热容分别为 75.291J/(K·mol) 和 37.6J/(K·mol),水的凝固热为 $-6\ 008$J/mol。

7. 在一绝热密闭的刚性容器中,将 2mol、300K 的气体 A($C_{V,m}=2.5R$)和 3mol、400K 的气体 B($C_{V,m}=1.5R$)用隔板分开,现将隔板抽开使气体混合至平衡,求此过程的 Q、W、ΔU、ΔH 和 ΔS,并判断该过程是否可逆。

8. 有一大恒温槽,其温度为 370K,室温为 300K,经过相当时间后,有 4 184J 的热因恒温槽绝热不良而传给室内空气,试求下述内容。

(1)恒温槽的熵变。

(2)空气的熵变。

(3)判断此过程是否可逆。

9. 1mol 乙醇在其沸点 351.5K 时蒸发为气体,求该过程中的 Q、W、ΔU、ΔH、ΔS、ΔG 和 ΔF,已知该温度下乙醇的蒸发热为 38.92kJ/mol。

10. 已知硝基苯 $C_6H_5NO_2(1)$ 在 101 325Pa 下的正常沸点为 483.15K,求 1mol 硝基苯在

483.15K、130kPa 下等温等压完全汽化过程的 ΔG，并判断该过程能否自发进行。

11. 1mol He 在 400K 和 0.5MPa 下经下列两个过程等温压缩至 1MPa，He 可视为理想气体。求其 Q、W、ΔU、ΔH、ΔS、ΔF、ΔG。

（1）设为可逆过程。

（2）设压缩时外压自始至终为 1MPa。

12. 1mol 单原子理想气体，始态为 273K 和 $p^\ominus$，该条件下气体的摩尔熵为 100J/(K·mol)。分别经下列各个过程绝热膨胀至压力为 $0.5p^\ominus$，计算各过程的 Q、W、ΔU、ΔH、ΔS、ΔF 和 ΔG。

（1）绝热可逆膨胀。

（2）绝热反抗恒外压 $0.5p^\ominus$ 膨胀到终态。

（3）向真空膨胀。

13. 理想气体经过等压可逆过程从始态 $3dm^3$、400K、100kPa 膨胀到末态 $4dm^3$。始态的熵为 125.52J/K，C_p 为 83.68J/K，计算过程的 ΔU、ΔH、ΔS、ΔG、Q、W。

14. 在 383.15K、101.325kPa 下使 1mol $H_2O(l)$ 蒸发为水蒸气 $H_2O(g)$。试计算这一过程的 ΔS、$\Delta S_{环境}$ 和 $\Delta S_{孤立}$。已知 $H_2O(g)$ 和 $H_2O(l)$ 的摩尔热容分别 75.29J/(K·mol) 和 33.58J/(K·mol)，100℃、101.325kPa 下 $H_2O(l)$ 的蒸发热为 40.64kJ/mol。

15. 某溶液中化学反应，若在等温等压（298.15K、101.325kPa）下进行，放热 4×10^4J，若使该反应通过可逆电池来完成，则吸热 4×10^3J。试计算下述内容。

（1）该化学反应的 ΔS。

（2）当该反应自发进行（即不做电功）时，环境的熵变及总熵变。

（3）该系统可能做的最大功。

16. 298.15K、100kPa 时，金刚石与石墨的规定熵分别为 2.38J/(K·mol) 和 5.74J/(K·mol)，其标准摩尔燃烧热分别为 −395.4kJ/mol 和 −393.5kJ/mol。

（1）计算在此条件下，石墨→金刚石的 $\Delta G_m^\ominus$ 值，并说明此时哪种晶体较为稳定。

（2）求算须增大到多大压力才能使石墨变成金刚石？已知在 298.15K 时石墨和金刚石的密度分别为 $2.260\times10^3kg/m^3$ 和 $3.513\times10^3kg/m^3$。

17. 试判断在 283.15K、$p^\ominus$ 下，白锡和灰锡哪一种晶型稳定。已知在 298.15K，$p^\ominus$ 下有下列热力学数据。

物质	$\Delta_f H_m^\ominus$/(J/mol)	$S_m^\ominus$/[J/(K·mol)]	$C_{p,m}$/[J/(K·mol)]
Sn(白锡)	0	52.30	26.15
Sn(灰锡)	−2 197	44.76	25.73

18. 某个二组分溶液由 2molA 和 1.5molB 混合而成，其体积 V 为 $425cm^3$，已知组分 B 的偏摩尔体积 $V_B=250cm^3/mol$，试求组分 A 的偏摩尔体积 V_A。

19. 293K 时，溶液 A 的组成为 $1NH_3:2H_2O$，其中 NH_3 的蒸气分压为 10.67kPa。溶液 B 的组成为 $1NH_3:8\frac{1}{2}H_2O$，其中 NH_3 的蒸气分压为 3.60kPa。

（1）从大量溶液 A 中转移 $1molNH_3$ 至大量溶液 B 中，试求 ΔG。

（2）将压力为 101.325kPa 的 $1molNH_3(g)$ 溶解在大量溶液 B 中，试求 ΔG。

20. 把 68.4g 的蔗糖加至 1 000g 的水中，在 293.15K 时此溶液的密度为 1.024g/cm³，求该溶液的蒸气压和渗透压？（已知 293.15K 时水的饱和蒸气压为 2.34kPa）

三、计算题答案

1. $W_{max}=-345.45J$，$\Delta U=0$，$\Delta H=0$，$\Delta S=1.16J/K$

2. $\Delta S=19.14J/(K/mol)$，状态函数的变化量与始态和终态有关，跟具体途径无关

3. $\Delta S=1.40J/K$

4. $\Delta S=-11.55J/K$

5. $\Delta S=104.6J/K$，$\Delta S_{环境}=-96.3J/K$，$\Delta S_{孤立}=8.3J/K$，该过程可自发进行

6. $\Delta S=-20.6J/K$，$\Delta S_{环境}=21.4J/K$，$\Delta S_{孤立}=0.8J/K$，该过程可自发进行

7. $Q=0$，$W=0$，$\Delta U=0$，$\Delta H=-521.3J$，$\Delta S=53.67J/K$，为不可逆过程

8. （1）$\Delta S_{槽}=-11.31J/K$；（2）$\Delta S_{空}=13.95J/K$；（3）该过程自发进行

9. $Q=\Delta H=38\ 920J$，$W=-2\ 922J$，$\Delta U=35\ 998J$，$\Delta S=110.7J/K$，$\Delta G=0$，$\Delta F=-2\ 913J$

10. $\Delta G=1.0kJ$，不能自发进行

11. （1）$Q=-2\ 306J$，$W=2\ 306J$，$\Delta U=0$，$\Delta H=0$，$\Delta S=-5.763J/K$，$\Delta G=2\ 306J$，$\Delta F=2\ 306J$
    （2）ΔU、ΔH、ΔS、ΔF、ΔG 同（1），$Q=-3\ 327J$，$W=3\ 327J$

12. （1）$Q=0$，$W=\Delta U=-823.1J$，$\Delta H=-1\ 372J$，$\Delta S=0$，$\Delta F=5\ 777J$，$\Delta G=5\ 228J$
    （2）$Q=0$，$W=\Delta U=-680.9K$，$\Delta H=-1\ 135J$，$\Delta S=1.125J/K$，$\Delta G=4\ 085J$，$\Delta F=4\ 539J$
    （3）$Q=0$，$W=0$，$\Delta U=0$，$\Delta H=0$，$\Delta S=5.76J/K$，$\Delta F=-1\ 572.48J$，$\Delta G=-1\ 572.48J$

13. $\Delta U=11.055kJ$，$\Delta H=Q_p=11.155kJ$，$\Delta S=24.07J/K$，$\Delta G=-18.41kJ$，$W=-0.1kJ$

14. $\Delta S=110J/K$，$\Delta S_{环}=-104.98J/K$，$\Delta S_{孤立}=5.02J/K$

15. （1）$\Delta S=13.4J/K$；（2）$\Delta S_{环境}=134J/K$，$\Delta S_{孤立}=147.4J/K$；（3）$W=-4.4\times10^4J$

16. （1）$\Delta G_m^\ominus=2\ 901J$，石墨稳定；（2）$p=1.53\times10^9Pa$

17. $\Delta_r G_m^\ominus=-61.71J/mol$，在该条件下灰锡稳定

18. $V_A=25.0cm^3/mol$

19. （1）$\Delta G=-2\ 646J$；（2）$\Delta G=-8\ 130J$

20. $p_A=2.33kPa$，$\Pi=4.67\times10^5Pa$

ER2-9　第二章　习题详解（文档）

（袁　悦）

ER3-1 第三章
化学平衡（课件）

第三章　化学平衡

ER3-2　第三章
内容提要（文档）

　　热力学第二定律认为，等温等压下，自发过程会朝着使系统吉布斯能最小化的方向进行。本章将其应用于化学反应，讨论化学反应进行的方向和限度。在一定温度和压力下，化学反应会朝着减小系统吉布斯能的方向进行；当系统的吉布斯能降低到最低值时，化学反应达到限度，即**化学平衡**（chemical equilibrium）。化学平衡是一种动态平衡，即正反应与逆反应速率相同。化学反应达到平衡时，系统中往往同时含有反应物和产物，反应混合物的组成宏观上不再变化，其关系可以用平衡常数来描述。当反应条件发生变化时，系统通过改变反应混合物的组成使吉布斯能达到新条件下的最低值，建立新的化学平衡，即化学平衡发生移动。

　　在制药工程中，化学平衡原理尤为重要，可以预测化学反应进行的方向，计算平衡转化率，通过调控温度、压力、反应物与产物的浓度以及利用反应的耦合，来提高平衡转化率和产率。

第一节　化学反应的平衡条件

　　对于任意封闭系统中发生的化学反应

$$aA + dD \rightleftharpoons gG + hH$$

当发生物理过程或化学反应的微小变化时，若系统不做非体积功，则其吉布斯能的变化为

$$dG = -SdT + Vdp + \sum_B \mu_B dn_B \qquad 式（3-1）$$

式中，μ_B 和 n_B 分别为系统中任意组分 B 的化学势和物质的量。对于等温等压下进行的化学反应

$$dG = \sum_B \mu_B dn_B \qquad 式（3-2）$$

根据第一章中引入的反应进度 ξ 的定义，$dn_B = \nu_B d\xi$，则式（3-2）可写作

$$dG = \sum_B \nu_B \mu_B d\xi \qquad 式（3-3）$$

两边同除以 $d\xi$，得

$$\left(\frac{\partial G}{\partial \xi}\right)_{T,p} = \sum_B \nu_B \mu_B \qquad 式（3-4）$$

将 $\left(\dfrac{\partial G}{\partial \xi}\right)_{T,p}$ 定义为 $\Delta_r G_m$，则

$$\Delta_r G_m = \left(\frac{\partial G}{\partial \xi}\right)_{T,p} = \sum_B \nu_B \mu_B \qquad\qquad 式（3\text{-}5）$$

$\Delta_r G_m$ 称为化学反应的**摩尔反应吉布斯能变**，量纲为 J/mol。其物理意义可以从两个方面解读。其一，$\Delta_r G_m$ 描述了等温等压、非体积功为零的条件下，系统吉布斯能 G 随反应进度 ξ 的变化率。反应进行时，$\left(\dfrac{\partial G}{\partial \xi}\right)_{T,p} \neq 0$，因此 G 是 ξ 的函数，其值随 ξ 增加而变化，变化率 $\left(\dfrac{\partial G}{\partial \xi}\right)_{T,p}$ 亦随 ξ 增加而改变，用 $\Delta_r G_m$ 来描述。故化学反应进行时，G 和 $\Delta_r G_m$ 皆随时间而变化，具有即时性。其二，$\Delta_r G_m$ 描述了在当前反应混合物组成下，产物与反应物化学势 μ_B 的差值。随着反应的正向进行，ξ 增加，系统的组成不断变化，反应物的 μ_B 降低，产物的 μ_B 升高，因此 $\Delta_r G_m$ 值增大（绝对值减小）；直至反应物的 μ_B 与产物的 μ_B 相等时，$\Delta_r G_m$ 值为零，化学反应达到动态平衡。

对于反应 $a\mathrm{A} + d\mathrm{D} \rightleftharpoons g\mathrm{G} + h\mathrm{H}$，以 ξ 为横坐标、G 为纵坐标，绘制 G-ξ 曲线，如图 3-1 所示。G-ξ 曲线上，切线的斜率 $\left(\dfrac{\partial G}{\partial \xi}\right)_{T,p}$ 即为该 ξ 下系统的 $\Delta_r G_m$。

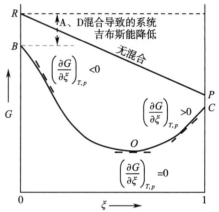

图 3-1　化学反应系统的 G-ξ 示意图

根据热力学第二定律，对于等温等压、非体积功为零的化学反应，若 $\Delta_r G_m < 0$，即 $\left(\dfrac{\partial G}{\partial \xi}\right)_{T,p} < 0$ 或 $\sum_B \nu_B \mu_B < 0$，反应有自发正向进行的趋势；若 $\Delta_r G_m > 0$，即 $\left(\dfrac{\partial G}{\partial \xi}\right)_{T,p} > 0$ 或 $\sum_B \nu_B \mu_B > 0$，反应有自发逆向进行的趋势；若 $\Delta_r G_m = 0$，即 $\left(\dfrac{\partial G}{\partial \xi}\right)_{T,p} = 0$ 或 $\sum_B \nu_B \mu_B = 0$，反应达到平衡状态，正、逆反应速率相等，宏观上系统组成不再变化。

当反应物的化学势总和大于产物的化学势总和时，反应自发正向进行，那么当反应物完全转换为产物时，系统的化学势是否最低？对于大多数反应，答案都是否定的，因为这种假设忽视了化学反应中一种重要的物理过程——物质的混合。对于大多数化学反应而言，反应物之间首先需要混合才能够发生反应，而反应物与产物之间以及产物与产物之间也会有混合过程。以不同理想气体的等温等压混合过程为例，混合过程会导致系统熵增，而焓不变。根据 $\Delta G = \Delta H - T\Delta S$，混合后系统的吉布斯能会降低。因此，反应物全部转变为产物时，系统的化学势通常并非最低点。

如上图 3-1 所示，对于理想气体反应 $a\mathrm{A} + d\mathrm{D} \rightleftharpoons g\mathrm{G} + h\mathrm{H}$，开始时系统中仅含有 1mol 纯 A 和 1mol 纯 D、且二者没有混合，压力均为 $p^\ominus$，此时系统的吉布斯能为

$$G = n_A \mu_A + n_D \mu_D = \mu_A^\ominus + \mu_D^\ominus \qquad\qquad 式（3\text{-}6）$$

混合后，A 和 D 的压力减小至各自的分压，$p_A = p^\ominus x_A$，$p_D = p^\ominus x_D$，x_B 为各气体的摩尔分数。此

时系统的吉布斯能为

$$G = \mu_A + \mu_D = \mu_A^\ominus + RT \ln \frac{p_A}{p^\ominus} + \mu_D^\ominus + RT \ln \frac{p_D}{p^\ominus}$$

$$= \mu_A^\ominus + RT \ln \frac{p^\ominus x_A}{p^\ominus} + \mu_D^\ominus + RT \ln \frac{p^\ominus x_D}{p^\ominus} \qquad \text{式(3-7)}$$

$$= \mu_A^\ominus + \mu_D^\ominus - 2RT \ln 2$$

可见,反应物 A 和 D 混合后系统吉布斯能降低了 $2RT\ln 2$。

图 3-1 中,R 点表示 1mol A 和 1mol D 未混合前系统的吉布斯能。二者刚刚混合、尚未进行反应时,系统的吉布斯能降低了 $2RT\ln 2$,即从 R 点降至 B 点。假设 A 和 D 能够完全反应生成 G 和 H、且产物无混合,则此时 $G = \mu_G^\ominus + \mu_H^\ominus$,相当于图中的 P 点。产物 G 和 H 混合后,系统的吉布斯能降低至 C 点。曲线 BOC 上存在吉布斯能最低点 O 点,是化学反应和物质混合导致系统吉布斯能降低的结果。根据热力学第二定律,当反应进行到 O 点时,继续往右进行会导致系统的吉布斯能升高,因而不具有自发性。因此,系统会停留在 O 点,化学反应达到平衡,即正向反应和逆向反应速率相等,宏观上反应混合物的组成不再变化。O 点即为化学反应的平衡点。同理,如果反应从纯 G 和纯 H 开始,逆向进行,系统的吉布斯能也将由 P 点降到 O 点,达到平衡。

ER3-3 为什么存在化学平衡?
（微课）

第二节 化学反应等温方程和标准平衡常数

一、化学反应等温方程

设在等温等压条件下,理想气体发生如下化学反应

$$a\text{A} + d\text{D} \xrightleftharpoons{\hspace{1cm}} g\text{G} + h\text{H}$$

系统任意时刻的吉布斯能变化值为

$$\Delta_r G_m = \sum_B \nu_B \mu_B \qquad \text{式(3-8)}$$

理想气体的化学势 μ_B 可以表示为

$$\mu_B(T, p) = \mu_B^\ominus(T) + RT \ln \frac{p_B}{p^\ominus}$$

p_B 为各组分的分压。将各组分的化学势代入式(3-8),则有

$$\Delta_r G_m = \sum_B \nu_B \mu_B^\ominus(T) + \sum_B \nu_B RT \ln \frac{p_B}{p^\ominus}$$

因为

$$\Delta_r G_m^\ominus(T) = \sum_B \nu_B \mu_B^\ominus(T)$$

所以

$$\Delta_r G_m = \Delta_r G_m^{\ominus}(T) + \sum_B \nu_B RT \ln \frac{p_B}{p^{\ominus}} \qquad\qquad 式(3\text{-}9)$$

对于上述反应,有

$$\Delta_r G_m = \Delta_r G_m^{\ominus}(T) + RT \ln \frac{\left(\dfrac{p_G}{p^{\ominus}}\right)^g \left(\dfrac{p_H}{p^{\ominus}}\right)^h}{\left(\dfrac{p_A}{p^{\ominus}}\right)^a \left(\dfrac{p_D}{p^{\ominus}}\right)^d} \qquad\qquad 式(3\text{-}10)$$

式(3-10)中的"压力商"用 Q_p 表示,即

$$Q_p = \frac{\left(\dfrac{p_G}{p^{\ominus}}\right)^g \left(\dfrac{p_H}{p^{\ominus}}\right)^h}{\left(\dfrac{p_A}{p^{\ominus}}\right)^a \left(\dfrac{p_D}{p^{\ominus}}\right)^d} \qquad\qquad 式(3\text{-}11)$$

将式(3-11)代入式(3-10),得

$$\Delta_r G_m = \Delta_r G_m^{\ominus}(T) + RT \ln Q_p \qquad\qquad 式(3\text{-}12)$$

式(3-12)称为**化学反应等温方程**。式中,$\Delta_r G_m$ 描述某一反应条件下系统的摩尔吉布斯能变化,而 $\Delta_r G_m^{\ominus}$ 描述标准状态下系统的摩尔吉布斯能变化。当反应物和产物处于标准状态时,$\Delta_r G_m^{\ominus} = \Delta_r G_m$,二者均可判断反应自发进行的方向;当反应不在标准状态下进行时,需要用 $\Delta_r G_m$ 准确判断反应在当前条件下自发进行的方向,$\Delta_r G_m$ 与 $\Delta_r G_m^{\ominus}$ 的差值 $RT\ln Q_p$ 反映了反应条件偏离标准状态导致 $\Delta_r G_m$ 偏离 $\Delta_r G_m^{\ominus}$ 的程度。但是,对于 $\Delta_r G_m^{\ominus}$ 绝对值很大的反应,$RT\ln Q_p$ 对 $\Delta_r G_m^{\ominus}$ 的影响忽略不计,可以直接用 $\Delta_r G_m^{\ominus}$ 预测反应方向。通常认为,$\Delta_r G_m^{\ominus} > 42\text{kJ/mol}$ 时,反应不能正向自发进行;$\Delta_r G_m^{\ominus} < -42\text{kJ/mol}$ 时,反应能够正向自发进行;$-42\text{kJ/mol} < \Delta_r G_m^{\ominus} < 42\text{kJ/mol}$ 时,则需要计算 $RT\ln Q_p$ 的数值,用 $\Delta_r G_m$ 判断反应自发进行的方向。

ER3-4 $\Delta_r G_m$ 和 $\Delta_r G_m^{\ominus}$ 的区别（微课）

二、标准平衡常数

当理想气体化学反应达到平衡时,$\Delta_r G_m = 0$,即

$$\Delta_r G_m^{\ominus}(T) = -RT \ln \frac{\left(\dfrac{p_G}{p^{\ominus}}\right)^g_{eq} \left(\dfrac{p_H}{p^{\ominus}}\right)^h_{eq}}{\left(\dfrac{p_A}{p^{\ominus}}\right)^a_{eq} \left(\dfrac{p_D}{p^{\ominus}}\right)^d_{eq}} \qquad\qquad 式(3\text{-}13)$$

式中,下标"eq"表示各组分的分压为其平衡分压。因为 $\Delta_r G_m^{\ominus}(T)$ 仅为温度的函数,所以当温度一定时,平衡压力商为常数,以 $K^{\ominus}$ 表示。

$$K^{\ominus} = \frac{\left(\dfrac{p_G}{p^{\ominus}}\right)^g_{eq} \left(\dfrac{p_H}{p^{\ominus}}\right)^h_{eq}}{\left(\dfrac{p_A}{p^{\ominus}}\right)^a_{eq} \left(\dfrac{p_D}{p^{\ominus}}\right)^d_{eq}} \qquad\qquad 式(3\text{-}14)$$

$K^\ominus$ 被称为反应的**标准平衡常数**（standard equilibrium constant），又称**热力学平衡常数**（thermodynamic equilibrium constant），无量纲。为书写方便，式（3-13）和式（3-14）中的"eq"常被省略。将式（3-14）代入式（3-13）可得

$$\Delta_r G_m^\ominus(T) = -RT \ln K^\ominus \qquad 式（3-15）$$

式（3-15）是一个非常重要的热力学关系式，它将热力学数据与标准平衡常数关联起来，使人们可以通过热力学数据计算出化学反应的标准平衡常数，据此预测化学反应达到平衡时反应混合物的组成。

将式（3-15）代入式（3-12），得到

$$\Delta_r G_m = -RT \ln K^\ominus + RT \ln Q_p \qquad 式（3-16）$$

利用式（3-16），可以通过反应在一定温度和压力下的压力商 Q_p 与标准平衡常数 $K^\ominus$ 的关系，判断反应自发进行的方向。当 $K^\ominus > Q_p$ 时，反应具有正向自发进行的趋势；当 $K^\ominus < Q_p$ 时，反应具有逆向自发进行的趋势；当 $K^\ominus = Q_p$ 时，反应达到平衡。

需要提及的是，标准平衡常数 $K^\ominus$ 的数值与反应方程式的写法有关。例如下列反应

$$H_2(g) + \frac{1}{2}O_2(g) \rightleftharpoons H_2O(g) \qquad 反应（1）$$

标准平衡常数为

$$K^\ominus(1) = \frac{\left(\dfrac{p_{H_2O}}{p^\ominus}\right)_{eq}}{\left(\dfrac{p_{H_2}}{p^\ominus}\right)_{eq}\left(\dfrac{p_{O_2}}{p^\ominus}\right)_{eq}^{\frac{1}{2}}}$$

若将上述反应（1）写作反应（2）

$$2H_2(g) + O_2(g) \rightleftharpoons 2H_2O(g) \qquad 反应（2）$$

标准平衡常数为

$$K^\ominus(2) = \frac{\left(\dfrac{p_{H_2O}}{p^\ominus}\right)_{eq}^{2}}{\left(\dfrac{p_{H_2}}{p^\ominus}\right)_{eq}^{2}\left(\dfrac{p_{O_2}}{p^\ominus}\right)_{eq}}$$

$K^\ominus(1)$ 与 $K^\ominus(2)$ 之间的关系为 $K^\ominus(2) = [K^\ominus(1)]^2$。可见，同一反应，反应方程式写法不同，标准平衡常数的数值也不相同。

例 3-1 298.15K 时，反应 $N_2(g) + 3H_2(g) = 2NH_3(g)$ 的 $\Delta_r G_m^\ominus = -32.90$kJ/mol。已知反应物和产物物质的量之比为 $N_2 : H_2 : NH_3 = 1 : 3 : 2$，系统总压为 101.325kPa。设该压力下反应物和产物均可看作理想气体。试计算反应的 $K^\ominus$ 和 $\Delta_r G_m$，并判断反应自发进行的方向。

解：N_2、H_2 和 NH_3 的摩尔分数分别为

$$x_{N_2} = \frac{1}{6}, \quad x_{H_2} = \frac{1}{2} \text{和} x_{NH_3} = \frac{1}{3}$$

$$Q_p = \frac{\left(\dfrac{p_{NH_3}}{p^\ominus}\right)^2}{\left(\dfrac{p_{N_2}}{p^\ominus}\right)\left(\dfrac{p_{H_2}}{p^\ominus}\right)^3} = \frac{\left(\dfrac{p^\ominus \cdot x_{NH_3}}{p^\ominus}\right)^2}{\left(\dfrac{p^\ominus \cdot x_{N_2}}{p^\ominus}\right)\left(\dfrac{p^\ominus \cdot x_{H_2}}{p^\ominus}\right)^3}$$

$$= \frac{x_{NH_3}^2}{x_{N_2} \cdot x_{H_2}^3} = \frac{\left(\dfrac{1}{3}\right)^2}{\dfrac{1}{6} \times \left(\dfrac{1}{2}\right)^3} = 5.33$$

$$\Delta_r G_m = \Delta_r G_m^\ominus + RT \ln Q_p$$
$$= -32.90 + 8.314 \times 298.15 \times \ln 5.33 \times 10^{-3}$$
$$= -32.90 + 4.15$$
$$= -28.75 \text{kJ/mol} < 0$$

$$K^\ominus = \exp\left(\frac{-\Delta_r G_m^\ominus}{RT}\right) = \exp\left(\frac{32.90 \times 10^3}{8.314 \times 298.15}\right) = 5.8 \times 10^5 > Q_p$$

从 $\Delta_r G_m < 0$ 和 $K^\ominus > Q_p$ 均可判断,在 298.15K 时,该反应可正向自发进行。

第三节　平衡常数表示法

理想气体反应的标准平衡常数是以分压 p_B 组成的平衡压力商 Q_p 表示的。将 $\dfrac{p_B}{p^\ominus}$ 替换为广义活度 a_B,即可将式(3-14)中标准平衡常数的表达式推广到任意化学反应。对于不同物质形态,广义活度 a_B 的具体表达形式也不同。据此,本节将介绍不同系统的化学反应平衡常数表达式。

一、气体反应的平衡常数

(一)理想气体反应的平衡常数

1. 理想气体反应的标准平衡常数　对于理想气体,反应的标准平衡常数表达式如式(3-14)所示,其值等于平衡压力商,无量纲。$K^\ominus$ 越大,反应越完全。由于理想气体的标准化学势 $\mu_B^\ominus(T)$ 只是温度的函数,故理想气体反应的 $K^\ominus$ 也只与温度有关。低压下的气体可以近似看作理想气体,因此,式(3-14)是低压气体反应最常用的标准平衡常数表达式。

2. 理想气体反应的经验平衡常数　除标准平衡常数之外,平衡常数还有其他的表示方法,称为经验平衡常数。下面以理想气体为例,讨论用组分的分压 p_B、摩尔分数 x_B 和物质的量浓度 c_B 表示的经验平衡常数。

(1)用组分的分压表示的经验平衡常数 K_p:关系推导如下。

$$K^{\ominus}=\dfrac{\left(\dfrac{p_{\mathrm{G}}}{p^{\ominus}}\right)_{\mathrm{eq}}^{g}\left(\dfrac{p_{\mathrm{H}}}{p^{\ominus}}\right)_{\mathrm{eq}}^{h}}{\left(\dfrac{p_{\mathrm{A}}}{p^{\ominus}}\right)_{\mathrm{eq}}^{a}\left(\dfrac{p_{\mathrm{D}}}{p^{\ominus}}\right)_{\mathrm{eq}}^{d}}=\left(\dfrac{p_{\mathrm{G}}^{g}p_{\mathrm{H}}^{h}}{p_{\mathrm{A}}^{a}p_{\mathrm{D}}^{d}}\right)_{\mathrm{eq}}\left(p^{\ominus}\right)^{-\sum_{\mathrm{B}}\nu_{\mathrm{B}}}$$ 式（3-17）

式中，$\sum\limits_{\mathrm{B}}\nu_{\mathrm{B}}=(g+h)-(a+d)$ 是产物和反应物计量系数的代数和，令

$$K_{p}=\left(\dfrac{p_{\mathrm{G}}^{g}p_{\mathrm{H}}^{h}}{p_{\mathrm{A}}^{a}p_{\mathrm{D}}^{d}}\right)_{\mathrm{eq}}$$ 式（3-18）

将式（3-18）代入式（3-17），得

$$K^{\ominus}=K_{p}\left(p^{\ominus}\right)^{-\sum_{\mathrm{B}}\nu_{\mathrm{B}}}$$

$$K_{p}=K^{\ominus}\left(p^{\ominus}\right)^{\sum_{\mathrm{B}}\nu_{\mathrm{B}}}$$ 式（3-19）

$K^{\ominus}$ 为理想气体反应的标准平衡常数，无量纲；而 K_{p} 为经验平衡常数，其量纲与 $\sum\limits_{\mathrm{B}}\nu_{\mathrm{B}}$ 有关。因 $K^{\ominus}$ 只是温度的函数，故理想气体反应的 K_{p} 也只与温度有关。

（2）用组分的物质的量浓度表示的经验平衡常数 K_{c}：对于混合理想气体的某组分，$p_{\mathrm{B}}=c_{\mathrm{B}}RT$。将其代入式（3-18），得

$$K_{p}=\left(\dfrac{p_{\mathrm{G}}^{g}p_{\mathrm{H}}^{h}}{p_{\mathrm{A}}^{a}p_{\mathrm{D}}^{d}}\right)_{\mathrm{eq}}=\left(\dfrac{c_{\mathrm{G}}^{g}c_{\mathrm{H}}^{h}}{c_{\mathrm{A}}^{a}c_{\mathrm{D}}^{d}}\right)_{\mathrm{eq}}\left(RT\right)^{\sum_{\mathrm{B}}\nu_{B}}$$ 式（3-20）

令

$$K_{c}=\left(\dfrac{c_{\mathrm{G}}^{g}c_{\mathrm{H}}^{h}}{c_{\mathrm{A}}^{a}c_{\mathrm{D}}^{d}}\right)_{\mathrm{eq}}$$ 式（3-21）

将式（3-21）代入式（3-20），得

$$K_{p}=K_{c}\left(RT\right)^{\sum_{\mathrm{B}}\nu_{B}}$$

$$K_{c}=K_{p}\left(RT\right)^{-\sum_{\mathrm{B}}\nu_{B}}$$ 式（3-22）

K_{c} 是用物质的量浓度表示的理想气体反应的经验平衡常数，其量纲与 $\sum\limits_{\mathrm{B}}\nu_{\mathrm{B}}$ 有关。由于 K_{p} 仅为温度的函数，K_{c} 也只是温度的函数。

（3）用组分的摩尔分数表示的经验平衡常数 K_{x}：对于理想气体，分压 $p_{\mathrm{B}}=px_{\mathrm{B}}$，其中 p 为系统总压，x_{B} 为物质的摩尔分数。将气体分压的表达式代入式（3-18）得

$$K_{p}=\left(\dfrac{p_{\mathrm{G}}^{g}p_{\mathrm{H}}^{h}}{p_{\mathrm{A}}^{a}p_{\mathrm{D}}^{d}}\right)_{\mathrm{eq}}=\dfrac{(px_{\mathrm{G}})^{g}(px_{\mathrm{H}})^{h}}{(px_{\mathrm{A}})^{a}(px_{\mathrm{D}})^{d}}=\dfrac{x_{\mathrm{G}}^{g}x_{\mathrm{H}}^{h}}{x_{\mathrm{A}}^{a}x_{\mathrm{D}}^{d}}\cdot p^{\sum_{\mathrm{B}}\nu_{B}}$$ 式（3-23）

令

$$K_{x}=\dfrac{x_{\mathrm{G}}^{g}x_{\mathrm{H}}^{h}}{x_{\mathrm{A}}^{a}x_{\mathrm{D}}^{d}}$$ 式（3-24）

将式（3-24）代入式（3-23），得

$$K_p = K_x \cdot p^{\sum\limits_{\text{B}} \nu_\text{B}}$$

$$K_x = K_p \cdot p^{-\sum\limits_{\text{B}} \nu_\text{B}} \qquad \text{式（3-25）}$$

K_x 是用摩尔分数表示的理想气体反应的经验平衡常数，无量纲。由于 K_p 为温度的函数，故 K_x 是温度和压力的函数，压力对 K_x 的影响将在第六节中讨论。

（二）真实气体反应的标准平衡常数

对于真实气体，活度表达式为 $a_\text{B} = \dfrac{f_\text{B}}{p^\ominus} = \dfrac{\gamma_\text{B} p_\text{B}}{p^\ominus}$。因此，反应的标准平衡常数等于平衡逸度商，无量纲，表达式为

$$K^\ominus = \frac{\left(\dfrac{f_\text{G}}{p^\ominus}\right)^g_{\text{eq}} \left(\dfrac{f_\text{H}}{p^\ominus}\right)^h_{\text{eq}}}{\left(\dfrac{f_\text{A}}{p^\ominus}\right)^a_{\text{eq}} \left(\dfrac{f_\text{D}}{p^\ominus}\right)^d_{\text{eq}}} = \left(\frac{\gamma_\text{G}^g \gamma_\text{H}^h}{\gamma_\text{A}^a \gamma_\text{D}^d}\right)_{\text{eq}} \cdot \frac{\left(\dfrac{p_\text{G}}{p^\ominus}\right)^g_{\text{eq}} \left(\dfrac{p_\text{H}}{p^\ominus}\right)^h_{\text{eq}}}{\left(\dfrac{p_\text{A}}{p^\ominus}\right)^a_{\text{eq}} \left(\dfrac{p_\text{D}}{p^\ominus}\right)^d_{\text{eq}}} \qquad \text{式（3-26）}$$

令

$$K_\gamma = \left(\frac{\gamma_\text{G}^g \gamma_\text{H}^h}{\gamma_\text{A}^a \gamma_\text{D}^d}\right)_{\text{eq}} \qquad \text{式（3-27）}$$

$$K_p^\ominus = \frac{\left(\dfrac{p_\text{G}}{p^\ominus}\right)^g_{\text{eq}} \left(\dfrac{p_\text{H}}{p^\ominus}\right)^h_{\text{eq}}}{\left(\dfrac{p_\text{A}}{p^\ominus}\right)^a_{\text{eq}} \left(\dfrac{p_\text{D}}{p^\ominus}\right)^d_{\text{eq}}} \qquad \text{式（3-28）}$$

将式（3-27）和式（3-28）代入式（3-26），得

$$K^\ominus = \frac{\left(\dfrac{f_\text{G}}{p^\ominus}\right)^g_{\text{eq}} \left(\dfrac{f_\text{H}}{p^\ominus}\right)^h_{\text{eq}}}{\left(\dfrac{f_\text{A}}{p^\ominus}\right)^a_{\text{eq}} \left(\dfrac{f_\text{D}}{p^\ominus}\right)^d_{\text{eq}}} = K_\gamma K_p^\ominus \qquad \text{式（3-29）}$$

由于真实气体的标准化学势 $\mu_\text{B}^\ominus(T)$ 只是温度的函数，故真实气体反应的标准平衡常数 $K^\ominus$ 也只与温度有关。由于逸度系数商 K_γ 同时受温度和压力的影响，而标准平衡常数 $K^\ominus$ 只是温度的函数，指定温度下 $K^\ominus$ 数值恒定，故 K_γ 变化时，$K_p^\ominus$ 必须随之变化。所以真实气体的 $K_p^\ominus$ 既是温度的函数，也是压力的函数。当压力较低时，真实气体可以近似看成理想气体，可利用式（3-14）计算化学反应的标准平衡常数。

二、液相反应的平衡常数

对于液体反应，物质（尤其是溶质）的标准状态取法不同，标准平衡常数的表达式也不同。

（一）理想液态混合物

对于理想液态混合物，以指定温度 T 和压力 $p^\ominus$ 下的纯液态为标准状态，组分 B 的活度 $a_B = x_B$，标准平衡常数的表达式为

$$K^\ominus = \left(\frac{x_G^g x_H^h}{x_A^a x_D^d} \right)_{eq} \qquad \text{式（3-30）}$$

（二）理想稀溶液

对于理想稀薄溶液，以指定温度 T 和压力 $p^\ominus$ 下 $c_B = 1mol/L$ 且服从 Henry 定律的假想溶液为标准状态，组分 B 的活度 $a_B = \dfrac{c_B}{c^\ominus}$，标准平衡常数的表达式为

$$K^\ominus = \frac{\left(\dfrac{c_G}{c^\ominus} \right)_{eq}^g \left(\dfrac{c_H}{c^\ominus} \right)_{eq}^h}{\left(\dfrac{c_A}{c^\ominus} \right)_{eq}^a \left(\dfrac{c_D}{c^\ominus} \right)_{eq}^d} \qquad \text{式（3-31）}$$

若以指定温度 T 和压力 $p^\ominus$ 下 $m_B = 1mol/kg$ 且服从 Henry 定律的假想溶液为标准状态，组分 B 的活度 $a_B = \dfrac{m_B}{m^\ominus}$，标准平衡常数的表达式为

$$K^\ominus = \frac{\left(\dfrac{m_G}{m^\ominus} \right)_{eq}^g \left(\dfrac{m_H}{m^\ominus} \right)_{eq}^h}{\left(\dfrac{m_A}{m^\ominus} \right)_{eq}^a \left(\dfrac{m_D}{m^\ominus} \right)_{eq}^d} \qquad \text{式（3-32）}$$

（三）真实溶液

对于真实溶液，组分 B 的活度 $a_B = \dfrac{\gamma_B c_B}{c^\ominus}$，活度系数 $\gamma_B \neq 1$，不可以忽略不计。因此，标准平衡常数的表达式为

$$K^\ominus = \frac{\left(\dfrac{\gamma_G c_G}{c^\ominus} \right)_{eq}^g \left(\dfrac{\gamma_H c_H}{c^\ominus} \right)_{eq}^h}{\left(\dfrac{\gamma_A c_A}{c^\ominus} \right)_{eq}^a \left(\dfrac{\gamma_D c_D}{c^\ominus} \right)_{eq}^d} \qquad \text{式（3-33）}$$

液相反应的标准平衡常数皆无量纲。与气相反应不同，溶液中各物质的标准化学势均是温度和压力的函数。因此，溶液中化学反应的标准平衡常数与温度和压力均有关系。但是，由于液体的化学势受压力影响很小，通常可忽略不计，故标准平衡常数实际上可认为只是温度的函数。

三、复相反应的平衡常数

参加化学反应的各组分若不处于同一相中，则属复相反应。这里仅讨论纯物质的凝聚相

（液相或固相）与理想气体之间的复相反应。

对于反应 $aA(l) + dD(g) \rightleftharpoons gG(s) + hH(g)$，根据式（3-8）可知，系统任意时刻的吉布斯能变化值为

$$\Delta_r G_m = \sum_B \nu_B \mu_B$$

常压下，压力对凝聚相广度性质的影响可忽略不计，故参加反应的纯凝聚相可认为处于标准态，即

$$\mu_A = \mu_A^\ominus , \quad \mu_G = \mu_G^\ominus$$

理想气体的化学势 μ_B 可以表示为

$$\mu_B = \mu_B^\ominus + RT \ln \frac{p_B}{p^\ominus}$$

因此

$$\mu_D = \mu_D^\ominus + RT \ln \frac{p_D}{p^\ominus} , \quad \mu_H = \mu_H^\ominus + RT \ln \frac{p_H}{p^\ominus}$$

p_B 为各组分的分压。将各组分的化学势代入式（3-8），则有

$$\begin{aligned}
\Delta_r G_m &= -a\mu_A - d\mu_D + g\mu_G + h\mu_H \\
&= -a\mu_A^\ominus - d\left(\mu_D^\ominus + RT \ln \frac{p_D}{p^\ominus}\right) + g\mu_G^\ominus + h\left(\mu_H^\ominus + RT \ln \frac{p_H}{p^\ominus}\right) \\
&= \Delta_r G_m^\ominus + RT \ln \frac{\left(\dfrac{p_H}{p^\ominus}\right)^h}{\left(\dfrac{p_D}{p^\ominus}\right)^d}
\end{aligned}$$

因此，上述反应的标准平衡常数表达式可写为

$$K^\ominus = \frac{\left(\dfrac{p_H}{p^\ominus}\right)^h_{eq}}{\left(\dfrac{p_D}{p^\ominus}\right)^d_{eq}} \qquad\qquad 式（3-34）$$

可见，由纯物质的凝聚相和理想气体参加的复相反应，其标准平衡常数仅与气态物质的平衡分压有关。

例如：$CaCO_3(s) \rightleftharpoons CaO(s) + CO_2(g)$ 反应，$CaCO_3$ 和 CaO 都是固体，CO_2 为气体，因此该反应的标准平衡常数 $K^\ominus = \dfrac{p_{CO_2}}{p^\ominus}$。即在给定温度下，平衡时 CO_2 的分压总是定值，不受反应系统中 $CaCO_3$ 和 CaO 的量的影响。通常，将平衡时 CO_2 的分压称为 $CaCO_3$ 的**分解压**（dissociation pressure），也称**解离压力**。通常，分解压指固体物质在一定温度下分解达到平衡时产物中气体的总压力。所以，若分解产物中不止有一种气体，则分解压应为各气体产物的分压之和。

药物与血浆蛋白的结合常数和结合率

药物吸收进入血液后,一部分与血浆中的白蛋白、α_1 酸性糖蛋白和脂蛋白等通过离子键、氢键和范德华力结合,称为结合型;另一部分以游离形式存在于血液中,称为游离型。只有游离型药物才能够透过毛细血管转运到各组织器官发挥药理作用。药物与血浆蛋白的结合是一种可逆过程,血浆中药物的游离型和结合型之间保持动态平衡关系,平衡常数 K 称为结合常数,其值反映了药物与蛋白质亲和力的大小。K 值越大,药物与蛋白质结合能力越强,游离型药物浓度越低。亲和力较强的系统 K 值范围通常在 $10^5 \sim 10^7$ mmol/L,而亲和力中等的系统 K 值在 $10^2 \sim 10^4$ mmol/L。

实际应用中,常用血浆蛋白结合率(β)来表示结合型药物占血浆中全部药物的比例。血浆蛋白结合率是药物的重要参数,受游离型药物浓度、血浆蛋白结合容量和亲和力等因素影响。疾病、多种药物联用均可能改变药物血浆蛋白结合率,从而导致药效变化或者毒副反应改变等现象。

第四节　平衡常数的测定和反应限度的计算

一、平衡常数的测定

当反应达到平衡状态时,系统中各组分的分压或者浓度不随时间而改变。测定此时各组分的分压或者浓度,即可计算出平衡常数。一般情况下,可采用物理方法和化学方法测定平衡系统中各物质的分压或浓度。

物理方法:系统的某些物理性质可能与反应进度有关,比如折射率、电导率、电动势、压力等。因此,可以通过测定物理性质获知平衡系统的组成,计算平衡常数。物理方法的优点在于能够实时监测反应进度、从而获知系统达到平衡的时间,弊端在于需要建立物理性质与组分浓度之间的关系。

化学方法:利用化学或者仪器分析法可以直接测定平衡系统中各组分的浓度,计算平衡常数,但需要预先通过骤冷、除去催化剂或者稀释等方法"冻结"系统。化学方法的优点在于能够直接测定浓度,缺点在于会干扰反应的进行。

例 3-2　在 288K 时,将适量 CO_2 引入某容器,测得 CO_2 压力为 $0.025\,9 \times p^\ominus$。若加入过量 $NH_2COONH_4(s)$,平衡后测得系统总压力为 $0.063\,9 \times p^\ominus$。求 288K 时反应 $NH_2COONH_4(s) \rightleftharpoons 2NH_3(g) + CO_2(g)$ 的标准平衡常数 $K^\ominus$。

解:设平衡时 NH_3 的压力为 $2p$,则

$$\text{NH}_2\text{COONH}_4(\text{s}) \rightleftharpoons 2\text{NH}_3(\text{g}) + \text{CO}_2(\text{g})$$

开始时 $\qquad\qquad\qquad\qquad\qquad\qquad\qquad\qquad 0.025\ 9 \times p^\ominus$

平衡时 $\qquad\qquad\qquad\qquad\qquad 2p \qquad 0.025\ 9 \times p^\ominus + p$

平衡时总压力：$0.025\ 9 \times p^\ominus + 3p = 0.063\ 9 \times p^\ominus$

解得 $p = 0.012\ 67 \times p^\ominus$

$$K^\ominus = \left(\frac{p_{\text{NH}_3}}{p^\ominus}\right)^2 \cdot \frac{p_{\text{CO}_2}}{p^\ominus}$$

$$= \frac{(2 \times 0.012\ 67 p^\ominus)^2 \times (0.025\ 9 p^\ominus + 0.012\ 67 p^\ominus)}{(p^\ominus)^3} = 2.48 \times 10^{-5}$$

二、反应限度的计算

利用平衡常数可以计算反应达到平衡时各组分的浓度，进而可以求出该条件下的反应限度。反应限度通常使用平衡转化率和平衡产率来描述。

1. 平衡转化率　平衡转化率亦称理论转化率或最高转化率，简称转化率。平衡转化率描述的是反应物转化为产物（包括目标产物和副产物）的比例，定义式为

$$平衡转化率 = \frac{平衡时某反应物的消耗量}{该反应物的初始量} \times 100\% \qquad 式(3\text{-}35)$$

2. 平衡产率　平衡产率亦称平衡收率，简称为产率或收率。平衡产率描述的是反应物转化为目标产物的比例，定义式为

$$平衡产率 = \frac{平衡时某反应物转化为指定产物的量}{该反应物的初始量} \times 100\% \qquad 式(3\text{-}36)$$

转化率和产率分别从反应物的消耗和目标产物的生成两个角度衡量反应限度，后者在工业上更具有实际价值，因而更为常用。

例 3-3　$\text{PCl}_5(\text{g})$ 的分解反应 $\text{PCl}_5(\text{g}) \rightleftharpoons \text{PCl}_3(\text{g}) + \text{Cl}_2(\text{g})$ 在 473K 时平衡常数 $K^\ominus = 0.308$，试计算下述内容。

（1）473K 和 100kPa 下，纯 PCl_5 的转化率。

（2）在 473K 和 100kPa 下，$n_{\text{PCl}_5} : n_{\text{Cl}_2} = 1:5$ 的混合物中 PCl_5 的转化率。

解：设转化率为 α，则

$$\text{PCl}_5(\text{g}) \rightleftharpoons \text{PCl}_3(\text{g}) + \text{Cl}_2(\text{g})$$

（1）反应前 $\qquad\qquad\quad 1 \qquad\qquad 0 \qquad\quad 0$

　　平衡时 $\qquad\qquad 1-\alpha \qquad\quad \alpha \qquad\quad \alpha$

（2）反应前 $\qquad\qquad\quad 1 \qquad\qquad 0 \qquad\quad 5$

　　平衡时 $\qquad\qquad 1-\alpha \qquad\quad \alpha \qquad\quad 5+\alpha$

（1）平衡时，$\displaystyle\sum_B n_B = (1-\alpha) + \alpha + \alpha = 1 + \alpha$

$$K^{\ominus} = \frac{\left(x_{PCl_3} \cdot \dfrac{p}{p^{\ominus}}\right)\left(x_{Cl_2} \cdot \dfrac{p}{p^{\ominus}}\right)}{x_{PCl_5} \cdot \dfrac{p}{p^{\ominus}}} = \frac{\left(\dfrac{\alpha}{1+\alpha}\right)^2}{\dfrac{1-\alpha}{1+\alpha}} = \frac{\alpha^2}{1-\alpha^2} = 0.308$$

解得 $\alpha = 0.485 = 48.5\%$。

（2）平衡时，$\sum\limits_{B} n_B = (1-\alpha) + \alpha + (5+\alpha) = 6+\alpha$

$$K^{\ominus} = \frac{\left(x_{PCl_3} \cdot \dfrac{p}{p^{\ominus}}\right)\left(x_{Cl_2} \cdot \dfrac{p}{p^{\ominus}}\right)}{x_{PCl_5} \cdot \dfrac{p}{p^{\ominus}}} = \frac{\left(\dfrac{\alpha}{6+\alpha}\right)\left(\dfrac{5+\alpha}{6+\alpha}\right)}{\dfrac{1-\alpha}{6+\alpha}} = 0.308$$

解得 $\alpha = 0.268 = 26.8\%$

第五节 标准反应吉布斯能变的计算

对于难以直接测定平衡常数的系统，可以借助 $\Delta_r G_m^{\ominus} = -RT\ln K^{\ominus}$，利用 $\Delta_r G_m^{\ominus}$ 计算 $K^{\ominus}$。因此，如何获取 $\Delta_r G_m^{\ominus}$ 非常重要。第二章已经介绍了通过公式 $\Delta_r G_m^{\ominus} = \Delta_r H_m^{\ominus} - T\Delta_r S_m^{\ominus}$ 计算 $\Delta_r G_m^{\ominus}$，下面将介绍其他三种计算 $\Delta_r G_m^{\ominus}$ 的方法，目的在于求算 $K^{\ominus}$。

一、利用标准生成吉布斯能

标准压力 $p^{\ominus}$ 下，由稳定单质生成 1mol 某化合物时，反应的标准吉布斯能变化就是该化合物的**标准生成吉布斯能**（standard Gibbs energy of formation），用 $\Delta_f G_m^{\ominus}$ 表示。下标 "f" 代表 "生成"（formation），上标 "$\ominus$" 表示反应是在标准压力 $p^{\ominus}$（100kPa）下进行的。需要注意的是，$\Delta_f G_m^{\ominus}$ 的定义中没有指定温度，仅规定了压力。附录 2 中给出了一些常见化合物在 298.15K 时的 $\Delta_f G_m^{\ominus}$ 值。与利用化合物的 $\Delta_f H_m^{\ominus}$ 计算化学反应的 $\Delta_r H_m^{\ominus}$ 类似，利用参加反应的各化合物的 $\Delta_f G_m^{\ominus}$ 可计算出反应的 $\Delta_r G_m^{\ominus}$，计算公式如式（3-37）所示

$$\Delta_r G_m^{\ominus} = \sum_B \nu_B \Delta_f G_{m,B}^{\ominus} \qquad\qquad 式（3-37）$$

根据 $\Delta_r G_m^{\ominus} = -RT\ln K^{\ominus}$，即可求算出反应的标准平衡常数 $K^{\ominus}$。

例 3-4 根据表中的数值，计算 298.15K、100kPa 下甲醇脱氢反应的 $\Delta_r G_m^{\ominus}$ 和标准平衡常数 $K^{\ominus}$，判断反应能否自发进行。若不能，试估算反应能够自发进行的温度范围。

$$CH_3OH(g) \rightleftharpoons HCHO(g) + H_2(g)$$

项目	$CH_3OH(g)$	$HCHO(g)$	$H_2(g)$
$\Delta_f G_m^{\ominus}/(kJ/mol)$	-161.96	-102.53	0
$\Delta_f H_m^{\ominus}/(kJ/mol)$	-200.66	-108.57	0
$S_m^{\ominus}/[J/(mol\cdot K)]$	239.81	218.77	130.68

解：根据表中数据，计算得

$$\Delta_r G_m^\ominus = \Delta_f G_m^\ominus(\text{HCHO}) + \Delta_f G_m^\ominus(\text{H}_2) - \Delta_f G_m^\ominus(\text{CH}_3\text{OH})$$
$$= -102.53 + 161.96 = 59.43\text{kJ/mol}$$

$$\ln K^\ominus = -\frac{\Delta_r G_m^\ominus}{RT}$$

$$K^\ominus = \exp\left(-\frac{\Delta_r G_m^\ominus}{RT}\right) = \exp\left(-\frac{59.43 \times 10^3}{8.314 \times 298.15}\right) = 3.87 \times 10^{-11}$$

可见，298.15K 时，甲醇脱氢反应 $\Delta_r G_m^\ominus > 0$，没有自发进行的热力学趋势；$K^\ominus = 3.87 \times 10^{-11}$，说明反应达到平衡时，产物含量极少。

$$\Delta_r H_m^\ominus = \Delta_f H_m^\ominus(\text{HCHO}) + \Delta_f H_m^\ominus(\text{H}_2) - \Delta_f H_m^\ominus(\text{CH}_3\text{OH})$$
$$= -108.57 + 200.66 = 92.09\text{kJ/mol}$$

$$\Delta_r S_m^\ominus = S_m^\ominus(\text{HCHO}) + S_m^\ominus(\text{H}_2) - S_m^\ominus(\text{CH}_3\text{OH})$$
$$= 130.68 + 218.77 - 239.81 = 109.64\text{J/(K·mol)}$$

根据 $\Delta_r G_m^\ominus = \Delta_r H_m^\ominus - T\Delta_r S_m^\ominus$，减小 $\Delta_r H_m^\ominus$ 或增大 $T\Delta_r S_m^\ominus$ 均可降低 $\Delta_r G_m^\ominus$。$\Delta_r H_m^\ominus = 92.02\text{kJ/mol} > 0$，为吸热反应，焓因素不利于 $\Delta_r G_m^\ominus$ 的降低。$\Delta_r S_m^\ominus = 109.64\text{J/(K·mol)} > 0$，熵因素有利于降低 $\Delta_r G_m^\ominus$。因此，升高反应温度，可增大 $T\Delta_r S_m^\ominus$，从而抵消焓因素的不利影响。

反应 $\Delta_r G_m^\ominus$ 由正值转变到负值的温度，称为该反应的**转折温度**。此时，$\Delta_r G_m^\ominus = 0$。因此，利用下式估算甲醇脱氢反应的转折温度。

$$T = \frac{\Delta_r H_m^\ominus}{\Delta_r S_m^\ominus} = \frac{92.09 \times 10^3}{109.64} \approx 840\text{K}$$

因此，使甲醇脱氢反应自发进行的最低反应温度为 840K。实际生产中，在催化剂电解银的存在下，反应温度为 873K。

二、利用赫斯定律

与利用赫斯定律计算化学反应的标准摩尔反应焓的方法类似，同样可以根据赫斯定律，利用相关反应的 $\Delta_r G_m^\ominus$，计算目标反应的 $\Delta_r G_m^\ominus$。

例 3-5 下述三个反应中，反应（3）的产物不稳定，因此其平衡常数很难直接测定。若已知 298.15K 和 $p^\ominus$ 下，反应（1）的 $\Delta_r G_m^\ominus(1) = -394.359\text{kJ/mol}$，反应（2）的 $\Delta_r G_m^\ominus(2) = -257.191\text{kJ/mol}$，请计算该条件下反应（3）的 $\Delta_r G_m^\ominus(3)$，并求出反应（3）的平衡常数。

$$\text{C(s)} + \text{O}_2(\text{g}) \Longleftrightarrow \text{CO}_2(\text{g}) \qquad\qquad \text{反应方程式（1）}$$

$$\text{CO(g)} + \frac{1}{2}\text{O}_2(\text{g}) \Longleftrightarrow \text{CO}_2(\text{g}) \qquad\qquad \text{反应方程式（2）}$$

$$\text{C(s)} + \frac{1}{2}\text{O}_2(\text{g}) \Longleftrightarrow \text{CO(g)} \qquad\qquad \text{反应方程式（3）}$$

解：反应方程式（3）可由反应方程式（1）- 反应方程式（2）得到，因此三个反应的 $\Delta_r G_m^\ominus$ 之间也存在如下关系：

$$\Delta_r G_m^{\ominus}(3) = \Delta_r G_m^{\ominus}(1) - \Delta_r G_m^{\ominus}(2) = -394.359 + 257.191 = -137.168 \text{kJ/mol}$$

$$K^{\ominus} = \exp\left(-\frac{\Delta_r G_m^{\ominus}}{RT}\right) = \exp\left(-\frac{-137.168 \times 10^3}{8.314 \times 298.15}\right) = 1.076 \times 10^{24}$$

三、利用标准电动势数据

对于可以设计成电池的化学反应，可使反应在电池中进行，测得标准电动势 $E^{\ominus}$，根据公式 $\Delta_r G_m^{\ominus} = -zE^{\ominus}F$ 计算得到 $\Delta_r G_m^{\ominus}$，继而求得反应的 $K^{\ominus}$。该方法将在第五章"电化学"中介绍。

第六节 各种因素对化学平衡的影响

化学反应的平衡常数 $K^{\ominus}$ 仅为温度的函数，这是因为平衡常数取决于 $\Delta_r G_m^{\ominus}$。$\Delta_r G_m^{\ominus}$ 和 $K^{\ominus}$ 仅受温度的影响，而与建立平衡时的压力无关，但压力可能会影响平衡时系统的组成。催化剂也不会影响平衡常数和平衡的位置，但会影响达到平衡的速率。下面将简要介绍温度对平衡常数的影响和压力对平衡组成的影响。

一、温度对化学平衡的影响

借助物理化学手册可以计算得到 $\Delta_r G_m^{\ominus}$ 和 298.15K 时反应的平衡常数 $K^{\ominus}$。但是，实际上很多化学反应不是在室温下进行的，因此有必要研究温度对平衡常数 $K^{\ominus}$ 的影响，进而影响化学平衡。

根据第二章中讨论的吉布斯 - 亥姆霍兹公式可知，当反应物和产物均处于标准态时，有如下关系式

$$\left(\frac{\partial \dfrac{\Delta_r G_m^{\ominus}}{T}}{\partial T}\right)_p = -\frac{\Delta_r H_m^{\ominus}}{T^2}$$

将 $\Delta_r G_m^{\ominus} = -RT\ln K^{\ominus}$ 代入上式，得

$$\left(\frac{\partial \ln K^{\ominus}}{\partial T}\right)_p = \frac{\Delta_r H_m^{\ominus}}{RT^2} \qquad\qquad 式（3-38）$$

式（3-38）称为**范特霍夫方程**（Van't Hoff equation），亦称为**化学反应的等压方程**，该方程给出了反应温度对平衡常数的影响。对于吸热反应，$\Delta_r H_m^{\ominus} > 0$，$\dfrac{d\ln K^{\ominus}}{dT} > 0$，$K^{\ominus}$ 随温度升高而增大，因此，增加温度对正向反应有利；对于放热反应，$\Delta_r H_m^{\ominus} < 0$，$\dfrac{d\ln K^{\ominus}}{dT} < 0$，$K^{\ominus}$ 随温度升高

而减小,因此,升高温度对正向反应不利。

将式(3-38)按 $\Delta_r H_m^\ominus$ 是否与温度有关两种情况进行积分。

(1)若 $\Delta_r H_m^\ominus$ 与温度无关或温度变化范围较小,则 $\Delta_r H_m^\ominus$ 可视为常数。对式(3-38)进行定积分,得

$$\int_{\ln K_1^\ominus}^{\ln K_2^\ominus} d\ln K^\ominus = \int_{T_1}^{T_2} \frac{\Delta_r H_m^\ominus}{RT^2} dT$$

$$\ln \frac{K_2^\ominus}{K_1^\ominus} = \frac{\Delta_r H_m^\ominus}{R} \left(\frac{1}{T_1} - \frac{1}{T_2} \right) \qquad 式(3\text{-}39)$$

可见,若已知 $\Delta_r H_m^\ominus$ 和一个温度下的平衡常数,利用式(3-39)可以计算出另一温度下的平衡常数。

若对式(3-38)进行不定积分,得

$$\ln K^\ominus = -\frac{\Delta_r H_m^\ominus}{RT} + C \qquad 式(3\text{-}40)$$

可见,$\ln K^\ominus$ 与 $\frac{1}{T}$ 呈线性关系,其斜率为 $-\dfrac{\Delta_r H_m^\ominus}{R}$,截距为 C。测定不同温度下反应的平衡常数,以 $\ln K^\ominus$ 对 $\frac{1}{T}$ 作图,利用该直线的斜率即可计算出 $\Delta_r H_m^\ominus$。

(2)当温度变化较大时,必须考虑温度对 $\Delta_r H_m^\ominus$ 的影响。这时,应先确定 $\Delta_r H_m^\ominus$ 与 T 的函数关系,再进行积分。根据基尔霍夫公式,得

$$\Delta_r H_m^\ominus = \Delta H_0 + \Delta a T + \frac{1}{2}\Delta b T^2 + \frac{1}{3}\Delta c T^3 + \cdots \qquad 式(3\text{-}41)$$

将式(3-41)代入式(3-38),得

$$\frac{d\ln K^\ominus}{dT} = \frac{\Delta H_0}{RT^2} + \frac{\Delta a}{RT} + \frac{\Delta b}{2R} + \frac{\Delta c}{3R}T + \cdots \qquad 式(3\text{-}42)$$

积分后,得

$$\ln K^\ominus = -\frac{\Delta H_0}{RT} + \frac{\Delta a}{R}\ln T + \frac{\Delta b}{2R}T + \frac{\Delta c}{6R}T^2 + \cdots + I \qquad 式(3\text{-}43)$$

式中,I 是积分常数。将 $\Delta_r G_m^\ominus = -RT\ln K^\ominus$ 代入,得到 $\Delta_r G_m^\ominus$ 与温度的关系式

$$\Delta_r G_m^\ominus = \Delta H_0 - \Delta a T\ln T - \frac{\Delta b}{2}T^2 - \frac{\Delta c}{6}T^3 - \cdots - IRT \qquad 式(3\text{-}44)$$

上述公式阐述了温度如何影响化学反应的平衡常数 $K^\ominus$,从而引起化学平衡的移动。当温度不变时,$K^\ominus$ 将保持不变。

例 3-6 奥美拉唑钠(OMS)是一种质子泵抑制剂,可有效抑制胃酸分泌。其固体形式包括一水合物 $OMS \cdot H_2O(s)$、甲醇溶剂化物 $OMS \cdot CH_3OH(s)$ 和乙醇溶剂化物 $OMS \cdot C_2H_5OH(s)$。三者之间存在如下化学平衡。

$$OMS \cdot H_2O(s) + CH_3OH(l) \rightleftharpoons OMS \cdot CH_3OH(s) + H_2O(l) \qquad 反应(1)$$

$$OMS \cdot H_2O(s) + CH_3CH_2OH(l) \rightleftharpoons OMS \cdot CH_3CH_3OH(s) + H_2O(l) \qquad 反应(2)$$

$$OMS \cdot CH_3OH(s) + CH_3CH_2OH(l) \rightleftharpoons OMS \cdot CH_3CH_2OH(s) + CH_3OH(l) \qquad 反应(3)$$

通过实验测定了不同温度下各反应的平衡常数 $K^\ominus$，列于下表中。试计算各反应的 $\Delta_r H_m^\ominus$ 和 $\Delta_r G_m^\ominus$，据此讨论温度对各反应平衡的影响以及奥美拉唑钠三种固体形式的热力学稳定性。

T/K	$K^\ominus$		
	反应（1）	反应（2）	反应（3）
278.15	3.004	2.203	0.733
283.15	3.342	2.255	0.680
288.15	3.755	2.332	0.623
293.15	4.273	2.404	0.562
298.15	4.954	2.488	0.515

解： 以 $\ln K^\ominus$ 对 $\dfrac{1}{T}$ 作图，进行线性拟合。根据方程 $\ln K^\ominus = -\dfrac{\Delta_r H_m^\ominus}{RT} + C$，通过拟合所得方程中的斜率求得各反应的 $\Delta_r H_m^\ominus$，列于下表。

项目	反应（1）	反应（2）	反应（3）
斜率	$-2\,063.803$	-508.808	$1\,486.100$
$\Delta_r H_m^\ominus/(kJ/mol)$	17.158	4.230	-12.355

可见，反应（1）和反应（2）为吸热反应，升高温度导致 $K^\ominus$ 升高，平衡右移。反应（3）为放热反应，升高温度导致 $K^\ominus$ 下降，平衡左移。

利用 $\Delta_r G_m^\ominus = -RT\ln K^\ominus$，求得不同温度下各反应的 $\Delta_r G_m^\ominus$，列于下表。

T/K	$\Delta_r G_m^\ominus/(kJ/mol)$		
	反应（1）	反应（2）	反应（3）
278.15	-2.544	-1.826	0.718
283.15	-2.841	-1.914	0.919
288.15	-3.170	-2.028	0.113
293.15	-3.539	-2.138	0.140
298.15	-3.966	-2.259	0.165

根据热力学第二定律，过程总是朝着吉布斯能降低的方向自发进行。由计算结果可知，在 278.15～298.15K 范围内，奥美拉唑钠三种固态形式的热力学稳定性顺序为：甲醇溶剂化物 > 乙醇溶剂化物 > 一水合物。

二、压力对化学平衡的影响

标准平衡常数是指标准压力下反应达到平衡时的浓度商或者压力商，仅为温度的函数，与实际建立平衡时的压力无关。因此，指定温度下，标准平衡常数数值恒定，不会受到压力的影响。但是，系统中反应物和生成物的化学势可能由于压力的改变而变化。因此，化学平衡的位置发生移动，即组成改变，以保持平衡常数不变。聚集状态不同，组分的化学势受压力的影响程度也不同。下面分别以气相和凝聚相反应为研究系统，讨论压力对化学平衡的影响。

（一）气相反应

根据式（3-24）$K_x = \dfrac{x_G^g x_H^h}{x_A^a x_D^d}$ 和式（3-25）$K_p = K_x \cdot p^{\sum\limits_B \nu_B}$，$K_x$ 取决于各组分的摩尔分数和化学计量系数。指定温度下，平衡常数 K_p 为常数。系统压力 p 变化时，可能导致 $p^{\sum\limits_B \nu_B}$ 发生变化，因此 K_x 也将发生变化，即化学平衡发生移动，以保证 K_p 不变。

当 $\sum\limits_B \nu_B > 0$ 时，若 p 增大，则 $p^{\sum\limits_B \nu_B}$ 增大，K_x 需要相应减小。因此，化学平衡将逆向移动，即增加压力对气体分子数增大的反应不利。

当 $\sum\limits_B \nu_B < 0$ 时，若 p 增大，则 $p^{\sum\limits_B \nu_B}$ 减小，K_x 需要相应增大。因此，化学平衡正向移动，即增加压力对气体分子数减小的反应有利。

当 $\sum\limits_B \nu_B = 0$ 时，无论 p 如何变化，$p^{\sum\limits_B \nu_B}$ 均保持恒定，K_x 不变，即对于气体分子数不变的反应，增加或减小系统压力均不影响系统达到平衡时系统的组成。

（二）凝聚相反应

根据热力学基本关系式，在等温条件下进行的化学反应，其反应的吉布斯能与压力之间的关系如下

$$\left(\frac{\partial \Delta_r G_m}{\partial p} \right) = \Delta_r V_m \qquad\qquad \text{式（3-45）}$$

$\Delta_r V_m$ 表示系统进行了 1mol 反应时，系统体积的变化。凝聚相反应的 $\Delta_r V_m$ 受压力影响很小，可视为常数。对式（3-45）进行积分，得

$$\int_{\Delta_r G_{m,1}}^{\Delta_r G_{m,2}} d\Delta_r G_m = \int_{p_1}^{p_2} \Delta_r V_m dp$$

$$\Delta_r G_{m,2} - \Delta_r G_{m,1} = \Delta_r V_m (p_2 - p_1)$$

若 $p_1 = p^\ominus$，p_2 为任意状态的压力，则有

$$\Delta_r G_{m,2} = \Delta_r G_m^\ominus + \Delta_r V_m (p_2 - p^\ominus) \qquad\qquad \text{式（3-46）}$$

当系统压力变化不大时，$\Delta_r V_m (p_2 - p^\ominus)$ 的数值较小，$\Delta_r G_m$ 的正负只取决于 $\Delta_r G_m^\ominus$，此时可用 $\Delta_r G_m^\ominus$ 判断反应的方向。当系统压力改变很大时，$\Delta_r V_m (p_2 - p^\ominus)$ 的数值不可忽略不计，压力将有可能使平衡发生移动，甚至改变反应进行的方向。若 $\Delta_r V_m > 0$，压力增大，$\Delta_r G_m$ 将随之增大，不利于反应正向进行；若 $\Delta_r V_m < 0$，压力增大将导致 $\Delta_r G_m$ 减小，有利于反应正向进行。总之，对于凝聚相反应，只有当压力变化很大时，压力才会对平衡产生显著影响。

例 3-7 已知 C（金刚石）和 C（石墨）的 $\Delta_r G_m^\ominus$ 分别为 2.87kJ/mol 和 0kJ/mol。298.15K 和 $p^\ominus$ 时，二者的密度分别为 $3.513 \times 10^3 kg/m^3$ 和 $2.26 \times 10^3 kg/m^3$。

（1）298.15K 和 $p^\ominus$ 下，石墨与金刚石何者较为稳定？

（2）298.15K 时，需要多大的压力才能使石墨转变为金刚石？

解：（1）$\qquad\qquad$ C（石墨）$\rightleftharpoons$ C（金刚石）

$$\Delta_r G_m^\ominus = 2.87 - 0 = 2.87 kJ/mol$$

说明 298.15K 和 $p^\ominus$ 下，石墨较为稳定。

（2）$\Delta_r G_m(p) = \Delta_r G_m(p^\ominus) + \Delta V_m(p - p^\ominus)$

$$= 2.87 + \left(\frac{12.011}{3.513} - \frac{12.011}{2.260} \right) \times 10^{-6} \times (p - 101.325)$$

设 $\Delta_r G_m(p) < 0$，解得 $p > 1.52 \times 10^9 Pa$，约相当于大气压的 15 000 倍。即在 298.15K 和 $1.52 \times 10^9 Pa$ 下，石墨有可能转变为金刚石。

三、惰性组分对化学平衡的影响

惰性组分指反应系统中不参加化学反应的组分。例如，在合成氨反应中，常存在 Ar、CH_4 等惰性气体，当惰性气体积累过多时，会影响氨的产率。因此，每隔一段时间，就要对原料气进行处理，比如放空，同时补充新鲜气体，或者设法回收有用的惰性气体。又如，在 SO_2 氧化反应中，虽然需要的是氧气，但反应过程通入的是空气，多余的 N_2 不参加反应。向反应系统中加入惰性组分的作用是使系统的总物质的量 $\sum\limits_B n_B$ 增加。当总压 p 一定时，惰性气体的存在实际上起了稀释作用，它和减少反应系统总压的效果相同。这些惰性气体虽然不参加反应，但却可能影响平衡的移动。

根据摩尔分数定义，有

$$x_B = \frac{n_B}{\sum\limits_B n_B}$$

将其代入式（3-23），经过整理，得

$$K_p = \frac{x_G^g x_H^h}{x_A^a x_D^d} p^{\sum\limits_B \nu_B} = \frac{n_G^g n_H^h}{n_A^a n_D^d} \left(\frac{p}{\sum\limits_B n_B} \right)^{\sum\limits_B \nu_B} \qquad \text{式（3-47）}$$

式中，n_A、n_D、n_G、n_H 表示平衡时反应中各物质的量，$\sum\limits_B n_B$ 代表物质的总量。令 $K_n = \frac{n_G^g n_H^h}{n_A^a n_D^d}$，并将其代入式（3-47），得

$$K_p = K_n \left(\frac{p}{\sum\limits_B n_B} \right)^{\sum\limits_B \nu_B} \qquad \text{式（3-48）}$$

由于 K_p 仅为温度的函数，当系统温度 T 和总压 p 一定时，系统中物质的总量如果发生变化，且化学计量系数不为零时，K_n 需要做出相应变化，以保持 K_p 不变。

若保持系统的温度与压力不变，惰性组分的影响可分为如下几种情况：对于 $\sum\limits_B \nu_B > 0$ 的反应，增加惰性组分使 $\sum\limits_B n_B$ 增大，$\left(\frac{p}{\sum\limits_B n_B} \right)^{\sum\limits_B \nu_B}$ 变小，因此，K_n 必须相应增大，以保持 K_p 不变，即平衡正向移动；对于 $\sum\limits_B \nu_B < 0$ 的反应，增加惰性组分同样使 $\sum\limits_B n_B$ 增大，$\left(\frac{p}{\sum\limits_B n_B} \right)^{\sum\limits_B \nu_B}$ 也增大，

因此，K_n 必须随之减小，才能保持 K_p 不变，即平衡逆向移动；对于 $\sum\limits_{B} \nu_B = 0$ 的反应，增加惰性

组分使 $\sum\limits_{B} n_B$ 增大，但 $\left(\dfrac{p}{\sum\limits_{B} n_B}\right)^{\sum\limits_{B} \nu_B}$ 不变，因此 K_n 不发生变化，即惰性组分对平衡没有影响。

综上所述，处于平衡状态的系统受到干扰（包括温度变化、压力变化和增加惰性气体等）时，响应的方式往往是使干扰的效果最小化。

例 3-8 常压下乙苯脱氢制备苯乙烯的反应，已知 873K 时 $K^{\ominus} = 0.178$。若原料气中乙苯和水蒸气的物质的量比为 $1:9$，求乙苯的最大转化率。若不添加水蒸气，则乙苯的转化率为多少？

解：当通 1mol 乙苯和 9mol 水蒸气作为原料气时，设乙苯的转化率为 x。

$$C_6H_5C_2H_5(g) \Longleftrightarrow C_6H_5C_2H_3(g) + H_2(g) \qquad H_2O(g)$$

反应前：　　　1　　　　　　　0　　　　0　　　　　　　9

平衡后：　　 $1-x$　　　　　 x　　　 x　　　　　　 9

平衡后物质总量为：$n = 10 + x$

$$K^{\ominus} = \frac{x_G^g x_H^h}{x_A^a x_D^d}\left(\frac{p}{p^{\ominus}}\right)^{\sum\limits_{B} \nu_B}$$

因为
$$\sum\limits_{B} \nu_B = 1, \quad p = p^{\ominus}$$

所以
$$K^{\ominus} = \frac{\left(\dfrac{x}{10+x}\right)^2}{\left(\dfrac{1-x}{10+x}\right)} = \frac{x^2}{(10+x)(1-x)} = 0.178$$

解得 $x = 0.728$，即乙苯的最大转化率为 72.8%。

如果不通入水蒸气，则平衡后物质总量为：$n = 1 + x$

$$K^{\ominus} = \frac{\left(\dfrac{x}{1+x}\right)^2}{\left(\dfrac{1-x}{1+x}\right)} = \frac{x^2}{(1+x)(1-x)} = 0.178$$

解得 $x = 0.389$，即乙苯此时的最大转化率为 38.9%。

可见，水蒸气的加入，使乙苯的转化率从 38.9% 增加到 72.8%。

知识拓展

反应的耦合及生物体内的化学平衡

以上我们将热力学原理应用于化学反应中，讨论了化学热力学。下面简单介绍如何将热力学原理用于研究伴随生物化学反应所发生的能量变化，这门科学又称生物化学热力学，简称**生物能学**（bioenergetics）。在生物化学热力学中，

耦合反应(coupling reaction)是一个重要概念,它是指一个反应的产物是另一个反应的反应物之一的系列反应。生物体内存在一类高能磷酸化合物,能够通过水解反应释放超过约 $-30kJ/mol$ 的能量,这种放能反应可以通过耦合作用推进各种需要能量的生命过程。比如,腺苷三磷酸(ATP)是最为重要的一种高能磷酸化合物,其水解反应释放出大量能量,可以与一些吸收能量的反应耦合,推动其发生;ATP 消耗后,其合成反应是需要吸收能量的,因此不可自发进行,必须与其他反应耦合才能进行。又如,葡萄糖的糖酵解过程经过九个步骤,均属酶催化反应,部分步骤与 ATP 的水解和合成反应耦合。生物体是一个敞开系统,生物体内的各类生物化学反应大多处于非平衡状态,将经典热力学用于描述生物系统中的化学平衡现象尚需大量研究工作和理论支持。

ER3-5 反应的耦合及生物体内的化学平衡简介(文档)

本章小结

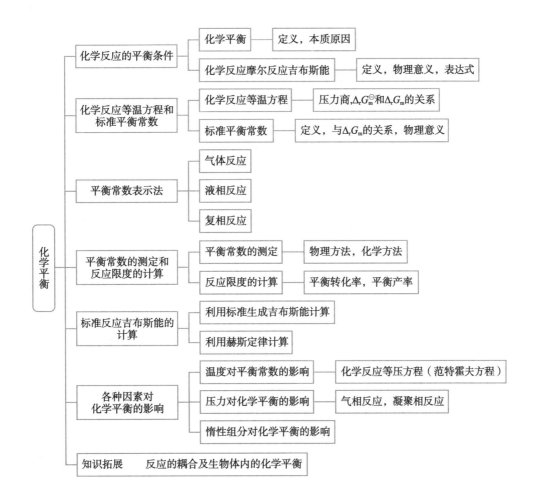

ER3-6　第三章　目标测试

本章习题

一、简答题

1．一个化学反应的标准平衡常数是固定不变的数值吗？

2．化学反应的标准平衡常数取决于哪些客观因素？

3．哪些因素可能影响化学平衡的移动？

4．化学反应的 $\Delta_r G_m^\ominus$ 和 $\Delta_r G_m$ 有什么区别？

5．试问下列情况应使用 $\Delta_r G_m^\ominus$ 还是 $\Delta_r G_m$？

（1）计算标准平衡常数。

（2）判断化学反应自发进行的方向。

（3）判断平衡移动的方向。

6．什么情况下可以用 $\Delta_r G_m^\ominus$ 来粗略预测化学反应自发进行的方向？

7．为何大多数化学反应都无法进行到底？

8．在一定条件下，没有混合熵的反应系统，为什么一旦发生反应便进行到底？

9．$\Delta_r G_m^\ominus = -RT\ln K^\ominus$。由于 $K^\ominus$ 是代表平衡特征的量，所以 $\Delta_r G_m^\ominus$ 就是反应处于平衡时的吉布斯能变化。该说法正确吗？

10．对于理想气体，标准平衡常数 $K^\ominus$ 和经验平衡常数 K_p、K_c 是否均仅为温度的函数？

二、计算题

1．已知 1 000K 时，反应 $C(s)+2H_2(g) \rightleftharpoons CH_4(g)$ 的 $\Delta_r G_m^\ominus = 19\ 397J/mol$。现有混合气体，其中含有 $CH_4(g)$ 5%、$H_2(g)$ 80% 和 $N_2(g)$ 15%（体积百分数）。试问在 1 000K、100kPa 下，该混合气体能否与碳反应生成甲烷？

2．试预测能否直接用碳还原 $TiO_2(s)$：$TiO_2(s)+C(s) \rightleftharpoons Ti(s)+CO_2(g)$。已知：$\Delta_f G_m^\ominus(CO_2, g) = -394.38kJ/mol$，$\Delta_f G_m^\ominus(TiO_2, s) = -852.9kJ/mol$。

3．若对于气相反应 $2A + B \rightleftharpoons 3C + 2D$，当 1mol A、1.5mol B 和 1mol D 混合，并在 298.15K 达到平衡时，得到的混合物总压为 100kPa、含有 1.2mol C。试计算下述内容。

（1）平衡时每个组分的摩尔分数 x_A，x_B，x_C 和 x_D。

（2）标准平衡常数 $K^\ominus$ 和 $\Delta_r G_m^\ominus$。

4．已知在 2 257K 和 100kPa 总压下，反应 $2H_2O(g) \rightleftharpoons 2H_2(g)+O_2(g)$ 达平衡时，1.8% 的水发生分解。试计算该反应的标准平衡常数 $K^\ominus$。

5．对于反应 $N_2O_4(g) \rightleftharpoons 2NO_2(g)$，在 298.15K 和 100kPa 总压下，$N_2O_4(g)$ 的解离度 α 为 0.2。试计算该反应的平衡常数 $K^\ominus$。

6．复相反应 $2A(s) \rightleftharpoons 2B(s)+C(g)$，在 487K 下达平衡时 $p_C = 0.046 \times p^\ominus$。现有 10L

容器,其中装有过量的 B(s),并加入 0.15mol D(g)。由于发生均相反应 C(g)+D(g)$\Longrightarrow$ 2E(g),使系统在 487K 平衡时总压 $p = 0.746 \times p^{\ominus}$。求该均相反应在该温度下的标准平衡常数 $K^{\ominus}$。

7. 373K 时,反应 $2NaHCO_3(s) \Longrightarrow Na_2CO_3(s)+CO_2(g)+H_2O(g)$ 的标准平衡常数 $K^{\ominus} = 0.231$。

(1) 在 $0.01m^3$ 抽真空容器中,放入 0.1mol $NaCO_3(s)$,并通入 0.2mol $H_2O(g)$。试问最少需要通入多少摩尔 $CO_2(g)$ 才能使 $NaCO_3(s)$ 全部转变成 $NaHCO_3(s)$?

(2) 在 373K、总压为 100kPa 时,若需要在 $CO_2(g)$ 及 $H_2O(g)$ 的混合气体中干燥潮湿的 $NaHCO_3(s)$,试问混合气体中 $H_2O(g)$ 的分压应为多少才不致使 $NaHCO_3(s)$ 分解?

8. 298.15K 时,$NH_4HS(s)$ 在真空瓶中分解:$NH_4HS(s) \Longrightarrow NH_3(g)+H_2S(g)$,设气体可以看作理想气体。

(1) 达到平衡后,测得总压为 70.00kPa,试计算标准平衡常数 $K^{\ominus}$。

(2) 若瓶中已有 $NH_3(g)$,其压力为 50.00kPa,试计算此时瓶内总压。

9. 在 298.15K 时,反应 $CaF_2(s) \Longrightarrow Ca^{2+}(aq) + 2F^-(aq)$ 的标准平衡常数 $K^{\ominus} = 3.9 \times 10^{-11}$,且 $CaF_2(s)$ 的标准生成吉布斯能为 $-1\ 167$kJ/mol。计算 $CaF_2(aq)$ 的标准生成吉布斯能 $\Delta_f G_m^{\ominus}(CaF_2, aq)$。

10. 对于反应 $2A(g) \Longrightarrow 2B(g)+C(g)$,设总压为 p,反应解离度为 α。试证明 $\dfrac{p/p^{\ominus}}{K^{\ominus}}$ 数值很大时,α 与 $\sqrt[3]{p}$ 成反比。

11. 298.15K 下,反应 $N_2O_4(g) \Longrightarrow 2NO_2(g)$ 的 $K^{\ominus} = 0.155$。试求下列三种情况下 N_2O_4 的解离度。

(1) 总压为 $p^{\ominus}$。

(2) 总压为 $2p^{\ominus}$。

(3) 总压为 $p^{\ominus}$,解离前 N_2O_4 和 N_2(惰性气体)的物质的量为 $1:2$。

12. 298.15K,已知甲醇蒸气的标准摩尔生成吉布斯能 $\Delta_f G_m^{\ominus}(CH_3OH, g)$ 为 -161.92kJ/mol。试求液态甲醇的标准摩尔生成吉布斯能 $\Delta_f G_m^{\ominus}(CH_3OH, l)$。已知该温度下液态甲醇的饱和蒸气压为 16.343kPa。设蒸气为理想气体。

13. 试求 298.15K 时,下述反应的 $\Delta_r G_m^{\ominus}$ 和 $K^{\ominus}$。

$$CH_3COOH(l)+C_2H_5OH(l) \Longrightarrow CH_3COOC_2H_5(l)+H_2O(l)$$

已知各物质的标准生成吉布斯能 $\Delta_f G_m^{\ominus}$ 如下

物质	$\Delta_f G_m^{\ominus}/(kJ/mol)$
$CH_3COOH(l)$	-389.9
$CH_3COOC_2H_5(l)$	-332.55
$H_2O(l)$	-237.129
$C_2H_5OH(l)$	-174.78

14. 硫化汞的两种晶型之间转变反应为 $HgS(s, red) \Longrightarrow HgS(s, black)$。该反应的 $\Delta_r G_m^{\ominus}$ 与温度 T 之间的关系为 $\Delta_r G_m^{\ominus} = (4\ 100 - 6.09T/K) \times 4.184$J/mol。

（1）试问373K时，哪一种硫化汞晶型更稳定？

（2）求该反应的标准摩尔反应焓，标准摩尔反应熵及转变温度。

15．在298.15K和100kPa下，反应$N_2O_4(g) \Longleftrightarrow 2NO_2(g)$达平衡时，有18.46% $N_2O_4(g)$分解。试计算298.15K和373K时的标准平衡常数$K^\ominus$。已知在上述温度范围内，$\Delta_r H_m^\ominus = 56.2kJ/mol$。

16．A(s)为某有机物。已知323K时1kg水中能溶解0.03mol A，353K时1kg水中能溶解0.15mol A。试求333K时A在水中的溶解度。假设所得溶液可视为理想稀薄溶液，溶解热为常数。

17．对于反应$H_2(g) + Cl_2(g) \Longleftrightarrow 2HCl(g)$，已通过实验测得各温度下反应的标准平衡常数$K^\ominus$列于下表中。试计算标准反应焓$\Delta_r H_m^\ominus$。

T/K	300	500	1 000
$K^\ominus$	4.0×10^{31}	4.0×10^{18}	5.1×10^8

18．下表列出了反应$2AgCO_3(s) \Longleftrightarrow Ag_2O(s) + 2CO_2(g)$在不同温度下的标准平衡常数$K^\ominus$。试计算该分解反应的标准反应焓$\Delta_r H_m^\ominus$。

T/K	350	400	450	500
$K^\ominus$	3.98×10^{-4}	1.41×10^{-2}	1.8×10^{-1}	1.48

19．$CO_2(g)$与$H_2S(g)$在高温的反应为$CO_2(g) + H_2S(g) \Longleftrightarrow COS(g) + H_2O(g)$，今在610K时将4.4g的$CO_2(g)$加入体积为2.5dm³的空瓶中，然后再充入$H_2S(g)$使总压为1 000kPa。达平衡后取样分析，得其中含$H_2O(g)$的摩尔分数为0.02。将温度升至620K重复上述实验，达平衡后取样分析，得其中含$H_2O(g)$的摩尔分数为0.03。视气体为理想气体，试计算下述内容。

（1）610K时的$K^\ominus$。

（2）610K时的$\Delta_r G_m^\ominus$。

（3）设反应的标准摩尔焓变$\Delta_r H_m^\ominus$不随温度而变，求$\Delta_r H_m^\ominus$。

（4）在610K时，往该体积的瓶中充入不参与反应的气体，直至压力加倍，则$COS(g)$的产量有何变化？若充入不参与反应的气体，保持压力不变，而使体积加倍，则$COS(g)$的产量又有何变化？

20．已知下列氧化物的标准摩尔生成吉布斯能与温度的关系如下。

$$\Delta_f G_m^\ominus(MnO) = (-3.849 \times 10^5 + 74.48T) \, J/mol$$

$$\Delta_f G_m^\ominus(CO) = (-1.163 \times 10^5 - 83.89T) \, J/mol$$

$$\Delta_f G_m^\ominus(CO_2) = -3.954 \times 10^5 \, J/mol$$

（1）试用计算说明在0.133Pa的真空条件下，用碳粉还原固态MnO生成纯Mn及$CO_2(g)$的$\Delta_r G_m$的表达式及最低还原温度。

（2）在（1）的条件下，用计算说明还原反应能否按下列方程式进行：

$$2MnO(s) + C(s) \Longleftrightarrow 2Mn(s) + CO_2(g)$$

三、计算题答案

1. $\Delta G = -1\,812\text{J/mol} < 0$，可以生成甲烷

2. $\Delta_r G_m^{\ominus} = 458.5\text{kJ/mol}$，不能直接用碳还原 $TiO_2(s)$

3. （1）$x_A = 4.65\%$，$x_B = 25.58\%$，$x_C = 27.91\%$，$x_D = 41.86\%$

   （2）$K^{\ominus} = 6.89$，$\Delta_r G_m^{\ominus} = -4\,784.30\text{J/mol}$

4. $K^{\ominus} = 2.997 \times 10^{-6}$

5. $K^{\ominus} = 0.17$

6. $K^{\ominus} = 2.39$

7. （1）$n > 0.34\text{mol}$；（2）$p_{H_2O} = 36.22\text{kPa}$

8. （1）$K^{\ominus} = 0.122\,5$；（2）$p_{\text{总}} = 86.02\text{kPa}$

9. $\Delta_f G_m^{\ominus}(CaF_2, aq) = -1\,107.59\text{kJ/mol}$

10. $K^{\ominus} = \dfrac{p_C p_B^2}{p^{\ominus} p_A^2} = \dfrac{p\alpha^3}{p^{\ominus}(2 - 3\alpha + \alpha^3)}$，后略

11. （1）$\alpha = 0.193$；（2）$\alpha = 0.138$；（3）$\alpha = 0.299$

12. $\Delta_r G_m^{\ominus}(1) = -166.4\text{kJ/mol}$

13. $\Delta_r G_m^{\ominus} = -4.999\text{kJ/mol}$，$K^{\ominus} = 7.51$

14. （1）$\Delta_{\text{trs}} G_m^{\ominus} = 7\,650\text{J/mol} > 0$，$HgS(s, red)$ 稳定

   （2）$\Delta H_m^{\ominus} = 17\,154.4\text{J/mol}$，$\Delta S_m^{\ominus} = 25.48\text{J/K·mol}$，$T_{\text{转}} = \dfrac{\Delta H_m^{\ominus}}{\Delta S_m^{\ominus}} = 673.2\text{K}$

15. $K(298\text{K}) = 0.14$；$K(373\text{K}) = 13.35$

16. 0.053mol/kg

17. $\Delta_r H_m^{\ominus} = -187.9\text{kJ/mol}$

18. $\Delta_r H_m^{\ominus} = 80\text{kJ/mol}$

19. （1）$K^{\ominus}(610\text{K}) = 2.8 \times 10^{-3}$

   （2）$\Delta_r G_m^{\ominus}(610\text{K}) = 29.81\text{kJ/mol}$

   （3）$\Delta_r H_m^{\ominus} = 273.87\text{kJ/mol}$

   （4）由于该反应的 $\sum\limits_{B} \nu_B = 0$，故充入不参与反应的气体均不能影响 $COS(g)$ 的产量

20. （1）$\Delta_r G_m = (2\,686 \times 10^2 - 270.86T)\text{J/mol}$，$T = 992\text{K}$

   （2）$\Delta_r G_m = 115.04 \times 10^3\text{J/mol} > 0$，还原反应不可能按（2）进行

ER3-7　第三章　习题详解（文档）

（陆　明）

第四章　相平衡

ER4-1　第四章
相平衡（课件）

　　相平衡（phase equilibrium）是化学热力学的重要研究内容之一。相平衡
热力学是利用热力学相关原理研究系统中相变方向和限度之规律的科学，解
决的中心问题是系统的相态与温度、压力及组成之间的关系。物质从一个相
转移至另一个相的过程称为相变过程，如熔化、凝固、蒸发、冷凝、溶解、结
晶、晶型转变等。相变属于物理变化，但有时会伴随有化学变化的发生。相
平衡是相变化进行的限度，系统达到平衡后，系统中各相组成和数量不随时间发生变化。

ER4-2　第四章
内容提要（文档）

　　相平衡原理在制药、冶金、材料、化工等领域有着广泛而重要的应用。通过相平衡的研
究，可以得出复杂相变过程中的最佳工艺条件，如在制药工业和化工生产中，常利用精馏、萃
取、结晶等操作提取纯化所需的目标成分，而这些工艺过程的理论基础正是来源于相平衡原
理。此外，药物制剂的处方筛选、药物与辅料的配伍、药物新剂型开发等研究亦需要相平衡理
论的指导。

　　相平衡虽在形式上是多样的，但都遵循统一的规律，即相律，它是物理化学中最具普遍性
的规律之一。

第一节　相平衡基本概念与相律

　　相律（phase rule）是相平衡系统所遵循的基本规律，由吉布斯于 1876 年根据热力学原理
推导得出，其讨论的是平衡系统中相数、独立组分数与自由度之间的关系。在引出相律的数
学表达式之前，需要先介绍几个基本概念。

一、相与相数

　　相（phase）是系统中物理性质和化学性质完全均一的部分。多相系统中，相与相之间有
明显的界面，越过界面时，物理性质或化学性质发生突变。系统中相的数目称为**相数**（number
of phase），用符号 Φ 表示。通常情况下，无论系统中有多少种气体，它们都是均匀混合的，故
对于多种气体混合物，$\Phi=1$。对于液态物质，根据液体之间互溶程度的不同，Φ 可为 1、2 或 3。
若完全互溶则为单相，即 $\Phi=1$，否则分几个液层就是几个相。不管混合多少种液体，一般不
会超过三个相。对于固体，通常是有几种固体就是几个相，而不论它们的质量或体积。如
$NaCl(s)$ 和 $Na_2CO_3(s)$ 的混合物，不管研磨得多细，混合得多均匀，仍为两个相，而大块的

NaCl 晶体和微粒状 NaCl 晶体是同一个相。同一种物质若有不同的晶型,则有几个晶型共存就是几个相,如石墨、金刚石和 C_{60} 的混合物 $\Phi=3$,正交硫和单斜硫的混合物 $\Phi=2$。如果几种固体之间能达到分子或原子程度的均匀混合,则称之为固态混合物或固态溶液(亦称固溶体),其 $\Phi=1$。例如,在一定条件下,金与银或铜与锌可形成单相的固溶体,通常称为合金。

二、物种数与组分数

平衡系统中所含化学物质数称为**物种数**(number of chemical species),用符号 S 表示。应注意,不同聚集态的同一化学物质属于一个物种。例如,冰、水、水蒸气共存的系统,$S=1$。

足以表示系统中各相组成所需的最少物种数称为**独立组分数**,简称**组分数**(number of components),用符号 K 表示。在相平衡理论中,组分数是一个重要的概念,它与物种数不同,两者间存在如下关系。

(1)若系统中无化学反应发生,则系统的组分数与物种数是相同的。例如乙醇的水溶液,乙醇与水之间无化学反应发生,故 $K=S=2$。

(2)若系统中有化学平衡存在,如由 $PCl_5(g)$、$PCl_3(g)$ 和 $Cl_2(g)$ 三种物质构成的平衡系统中,存在下列化学平衡:

$$PCl_5(g) \Longrightarrow PCl_3(g) + Cl_2(g)$$

此时,虽然系统的 $S=3$,但 $K=2$。因为只要有了其中的任意两种物质,第三种物质就必然存在,而且其组成可以由反应的平衡常数来确定。因此,足以表示系统中各相组成的最少物种数减少了一个,即 $K=2$。同理,如果系统中存在更多的化学平衡,并且是独立的,则

组分数=物种数−独立化学平衡数

即
$$K=S-R$$

式中,R 为系统中独立的化学平衡数。

(3)在某些情况下,还有一些特殊的浓度限制条件。例如在上述系统中,假设起始时只有 $PCl_5(g)$,而 $PCl_3(g)$ 和 $Cl_2(g)$ 是由 $PCl_5(g)$ 分解得到的,显然,当系统达到平衡后,$PCl_3(g)$ 和 $Cl_2(g)$ 的物质的量之比为 $1:1$,此即为浓度限制条件。此时系统的组分数变为1,即为单组分系统。因此,系统的组分数与物种数之间存在如下关系:

组分数=物种数−独立化学平衡数−独立浓度限制条件数

即
$$K=S-R-R'$$

式中,R' 为独立的浓度限制条件数。

这里应注意,浓度限制条件须在同一相中才能成立,不同相之间不存在浓度限制条件。例如碳酸钙的分解反应

$$CaCO_3(s) \Longrightarrow CaO(s) + CO_2(g)$$

虽然分解反应的产物 $CaO(s)$ 和 $CO_2(g)$ 的物质的量相同,但由于二者分属于不同的相,故而不存在浓度限制关系,即系统的组分数是2,而非1。

例 4-1 系统中有 $C(s)$、$O_2(g)$、$CO_2(g)$、$CO(g)$ 四种物质,其间有化学反应,求该系统在平衡后的组分数。

解: 系统中可能发生的化学反应有四个

$$C(s) + O_2(g) \Longrightarrow CO_2(g) \qquad\qquad 反应(1)$$

$$C(s) + \frac{1}{2}O_2(g) \Longrightarrow CO(g) \qquad\qquad 反应(2)$$

$$CO(g) + \frac{1}{2}O_2(g) \Longrightarrow CO_2(g) \qquad\qquad 反应(3)$$

$$C(s) + CO_2(g) \Longrightarrow 2CO(g) \qquad\qquad 反应(4)$$

但其中只有两个反应是独立的,反应(3)和反应(4)可由反应(1)和反应(2)获得,即反应(1)−反应(2)=反应(3),反应(2)×2−反应(1)=反应(4),故 $R=2$,系统中各物质间无浓度限制条件,即 $R'=0$,所以 $K=S-R-R'=4-2-0=2$。

例 4-2 在一抽空的容器中放有过量的 $NH_4HCO_3(s)$,加热时发生如下反应:

$$NH_4HCO_3(s) \Longrightarrow NH_3(g) + CO_2(g) + H_2O(g)$$

求系统的组分数。

解: 由题意可知,当系统达平衡后 $p(NH_3, g) = p(CO_2, g) = p(H_2O, g)$,因此 $R'=2$,且 $R=1$。故 $K=S-R-R'=4-1-2=1$。

在相平衡理论中引入组分数的概念是非常必要的,因为一个系统的物种数可以随人们考虑问题的角度不同而不同,但系统的组分数始终是一个定值。例如,对于 HAc 和 H_2O 混合而形成的溶液,如果只考虑所混合的物质,则 $S=2$,$K=2$,即 HAc 和 H_2O。而若考虑二者的解离,系统中的物种有 HAc、H_2O、H_3O^+、OH^- 和 Ac^-,即 $S=5$,但这 5 个物种间存在两个独立的化学(解离)平衡,即 $2H_2O \Longrightarrow H_3O^+ + OH^-$ 和 $HAc + H_2O \Longrightarrow H_3O^+ + Ac^-$,还存在一个浓度限制关系,即 $c(H_3O^+) \Longrightarrow c(OH^-) + c(Ac^-)$,因此 $K=S-R-R'=5-2-1=2$,组分数仍是 2,不受影响。

三、自由度

平衡系统中,在不引起旧相消失和新相生成的前提下,可以在一定范围内独立变动的强度性质的数目,称为系统的**自由度**(degree of freedom),用符号 f 表示。例如,对于呈单相的液态水,可以在一定范围内独立改变温度和压力,仍能保持单一液相,即温度和压力都可以在一定范围内独立变动,此时 $f=2$。当水与水蒸气两相平衡共存时,在温度和压力两个变量中只有一个是独立可变的,即指定了温度就不能再指定压力,压力(即平衡蒸气压)由温度决定而不能任意指定,反之亦然,二者之间存在函数关系,此时系统只有一个独立可变的因素,因此 $f=1$。由此可见,系统的自由度是确定平衡系统的状态所需要的独立的强度性质(如温度、压力、组成等)的数目,既然这些因素在一定范围内可以独立变动,所以,如果不指定它,系统的状态便不能确定。自由度由系统中的组分数和相数决定,它们之间的关系可用相律描述。

四、相律

相律是平衡系统中相数、组分数与自由度之间所遵循的关系。假设某个系统中含有 K 个

组分及 Φ 个相,对于多组分多相平衡系统,达到平衡必须满足以下几个条件。

（1）热平衡:各相温度相等,即

$$T^{\alpha} = T^{\beta} = T^{\gamma} = \cdots = T^{\Phi}$$

（2）力平衡:各相压力相等,即

$$p^{\alpha} = p^{\beta} = p^{\gamma} = \cdots = p^{\Phi}$$

（3）相平衡:每种组分在各相中的化学势相等,即

$$\mu_{B}^{\alpha} = \mu_{B}^{\beta} = \mu_{B}^{\gamma} \cdots = \mu_{B}^{\Phi}$$

由热平衡和力平衡条件可知,系统中所有相都具有相同的温度和压力,因此只需要指定一个温度和压力就确定了整个系统的温度和压力,即 T 和 p 为系统的两个基本变量。

接下来需要确定有多少浓度变量是独立的。假设系统中的 K 个组分分布于每一个相中,若用 1、2、3……代表各种物质,以 α、β、γ……代表各个相,则每一相中都有 K 个组分,因 $\sum\limits_{B=1}^{K} x_{B} = 1$,故有 $(K-1)$ 个浓度变量。在 Φ 个相中就有 $\Phi(K-1)$ 个浓度变量。但又因为多相平衡系统中存在多个浓度限制条件,所以这些浓度变量并不都是独立的。系统达到相平衡时,各组分在各相中的化学势相等,即

$$\mu_{1}^{\alpha} = \mu_{1}^{\beta} = \mu_{1}^{\gamma} = \cdots = \mu_{1}^{\Phi}$$

$$\mu_{2}^{\alpha} = \mu_{2}^{\beta} = \mu_{2}^{\gamma} = \cdots = \mu_{2}^{\Phi}$$

$$\vdots$$

$$\mu_{K}^{\alpha} = \mu_{K}^{\beta} = \mu_{K}^{\gamma} = \cdots = \mu_{K}^{\Phi}$$

根据 $\mu_{B} = \mu_{B}^{*}(T, p) + RT\ln x_{B}$ 可知,化学势是浓度的函数,化学势相等的关系式也就是浓度变量间的定量关系式。有一个等式就有一个变量不独立,因每一组分同时分布在 Φ 个相中,故对每一组分有 $(\Phi-1)$ 个化学势相等的关系式,即有 $(\Phi-1)$ 个浓度变量间的定量关系式,对 K 个组分就有 $K(\Phi-1)$ 个浓度变量间的定量关系式。因此,描述系统状态所需的独立变量数,即自由度应为

$$f = \Phi(K-1) + 2 - K(\Phi-1)$$

即

$$f = K - \Phi + 2 \qquad\qquad 式(4-1)$$

此即为相律的数学表达式。式中,f 为自由度,K 为组分数,Φ 为相数,数字 2 代表温度和压力两个变量。

如果指定了系统的温度或压力,则上式应改写为

$$f^{*} = K - \Phi + 1 \qquad\qquad 式(4-2)$$

如果系统的温度和压力均已指定,则

$$f^{**} = K - \Phi \qquad\qquad 式(4-3)$$

式中,f^{*} 和 f^{**} 称为条件自由度(条件自由度亦可用 f 表示)。在有些情况下,除温度和压力外,系统还受到电场、磁场、重力场等其他因素的影响,这时相律表达式中的 2 应根据具体影响因素的数目写成 n,即

$$f = K - \Phi + n \qquad\qquad 式(4-4)$$

需要说明的是,在推导相律的数学表达式时,曾假定 K 种组分分布于每一个相中,实际上即使某一相或某几相的组分数少于 K,也并不影响上述的推导结论。因为如果某一相中少了一种组分,则该相的浓度变量也就少一个,同时也相应地少了一个化学势的等式,也就是说 $\Phi(K-1)$ 减去 1 的同时,$K(\Phi-1)$ 也必然减去 1,因此式(4-1)仍然成立。

相律是一切相平衡系统均遵循和适用的普遍规律,它对相平衡及相变过程的研究起到重要的指导作用。但是相律只能给出平衡系统中有几个相、几个自由度,并不能告诉我们具体是什么相或这些自由度是什么变量,这需要根据系统的具体情况进行分析。

例 4-3 指出下列平衡系统的自由度。

(1)25℃及标准压力下,NaCl(s)与其水溶液平衡共存。

(2)25℃及标准压力下,NaCl 的不饱和水溶液。

(3)$I_2(g)$ 与 $I_2(s)$ 呈平衡。

解:(1)$K=2$;$f^{**}=K-\Phi=2-2=0$

指定了温度和压力,饱和 NaCl 水溶液的浓度为定值,系统已无自由度。

(2)$K=2$;$f^{**}=K-\Phi=2-1=1$

指定了温度和压力,在保持系统液相单相的条件下,NaCl 水溶液的浓度在一定范围内可独立变化。

(3)$K=1$;$f=K-\Phi+2=1-2+2=1$

纯物质系统两相平衡时,温度和压力仅有一个可独立变动。

五、相图

由于多相系统的变化较为复杂,系统的温度、压力和组成等性质之间的关系不易用简单的函数关系式表示,故而常用图形形式,即相图来表示。**相图**(phase diagram)是表示系统中相的状态与温度、压力及组成间相互关系的图形。相图根据实验数据绘制所得。相图的特点是直观,可从图直接了解在给定条件下系统中物质的相态,当系统所处条件发生变化时,物质发生相变化的方向和限度等信息。相图中表示系统的温度、压力和总组成状态的点称为**物系点**(point of system),而表示某一个相的状态的点称为**相点**(point of phase)。亦即,一个处于平衡状态的系统在相图中可用一个"点"来表示,该点即为物系点(亦称状态点)。相图在制药和化工等领域有着极为重要的应用,掌握不同类型典型相图的分析方法是理解精馏、萃取、结晶等各种提纯工艺原理的基础。

第二节　单组分系统

对于单组分系统,组分数 $K=1$,此时相律的一般表达式为

$$f = 1 - \Phi + 2 = 3 - \Phi$$

当系统中只有一个相时，$\Phi=1$，$f=2$，称为双变量系统，此时有两个独立变量，即温度和压力；当系统中有两个相平衡共存时，$\Phi=2$，$f=1$，称为单变量系统，此时温度和压力只有一个可独立变化；当系统为三相平衡共存时，$\Phi=3$，$f=0$，称为无变量系统，此时温度和压力都不能变化。由此可知，对于单组分系统，最多只能有三个相平衡共存，而最大自由度为 2，即最多有两个变量可独立变化，亦即温度和压力。因此，单组分系统的相图可用 p-T 平面图进行全面描述。

一、水的相图与冷冻干燥技术

（一）水的相图

水的相图（phase diagram for water）是单组分系统中最具代表性的典型相图之一。图 4-1 即为根据实验数据绘制所得的水的相图示意图。由图可见，整个相图基本上由三个区、三条线和一个点构成，具体分析如下。

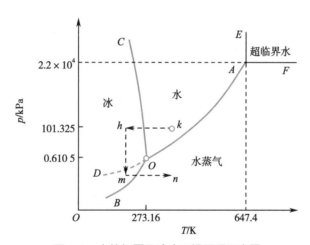

图 4-1 水的相图及冷冻干燥原理示意图

1. **三个区** 图 4-1 中 OA、OB、OC 三条线交于 O 点，将相图分成三个区域，即 AOB、AOC 和 BOC，它们分别是水蒸气、液态水和冰的单相区。在单相区内，$\Phi=1$，$f=2$，即在这些区域内，可以独立地改变温度和压力而不会引起旧相的消失或新相的生成。因为单相区内属于双变量系统，要确定系统的状态，必须同时指定温度和压力两个变量。

2. **三条线** 图中三条实线 OA、OB、OC 均为两个不同区域的交界线。在这些线上，$\Phi=2$，系统处于两相平衡；$f=1$，属于单变量系统，即指定了温度，压力就由系统自定，反之亦然。

OA 线为气 - 液两相平衡线，亦称作水的饱和蒸气压曲线，线上的点表示相应温度下水的饱和蒸气压或相应外压下的水的沸点。OA 线不能任意延伸，它止于水的**临界点**（critical point）A。随着温度的升高，水的饱和蒸气压不断增大，气相的密度也随之增加，而液态水则随着温度的升高密度不断下降，到达临界点时，液体的密度与蒸气的密度相等，液相与气相之间的界面消失，物质处于**超临界状态**（supercritical state）。临界点的温度和压力分别称为临界温度和临界压力,水的临界温度为647.4K,临界压力为2.2×10^7Pa。高于临界温度,就不能再用加压的方法使气体液化。温度和压力均处于临界点以上的流体,称为**超临界流体**(supercritical fluid)。图中的EAF区即为水的超临界流体区。

OB线为气-固两相平衡线,亦称作冰的饱和蒸气压曲线或冰的升华曲线,线上的点表示冰在相应温度下的饱和蒸气压。OB线理论上可以延长至绝对零度附近。

OC线为固-液两相平衡线,亦称作水的凝固点曲线或冰的熔点曲线,线上的点表示相应压力下水的凝固点或冰的熔点。OC线的斜率为负值,表明冰的熔点随压力的升高而降低,这是由于冰的密度小于水的密度的特殊性质所致(详见本节克劳修斯-克拉珀龙方程)。OC线也不能任意延长,约从2.03×10^8Pa和253.15K开始,相图变得较为复杂,有不同结构的冰生成。

图中的虚线OD是AO的延长线,是过冷水与水蒸气的两相平衡线,反映了过冷水的饱和蒸气压与温度的关系。在一定条件下,将水缓慢冷却时,可使其在低于凝固点温度而不结冰,此状态下的水称为过冷水。过冷水属于亚稳(介稳)状态,是由于新相种子生成困难而引起,一旦有晶核加入或被搅动,会瞬间凝结成冰。

3. 一个点 图中O点是三条两相平衡线的交点,称为**三相点**(triple point),在该点气、液、固三相共存。此时$\Phi = 3$,$f = 0$,即为无变量系统,温度和压力由物质本身的性质决定,不能由外部条件加以改变,因此三相点温度可作为热力学温标的基准点。水的三相点的温度和压力分别为273.16K和610.5Pa。需要说明的是,水的三相点与通常所说的水的**冰点**(freezing point)(273.15K,101 325Pa)是不同的。三相点是严格的单组分系统,而冰点是在水中溶有空气和外压为101 325Pa条件下测得的。冰点温度比三相点温度低0.01K由两方面原因造成:一方面,由于水中溶有空气,形成了稀溶液,冰点较三相点下降了0.002 42K;另一方面,外压增加,使冰点下降了0.007 49K,即共下降了约0.01K。

ER4-3 物理化学家黄子卿教授(文档)

(二)冷冻干燥技术

冷冻干燥技术(freeze drying technique)是指将物料冻结至冰点以下,使物料中的水分变成冰,之后在较高的真空度下将冰升华除去的一种干燥技术。冷冻干燥(简称冻干)特别适用于热敏性、易氧化的物料,如生物制剂、抗生素等药物的干燥处理。

1. 冷冻干燥原理 冷冻干燥原理可用水的相图进行说明。由图4-1可知,当系统压力低于610.5Pa(三相点压力)时,不管温度如何变化,水只能以固体或气体形式存在。即在低于三相点压力条件下,对固态冰加热升温时,冰可直接升华为水蒸气,这是冷冻干燥技术的基本原理。例如,对处于图中k点的水进行恒压降温时,物系点将沿着kh线移动,当到达与OC线的交叉点处时液态水凝固成冰,之后温度继续下降到达h点;再经恒温减压到达m;再进行恒压升温操作,物系点沿着mn线移动,当到达与OB线的交叉点处时,冰开始升华为水蒸气,最终到达n点,形成的水蒸气被减压抽去,最终完成物料的干燥。

这里应注意,上述原理是以纯水,即单组分系统为例进行的说明,但实际物料属于多组分系统,例如某种药物的水溶液,因此在系统开始析出冰到物料全部凝固的过程中系统的温度是不断降低的(这与纯物质在等压条件下发生相变时温度不发生变化的情况是不同的),直至温度降到**低共熔点**(低共熔点可简单理解为药物溶液能以液态形式存在的最低温度),等所有药液全部凝固后系统的温度继续下降(有关低共熔点的内容详见本章第五节)。

2. 冷冻干燥工艺　冷冻干燥一般分为预冻、升华干燥和解吸干燥三个阶段,下面以注射用冻干无菌粉末(粉针)的制备过程为例进行简要说明。

(1)预冻:是恒压降温过程。随温度的下降,药液凝固成固体,通常预冻温度应降至药液低共熔点以下10~20℃(冻干箱的温度一般调到-40℃以下),以保证药液冻结完全。

(2)升华干燥:预冻完成后,恒温减压至一定的真空度,之后在抽气条件下恒压升温,使冰升华逸去。此阶段对物料进行第一步加热,使冰大量升华,此时物料温度不宜超过低共熔点(温度一般调至约-20℃)。

(3)解吸干燥:亦称再干燥或减速干燥。此阶段进行第二步加热,温度继续升高至0℃或室温,并保持一段时间。这一阶段主要是去除物料本身所含的水分,而不是冰的升华。药物分子的极性基团上吸附有未被冻结的水分,若要除去这些结合水,须提供足够大的能量才能使其解吸出来,因此此阶段的温度在允许条件下尽可能地高。同时,为了使解吸出的水分有足够的推动力逸出物料,必须使产品内外形成最大的压差,亦即此时冻干箱内必须保持高真空状态。

3. 冷冻干燥的优、缺点　冷冻干燥的优点有:①可避免药物因高温干燥而分解变质,极适用于热敏性药物;②所得产品质地疏松多孔,加水后可迅速溶解或分散,恢复药液原有的特性;③因在真空状态下进行干燥,药物不易氧化变质;④产品含水量低,一般仅在1%~3%范围内,有利于长期贮存;⑤产品剂量准确、外观优良。冷冻干燥的缺点有:①冷冻干燥装置包括制冷系统、真空系统和加热系统等,动力消耗大,生产成本相对较高;②干燥时间长,生产能力低;③设备投资高。

虽然冷冻干燥具有上述一些不足之处,但因其具有其他干燥方法所不具备的优点,在制药行业和食品加工行业中的应用越来越广泛,近年来尤其在食品行业中发展迅猛,冻干食品在市场中的份额与日俱增。

二、二氧化碳的相图与超临界流体萃取技术

(一)二氧化碳的相图

二氧化碳的相图是另一类重要的单组分系统相图,其示意图如图4-2所示。与水的相图相似,图中也有气、液、固三个单相区,有三条两相平衡线,三条线交于三相点。与水的相图不同的是,CO_2的固-液两相平衡线的斜率是正的,这是因为固态CO_2的密度大于液态CO_2的密度。

CO_2的气、液、固三相平衡点O点的温度为216.7K,压力为518kPa。由于三相点的压力较高,在大气压力条件下,CO_2只能以气态或固态形式存在,而在常温、常压条件下,CO_2以气体状态方能稳定存在。将低温下制得的固态CO_2置于常温、常压环境时,不经过液态而直接升华为气体,这也是固体CO_2被称作干冰的主要原因。在101kPa压力下,干冰的升华温度为194.65K,升华时从环境吸取大量的热,因此常用于低温冷冻。

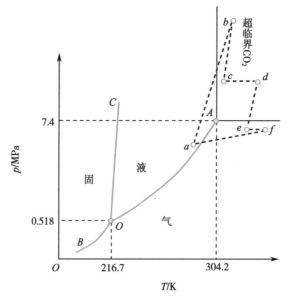

图 4-2　CO_2 的相图及超临界萃取原理示意图

图中的 A 点是 CO_2 的临界点,温度为 304.2K,压力为 7.4MPa。此温度和压力在工业上较易达到,因此 CO_2 的超临界流体较为容易制得,它在超临界流体萃取领域有着广泛的应用。

(二)超临界流体萃取技术

超临界流体兼具气、液双重性,既具有类似于液体的较大密度,又具有类似于气体的强渗透性、高扩散性及优良流动性,因此具有很强的溶解能力和传质特性。一种溶剂在超临界状态的萃取能力比其在液体状态时高出很多。**超临界流体萃取技术**(supercritical fluid extraction,SFE),简称超临界萃取,是指将超临界流体作为萃取剂(溶剂),把某一种或极性相似的多种成分从原料(混合物)中提取出来的技术。超临界 CO_2 流体是目前用得最多的超临界流体。

以超临界 CO_2 流体萃取过程为例,结合 CO_2 的相图,简述工业生产过程中超临界萃取的原理。图 4-2 中 $a \rightarrow b \rightarrow c \rightarrow d \rightarrow e \rightarrow f \rightarrow a$ 即为一次 SFE 循环过程,现将每个过程简述如下。

过程 1($a \rightarrow b$):将处于 a 点的液态 CO_2 注入加压泵(柱塞泵或隔膜泵)中加压,并加热使其进入超临界相态区,设为 b 点。b 点的压力一般须控制在 20MPa 以上,以使流体具有较大的密度,从而达到一定的萃取能力。超临界 CO_2 在流动过程中与萃取釜中的物料充分混合,实现对目标成分的提取。

过程 2($b \rightarrow c$):将处于 b 点状态的溶解有目标成分的 CO_2 从萃取釜放出,至解析釜,使其压力瞬间降低,到达 c 点状态(绝热膨胀过程,CO_2 的温度也同时降低)。c 点的压力根据实际需要设计,一般控制在 10～15MPa。

过程 3($c \rightarrow d$):加热升温,此过程的目的是使 CO_2 流体的密度降低,使部分溶解度相对较低的被萃取成分与 CO_2 分离,此过程称为一次解析。

过程 4($d \rightarrow e$):对完成一次解析后的处于 d 点状态的超临界流体再次减压,使其到达图中的 e 点,此时 CO_2 呈气态。

过程 5($e \rightarrow f$):加热升温,此过程使被萃取物中溶解度相对较大的成分与 CO_2 分离,此过程称为二次解析。二次解析后所有被萃取成分与CO_2实现分离。

过程$6(f \rightarrow a)$: 对处于f点的CO_2气体通过减压、降温,使其回到状态a。至此,完成了一次 SFE 循环。在实际生产中,按上述步骤进行连续多次循环,直至对目标成分萃取完全为止。

在工业生产中,从b点到f点一般设计成多次的减压、升温过程,这样一方面可以根据被萃取物中不同成分与溶剂间结合力的强弱,对混合物进行多级分离,另一方面可以避免因一次性减压幅度太大而造成系统的不稳定。除了压力和温度,流体的流量与萃取时间也是影响超临界萃取效率的重要因素。

案例 4-1

超临界CO_2流体萃取技术的应用

CO_2因其化学惰性、无毒、无臭、廉价易得、不污染产品、可循环利用以及具有较低的临界温度和临界压力等优良性质,成为目前最常用于萃取分离的超临界流体。

对 SFE 的研究已有近百年的历史,但真正用于工业化生产始于 1978 年,德国最早在工业上实现了用超临界CO_2流体萃取咖啡豆中的咖啡因。我国则于 1996 年首次将该技术应用于工业化生产,用来提取沙棘种子中的脂类活性成分。沙棘属于药食同源品种,其脂类活性成分占种子质量的 6%~8%,因含量低且附加值高,非常适合超临界CO_2流体萃取。

因超临界CO_2流体萃取所具有的提取率高、无溶剂残留、绿色环保等优点,近年来该技术不断被拓宽应用领域,在制药、食品、化工等行业中的应用越来越广泛。尤其在天然药物有效成分提取方面的研究越来越深入,在挥发油、甾醇、脂溶性维生素、生物碱、醌类、香豆素以及木脂素等活性物质的提取方面取得显著研究进展。

问题: 超临界CO_2流体适用于何种成分的萃取?

分析:CO_2属于非极性物质,根据相似相溶原理,超临界CO_2流体主要用于低极性物质的萃取,如挥发油、脂类等。但通过加入夹带剂的方法可拓宽其适用范围,用来萃取极性相对较大的成分,常用的夹带剂有甲醇、乙醇、丙酮、水等。

三、克劳修斯 - 克拉珀龙方程

研究纯物质系统时,经常会遇到气 - 液、气 - 固、液 - 固两相平衡的问题。因$\Phi = 2$时$f = 1$,说明两相平衡时,温度和压力中只有一个是独立可变的,亦即两者之间存在着一定的函数关系。**克拉珀龙方程**(Clapeyron equation)给出的正是纯物质系统两相平衡时T与p之间的函数关系。

设在一定温度T和压力p时,某一纯物质的 α 相与 β 相两相呈平衡。对纯物质而言,

$\mu = G_m$，则由相平衡条件可知

$$G_m^{\alpha} = G_m^{\beta}$$

当系统的温度由 T 变为 $T+dT$ 时，压力也将相应地变为 $p+dp$，并建立新的平衡，此时

$$G_m^{\alpha} + dG_m^{\alpha} = G_m^{\beta} + dG_m^{\beta}$$

由上两式可得

$$dG_m^{\alpha} = dG_m^{\beta}$$

根据

$$dG = -SdT + Vdp$$

可得

$$-S_m^{\alpha}dT + V_m^{\alpha}dp = -S_m^{\beta}dT + V_m^{\beta}dp$$

移项整理可得

$$\frac{dp}{dT} = \frac{S_m^{\beta} - S_m^{\alpha}}{V_m^{\beta} - V_m^{\alpha}} = \frac{\Delta S_m}{\Delta V_m} \qquad \text{式（4-5）}$$

式中，ΔS_m 和 ΔV_m 分别为 1mol 纯物质由 α 相变为 β 相时的熵变和体积变化。对于可逆相变，已知 $\Delta S_m = \dfrac{\Delta H_m}{T}$，其中 ΔH_m 为摩尔相变焓，将该表示式代入式（4-5）即得

$$\frac{dp}{dT} = \frac{\Delta H_m}{T\Delta V_m} \qquad \text{式（4-6）}$$

上式即为克拉珀龙方程。由于在推导过程中未引入任何假设，所以该方程适用于纯物质的任何两相平衡。

利用克拉珀龙方程可以表示出单组分系统相图中任意两相平衡曲线的斜率。例如，在水的相图（图 4-1）中，气 - 液两相平衡线 OA 的斜率为

$$\frac{dp}{dT} = \frac{\Delta_{vap}H_m}{T\Delta_{vap}V_m}$$

因为液体的蒸发是吸热的，且体积变大，即 $\Delta_{vap}H_m > 0$，$\Delta_{vap}V_m > 0$，所以 $\dfrac{dp}{dT} > 0$，OA 线的斜率为正值，表明水的蒸气压随着温度的升高而增大。同理，OB 线（冰的升华曲线）的斜率也是正值，表明冰的蒸气压也随着温度的升高而增大。而对于固 - 液两相平衡线 OC，其斜率为

$$\frac{dp}{dT} = \frac{\Delta_{fus}H_m}{T\Delta_{fus}V_m}$$

冰熔化成水是吸热的，即 $\Delta_{fus}H_m > 0$，而由于冰的密度小于水，所以熔化时 $\Delta_{fus}V_m < 0$，因此 $\dfrac{dp}{dT} < 0$，即 OC 线的斜率为负值，说明冰的熔点随着压力的升高而下降，这是由水的特殊性质造成的，而对于大多数物质而言，因液态密度小于其固态密度，所以 $\dfrac{dp}{dT} > 0$，即随着压力的增加，熔点是升高的。

下面根据克拉珀龙方程分别讨论几种常见的两相平衡情况。

1. 气 - 液平衡 将克拉珀龙方程应用于气 - 液平衡，dp/dT 表示的是液体的饱和蒸气压随温度的变化率，ΔH_m 为摩尔蒸发焓 $\Delta_{vap}H_m$，$\Delta V_m = V_m(g) - V_m(l)$，即气、液两相摩尔体积之差。通常温度下，$V_m(g) \gg V_m(l)$，故 $\Delta V_m \approx V_m(g)$。若再假设蒸气为理想气体，则式（4-6）可表示为

$$\frac{\mathrm{d}p}{\mathrm{d}T} = \frac{\Delta_{vap}H_m}{TV_m(\mathrm{g})} = \frac{p\Delta_{vap}H_m}{RT^2}$$

或
$$\frac{\mathrm{d}\ln p}{\mathrm{d}T} = \frac{\Delta_{vap}H_m}{RT^2} \qquad\qquad 式(4\text{-}7)$$

上式即为**克劳修斯－克拉珀龙方程**(Clausius-Clapeyron equation)的微分形式。当温度变化范围不大时，$\Delta_{vap}H_m$ 可看作常数，将上式积分，可得

$$\ln p = -\frac{\Delta_{vap}H_m}{RT} + C \qquad\qquad 式(4\text{-}8)$$

式中，C 为积分常数。上式表明，将 $\ln p$ 对 $1/T$ 作图可得一条直线，直线的斜率为 $-\Delta_{vap}H_m/R$，根据斜率即可求算液体的 $\Delta_{vap}H_m$。

将式(4-7)在 T_1 和 T_2 之间作定积分，则可得

$$\ln \frac{p_2}{p_1} = \frac{\Delta_{vap}H_m}{R}\left(\frac{1}{T_1} - \frac{1}{T_2}\right) \qquad\qquad 式(4\text{-}9)$$

上式表明，只要知道液体的 $\Delta_{vap}H_m$，即可根据某一温度 T_1 时的饱和蒸气压 p_1 求算另一温度 T_2 时的饱和蒸气压 p_2，或者根据某一外压下的沸点 T_1 求算另一外压下的沸点 T_2。

在缺乏摩尔蒸发焓数据时，可采用近似规则进行估算，如对于分子间没有缔合现象的液体，可用如下的**特鲁顿规则**(Trouton's rule)

$$\frac{\Delta_{vap}H_m}{T_b} \approx 88\mathrm{J/(K \cdot mol)} \qquad\qquad 式(4\text{-}10)$$

式中，T_b 为正常沸点(指外压为 101.325kPa 时液体的沸点)。此规则不适用于极性较大或在 150K 以下沸腾的液体。

例 4-4 已知水在 373.2K 时的饱和蒸气压为 101.325kPa，摩尔蒸发热 $\Delta_{vap}H_m = 40.7\mathrm{kJ/mol}$，试计算下述内容。

(1) 353.2K 时，水的饱和蒸气压。

(2) 外压为 90kPa 时，水的沸点。

解：根据式 $\ln \dfrac{p_2}{p_1} = \dfrac{\Delta_{vap}H_m}{R}\left(\dfrac{1}{T_1} - \dfrac{1}{T_2}\right)$

(1) 已知 $T_1 = 373.2\mathrm{K}$，$p_1 = 101.325\mathrm{kPa}$，$T_2 = 353.2\mathrm{K}$，代入上式得

$$\ln \frac{p_2}{101.325} = \frac{40.7 \times 10^3}{8.314}\left(\frac{1}{373.2} - \frac{1}{353.2}\right)$$

解得 $\qquad\qquad\qquad\qquad p_2 = 48.21\mathrm{kPa}$

(2) 已知 $T_1 = 373.2\mathrm{K}$，$p_1 = 101.325\mathrm{kPa}$，$p_2 = 90\mathrm{kPa}$，代入上式得

$$\ln \frac{90}{101.325} = \frac{40.7 \times 10^3}{8.314}\left(\frac{1}{373.2} - \frac{1}{T_2}\right)$$

解得 $\qquad\qquad\qquad\qquad T_2 = 369.9\mathrm{K}$

2. 气－固平衡 将克拉珀龙方程应用于气－固平衡时，由于固体的体积与蒸气相比亦可忽略不计，式(4-6)中 $\Delta V_m = V_m(\mathrm{g}) - V_m(\mathrm{s}) \approx V_m(\mathrm{g})$，$\Delta H_m$ 为摩尔升华焓 $\Delta_{sub}H_m$，同理可得与式

（4-7）、式（4-8）、式（4-9）相同形式的适用于气-固平衡的方程。因此,克劳修斯-克拉珀龙方程同样适用于纯物质的气-固平衡系统。

3. 固-液平衡 由于固体和液体的体积相差不大,式(4-6)中$\Delta V_m = V_m(1) - V_m(s)$的两相均不能忽略,$\Delta H_m$为摩尔熔化焓$\Delta_{fus}H_m$,式(4-6)可表示为

$$dp = \frac{\Delta_{fus}H_m}{\Delta_{fus}V_m}\frac{dT}{T} \qquad\qquad 式(4-11)$$

式中,$\Delta_{fus}V_m$为液、固两相摩尔体积之差。当温度变化范围不大时,$\Delta_{fus}H_m$和$\Delta_{fus}V_m$可近似看作常数,因此将上式在T_1和T_2之间积分可得

$$p_2 - p_1 = \frac{\Delta_{fus}H_m}{\Delta_{fus}V_m}\ln\frac{T_2}{T_1} \qquad\qquad 式(4-12)$$

例 4-5 273.2K 和 101.325kPa 时,冰和水的密度分别为 920kg/m³ 和 1 000kg/m³,冰的熔化焓为 6 010J/mol。试求算 100MPa 压力下冰的熔点。

解：根据式(4-12)可得 $\ln\frac{T_2}{T_1} = \frac{\Delta_{fus}V_m}{\Delta_{fus}H_m}(p_2 - p_1)$

$$\Delta_{fus}V_m = \left(\frac{1}{1\,000} - \frac{1}{920}\right) \times 18 \times 10^{-3}$$
$$= -1.565 \times 10^{-6}\,m^3/mol$$

$$\ln\frac{T_2}{273.2} = \frac{-1.565 \times 10^{-6}}{6\,010}(100 \times 10^6 - 101.325 \times 10^3)$$

解得 $\qquad\qquad\qquad T_2 = 266.2K$

第三节　二组分气-液平衡系统

对于二组分系统,相律的一般表达式为$f = 2 - \Phi + 2 = 4 - \Phi$,表明当$f = 0$时$\Phi_{max} = 4$,即在二组分系统中最多可有四个相平衡共存。当$\Phi = 1$时,$f_{max} = 3$,说明二组分系统最多可有三个独立变量,它们通常是温度、压力和组成。有三个变量,就需要用三维立体图表示,但三维图使用不便,因此常固定其中一个变量,将三维图转化为二维平面图来表示(即为三维立体图中的一个截面)。因此二组分系统的二维相图有三种类型,即恒温相图(p-x 图)、恒压相图(T-x 图)和恒组成相图(T-p 图),其中常用的是前两种。此时相律的表示式为$f^* = 3 - \Phi$。

二组分系统的相图类型较多,本教材只介绍其中最典型的类型,包括完全互溶双液系统的气-液平衡相图、部分互溶与完全不互溶双液系统相图及固-液平衡系统相图。

一、理想的完全互溶双液系统

理想的完全互溶双液系统是指两种纯液体在全部浓度范围内均能完全互溶,且其中任一组分在全部浓度范围内均遵守拉乌尔定律的系统,亦即为理

ER4-4　理想二组分液态混合物的 p-x 图（微课）

想的二组分液态混合物。

（一）理想二组分液态混合物的 p-x 图

设一定温度下，液体 A 和液体 B 形成理想液态混合物，则根据拉乌尔定律

$$p_A = p_A^* x_A \qquad\qquad 式（4-13）$$

$$p_B = p_B^* x_B \qquad\qquad 式（4-14）$$

液态混合物的总蒸气压 p 为

$$p = p_A + p_B = p_A^* x_A + p_B^* x_B$$
$$= p_A^*(1 - x_B) + p_B^* x_B$$

即

$$p = p_A^* + (p_B^* - p_A^*) x_B \qquad\qquad 式（4-15）$$

式中，p_A^* 和 p_B^* 分别表示该温度时纯液体 A 和纯液体 B 的饱和蒸气压，x_A 和 x_B 分别表示液态混合物中 A、B 组分的摩尔分数。由以上三个式子可以看出，分压 p_A、p_B 及总压 p 均与组成 x_B 呈线性关系。

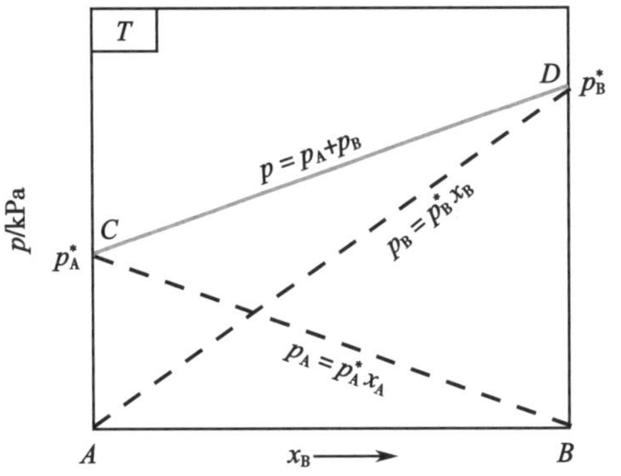

在等温下，以压力对组成作图，即得 p-x 图，如图 4-3 所示。在横坐标上，A 点的组成为 $x_A = 1.0$，$x_B = 0$；B 点的组成为 $x_B = 1.0$，$x_A = 0$；自左向右 x_B 递增，由 0 变为 1.0，而 x_A 递减，由 1.0 降为 0。横坐标上的每一点都符合 $x_A + x_B = 1.0$ 的关系。在纵坐标上，p_A^* 是纯液体 A 在该温度时的饱和蒸气压，BC 线是根据式（4-13）绘制的在指定温度下组分 A 的蒸气压曲线。同理，p_B^* 是纯液体 B 的饱和蒸气压，AD 线是组分 B 的蒸气压曲线。CD 线是液态混合物的总蒸气压曲线。

图 4-3　理想液态混合物的蒸气压图

设蒸气可看作理想气体，则根据道尔顿（Dalton）分压定律

$$p_A = y_A p \ , \ p_B = y_B p$$

式中，y_A 和 y_B 分别表示 A、B 组分在气相中的摩尔分数。再结合拉乌尔定律可得

$$y_A p = p_A^* x_A \ , \ y_B p = p_B^* x_B$$

由上式可得

$$\frac{y_A}{x_A} = \frac{p_A^*}{p} \ , \ \frac{y_B}{x_B} = \frac{p_B^*}{p} \qquad\qquad 式（4-16）$$

假设 $p_B^* > p_A^*$，即纯液体 B 比纯液体 A 更易挥发，此时由图 4-3 可看出 $p_B^* > p > p_A^*$，因此根据式（4-16）可得出 $y_B > x_B$；$y_A < x_A$。说明易挥发组分在气相中的浓度大于其在液相中的浓度，而对于不易挥发的组分则相反。这正是能够通过精馏操作提纯液相混合物的根本原因。由式（4-15）和式（4-16）可得

$$y_B = \frac{p_B^* x_B}{p_A^* + (p_B^* - p_A^*) x_B} \qquad\qquad 式（4-17）$$

根据上式，只要知道一定温度下纯组分的 p_A^* 和 p_B^*，就能从液态混合物的组成 x_B 求出相应的气相组成 y_B。图 4-3 中 CD 线表示的是系统蒸气压 p 与液相组成 x_B 之间的关系曲线，称之为液相线。再从液相线上取不同的 x_B 值代入式（4-17），求出相应的气相组成 y_B，将它们连接

起来即构成气相线，如图 4-4 所示。在恒温相图中气相线总是在液相线的下方。

图 4-4 中，液相线和气相线将相图分为三个区域：液相线上方为液相单相区，在此区域内系统的自由度 $f^* = 2 - 1 + 1 = 2$，即为双变量区，系统的压力和组成可在一定范围内独立变化；气相线下方为气相单相区，该区域亦为双变量区；液相线与气相线之间的区域为气、液两相平衡区，此时 $f^* = 2 - 2 + 1 = 1$，即为单变量区，系统的压力和组成中只有一个可独立变化。

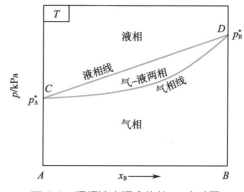

图 4-4 理想液态混合物的 p-$x(y)$ 图

（二）理想二组分液态混合物的 T-x 图

通常蒸馏或精馏是在恒定的压力下进行的，因此表示双液系统沸点和组成关系的恒压相图，即 T-x 图有着更为重要的实际应用。T-x 图须通过实验数据绘制。仍以液体 A 和液体 B 组成的理想液态混合物为例，该二组分系统在恒压条件下的 T-x 图如图 4-5 所示。图中，T_A^* 是纯 A 的沸点，T_B^* 是纯 B 的沸点。由图 4-4 和图 4-5 可见，T-x 图的形状与 p-x 图相比呈类似"倒转"的关系：因蒸气压高的组分沸点低，所以更易挥发的 B 组分的沸点低于 A 组分的沸点，即在 p-x 图中出现最高点时，在 T-x 图中出现最低点，反之亦然；在 T-x 图中，气相线在液相线的上方，液相线以下是液相单相区，气相线以上则是气相单相区。需要注意的是，在 T-x 图中气相线并非直线。

假设在一个带有无摩擦、无质量活塞的理想气缸中装有组成为 x_B 的 A、B 两组分的液态混合物，系统的压力恒定为 p，如图 4-5 所示。起始时系统的温度为 T_M，即物系点处于图中的 M 点。加热气缸使系统温度缓慢升高，此时物系点将沿着 MN 线上升，当到达 E 点时，系统开始出现气相，最初出

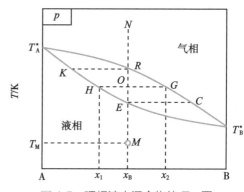

图 4-5 理想液态混合物的 T-x 图

现的气泡组成为 C，由于此时液体开始起泡沸腾，故 E 点又称**泡点**（bubble point）。继续加热升温，当物系点到达 O 点时，系统呈气 - 液两相平衡，两相的组成分别为 G 和 H。物系点自 E 移向 O 点的过程中，气、液两相的组成和量都在不断地变化，液相点由 E 沿着液相线变化到 H，而气相点则由 C 沿着气相线变化到 G。当温度继续升高，物系点到达 R 点时，系统中的液相几乎全部气化，最后剩下的微量液体组成如图中 K 点所示。继续加热时系统进入气相单相区。使组成为 N 的气相恒压降温到 R 点时，系统开始凝结出如露珠的液体，故 R 点亦称为**露点**（dew point）。将不同组成混合物的泡点连接起来即为液相组成线，亦称为泡点线，而将不同组成混合物的露点连接起来即为气相组成线，亦称露点线。由上述分析还可知，液态混合物没有固定的沸点，只有**沸程**（boiling range），即为相应的泡点至露点的温度，而沸程大小可用来判断液体的纯度，沸程越小纯度越高。

由以上相图分析可知，当物系点处于单相区时，系统的总组成与该相的组成相同，即物系

点与相点重合；而当物系点处于两相区时，物系点与相点不重合，即系统的总组成与各相的组成是不一致的。相互平衡的两个相的相点连线，如图中的 HG 称为**结线**（tie line）。在两相区中，平衡共存的两个相的相对量与物系点位置的关系遵循下述杠杆规则。

二、杠杆规则

如图 4-5 所示，当物系点处于 O 点时，呈气-液两相平衡，液相的相点为 H，组成为 x_1，液相的物质的量为 $n_液$；气相的相点为 G，组成为 x_2，气相的物质的量为 $n_气$。就组分 B 来说，由于其同时存在于气、液两相中，故存在如下关系式

$$n_总 x_B = n_液 x_1 + n_气 x_2$$

式中，$n_总$ 为系统总的物质的量，x_B 为系统的总组成。

因

$$n_总 = n_液 + n_气$$

由上两式可得

$$(n_液 + n_气) x_B = n_液 x_1 + n_气 x_2$$

$$n_液(x_B - x_1) = n_气(x_2 - x_B)$$

由图 4-5 可看出，$x_B - x_1 = \overline{OH}$；$x_2 - x_B = \overline{OG}$，因此可得

$$n_液 \cdot \overline{OH} = n_气 \cdot \overline{OG} \qquad\qquad 式（4-18）$$

可将图中的 HG 看作以 O 为支点的杠杆，液相的物质的量乘以 $\overline{OH}$ 等于气相的物质的量乘以 $\overline{OG}$，这个关系即称为**杠杆规则**（lever rule）。若相图的横坐标用质量分数表示，则杠杆规则应表示为 $m_液 \cdot \overline{OH} = m_气 \cdot \overline{OG}$。由于杠杆规则在推导过程中没有任何假定条件，所以适用于任意的两相平衡区，且既适用于 $T\text{-}x$ 图亦适用于 $p\text{-}x$ 图。

三、非理想的完全互溶双液系统

若液态混合物的蒸气压与组成之间不符合拉乌尔定律，则称为非理想液态混合物。大多数的液态混合物都是非理想的，与拉乌尔定律存在偏差。如果蒸气压实测值比拉乌尔定律的计算值大，则称之为正偏差，反之则称为负偏差。非理想液态混合物对拉乌尔定律产生偏差的原因，通常有如下几种解释：①若组分 A 原为缔合分子，在形成混合物后发生解离而使缔合度减小，由于 A 分子数目增加，蒸气压增大，形成正偏差；②如 A、B 分子间的引力小于 A—A 或 B—B 间的引力，则将两种组分混合后，A 和 B 都变得更容易逸出，此时两个组分都产生正偏差；③ A、B 两个组分混合后若形成化合物，则因混合物中两个组分的分子数都减少，故而发生负偏差。

（一）非理想二组分液态混合物的 $p\text{-}x$ 图

非理想的液态混合物，根据其与拉乌尔定律形成的偏差情况的不同，通常可分为三种类型。

1. 正偏差或负偏差较小的系统 液态混合物的蒸气压对拉乌尔定律产生正偏差或负偏

差,但在全部组成范围内,液态混合物的总蒸气压始终介于两个纯组分的蒸气压之间。图 4-6 给出的是具有较小正偏差的水 - 甲醇液态混合物的气 - 液相图。图(a)中虚线(直线)是符合拉乌尔定律的情况,实线代表实际情况。图(b)同时绘制出了气相线和液相线。图(c)是相应的 T-x 图。

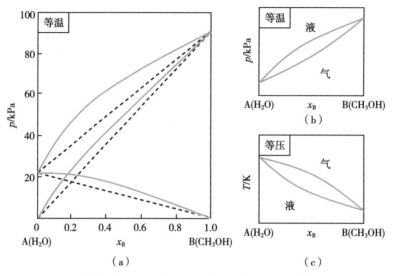

图 4-6　正偏差较小系统的 p-x 和 T-x 示意图

如前所述,液态混合物的蒸气压产生偏差是两个组分之间的分子相互作用的结果。在水 - 甲醇液态混合物中,当甲醇分子进到水中后,减弱了水分子之间原有的氢键作用,从而增加了水分子向气相逃逸的倾向,故而形成正偏差。但因甲醇和水分子间作用力依然较大,所以形成的偏差较小。

2. 正偏差很大的系统　液态混合物的蒸气压对拉乌尔定律产生正偏差,且在某一组成时,液态混合物的总蒸气压出现极大值,即在 p-x 图上出现极大点。苯 - 乙醇液态混合物即属于此种类型,如图 4-7 所示。图(a)中虚线代表理想情况,实线代表实际情况。图(b)则同时绘出了气相线和液相线,由图可见,在 p-x-y 图中气相线在液相线的下方,且在极大点处,气相

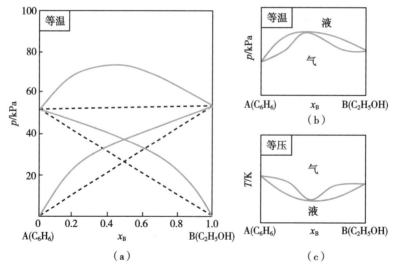

图 4-7　正偏差很大系统的 p-x 和 T-x 示意图

和液相的组成相同。在苯 - 乙醇液态混合物中，乙醇分子间具有氢键缔合作用，当非极性的苯分子进入后，乙醇分子间的缔合体发生解离，使液相中非缔合乙醇分子数增加，液相分子更容易向气相蒸发，由此产生很大正偏差。

实际的二组分液态混合物系统以正偏差居多。当二组分极性差别很大时，蒸气压出现更大的正偏差，甚至变成部分互溶或完全不互溶系统。

3. 负偏差很大的系统 液态混合物的蒸气压对拉乌尔定律产生负偏差，且在某一组成时，液态混合物的总蒸气压出现极小值，即在 p-x 图上出现极小点。硝酸 - 水液态混合物即属于此类型，如图 4-8 所示。由图（b）可见，在极小点处，气相和液相的组成相同。在硝酸与水混合后，硝酸溶解于水中产生电离作用，使硝酸分子和游离水分子均减少，由此产生很大的负偏差。

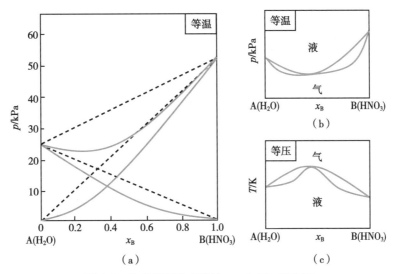

图 4-8 负偏差很大系统的 p-x 和 T-x 示意图

对于正偏差或负偏差很大的系统，在 p-x-y 图中有两个气 - 液共存区，此时对于气相组成（y_B）和液相组成（x_B）之间的关系不再适用"易挥发组分在气相中的浓度大于其在液相中的浓度"的规律，而须用柯诺瓦洛夫（Konovalov）规则进行判断。

ER4-5 柯诺瓦洛夫规则（文档）

（二）非理想二组分液态混合物的 T-x 图

正偏差或负偏差较小的非理想液态混合物的 T-x 图与理想液态混合物的 T-x 图相似，如图 4-6（c）所示。

当混合物的蒸气压等于外压时混合物开始沸腾，显然蒸气压越高的混合物，其开始沸腾的温度越低。因此，正偏差很大系统的 p-x 图上出现最高点处，其 T-x 图上必然出现最低点，如图 4-7（c）所示。由图可见，在最低点处气相线和液相线相切，表明在该点气相组成和液相组成相同，且沸腾时温度恒定不变，此时的混合物称作**恒沸混合物**（azeotropic mixture），其沸点称为**恒沸点**（azeotropic point）。对于正偏差很大的系统，由于这一温度是液态混合物沸腾的最低温度，因此又称最低恒沸点。属于此类型的常见双液系统见表 4-1。负偏差很大系统的 p-x 图上出现最低点，因此其 T-x 图上必然出现最高点，如图 4-8（c）所示，最高点所对应的温度称为最高恒沸点。属于此类型的常见双液系统见表 4-2。

恒沸物（恒沸混合物的简称）在恒定外压下有固定的沸点，这与单一组分的情形一样，但恒沸物的组成是随外压而改变的，且当外压达到某一值时恒沸点甚至消失，所以恒沸物是混合物而非化合物。在恒压下，恒沸物的组成有定值。例如盐酸和水在标准大气压下形成的恒沸物中盐酸的含量为 6.000mol/L，在容量分析中可用作标准溶液。

表 4-1　具有最低恒沸点的恒沸混合物（101.325kPa）

组分 A	纯 A 沸点 /K	组分 B	纯 B 沸点 /K	恒沸混合物	
				w_B/%	恒沸点 /K
H_2O	373.16	C_2H_5OH	351.46	95.57	351.31
CCl_4	349.91	CH_3OH	337.86	20.56	328.86
$CHCl_3$	334.36	CH_3OH	337.86	12.6	326.56
C_2H_5OH	351.46	C_6H_6	352.76	68.24	340.79
C_2H_5OH	351.46	$CHCl_3$	334.36	93.0	332.56

表 4-2　具有最高恒沸点的恒沸混合物（101.325kPa）

组分 A	纯 A 沸点 /K	组分 B	纯 B 沸点 /K	恒沸混合物	
				w_B/%	恒沸点 /K
H_2O	373.16	HCl	193.16	20.24	381.74
H_2O	373.16	HNO_3	359.16	68.4	393.66
H_2O	373.16	HBr	206.16	47.5	399.16
$CHCl_3$	334.36	CH_3COCH_3	329.31	20	337.86
C_6H_5OH	455.36	$C_6H_5NH_2$	457.56	58	459.36

四、蒸馏与精馏

蒸馏（distillation）与**精馏**（rectification）是分离液态混合物的重要方法，在工业生产和科学研究中有着广泛的应用。

（一）简单蒸馏原理

蒸馏是利用液体混合物中各组分挥发性的差异即沸点的差异来分离各组分的方法。有机化学实验中常用简单蒸馏方法，其原理可用二组分气 - 液相图予以说明。如图 4-9 所示，设原混合物由 A 和 B 两种组分混合而成，其组成为 x_1，当加热到 T_1 时开始沸腾，此时共存的气相组成为 y_1，由于气相中含沸点低的组分较多，一旦有气相生成，液相中含高沸点的组分增多，液相的组成将沿着 OC 线上升，相应的沸点也升高。当温度升到 T_2 时，共存气相的组成为 y_2。将此过程中形成的蒸气通过冷凝器冷凝后收集得到的馏出液的组成在 y_1 和 y_2 之间，而蒸馏

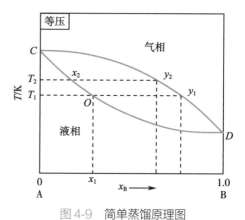

图 4-9　简单蒸馏原理图

瓶中剩余液相的组成是 x_2。显然,馏出液中含低沸点组分 B 较原混合物多,而蒸馏瓶中剩余液相中则含高沸点组分 A 较多。

简单蒸馏只能粗略地将混合液进行初步的分离,并不能达到彻底的分离效果。若要使混合液得到较为完全的分离,须用精馏方法。

(二)精馏原理

精馏在本质上是多次简单蒸馏的组合。如图 4-10,加热组成为 x 的液相混合物,使系统温度达到 T_3,物系点处于 O 点,此时气、液两相的组成分别为 y_3 和 x_3。下面先考虑气相部分,若将组成为 y_3 的气相冷却到 T_2,则气相中沸点较高的组分将部分冷凝为液体,得到组成为 x_2 的液相和组成为 y_2 的气相。继续将组成为 y_2 的气相冷却到 T_1,即可得到组成为 x_1 的液相和组成为 y_1 的气相。由图可见,$y_3 < y_2 < y_1$,依此类推,继续下去,反复将气相部分冷凝,气相组成将沿着气相线下降,最后所得气相的组成可接近纯 B,冷凝后即可得到液态的低沸点组分 B(馏出液)。

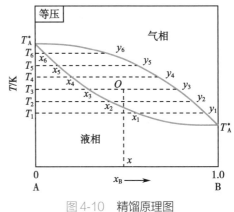

图 4-10 精馏原理图

再考虑液相部分,将组成为 x_3 的液相加热到 T_4,则液相中沸点较低的组分将部分气化,得到组成为 y_4 的气相和组成为 x_4 的液相。继续将组成为 x_4 的液相加热到 T_5,又可得到组成为 y_5 的气相和组成为 x_5 的液相。由图可见,$x_5 < x_4 < x_3$,依此类推,反复将液相部分气化,液相组成将沿着液相线上升,最后所得液相为纯的高沸点组分 A(残液)。

综上所述,对于完全互溶的双液系统,将气相不断地部分冷凝,同时将液相不断地部分气化,即可在气相中浓集低沸点组分,而在液相中浓集高沸点组分,从而可将不同沸点的混合物进行分离。在工业上这种连续的部分气化和部分冷凝是在精馏塔中进行的。图 4-11 是筛板式精馏塔示意图,大致可分为塔身、塔底(塔釜)和塔顶三部分。塔身内上下排列着多层带有小孔的塔板,外壳用隔热物质保温;塔底装有再沸器,其作用是提供一定量的上升蒸气流;塔顶装有冷凝器和回流阀,使上升到顶部的蒸气全部冷凝成液体后,将其中的一部分冷凝液通过重力作用再流入塔内作为回流液体,其余部分送出作为塔顶产品(馏出液,即低沸点组分)。

精馏塔在稳定运行时,每块塔板的温度是恒定的,且自下而上温度逐渐降低,塔身的温度靠从塔底形成并上升的蒸气来维持。进料口的位置在中间某层塔板上,原料液经预热器加热至指定温度后,送入进料板,在进料板上与自塔的上部下降的回流液汇合后,逐板溢流下降,最后流入塔底再沸器中,其中一部分被加热气化,形成上升蒸气,其余部分被取出作为塔底产

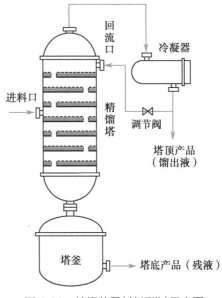

图 4-11 精馏装置(筛板塔)示意图

品(残液,即高沸点组分)。再沸器中,液体部分气化而形成上升蒸气,如同塔顶的部分冷凝液回流一样,是精馏得以连续稳定操作的必不可少的条件。

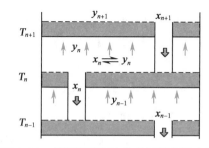

图4-12是筛板塔中任意第 n 层塔板上的情况。塔板上开有许多小孔,由下层板($n-1$ 层板)上升的蒸气通过板上小孔上升,而上层板($n+1$ 层板)上的

图4-12　筛板塔塔板上的传质情况示意图

液体通过溢流管下降至第 n 层板上,并在该板上气、液两相密切接触,进行热和质的交换。设进入第 n 层板上的气相的组成和温度分别为 y_{n-1} 和 T_{n-1},液相的组成和温度分别为 x_{n+1} 和 T_{n+1},二者在第 n 层板上接触后气相得到部分冷凝,使其中部分难挥发组分转入液相中,而气相冷凝时放出的热传给液相,使液相部分气化,其中的部分易挥发组分转入气相中。总的结果是使离开第 n 层板的液相中易挥发组分的浓度较进入该板时减低,而离开的气相中易挥发组分浓度又较进入时增高,即等同于进行了一次简单蒸馏。精馏塔的每层板上都进行着上述过程。因此,只要有足够多的塔板,就可以使混合物达到所要求的分离程度,从而在塔顶得到近乎纯的低沸点组分,而在塔底得到近乎纯的高沸点组分。

在精馏过程中,若气、液两相在板上的接触时间足够长,那么离开该板时气、液两相是互呈平衡的,即 x_n 和 y_n 相互平衡,通常将这种板称为理论板。但在实际情况下,由于塔板上气、液之间的接触时间有限,两相之间难以达到平衡状态,亦即理论板是不存在的。理论板仅是作为衡量实际板分离效率的依据和标准,是一种理想板,而理想板的概念,对于精馏过程的分析和计算都是极为重要的。若生产规模小,精馏操作多使用填料塔,即用特殊形状的填料取代塔板。填料的材质有金属、陶瓷和塑料等,形状有拉西环(外径与高度相等的空心圆柱体)、鲍尔环、阶梯环等多种形式。在填料塔内,气、液两相间的传质在填料表面进行,单位体积填料层内具有大量的固体表面积,液体分布于填料表面呈膜状流下,增大了气、液之间的接触面积,提高了分离效率。

对于具有恒沸点的二组分系统,通过精馏只能得到一个纯组分和恒沸混合物,并不能同时得到两个纯组分。如图4-7(c)中,若原始混合物的组成小于恒沸物组成,则精馏结果可得到苯和恒沸混合物,而若原始混合物的组成大于恒沸物组成,则精馏结果可得到乙醇和恒沸混合物。具有最高恒沸点的系统,在塔底得到恒沸物,而具有最低恒沸点的系统,则在塔顶得到恒沸物。

ER4-6　精馏塔及精馏操作（动画）

第四节　部分互溶和完全不互溶双液系统

一、部分互溶双液系统

当两种液体的性质差别较大时,它们仅在一定温度和组成范围内完全互溶,而在其他条件下因不能完全互溶而形成两个液相,这样的系统称为部分互溶双液系统。

图 4-13 是水与苯酚双液系的温度 - 组成图。图中帽形区（曲线 DCE）内为两相共存区，即当物系点处于该区域时，两液体间只能部分互溶而形成两个相；帽形区以外是单相区，即在该区域两种液体可以完全互溶呈均匀单相。图中曲线 DC 是苯酚在水中的溶解度曲线，曲线 EC 为水在苯酚中的溶解度曲线。随温度的升高，苯酚在水中的溶解度和水在苯酚中的溶解度均增大，两层的组成逐渐接近，最后汇聚于 C 点。C 点对应的温度称为**临界共溶温度**（critical solution

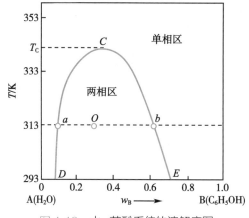

图 4-13　水 - 苯酚系统的溶解度图

temperature）。温度超过该点时，水与苯酚能以任意比例完全互溶。水 - 苯酚双液系属于具有最高临界共溶温度（亦称上临界共溶温度）的系统。

图 4-13 可用来描述系统状态的变化过程。如在温度为 313K 时，将苯酚逐滴加到纯水中，开始时苯酚完全溶解，形成澄清透明的单一液相。继续加入苯酚，当物系点到达 a 点时，系统出现浑浊，表明苯酚在水中达到饱和。继续滴加苯酚，系统将分层，一层是水层，即苯酚在水中的饱和溶液，而另一层是苯酚层，即水在苯酚中的饱和溶液，这两个平衡共存的液层互称为**共轭相**（conjugate phase），两个相的相点分别为 a 点和 b 点。根据相律，在定温定压下，$f^{**} = 2 - 2 = 0$，即两个共轭相的组成为定值。说明，不论物系点 O 在 ab 线上如何移动，两个共轭相的组成始终不变，即分别为 a 点和 b 点的组成。当物系点在 ab 线（结线）上自左向右移动时，虽然两个相的组成不变，但两相的相对量会发生变化，水层的量相对减少，而苯酚层的量相对增多，两相的相对量遵循杠杆规则，即图中 O 点处 $m_{水层} / m_{酚层} = \overline{Ob} / \overline{aO}$。若再继续加入苯酚，物系点在结线上向右移动，当到达 b 点时，水层消失，此时系统为水在苯酚中的饱和溶液。继续加苯酚时，系统变为水在苯酚中的不饱和溶液，再呈澄清透明的单一液相。

具有上临界共溶温度的系统较多，如苯胺 - 水、苯胺 - 己烷、正丁醇 - 水等。临界共溶温度的高低反映了一对液体间相互溶解能力的强弱。临界共溶温度越低，两液体间的互溶性越好，因此可利用临界共溶温度的数据来选择优良的萃取剂。

与上述情况相反，某些部分互溶双液系统的相互溶解度是随温度的降低而增大的，甚至当温度降到某一值时可以完全互溶，即在此温度以下，两种液体间能以任意比例互溶，此温度即称为最低临界共溶温度或下临界共溶温度。水和三乙胺的双液系即属于此种类型，见图 4-14。

有些部分互溶双液系统，既具有上临界共溶温度，又具有下临界共溶温度。这类系统具有完全封闭

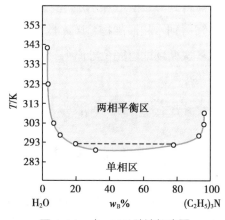

图 4-14　水 - 三乙胺溶解度图

的溶解度曲线,曲线内为液-液两相平衡区,曲线外为液相单相区。水和烟碱的双液系即属于此类型,见图4-15。

还有些双液系统不具有临界共溶温度,两种液体在它们以液相存在的温度范围内,均只能部分互溶。此种类型的液-液平衡相图在高温区与气-液平衡相图相连,如水-异丁醇系统,见图4-16。

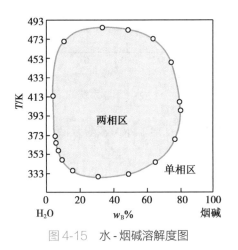

图4-15 水-烟碱溶解度图

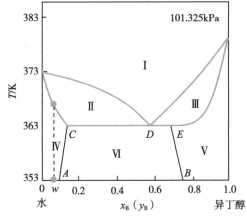

图4-16 水-异丁醇二组分系统恒压相图

例4-6 水和异丁醇在压力为101.325kPa下的恒压相图如图4-16所示。根据相图回答下列问题。

（1）指出各相区的相态及自由度。

（2）组成为w的溶液经一次精馏后,在塔顶和塔底可分别得到什么物质?

（3）根据相图设计分离过程,将组成为w的溶液完全分离为水和异丁醇。

解:（1）相区Ⅰ:气相单相区,$f=2$;相区Ⅱ、Ⅲ:气-液两相平衡区,$f=1$;相区Ⅳ:液相单相区(异丁醇的不饱和水溶液区),$f=2$;相区Ⅴ:液相单相区(水在异丁醇中的不饱和溶液区),$f=2$;相区Ⅵ:液-液两相平衡区,$f=1$。

（2）组成为w的溶液经一次精馏后,在塔顶得到组成为D的恒沸混合物,在塔底得到水。

（3）步骤1:将组成为w的溶液经过精馏得到水和组成为D的恒沸物;步骤2:将恒沸物降温使其进入相区Ⅵ,温度控制在稍低于最低恒沸点,静置一段时间,等两液层达到平衡后,分离得到异丁醇层和水层;步骤3:将异丁醇层进行精馏得到纯异丁醇和恒沸物;将水层进行精馏得到水和恒沸物;步骤4:合并步骤3所得的两份恒沸物,再按步骤2到步骤4的顺序经过多次循环即可完全分离得到水和异丁醇。

二、完全不互溶双液系统与水蒸气蒸馏

（一）完全不互溶双液系统的蒸气压与沸点

若两种液体的性质差别很大,则它们之间的相互溶解度就会非常小,以至于可以忽略不计,如水与溴苯、水与二硫化碳、水与汞等,这样的系统可以看作是完全不互溶的双液系统。

当两种不互溶的液体A和液体B共存时,组分间几乎互不影响,各组分的蒸气压与其单

独存在(纯态)时一样,与两种液体的质量分数无关。因此,此种系统的总蒸气压等于两个纯组分在该温度下的蒸气压之和,即$p = p_A^* + p_B^*$。由于完全不互溶双液系统的总蒸气压大于其中任一纯组分的蒸气压,系统的沸点也就低于任一纯组分的沸点。

图 4-17 是水 - 溴苯二组分系统的蒸气压曲线图。图中 QM 为溴苯的蒸气压随温度的变化曲线,若将 QM 延长,使其与 $p = 101.325kPa$ 的水平线相交,即可得到溴苯的正常沸点,约为 429K (图中未绘出)。QN 是水的蒸气压曲线,N 点所对应的温度即为外压为 101.325kPa 时水的沸点,等于 373.15K。将每一温度时溴苯和水的蒸气压相加,则可得到二组分系统的总蒸气压曲线 QO,该线与压力为 101.325kPa 的水平线相较于 O 点,所对应的温度约为 368K,说明混合液在 368K 就沸腾,这个温度比两种纯物质的沸点都低。

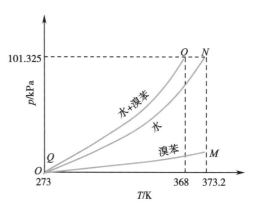

图 4-17　完全不互溶双液系水 - 溴苯蒸气压图

(二)水蒸气蒸馏

由水 - 溴苯二组分系统的分析可知,完全不互溶的两种液体可在相对较低的温度下共沸,并且能按一定的比例蒸出,由于两种液体不互溶,冷凝后自动分层,很容易将它们分开。这种性质可用于提纯某些有机化合物,如对于沸点高,不易直接蒸馏,或在高温直接蒸馏提取时易分解的物质,只要其与水不互溶,就可采用与水共沸,在低于 373K 的温度下蒸出,冷凝后将水分离除去即可得到该有机物,这种方法就称为**水蒸气蒸馏**(steam distillation)。

进行水蒸气蒸馏时,一般是将水蒸气以气泡形式直接通入有机混合液,以起到供热与搅拌的作用。将蒸馏形成的气相看作理想气体,则馏出物中水与有机物 B 的质量比可按如下方法求出

$$p_{H_2O}^* = p y_{H_2O} = p \frac{n_{H_2O}}{n_{H_2O} + n_B}$$

$$p_B^* = p y_B = p \frac{n_B}{n_{H_2O} + n_B}$$

式中,p 为总蒸气压,$p_{H_2O}^*$ 和 p_B^* 分别为水和 B 物质的分压,即为纯水和纯 B 的饱和蒸气压,y_{H_2O} 和 y_B 为水和 B 物质在气相中的摩尔分数,n_{H_2O} 和 n_B 为水和 B 物质在气相中的物质的量。两式相除得

$$\frac{p_{H_2O}^*}{p_B^*} = \frac{n_{H_2O}}{n_B} = \frac{W_{H_2O}}{M_{H_2O}} \cdot \frac{M_B}{W_B}$$

$$\frac{W_{H_2O}}{W_B} = \frac{p_{H_2O}^*}{p_B^*} \cdot \frac{M_{H_2O}}{M_B} \qquad \text{式}(4\text{-}19)$$

式中,W 和 M 分别代表质量和摩尔质量。上式中,W_{H_2O}/W_B 表示的是蒸馏出单位质量有机物所需的水蒸气的质量,称为水蒸气消耗系数,该值越小,水蒸气蒸馏的效率越高。虽然高沸点

物质的蒸气压 p_B^* 较小, 但其摩尔质量 M_B 比水大得多, 因此水蒸气消耗系数通常不会太大。

水蒸气蒸馏由于具有设备简单、操作方便、成本低等优点, 在实验室和工业生产中具有较多的应用。如在药学领域, 水蒸气蒸馏常用于药材中挥发油的提取, 还用于一些具有挥发性的生物碱或黄酮苷类成分的提取; 如在临床上就可采用水蒸气蒸馏法从麻黄属植物中提取用于治疗支气管哮喘的麻黄碱; 在化工生产中, 水蒸气蒸馏常用于硝基苯、苯胺类以及脂肪酸类物质的分离。

例 4-7　水与氯苯的互溶度极小, 可看作完全不互溶。用水蒸气蒸馏法蒸馏出 1kg 氯苯需要消耗多少水蒸气, 蒸出的气相中氯苯的含量 y_B 是多少? 已知在外压为 101.3kPa 时, 水 - 氯苯混合液的沸点为 365K, 此时氯苯的蒸气压为 29.0kPa。

解: 根据式

$$\frac{W_{H_2O}}{W_B} = \frac{p_{H_2O}^*}{p_B^*} \cdot \frac{M_{H_2O}}{M_B}$$

$$W_{H_2O} = W_B \cdot \frac{p_{H_2O}^*}{p_B^*} \cdot \frac{M_{H_2O}}{M_B} = 1 \times \frac{(101.3 - 29.0)}{29.0} \times \frac{18.0}{112.5} = 0.40 \text{kg}$$

$$y_B = \frac{p_B^*}{p} = \frac{29.0}{101.3} = 0.29$$

第五节　二组分固 - 液平衡系统

由于压力对凝聚系统相平衡的影响很小, 故在研究固 - 液平衡系统相图时通常不考虑压力的影响, 相律可表示为 $f^* = K - \Phi + 1$, 此时系统最大自由度为 2, 即温度和组成, 相图可用平面图表示。二组分固 - 液系统, 根据两种组分在固态时互溶程度的不同可分为: 固态完全不互溶系统、固态部分互溶系统和固态完全互溶系统。二组分固 - 液系统相图的绘制方法主要有热分析法和溶解度法。

一、简单低共熔系统

简单低共熔系统属于两个组分在固态时完全不互溶的类型, 下面分别介绍用热分析法和溶解度法绘制此类相图的方法。

(一) 热分析法

热分析法是绘制固 - 液系统相图最常用的基本方法之一, 其基本原理是, 根据系统在缓慢冷却或加热的过程中温度随时间的变化关系来确定系统的相态变化。通常的做法是将两个组分配制成一系列已知组成的样品, 将样品逐个加热至全部熔化后, 使其在一定环境下自行冷却, 每隔一定时间记录样品温度, 直至全部凝固。根据实验测定数据绘制的温度 - 时间曲线称为**冷却曲线**(cooling curve)。在上述的测定过程中, 若系统不发生相变, 则温度随时间的变化是均匀的,而当系统发生了相变,则由于在相变过程中伴随有热效应,温度随时间的变化率将发生改变,在冷却曲线上出现转折点或水平线段。

现以 Bi-Cd 二组分系统为例,具体说明用热分析法绘制相图的方法。该系统在高温区,Bi 和 Cd 的熔化物可以完全混溶形成均匀单相,而在低温区,固体 Bi 和固体 Cd 完全不互溶,形成两个固相的机械混合物。首先配制 Cd 的质量分数分别为 0、0.2、0.4、0.7、1.0 的五个样品(样品按顺序编号 1～5),在常压下加热至完全熔化为液态,然后使其自然冷却,测定冷却过程中系统温度随时间的变化关系,得到图 4-18(a)中的 5 条冷却曲线。

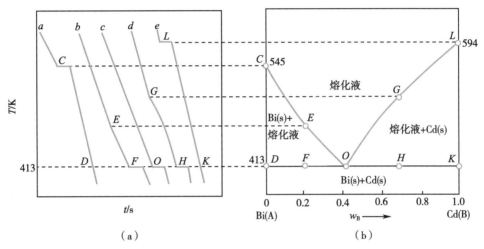

图 4-18　Bi-Cd 二组分系统的冷却曲线和相图
(a)Bi-Cd 系统的冷却曲线;(b)Bi-Cd 系统的相图。

曲线 a 是样品 1(纯 Bi)的冷却曲线。当温度高于 Bi 的熔点(545K)时,系统呈熔化液单相,在冷却过程中温度均匀下降。当温度降至 545K 时,系统开始析出固态 Bi,此时 $\Phi=2$,$f^*=1-2+1=0$,说明在两相平衡条件下温度不能发生变化,因此在冷却曲线上出现水平线段。当液相全部凝固后,$\Phi=1$,$f^*=1-1+1=1$,系统温度又开始下降。曲线 e 为样品 5(纯 Cd)的冷却曲线,与曲线 a 相似,在 594K 时也出现一个水平线段,该温度是纯 Cd 的熔点。

曲线 b 是样品 2($w_{Cd}=0.2$)的冷却曲线。在 E 点以上温度时为熔化液的冷却阶段,温度均匀下降,当温度降至 E 点温度时,熔化物对组分 Bi 来说已达到饱和,开始有固态 Bi 析出。此时 $K=2$,$\Phi=2$,$f^*=2-2+1=1$,因此温度仍可改变,但由于 Bi 的凝固热的放出,使系统冷却速度变慢,冷却曲线的斜率变小,在 E 点出现了转折。当温度继续降到 F 点时,固态 Cd 也开始析出,成为三相平衡系统,此时 $K=2$,$\Phi=3$,$f^*=2-3+1=0$,因此温度不能改变,在冷却曲线上出现了水平线段。当所有液体全部凝固成固体后,系统自由度又变为 1,温度又继续下降。曲线 d 为样品 4($w_{Cd}=0.7$)的冷却曲线,与曲线 b 完全相似,不同的是当温度降到 G 点温度时,先析出的是固态 Cd。

曲线 c 为样品 3($w_{Cd}=0.4$)的冷却曲线,其形状与纯 Bi 或纯 Cd 的冷却曲线相似,在冷却过程中没有转折点,只在 O 点温度时出现一个水平线段,其原因是样品的组成恰好与三相共存时熔融液的组成相同。当温度下降到 O 点温度时,Bi 和 Cd 同时达到饱和并析出,在此之前并不先析出纯 Bi 或纯 Cd。

将上述五条冷却曲线中固体开始析出的温度与全部凝固的温度绘制在温度-组成图中，然后把开始有固体析出的点（C、E、O、G、L）和结晶终了的点（F、O、H）分别连接起来，便可得 Bi-Cd 二组分系统的相图，如图 4-18(b)。

　　图中 COL 线以上是熔化物液体单相区，CO 线代表纯固体 Bi 与熔化物呈平衡时液相组成与温度的关系曲线，也可以理解为在 Bi 中含有 Cd 时 Bi 的熔点降低曲线。同理，LO 线为纯固体 Cd 与熔化物呈平衡时液相组成与温度的关系曲线，亦是在 Cd 中含有 Bi 时的熔点降低曲线。CDO 区和 LKO 区分别为固体 Bi 和固体 Cd 与熔化物的两相共存区，在这些区域可用杠杆规则计算两相的相对量。DOK 线为三相线（不包括 D、K 两个端点），当物系点处于该线上时，系统中有固态 Bi、固态 Cd 和 O 点组成的液相三相共存。O 点称为**低共熔点**（eutectic point），因为 O 点的温度为熔融液可能存在的最低温度，且该温度比纯 Bi 和纯 Cd 的熔点都低。在低共熔点析出的混合物称为**低共熔混合物**（eutectic mixture）。三相线以下是固体 Bi 和固体 Cd 两相共存的区域。

（二）溶解度法

　　溶解度法主要用来绘制水-盐二组分系统的相图。以 H_2O-$(NH_4)_2SO_4$ 系统为例，在定压下测定 $(NH_4)_2SO_4$ 溶液在不同浓度时的冰点和不同温度时 $(NH_4)_2SO_4$ 在水中的溶解度，以温度对浓度作图，即得 H_2O-$(NH_4)_2SO_4$ 系统相图，如图 4-19 所示。

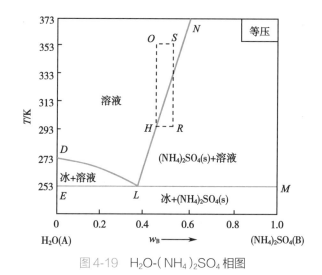

图 4-19　H_2O-$(NH_4)_2SO_4$ 相图

　　图中 DL 是水的冰点下降曲线，随着盐浓度的增加，水的冰点沿着 DL 线降低。LN 是 $(NH_4)_2SO_4$ 的溶解度曲线，随着温度的升高，$(NH_4)_2SO_4$ 的溶解度增加，该线终止于溶液的沸腾温度，不能任意延长。ELM 为三相线，在该线上冰、$(NH_4)_2SO_4$ 晶体和 L 点组成的溶液三相共存。L 点是 H_2O-$(NH_4)_2SO_4$ 系统的低共熔点。组成在 L 点以左的溶液冷却时，首先析出的固体是冰，而组成在 L 点以右的溶液冷却时，首先析出的固体是 $(NH_4)_2SO_4$。当溶液组成恰好在 L 点时，冷却后，冰和 $(NH_4)_2SO_4$ 晶体同时析出形成低共熔混合物。

　　类似的水-盐系统较多，如表 4-3 所示。按低共熔点组成配制盐的水溶液即可获得较低的冷冻温度。在化工生产中经常用盐水溶液作为冷冻的循环液，就是因为以最低共熔点浓度配制盐水时，在较低的温度下都不会结冰，如 $CaCl_2$ 水溶液的凝固点可低达 $-55\,℃$。

表4-3　某些水-盐系统的低共熔点及组成（101.325kPa）

盐	低共熔点/℃	低共熔混合物组成$w_{盐}$/%
NaCl	−21.1	23.3
KCl	−10.7	19.7
KI	−23.0	52.3
$(NH_4)_2SO_4$	−18.3	39.8
Na_2SO_4	−1.1	3.8
KNO_3	−3.0	11.2
$CaCl_2$	−55.0	29.9
$FeCl_3$	−55.0	33.1

　　水-盐系统的相图对采用结晶法提纯盐类具有重要的指导意义。仍以H_2O-$(NH_4)_2SO_4$系统为例，由图4-19可见，若要获得纯的$(NH_4)_2SO_4$晶体，溶液的组成应在低共熔点（L点）的右侧，否则在冷却过程中将先析出冰，冷至L点以下温度时同时析出冰和$(NH_4)_2SO_4$，得不到纯的$(NH_4)_2SO_4$晶体。因此，对于浓度较小的盐溶液须先进行蒸发浓缩，使物系点向右移动越过L点后，再进行冷却方可得到纯的$(NH_4)_2SO_4$晶体。设物系点移动至离饱和溶液较近的S点，趁热过滤除去不溶性杂质，冷却，当物系进入两相区即有$(NH_4)_2SO_4$晶体析出。继续冷却至常温R点，过滤得晶体。所得$(NH_4)_2SO_4$晶体的量可通过杠杆规则计算。两相分离后，将组成为H点的溶液（母液）再加热至O点，加入粗盐，使物系点移至S点后，再按上法重复操作。如此循环，每次都可得到一定量的纯$(NH_4)_2SO_4$晶体。循环数次后，母液中的杂质增加将会影响到产品质量，此时须对母液进行处理或更换母液。

（三）低共熔相图的应用

　　低共熔相图除了用于盐类的分离提纯，在药物的研究和生产中也有着广泛的应用，在此举几个典型例子予以说明。

　　1. 利用熔点判断样品的纯度　测定熔点是估计样品纯度的常用方法。通常情况下，有杂质存在时样品的熔点会降低，且杂质含量越大熔点降低幅度越大。当样品的熔点与标准品相同时，为了确证两者是同一种物质，可将样品与标准品混合后再测熔点，若熔点不变则证明是同一种物质，否则熔点会大幅降低，这种鉴别方法称为混合熔点法。

　　2. 药物的配伍　若两种固体药物或药物与某种辅料的低共熔点接近室温或低于室温，则不宜配伍，以防形成糊状物或呈液态，这是药物配伍和制剂处方筛选工作中须考虑和注意的问题。

　　3. 改良剂型　研究发现，在低共熔点析出的低共熔混合物呈细小、均匀的微晶态，此性质可用来改善难溶性药物的溶出性能。将难溶性药物与载体以低共熔混合物的比例混合后熔融，再迅速冷却固化，即可得到低共熔物，因药物以微晶状态分散在载体材料中，具有极大的表面积，若载体为水溶性材料，则口服后可在胃液中快速溶解，剩下高度分散的药物，其溶解度和溶出速率都比大颗粒高，从而可以改善药物的吸收并提高药效。

　　4. 多种相图联合用于分离提纯　有时可将不同温度、压力条件下的多种相图联合应用，设计出最佳的分离提纯工艺。例如，对硝基氯苯（A）和邻硝基氯苯（B）可形成简单低共熔混合物，其相图如图4-20下半部分所示，低共熔点约为288K，低共熔混合物中含邻硝基氯苯67%。

用氯苯进行硝化时，粗产品中含邻位 17%，相当于图中的 a 点，当冷却时只能析出固态的对硝基氯苯，而得不到纯的邻硝基氯苯。此二组分在减压至 4kPa 时，有最低恒沸混合物生成，其相图如图 4-20 上半部分所示，恒沸点约为 393K，恒沸混合物中含邻硝基氯苯 58%。因此，分离组成为 a 的混合物时，可先将系统温度降至接近低共熔点，如图中 b 点，分离出固态对硝基氯苯。将组成为 c 的液相在减压条件下精馏，得恒沸物 E' 和邻硝基氯苯。再将恒沸物冷却至 e 点，分离出固态对硝基氯苯，将组成为 c 的液相在减压条件下精馏，如此循环，结晶与精馏交替操作，即可使系统跨过低共熔点和恒沸点而将混合物分离。

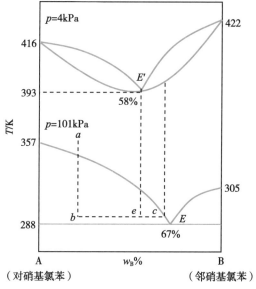

图 4-20　对位和邻位硝基氯苯分离过程示意图

案例 4-2

低共熔物在药物制剂中的应用

　　固体分散技术是指将药物制成固体分散体的制剂技术，是解决难溶性药物溶出问题的重要策略之一。固体分散体是将药物以分子、微晶或无定型状态高度分散于适宜的载体材料中形成的固态分散体系。固体分散体的概念由 Sekiguchi 和 Obi 于 1961 年首次提出，他们以尿素为载体，采用熔融法制备了磺胺噻唑固体分散体，口服给药后药物的生物利用度较普通片剂显著提高。固体分散体有多种分类方法，按其制备原理可分为低共熔混合物、固溶体、共沉淀物和玻璃溶液等。其中低共熔混合物是将药物与载体按一定比例混合熔融后，搅匀，再迅速冷却固化得到的药物与载体超细结晶（即微晶）的物理混合物。

　　问题： 试根据相图分析，若药物与载体的配比并不等于低共熔点组成，则制得的固体分散体中药物与载体将以怎样的状态存在？

　　分析： 若配比时药物的含量大于低共熔点组成，则在冷却过程中先析出药物晶体（非微晶态），待温度降到低共熔点温度时药物与载体以微晶形式同时析出；若物系中载体的含量大于低共熔点组成，则先析出的是非微晶态的固态载体。在实际制备时，固化过程以骤冷速冻的形式进行，其目的是使药物迅速形成大量晶核但来不及长大，从而达到高度分散状态。

二、生成化合物的系统

　　有些二组分固 - 液系统，两个组分间可发生反应而生成新的化合物。此时，系统中的物种数虽增加 1，但同时增加一个独立的化学反应，因此系统的组分数仍为 2，依然属于二组分系统。此类系统根据所生成化合物的稳定性，分为生成稳定化合物和不稳定化合物两种类型。

（一）生成稳定化合物的系统

若由两种组分反应生成的化合物直到其熔点都是稳定的，即化合物熔化生成的液相与固态化合物具有相同的组成，则称此化合物为稳定化合物，其熔点称为相合熔点。如 CuCl（A）与 $FeCl_3$（B）可生成分子比为 1:1 的稳定化合物 $CuCl \cdot FeCl_3$（C），此系统相图如图 4-21 所示。图中 H 点为化合物 C 的熔点。在分析此类相图时，一般可以看成是由两个简单低共熔相图合并而成。左边一半是化合物 C 与组分 A 所构成的相图，E_1 点是 A 与 C 的低共熔点。右边一半是化合物 C 与组分 B 所构成的相图，E_2 点是 B 与 C 的低共熔点。

解热镇痛药复方氨基比林的制备利用的正是此原理。它是先将氨基比林和巴比妥加热熔融使其生成 1:1 的 AB 型分子化合物，再将此化合物与等物质的量的氨基比林共熔所得，其镇痛作用优于未经熔融处理者。

有些盐类能形成多种水合物，如 $FeCl_3$ 与 H_2O 能形成 $FeCl_3 \cdot 2H_2O$、$FeCl_3 \cdot 2.5H_2O$、$FeCl_3 \cdot 3.5H_2O$ 和 $FeCl_3 \cdot 6H_2O$，其相图也属于这一类型。又如 H_2SO_4 能形成 3 种水合物，其相图如图 4-22 所示。由图可见，这 3 种水合物都具有相合熔点，并可形成 4 个低共熔点。质量百分数为 98% 的浓硫酸常用于医药工业、炸药工业等，但由相图可知该浓度硫酸的结晶温度约为 273K，在冬季很容易冻结，引起输送管道的堵塞。因此，冬季输送的通常是质量百分数约为 93% 的硫酸，由图可知，此时 H_2SO_4 与 $H_2SO_4 \cdot H_2O$ 形成低共熔混合物，凝固温度降至 238K 左右，在一般地区存放或运输都不至于冻结。

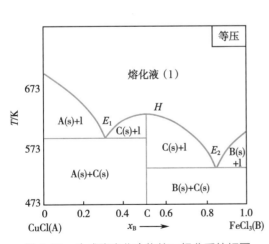

图 4-21　生成稳定化合物的二组分系统相图

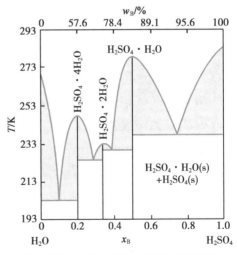

图 4-22　H_2O-H_2SO_4 二组分系统相图

（二）生成不稳定化合物的系统

有时两个组分 A 和 B 能形成一种不稳定化合物 C，将此化合物加热时，在未达到熔点前便发生分解，产生与原固相组成不同的熔融液和一个新的固体。分解反应可表示为

$$C(s) \Longrightarrow C_1(s) + 熔融液$$

C_1 可能是 A 或 B，也可能是其他新的化合物。因为不稳定化合物分解产生的液相与原来

的固态化合物的组成不同,所以不稳定化合物的分解温度称为不相合熔点,也称作转熔温度,而这种分解反应则称为转熔反应。转熔反应基本上是可逆的,加热时反应向右进行,冷却时向左进行。

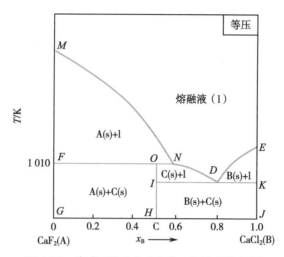

图 4-23　生成不稳定化合物的二组分系统相图

图 4-23 是 CaF_2(A)和 $CaCl_2$(B)生成不稳定化合物 $CaF_2 \cdot CaCl_2$(C)的相图。当加热至图中 O 点对应的温度,即 1 010K 时,不稳定化合物 C 便发生转熔反应建立如下平衡

$$CaF_2 \cdot CaCl_2(s) \Longrightarrow CaF_2(s) + 熔融液$$

因此 1 010K 是 $CaF_2 \cdot CaCl_2$ 的不相合熔点。相图提供的信息如下。

MNDE 线以上区域:熔融液单相区。

MNOF 区域:CaF_2(s)与熔融液两相平衡区。

NDIO 区域:$CaF_2 \cdot CaCl_2$(s)与熔融液两相平衡区。

EKD 区域:$CaCl_2$(s)与熔融液两相平衡区。

FOHG 区域:CaF_2(s)与 $CaF_2 \cdot CaCl_2$(s)两相平衡区。

IKJH 区域:$CaCl_2$(s)与 $CaF_2 \cdot CaCl_2$(s)两相平衡区。

FON 线:三相平衡线,即 CaF_2(s)、$CaF_2 \cdot CaCl_2$(s)与 N 点组成的熔融液三相平衡。

IDK 线:三相平衡线,即 $CaCl_2$(s)、$CaF_2 \cdot CaCl_2$(s)与 D 点组成的熔融液三相平衡。

若要制备纯化合物 $CaF_2 \cdot CaCl_2$,原始熔融液的组成最好调节在 ND 之间,此时将系统冷却时,物系进入 NDIO 区域,析出固态 $CaF_2 \cdot CaCl_2$。如原始组成在 ON 之间,虽然也可使系统在冷却后进入该区域,但因冷却过程中系统先经过 MNOF 区域,已有 CaF_2 晶体析出,而固相的转变是较为缓慢的,所以最后得到的产品中难免混有 CaF_2 晶体。

属于此类系统的还有 Na-K(Na_2K)、KCl-$CuCl_2$($2KCl \cdot CuCl_2$)、H_2O-$NaCl$($NaCl \cdot 2H_2O$)等。有时两个组分间可能生成不止一种不稳定化合物。

三、固态完全互溶和部分互溶系统

两个组分加热熔化后再冷却成固体时,如果一种组分能均匀分散在另一组分中形成均相系统,便构成固态混合物,又称**固溶体**(solid solution)。根据两种组分在固相中互溶程度的不同,可分为完全互溶和部分互溶两种情况。

(一)固态完全互溶的系统

两个组分在固态与液态时均能以任意比例完全互溶而不生成化合物,也不存在低共熔点,此时其 T-x 图与完全互溶双液系的 T-x 图相似。图 4-24 为 Cu-Ni 二组分系统的相图。图中 F 线以上区域为液相单相区,E 线以下为固相单相区,两条线所围成的区域为液相和固相的两相平衡区。F 线为液相冷却时开始析出固相的"凝点线",E 线为固相加热时开始熔化的"熔点线"。将组成为 e 的液相冷却时,当达到 c 点时开始析出组成为 d 的固溶体。当温度继续缓慢下降时,若能始终保持固、液两相的平衡,则液相的组成沿 cb 线变化,相应固相的组成则沿 da 线变化。在达到 a 点所对应的温度时,系统中仅剩下组成为 b 的极少量液体,过了 a 点后,系统全部凝固为固溶体。

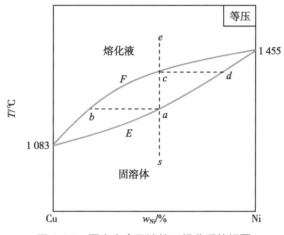

图 4-24　固态完全互溶的二组分系统相图

在冷却过程中,若要使液相和固相始终保持平衡,冷却速率必须极为缓慢,否则因高熔点组分析出的速率超过了其在固相内部扩散的速率,液相只来得及与固相的表面达到平衡,固相内部还保持着最初析出时的固相组成,其中含有较多的高熔点组分。实际上在晶体析出时,由于在固相中的扩散作用进行得很慢,故较早析出的晶体易形成"枝晶"。枝晶中含高熔点组分较多,枝蔓之间的空间则被后析出的晶体填充,其中含低熔点组分较多,这种现象称为枝晶偏析。由此带来的固相系统的不均匀性,常常会影响合金的性能。为了使固相的组成能够较为均匀,可将固体的温度升高到接近熔化温度,并在此温度保持足够长的时间,使固体内部各组分进行扩散,趋于均匀和平衡,这种金属热处理工艺通常称为扩散退火或均匀化退火。有时也需要合金的表面和内部组成不同,这时可采用淬火工艺,即快速冷却的方法。淬火也属于金属热处理加工,目的是使金属突然冷却,来不及发生组分的扩散,虽温度降低,但系统仍保持高温时的结构状态。

像 Cu-Ni 在全部浓度范围内都能形成固溶体的系统并不多见。一般情况下只有当两个组分的原子或分子大小和晶体结构都非常相似的条件下,在晶格内一种质点可以由另一种质点来置换而不引起晶格的破坏时,才能构成这种系统。属于此类型的还有 Au-Ag、Co-Ni、

PbCl$_2$-PbBr$_2$、NH$_4$SCN-KSCN 等。

与非理想的完全互溶双液系气 - 液平衡的恒压相图类似,有些固态完全互溶的二组分系统,也会出现最高熔点或最低熔点,如图 4-25 所示。具有最低熔点的系统还有 Cu-Au、Ag-Sb、KCl-KBr、Na$_2$CO$_3$-K$_2$CO$_3$ 等,而具有最高熔点的系统较为少见。

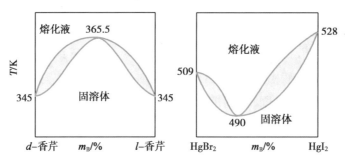

图 4-25　具有最高和最低熔点的固态完全互溶二组分系统相图

(二)固态部分互溶的系统

两个组分在液态时可完全互溶,而固态时仅在一定浓度范围内完全互溶形成均相固溶体,其余浓度则形成互不相溶的两相。对于这类相图仅选择具有一个低共熔点的类型来讨论。

图 4-26 为 KNO$_3$(A)-TlNO$_3$(B)二组分系统的相图。图中 MEN 线以上是熔化液单相区,MJFH 区为 B 溶解于 A 中形成的固溶体 α 单相区,NCGK 区为 A 溶解于 B 中形成的固溶体 β 单相区。MEJ 区为固溶体 α 和熔化液两相平衡区,NEC 区为固溶体 β 和熔化液两相平衡区。FJCG 区为固溶体 α 和固溶体 β 两相平衡区,这是互相共轭的两相,其组成可分别从 JF 线和 CG 线上读出。

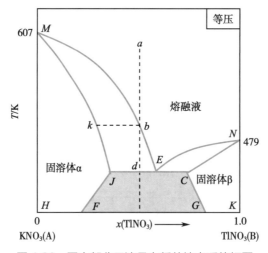

图 4-26　固态部分互溶且有低共熔点系统相图

图中 ME 线和 NE 线为不同组成的熔化液开始凝固时的温度曲线,MJ 线和 NC 线为不同组成的固溶体开始熔融时的温度曲线,JF 线和 CG 线是不同温度下 A、B 两组分在固态时的相互溶解度曲线,E 是低共熔点。JEC 线为三相平衡线,在该线上有组成为 J 的固溶体 α、组成为 C 的固溶体 β 和组成为 E 的熔化液三相共存。

若将组成为 a 的熔化液冷却,当冷却至 b 点时,有组成为 k 的固溶体 α 析出。继续冷却,液相与固相组成分别沿 bE 线和 kJ 线变化。当冷却至 d 点时,固溶体 α 的组成变为 J,液相组成变为 E,同时析出组成为 C 的固溶体 β,直至液相全部凝固,温度又继续下降,此后两个固溶体的组成分别沿 JF 线和 CG 线变化。

属于此类系统的还有尿素 - 氯霉素、尿素 - 磺胺噻唑、聚乙二醇 6000- 水杨酸、Ag-Cu 等。

第六节　三组分系统

三组分系统 $K=3$,依据相律 $f=5-\Phi$,表明系统最多可有四个自由度,即温度、压力和两个浓度项,无法用三维坐标图完整表示。由于压力对凝聚系统的影响不大,故可在恒压条件下用三维立体图表示不同温度下系统的平衡状态。但在实际研究中为了讨论问题的方便,通常固定温度和压力,此时系统的最大自由度为 2,可用平面图来表示。

ER4-7　等边三角形组成表示法（微课）

一、等边三角形组成表示法

三组分系统的组成通常用等边三角形来表示,如图 4-27 所示。三角形的三个顶点分别代表三个纯组分 A、B 和 C,每条边上的点代表相应两个顶点组分所形成的二组分系统,如 AB 线上的点代表由 A 和 B 所形成的二组分系统。用质量百分数表示组成时,三角形每条边的边长代表 100%(用质量分数表示时每条边长代表 1),将每条边等分为 100 份,并通常沿着逆时针方向在三条边上分别标出 0～100% 的数值。三角形内的任一点都代表由 A、B、C 构成的三组分系统。如图中的 O 点,其组成可通过如下方法确定:从 O 点作 BC 的平行线,在 AC 边上截得 Cb,其长度即为 A 的质量百分数;从 O 点作 AC 的平行线,在 AB 边上截得 Ac,其长度即为 B 的质量百分数;同理,从 O 点作 AB 的平行线,在 BC 边上截得 Ba,其长度即为 C 的质量百分数。可以证明 Cb+Ac+Ba 等于该等边三角形的边长,表明三角形中的任何一点,三个组分的质量百分数之和为 100%。也可以用如下方法确定 O 点的组成:从 O 点作 Oa 平行于 AB,作 Od 平行于 AC,此两条线将 BC 边截成三段,其中 Ba 的长度表示 C 的质量百分数,ad 的长度表示 A 的质量百分数,而 dC 的长度则表示 B 的质量百分数。

用等边三角形表示组成,有下列几个特点。

(1)在平行于三角形某一边的直线上各点所代表的系统中,与此线相对的顶点所代表的组分含量都相同。如图 4-28 中 EE' 线上各点所含 A 的质量百分数必定都相等。

(2)通过某一顶点的直线上的各点,所含顶点组分的含量不同,但其他两个组分的含量之比相同。

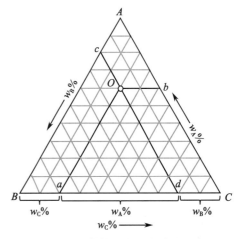

图 4-27　等边三角形组成表示法

如图 4-28 中通过顶点 A 的直线 AM 上的 D' 和 D 点所代表的系统中,A 组分的含量不同(D' 中含 A 比 D 多),但 B 与 C 的含量之比相同。由此可知,向组成为 D' 的系统中加入组分 A 时,物系点将沿着 D' 与 A 点的连线向着 A 点方向移动,反之若从组成为 D' 的系统中除去组分 A 时(如等温蒸发),系统的组成将沿着 AD' 的延长线向着远离 A 点的方向移动。

(3)由两个三组分系统 M 和 L 合并形成一个新的三组分系统时,此新系统的组成点 O 必定在 M、L 两点的连线上,且 O 点的位置可由杠杆规则确定。如图 4-29 中 M、L 二系统的质量比 $m_M/m_L = \overline{OL}/\overline{OM}$ 。

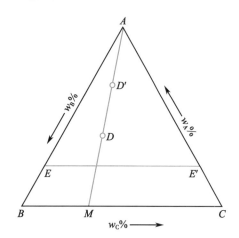

图 4-28 等边三角形组成表示法的规律

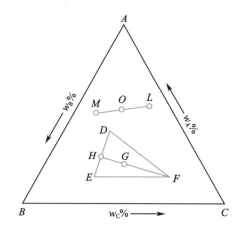

图 4-29 多个三组分系统混合时新系统组成确定法

(4)由三个三组分系统 D、E 和 F 合并形成一个新的三组分系统时,可先用杠杆规则求出 D、E 两个系统合并后形成的新物系组成点 H,再用同法求出 H、F 两个系统混合后的组成点 G。可以看出 G 即为三角形 DEF 的重心,因此该性质又称重心规则。

二、三组分水盐系统

三组分水盐系统是指由两种盐和水组成的系统。属于此类的系统有很多,这里只讨论几种最简单的类型,且只涉及两种盐中含有共同离子的系统。

(一)固相是纯盐的系统

图 4-30 是 298K 和标准压力时 H₂O-NaCl-KCl 三组分系统的相图。图中的 D、E 两点分别表示在该温度、压力条件下 NaCl 和 KCl 在水中的溶解度。若在 NaCl 饱和水溶液中加入 KCl,则饱和溶液的组成沿 DF 线变化。同理,在 KCl 饱和水溶液中加入 NaCl,则饱和溶液的组成沿 EF 线变化。由此可见,DF 线是 NaCl 在含有不同浓度 KCl 的水溶液中的溶解度曲线,而 EF 线是 KCl 在含有不同浓度 NaCl 的水溶液中的溶解度曲线。F 点是 DF 线和 EF 线的交点,此组成的溶液中同时饱和了 NaCl 和 KCl,

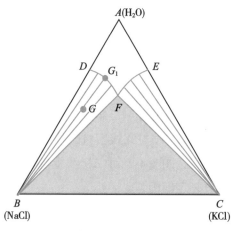

图 4-30 两种纯盐与水的三组分系统相图

为三相点。*DFEA* 区是不饱和溶液的单相区。*BDF* 区是固态 NaCl 与其饱和溶液的两相平衡区,亦即为 NaCl 的结晶区,区中连接 *B* 点与 *DF* 线上任一点的直线称为结线。设该区域内有一物系点 *G*,处在结线 *BG*₁ 上,说明在该系统中与 NaCl 晶体平衡共存的饱和溶液的相点为 G_1。两相的质量比遵循杠杆规则,即 $m_{NaCl(s)}/m_{溶液(G_1)} = \overline{GG_1}/\overline{BG}$。同理,*CEF* 区是固态 KCl 与其饱和溶液的两相平衡区,亦即为 KCl 的结晶区。*BFC* 区是固态 NaCl、固态 KCl 和组成为 F 的共饱和溶液三相共存区域,此区域内系统自由度为零。

相图属于这一类型的还有 NH_4Cl-NH_4NO_3-H_2O、KNO_3-$NaNO_3$-H_2O、NaCl-$NaNO_3$-H_2O 等。

(二)生成水合物的系统

图 4-31 是 H_2O-NaCl-Na_2SO_4 三组分系统的相图。Na_2SO_4 与 H_2O 可生成固态 $Na_2SO_4 \cdot 10H_2O$,该水合物的组成在图中用 *S* 点表示。图中 *E* 点是水合物在水中的溶解度,而 *EF* 线是水合物在含有不同浓度 NaCl 的水溶液中的溶解度曲线。*BCS* 区为 NaCl、Na_2SO_4 和 $Na_2SO_4 \cdot 10H_2O$ 三种固相的共存区域,在此区域内系统的自由度亦为零。其他情况与图 4-30 的分析方法相似,在此不再赘述。

(三)生成复盐的系统

图 4-32 是 H_2O-NH_4NO_3-$AgNO_3$ 三组分系统的相图。NH_4NO_3 与 $AgNO_3$ 可生成复盐 $NH_4NO_3 \cdot AgNO_3$,其组成在图中用 *M* 点表示。曲线 *FG* 为复盐的溶解度曲线。*F* 点是同时饱和了 NH_4NO_3 与复盐的溶液组成,*G* 点是同时饱和了 $AgNO_3$ 与复盐的溶液组成,此两点均为三相点。*FBM* 区域为 NH_4NO_3、复盐和组成为 *F* 的溶液三相共存区,*GMC* 区域为 $AgNO_3$、复盐和组成为 *G* 的溶液三相共存区,*FMG* 区域是复盐与饱和溶液的两相共存区。若两种盐的混合物的组成在 *IJ* 之间,则加水使物系点进入 *FMG* 区即可分离得到纯复盐,但若两种盐混合物的组成在 *BI* 或 *JC* 之间,则加水后系统物系点进入 *DBF* 区或 *ECG* 区,得到的是纯 NH_4NO_3 或 $AgNO_3$ 而得不到纯复盐。

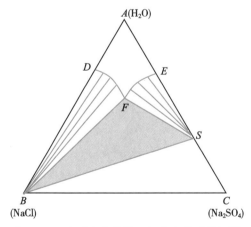

图 4-31　生成水合物的三组分水盐系统相图

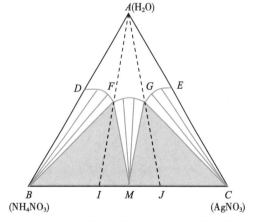

图 4-32　生成复盐的三组分水盐系统相图

三、部分互溶三液系统

对于由三种液体组成的系统,这三种液体间可以是一对部分互溶、两对部分互溶或三对部分互溶。

图 4-33 是醋酸 - 三氯甲烷 - 水三液系统的相图。在一定温度下，醋酸与三氯甲烷以及醋酸与水可以任意比例完全互溶，而三氯甲烷与水只能部分互溶。图中 BC 边为由三氯甲烷和水构成的二组分系统。三氯甲烷和水的组成在 Ba 之间或 bC 之间时二者可以完全互溶成为单相，而组成介于 ab 之间时，系统分为两个液层，一层是水在三氯甲烷中的饱和溶液（a 点），另一层是三氯甲烷在水中的饱和溶液（b 点），这是一对共轭溶液，亦称共轭相。现取组成为 c 的二组分系统，逐滴加入醋

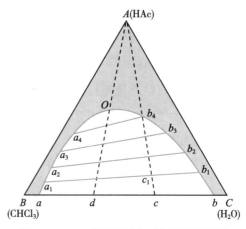

图 4-33　一对部分互溶三液系统的相图

酸，物系点将沿着 cA 线向着 A 点方向移动。由于醋酸在两液层中并非等量分配，因此共轭液层两个相点的连线 a_1b_1、a_2b_2 等并不平行于 BC 边。这些共轭相相点的连线即为结线。若已知物系点，则可以根据结线用杠杆规则求得共轭溶液两相的相对量，例如物系点为图中 c_1 点，则共轭液层 a_1 和 b_1 的相对量为 $m_{b相}/m_{a_1相} = \overline{c_1 a_1}/\overline{c_1 b_1}$。

由于醋酸的加入，使得水在三氯甲烷中的溶解度和三氯甲烷在水中的溶解度都逐渐增大，当物系点到达 b_4 时，恰与帽形曲线相交，此时 a_4 相的量趋近于零，当系统越过此点时，a_4 相消失，系统成为一相。随着醋酸的加入，两液层的组成逐渐接近，在相图中表现为结线逐步缩短，最后缩为一点 O，此时两液层的组成完全相同，系统成为均匀单相。这种由两个三组分共轭溶液变成一个三组分溶液的 O 点称为临界点或褶点。临界点不一定是最高点。图中，曲线 aOb 称为溶解度曲线或双结点溶解度曲线，曲线以内是两相区，曲线以外是单相区。一般来说，相互溶解度随着温度的升高而增大，因此当温度升高时相图中的帽形区面积缩小，反之当温度降低时，帽形区将扩大。

除一对部分互溶的三液系统外，还有两对部分互溶的三液系统和三对部分互溶的三液系统，其相图如图 4-34 和图 4-35 所示。

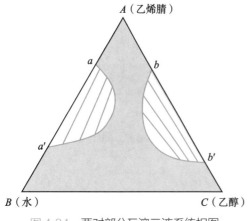

图 4-34　两对部分互溶三液系统相图

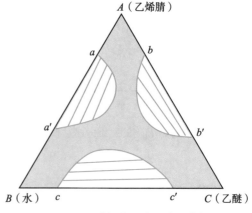

图 4-35　三对部分互溶三液系统相图

四、萃取原理

上述部分互溶三液系统的相图在液 - 液萃取中有着重要的应用。现以图 4-36 来说明萃取过程的基本原理。图中：S 为萃取剂；A 是拟被萃取的物质，亦称为溶质；B 为原溶剂，亦称稀释剂；萃取分层后，含萃取剂多的一相称为萃取相，以 E 表示；含稀释剂多的一相称为萃余相，以 R 表示。向组成为 F 的料液中加萃取剂 S，则物系点将沿着 FS 线向着顶点 S 方向变化。设加入一定量的萃取剂后物系点位置为 O_1，此时系统分为两相，其中萃取相的组成为 E_1，萃余相的组成为 R_1。将两相进行分离后，向萃余相 R_1 再加入萃取剂 S

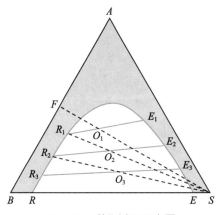

图 4-36　萃取过程示意图

进行第二次萃取。设新物系点为 O_2，平衡后两共轭相的组成分别为 E_2 和 R_2，同法进行第三次萃取后萃取相和萃余相的组成分别为 E_3 和 R_3。如此反复多次，萃余相将向着 R 点靠近，原溶剂 B 中的 A 组分越来越少，最后可趋近于零。

萃取操作中萃取剂的选择非常重要，一般要求与被萃取物质有良好的互溶性而与原溶剂不溶或部分互溶。由相图分析可知，只有物系的总组成处于两相区才能形成部分互溶的两相，溶质 A 才可以被萃取进入萃取相，因此两相区是萃取工艺的操作范围。工业上的萃取过程是在萃取塔中进行的，通常是将密度较大的重液自塔的上部引入，密度较小的轻液自塔的下部引入，由于料液和萃取剂的密度不同，它们在塔内充分地分散、混合进行传质，相当于在塔中进行连续的多级萃取，最后从塔顶引出轻液相，从塔底引出重液相。

ER4-8　液 - 液萃取（动画）

知识拓展

萃取剂的选择

萃取剂的选择对萃取操作中混合物的分离效果起着至关重要的作用，选择萃取剂时应从如下几方面考虑。

（1）分配系数：萃取剂应使溶质在萃取相中有较大的分配系数 K（图 4-36 为 $K>1$ 的情况）。在其他条件一定时，K 值越大，分离程度越高，且达到同样的分离程度所需的溶剂量越少。但应指出的是，在 K 值等于 1 或小于 1 的情况下，仍能进行萃取操作。

（2）萃取剂的选择性：指萃取剂对原料液中两组分溶解度的差异，可用选择性系数 β 表示，其定义为

$$\beta = \frac{y_A / y_B}{x_A / x_B} = \frac{y_A / x_A}{y_B / x_B} = \frac{K_A}{K_B}$$

式中，y_A、y_B 分别表示溶质（A）和稀释剂（B）在萃取相中的质量分数；x_A、x_B 分别表示 A 和 B 在萃余相中的质量分数；K_A、K_B 分别表示 A 和 B 的分配系数。β 值越大意味着萃取剂对溶质 A 的溶解能力越大，对稀释剂 B 的溶解能力越小，越有利于 A、B 组分的分离。

（3）萃取剂与稀释剂的互溶度：二者的互溶度越小，相图中两相区的面积越大，萃取操作的范围越大，且随着稀释剂在萃取剂中的溶解度降低，y_B 和 K_B 也随之降低，其 β 值则相应提高。当二者完全不互溶时，y_B 降至 0，β 值无限大，选择性最好。

除上述几点外，还须考虑萃取剂回收的难易程度以及萃取剂的密度、黏度、与稀释剂形成的界面张力等物理性质。

五、分配定律及应用

将某一物质加至由两个互不相溶的液体组成的系统中时，该物质在这两种液体中的溶解遵循一定的规律。实验证明：在一定温度、压力下，如果某种溶质溶解在两个互不相溶的溶剂里，达到平衡后，该溶质在两相中的浓度比有定值。此规律即称为**分配定律**（distribution law），可用下式表示：

$$\frac{m_A(\alpha)}{m_A(\beta)} = K \quad 或 \quad \frac{c_A(\alpha)}{c_A(\beta)} = K \qquad \text{式（4-20）}$$

式中，$m_A(\alpha)$ 和 $m_A(\beta)$ 分别表示溶质 A 在溶剂 α 和溶剂 β 中的质量摩尔浓度，$c_A(\alpha)$ 和 $c_A(\beta)$ 为物质的量浓度，K 为**分配系数**（distribution coefficient）。影响 K 的因素有温度、压力、溶剂和溶质的性质等。当溶液浓度不大时，该式与实验结果相符得较好。

此经验定律可用热力学理论进行证明。令 $\mu_A(\alpha)$、$\mu_A(\beta)$ 分别代表 α 和 β 两相中溶质 A 的化学势，则在一定温度、压力下当系统达到溶解平衡后

$$\mu_A(\alpha) = \mu_A(\beta)$$

即

$$\mu_A^*(\alpha) + RT \ln \alpha_A(\alpha) = \mu_A^*(\beta) + RT \ln \alpha_A(\beta)$$

由此可得

$$\frac{a_A(\alpha)}{a_A(\beta)} = \exp\left[\frac{\mu_A^*(\beta) - \mu_A^*(\alpha)}{RT}\right] = K$$

上式表明，溶质 A 在两个溶剂相中的活度比为定值。当浓度不大时，则可认为浓度比为定值。

需注意的是，分配定律仅适用于溶剂中分子形态相同的部分，若溶质在任一溶剂中有缔合或解离的现象，应扣除此部分浓度。

分配定律可用来计算萃取操作中的萃取效率和被萃取的溶质量。假设在体积为 V 的溶液中含有质量为 m 的溶质 A，并设该溶质在两溶剂中均没有缔合或解离，也无化学变化作用。今用与原溶剂不相溶的萃取剂对溶质 A 进行萃取，每次用萃取剂的体积为 V_1。经过 n 次萃取后，溶质在原溶液中剩余的质量 m_n 为

$$m_{\mathrm{n}} = m\left(\frac{KV}{KV+V_1}\right)^n \qquad \text{式(4-21)}$$

被萃取出的溶质的质量为

$$m_{\text{萃取}} = m - m_{\mathrm{n}} = m\left[1 - \left(\frac{KV}{KV+V_1}\right)^n\right] \qquad \text{式(4-22)}$$

式中，K 是溶质在两溶剂中的分配系数。如果知道 K 值，即可通过式(4-22)计算出 n 次萃取后所能萃取出的溶质的质量，或计算出达到预定萃取率所需的萃取次数 n。

分配系数在药物研究中也有重要的应用。药物在体内的转运过程要求药物分子能够有效地通过各种生物膜屏障。由于生物膜的主要组成成分为脂类，所以药物分子透过生物膜的能力与其亲脂性密切相关。**油水分配系数**(partition coefficient，P)是衡量药物分子亲脂性大小的重要参数。

$$P = c_{\mathrm{o}}/c_{\mathrm{w}} \qquad \text{式(4-23)}$$

式中，c_{o} 和 c_{w} 分别表示达到溶解平衡后，药物在油相和水相中的物质的量浓度。

在实际应用中一般采用 $\lg P$ 作为参数，$\lg P$ 越大，说明药物的亲脂性越强。由于正辛醇与水不互溶且极性与生物膜相近，正辛醇常用作模拟生物膜测定油水分配系数的油相。同样需要注意的是，若药物在水溶液中发生解离，则油水分配系数中的药物浓度指未解离部分的药物分子的浓度。而直接根据药物在水相中的总浓度，即未解离和解离药物的浓度之和计算得到的油水分配系数称为表观分配系数。显然，不同 pH 条件下，解离型药物的表观分配系数是不同的。

本章小结

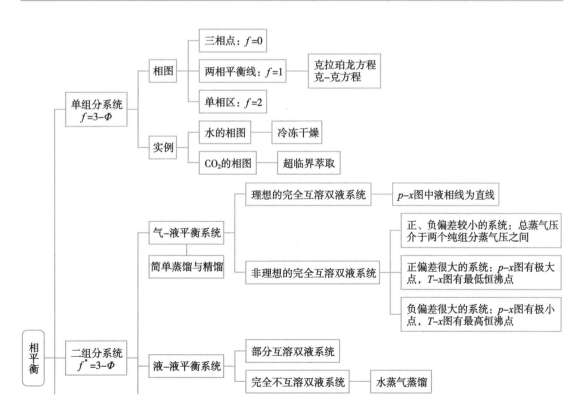

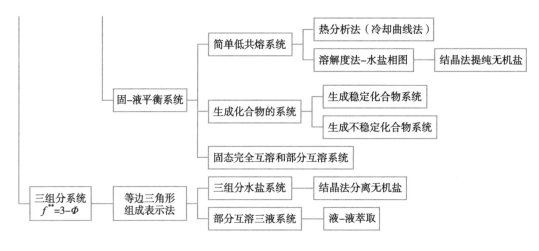

ER4-9　第四章　目标测试

本章习题

一、简答题

1. 水的三相点与冰点有何区别?

2. 相点与物系点有何区别?

3. 在相图的哪些区域可以使用杠杆规则,在三相共存的平衡线上可否使用?

4. 在一定压力下,若某完全互溶双液系统的温度-组成图中出现最低恒沸点,则系统的蒸气压对拉乌尔定律产生怎样的偏差?

5. 为什么浓度为 6.00mol/L 的 HCl 溶液可作为标准溶液使用?

6. 能否用市售的白酒经多次蒸馏后得到无水乙醇,若要制备无水乙醇,应如何操作?

7. 对于具有很大正偏差或很大负偏差的二组分气-液平衡系统,应如何判断某组分在气相中的浓度(y_B)和液相中的浓度(x_B)之间的大小关系?

8. 在低共熔点析出的低共熔混合物具有怎样的特点,该特点在药物制剂研究中具有怎样的应用?

9. 在部分互溶三液系统的相图中,结线不平行于三角形坐标相应底边的原因是什么,满足什么条件时结线将平行于相应底边?

10. 试用分配定律分析,用一定体积的溶剂进行萃取时,将溶剂分为若干份进行多次萃取和使用全部溶剂进行一次萃取,哪种方法的萃取率更高?

二、计算题

1. 指出下列系统的组分数、相数和自由度。

(1) 在抽空的容器中,$Ag_2O(s)$ 部分分解为 $Ag(s)$ 和 $O_2(g)$ 达平衡。

(2) 在抽空的容器中,$NH_4HS(s)$ 部分分解为 $NH_3(g)$ 和 $H_2S(g)$ 达平衡。

（3）$NH_4HS(s)$ 与任意量的 $NH_3(g)$ 和 $H_2S(g)$ 混合，达分解平衡。

（4）在 900K 时，$C(s)$，$CO(g)$，$CO_2(g)$，$O_2(g)$ 达平衡。

2．求下列系统的自由度并指出变量是什么。

（1）水与水蒸气呈平衡。

（2）25℃时，水与水蒸气呈平衡。

（3）标准压力下，乙醇的水溶液与蒸气呈平衡。

（4）$HI(g)$、$H_2(g)$、$I_2(g)$ 达反应平衡。

（5）在一定温度和压力下，NaOH 水溶液与 H_3PO_4 水溶液混合后达平衡。

3．碳酸钠与水可形成如下三种水合物：$Na_2CO_3 \cdot H_2O$、$Na_2CO_3 \cdot 7H_2O$、$Na_2CO_3 \cdot 10H_2O$，试求下述问题。

（1）在标准压力下，与碳酸钠水溶液平衡共存的含水盐最多有几种？

（2）在标准压力和 25℃时，可与水蒸气平衡共存的含水盐最多有几种？

4．根据硫的相图（图 4-37）回答下列问题。

（1）图中各线和点分别代表哪些相的平衡？

（2）试述系统的状态由 X 恒压加热至 Y 所发生的变化。

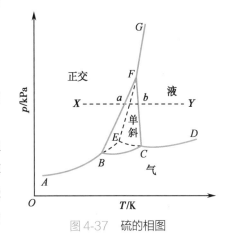

图 4-37　硫的相图

5．热压灭菌法（湿热灭菌法的一种）是在注射剂生产中应用最为广泛的一种灭菌方法，是用高压饱和水蒸气加热杀灭微生物的方法，其常用的灭菌条件为 121℃加热 15 分钟，此时系统中水蒸气的压力是多少？已知水的 $\Delta_{vap}H_m = 40.67kJ/mol$。

6．乙酰乙酸乙酯的蒸气压与温度的关系为

$$\lg p = -\frac{2\,588}{T} + C$$

该化合物的正常沸点是 181℃，若要通过减压蒸馏法在 70℃时回收，则压力应降到多少，该化合物的摩尔蒸发焓和正常沸点下的摩尔蒸发熵分别是多少？

7．四氢化萘的正常沸点是 207.3℃，试估算其摩尔蒸发焓和 120℃时的饱和蒸气压。

8．由苯（A）和甲苯（B）组成 $x_B = 0.35$ 的理想液态混合物，在 30℃时 A 和 B 的饱和蒸气压分别为 15.76kPa 和 4.89kPa。求 30℃时与此理想液态混合物达平衡的气相组成 y_B。

9．101.325kPa 下，苯和甲苯的沸点分别为 353.4K 和 383.8K，摩尔蒸发热分别为 30.70kJ/mol 和 31.97kJ/mol。已知苯和甲苯可构成理想液态混合物，若要使该混合物在 101.325kPa、373.2K 条件下开始沸腾，其组成应如何？

10．在温度 T 时，液体 A 和液体 B 的饱和蒸气压分别为 40kPa 和 120kPa，已知 A、B 两组分可形成理想液态混合物。现将 $y_B = 0.60$ 的 A、B 混合气体置于气缸中，在温度 T 下恒温缓慢压缩。求第一滴微小液滴出现时（此时气相的组成可看作不变）系统的总压及小液滴的组成。

11．对某有机物进行水蒸气蒸馏，混合物的沸腾温度是 368K，实验时的大气压为

99.20kPa，馏出物中水的质量占 45.0%。368K 时水的饱和蒸气压为 84.53kPa，试求该有机物的分子量。

12．在 101.3kPa 下，将水蒸气通入固体 I_2 与水的混合物中进行水蒸气蒸馏。在 371.6K 时收集馏出蒸气冷凝，分析馏出物的组成得知，每 100g 水中含碘 81.9g。试计算在 371.6K 时碘的蒸气压。

13．在标准压力下，测得乙醇（A）和乙酸乙酯（B）双液系统的组成与温度的关系如下表所示。

T/K	351.5	349.6	346.0	344.8	345.0	348.2	350.3
x_B	0.00	0.06	0.29	0.54	0.64	0.90	1.00
y_B	0.00	0.12	0.40	0.54	0.60	0.84	1.00

（1）根据表中数据绘制二组分系统的 T-x-y 图。

（2）对组成为 $x_B = 0.35$ 的溶液进行精馏，从精馏塔的顶部和底部可分别得到哪个组分？

14．图 4-38 是标准压力下水与正丁醇双液系统的 T-x 图。293K 时，往 100g 水中（图中 d 点）逐滴滴加正丁醇，试求下述内容。

（1）系统开始浑浊时加入的正丁醇的质量。

（2）正丁醇的加入量为 25.0g 时，一对共轭相的质量。

（3）至少加入多少正丁醇才能使水层消失？

（4）若加入正丁醇 25.0g 并将此混合液加热至 353K 时水层与醇层的质量比。

（5）若将（4）中的混合液在等压条件下边加热边搅拌，则物系点到达哪个点时系统将由浑浊变澄清？

已知图中 e 点和 g 点的横坐标分别为 7.8% 和 79.9%；i 点和 j 点的横坐标分别为 6.9% 和 73.5%。

15．HAc（A）和 C_6H_6（B）在标准压力下的相图如图 4-39 所示。

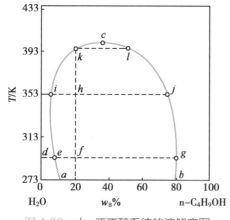

图 4-38　水 - 正丁醇系统的溶解度图

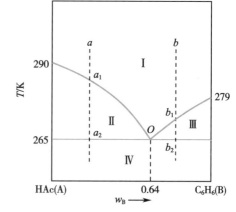

图 4-39　HAc-C_6H_6 固 - 液系统相图

（1）指出图中各区域的相态和自由度。

（2）试述此二组分系统分别由 a、b 两点开始冷却时所经历的相变化情况。

16．邻二硝基苯酚（A）和对二硝基苯酚（B）的混合物在不同质量百分比组成时的熔点数据如下表所示。

w_B/%	完全熔化温度 /K	w_B/%	完全熔化温度 /K
100	446.5	40	398.2
90	440.7	30	384.7
80	434.2	20	377.0
70	427.5	10	383.6
60	419.1	0	389.9
50	409.6		

（1）根据表中数据绘制二组分系统的 T-x 图，并指出低共熔混合物的组成。

（2）设有一混合物中，含对二硝基苯酚 75%，试求通过结晶法可回收得到的纯对二硝基苯酚的最大百分数。

17. 图 4-40 是某二组分固 - 液系统的相图。

（1）指出图中各区域的相态。

（2）绘制分别从 a、b、c、d 各点开始冷却时的冷却曲线。

（3）试述此二组分系统分别由 c、d 两点开始冷却时所经历的相变化情况。

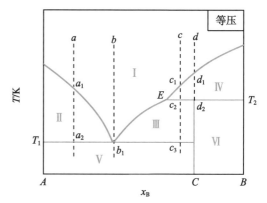

图 4-40　某二组分固 - 液系统相图

18. 图 4-41 是 H_2O-$(NH_4)_2SO_4$-Li_2SO_4 三组分系统在标准压和 298K 时的相图，图中的 D 表示 $(NH_4)_2SO_4$ 和 Li_2SO_4 以等摩尔比生成的复盐 $(NH_4)_2SO_4 \cdot Li_2SO_4$；$E$ 表示水合物 $Li_2SO_4 \cdot H_2O$。

（1）指出图中各区域存在的相和自由度。

（2）若将组成分别为 x 和 y 的系统等温蒸发，最先析出的是哪种晶体？

19. 图 4-42 是 H_2O-KNO_3-$NaNO_3$ 三组分系统的相图，其中实线和虚线分别表示 298K 和 373K 时的相图。现有两种晶体的混合物含 70% 的 KNO_3 和 30% 的 $NaNO_3$，试根据相图拟定分离步骤。

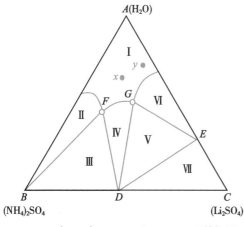

图 4-41　$(NH_4)_2SO_4$-Li_2SO_4-H_2O 系统相图

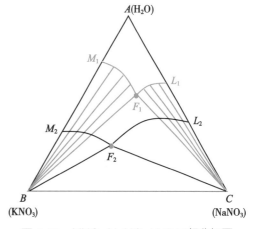

图 4-42　KNO_3-$NaNO_3$-H_2O 三组分相图

20．实验测得醋酸 - 三氯甲烷 - 水三组分系统在某温度下的平衡组成如下表所示。

序号	$W_{三氯甲烷}$/%	$W_水$/%	序号	$W_{三氯甲烷}$/%	$W_水$/%
1	88.6	1.0	5	23.4	27.0
2	71.6	3.1	6	14.1	36.0
3	50.4	10.9	7	9.7	44.8
4	31.1	21.3	8	5.3	69.6

（1）根据表中数据绘制三组分系统相图，并标示出单相区和两相区。

（2）现有质量百分组成为醋酸19.8%、水50.2%和三氯甲烷30.0%的三组分系统，试述向该系统滴加醋酸时，系统相态的变化情况。

三、计算题答案

1．略

2．（1）$f=1$，T 或 p；（2）$f=0$，无变量；（3）$f=1$，T 或 x；（4）$f=3$，T、p 和 x；（5）$f=2$，x_1 和 x_2

3．（1）2；（2）1

4．略

5．203.7kPa

6．1 439Pa，49.55kJ/mol，109.1J/（K·mol）

7．42.28kJ/mol，9.66kPa

8．0.14

9．$x_苯=0.25$，$x_{甲苯}=0.75$

10．66.4kPa，$x_B=0.33$

11．126.8

12．5.56kPa

13．略

14．（1）8.5g；（2）$w_{水相}=103.8g$，$w_{醇相}=21.2g$；（3）397.5g；（4）4.1；（5）k 点

15．略

16．（1）22.5%；（2）67.7%

17．略

18．（1）略；（2）$(NH_4)_2SO_4·Li_2SO_4$，$Li_2SO_4·H_2O$

19．略

20．略

ER4-10　第四章　习题详解（文档）

（成日青）

第五章　电化学

电化学（electrochemistry）是研究电能和化学能之间的相互转化以及转化过程中相关规律的科学，是物理化学的重要分支学科。在两百多年的发展进程中，电化学理论不断完善，形成了多学科交叉、相互渗透、不断发展的理论分支。电化学理论及实验技术是测定物理化学中相关热力学函数的重要手段，电化学合成已成为药物合成的一种重要方法，电化学分析在药物分析、手性药物拆分、药品质量控制和临床诊断等领域均得到广泛的应用。目前，电化学已发展成为涵盖化学电源、电化学分析、环境保护、生物医学、金属冶炼、机械和电子工业等领域的重要学科。

本章主要从电解质溶液、可逆电池电动势及其应用两个方面阐述电化学的基础知识，并对极化这一不可逆电极过程作简要介绍。

第一节　电化学基本概念及理论

一、电子导体和离子导体

导体（conductor）是指能够导电的物体，根据其导电机制的不同，分为**电子导体**（electronic conductor）和**离子导体**（ionic conductor）两类。

1. 电子导体　这类导体电流的传输是由自由电子的定向迁移而实现，主要包括金属（如 Cu、Zn、Pt）、石墨及石墨烯、一些金属氧化物（如 PbO_2）和金属碳化物（如 WC）等，也称为**第一类导体**。其特点是导电过程中除了本身可能发热外，不发生任何化学变化，当温度升高时由于导体内部质点的热运动加剧，阻碍电子的定向移动，导电能力降低。电子导体在本章所讨论的电化学装置中是重要的组成元件，通常用作电极材料和构成外电路回路。

2. 离子导体　这类导体电流的传输是由正、负离子定向迁移并发生电子的得失而实现，主要包括电解质溶液、固体电解质（如 AgBr、PbI_2）和熔融盐等，也称**第二类导体**。其特点是连续导电过程必须在电化学装置中得以实现，总是伴随有电化学反应发生，当温度升高时由于溶液黏度降低、离子运动速度加快、其水溶液中离子的水化作用减弱等原因，导电能力增强。离子导体是电化学装置的重要组成单元。

二、原电池与电解池

化学能和电能之间的相互转化可以在电化学装置中实现,其中,将电能转化为化学能的装置称为**电解池**(electrolytic cell),将化学能转化为电能的装置称为**原电池**(primary cell)。

(一)电化学装置

电化学装置通常都包括电解质溶液和两个**电极**(electrode),工作时电解质溶液中的正、负离子发生定向迁移,并在溶液与电极的界面处发生电子得与失的电化学反应。电化学里,将发生氧化反应放出电子的电极称为**阳极**(anode),发生还原反应获得电子的电极称为**阴极**(cathode)。而按物理学惯例,电流流动的方向为由高电势流向低电势,因此电势高的电极为**正极**(positive electrode),电势低的电极为**负极**(negative electrode)。

下面以图5-1为例,分别讨论电解池和原电池这两种电化学装置将电能和化学能相互转化的过程及本质。

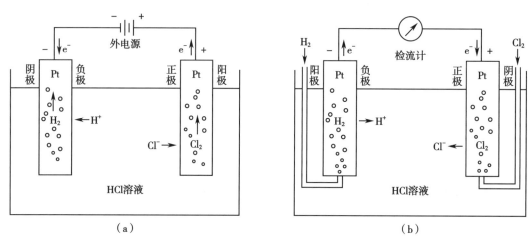

图5-1 电化学装置示意图
(a)电解池;(b)原电池。

1. **电解池** 如图5-1(a)所示,将两个惰性金属铂电极分别与外电源的正、负极连接,并插入到一定浓度的HCl溶液中,即构成一电解池。当外电源电势足够高并接通电源后,两个铂电极将分别有氢气和氯气放出。根据物理学常识,电子的流动方向与电流方向相反,可以推测:在电场的作用下,溶液中的H^+向着与外电源负极相连、电势较低的Pt电极(负极)迁移,从电极表面夺取电子,发生还原反应(阴极)逸出氢气;而Cl^-向着与外电源正极相连、电势较高的Pt电极(正极)迁移,在电极表面释放电子,发生氧化反应(阳极)逸出氯气。即

阴极 $\qquad 2H^+(aq)+2e^- \longrightarrow H_2(g)$

阳极 $\qquad 2Cl^-(aq) \longrightarrow Cl_2(g)+2e^-$

电极反应的总结果 $\qquad 2HCl(aq) \longrightarrow H_2(g)+Cl_2(g)$

正、负离子的定向迁移和氧化还原反应的发生,使两电极分别得到和放出电子,在电极与溶液界面处产生连续的电流;两电极间的外电路靠第一类导体的电子迁移导电,这样就构成了整个电解池回路中连续的电流。

2. **原电池** 如图5-1(b)所示,在盛有HCl水溶液的容器中插入两个惰性金属铂电极,并

分别被通入的氢气和氯气所饱和,即构成原电池。当外电路闭合后,则有电流检出。该装置中,氢电极上的 H_2 失去电子成为 H^+ 进入溶液,发生氧化反应(阳极),因电子留在铂电极上使该电极具有较低的电势(负极);而氯电极上的 Cl_2 夺取电极上的电子成为 Cl^- 进入溶液,发生了还原反应(阴极),因缺电子使该电极具有较高的电势(正极)。即

负极 $$H_2(g) \longrightarrow 2H^+(aq) + 2e^-$$

正极 $$Cl_2(g) + 2e^- \longrightarrow 2Cl^-(aq)$$

电极反应的总结果 $$H_2(g) + Cl_2(g) \longrightarrow 2HCl(aq)$$

氢电极和氯电极之间的电势差由此而生,若以导线连接两电极,必然有电流输出。同时,溶液中的 H^+ 向氯电极方向迁移,Cl^- 向氢电极方向迁移,同样构成了整个原电池回路中连续的电流。

电解池和原电池中电能和化学能相互转化的机制如上所述。由此可知,电解池中的阳极为正极,阴极为负极,而原电池中的正极为阴极,负极为阳极,应注意区分。通常将两电极上发生的氧化或还原反应称为**电极反应**(reaction of electrode),两电极反应的总结果称为**电池反应**(reaction of cell)。

(二)电解质溶液的导电原理

综上所述,电解质溶液中正、负离子向两电极的定向迁移,可以实现电流在溶液内部的传导;而两电极上氧化反应和还原反应的彼此独立进行,使电极与溶液界面处产生连续的电流。两种过程同时进行在电化学装置中构成了闭合回路。

三、法拉第电解定律

1834 年,法拉第(Faraday)在总结大量实验结果的基础上,归纳出电解时电极上发生反应的物质的量与通过的电量之间存在如下关系。

(1)在任一电极上发生化学反应的物质的量与通入的电量成正比。

(2)在几个串联的电解池中通入一定的电量后,各个电极上发生化学反应的物质的量相同。

以上结论称为**法拉第电解定律**(Faraday's law of electrolysis)。电化学中,通常以含有单位元电荷 e(即一个质子或一个电子的电荷绝对值)的物质作为物质的量的基本单元,如 H^+、$\frac{1}{2}Cu^{2+}$、$\frac{1}{3}PO_4^{3-}$ 等。1mol 元电荷所具有的电量称为法拉第常数,用 F 表示

$$F = e \times L$$
$$= 1.602\,2 \times 10^{-19} \times 6.022\,1 \times 10^{23}$$
$$= 96\,486.09\text{C/mol} \approx 96\,500\text{C/mol}$$

式中,e 为元电荷的电量,L 为阿伏伽德罗常数。故当通过的电量为 Q 时,电极上参与反应的物质 B 的物质的量 n 与电量的关系为

$$Q = nzF \quad \text{或} \quad n = \frac{Q}{zF} \qquad\qquad 式(5\text{-}1)$$

式(5-1)为法拉第电解定律的数学表达式,其中 z 为电极反应中电子转移的计量系数。

例 5-1 在 298K、100kPa 下用铂电极电解 $CuCl_2$ 水溶液,若用 20A 的电流通电 15 分钟,试求在阴极上能析出多少克铜,阳极上能逸出氯气(可视为理想气体)多少立方米。

解: 阴极 $\qquad\qquad\qquad Cu^{2+}(aq)+2e^- \longrightarrow Cu(s)$

阳极 $\qquad\qquad\qquad 2Cl^-(aq) \longrightarrow Cl_2(g)+2e^-$

电解反应 $\qquad\qquad Cu^{2+}(aq)+2Cl^-(aq) \longrightarrow Cu(s)+Cl_2(g)$

阴极上能析出铜的摩尔数为 $\qquad n_{Cu}=\dfrac{Q}{zF}=\dfrac{20\times15\times60}{2\times96\ 500}=0.093\ 26mol$

析出铜的质量为 $\qquad\qquad m_{Cu}=n_{Cu}\times M_{Cu}=0.093\ 26\times63.55=5.927g$

阳极上能放出氯气的体积为 $V=\dfrac{nRT}{p}=\dfrac{Q}{zF}\times\dfrac{RT}{p}=\dfrac{20\times15\times60}{2\times96\ 500}\times\dfrac{8.314\times298}{100\times10^3}=0.002\ 311m^3$

实际上,该定律不论对电解反应或电池反应都是适用的,适用于任何温度和压力,没有使用的限制条件,是自然界中最准确定律之一。人们常从电解过程中电极上析出或溶解的物质的量来精确推算所通过的电荷量,这类装置称为电量计或库仑计。常用的有铜电量计、银电量计和气体电量计等。

四、离子迁移现象

(一)离子的电迁移

离子在外电场作用下发生定向运动称为**离子的电迁移**(ionic electromigration)。当电解质溶液中通入电流时,所通过的电量由溶液中的离子共同分担,承担导电任务的正、负离子将分别向阴极和阳极进行定向移动,并在电极界面分别发生还原反应或氧化反应。由于正、负离子迁移的速率不同,电迁移的结果将导致电解质在两极附近溶液中的浓度发生变化。通过对离子电迁移的过程分析可得到如下结论。

(1)通过溶液的总电量 Q 等于正、负离子迁移的电量之和。即
$$Q=Q_++Q_- \qquad\qquad 式(5-2)$$

(2)阳极区和阴极区离子浓度变化之比与正、负离子迁移的电量之比以及正、负离子迁移速率之比相等。即

$$\frac{阳极区减少的物质的量}{阴极区减少的物质的量}=\frac{正离子迁移的电量Q_+}{负离子迁移的电量Q_-}=\frac{正离子的迁移速率r_+}{负离子的迁移速率r_-} \qquad 式(5-3)$$

(二)离子迁移数

根据离子的电迁移可知,当给电解质溶液通电时,由于溶液中正、负离子的电迁移速率不同、电荷不同,每种离子所迁移的电量也相异。把某种离子 B 迁移的电量与通过溶液的总电量之比,称为该离子的离子**迁移数**(transference number),用 t_B 表示。对于只含有一种正离子和一种负离子的电解质溶液而言,根据以上定义可得正、负离子的迁移数分别为

$$t_+=\frac{Q_+}{Q}=\frac{Q_+}{Q_++Q_-} \qquad\qquad t_-=\frac{Q_-}{Q}=\frac{Q_-}{Q_++Q_-} \qquad\qquad 式(5-4)$$

根据式(5-3),可得

$$t_+ = \frac{r_+}{r_+ + r_-} \qquad t_- = \frac{r_-}{r_+ + r_-} \qquad \qquad 式(5\text{-}5)$$

显然,$t_+ + t_- = 1$。表5-1是298K时一些正离子的迁移数 t_+。

表5-1　298K时,一些正离子在不同浓度和不同电解质中的迁移数 t_+

电解质	t_+						
	0.01mol/L	0.02mol/L	0.05mol/L	0.10mol/L	0.20mol/L	0.5mol/L	1.0mol/L
HCl	0.825 1	0.826 6	0.829 2	0.831 4	0.833 7	—	—
LiCl	0.329 9	0.326 1	0.321 1	0.316 6	0.311 2	0.300	0.287
NaCl	0.391 8	0.390 2	0.387 6	0.385 4	0.362 1	—	—
KCl	0.490 2	0.490 1	0.489 9	0.489 8	0.489 4	0.488 8	0.488 2
KBr	0.483 3	0.483 2	0.483 1	0.483 3	0.484 1	—	—
AgNO$_3$	0.465 0	0.465 0	0.466 0	0.468 0	—	—	—
KNO$_3$	0.508 4	0.508 7	0.509 3	0.510 3	0.512 0	—	—
NaAc	0.544 0	0.555 0	0.557 0	0.559 0	0.561 0	—	—
BaCl$_2$	0.440 3	0.436 8	0.431 7	0.425 3	0.418 5	0.398 6	0.379 2
CaCl$_2$	0.426 4	0.422 0	0.414 0	0.406 0	0.395 3	—	—

离子迁移数的大小主要取决于电解质的本性,也与溶液的浓度和温度有关。由表5-1可以看出以下几点。

(1)同种离子在不同电解质溶液中的迁移数不同。

(2)含相同负离子的同价正离子水溶液,随离子半径减小,水化离子半径增大,运动阻力增加,离子迁移数下降。例如 $t(Li^+) < t(Na^+) < t(K^+)$。

(3)溶液浓度对高价离子的迁移数的影响比低价离子大。因此,由不同价正、负离子构成的电解质(如 BaCl$_2$),其离子迁移数随溶液浓度的增加而减小;由同价正、负离子构成的电解质(如 LiCl 和 KCl),离子迁移数受浓度的影响较小。

(4)温度对离子的迁移数也有影响。随温度升高,正、负离子的运动速率均加快,离子迁移数趋于相等。

另外,虽然外加电压影响离子迁移速率,但由于正、负离子共同处于同一电场强度下,其迁移速率将同比例变化,故外加电压不会对离子的迁移数造成影响。离子的迁移数可由希托夫(Hittorf)法、界面移动法和电动势法测得。

第二节　电解质溶液的电导

一、电导、电导率和摩尔电导率

电导(conductance)是电阻 R 的倒数,单位为 S(西门子,siemens)或 Ω^{-1},表征电解质溶液的导电能力。以 G 表示,则有

$$G = \frac{1}{R} \qquad\qquad 式（5-6）$$

电导率（conductivity）是电阻率 ρ 的倒数，以 κ 表示。已知导体的电阻 R 与其长度 l 和横截面积 A 的关系为 $R = \rho\dfrac{l}{A}$，则可以导出

$$\kappa = G\frac{l}{A} \qquad\qquad 式（5-7）$$

式中，电导率 κ 为单位长度、单位截面积导体所具有的电导，单位为 S/m。对于电解质溶液而言，κ 的物理意义是指在相距 1m、截面积均为 $1m^2$ 的两平行电极间放置 $1m^3$ 电解质溶液时所具有的电导。其数值与电解质种类、溶液浓度及温度等因素有关。$\dfrac{l}{A}$ 是电导池中两电极间的距离与电极面积的比值，对于结构确定的电导池其值恒定，称为**电导池常数**（cell constant），单位为 m^{-1}，常以 K_{cell} 表示。

摩尔电导率（molar conductivity）是指在相距 1m 的两平行电极间放置含有 1mol 电解质的溶液时所具有的电导，以 Λ_m 表示。显然，由于 Λ_m 将两电极间物质的量限定为 1mol，所取电解质溶液的体积 V_m 必然随溶液浓度 c 而改变，即 $V_m = 1/c$。如图 5-2 所示，若某电解质溶液的浓度为 $3mol/m^3$，则含有 1mol 电解质的该溶液的体积是 $1/3m^3$。因此，摩尔电导率与电导率的关系为

$$\Lambda_m = \kappa V_m = \frac{\kappa}{c} \qquad\qquad 式（5-8）$$

式中，摩尔电导率 Λ_m 的单位为 $S \cdot m^2/mol$，c 的单位为 mol/m^3。

摩尔电导率概念的引入具有非常重要的意义。电解质溶液的导电能力主要与离子所带电荷、离子数目和离子运动速率有关。对于指定的电解质，离子所带电荷是确定的，由于 Λ_m 规定了溶液中电解质的物质的量为 1mol，溶液中离子数目也是确定的，其导电能力仅取决于离子的运动速率，因此 Λ_m 的数值反映了不同电解质溶液中离子运动速率的差异，可用于电解质导电能力大小的比较。

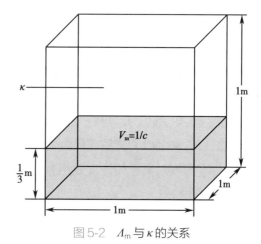

图 5-2　Λ_m 与 κ 的关系

需要注意的是，由于存在以上前提，对不同电解质必须将荷电量规定在同一标准下方可进行 Λ_m 值的比较。例如，KCl、$\frac{1}{2}$MgCl$_2$ 和 $\frac{1}{3}$H$_3$PO$_4$ 有相同的荷电量，它们的导电能力即可通过 Λ_m 值进行比较。此外，使用摩尔电导率时，必须明确规定物质的基本单元，基本单元可以是分子、原子、离子、电子及其他粒子或这些粒子的特定组合。通常将其后置于括号内加以标注，如 $\Lambda_m(HAc)$、$\Lambda_m(MgCl_2)$、$\Lambda_m\left(\dfrac{1}{2}MgCl_2\right)$ 等。对于同种电解质，由于指定物质的基本单元不同，摩尔电导率值也不同。例如，对于 $MgCl_2$，如果分别以 $MgCl_2$ 和 $\frac{1}{2}$MgCl$_2$ 作为物质的基本单元，Λ_m 之间的关系为 $\Lambda_m(MgCl_2) = 2\Lambda_m\left(\dfrac{1}{2}MgCl_2\right)$。

二、电导率、摩尔电导率与浓度的关系

电导率和摩尔电导率均随电解质溶液的浓度而变化,但是浓度的改变对强、弱电解质溶液中的导电粒子数目及正、负离子间相互作用力的影响是不同的,因而其变化规律不尽相同。

(一)电导率与浓度的关系

因强电解质在溶液中完全解离,浓度增加使导电粒子数目增多,故强电解质的电导率随浓度的增加而升高。但当浓度增大到一定程度后,溶液中正、负离子间的相互作用力增强,离子的运动速率将减慢,电导率反而下降,因此,强电解质溶液的电导率与浓度的关系曲线上出现最高点。对于弱电解质,因浓度增大时其解离度减小,离子数目变化不大,故其电导率随浓度的变化并不显著。图 5-3 为 298K 时部分电解质溶液的电导率与浓度间的关系曲线。可以看出,强酸、强碱的电导率最大,其次是盐类,弱电解质的电导率最低。

(二)摩尔电导率与浓度的关系

总体而言,电解质溶液的摩尔电导率均随浓度的降低而增大,但是强、弱电解质的变化规律亦不尽相同,如图 5-4 所示。强电解质的 Λ_m 随浓度的降低而增大,浓度降低至一定程度后其变化接近一条直线,当浓度接近无限稀释时 Λ_m 线性地接近某一定值。弱电解质的 Λ_m 同样随浓度的降低而增大,但在低浓度区变化幅度较大,在一定低浓度范围 Λ_m 出现急增,很难外推至某一定值。

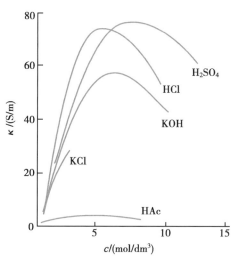

图 5-3　电解质溶液的电导率与浓度的关系

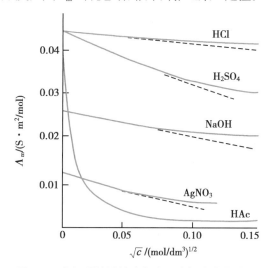

图 5-4　电解质溶液的摩尔电导率与浓度的关系

摩尔电导率随浓度的变化与电导率的变化不同,测定 Λ_m 时溶液中所含电解质的物质的量已限定为 1mol。对于在溶液中完全解离的强电解质而言,稀释对溶液中的导电离子数没有影响,只是削弱了离子间的相互作用,使得离子的电迁移速率增大,故 Λ_m 随之增加。而弱电解质在溶液中是部分解离的,虽然电解质的物质量仍为 1mol,浓度较高时因解离度低,导电离子数目较少,因而 Λ_m 维持在较低值。随溶液的稀释弱电解质解离度增大,导电离子数的增加将使 Λ_m 随之增大。当稀释至一定程度后,解离度迅速增大使得导电离子数急增,Λ_m 迅速上升,因此曲线变得非常陡峭。

科尔劳施(Kohlrausch)根据大量的实验结果,发现浓度小于 0.001mol/L 的强电解质溶液中,Λ_m 与物质的量浓度 $\sqrt{c}$ 之间存在如下线性关系

$$\Lambda_m = \Lambda_m^{\infty}(1 - \beta\sqrt{c}) \qquad \text{式}(5\text{-}9)$$

式中，Λ_m^{∞} 是无限稀释时的摩尔电导率，也称**极限摩尔电导率**（limiting molar conductivity），可以用直线外推法求得；β 为经验常数，与电解质、溶剂的性质及温度有关。

弱电解质的 Λ_m 与 c 之间不存在式（5-9）的关系，其 Λ_m^{∞} 无法用外推法求得。

三、科尔劳施离子独立迁移定律

根据式（5-9），强电解质无限稀释时的摩尔电导率可由实验数据用直线外推法求得，弱电解质无限稀释时的摩尔电导率如何得到呢？

科尔劳施通过大量的实验研究发现，在相同温度的无限稀释溶液中，含有相同离子的一对电解质，其摩尔电导率的差值为一定值，而与共存的另一种离子无关。表 5-2 为一些强电解质在 298K 时的无限稀释摩尔电导率，可以看出：具有相同负离子的钾盐和锂盐溶液，如表中 KCl 与 LiCl、KNO_3 与 $LiNO_3$、KOH 与 LiOH，三对电解质的 Λ_m^{∞} 之差均为 $3.49 \times 10^{-3}\,S \cdot m^2/mol$，与负离子的性质（即无论是 Cl^-、NO_3^- 还是 OH^-）无关。同样，表中具有相同正离子的三对氯化物和硝酸盐溶液，其 Λ_m^{∞} 之差也均为一个恒定值（$0.49 \times 10^{-3}\,S \cdot m^2/mol$），而与正离子的性质（即无论是 H^+、K^+ 还是 Li^+）无关。

由此可知，在无限稀释的溶液中，所有电解质全部电离，离子间彼此独立运动，互不影响，每一种离子对电解质溶液的导电都有恒定的贡献，即无限稀释摩尔电导率 Λ_m^{∞} 反映了离子间无相互作用力时电解质所具有的导电能力，因此电解质的摩尔电导率为正、负离子摩尔电导率之和。若有某电解质 $M_{\nu_+}A_{\nu_-}$，则

$$M_{\nu_+}A_{\nu_-} \longrightarrow \nu_+ M^{z+} + \nu_- A^{z-}$$

$$\Lambda_m^{\infty} = \nu_+ \lambda_{m,+}^{\infty} + \nu_- \lambda_{m,-}^{\infty} \qquad \text{式}(5\text{-}10a)$$

式中，$\lambda_{m,+}^{\infty}$ 和 $\lambda_{m,-}^{\infty}$ 分别为无限稀释时正、负离子的摩尔电导率，ν_+ 和 ν_- 是电解质 $M_{\nu_+}A_{\nu_-}$ 解离产生的正、负离子的摩尔数。

对于 1-1 型的电解质 MA，可表示为

$$\Lambda_m^{\infty} = \lambda_{m,+}^{\infty} + \lambda_{m,-}^{\infty} \qquad \text{式}(5\text{-}10b)$$

式（5-10）称为科尔劳施**离子独立迁移定律**（law of independent migration of ions）。

表 5-2　298K 时一些强电解质的无限稀释摩尔电导率 Λ_m^{∞}

电解质	$\Lambda_m^{\infty}/(S \cdot m^2 \cdot mol^{-1})$	$\Delta\Lambda_m^{\infty}/(S \cdot m^2 \cdot mol^{-1})$	电解质	$\Lambda_m^{\infty}/(S \cdot m^2 \cdot mol^{-1})$	$\Delta\Lambda_m^{\infty}/(S \cdot m^2 \cdot mol^{-1})$
KCl	0.014 99	3.49×10^{-3}	HCl	0.042 62	0.49×10^{-3}
LiCl	0.011 50		HNO_3	0.042 13	
KNO_3	0.014 50	3.49×10^{-3}	KCl	0.014 99	0.49×10^{-3}
$LiNO_3$	0.011 01		KNO_3	0.014 50	
KOH	0.027 15	3.49×10^{-3}	LiCl	0.011 50	0.49×10^{-3}
LiOH	0.023 67		$LiNO_3$	0.011 01	

根据离子独立运动定律可以得出如下推论。

（1）无限稀释时离子的导电能力取决于离子的本性而与共存的其他离子无关,故在一定溶剂和一定温度下,任何一种离子的无限稀释摩尔电导率 λ_m^∞ 为一个定值。

若已知各种离子的 λ_m^∞,就可利用离子独立运动定律计算出任意电解质的 Λ_m^∞,也可由已知强电解质的 Λ_m^∞ 值间接计算出弱电解质的 Λ_m^∞。

（2）结合离子迁移数的定义,无限稀释的溶液中离子的迁移数也可看作是该离子的摩尔电导率占电解质的摩尔电导率的分数。

对于 1-1 价型的电解质,无限稀释时有

$$t_+^\infty = \frac{\lambda_{m,+}^\infty}{\Lambda_m^\infty} \qquad t_-^\infty = \frac{\lambda_{m,-}^\infty}{\Lambda_m^\infty} \qquad \text{式（5-11a）}$$

对浓度较稀的 1-1 价型强电解质溶液,假设完全解离,可近似有

$$t_+ = \frac{\lambda_{m,+}}{\Lambda_m} \qquad t_- = \frac{\lambda_{m,-}}{\Lambda_m} \qquad \text{式（5-11b）}$$

由实验测得 t_+、t_- 和 Λ_m,即可计算出离子的摩尔电导率。

表 5-3 为一些离子在 298K 时的无限稀释摩尔电导率。须注意 H^+ 和 OH^- 的 λ_m^∞ 值远大于其他离子,但这种现象只在水溶液或含有 OH^- 的溶剂中出现。格鲁萨斯（Grotthus）认为,水溶液中的质子传递并不是靠单个溶剂化 H^+ 自身的定向迁移实现,而是由 H^+ 在相邻水分子间沿氢键进行链式传递,电荷被快速转移,因此导电效率非常高。OH^- 的传导机理与此类似。

表 5-3　298K 时一些离子的无限稀释摩尔电导率（水溶液中）

正离子	$\lambda_{m,+}^\infty \times 10^4/(S \cdot m^2 \cdot mol^{-1})$	负离子	$\lambda_{m,-}^\infty \times 10^4/(S \cdot m^2 \cdot mol^{-1})$
H_3O^+	349.8	OH^-	198.3
Li^+	38.69	F^-	55.4
Na^+	50.11	Cl^-	76.34
K^+	73.50	Br^-	78.4
NH_4^+	73.5	I^-	76.8
Ag^+	61.92	CN^-	82
$1/2Mg^{2+}$	53.06	NO_3^-	71.44
$1/2Ca^{2+}$	59.50	CH_3COO^-	40.9
$1/2Ba^{2+}$	63.64	$1/2CO_3^{2-}$	83.0
$1/2Cu^{2+}$	54.0	$1/2SO_4^{2-}$	80.0
$1/2Zn^{2+}$	54.0	$1/3PO_4^{3-}$	92.8

例 5-2　已知 298K 时 NaAc、HCl 和 NaCl 的无限稀释摩尔电导率分别为 $91.01 \times 10^{-4} S \cdot m^2/mol$, $426.16 \times 10^{-4} S \cdot m^2/mol$ 和 $126.45 \times 10^{-4} S \cdot m^2/mol$,试求 298K 时 HAc 无限稀释摩尔电导率 $\Lambda_m^\infty(HAc)$。

解: 根据离子独立运动定律可知

$$\Lambda_m^\infty(HAc) = \lambda_m^\infty(H^+) + \lambda_m^\infty(Ac^-)$$

$$= \left[\lambda_m^\infty(H^+) + \lambda_m^\infty(Cl^-)\right] + \left[\lambda_m^\infty(Na^+) + \lambda_m^\infty(Ac^-)\right] - \left[\lambda_m^\infty(Na^+) + \lambda_m^\infty(Cl^-)\right]$$

$$= \Lambda_m^\infty(HCl) + \Lambda_m^\infty(NaAc) - \Lambda_m^\infty(NaCl)$$

$$= (426.16 + 91.01 - 126.45) \times 10^{-4}$$

$$= 390.72 \times 10^{-4}\, S\cdot m^2/mol$$

第三节　电解质溶液电导的测定及其应用

一、电解质溶液电导的测定

电导仪或电导率仪是测量电解质溶液的电导或电导率的常用仪器,具有测量范围广、操作简便、数据读取直观和便于进行数据实时采集等特点。两者的测量原理基本相似。如图 5-5 所示,测量回路由电导电极(R_x,待测电解质溶液)、分压电阻(R_m,其阻值恒定)、高频交流电源(工作电压设定为 E)、放大电路和指示器组成。

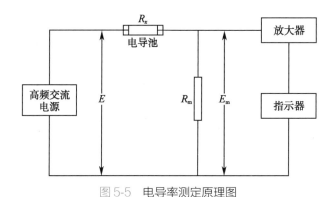

图 5-5　电导率测定原理图

电导电极的等效电阻 R_x 与分压电阻 R_m 两端的电位降 E_m 之间符合以下关系

$$E_m = \frac{ER_m}{R_m + R_x} = \frac{ER_m}{R_m + K_{cell}/\kappa}$$

将上式进一步展开可得待测电解质溶液的电导率及电导计算式为

$$\kappa_x = \frac{K_{cell}E_m}{R_m(E - E_m)}$$

$$G_x = \frac{\kappa_x}{K_{cell}} = \frac{E_m}{R_m(E - E_m)}$$

测量状态下,电导电极中电解质溶液电导率 κ 的变化将引起 E_m 值发生相应改变。将测得的 E_m 信号经放大器放大,换算成电导率或电导值后可由指示器直接显示。式中,K_{cell} 是前面提到过的电导池常数,可将一已知精确电导率值的电解质标准溶液(常用 KCl 溶液)注入电导池中,于指定温度下对其进行标定。不同浓度 KCl 标准溶液的 κ 值见表 5-4。常用的电导率仪有笔形、便携式、实验室和工业用等类型。

表 5-4　298K 和标准压力下常用 KCl 标准溶液的 κ 值

$c/(mol \cdot dm^{-3})$	$c/(mol \cdot m^{-3})$	$\kappa/(S \cdot m^{-1})$
0.000 1	10^{-1}	0.001 489
0.001	1	0.014 69
0.01	10	0.141 3
0.1	10^2	1.289
1.0	10^3	11.17

例 5-3　已知 298K 时在某电导池中测得 0.20mol/dm³HAc 水溶液的电阻为 5 081Ω。用同一电导池测得浓度为 0.01mol/dm³ 的 KCl 溶液的电阻为 2 572Ω，已知其电导率为 0.141 2S/m。试计算 0.20mol/dm³HAc 溶液的电导率 κ 和摩尔电导率 Λ_m(HAc)。

解：根据 KCl 溶液的阻值和电导率可计算出电导池常数为

$$K_{cell} = \kappa R = 0.141\ 2 \times 2\ 572 = 363.2 m^{-1}$$

则

$$\kappa\ (\ HAc\ ) = K_{cell}/R = \frac{363.2}{5\ 081} = 0.071\ 48 S/m$$

$$\Lambda_m(\ HAc\ ) = \frac{\kappa}{c} = \frac{0.071\ 48}{0.20 \times 1\ 000} = 3.57 \times 10^{-4} S \cdot m^2/mol$$

二、电导测定的应用

电导的测定除了用于分析和研究电解质的导电特性之外，对于掌握电解质的其他物化特性、测量溶液中的电解质浓度等均具有非常重要的意义，因此在化学化工、生物医药、环境保护、冶金电力等领域中得到了广泛的应用。本节主要就水质检测和化学方面的应用作简要介绍。

（一）水的纯度检验

普通的水中均含有一定的杂质，因此有一定的导电能力，当水中杂质离子含量增加，水的电导率会增大。例如，自来水的电导率约为 1.0×10^{-1}S/m，普通蒸馏水的电导率约为 1.0×10^{-3}S/m，而重蒸馏水和去离子水的电导率可小于 1×10^{-4}S/m；注射用水的电导率必须小于 1.3×10^{-4}S/m。298K 时纯水的理论电导率为 5.5×10^{-6}S/m，电导率越小，表明水中导电离子杂质越少，水的纯度就越高，因此可以通过测定水的电导率进行水的纯度检验和水质控制。

（二）弱电解质解离度和解离常数的测定

电解质的导电依靠溶液中解离所得导电离子的电荷传递而实现。无限稀释时的摩尔电导率 Λ_m^∞ 反映了该电解质全部解离且离子间无相互作用时的导电能力，而一定浓度下的摩尔电导率 Λ_m 反映的是部分解离且离子间存在一定相互作用时的导电能力。可以设想，如果在某浓度下弱电解质的解离度比较小，解离所得离子浓度较低，使离子间相互作用力可以忽略不计，那么其 Λ_m 与 Λ_m^∞ 的差别就可近似看作是部分解离与全部解离所得离子数目不同所致，亦即二者的比值反映了弱电解质解离度的大小。

解离度如果以 α 表示，可以得到

$$\alpha = \frac{\varLambda_{\mathrm{m}}}{\varLambda_{\mathrm{m}}^{\infty}} \qquad 式（5\text{-}12）$$

对于 1-1 型弱电解质 MA，若起始浓度为 c，某一温度下达到解离平衡时，解离常数 $K^{\ominus}$ 与解离度 α 关系为

$$K^{\ominus} = \frac{\alpha^2 \cdot \dfrac{c}{c^{\ominus}}}{1-\alpha}$$

将式（5-12）代入并整理得

$$K^{\ominus} = \frac{\varLambda_{\mathrm{m}}^2 \cdot \dfrac{c}{c^{\ominus}}}{\varLambda_{\mathrm{m}}^{\infty}(\varLambda_{\mathrm{m}}^{\infty} - \varLambda_{\mathrm{m}})} \qquad 式（5\text{-}13）$$

若测得某一浓度下的 $\varLambda_{\mathrm{m}}$，利用上式可计算解离常数 $K^{\ominus}$。上式也可写作

$$\frac{1}{\varLambda_{\mathrm{m}}} = \frac{\varLambda_{\mathrm{m}}\dfrac{c}{c^{\ominus}}}{K^{\ominus}(\varLambda_{\mathrm{m}}^{\infty})^2} + \frac{1}{\varLambda_{\mathrm{m}}^{\infty}} \qquad 式（5\text{-}14）$$

式（5-14）为一条直线方程。测得一系列浓度下的 $\varLambda_{\mathrm{m}}$，以 $1/\varLambda_{\mathrm{m}}$ 对 $\varLambda_{\mathrm{m}}(c/c^{\ominus})$ 作图，根据斜率和截距可分别求得 $K^{\ominus}$ 和 $\varLambda_{\mathrm{m}}^{\infty}$。式（5-13）和式（5-14）均称为**奥斯特瓦尔德稀释定律**（Ostwald dilution law）。适用于浓度低于 0.1mol/L，解离度较小的弱电解质稀溶液。

例 5-4　298K 时将电导率为 0.141 1S/m 的 KCl 溶液装入某电导池中，测得电阻为 525Ω。在同一电导池中装入 0.1mol/dm³ 的 $NH_3 \cdot H_2O$ 溶液，测得电阻为 2 030Ω。已知 $\lambda_{\mathrm{m}}^{\infty}(NH_4^+) = 73.50 \times 10^{-4}\mathrm{S \cdot m^2/mol}$，$\lambda_{\mathrm{m}}^{\infty}(OH^-) = 198.3 \times 10^{-4}\mathrm{S \cdot m^2/mol}$。试计算 $NH_3 \cdot H_2O$ 的解离度 α 及解离常数 $K^{\ominus}$。

解： $NH_3 \cdot H_2O \rightleftharpoons NH_4^+ + OH^-$

$$\varLambda_{\mathrm{m}}^{\infty}(NH_3 \cdot H_2O) = \lambda_{\mathrm{m}}^{\infty}(NH_4^+) + \lambda_{\mathrm{m}}^{\infty}(OH^-)$$

$$= 73.5 \times 10^{-4} + 198.3 \times 10^{-4} = 2.718 \times 10^{-2}\mathrm{S \cdot m^2/mol}$$

$$\alpha = \frac{\varLambda_{\mathrm{m}}(NH_3 \cdot H_2O)}{\varLambda_{\mathrm{m}}^{\infty}(NH_3 \cdot H_2O)} = \frac{\kappa(NH_3 \cdot H_2O)}{c(NH_3 \cdot H_2O)\varLambda_{\mathrm{m}}^{\infty}(NH_3 \cdot H_2O)}$$

$$= \frac{\kappa(KCl)R(KCl)}{c(NH_3 \cdot H_2O)R(NH_3 \cdot H_2O)\varLambda_{\mathrm{m}}^{\infty}(NH_3 \cdot H_2O)}$$

$$= \frac{0.141\ 1 \times 525}{0.1 \times 1\ 000 \times 2\ 030 \times 2.718 \times 10^{-2}} = 0.013\ 43$$

$$K^{\ominus} = \frac{c\alpha^2}{(1-a)c^{\ominus}} = \frac{0.013\ 43^2 \times 0.1}{(1-0.013\ 43) \times 1} = 1.828 \times 10^{-5}$$

（三）难溶盐溶解度和活度积的测定

$BaSO_4$、AgCl 等难溶盐的溶解度无法用普通的滴定方法测定，利用电导测定法却能方便地得到。难溶盐在水中的溶解度很小，它的饱和溶液可视为无限稀释的溶液，其摩尔电导率可以用无限稀释摩尔电导率代替，即 $\varLambda_{\mathrm{m}} = \varLambda_{\mathrm{m}}^{\infty}$。由于溶液极稀，水的微弱解离对溶液导电能力的贡献不容忽视，故须将其从中扣除，即 $\kappa(难溶盐) = \kappa(溶液) - \kappa(水)$。因此，难溶盐的饱和

溶液浓度 c 的计算公式为

$$c(\text{饱和}) = \frac{\kappa(\text{溶液}) - \kappa(\text{水})}{\varLambda_m^\infty} \qquad \text{式（5-15）}$$

c 的单位是 mol/m^3，根据 c 值可进一步计算难溶盐的溶解度 s 及标准活度积常数 $K_{sp}^\ominus$。需要注意，计算时 $\varLambda_m$ 和 c 所取基本单元应一致。例如硫酸钡，可取 $\varLambda_m(BaSO_4)$ 和 $c(BaSO_4)$，或 $\varLambda_m\left(\frac{1}{2}BaSO_4\right)$ 和 $c\left(\frac{1}{2}BaSO_4\right)$。

例 5-5 298K 时测得 AgCl 饱和溶液的电导率 κ 为 $3.41 \times 10^{-4} S/m$，同温度下配制该溶液所用水的电导率 κ 为 $1.52 \times 10^{-4} S/m$。试求该温度下 AgCl 饱和溶液的浓度 c、溶解度 s 及标准活度积常数 $K_{sp}^\ominus(AgCl)$。

解： 难溶盐的饱和溶液即为自身无限稀释的溶液，查表得

$$\lambda_m^\infty(Ag^+) = 61.92 \times 10^{-4}\, S \cdot m^2/mol, \quad \lambda_m^\infty(Cl^-) = 76.34 \times 10^{-4}\, S \cdot m^2/mol$$

则

$$\varLambda_m(AgCl) = \varLambda_m^\infty(AgCl) = \lambda_m^\infty(Ag^+) + \lambda_m^\infty(Cl^-)$$

$$= (61.92 + 76.34) \times 10^{-4} = 13.83 \times 10^{-3}\, S \cdot m^2/mol$$

$$c(\text{饱和}) = \frac{\kappa(AgCl)}{\varLambda_m(AgCl)} = \frac{\kappa(\text{溶液}) - \kappa(\text{水})}{\varLambda_m^\infty(AgCl)}$$

$$= \frac{(3.41 - 1.52) \times 10^{-4}}{13.83 \times 10^{-3}} = 1.37 \times 10^{-2}\, mol/m^3$$

溶解度 s 为每千克溶剂中所溶解溶质的千克数。对于极稀溶液，1kg 水溶液的体积近似等于 1L，所以 AgCl 在水中的溶解度为

$$s(AgCl) = c(\text{饱和}) \cdot M(AgCl)$$

$$= 1.37 \times 10^{-2} \times 10^{-3} \times 143.5 \times 10^{-3} = 1.97 \times 10^{-6}\, kg/kg\text{水}$$

$$K_{sp}^\ominus(AgCl) = \frac{c(Ag^+)}{c^\ominus} \cdot \frac{c(Cl^-)}{c^\ominus} = (1.37 \times 10^{-5})^2 = 1.88 \times 10^{-10}$$

（四）电导滴定

将容量滴定法与电导测定相结合，用标准电解质溶液滴定待测溶液，根据滴定过程中溶液电导率变化的转折确定滴定终点的定量分析方法称为**电导滴定**（conductometric titration）。

以 NaOH 溶液滴定 HCl 溶液为例：HCl 溶液因 H^+ 全部解离具较高的电导率，随着 NaOH 标准溶液的滴入，H^+ 与 OH^- 结合生成微弱解离的 H_2O，体系中电导率很大的 H^+ 逐渐被电导率较小的 Na^+ 所取代，至化学计量点时体系的电导率达到最低值（即为滴定终点）。化学计量点之后，由于 OH^- 的电导率也较大，略为过量的 NaOH 滴入将使溶液的电导率迅速增加。以溶液的电导率对 NaOH 标准溶液的滴入体积作图，可以得到滴定曲线。如图 5-6 中曲线 a 所示，两条线段的交点 c 即为滴定终点。与此类似，NaOH 与 HAC 的滴定曲线如图 5-6 中曲线 b 所示，c' 为滴定终点。

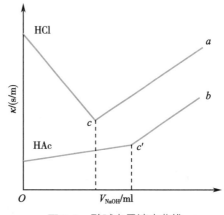

图 5-6 酸碱电导滴定曲线

当待测溶液浓度很低,无法用常规容量分析得到准确结果,或因溶液浑浊、颜色较深等无法用指示剂确定滴定终点时,采用电导滴定可得到较好的结果。

第四节　强电解质溶液的活度和活度系数

一、溶液中离子的活度和活度系数

强电解质在溶液中完全解离为正、负离子,在离子之间以及离子与溶剂分子之间存在相互作用,即使浓度较稀,其行为也偏离理想溶液,因此引入强电解质溶液的活度和活度系数的概念非常必要。

设在温度 T 和标准压力 $p^{\ominus}$ 下,任一强电解质 $M_{v_+}A_{v_-}$ 在溶液中完全解离,即

$$M_{v_+}A_{v_-} \longrightarrow v_+M^{z_+} + v_-A^{z_-}$$

v_+ 和 v_- 是 1mol 电解质 $M_{v_+}A_{v_-}$ 解离产生的正、负离子的摩尔数, z_+ 和 z_- 是正、负离子的价数。则离子化学势为

$$\mu_+ = \mu_+^{\ominus}(T) + RT\ln a_+ \qquad\qquad 式(5-16)$$

$$\mu_- = \mu_-^{\ominus}(T) + RT\ln a_- \qquad\qquad 式(5-17)$$

这里定义

$$a_+ = \gamma_+(m_+/m^{\ominus}) \qquad a_- = \gamma_-(m_-/m^{\ominus}) \qquad 式(5-18)$$

式中, a_+ 和 a_- 为正、负离子的活度, γ_+ 、 γ_- 和 m_+ 、 m_- 分别为正、负离子的活度系数和质量摩尔浓度。 $\mu_+^{\ominus}(T)$ 、 $\mu_-^{\ominus}(T)$ 为正、负离子的标准态化学势,其中离子的标准态是:在温度 T 和标准压力 $p^{\ominus}$ 下,离子的质量摩尔浓度 m 等于 1mol/kg 且仍遵从亨利定律的假想态。

为了书写方便,如果以 B 表示该强电解质 $M_{v_+}A_{v_-}$,则 $M_{v_+}A_{v_-}$ 的化学势 μ_B 应等于正、负离子的化学势之和,即

$$\mu_B = v_+\mu_+ + v_-\mu_- = v_+\mu_+^{\ominus}(T) + v_-\mu_-^{\ominus}(T) + RT\ln(a_+^{v_+}a_-^{v_-})$$

参照真实溶液中溶质的化学式,也可写作

$$\mu_B = \mu_B^{\ominus}(T) + RT\ln a_B$$

则有

$$\mu_B^{\ominus}(T) = v_+\mu_+^{\ominus}(T) + v_-\mu_-^{\ominus}(T)$$

$$a_B = a_+^{v_+}a_-^{v_-} \qquad\qquad 式(5-19)$$

式(5-19)为溶液中强电解质的活度 a_B 与正、负离子的活度 a_+ 、 a_- 的关系。

二、离子的平均活度、平均活度系数及平均质量摩尔浓度

由于无法制得单独含有正离子或负离子的电解质溶液,正、负离子的活度系数 γ_+ 、 γ_- 和活

度 a_+、a_- 均无法由实验测得，故任意电解质的活度 a_B 无法按式（5-19）求得。须在此引入电解质的**离子平均活度**（mean activity of ions）$a_\pm$。若强电解质 $M_{\nu+}A_{\nu-}$ 的解离式中 $\nu_+ + \nu_- = \nu$，离子平均活度定义为

$$a_\pm = \left(a_+^{\nu_+} a_-^{\nu_-} \right)^{1/\nu} \qquad 式（5-20）$$

将代表正、负离子活度与离子浓度关系的式（5-18）代入式（5-20），可得

$$a_\pm = \left(\gamma_+^{\nu_+} \gamma_-^{\nu_-} \right)^{1/\nu} \frac{\left(m_+^{\nu_+} m_-^{\nu_-} \right)^{1/\nu}}{m^\ominus}$$

因此定义

$$\gamma_\pm = \left(\gamma_+^{\nu_+} \gamma_-^{\nu_-} \right)^{1/\nu} \qquad 式（5-21）$$

$$m_\pm = \left(m_+^{\nu_+} m_-^{\nu_-} \right)^{1/\nu} \qquad 式（5-22）$$

$\gamma_\pm$ 称为**离子平均活度系数**（mean activity coefficient of ions），$m_\pm$ 称为**离子平均质量摩尔浓度**（mean molality of ions）。

于是可以得到 $a_\pm$、$\gamma_\pm$ 及 $m_\pm$ 三者的关系为

$$a_\pm = \gamma_\pm \frac{m_\pm}{m^\ominus} \qquad 式（5-23）$$

根据式（5-19）结合以上讨论可以得出

$$a_B = a_\pm^\nu = \left(\gamma_\pm \frac{m_\pm}{m^\ominus} \right)^\nu \qquad 式（5-24）$$

式（5-24）中，$\gamma_\pm$ 可通过电动势法、凝固点下降法和溶解度法等实验测得，对符合条件的稀溶液也可由德拜-休克尔极限公式计算得到（本节第四部分将作介绍）；对于任一强电解质 $M_{\nu+}A_{\nu-}$（浓度为 m_B），$m_\pm$ 可根据解离所得正、负离子的质量摩尔浓度求得，即

$$m_\pm = \left(m_+^{\nu_+} m_-^{\nu_-} \right)^{1/\nu} = \left(\nu_+^{\nu_+} \nu_-^{\nu_-} \right)^{1/\nu} m_B \qquad 式（5-25）$$

离子的平均活度、平均活度系数和平均浓度概念的提出，解决了稀溶液中电解质的活度 a_B 的计算问题。表 5-5 列出了 298K 时水溶液中一些强电解质的平均活度系数。

表 5-5　298K 时一些电解质的离子平均活度系数 $\gamma_\pm$

电解质	$\gamma_\pm$							
	0.001mol/kg	0.005mol/kg	0.01mol/kg	0.05mol/kg	0.10mol/kg	0.50mol/kg	1.0mol/kg	4.0mol/kg
HCl	0.965	0.928	0.904	0.830	0.796	0.757	0.819	1.762
NaCl	0.966	0.929	0.904	0.823	0.778	0.682	0.658	0.783
KCl	0.965	0.927	0.901	0.815	0.769	0.650	0.605	0.582
HNO$_3$	0.965	0.927	0.902	0.823	0.785	0.715	0.720	0.982
NaOH			0.899	0.818	0.766	0.693	0.679	0.890
CaCl$_2$	0.887	0.783	0.724	0.574	0.518	0.448	0.500	2.934
K$_2$SO$_4$		0.781	0.715	0.529	0.441	0.262	0.210	
H$_2$SO$_4$	0.830	0.639	0.544	0.340	0.265	0.154	0.130	0.171
BaCl$_2$		0.781	0.725	0.556	0.496	0.396	0.399	
CuSO$_4$		0.560	0.444	0.230	0.164	0.066	0.044	
MgSO$_4$		0.572	0.471	0.262	0.195	0.091	0.067	
ZnSO$_4$	0.734	0.477	0.387	0.202	0.148	0.063	0.043	

从表 5-5 可以看出：①离子平均活度系数 $\gamma_\pm$ 与电解质的浓度有关。稀溶液中 $\gamma_\pm$ 随浓度的增加而降低，浓度越稀越趋近于 1，一般浓度下其值小于 1，但是当浓度增大到一定程度后，$\gamma_\pm$ 可能随浓度的增加而变大，甚至大于 1；②同价型电解质在相同浓度的稀溶液中的 $\gamma_\pm$ 相差不大；③对于各种不同价型的电解质，相同浓度下正、负离子价数乘积越高 $\gamma_\pm$ 越小，偏离 1 的程度越大，即非理想程度越大。

例 5-6 分别计算 $m = 0.05\text{mol/kg}$ 的 $NaCl(\gamma_\pm = 0.815)$ 和 $Na_2SO_4(\gamma_\pm = 0.529)$ 水溶液中电解质的离子平均质量摩尔浓度 $m_\pm$、离子平均活度 $a_\pm$ 和电解质活度 a。

解：（1）NaCl 为 1-1 价型，$\nu_+ = \nu_- = 1$，$\nu = \nu_+ + \nu_- = 2$

$$m_\pm = (m_+^{\nu_+} m_-^{\nu_-})^{1/\nu} = (\nu_+^{\nu_+} \nu_-^{\nu_-})^{1/\nu} m_{NaCl}$$

$$= (1 \times 1)^{1/2} \times 0.05 = 0.05\text{mol/kg}$$

$$a_\pm = \gamma_\pm \frac{m_\pm}{m^\ominus} = 0.815 \times 0.05/1 = 0.040\ 75$$

$$a_{NaCl} = a_\pm^\nu = (0.040\ 75)^2 = 1.66 \times 10^{-3}$$

（2）Na_2SO_4 为 1-2 价型，$\nu_+ = 2$，$\nu_- = 1$，$\nu = \nu_+ + \nu_- = 3$

$$m_\pm = (m_+^{\nu_+} m_-^{\nu_-})^{1/\nu} = (\nu_+^{\nu_+} \nu_-^{\nu_-})^{1/\nu} m_{Na_2SO_4}$$

$$= (2^2 \times 1)^{1/3} \times 0.05 = 0.079\ 4\text{mol/kg}$$

$$a_\pm = \gamma_\pm \frac{m_\pm}{m^\ominus} = 0.529 \times 0.079\ 4/1 = 0.042\ 0$$

$$a = a_\pm^\nu = (0.042\ 0)^3 = 7.41 \times 10^{-5}$$

三、离子强度

大量实验事实表明，在一定温度下的稀溶液中，影响强电解质离子平均活度系数 $\gamma_\pm$ 的主要因素是离子浓度和离子价数，而且后者的影响更为显著。1921 年，路易斯（Lewis）提出了**离子强度**（ionic strength）的概念，并定义"离子强度为溶液中每种离子的质量摩尔浓度乘以该离子的价数的平方所得诸项之和的一半"，表达式为

$$I = \frac{1}{2} \sum_B m_B z_B^2 \qquad\qquad 式（5-26）$$

式中，I 为离子强度，它是电解质溶液中离子电荷所形成的静电场强度的度量，单位为 mol/kg。m_B 为各种离子的质量摩尔浓度，z_B 为各种离子对应的价数。

路易斯根据实验结果进一步指出，稀溶液中离子平均活度系数和离子强度符合如下经验关系式

$$\ln \gamma_\pm = -常数\sqrt{I}$$

该式适用于 1-1 价型的电解质，并与德拜 - 休克尔的理论结果一致。

例 5-7 计算 0.02mol/kg KCl 和 0.01mol/kg $BaCl_2$ 混合水溶液的离子强度 I。

解：$I = \frac{1}{2} \sum_B m_B z_B^2 = \frac{1}{2}[0.02 \times 1^2 + 0.02 \times (-1)^2 + 0.01 \times 2^2 + 2 \times 0.01 \times (-1)^2]$

$$= 0.05\text{mol/kg}$$

四、德拜 - 休克尔极限定律

（一）德拜 - 休克尔强电解质溶液理论和离子氛模型

阿伦尼乌斯经典电离理论（即部分解离学说）无法解释强电解质的诸多实验现象，存在很大的局限性。例如，电解质溶液的依数性比同浓度下非电解质的数值大得多；按电导法和依数性法分别测定强电解质的所谓解离度，结果相差很大；强电解质溶液即使浓度很稀也不服从奥斯特瓦尔德稀释定律等。1923 年德拜（Debye）和休克尔（Hückel）提出了强电解质溶液理论（Theory of strong electrolyte solution），建立了能表达溶液中离子行为的**离子氛**（ionic atmosphere）模型：①溶液中强电解质完全解离，每个离子都作为"中心离子"被荷电相反的离子所包围，形成带相反电荷的"离子氛"，越接近中心离子，所带相反电荷的离子密度也越大；②每一个中心离子同时又是另一个或若干个异电性离子的离子氛中的一员；③在无外加电场作用下，离子氛围绕中心离子呈球形对称，溶液整体呈电中性，离子氛与溶液其他部分之间无静电作用。

离子氛模型的提出，把电解质溶液中错综复杂的离子间相互作用归结为各中心离子与离子氛之间的静电引力，使电解质溶液的理论分析大为简化，为后续公式的导出打下了基础。

（二）德拜 - 休克尔极限公式

基于离子氛模型，再结合其他假定，德拜 - 休克尔推导出了稀溶液中单个离子活度系数与离子强度的关系式（推导过程略）

$$\ln \gamma_B = -A z_B^2 \cdot \sqrt{I} \qquad \text{式（5-27）}$$

式中，γ_B 为离子 B 的活度系数，z_B 为离子价数，A 是与温度和溶剂介电常数有关的常数，在指定温度和溶剂后为定值，可由相关数据手册中查得。298K 的水溶液中 $A = 1.172 (\text{kg/mol})^{1/2}$。

由于单个离子的活度系数无法直接测定，将式（5-27）分别应用于正、负离子并结合离子平均活度系数 $\gamma_\pm$ 的定义式可得到

$$\ln \gamma_\pm = -A Z_+ |Z_-| \sqrt{I} \qquad \text{式（5-28）}$$

式（5-27）和式（5-28）均称为**德拜 - 休克尔极限公式**（Debye-Hückel's limiting equation）。该式适用于离子强度小于 0.01mol/kg 的强电解质稀溶液。当溶液趋向于无限稀释时（$\sqrt{I} \to 0$），计算所得 $\gamma_\pm$ 与实验值能较好相符。而当溶液的离子强度增大时，理论值与实验值逐渐偏离，应用时须对德拜 - 休克尔公式进行修正。

德拜 - 休克尔极限公式表明，强电解质稀溶液的离子平均活度系数主要由离子强度和离子价数决定，而与电解质本性无关，这一结果与路易斯经验式一致。

例 5-8 试用德拜 - 休克尔极限公式计算 298K 时，0.01mol/kg HCl 溶液的离子平均活度系数 $\gamma_\pm$。

ER5-3 物理化学家德拜和休克尔（文档）

解： $I = \frac{1}{2} \sum_B m_B z_B^2 = \frac{1}{2} [0.01 \times 1^2 + 0.01 \times (-1)^2] = 0.01 \text{mol/kg}$

$$\ln \gamma_\pm = -A Z_+ |Z_-| \sqrt{I} = -1.172 \times 1 \times |(-1)| \times \sqrt{0.01} = -0.117\,2$$

$$\gamma_\pm = 0.889\,4$$

第五节　可逆电池

一、可逆电池的意义和形成条件

（一）可逆电池的研究意义

能够将化学能转化为电能的装置称为原电池,简称电池。如果这一能量转化过程是以热力学可逆方式进行的,则称为**可逆电池**(reversible cell)。该电池中所发生的能量转化是在平衡态或无限接近平衡的状态下进行。根据等温等压的可逆过程中,系统吉布斯能的减小等于系统对外所做的最大非体积功,可得

$$(\Delta_r G_m)_{T,p} = W'_{max}$$

电池中系统的非体积功为输出的电功。如果可逆电池的电动势为 E,电池反应电荷数为 z,则电池输出的最大电功为

$$W'_{max} = -zEF \qquad\qquad 式（5-29）$$

因此,系统吉布斯能的变化与可逆电池的电动势之间存在着下列关系

$$(\Delta_r G_m)_{T,p} = -zEF \qquad\qquad 式（5-30）$$

式(5-30)是十分重要的关系式,它是将热力学与电化学紧密联系的重要桥梁。一方面,人们可以通过热力学的理论和实验方法揭示化学能转变为电能的最高限度,从而为改善电池性能和研发新的化学电源提供理论依据;另一方面可逆电池电动势的研究也为热力学问题的解决提供了电化学的手段和方法。

（二）可逆电池必须具备的条件

按照热力学的可逆概念,可逆电池必须同时满足以下条件。

（1）化学反应可逆:电池内进行的化学反应必须可逆,即充电反应和放电反应互为逆反应。

（2）能量的转换可逆:即充、放电时通过电池的电流无限小,电池内的化学反应在无限接近平衡态的条件下进行。

（3）无其他不可逆过程:电池中进行的其他过程(如扩散过程、离子迁移等)也必须可逆,即电池中没有任何不可逆的过程发生。

即可逆电池在充电、放电过程中,物质的转变和能量的转化都必须是可逆的。

下面以铜锌原电池充、放电时的工作状况进一步说明可逆电池的概念。常温下将光亮的锌片插入硫酸铜溶液中可以观察到有金属铜在锌片上析出,实质是发生了氧化还原反应 $Zn + CuSO_4 \longrightarrow Cu + ZnSO_4$,此时电子的得与失是在锌片和硫酸铜溶液界面进行的。若将 $CuSO_4$ 和 $ZnSO_4$ 两种溶液分开放置,使电子得失在两种溶液中分别进行并通过外电路传输电流,则可设计出如下铜 - 锌原电池:将锌棒和铜棒分别插入盛有某浓度的 $ZnSO_4$ 溶液和 $CuSO_4$ 溶液的两个容器中,两容器之间以**盐桥**(salt bridge)相连(其作用见后),两金属电极用导线与负载电阻连接起来形成回路,检流计中就会有电流检出。设该电池的电动势为 E,再将其与一电动势为 E' 的外加电源并联,如图5-7所示。

当 $E > E'$ 时,电池将对外电源放电,电极反应和电池反应分别为

负极　　　　　$Zn \longrightarrow Zn^{2+} + 2e^-$

正极　　　　　$Cu^{2+} + 2e^- \longrightarrow Cu$

电池反应　　　$Zn + CuSO_4 \longrightarrow Cu + ZnSO_4$

当 $E < E'$ 时,外电源将对电池充电,电极反应和电池反应分别为

阴极　　　　　$Zn^{2+} + 2e^- \longrightarrow Zn$

阳极　　　　　$Cu \longrightarrow Cu^{2+} + 2e^-$

电池反应　　　$Cu + ZnSO_4 \longrightarrow Zn + CuSO_4$

由此可见,该电池的充、放电反应互为逆反应。当通过的电流无限小时,可认为充、放电时的电极反应、电池反应都在无限接近平衡态的条件下进行,即能量转化也可逆,因此该电池是可逆电池。

如果上述电池中 $ZnSO_4$ 和 $CuSO_4$ 溶液不用盐桥而用素烧瓷隔开,虽然满足充放电时电池反应可逆和通过的电流无限小的条件,但由于在溶液接界处存在不可逆的离子扩散(即液接电势,其产生和消除见后),该电池仍然是不可逆电池。显然,如果某电池的充、放电反应本身就不互为逆反应,这种电池一定是不可逆电池。如图 5-8,将铜棒和锌棒插入稀硫酸溶液中构成的电池,放电时电池反应为 $Zn + 2H^+ \longrightarrow Zn^{2+} + H_2$,充电时电池反应为 $2H^+ + Cu \longrightarrow H_2 + Cu^{2+}$。

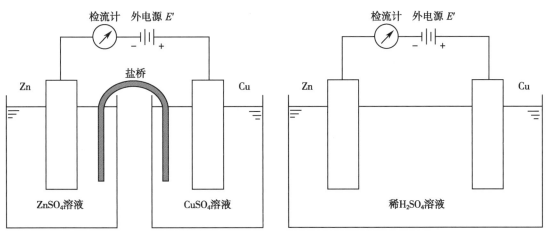

图 5-7　与外电源并联的铜锌双液电池　　　图 5-8　与外电源并联的铜锌单液电池

二、可逆电池的书写方式

1953 年,国际纯粹与应用化学联合会(International Union of Pure and Applied Chemistry,IUPAC)对电池组成和结构的科学表达作出了具体规定。

(1)书写电池表示式时,以化学式表示电池中各种物质的组成,并注明各物质所处的物态(g、l、s),气体要注明压力,溶液要注明浓度或活度。各化学式及符号的排列顺序要真实反映电池中各种物质的接触次序。

(2)发生氧化反应的负极写在左侧,发生还原反应的正极写在右侧。

（3）不同物相之间的界面用单垂线"|"表示，包括电极与溶液、电极与气体、两种固体之间、两种不同溶液之间的接界面。可混溶的两种液体之间的接界面用逗号","表示。若两种溶液之间的**接界电势**（junction potential）已经用盐桥降至最低，则用双垂线表示盐桥"‖"。

（4）不能直接作为电极的气体和液体，如 $H_2(g)$、$O_2(g)$、$Br_2(l)$ 等，应标明所依附的惰性金属或其他导体（如 Pt、Au 或 C 等）。

（5）应注明电池工作的温度和压力，若不写明则是指 298K 和标准压力 $p^{\ominus}$。

书写电极和电池反应时必须遵守物量和电荷平衡。根据热力学原理，电池反应在等温、等压和不做非体积功的条件下如果 $(\Delta_r G_m)_{T,p} < 0$，电池反应自发，则电池电动势 $E > 0$；反之，则 $E < 0$，电池反应逆向自发（若设计电池，表明正、负极应调换）。

三、可逆电极的类型

可逆电池由可逆电极组成，主要有以下三类。

1. 第一类电极　主要包括**金属电极**（metal electrode）、**气体电极**（gas electrode）和**汞齐电极**（amalgam electrode）等。

金属电极是将金属浸没于含有该种金属离子的溶液中所构成的电极。例如前述铜 - 锌原电池中，金属 Cu 片插入 $CuSO_4$ 溶液中，金属 Zn 片插入 $ZnSO_4$ 溶液分别构成铜电极和锌电极，其电极反应分别为

正极　　$Cu^{2+}(a_1)\,|\,Cu(s)$　　　　$Cu^{2+}(a_1) + 2e^- \longrightarrow Cu(s)$

负极　　$Zn(s)\,|\,Zn^{2+}(a_2)$　　　　$Zn(s) \longrightarrow Zn^{2+}(a_2) + 2e^-$

依照电池表示式的书写规定，图 5-7 铜 - 锌原电池表示式为

$$Zn(s)\,|\,ZnSO_4(a_2)\,\|\,CuSO_4(a_1)\,|\,Cu(s)$$

一些活泼金属如 Li、Na、K 不可直接和其相应离子的溶液组成电极，可将其溶于汞制成汞齐电极，通式为 $M^{z+}(a_{M^{z+}})\,|\,M(Hg)(a)$。如钠汞齐电极，其电极组成和电极反应为

$$Na^+(a_{Na^+})\,|\,Na(Hg)(a)　　　　Na^+(a_{Na^+}) + Hg(l) + e^- \longrightarrow Na(Hg)(a)$$

气体电极将吸附某种气体达平衡的惰性金属片浸没于含有该种气体元素的离子的溶液构成。金属片（通常为铂或其他惰性金属）可起导电和促进电极平衡的作用。常见的有氢电极、氧电极和氯电极，作正极时电极组成和电极反应分别为

氢电极　　$H^+(a_+)\,|\,H_2(g)\,|\,Pt$　　$2H^+(a_+) + 2e^- \longrightarrow H_2(g)$

　　　　　$OH^-(a_-)\,|\,H_2(g)\,|\,Pt$　$2H_2O + 2e^- \longrightarrow H_2(g) + 2OH^-(a_-)$

氧电极　　$H^+(a_+)\,|\,O_2(g)\,|\,Pt$　　$O_2(g) + 4H^+(a_+) + 4e^- \longrightarrow 2H_2O$

　　　　　$OH^-(a_-)\,|\,O_2(g)\,|\,Pt$　$O_2(g) + 2H_2O + 4e^- \longrightarrow 4OH^-(a_-)$

氯电极　　$Cl^-(a_-)\,|\,Cl_2(g)\,|\,Pt$　　$Cl_2(g) + 2e^- \longrightarrow 2Cl^-(a_-)$

需要注意，氢电极、氧电极在酸性介质和碱性介质中的电极组成和电极反应是不同的。

2. 第二类电极　这类电极包括**金属 - 难溶盐电极**（metal-insoluble metal salt electrode）和

金属 - 难溶氧化物电极(metal-insoluble metal oxide electrode)。此类电极容易制备、电势较稳定,常被用作标准电极或**参比电极**(reference electrode)。

金属 - 难溶盐电极是在金属表面覆盖一层该金属的难溶盐,然后浸没于含有该难溶盐的负离子的溶液中构成的。例如最常用的**甘汞电极**(calomel electrode)和**银 - 氯化银电极**(silver-silver chloride electrode)。作为正极时的电极组成和电极反应分别为

$$Cl^-(a_-) | Hg_2Cl_2(s) | Hg(l) \qquad Hg_2Cl_2(s) + 2e^- \longrightarrow 2Hg(l) + 2Cl^-(a_-)$$

$$Cl^-(a_-) | AgCl(s) | Ag(s) \qquad AgCl(s) + e^- \longrightarrow Ag(s) + Cl^-(a_-)$$

金属 - 难溶氧化物电极是在金属表面覆盖一层该金属的氧化物,然后浸没于含有 H^+ 或 OH^- 的溶液中构成的。例如 $Ag-Ag_2O$ 电极,$Sb-Sb_2O_3$ 电极,$Hg-HgO$ 电极。后者在酸性、碱性介质中的电极组成和电极反应分别为

酸性介质 $\quad H^+(a_+) | HgO(s) | Hg(l) \qquad HgO(s) + 2H^+(a_+) + 2e^- \longrightarrow Hg(l) + H_2O$

碱性介质 $\quad OH^-(a_-) | HgO(s) | Hg(l) \qquad HgO(s) + H_2O + 2e^- \longrightarrow Hg + 2OH^-(a_-)$

3. 第三类电极 是由惰性金属(如 Pt)浸没于含有某种离子的两种不同氧化态的溶液中构成的。惰性金属只起导电作用,电极反应只涉及不同价态的同种离子间的转化,故又称**氧化还原电极**(oxidation-reduction electrode)。如 Fe^{2+} 与 Fe^{3+} 构成的电极,Sn^{2+} 与 Sn^{4+} 构成的电极等。电极组成和电极反应如下。

$$Fe^{3+}(a_1), Fe^{2+}(a_2) | Pt \qquad Fe^{3+}(a_1) + e^- \longrightarrow Fe^{2+}(a_2)$$

$$Sn^{4+}(a_1), Sn^{2+}(a_2) | Pt \qquad Sn^{4+}(a_1) + 2e^- \longrightarrow Sn^{2+}(a_2)$$

四、可逆电池的设计

根据可逆电极的类型和电池书写方式的规定,将化学反应设计成电池或由给定的电池表示式写出对应的电极反应和电池反应,在电化学中非常重要。许多化学问题的解决都与此有关,例如难溶盐的标准活度积、化学反应的标准平衡常数和热力学数据的计算,电化学反应方向的判断等。另外,两种方法可以相互验证,是检验电池设计或电极反应、电池反应书写是否正确的有效手段。

例 5-9 写出下列电池的电极反应和电池反应。

(1) $Mg(s) | Mg^{2+}(a_1) \| HCl(a_2) | Cl_2(p) | Pt$

(2) $Pt | H_2(p) | NaOH(a) | HgO(s) | Hg(l)$

解: 首先分别写出负极上发生的氧化反应和正极上发生的还原反应,然后将两个电极反应相加即为总电池反应。

(1) 负极 $\qquad Mg(s) \longrightarrow Mg^{2+}(a_1) + 2e^-$

　　正极 $\qquad Cl_2(p) + 2e^- \longrightarrow 2Cl^-(a_2)$

　　电池反应 $\quad Mg(s) + Cl_2(p) \longrightarrow Mg^{2+}(a_1) + 2Cl^-(a_2)$

(2) 负极 $\qquad H_2(p) + 2OH^-(a) \longrightarrow 2H_2O + 2e^-$

　　正极 $\qquad HgO(s) + H_2O + 2e^- \longrightarrow Hg(l) + 2OH^-(a)$

　　电池反应 $\quad H_2(p) + HgO(s) \longrightarrow Hg(l) + H_2O$

例 5-10 将下列反应设计成电池,并写出电池的书面表达式。

(1) $Zn(s)+Cd^{2+}(a_1) \longrightarrow Zn^{2+}(a_2)+Cd(s)$

(2) $Ag^+(a_1)+Cl^-(a_2) \longrightarrow AgCl(s)$

解:首先,根据氧化、还原反应确定正、负极,并写出对应的电极反应。然后,根据电极反应结合电极的分类确定电极组成。最后,以负极在左、正极在右的顺序按照书写规则写出电池表示式,需要时用盐桥将正、负极隔开。

(1) 负极 $Zn(s) \longrightarrow Zn^{2+}(a_2)+2e^-$

正极 $Cd^{2+}(a_1)+2e^- \longrightarrow Cd(s)$

电池反应 $Zn(s)+Cd^{2+}(a_1) \longrightarrow Zn^{2+}(a_2)+Cd(s)$

正、负极均是金属电极,负极电极组成为 $Zn|Zn^{2+}(a_2)$,正极电极组成为 $Cd^{2+}(a_1)|Cd(s)$。由于两电极的电解质溶液不同,需要用盐桥隔开,则设计的电池为

$$Zn(s)\,|\,Zn^{2+}(a_2)\,\|\,Cd^{2+}(a_1)\,|\,Cd(s)$$

通常根据化学反应设计完电池后,可以按照"例 5-9"的方法写出对应的电极反应和电池反应,以验证与原题所给反应式是否一致。

(2) 该反应不是氧化还原反应,但如果拆分所得的两个电极反应是氧化、还原反应,同样可以设计成电池。通常根据反应物和产物再结合电极的分类可初步确定一个电极的类型,用总反应减去该电极反应可确定另一个电极的类型。

本例中反应物和产物涉及 Cl^- 和 AgCl,可以判断该电池设计时须使用第二类电极中的银-氯化银电极,作负极使用。$Ag(s)\,|\,AgCl(s)\,|\,Cl^-(a_2)$ 电极反应为

$$Ag(s)+Cl^-(a_2) \longrightarrow AgCl(s)+e^-$$

用总反应 $Ag^+(a_1)+Cl^-(a_2) \longrightarrow AgCl(s)$ 减去该电极反应可得如下反应式

$$Ag^+(a_1)+e^- \longrightarrow Ag(s)$$

此反应式为所得到的正极电极反应,可以判定该电极是金属银电极 $Ag^+(a_1)\,|\,Ag(s)$。因此,设计的电池为 $Ag(s)\,|\,AgCl(s)\,|\,Cl^-(a_2)\,\|\,Ag^+(a_1)\,|\,Ag(s)$。

第六节 电池电动势与电极电势

一、电池电动势的构成

电池的**电动势**(electromotive force)主要由电极和电解质溶液之间的界面电势差、两种不同的电解质溶液之间或浓度不同的同种电解质溶液之间的接界电势差以及导线和电极之间的接触电势差三部分构成。

(一)电极-溶液界面电势差

把金属片插入水中,极性较大的水分子将与金属晶格中的金属离子相互作用使之水化。在水化能足够大的情况下,水化金属离子有可能离开金属表面进入水相,使金属表面因失去金属离子而带负电荷,液相因有金属离子溶入而带正电荷。如果将金属浸没于含有该金属离

子的水溶液中，情况与此类似，只是当溶液中的金属离子更容易获得电子时，它们将得到电子被还原，沉积在金属表面，使金属带正电荷而溶液带负电荷。上述两种情况都将在金属 - 溶液界面两侧形成电荷过剩，由于正、负电荷相互吸引，在金属与溶液界面形成"**双电层**"（electric double layer）结构。如图 5-9 所示，溶液中的金属离子既受到金属电极表面负电荷的吸引趋向于紧靠电极表面附近分布，同时又由于离子热运动趋向于向远离电极表面的溶液本体扩散。当静电引力与热扩散达到动态平衡时，与金属表面带相反电荷的离子一部分吸附在金属表面，形成厚度约为 10^{-10}m 的**紧密层**（contact layer）；另一部分向溶液中扩散，形成厚度为 $10^{-10} \sim 10^{-6}$m 的**扩散层**（diffusion layer），其厚

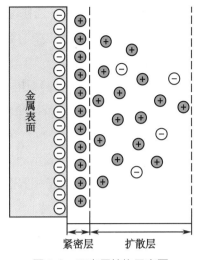

图 5-9　双电层结构示意图

度与溶液中离子的浓度、金属表面电荷及温度有关。金属 - 溶液界面双电层的存在，阻止了金属离子进一步溶入溶液或向电极表面沉积，最后达到平衡，形成电势差，称为电极 - 溶液界面电势差，或称**电极电势**（electrode potential）。

　　在一定温度下，金属与溶液之间的界面电势差的大小与金属的性质和溶液中金属离子的浓度有关。电极 - 溶液界面电势差是电池电动势的一个重要组成部分。

（二）接触电势

　　不同金属的电子逸出功不同，当两种不同的金属相互接触时，逸出的电子数目不同，在接触界面上的电子分布将不均匀。显然，电子逸出功高的金属一侧电子过剩带负电，电子逸出功低的金属一侧带正电。随着电子的转移，在金属的两相界面形成双电层，由此产生的电势差称为**接触电势**（contact potential）。电池中主要表现为导线与电极之间的接触电势，数值较小，常忽略不计。

（三）液体接界电势

　　两种不同电解质溶液或浓度不同的同种电解质溶液相互接触时，由于离子的迁移速率不同，在接触界面上形成双电层，所产生的微小电势差称为**液体接界电势**（liquid junction potential）或**扩散电势**（diffuse potential）。例如，在两种不同浓度 HCl 溶液的接界面上，HCl 将由浓度高的一侧向浓度低的一侧扩散。由于 H^+ 的迁移速率大于 Cl^-，扩散的结果使浓度低的一侧有过剩 H^+ 而带正电、浓度高的一侧有过剩的 Cl^- 而带负电，由此在两种溶液的接界面上形成双电层。双电层的存在使离子迁移通过界面的速率发生改变，亦即使 H^+ 迁移速率减慢、Cl^- 迁移速率加快。当两种离子的迁移速率相等时达到平衡，在界面处形成稳定的双电层结构，此时所具有电势差即为液体接界电势。

　　液体接界电势通常不超过 0.03V，但由于离子扩散是不可逆过程，它的存在将使电池发生不可逆的变化，导致可逆电池电动势难以测准且重复性差，因此原电池中常在两种溶液之间用盐桥相连，以尽量减小液体接界电势。盐桥可用"U"形玻璃管制成，内装以琼脂固定的高浓度电解质溶液。通常使用饱和 KCl 溶液，但如果组成电池的电解质溶液中含有 Ag^+、Hg_2^{2+} 等时，为避免与 Cl^- 发生反应产生沉淀，可改用 NH_4NO_3 或 KNO_3 溶液。由于盐桥所含高浓度

电解质溶液中正、负离子迁移速率接近相等,它与两种溶液的液接电势均很小(1~2mV),将其插入分置的两种溶液之中,代替两种溶液的直接接触,可将液体接界电势减小至忽略不计。

(四)电池电动势

根据上述讨论,铜-锌原电池中,各相界面上的电势差应包括以下几个部分

$$Cu(导线)|Zn(s)|ZnSO_4(a)|CuSO_4(a)|Cu(s)$$

$$\varepsilon_{接触} \qquad \varepsilon_- \qquad \varepsilon_{液接} \qquad \varepsilon_+$$

$\varepsilon_{接触}$表示接触电势;$\varepsilon_{液接}$表示液体接界电势;ε_+和ε_-分别为两电极与溶液界面间的电势差。原电池的电动势为电池内各相界面上的电势差的代数和,即

$$E = \varepsilon_{接触} + \varepsilon_- + \varepsilon_{液接} + \varepsilon_+$$

若忽略$\varepsilon_{接触}$以及用盐桥基本消除$\varepsilon_{液接}$,电池的电动势则主要由电极与溶液界面电势差组成,即

$$E = \varepsilon_- + \varepsilon_+ \qquad\qquad 式(5-31)$$

二、电极电势

通过前面的分析可知,电池的电动势等于正、负两极的电极与溶液界面电势差(即ε_+和ε_-)的代数和,但目前无法通过实验手段或理论计算得到单个电极的电极电势绝对值。为此,需要人为地选择某一电极作为标准,将其电极电势规定为零,其他电极与之比较,从而得到电极电势的相对值。国际上采用的标准电极是标准氢电极。

(一)标准氢电极

1953 年 IUPAC 建议以氢离子活度为 1(质量摩尔浓度)、氢气压力为 100kPa 的**标准氢电极**(standard hydrogen electrode)作为标准电极,用以测定任意电极的电极电势,并规定在任意温度下标准氢电极的电极电势$\varphi_{H^+/H_2}^{\ominus}$为零。

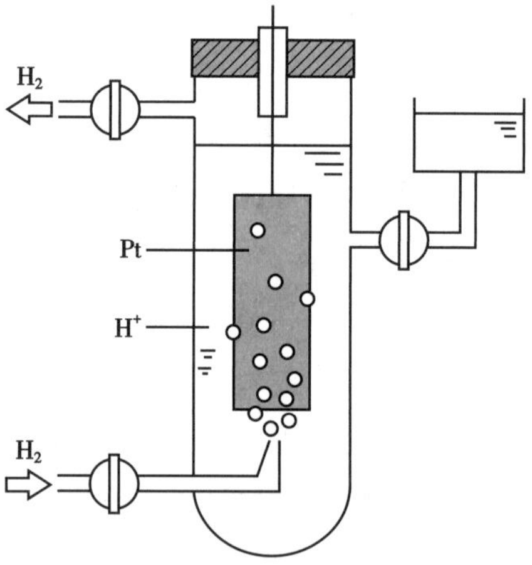

标准氢电极的结构是:将镀有蓬松铂黑的铂片浸入氢离子活度为 1 的溶液中,通入标准压力$p^{\ominus}$的纯净氢气不断冲击铂片并被铂黑吸附至饱和,即构成标准氢电极,如图 5-10 所示。

图 5-10　氢电极构造示意图

电极组成和电极反应分别为

$$Pt|H_2(p^{\ominus})|H^+(a_{H^+}=1) \qquad H^+(a_{H^+}=1)+e^- \longrightarrow \frac{1}{2}H_2(p^{\ominus})$$

(二)任意电极的电极电势

用标准氢电极作为负极、待测电极作为正极,以盐桥消除液体接界电势组成如下原电池

$$Pt|H_2(p^{\ominus})|H^+(a_{H^+}=1)||待测电极$$

测得该电池电动势 E 的数值和符号,就是待测电极的电极电势的数值和符号。因将待测电极作为发生还原反应的正极,故将按此规定测得的电极电势也称为氢标还原电势,简称还原电势,用φ表示。其电极电势符号后须依次注明氧化态和还原态,即常写作$\varphi_{氧化态/还原态}$。

当电极处于标准态时的电极电势称为**标准电极电势**,用 $\varphi^\ominus$ 表示,例如 $\varphi^\ominus_{Cu^{2+}/Cu}$。这里的标准态是指组成电极的物质是纯固体、纯液体、压力为 $p^\ominus$ 的气体以及稀溶液中各组分的活度都等于 1 时的状态。

由还原电势计算电池电动势 E 的方法为

$$E = \varphi_+ - \varphi_- \qquad\qquad\qquad 式(5\text{-}32)$$

当组成电池的各组分均处于标准态时,可计算得到标准电池电动势 $E^\ominus$

$$E^\ominus = \varphi^\ominus_+ - \varphi^\ominus_- \qquad\qquad\qquad 式(5\text{-}33)$$

例如,要确定铜电极 $Cu^{2+}(a_{Cu^{2+}}=1)|Cu(s)$ 的电极电势,可组成电池

$$Pt|H_2(p^\ominus)|H^+(a_{H^+}=1)\|Cu^{2+}(a_{Cu^{2+}}=1)|Cu(s)$$

负极 $\qquad\qquad H_2(p^\ominus) \longrightarrow 2H^+(a_{H^+}=1)+2e^-$

正极 $\qquad\qquad Cu^{2+}(a_{Cu^{2+}}=1)+2e^- \longrightarrow Cu(s)$

电池反应 $\qquad H_2(p^\ominus)+Cu^{2+}(a_{Cu^{2+}}=1) \longrightarrow Cu(s)+2H^+(a_{H^+}=1)$

在 298K 时,实验测得上述电池的电动势为 0.337V。事实上,由于 $Cu^{2+}(a_{Cu^{2+}}=1)$ 比 H^+ ($a_{H^+}=1$)更易获得电子,电池工作时电极上发生的反应与电池表达式一致,电池反应自发 $[(\Delta_r G_m)_{T,p}<0]$,该电池的电动势应为正值($E>0$)。由式(5-33)可得,铜电极的标准电极电势 $\varphi^\ominus_{Cu^{2+}/Cu}=0.337V$。

又如,将锌电极 $Zn^{2+}(a_{Zn^{2+}}=1)\;|\;Zn(s)$ 与氢电极组成电池

$$Pt|H_2(p^\ominus)|H^+(a_{H^+}=1)\|Zn^{2+}(a_{Zn^{2+}}=1)|Zn(s)$$

负极 $\qquad\qquad H_2(p^\ominus) \longrightarrow 2H^+(a_{H^+}=1)+2e^-$

正极 $\qquad\qquad Zn^{2+}(a_{Zn^{2+}}=1)+2e^- \longrightarrow Zn(s)$

电池反应 $\qquad H_2(p^\ominus)+Zn^{2+}(a_{Zn^{2+}}=1) \longrightarrow 2H^+(a_{H^+}=1)+Zn(s)$

298K 时,实验测得上述电池的电动势为 0.763V。而事实上,由于 Zn 比 $H_2(p^\ominus)$ 更易失去电子,在电池中作为正极的锌电极实际上发生氧化反应(实际为负极),即按电池表达式写出的电池反应 $(\Delta_r G_m)_{T,p}>0$,反应逆向自发,该电池的电动势应为负值($E<0$)。由式(5-33)可得锌电极的标准电极电势为负值,即 $\varphi^\ominus_{Zn^{2+}/Zn}=-0.763V$。

电极电势的数值大小反映了电极反应物质得失电子能力的强弱。电极电势数值越大的电极,其电极组成中氧化态物质越容易得电子;电极电势数值越小的电极,其电极组成中还原态物质越容易失电子。因此,将任意两个电极组成电池时,电势高者应为正极,电势低者则为负极。标准电极电势数值的确定,对于计算电池的电动势、判断氧化还原反应进行的方向、计算化学反应的平衡常数、测定溶液的 pH 等均具有非常重要的意义。

298K 时,水溶液中一些常用电极的标准电极电势数值见附录4。

(三)参比电极

由于氢电极敏感,制备和使用极为严格很不方便,所以实际测量电极电势时常使用其他易于制备、电势稳定并且使用方便的电极作为"参比电极"。常用的参比电极有甘汞电极、银-氯化银电极等,其中最常用的是**甘汞电极**(calomel electrode)。图 5-11 为甘汞电极构造示意图,

它是将少量汞、甘汞和氯化钾溶液研成糊状物覆盖于素瓷之上，上部放入纯汞，然后浸入一定浓度的氯化钾溶液中构成的。

甘汞电极的电极电势的数值大小与 Cl^- 的活度有关，常用的甘汞电极有三种，其电极电势与氯化钾溶液浓度的关系见表5-6。图5-11中氯化钾为饱和溶液，称作饱和甘汞电极。

电极组成和电极反应分别为

$$Cl^-(a_-)\,|\,Hg_2Cl_2(s)\,|\,Hg(l)$$

$$Hg_2Cl_2(s)+2e^- \longrightarrow 2Hg(l)+2Cl^-(a_-)$$

表5-6　甘汞电极的电极电势

$m_{KCl}/$ (mol·kg^{-1})	温度 $T\,K$ 时 $\varphi_{甘汞}$/V	298K 时 $\varphi_{甘汞}$/V
0.1	$\varphi_{甘汞}=0.333\,7-7\times10^{-5}(T-298)$	0.333 7
1.0	$\varphi_{甘汞}=0.280\,1-2.4\times10^{-4}(T-298)$	0.280 1
饱和	$\varphi_{甘汞}=0.241\,2-7.6\times10^{-4}(T-298)$	0.241 2

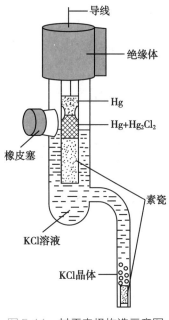

图5-11　甘汞电极构造示意图

三、电池反应的能斯特方程

设恒定温度 T 时，某可逆电池的电池反应为

$$aA+dD \longrightarrow gG+hH$$

若产物与反应物的活度均以 a 表示，根据范特霍夫等温式可知

$$\Delta_r G_m = \Delta_r G_m^{\ominus} + RT\ln\frac{a_G^g \cdot a_H^h}{a_A^a \cdot a_D^d} \qquad\qquad 式（5-34）$$

根据式（5-30）可知 $(\Delta_r G_m)_{T,p}=-zEF$。当参加电池反应的各组分均处于标准态时，式（5-30）也可表示为

$$\Delta_r G_m^{\ominus} = -zE^{\ominus}F \qquad\qquad 式（5-35）$$

将以上两式分别代入式（5-34），则有

$$E = E^{\ominus} - \frac{RT}{zF}\ln\frac{a_G^g \cdot a_H^h}{a_A^a \cdot a_D^d} \qquad\qquad 式（5-36）$$

式（5-36）称为电池反应的**能斯特方程**（Nernst equation），它表示在恒定温度下，可逆电池电动势与参与电池反应的各组分活度间的定量关系，是可逆电池的基本关系式。$E^{\ominus}$ 是电池的标准电动势，可以根据标准电极电势表由式（5-33）求得，或根据电池反应的 $\Delta_r G_m^{\ominus}$ 由式（5-35）求得，也可以通过直接测量标准电池的电动势得到。

例5-11　计算电池 $Pt\,|\,H_2(100kPa)\,|\,HCl(0.1mol/kg)\,|\,Cl_2(100kPa)\,|\,Pt$ 在298K 时的电动势 E。已知该温度下电池的标准电动势 $E^{\ominus}$ 为 1.358V，0.1mol/kg HCl 溶液中 HCl 的平均离子活度系数 $\gamma_\pm=0.796$。

解：该电池的电极反应、电池反应为

负极　　　　　 $H_2(p^\ominus) \longrightarrow 2H^+(a_{H^+}) + 2e^-$

正极　　　　　 $Cl_2(p^\ominus) + 2e^- \longrightarrow 2Cl^-(a_{Cl^-})$

电池反应　　　 $H_2(p^\ominus) + Cl_2(p^\ominus) \longrightarrow 2H^+(a_{H^+}) + 2Cl^-(a_{Cl^-})$

根据 Nernst 方程

$$E = E^\ominus - \frac{RT}{zF} \ln \frac{a_{H^+}^2 a_{Cl^-}^2}{(p_{H_2}/p^\ominus)(p_{Cl_2}/p^\ominus)} = E^\ominus - \frac{RT}{F} \ln(a_{H^+} a_{Cl^-})$$

其中

$$p_{H_2}/p^\ominus = p_{Cl_2}/p^\ominus = 1, z = 2, a_{H^+} a_{Cl^-} = a_\pm^2 = \left(\gamma_\pm \frac{m_\pm}{m^\ominus} \right)^2$$

$$m_\pm = (m_{H^+} m_{Cl^-})^{\frac{1}{2}} = (0.1 \times 0.1)^{\frac{1}{2}} = 0.1 , \; \gamma_\pm = 0.796, E^\ominus = 1.358V$$

代入得

$$E = E^\ominus - \frac{RT}{F} \ln\left(\gamma_\pm \frac{m_\pm}{m^\ominus} \right)^2 = 1.358 - \frac{8.314 \times 298}{96\,500} \ln\left(0.796 \times \frac{0.1}{1} \right)^2$$

$$= 1.488V$$

四、电极反应的能斯特方程

设有如下电池

$$Pt \mid H_2(p) \mid H^+(a_{H^+}) \parallel Cu^{2+}(a_{Cu^{2+}}) \mid Cu(s)$$

负极　　　　　 $H_2(p) \longrightarrow 2H^+(a_{H^+}) + 2e^-$

正极　　　　　 $Cu^{2+}(a_{Cu^{2+}}) + 2e^- \longrightarrow Cu(s)$

电池反应　　　 $H_2(p) + Cu^{2+}(a_{Cu^{2+}}) \longrightarrow 2H^+(a_{H^+}) + Cu(s)$

电池电动势的计算式为

$$E = E^\ominus - \frac{RT}{2F} \ln \frac{a_{H^+}^2 \cdot a_{Cu}}{a_{H_2} \cdot a_{Cu^{2+}}}$$

根据式（5-32）和式（5-33）有

$$E = \varphi_{Cu^{2+}/Cu} - \varphi_{H^+/H_2}, \; E^\ominus = \varphi_{Cu^{2+}/Cu}^\ominus - \varphi_{H^+/H_2}^\ominus$$

据此可将电池电动势的计算式拆分为两个部分

$$E = \left(\varphi_{Cu^{2+}/Cu}^\ominus - \varphi_{H^+/H_2}^\ominus \right) - \left(\frac{RT}{2F} \ln \frac{a_{Cu}}{a_{Cu^{2+}}} - \frac{RT}{2F} \ln \frac{a_{H_2}}{a_{H^+}^2} \right)$$

$$= \left(\varphi_{Cu^{2+}/Cu}^\ominus - \frac{RT}{2F} \ln \frac{a_{Cu}}{a_{Cu^{2+}}} \right) - \left(\varphi_{H^+/H_2}^\ominus - \frac{RT}{2F} \ln \frac{a_{H_2}}{a_{H^+}^2} \right)$$

$$= \varphi_{Cu^{2+}/Cu} - \varphi_{H^+/H_2}$$

因此可得

$$\varphi_{Cu^{2+}/Cu} = \varphi_{Cu^{2+}/Cu}^\ominus - \frac{RT}{2F} \ln \frac{a_{Cu}}{a_{Cu^{2+}}}$$

$$\varphi_{H^+/H_2} = \varphi_{H^+/H_2}^{\ominus} - \frac{RT}{2F}\ln\frac{a_{H_2}}{a_{H^+}^2}$$

以上两式分别对应铜电极和氢电极的还原反应。将上述计算公式推广到任意电极的还原反应

$$m\,氧化态 + ze^- \longrightarrow n\,还原态$$

可得电极电势的计算公式为

$$\varphi = \varphi^{\ominus} - \frac{RT}{zF}\ln\frac{a_{还原态}^n}{a_{氧化态}^m} = \varphi^{\ominus} + \frac{RT}{zF}\ln\frac{a_{氧化态}^m}{a_{还原态}^n} \qquad 式(5\text{-}37)$$

式(5-37)为电极反应的能斯特方程,它表示在恒定温度下,可逆电极电势与参与电极反应的各组分活度间的定量关系,是可逆电极的基本关系式。

对于给定的电池,可分别利用式(5-36)或式(5-37)两种方法计算其电动势。

例 5-12 试将反应 $Zn(s) + Cd^{2+}(a=0.2) \longrightarrow Zn^{2+}(a=0.000\,4) + Cd(s)$ 设计成电池,写出电极反应并求算 298K 时电池的电动势 E。

解: 设计电池如下

$$Zn(s)\,|\,Zn^{2+}(a=0.000\,4)\,\|\,Cd^{2+}(a=0.2)\,|\,Cd(s)$$

电极反应为

负极 $\qquad Zn(s) \longrightarrow Zn^{2+}(a=0.000\,4) + 2e^-$

正极 $\qquad Cd^{2+}(a=0.2) + 2e^- \longrightarrow Cd(s)$

查电极电势表得: $\varphi_{Zn^{2+}/Zn}^{\ominus} = -0.762\,8V$, $\varphi_{Cd^{2+}/Cd}^{\ominus} = -0.402\,8V$

方法一: 利用电极反应的能斯特方程计算电池的电动势

$$
\begin{aligned}
E = \varphi_+ - \varphi_- &= \left(\varphi_{Cd^{2+}/Cd}^{\ominus} - \frac{RT}{2F}\ln\frac{a_{Cd}}{a_{Cd^{2+}}}\right) - \left(\varphi_{Zn^{2+}/Zn}^{\ominus} - \frac{RT}{2F}\ln\frac{a_{Zn}}{a_{Zn^{2+}}}\right) \\
&= \left[-0.402\,8 - \frac{8.314\times298}{2\times96\,500}\ln\frac{1}{0.2}\right] - \left(-0.762\,8 - \frac{8.314\times298}{2\times96\,500}\ln\frac{1}{0.000\,4}\right) \\
&= -0.423\,5 - (-0.863\,2) \\
&= 0.440V
\end{aligned}
$$

方法二: 利用电池反应的能斯特方程计算电池的电动势

$$E = E^{\ominus} - \frac{RT}{zF}\ln\frac{a_{Zn^{2+}}\,a_{Cd}}{a_{Zn}\,a_{Cd^{2+}}}$$

纯固体 Cd 和 Zn 的活度等于 1,代入上式可得

$$E = \left[-0.402\,8 - (-0.762\,8)\right] - \frac{8.314\times298}{2\times96\,500}\ln\frac{0.000\,4}{0.2} = 0.440V$$

五、生物氧化还原系统的电极电势

生物系统中的很多氧化还原过程伴随有 H^+ 的转移,而且生物系统中的反应大部分是在体温和接近酸碱中性的条件下进行的,此时 H^+ 的标准态为

ER5-4 物理化学家能斯特(文档)

$a_{H^+} = 10^{-7}$，其他物质均与物理化学中标准态规定相同。生物标准态的电极电势用 $\varphi^{\oplus}$ 表示，它与物理化学标准态的电极电势 $\varphi^{\ominus}$ 之间有以下两种关系。

（1）H^+ 作为产物出现时，如反应方程式可表示为

$$A(a=1)+D(a=1)+ze^- \longrightarrow G(a=1)+H^+(a_{H^+}=10^{-7})$$

则

$$\varphi^{\oplus} = \varphi^{\ominus} - \frac{RT}{zF}\ln\frac{a_G a_{H^+}}{a_A a_D} = \varphi^{\ominus} - \frac{RT}{zF}\ln 10^{-7}$$

在298K时，两者的关系为

$$\varphi^{\oplus} = \varphi^{\ominus} + 0.414/z \qquad\qquad\qquad 式（5-38）$$

（2）H^+ 作为反应物出现时，298K时两者的关系为

$$\varphi^{\oplus} = \varphi^{\ominus} - 0.414/z \qquad\qquad\qquad 式（5-39）$$

表5-7列出了一些重要的生物氧化还原系统的标准电极电势。

表5-7　一些生物体内重要的氧化还原系统的标准电极电势（298K，pH=7.00）

氧化态	还原态	$\varphi^{\oplus}$ / V
乙酸	乙醛	-0.58
铁氧还蛋白 -Fe^{3+}	铁氧还蛋白 -Fe^{2+}	-0.432
H^+	H_2	-0.42
$NADP^+$	NADPH	-0.324
NAD^+	NADH	-0.32
FAD	$FADH_2$	-0.22
核黄素	氢化核黄素	-0.219
草酰乙酸盐	苹果酸盐	-0.166
去氢抗坏血酸	抗坏血酸	-0.045
MB	MBH_2	$+0.011$
延胡索酸盐	琥珀酸盐	$+0.031$
肌红蛋白 -Fe^{3+}	肌红蛋白 -Fe^{2+}	$+0.046$
血红蛋白 -Fe^{3+}	血红蛋白 -Fe^{2+}	$+0.17$
氧化细胞色素 c	细胞色素 c	$+0.26$

第七节　可逆电池电动势的测定及其应用

一、可逆电池电动势的测定

可逆电池必然满足热力学可逆，等温等压下系统吉布斯自由能的减小等于对外所做的最大电功，此时两电极间所能达到的电势差的理论最大值方为该可逆电池的电动势。因此，可逆电池电动势的测定必须在电路中通过的电流几乎为零的条件下进行，否则将导致电极中的物质发生不可逆的变化，而所测得的也仅是两极间的电势差而非可逆电池的电动势。

通常采用波根多夫(Poggendorf)补偿法(也称对消法)测定可逆电池的电动势。其基本思想是：在电路上施加一个大小相等、方向相反的外加电动势，使其与待测电池的电动势相抵抗。当电路中无电流通过时，称为两个方向相反的电动势处于互相"补偿"的状态，即待测可逆电池的电动势与外加电动势的数值相等。

依据此原理而设计的仪器是电势差计，其工作原理如图 5-12 所示。主要构件包括工作电源 E_w，标准电池 E_s，被测电池 E_x，以及调节工作电流的变阻器 R_w，标准电池的补偿电阻 R_s 和具有滑点 C 的分压滑线电阻 R_{AB}。K 为双向开关，G 为检流计(用作示零指示)。首先预置工作电流 I 并调整 R_s 的阻值，即根据被测电池电动势的大约数值估算和预置工作电流 I，并依照实验温度下标准电池 E_s 的精确值将补偿电阻 R_s 调整至对应阻值($R_s = \dfrac{E_s}{I}$)。然后校准工作电流，即将双向开关 K 与标准电池 E_s 接通，此时 E_s、检流计 G 与 R_s 构成补偿电路(也称标准电路)。当调整工作电阻 R_w 使工作电流 I 为某值时(例如为 I_0)，可使 R_s 两端的电势差与标准电池电动势 E_s 相补偿，此时检流计 G 中无电流通过，则 $I_0 = \dfrac{E_s}{R_s}$ = 常数；最后测量未知电动势，即将双向开关 K 与待测电池 E_x 接通，则 E_x、检流计 G 与 R_{AB} 的一部分(即 BC 间电阻 R_{BC})将构成补偿电路(也称测量电路)。当移动滑点 C 至某一位置时，检流计 G 指零，此时 R_{BC} 两端的电势差与待测电池电动势 E_x 相补偿，即 $E_x = I_0 \times R_{BC} = \dfrac{E_s}{R_s} \times R_{BC}$。所测得的电池电动势数值可根据滑点 C 的位置(指示 R_{BC} 的电势差)在电势差计上直接得到显示。

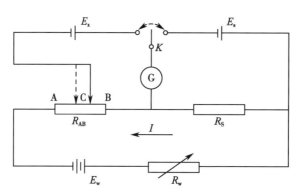

图 5-12　电势差计工作原理示意图

利用电势差计补偿法测定电动势需要一个电动势已知并保持稳定的电池，即**标准电池**(standard cell)。常用的是韦斯顿(Weston)标准电池，它具有电动势稳定、受温度影响小的特点，293.15K 时韦斯顿标准电池的电动势为 1.018 65V。其电池表示式、电极反应和电池反应如下：

$$Cd(Hg)(a) \mid CdSO_4 \cdot \frac{8}{3}H_2O(s) \text{ 及其饱和溶液} \mid Hg_2SO_4(s) \mid Hg(1)$$

负极　　$Cd(Hg)(a) + SO_4^{2-}(a) + \dfrac{8}{3}H_2O(1) \longrightarrow CdSO_4 \cdot \dfrac{8}{3}H_2O(s) + 2e^-$

正极　　$Hg_2SO_4(s) + 2e^- \longrightarrow 2Hg(1) + SO_4^{2-}(a)$

电池反应 $Cd(Hg)(a) + Hg_2SO_4(s) + \dfrac{8}{3}H_2O(l) \xrightarrow{\hspace{2cm}} CdSO_4 \cdot \dfrac{8}{3}H_2O(s) + 2Hg(l)$

二、可逆电池热力学的计算

根据热力学吉布斯-亥姆霍兹公式可知

$$\left[\frac{\partial(\Delta_r G_m)}{\partial T}\right]_p = -\Delta_r S_m$$

对于等温等压下的可逆电池反应，$\Delta_r G_m = -zEF$，将其代入上式可得

$$\Delta_r S_m = zF\left(\frac{\partial E}{\partial T}\right)_p \qquad\qquad 式（5\text{-}40）$$

式中，$\left(\dfrac{\partial E}{\partial T}\right)_p$ 称为**电池电动势的温度系数**，可由实验测定。

已知等温条件下，$\Delta_r G_m = \Delta_r H_m - T\Delta_r S_m$，将式（5-30）和式（5-40）代入，则有

$$\Delta_r H_m = -zEF + zFT\left(\frac{\partial E}{\partial T}\right)_p \qquad\qquad 式（5\text{-}41）$$

反应温度恒定时，电池反应的可逆热效应与温度的关系为 $Q_r = T\Delta_r S_m$，将式（5-40）代入，可得

$$Q_r = zFT\left(\frac{\partial E}{\partial T}\right)_P \qquad\qquad 式（5\text{-}42）$$

由以上公式可知，根据电池电动势及其温度系数可以方便地计算出电池反应的 $\Delta_r S_m$、$\Delta_r H_m$、$\Delta_r G_m$ 及可逆热效应 Q_r。因电化学方法测定二者可以得到较为准确的结果，其所得以上热力学量通常比热化学方法测得的数据更为准确。

Q_r 为电池反应的等温可逆热效应，可根据电动势温度系数进行分别讨论。

（1）当 $\left(\dfrac{\partial E}{\partial T}\right)_p > 0$，则 $Q_r > 0$，电池可逆放电时从环境吸热。

（2）当 $\left(\dfrac{\partial E}{\partial T}\right)_p < 0$，则 $Q_r < 0$，电池可逆放电时向环境放热。

（3）当 $\left(\dfrac{\partial E}{\partial T}\right)_p = 0$，则 $Q_r = 0$，电池可逆放电时无热效应。

将式（5-42）代入式（5-41）可以得

$$\Delta_r H_m = -zFE + Q_r \qquad\qquad 式（5\text{-}43）$$

该式表明，因电池反应有非体积功（电功）存在，恒压下可逆电池反应的焓变 $\Delta_r H_m$ 不等于电池可逆放电时的热效应 Q_r。

例 5-13 298K 时电池 $Zn(s)|ZnCl_2(0.01mol/kg)|AgCl(s)|Ag(s)$ 的电动势 $E = 1.044V$，电池电动势的温度系数 $\left(\dfrac{\partial E}{\partial T}\right)_p = -4.02 \times 10^{-4} V/K$。写出该电池的电池反应，并计算该温度下电池反应的 $\Delta_r G_m$、$\Delta_r S_m$、$\Delta_r H_m$ 及可逆放电时与环境交换的热量 Q_r。

解： 负极 $Zn(s) \longrightarrow Zn^{2+}(aq) + 2e^-$

正极 $2AgCl(s) + 2e^- \longrightarrow 2Ag(s) + 2Cl^-(aq)$

电池反应 $Zn(s) + 2AgCl(s) \longrightarrow Zn^{2+}(aq) + 2Ag(s) + 2Cl^-(aq)$

$$\Delta_r G_m = -zEF = -2 \times 96\,500 \times 1.044 = -201.5 \text{kJ/mol}$$

$$\Delta_r S_m = zF\left(\frac{\partial E}{\partial T}\right)_p = 2 \times 96\,500 \times (-4.02 \times 10^{-4}) = -77.59 \text{J/(K·mol)}$$

$$Q_r = T\Delta_r S_m = 298 \times (-77.59) = -23.1 \text{kJ/mol}$$

$$\Delta_r H_m = -zFE + T\Delta_r S_m = -201.5 - 23.1 = -224.6 \text{kJ/mol}$$

三、判断化学反应的方向

等温等压条件下，可逆电池反应 $\Delta_r G_m = -zFE$，可以得知① $E > 0$，则 $(\Delta_r G_m)_{T,p} < 0$，该电池反应正向自发进行；② $E < 0$，则 $(\Delta_r G_m)_{T,p} > 0$，该电池反应正向非自发（实则逆向自发）。

因此，对于某给定的化学反应，若能按反应式将其设计成原电池，即可根据所得电池的电动势 E 或 $(\Delta_r G_m)_{T,p}$ 的正负号判断反应的方向。显然，电池电动势 $E = \varphi_+ - \varphi_-$，故也可根据相关电极 φ 值的大小判断反应进行的方向。

例 5-14 298K 时，将两电极 $Cd^{2+} | Cd(s)$ 和 $Fe^{2+} | Fe(s)$ 组成电池，已知 298K 时两电极的标准电极电势分别为 $\varphi^{\ominus}_{Cd^{2+}/Cd} = -0.402\,8V$，$\varphi^{\ominus}_{Fe^{2+}/Fe} = -0.440\,2V$。

（1）当两电极均处于标准状态下，金属铁能否置换出溶液中的镉？

（2）当 $a(Cd^{2+}) = 0.000\,1$，$a(Fe^{2+}) = 0.1$ 时结果又如何？

解： 金属铁置换出溶液中镉的反应式如下

$$Fe(s) + Cd^{2+}(a_1) \longrightarrow Fe^{2+}(a_2) + Cd(s)$$

将该反应设计成电池 $Fe(s) | Fe^{2+}(a_2) \| Cd^{2+}(a_1) | Cd(s)$

计算电池的电动势 E，若 $E > 0$，则该电池反应正向自发，表明金属铁能够置换出溶液中镉；反之，$E < 0$ 则铁不能置换出溶液中的镉。

（1）两电极均处于标准态时

$$E^{\ominus} = \varphi^{\ominus}_+ - \varphi^{\ominus}_- = \varphi^{\ominus}_{Cd^{2+}/Cd} - \varphi^{\ominus}_{Fe^{2+}/Fe} = -0.402\,8 - (-0.440\,2) = 0.037\,4V$$

由于 $E^{\ominus} > 0$，所设定的电池反应自发，故金属铁能够置换出溶液中的镉。

（2）当 $a(Cd^{2+}) = 0.000\,1$，$a(Fe^{2+}) = 0.1$ 时

$$E = (\varphi^{\ominus}_{Cd^{2+}/Cd} - \varphi^{\ominus}_{Fe^{2+}/Fe}) - \frac{RT}{zF} \ln \frac{a_{Fe^{2+}} a_{Cd}}{a_{Cd^{2+}} a_{Fe}}$$

纯固体铁、镉的活度为 1，代入两电极的标准电极电势值可得

$$E = (-0.402\,8 + 0.440\,2) - \frac{8.314 \times 298}{2 \times 96\,500} \ln \frac{0.1}{0.000\,1}$$

$$= -0.051\,3V$$

由于 $E < 0$，所设定的电池反应非自发，故此浓度下金属铁不能置换出溶液中的镉。

四、求化学反应的标准平衡常数

$\Delta_r G_m^{\ominus}$ 与反应标准平衡常数 $K_a^{\ominus}$ 之间的关系为 $\Delta_r G_m^{\ominus} = -RT \ln K_a^{\ominus}$，电池的标准电动势 $E^{\ominus}$ 与 $\Delta_r G_m^{\ominus}$ 之间有 $\Delta_r G_m^{\ominus} = -zE^{\ominus} F$，两式相结合可得出

$$E^{\ominus} = \frac{RT}{zF} \ln K_a^{\ominus} \qquad \text{式（5-44a）}$$

或写作

$$K_a^{\ominus} = \exp\left(\frac{zFE^{\ominus}}{RT}\right) \qquad \text{式（5-44b）}$$

通过实验测得标准电池的电动势 $E^{\ominus}$，或根据 $E^{\ominus} = \varphi_+^{\ominus} - \varphi_-^{\ominus}$ 在标准电极电势表中查得正极和负极的 $\varphi^{\ominus}$ 值，可计算该电池反应的标准平衡常数 $K_a^{\ominus}$。

例 5-15 试计算 298K 时反应 $Hg_2^{2+} + 2Fe^{2+} \longrightarrow 2Hg(l) + 2Fe^{3+}$ 的 $\Delta_r G_m^{\ominus}$ 和平衡常数 $K_a^{\ominus}$。

解：按反应设计的电池为

$$Pt \mid Fe^{2+}(a=1), Fe^{3+}(a=1) \parallel Hg_2^{2+}(a=1) \mid Hg(l)$$

查表得 298K 时 $\varphi_{Fe^{3+}/Fe^{2+}}^{\ominus} = 0.771V$，$\varphi_{Hg_2^{2+}/Hg}^{\ominus} = 0.795\,9V$，故

$$E^{\ominus} = \varphi_{Hg_2^{2+}/Hg}^{\ominus} - \varphi_{Fe^{3+}/Fe^{2+}}^{\ominus} = 0.795\,9 - 0.771 = 0.025V$$

$$\Delta_r G_m^{\ominus} = -zE^{\ominus} F = -2 \times 0.025 \times 96\,500 = -4\,825J/mol = -4.825kJ/mol$$

由式（5-44b）可得

$$K_a^{\ominus} = \exp\left(\frac{zFE^{\ominus}}{RT}\right) = \exp\left(\frac{2 \times 96\,500 \times 0.025}{8.314 \times 298}\right) = 7.01$$

五、求难溶盐的活度积

在一定温度下，难溶盐在水中达到溶解平衡，溶解平衡常数以 $K_{sp}^{\ominus}$ 表示，也称为该温度下难溶盐的活度积。如果将难溶盐的溶解平衡关系式设计成电池，则可利用两电极的标准电极电势 $\varphi^{\ominus}$ 计算出标准电动势 $E^{\ominus}$，进而求得 $K_{sp}^{\ominus}$。难溶盐的活度积在科学实验和化工生产中具有重要的指导价值，电动势法是除电导法之外测定难溶盐活度积的又一种常用方法。利用类似的方法还可以求络合物的不稳定常数、水的离子积常数等。

ER5-5 求难溶盐的活度积（微课）

例 5-16 试用标准电极电势 $\varphi^{\ominus}$ 计算难溶盐 AgI 在 298K 时的活度积 $K_{sp}^{\ominus}(AgI)$。

解：根据难溶盐 AgI 的溶解平衡 $AgI(s) \longrightarrow Ag^+ + I^-$ 设计电池

$$Ag(s) \mid Ag^+(a_1) \parallel I^-(a_2) \mid AgI(s) \mid Ag(s)$$

负极　　　　　$Ag(s) \longrightarrow Ag^+(a_1) + e^-$

正极　　　　　$AgI(s) + e^- \longrightarrow Ag(s) + I^-(a_2)$

电池反应　　　$AgI(s) \longrightarrow Ag^+(a_1) + I^-(a_2)$

该电池的标准电动势

$$E^{\ominus} = \varphi_{\mathrm{AgI/Ag}}^{\ominus} - \varphi_{\mathrm{Ag^+/Ag}}^{\ominus}$$

查标准电极电势表可得，298K 时

$$\varphi_{\mathrm{AgI/Ag}}^{\ominus} = -0.152\ 1\mathrm{V}, \varphi_{\mathrm{Ag^+/Ag}}^{\ominus} = 0.799\ 4\mathrm{V}$$

利用式（5-44）计算 AgI 的活度积为

$$\begin{aligned}
\ln K_{\mathrm{sp}}^{\ominus}(\mathrm{AgI}) &= \frac{zFE^{\ominus}}{RT} = \frac{zF(\varphi_{\mathrm{AgI/Ag}}^{\ominus} - \varphi_{\mathrm{Ag^+/Ag}}^{\ominus})}{RT} \\
&= \frac{1 \times 96\ 500 \times (-0.152\ 1 - 0.799\ 4)}{8.314 \times 298.15} \\
&= -37.04 \\
K_{\mathrm{sp}}^{\ominus}(\mathrm{AgI}) &= 8.20 \times 10^{-17}
\end{aligned}$$

从以上算式可得

$$\varphi_{\mathrm{AgI/Ag}}^{\ominus} = \varphi_{\mathrm{Ag^+/Ag}}^{\ominus} + \frac{RT}{F} \ln K_{\mathrm{sp}}^{\ominus}(\mathrm{AgI})$$

即金属电极的标准电极电势与其相应的难溶盐电极的标准电极电势，可通过难溶盐的活度积进行相互换算。

六、测定溶液的 pH

溶液的 pH 等于溶液中氢离子活度的负对数，即 $\mathrm{pH} = -\lg a_{\mathrm{H^+}}$，因此选用对 H^+ 可逆的电极与另一个电极电势已知的参比电极组成电池，通过测定电池的电动势就可确定溶液的 pH。电动势法测定溶液的 pH 时最常用的参比电极是甘汞电极，H^+ 指示电极有氢电极、醌 - 氢醌电极和**玻璃电极**（glass electrode）。

用氢电极做指示电极、甘汞电极为参比电极测定溶液 pH 值时，可方便得出电极电势与 pH 的关系为 $E = \varphi_{甘汞} + 0.059\ 15\mathrm{pH}$。但是氢电极的使用条件非常严格，极易中毒，溶液中若含有可被还原的 Hg^{2+}、Fe^{3+} 等离子时易吸附在电极表面致电极失活。而醌 - 氢醌电极虽然易于制备、使用方便且不易中毒，但由于不能用于 pH > 8.5 的碱性溶液，且被测溶液不能含有氧化剂、还原剂和对铂有毒物质（如砷等），使用范围受到一定限制。因此，实际测定溶液 pH 时最普遍使用的是玻璃电极。

玻璃电极是一种 H^+ 选择性电极，是在一特制球形玻璃膜泡内装入一定 pH 的缓冲溶液或 0.1mol/kg 的 HCl 溶液，并插入一根 Ag-AgCl 电极（称为内参比电极）而构成。玻璃膜的组成一般是 72%SiO_2、22%Na_2O 和 6%CaO，适用于 pH 1～9 范围的测定，若改变玻璃膜的组成，pH 使用范围可达 1～14。测定时将玻璃泡浸入待测溶液中构成玻璃电极，其电极电势与待测溶液的 H^+ 活度有关

$$\varphi_{玻} = \varphi_{玻}^{\ominus} + \frac{RT}{F} \ln (a_{\mathrm{H^+}})_x = \varphi_{玻}^{\ominus} - \frac{2.303RT}{F} \mathrm{pH}$$

式中，$\varphi_{玻}^{\ominus}$ 为玻璃电极的标准电极电势。不同的玻璃电极，由于膜的组成和制备工艺不同，$\varphi_{玻}^{\ominus}$ 有不同值。对于某给定的玻璃电极 $\varphi_{玻}^{\ominus}$ 为一个常数，通常可在测定待测溶液之前用已知 pH

的标准缓冲溶液(如饱和酒石酸氢钾,0.01mol/kg 硼砂等)对它进行标定。

将玻璃电极与参比电极(例如甘汞电极)组成电池:

Ag(s)|AgCl(s)|HCl(0.1mol/kg)|玻璃膜|待测溶液(a_{H^+})‖摩尔甘汞电极 298K 时,电池电动势

$$E = \varphi_{甘汞} - \varphi_{玻璃} = 0.280\,1 - \left(\varphi_{玻璃}^{\ominus} - 2.303 \frac{RT}{F} pH \right)$$

整理后,可得

$$pH = \frac{(E - 0.280\,1 + \varphi_{玻璃}^{\ominus})F}{2.303RT} \qquad 式(5\text{-}45)$$

设 pH_s 和 pH_x 分别为标准缓冲溶液和待测溶液的 pH,由式 (5-45)可以得到用玻璃电极测定溶液 pH 的计算公式为

$$pH_x = pH_s + \frac{(E_x - E_s)F}{2.303RT} \qquad 式(5\text{-}46)$$

玻璃电极不受溶液中氧化剂、还原剂及各类杂质的影响,待测溶液用量少,操作简便。利用以上测量原理,目前广泛使用的是把玻璃电极和参比电极组合在一起的 pH 复合电极,它主要由内参比半电池(包含电极球泡、玻璃支持管、内参比电极、内参比溶液)和外参比半电池(包含外壳、外参比电极、外参比溶液和液接界)组成,内、外参比电极都采用 Ag-AgCl 电极。此外还有电极帽、电极导线、插口或温度探头等部件,其主要构造如图 5-13 所示。使用 pH 复合电极测定溶液 pH 的仪器称为 pH 计,在工业及实验室中得到了极为广泛的应用。

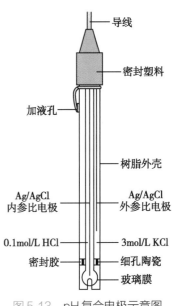

图 5-13　pH 复合电极示意图

导线
密封塑料
加液孔
树脂外壳
Ag/AgCl 内参比电极
Ag/AgCl 外参比电极
0.1mol/L HCl
3mol/L KCl
密封胶
细孔陶瓷
玻璃膜

七、测定电池的标准电动势 $E^{\ominus}$ 及离子平均活度系数

根据电池反应的能斯特方程,通过实验测定电池的电动势 E,再由 $\varphi^{\ominus}$ 数据求得标准电动势 $E^{\ominus}$,就可计算该电池电解质溶液中的离子平均活度 $a_{\pm}$ 和离子平均活度系数 $\gamma_{\pm}$。以如下电池为例

$$Pt(s)|\ H_2(p^{\ominus})\ |\ HCl(m)\ |\ AgCl(s)\ |\ Ag(s)$$

电池反应为

$$\frac{1}{2} H_2(p^{\ominus})\ + AgCl(s) \longrightarrow Ag(s) + H^+(m) + Cl^-(m)$$

电池电动势为

$$E = E^{\ominus} - \frac{RT}{F} \ln \frac{a_{H^+} a_{Cl^-} a_{Ag}}{(p_{H_2}/p^{\ominus})^{1/2} a_{AgCl}} = E^{\ominus} - \frac{RT}{F} \ln (a_{H^+} a_{Cl^-})$$

由于 $a_{H^+} a_{Cl^-} = a_{\pm}^2 = \gamma_{\pm}^2 \left(\dfrac{m}{m^{\ominus}} \right)^2$,代入上面的电动势计算公式中,得

$$E = E^{\ominus} - \frac{2RT}{F} \ln \frac{m}{m^{\ominus}} - \frac{2RT}{F} \ln \gamma_{\pm} \qquad \text{式（5-47）}$$

若已知给定温度下电池的标准电动势，并测得不同浓度 HCl 溶液的电池电动势，即可由式（5-47）算得相应浓度下 HCl 溶液的离子平均活度系数 $\gamma_{\pm}$。反之，若离子平均活度系数可由德拜 - 休克尔极限公式计算得到，则可求得 $E^{\ominus}$。

对 1-1 型电解质，在稀溶液范围内，德拜 - 休克尔极限公式可表示为

$$\ln \gamma_{\pm} = -A' Z_+ |Z_-| \sqrt{I} = -A' \sqrt{m}$$

将上式代入式（5-47），整理后可得

$$E + \frac{2RT}{F} \ln \frac{m}{m^{\ominus}} = E^{\ominus} + \frac{2RTA'}{F} \sqrt{m} \qquad \text{式（5-48）}$$

$E + \dfrac{2RT}{F} \ln \dfrac{m}{m^{\ominus}}$ 与 $\sqrt{m}$ 在稀溶液范围内呈直线关系，将直线外推至 $m \to 0$，由截距可以得到 $E^{\ominus}$ 值。

例 5-17　298K 时测得如下电池的电动势 E 为 0.397 8V，已知甘汞电极的标准电极电势 $\varphi^{\ominus}_{Hg_2Cl_2/Hg} = 0.267\ 6V$，若 0.1mol/kg 的 HCl 和 KCl 两溶液中 Cl^- 的活度系数 γ_{Cl^-} 相等，试计算 0.1mol/kg 的 HCl 溶液中的离子平均活度系数 $\gamma_{\pm}$。

$$Pt \mid H_2(100kPa) \mid HCl(0.1mol/kg) \parallel KCl(0.1mol/kg) \mid Hg_2Cl_2(s) \mid Hg(l)$$

解：电极反应和电池反应如下

负极　　　　　$\dfrac{1}{2} H_2(100kPa) \longrightarrow H^+(a) + e^-$

正极　　　　　$\dfrac{1}{2} Hg_2Cl_2(s) + e^- \longrightarrow Hg(l) + Cl^-(a)$

电池反应　　　$\dfrac{1}{2} Hg_2Cl_2(s) + \dfrac{1}{2} H_2(100kPa) \longrightarrow Hg(l) + H^+(a) + Cl^-(a)$

由能斯特方程可得

$$E = (\varphi^{\ominus}_{Hg_2Cl_2/Hg} - \varphi^{\ominus}_{H^+/H_2}) - \frac{RT}{F} \ln \frac{a_{H^+} a_{Cl^-} a_{Hg}}{(p_{H_2}/p^{\ominus})^{1/2} a^{1/2}_{Hg_2Cl_2}}$$

已知 $E = 0.397\ 8V$，$\varphi^{\ominus}_{Hg_2Cl_2/Hg} = 0.267\ 6V$，$\varphi^{\ominus}_{H^+/H_2} = 0V$，$p_{H_2} = p^{\ominus}$，纯固体活度视为 1，代入则有

$$0.397\ 8 = 0.267\ 6 - \frac{8.314 \times 298}{96\ 500} \ln \frac{a_{H^+} a_{Cl^-}}{1}$$

可得

$$a_{H^+} a_{Cl^-} = 6.295 \times 10^{-3}$$

而

$$a_{H^+} a_{Cl^-} = \alpha_{\pm}^2 = \left(\gamma_{\pm} \frac{m_{\pm}}{m^{\ominus}} \right)^2, \quad m_{\pm} = (m_{H^+} m_{Cl^-})^{\frac{1}{2}} = (0.1 \times 0.1)^{\frac{1}{2}} = 0.1$$

可得

$$\gamma_{\pm} = 0.793\ 4$$

第八节 浓差电池

前述电池在工作时,构成电极的物质在两极发生了化学反应,称为化学电池。有这样一类电池,工作时物质变化的净结果仅是由高浓度的状态向低浓度的状态转变,这类电池称为**浓差电池**(concentration cell)。浓差电池有单液浓差和双液浓差两种。

一、单液浓差电池

单液浓差电池是由材料相同而活度不同的两个电极插入同一电解质溶液中构成的电池,也称为电极浓差电池。例如电池

$$Pt \mid H_2(p_1) \mid HCl(m) \mid H_2(p_2) \mid Pt$$

是由压力不同的两个氢电极置于同一 HCl 溶液中所构成。电极反应为

负极 $\qquad\qquad\qquad H_2(p_1) \longrightarrow 2H^+(m) + 2e^-$

正极 $\qquad\qquad\qquad 2H^+(m) + 2e^- \longrightarrow H_2(p_2)$

总变化为 $\qquad\qquad H_2(p_1) \longrightarrow H_2(p_2)$

正、负极的标准电极电势均为 $\varphi^{\ominus}_{H^+/H_2} = 0$,电池电动势为

$$E = -\frac{RT}{2F} \ln \frac{p_2/p^{\ominus}}{p_1/p^{\ominus}} = \frac{RT}{2F} \ln \frac{p_1}{p_2}$$

由此可知,当温度一定时这类电池的电动势 E 只与构成两电极材料的物质活度有关(与电解质溶液的活度无关)。当 $p_1 > p_2$ 时, $E > 0$,即气体由高压向低压的转变为自发过程。

二、双液浓差电池

双液浓差电池是由两个材料相同的电极分别插入两个电解质相同而活度不同的溶液中构成的电池,也称为电解质浓差电池。例如电池

$$Ag(s) \mid AgNO_3(a_1) \parallel AgNO_3(a_2) \mid Ag(s)$$

正、负极都是银电极,但构成两电极的 $AgNO_3$ 溶液的活度不同。为了基本消除液接电势,通常在两个电解质溶液之间置入盐桥。电极反应为

负极 $\qquad\qquad\qquad Ag(s) \longrightarrow Ag^+(a_1) + e^-$

正极 $\qquad\qquad\qquad Ag^+(a_2) + e^- \longrightarrow Ag(s)$

总变化为 $\qquad\qquad Ag^+(a_2) \longrightarrow Ag^+(a_1)$

正、负极的 $\varphi^{\ominus}$ 均为 $\varphi^{\ominus}_{Ag^+/Ag}$,电池电动势为

$$E = -\frac{RT}{F} \ln \frac{a_1}{a_2} = \frac{RT}{F} \ln \frac{a_2}{a_1}$$

同样,当温度一定时这类电池的电动势仅与两电极中电解质溶液的活度有关。当 $a_2 > a_1$ 时, $E > 0$,即物质由高浓度向低浓度的转变为自发过程。

三、双联浓差电池

如果要完全消除双液浓差电池的液接电势,可将电解质浓度不同的两个相同的电池串接在一起,以相同的电极相连,即构成双联浓差电池。例如

$$Na(Hg)\,|\,NaCl(a_1)\,|\,AgCl(s)\,|\,Ag(s)-Ag(s)\,|\,AgCl(s)\,|\,NaCl(a_2)\,|\,Na(Hg)$$

左电池反应 $\qquad\qquad\qquad AgCl(s)+Na(Hg)\longrightarrow Ag(s)+NaCl(a_1)$

左电池电动势 $\qquad\qquad E_{左}=(\varphi^{\ominus}_{AgCl/Ag}-\varphi^{\ominus}_{Na^+/Na})-\dfrac{RT}{F}\ln a_1$

右电池反应 $\qquad\qquad\qquad Ag(s)+NaCl(a_2)\longrightarrow AgCl(s)+Na(Hg)$

右电池电动势 $\qquad\qquad E_{右}=(\varphi^{\ominus}_{Na^+/Na}-\varphi^{\ominus}_{AgCl/Ag})+\dfrac{RT}{F}\ln a_2$

双联电池总反应为 $\qquad\qquad NaCl(a_2)\longrightarrow NaCl(a_1)$

可见,该电池实质上属于电解质浓差电池,电池总电动势为

$$E_{总}=E_{左}+E_{右}=\dfrac{RT}{F}\ln\dfrac{a_2}{a_1}$$

四、膜电势及其医学应用

生命现象最基本的过程是电荷运动,生物电的起因可归结为细胞膜内外两侧的电势差,因此弄清细胞膜电势的产生及变化机制尤为重要。

膜电势(membrane potential)是在两个浓度相异的同种电解质溶液之间放入一层膜(玻璃膜、无机或有机离子交换膜和生物膜等),由于膜的界面上发生离子或电子的交换、吸附、扩散、选择性渗透或萃取等作用,在膜的两个界面上产生的电势差。

例如,一个简单系统为

$$M^+A^-(a_2)\,|\,膜\,|\,M^+A^-(a_1)$$

如果所用的膜为阳离子交换膜(只允许阳离子 M^+ 通过),当扩散达平衡后阳离子 M^+ 在膜两侧的电化学势相等,即

$$\tilde{\mu}_{M^+,1}=\tilde{\mu}_{M^+,2} \qquad\qquad\qquad 式(5-49)$$

在电化学中,带电物质的电化学势定义为化学势(μ_i)与电功($zF\varphi_i$)之和。故有

$$\tilde{\mu}_{M^+,1}=\mu_{M^+,1}+zF\varphi_1 \qquad\qquad\qquad 式(5-50a)$$

$$\tilde{\mu}_{M^+,2}=\mu_{M^+,2}+zF\varphi_2 \qquad\qquad\qquad 式(5-50b)$$

而溶液中离子的化学势为

$$\mu_{M^+}=\mu^{\ominus}_{M^+}+RT\ln a_{M^+} \qquad\qquad\qquad 式(5-51)$$

将式(5-50a)、式(5-50b)和式(5-51)代入式(5-49),经整理后可得

$$\varphi_{膜}=\varphi_1-\varphi_2=\dfrac{RT}{zF}\ln\dfrac{a_{M^+,2}}{a_{M^+,1}} \qquad\qquad\qquad 式(5-52)$$

若 $a_{M^+,2} > a_{M^+,1}$，则 $\varphi_1 > \varphi_2$，表明阳离子移向 1 相。如果保持一相中离子的活度不变，则膜电势的变化只与另一相中离子的活度有关，这就是离子选择性膜电极测定某组分活度的依据。

对于生物体内正常的细胞，细胞膜内外 $c_{K^+膜内} \gg c_{K^+膜外}$，而钠离子浓度刚好相反，$c_{Na^+膜内} \ll c_{Na^+膜外}$，静息状态下细胞膜主要对 K^+ 开放，其他离子的通透性很小。在浓度差的驱动下，K^+ 由细胞内向细胞外扩散，而细胞内的大分子蛋白质负离子却不能移出，于是在膜内产生净负电荷、膜外产生净正电荷，形成电势差。该电场的存在将阻止 K^+ 向细胞膜外的进一步扩散，反过来有利于 K^+ 回流，最终达到动态平衡，即 K^+ 在两相中的化学势相等，此时膜内外形成稳定的电势差即膜电势，生理学称为**静息电位**（resting potential）。

生命科学中常以下式表示膜电势

$$\Delta\varphi = \varphi_{内} - \varphi_{外} = \frac{RT}{F}\ln\frac{a_{K^+}（外）}{a_{K^+}（内）} \qquad 式（5\text{-}53）$$

细胞膜电势的存在导致细胞与外界物质形成微电流环路，维持细胞内外离子平衡，使细胞内外的信息得以交流，从而调节细胞功能。通常在安静状态下，组织细胞静息电位为 $-100 \sim -10\text{mV}$。例如，在静息状态时，神经细胞内液体中 K^+ 的浓度是细胞外的 35 倍左右，由于生命体中溶液并非处于平衡态，实测神经细胞静息电位为 $-70 \sim -90\text{mV}$，心室肌细胞的膜电势为 $-90 \sim -85\text{mV}$，肝细胞的膜电势约为 -40mV，红细胞约为 -10mV。

当细胞受刺激时（如短脉冲电流、热、光、压力及药物的化学作用等），细胞膜电势会发生短暂的波动，由负值改变为正值，并传播到细胞的各个部分。例如，心室肌细胞受外来刺激后，该处细胞膜的 Na^+ 通道迅速开放，K^+ 通道关闭。膜外大量 Na^+ 流入膜内，负电荷被抵消，膜内电势急剧上升（由 -90mV 改变至 $+30\text{mV}$ 左右），这种电势变化称为**动作电位**（action potential）。借助监测细胞膜电势的这一变化可以研究生物机体的活动状态，并被广泛应用于医学诊断。例如，心电图通过测量心肌收缩和松弛时心肌膜电势的相应变化来判断心脏工作是否正常。与此类似，脑电图用于了解大脑神经细胞的电活性，肌电图用以监测骨架肌肉电活性等。膜电势及其变化规律在生命科学和医药科学中的应用非常广泛，是生物电化学研究的重要领域之一。

知识拓展

生物电化学简介

在生命过程中，生物体摄取食物中的养料，通过复杂的化学变化代谢成维持生命所必需的物质和能量，其物质代谢主要通过氧化还原反应的方式进行，代谢作用及各种生理现象都伴随着电荷的转移，都与电子传递、电流和电势变化密切相关。随着科技的发展，生命过程中的电化学研究逐渐成为现代电化学的重要领域，20 世纪 70 年代，由生物物理学、生物化学、电化学和化学等多学科交叉形成了生物电化学（bioelectrochemistry）这门学科。它是以生物体系的研究及其控制和应用为目的,采用电化学的基本原理和方法,在生物体和有机组织的整体以及分子和细胞两个不同水平上,研究或模拟研究电荷(包括电子、离子及其他电活性粒子)在生物系统和其相应模型系统中的分布、传输和转移及转化的化学本质和规律的学科。

目前,生物电化学的研究主要涵盖生物体内各种氧化还原反应过程的热力学和动力学研究、生物电现象、生物电化学传感器等方面,在临床检测、医药工业、生物医学、食品工业和环境监测等领域得到广泛的应用。

ER5-6 生物传感器和家用血糖仪(文档)

第九节 电极的极化和超电势

前述可逆电池及电动势、可逆电极电势等,都以热力学可逆为前提条件,即电极反应、电池反应都是在平衡或无限接近平衡的条件下进行,电极中无任何不可逆的过程发生,因而通过体系的电流必须无限接近于零。它们的研究为许多电化学和热力学问题的解决起到了非常重要的作用。然而实际的电化学过程却无法在电流趋于零的可逆条件下实现,当有一定的电流流过时,电极过程将偏离热力学平衡态。本节将从分析实际的电解过程入手,对不可逆电极过程——电极的极化、超电势及相关规律作简要介绍。

一、实际电解过程与电极的极化

人们在研究直流电电解 H_2SO_4 溶液时发现,当施加在电解池两极的电压增大至某一临界值时,通过溶液的电流急剧上升、两极有连续气泡逸出,此电压值即为电解 H_2SO_4 溶液时的**分解电压**(decomposition voltage),经实验测定 298K 时其值约为 1.7V。电解 H_2SO_4 溶液时的电极反应、电解反应如下。

阴极 $\qquad 2H^+(a) + 2e^- \longrightarrow H_2(p)$

阳极 $\qquad H_2O(1) \longrightarrow 2H^+(a) + \dfrac{1}{2}O_2(p) + 2e^-$

电解反应 $\qquad H_2O(1) \longrightarrow H_2(p) + \dfrac{1}{2}O_2(p) \qquad\qquad E_{分解} = 1.7V$

电解反应稳定进行时,由于阴极和阳极上分别有氢气和氧气逸出,它们吸附在电极表面并与溶液中的离子一起构成氢电极和氧电极,将形成一个与电解池外加电压相抗衡的电池,从而产生一个反电动势,其值等于该电池的可逆电动势 1.23V,即

$$Pt \mid H_2(p) \mid H_2SO_4(m) \mid O_2(p) \mid Pt \qquad\qquad E_{可逆} = 1.23V$$

理论上,电解时所施加的外电压只要略高于该可逆电动势电解即可顺利进行,因此,该可逆电动势值也称为 H_2SO_4 溶液的理论分解电压,即 $E_{理论} = E_{可逆} = 1.23V$。

由此可见 $E_{分解} > E_{可逆}$，二者相差较大。这一现象表明，当有电流通过电极时，电极的热力学平衡态将受到破坏，实际的电极过程将偏离可逆过程，电极电势也随之偏离可逆电极电势值。研究表明，随着电极上电流密度的增加，电极的不可逆程度增大，电极电势偏离可逆电极电势也越来越远。这种有电流通过电极时，电极电势偏离可逆电极电势的现象称为**电极极化**（polarization of electrode）。

二、极化产生的原因和超电势

电极极化的原因有浓差极化、电化学极化、反应极化和欧姆极化等，这里主要介绍浓差极化和电化学极化。

在一定的电流密度下，电极反应一旦发生，电解质溶液中靠近电极周围的离子将在阳极迅速产生或在阴极被迅速消耗，由于离子扩散速率远远小于电极反应的速率，使电极周围离子的浓度与溶液本体中离子的浓度产生差异。而通常所说的可逆电极电势是相对于溶液本体浓度而言的，结果相当于将阳极插入了更浓的电解质溶液或将阴极插入了更稀的电解质溶液。这种由于浓度差所造成的极化称为**浓差极化**（concentration polarization）。通过搅拌或升高溶液温度等方式提高离子扩散速率，可降低浓差极化。

当有电流通过电解质溶液时，电极反应速率的有限性使阳极不能及时释放电子，阴极不能及时消耗电子，实际的电极过程偏离热力学平衡态，致使电极带电程度与可逆电极不同。这种由于电化学反应本身的迟缓性所造成的极化称为**电化学极化**（electrochemical polarization），其本质在于金属-溶液界面间的电荷转移作为电极反应速率的关键步骤需要较高的活化能，故也称为**活化极化**（activation polarization）。

浓差极化和电化学极化，都使阳极电极电势大于可逆值，而阴极的电极电势小于可逆值。我们将某一电流密度下的电极电势与其可逆电极电势之差的绝对值称为**超电势**（overpotential），以符号 η 表示，可写作

$$\eta_{阳} = \varphi_{不可逆,阳} - \varphi_{可逆,阳} \qquad\qquad 式（5-54a）$$

$$\eta_{阴} = \varphi_{可逆,阴} - \varphi_{不可逆,阴} \qquad\qquad 式（5-54b）$$

浓差极化和电化学极化所形成的超电势分别称为**浓差超电势**（concentration overpotential）**和电化学超电势**（electrochemical overpotential）。超电势的大小与电极材料、电极表面的状态、电流密度、电解质的性质、浓度、温度以及溶液中杂质含量等因素有关。通常金属析出的超电势较小，而逸出气体（如氢气、氧气）的超电势较大，在不同的金属电极上气体的超电势数值不同。

三、极化曲线与电解时的实际电极反应

超电势的大小与通过电极的电流密度有关，因此在不同电流密度 i 下分别测定原电池或电解池中两极的电极电势 φ_i，可绘制出 $\varphi_i \sim i$ 关系曲线，称为电极的**极化曲线**（polarization curve）。图 5-14 分别为电解池和原电池的电极极化曲线，可以看出两者存在较大的差别。

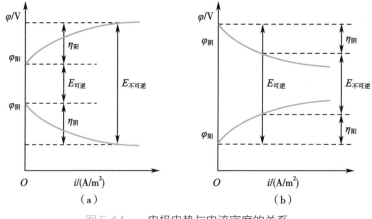

图 5-14 电极电势与电流密度的关系
（a）电解池的极化曲线；（b）原电池的极化曲线。

对于电解池而言，电流密度越大，电解池工作时不可逆程度亦越高，两极所需要施加的外加电压越大，电解消耗的电功也越多。对于原电池而言，电流密度 i 越大，原电池工作时不可逆程度越高，电池的端电压越小，所能做的电功也越少。

根据式（5-54）可得

$$\varphi_{\text{不可逆,阳}} = \varphi_{\text{可逆,阳}} + \eta_{\text{阳}} \qquad \text{式（5-55a）}$$

$$\varphi_{\text{不可逆,阴}} = \varphi_{\text{可逆,阴}} - \eta_{\text{阴}} \qquad \text{式（5-55b）}$$

通过以上分析可以得出，当电极发生极化时，应依据 $\varphi_{\text{不可逆}}$ 的数值大小对实际的电极反应做出判断。电解时，$\varphi_{\text{不可逆}}$ 数值越小者越易在阳极发生氧化反应，$\varphi_{\text{不可逆}}$ 数值越大者越易在阴极发生还原反应。

电极的极化从能量利用角度来说对原电池和电解池都是不利的。在一定的条件下，可在电解质溶液中加入适量较易在电极上发生反应的物质，以削弱极化或将其限制在一定的程度以内，这种作用称为**去极化**（depolarization），所加入的物质称为**去极化剂**（depolarizer）。另一方面，人们也可以对电极的极化加以利用。例如，利用氢气在一些金属电极上具有较大超电势的特性，可通过控制阴极电势，使溶液中的数种活泼金属元素在阴极上电解还原、依次析出，如 Fe、Zn、Ni 等。电极的极化及相关电化学原理在电镀及制备金属行业、电化学分析（例如极谱分析）、化学电源（例如铅酸电池）、基础工业原料生产（例如氯碱工业）以及金属防腐等领域均有广泛应用。

案例 5-1

电极极化在氯碱工业中的应用

问题：氯碱工业以饱和食盐水电解法制备 Cl_2 和 NaOH，电解时阳极存在析出 O_2 的竞争反应 $4OH^- \longrightarrow O_2(g) + 2H_2O + 4e^-$。已知 298K 时析出 Cl_2 和 O_2 的 $\varphi^{\ominus}$ 分别为 1.358 0V 和 0.401V，根据电化学原理阳极应该放出 O_2 而非 Cl_2，如何解释这一现象？

分析: 氯碱法以电解饱和食盐水制取 NaOH、Cl_2 和 H_2,是最基本的化学工业之一,反应式为 $2NaCl + 2H_2O \longrightarrow 2NaOH + Cl_2(g) + H_2(g)$。电解时,阴极水分子还原为 H_2 并形成 NaOH 溶液,阳极存在析氧竞争反应。实际的电解过程将发生电极极化,例如以光亮 Pt 电极在电流密度为 1 000A/m^2 时进行电解,析出 Cl_2 和 O_2 的超电势分别为 0.054V(饱和 NaCl 溶液)和 1.28V(1mol/dm^3KOH 溶液)。298K 时电解液含有氢氧化钠 2.5mol/dm^3、氯化钠 3.08mol/dm^3,若不计活度系数的影响,阳极析出 Cl_2 和 O_2 的电极电势分别为 1.383V 和 1.657V。电极极化导致两个竞争反应的 φ 值发生逆转,即 $\varphi_{析O_2} > \varphi_{析Cl_2}$,因此电解时阳极析出 Cl_2 而不是 O_2。极化在这里成为一种非常有利的因素,氯碱法常通过工艺措施进一步增大 $\varphi_{析O_2}$ 和 $\varphi_{析Cl_2}$ 之差,从而抑制析氧反应,提高氯气纯度。

本章小结

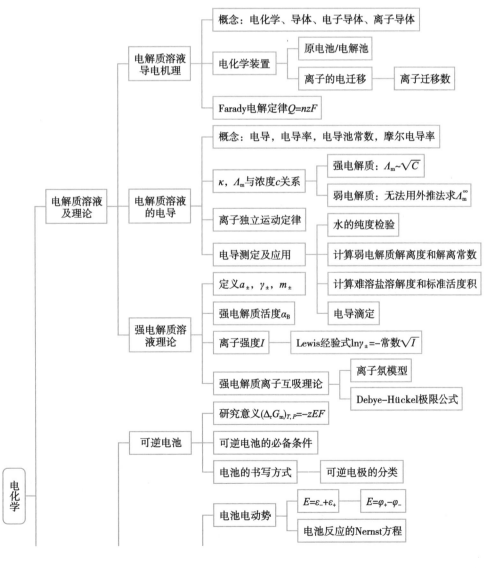

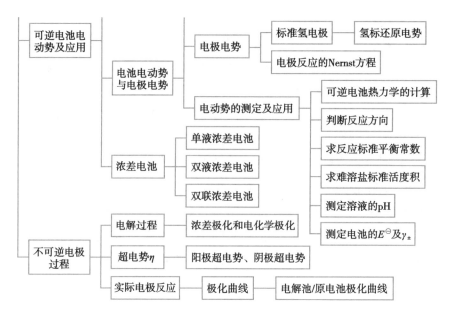

ER5-7　第五章　目标测试

一、简答题

1. 原电池和电解池的概念是什么,电化学和物理学中对于阴极和阳极、正极和负极是如何定义的,二者为何不同?

2. 法拉第(Faraday)电解定律的基本内容是什么,在电化学中有何用途?

3. 电导、电导率、电导池常数的概念是什么,它们之间如何换算?

4. 电解质溶液的电导率随溶液浓度的增加有何变化规律?

5. 强电解质溶液的摩尔电导率随溶液浓度是如何变化的,如何求算强电解质溶液无限稀释的摩尔电导率?

6. 弱电解质的摩尔电导率随溶液浓度的变化有何规律,如何求算弱电解质无限稀释的摩尔电导率?

7. 电导率和摩尔电导率的概念有何不同,它们各与哪些因素有关?

8. 什么是离子的电迁移现象,离子迁移的电量与离子的迁移速率、离子迁移数之间有哪些定量关系式?

9. 奥斯特瓦尔德稀释定律是否适用于强电解质溶液,为什么?

10. 离子强度的概念是什么,德拜 - 休克尔极限公式计算平均活度系数时有何限制条件?

11. 什么是离子氛模型,它的提出有何作用?

12. 可逆电池必须具备哪些条件,研究可逆电池及其电动势有何意义?

13. 什么是液体接界电势,如何降低液体接界电势至可以忽略不计?

14. 为什么说玻璃电极是一种离子选择性电极,其结构和使用特性有哪些?

15. 什么是电极的极化和超电势,电极的极化导致不可逆电极电势的变化有何规律?

二、计算题

1. 用银电极电解 $AgNO_3$ 的水溶液,通电一定时间后在阴极上析出 0.078g 的金属 Ag,经分析知道阳极区溶液质量为 23.376g,其中含 $AgNO_3$0.236g。已知通电前原溶液的浓度为 1kg 水中溶有 $AgNO_3$7.39g。试分别计算 Ag^+ 和 NO_3^- 迁移数。

2. 298K 时 0.010mol/dm³KCl 水溶液的电导率为 0.141 14S/m,将此溶液充满电导池,测得其电阻为 112.3Ω。若将该电导池改充以同浓度的某待测溶液,测得其电阻为 2 184Ω,试计算下列问题。

(1)该电导池的电导池常数。

(2)待测液的电导率、摩尔电导率。

3. 已知 298K 时 0.02mol/dm³KCl 溶液的电导率为 0.276 8S/m,一电导池中充以此溶液在 298K 时测得其电阻为 453Ω。在同一电导池中装入同样体积的质量浓度为 0.555mol/dm³ 的 $CaCl_2$ 溶液,测得电阻为 1 050Ω。试计算下列问题。

(1)该电导池的电导池常数。

(2)0.555mol/dm³ 的 $CaCl_2$ 溶液的电导率和摩尔电导率。

4. 在 298K 时,一电导池中充以 0.01mol/dm³KCl 溶液,测出电阻值为 484.0Ω,已知该溶液 298K 时的电导率为 0.140 877S/m;在同一电导池中充以不同浓度的 NaCl 溶液,测得下表所列数据。

$c/(mol/dm^3)$	0.000 5	0.001 0	0.002 0	0.005 0
R/Ω	10 910	5 494	2 772	1 128.9

(1)求算各浓度时 NaCl 溶液的摩尔电导率。

(2)以 Λ_m 对 $\sqrt{c}$ 作图,用外推法求出 $\Lambda_m^\infty(NaCl)$。

5. 298K 时在某电导池中测得 0.01mol/dm³ 醋酸溶液的电阻为 2 220Ω,已知 H^+ 和 Ac^- 的无限稀释摩尔电导率分别为 $349.8 \times 10^{-4} S \cdot m^2/mol$ 和 $40.9 \times 10^{-4} S \cdot m^2/mol$,电导池常数为 $36.7m^{-1}$。试计算该醋酸溶液的无限稀释摩尔电导率和此条件下醋酸溶液的解离度、解离平衡常数。

6. 已知 298K 时水的离子积 $K_w = 1.008 \times 10^{-14}$,NaOH、HCl 和 NaCl 的 Λ_m^∞ 分别等于 $0.024\ 811S \cdot m^2/mol$、$0.042\ 616S \cdot m^2/mol$ 和 $0.012\ 645S \cdot m^2/mol$。

(1)求 298K 时纯水的电导率。

(2)利用该纯水配制 AgBr 饱和水溶液,测得溶液的电导率 κ(溶液)$= 1.664 \times 10^{-5}S/m$,已知离子的摩尔电导率分别为 $\lambda_m^\infty(Ag^+) = 61.9 \times 10^{-4}S \cdot m^2/mol$,$\lambda_m^\infty(Br^-) = 78.1 \times 10^{-4}S \cdot m^2/mol$。试求 AgBr(s)在纯水中的溶解度为多少 g/dm³?

7. 试计算 298K 时,0.01mol/kg $BaCl_2$ 溶液的离子强度 I、离子平均活度系数 $\gamma_\pm$ 和离子平均活度 $a_\pm$。

8. 写出下列电池的电极反应和电池反应。

（1）$Zn(s) | Zn^{2+}(a_1) \| HCl(a_2) | Cl_2(p) | Pt$

（2）$Pt | H_2(p) | HCl(a) | AgCl(s) | Ag(s)$

（3）$Cu(s) | CuSO_4(a_1) \| AgNO_3(a_2) | Ag(s)$

（4）$Pt | H_2(p^\ominus) | NaOH(a) | HgO(s) | Hg(l)$

（5）$Ag(s) | AgCl(s) | KCl(a) | Hg_2Cl_2(s) | Hg(l)$

9. 将下列反应设计成电池，并写出电池的书面表达式。

（1）$Zn(s) + H_2SO_4(a_1) \longrightarrow ZnSO_4(a_2) + H_2(p)$

（2）$Fe^{2+}(a_1) + Ag^+(a_3) \longrightarrow Fe^{3+}(a_2) + Ag(s)$

（3）$Ag^+(a_1) + I^-(a_2) \longrightarrow AgI(s)$

（4）$H_2(p) + I_2(s) \longrightarrow 2HI(a)$

（5）$Pb(s) + Hg_2SO_4(s) \longrightarrow PbSO_4(s) + 2Hg(l)$

10. 298K 时碘酸钡 $Ba(IO_4)_2$ 在纯水中的溶解度为 $5.46 \times 10^{-4} mol/dm^3$。假定可以应用德拜-休克尔极限公式,试计算该盐在 $0.01 mol/dm^3 CaCl_2$ 溶液中的溶解度 s。

11. 298K 时 AgCl 的 $K_{sp} = 1.56 \times 10^{-10}$,分别计算 $AgCl(s)$ 在 $0.01 mol/kg$ KNO_3 和 $0.01 mol/kg$ KCl 水溶液中的溶解度。

12. 298K 时,某电导池用 $0.01 mol/dm^3$ 的 KCl 标准溶液标定,测得电阻 R_1 为 189Ω,用 $0.01 mol/dm^3$ 的氨水溶液测得电阻 R_2 为 $2\,460\Omega$。已知离子浓度为 $0.01 mol/dm^3$ 时各离子的摩尔电导率如下表,试计算该温度下氨水的解离常数 $K^\ominus$。

离子浓度 $0.01 mol/dm^3$	K^+	Cl^-	NH_4^+	OH^-
$\lambda_m/(10^{-4} S \cdot m^2/mol)$	73.5	76.4	73.4	196.6

13. 电池 $Pt | H_2(p^\ominus) | HCl(0.10 mol/kg) | Hg_2Cl_2(s) | Hg$ 电动势 E 与温度 T 的关系为:
$$E = 0.069\,4 + 1.881 \times 10^{-3}T - 2.9 \times 10^{-6}T^2$$

（1）写出电池反应,计算 298K 时电池电动势 E。

（2）计算 298K 时当通过 $1 mol \times F$ 电量时该电池反应的 $\Delta_r G_m$、$\Delta_r S_m$、$\Delta_r H_m$ 以及电池恒温可逆放电时该反应过程的 $Q_{r,m}$。

14. 现有电池 $Hg(l) | Hg_2Br_2(s) | KBr(0.1 mol/dm^3) \| KCl(0.1 mol/dm^3) | Hg_2Cl_2(s) | Hg(l)$,已知该电池电动势与温度的关系符合 $E = 0.183\,1 - 1.88 \times 10^{-4}T$。

（1）写出该电池的电极反应和电池反应。

（2）计算 298K 通电量为 $2F$ 时该电池的电动势 E 和温度系数 $\left(\dfrac{\partial E}{\partial T}\right)_p$,电池反应的 $\Delta_r G_m$、$\Delta_r S_m$、$\Delta_r H_m$ 以及电池恒温可逆放电时该反应过程的 $Q_{r,m}$。

（3）已知 298K 时, $\varphi^\ominus_{Hg_2^{2+}/Hg} = 0.799V$,浓度为 $0.1 mol/dm^3$ 的甘汞电极的电极电势 $\varphi = 0.333\,5V$,$0.1 mol/dm^3 KBr$ 的平均活度系数为 $0.772V$,试计算该温度下 $Hg_2Br_2(s)$ 的活度积。

15. 把氢电极插入某溶液中,并与饱和甘汞电极组成电池 $Pt | H_2(101\,325Pa) | H^+(a) \|$ 饱

和甘汞电极,298K 时测得该电池电动势为 0.829V,求溶液的 pH。

16．在 298K 时,用玻璃膜电极和饱和甘汞电极测定溶液的 pH,即 Ag(s)| AgCl(s)| HCl(0.1mol/kg)| 玻璃膜 | 溶液(pH)|| 饱和甘汞电极,当用 pH = 4.00 的缓冲溶液充入时测得 $E = 0.112\ 0$V;未知液充入时,测得 $E = 0.386\ 5$V。试求未知液的 pH。

17．将如下反应设计成电池:

$$Zn(s) + Cu^{2+}(a_2 = 0.01) \longrightarrow Zn^{2+}(a_1 = 0.03) + Cu(s)$$

（1）利用标准电极电势数据求算 298K 时反应的 $\Delta_r G_m^\ominus$ 和标准平衡常数 $K^\ominus$。

（2）计算在 298K 和 $p^\ominus$ 下该电池的电动势 E,并判断该电池反应能否自发。

18．试设计一个电池,求 298K 时 AgBr(s)的活度积。已知 $\varphi_{Ag^+/Ag}^\ominus = 0.799\ 4$V, $\varphi_{AgBr/Ag}^\ominus = 0.071\ 1$V。

19．298K 时,用 Pb(s)电极电解浓度为 0.10mol/kg 的 H_2SO_4 溶液($\gamma_\pm = 0.265$),若在电解过程中,把 Pb 阴极与另一摩尔甘汞电极相连组成原电池,测得其电动势 $E = 1.068\ 5$V。已知摩尔甘汞电极的电极电势 $\varphi_{摩尔甘汞} = 0.280\ 1$V,如果只考虑 H_2SO_4 的一级解离,试求 $H_2(g)$在 Pb 阴极上的超电势 η_{H_2-Pb}。

20．在 298K 和标准压力 100kPa 下,以 Pt 为电极于一定电流密度下采用电解沉积法分离含有 Zn^{2+}、Cd^{2+} 的中性混合溶液(pH = 7.0)。已知 Zn^{2+} 和 Cd^{2+} 的质量摩尔浓度均为 0.1mol/kg,离子的活度系数均等于 1。H_2 在 Pt(s)、Cd(s)、Zn(s)上的超电势分别为 0.29V、0.48V 和 0.7V。试确定下述内容。

（1）H^+、Zn^{2+} 和 Cd^{2+} 三种离子的析出顺序。

（2）第二种离子析出时,第一种析出离子的残留浓度是多少?

三、计算题答案

1．$t(Ag^+) = 0.47$, $t(NO_3^-) = 0.53$

2．$K_{cell} = 15.85m^{-1}$, $\kappa = 7.257 \times 10^{-3}$S/m, $\Lambda_m = 7.257 \times 10^{-4}$S·m²/mol

3．$K_{cell} = 125.4m^{-1}$, $\kappa = 0.119\ 4$S/m, $\Lambda_m = 0.023\ 88$S·m²/mol

4．略

5．$\Lambda_m^\infty(HAc) = 390.7 \times 10^{-4}$S·m²/mol, $a = 4.23\%$, $K^\ominus = 1.87 \times 10^{-5}$

6．（1）$\kappa(H_2O) = 5.500 \times 10^{-6}$S/m。

　　（2）$s(AgBr) = 1.49 \times 10^{-4}$g/dm³。

7．$I = 0.03$mol/kg, $\gamma_\pm = 0.666\ 3$, $a_\pm = 0.010\ 57$

8．略

9．略

10．$s = 7.56 \times 10^{-4}$mol/dm³(或近似计算 $s = 7.45 \times 10^{-4}$mol/dm³)

11．$m = 1.40 \times 10^{-5}$mol/kg, $m = 1.97 \times 10^{-8}$mol/kg

12．$K^\ominus = 1.90 \times 10^{-5}$

13．（1）$\frac{1}{2}H_2(g) + \frac{1}{2}Hg_2Cl_2(s) = Hg(1) + HCl(aq)$, $E = 0.372\ 4$V。

（2）$\Delta_r G_m = -35.94 kJ/mol$，$\Delta_r S_m = 14.64 J/(K \cdot mol)$，$\Delta_r H_m = -31.57 kJ/mol$，$Q_{r,m} = 4.36 kJ/mol$。

14.（1）略。

（2）$E = 0.127\ 1 V$，$\left(\dfrac{\partial E}{\partial T}\right)_p = -1.88 \times 10^{-4} V/K$，$\Delta_r G_m = -24\ 530 J/mol$，

$\Delta_r S_m = -36.28 J/(K \cdot mol)$，$\Delta_r H_m = -35.34 kJ/mol$，$Q_{r,m} = -10.81 kJ/mol$。

（3）$K_{sp}(Hg_2Br_2) = 5.40 \times 10^{-23}$。

15．$pH = 9.94$

16．$pH = 8.64$

17．（1）$\Delta_r G_m^{\ominus} = -212.3 kJ/mol$，$K^{\ominus} = 1.64 \times 10^{37}$。

（2）$E = 1.086 V$，$E > 0$ 电池反应正向自发。

18．$K_{sp}(AgBr) = 4.86 \times 10^{-13}$

19．$\eta_{H_2-Pb} = 0.695\ 2 V$

20．（1）三种离子的析出顺序为：Cd^{2+}、Zn^{2+}、H^+。

（2）$Zn(s)$开始析出时，$m_{Cd^{2+}} = 6.5 \times 10^{-14} mol/kg$。

ER5-8　第五章　习题详解（文档）

（周　闯）

第六章　化学动力学

化学动力学和化学热力学是物理化学的两个重要组成部分。化学热力学是从能量的角度出发,给出反应和变化能否发生的判据,以及反应进行的最大限度,判断反应或变化发生的可能性,解决化学变化的方向和限度问题,具有一定的指导意义。在研究方法中,化学热力学不涉及时间因素,也不考虑反应所经历的历程,只注重变化的始态和终态。**化学动力学**（chemical kinetics）是研究化学反应速率和机制的学科。研究化学反应条件,如温度、浓度、压力、介质及催化剂等对反应速率的影响。研究化学动力学的目的是通过控制影响因素或反应条件,控制化学反应的进程,从而实现低投入、低成本、高效率、高效益。

化学动力学的应用非常广泛,涉及化学化工生产及药物研究各个领域。在制药工业中,根据反应速率可以计算反应进行到某种程度所需的时间,计算单位时间的产量,由此可以通过研究反应条件对速率的影响,选择最优的工艺路线。在药物制剂的研制和贮存方面,为了保证制剂的质量稳定,需要控制条件使之降解缓慢,预测药物的稳定性。药物制剂在体内的吸收、分布、代谢和排泄等问题的研究都离不开化学动力学的基本知识。

本章将学习化学动力学的基本概念,以反应速率为中心,探讨反应条件（如浓度、温度、压力、辐射、介质、催化剂等）对反应速率的影响,以及利用化学动力学的基本原理预测药物的稳定性,继而介绍化学动力学理论及其应用。

第一节　化学反应速率

一、反应速率的定义和表示方法

化学反应速率（reaction rate）表示化学反应进行的快慢,通常以单位时间内反应物或生成物浓度的变化值来表示,反应速率与反应物的性质、浓度、温度、压力、催化剂等因素都有关,如果反应在溶液中进行,也与溶剂的性质和用量有关。

在均相反应中,单位时间、单位体积内,反应系统中组分的物质的量的改变量称为反应速率。在反应过程中,反应系统中的反应物（或产物）的物质的量（或浓度）随时间的变化往往不是线性关系,不同反应时间的反应速率不相同,因此反应速率常用瞬时速率表示,瞬时反应速率 r 可以精确地表示 t 时刻的反应速率。

一般情况下,化学反应开始后,反应物（R）的浓度 c 不断降低,产物（P）的浓度 c 不断增加，如图 6-1 所示。将反应 $R \to P$ 中各组分的浓度 c 随时间 t 的变化曲线（c-t）称为动力学曲线。由于反应速率是变量，须以微分形式表达，图 6-1 中曲线上各点的切线斜率的绝对值即为反应速率 r。

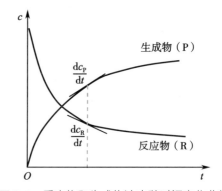

图 6-1　反应物和生成物浓度随时间变化曲线

反应系统中，组分 B 的反应速率（消耗速率或生成速率）可表示为

$$r_B = \pm \frac{dn_B}{Vdt} \qquad 式(6\text{-}1)$$

对于恒容反应，V 是常数，$\dfrac{dn_B}{V} = dc_B$，因此，可用浓度随时间的变化率表示 r_B，即

$$r_B = \pm \frac{dc_B}{dt} \qquad 式(6\text{-}2)$$

某一化学反应，其计量方程可表示为

$$aA + dD \longrightarrow gG + hH \qquad 式(6\text{-}3)$$

对于恒容反应，根据反应速率的定义可得出以下反应速率方程

$$r_A = -\frac{dc_A}{dt}, \ r_D = -\frac{dc_D}{dt}, \ r_G = \frac{dc_G}{dt}, \ r_H = \frac{dc_H}{dt} \qquad 式(6\text{-}4)$$

对反应物而言，dc 为负值，由于反应速率恒为正值，故微分式取负号；对产物而言，dc 为正值，则取正号。反应速率须注明采用何种物质浓度的变化表示，因为系数不等，则用不同物质表示的同一反应的速率时其值不等，不同物质的反应速率的关系如下

$$\frac{r_A}{a} = \frac{r_D}{d} = \frac{r_G}{g} = \frac{r_H}{h} = r \qquad 式(6\text{-}5)$$

为克服用不同组分浓度变化表示同一反应速率有不同数值的缺点，反应速率通常用单位体积内反应进度随时间的变化率来表示，定义为

$$r = \frac{1}{V} \frac{d\xi}{dt} \qquad 式(6\text{-}6)$$

式中，ξ 为反应进度，V 是反应系统的体积。将 $d\xi = \dfrac{dn_B}{\nu_B}$ 代入式（6-6）可得

$$r = \frac{1}{V} \frac{dn_B}{\nu_B dt} \qquad 式(6\text{-}7)$$

如果反应过程中系统的体积恒定，则有

$$\frac{dn_B}{V} = dc_B \qquad 式(6\text{-}8)$$

式（6-8）代入式（6-7），则

$$r = \frac{1}{\nu_B} \frac{dc_B}{dt} \qquad 式(6\text{-}9)$$

式中，ν_B 为反应系统中任一物质 B 的化学计量数。对于反应物，ν_B 取负值，对于产物，ν_B 取正值。这种反应速率表示方法的优点是无论选用反应系统中的何种物质表示反应速率，其数值

都相同,即与选择何种物质表示无关,但与化学计量方程式写法有关。

例如,合成氨反应

$$N_2 + 3H_2 \longrightarrow 2NH_3$$

$$r = \frac{1}{v_B}\frac{dc_B}{dt} = -\frac{dc_{N_2}}{dt} = -\frac{1}{3}\frac{dc_{H_2}}{dt} = \frac{1}{2}\frac{dc_{NH_3}}{dt} \qquad \text{式(6-10)}$$

在实际工作中,常采用容易由实验测定的物质来表示反应速率。

二、反应速率的测定

反应速率可通过作图法求得,反应速率是反应物或产物浓度随时间的变化率。如图 6-1 所示,曲线上对应坐标点(t, c)的切线斜率的绝对值即为时刻 t 的反应速率。通过实验测定反应速率,必须测定不同时刻的反应物或产物的浓度,测定物质浓度的方法有化学法和物理法。

1. **化学法** 利用化学分析法可测定不同反应时刻的反应物或产物的浓度,从反应系统中取出一部分样品进行分析时,必须将反应立即停止或将速率降至很小。反应停止常采用骤冷、稀释、加入阻化剂或除去催化剂等方法。该方法的优点是能直接测定不同时刻浓度的绝对值,但操作比较麻烦。

2. **物理法** 通过测定与反应物或产物浓度有关的物理量,利用一些物理性质与浓度成单值函数的关系,依据反应系统物理量随时间的变化,换算成不同时刻物质的浓度值,以此来确定物质浓度与反应时间的关系,例如,测定压力、折射率、旋光度、吸光度、电导、电动势和黏度等。此法的优点是取样少,也可在反应器内连续检测,易于采用自动化的连续记录装置。

第二节　化学反应速率方程

影响化学反应速率的因素很多,浓度是其中一个重要的因素。浓度与化学反应速率的关系是分析反应过程、研究反应机制的重要基础。表示反应速率与浓度之间关系的方程称为微分速率方程,即 $r = f(c)$;表示浓度与时间的关系方程称为积分速率方程,即 $c = f(t)$。两种方程统称为化学反应**速率方程**(rate equation)或**动力学方程**(kinetic equation),前者是微分形式,后者为积分形式。速率方程的具体形式随反应而异,必须由实验来确定。

一、总反应与基元反应

通常的化学反应方程式表达的是始态反应物与终态产物及参与反应各物质之间的计量关系,即反应计量关系式。一般来说,绝大多数反应分子不是直接生成产物分子,而是经过若

干反应步骤,才能生成产物分子。例如,氢气与碘蒸气生成碘化氢的气相反应

$$H_2 + I_2 \longrightarrow 2HI$$

该反应计量方程式仅代表其反应中各物质的计量关系,并不能表达具体反应机制。通过实验可知,这个反应须经过如下几个反应步骤而完成

$$I_2 + M_{(高能)} \xrightarrow{k_1} 2I\cdot + M_{(低能)} \qquad\qquad 反应(1)$$

$$2I\cdot + M_{(低能)} \xrightarrow{k_{-1}} I_2 + M_{(高能)} \qquad\qquad 反应(2)$$

$$2I\cdot + H_2 \xrightarrow{k_2} 2HI \qquad\qquad 反应(3)$$

式中,M表示反应系统中存在的各种分子(例如H_2、I_2或其他杂质分子)。

1. 基元反应　由反应微粒(分子、原子、离子或自由基等)直接生成产物,一步完成的反应称为**基元反应**(elementary reaction)。上述各步中,反应(1)、反应(2)和反应(3)均是由反应物分子直接作用而生成产物分子,即为基元反应。

2. 总反应　绝大多数反应不是一步完成,而是经过生成中间产物的若干步骤来完成。由多个基元反应组成的反应称为总包反应或复杂反应,简称**总反应**(overall reaction)。一个总反应须经过若干个基元反应才能完成,这些基元反应代表了反应所经过的途径,动力学上称为**反应机理**(reaction mechanism)。

基元反应方程式又称机制方程式。机制方程式不同于总反应的计量方程式,计量方程式只反映反应物与产物之间的转化和计量关系,而机制方程式反映的是反应物分子生成产物分子的微观过程。一个化学反应的反应历程(反应机制),一般要经过大量的实验和反复的研究才能确定。反应机制的确定对于人们掌控化学反应具有非常重要的指导意义。

二、反应分子数

反应分子数(molecularity of reaction)是指在基元反应中实际参加反应的微粒(分子、原子、离子、自由基等)的数目。根据反应分子数可将基元反应分为单分子反应、双分子反应或三分子反应,三分子反应以上的反应目前还未发现。

单分子反应多见于分解反应或异构化反应,例如

$$CH_3COCH_3 \longrightarrow C_2H_4 + CO + H_2$$

$$\begin{matrix} H-C-COOH \\ \| \\ H-C-COOH \end{matrix} \rightleftharpoons \begin{matrix} H-C-COOH \\ \| \\ HOOC-C-H \end{matrix}$$

大多数基元反应为双分子反应,例如酯化反应

$$CH_3COOH + C_2H_5OH \longrightarrow CH_3COOC_2H_5 + H_2O$$

三分子反应较为少见,例如

$$2NO + Cl_2 \longrightarrow 2NOCl$$

至今尚未发现四分子反应。统计理论指出,四个或更多个粒子同时碰撞并发生反应的概率很小。在液相中由于分子间距离很小及溶剂分子的存在,三分子反应较多见。但无论在气相或液相中,最为常见的是双分子反应。

三、基元反应的速率方程

等温下，基元反应的反应速率与反应物浓度幂指数的乘积成正比，其中各反应物浓度的幂指数即为基元反应方程式中该反应物系数，基元反应的这个规律称为**质量作用定律**（law of mass action）。这是19世纪由挪威化学家Guldberg和Waage在总结了大量实验的基础上得出来的，即"化学反应速率与反应物的有效质量成正比"，这里的有效质量是指浓度。根据质量作用定律即可写出基元反应的速率方程，对于某一基元反应

$$aA + dD \longrightarrow P$$

该基元反应的速率方程可以写作

$$r = kc_A^a c_D^d \qquad\qquad 式（6\text{-}11）$$

例如，对于以下两个基元反应

$$Cl\cdot + H_2 \xrightarrow{\ k\ } HCl + H\cdot$$
$$NO + NO \xrightarrow{\ k'\ } N_2O_2$$

反应速率方程分别为

$$r = \frac{dc_{HCl}}{dt} = kc_{Cl\cdot} c_{H_2}$$

$$r = \frac{dc_{N_2O_2}}{dt} = k' c_{NO}^2$$

质量作用定律只适用于基元反应，不适合总反应（复杂反应）。如果一个化学反应从形式上能符合质量作用定律，也不能认为该反应就是基元反应。若反应速率与质量作用定律在形式上不符合，通常可以认为这是一个总反应。

四、经验反应速率方程与反应级数

1. 经验反应速率方程　对于任意的总反应，不论反应机制是否明确，研究化学动力学问题均须由实验测定出速率方程。测定速率方程，不只是为了证实其反应机制，也是研究反应速率的规律、寻找反应的适宜条件所必须做的。根据实验数据归纳出的速率方程称为经验反应速率方程，一般情况下，反应速率与反应物浓度的幂乘积成正比。

在一定温度条件下，如化学反应

$$aA + dD \longrightarrow gG + hH$$

其速率方程可写为

$$r = \frac{1}{\nu_B} \frac{dc_B}{dt} = kc_A^\alpha c_D^\beta \qquad\qquad 式（6\text{-}12）$$

总的反应速率方程应由实验确定，其形式各不相同。有的具有反应物浓度幂乘积的形式，有的则完全没有这种幂乘积的形式。对于H_2与Cl_2或I_2的气相反应，其化学计量方程式如下

$$H_2 + Cl_2 \longrightarrow 2HCl \qquad\qquad 反应（1）$$

$$H_2 + I_2 \longrightarrow 2HI \qquad 反应（2）$$

实验证明，上述两个反应的速率方程分别为

$$r = kc_{H_2}c_{Cl_2}^{1/2} \text{ 和 } r = kc_{H_2}c_{I_2}$$

由反应（1）和反应（2）的速率方程可知，速率方程中反应物浓度项上的指数不一定等于该反应物前面的计量系数，其值必须通过实验来确定。对于基元反应来说，反应物浓度项上的指数与其计量系数相等。

2. 反应级数　式（6-12）中各反应物浓度的幂指数称为该反应物的级数，所有反应物的级数之和称为该反应的总级数或**反应级数**（reaction order），以 n 表示。各反应物的级数及反应的总级数须由实验来确定，数值与计量方程式中各反应物的系数及系数之和无关。浓度项的幂指数 α、β 分别为物质 A、D 的级数，而 $n = \alpha + \beta$ 是反应的总级数，n 的大小表明浓度对反应速率的影响程度。

例如，光气的合成反应

$$CO + Cl_2 \longrightarrow COCl_2$$

实验表明，该反应的速率方程为

$$r = kc_{CO}c_{Cl_2}^{3/2}$$

由反应的速率方程可知，上述反应对 CO 为 1 级，对 Cl_2 是 1.5 级，总反应级数为 2.5 级。对于某些反应，则无级数可言，例如反应

$$H_2 + Br_2 \longrightarrow 2HBr$$

$$r = \frac{kc_{H_2}c_{Br_2}^{1/2}}{1 + k'\dfrac{c_{HBr}}{c_{Br_2}}}$$

上述反应不具有反应物浓度幂乘积的形式，因此没有简单的反应级数，反应级数的概念对此反应不适用。

反应级数有别于反应分子数，反应分子数是指参加基元反应的分子数目，目前已知的数值只有 1、2 和 3，而反应级数可以是正数、负数，也可以是整数、分数或零，还有些反应无法用简单数字来表示级数。同一化学反应在不同反应条件下可能表现出不同的反应级数。例如，在含有维生素 A、B_1、B_2、B_6、B_{12}、C、叶酸、烟酰胺等的复合维生素的制剂中，叶酸的热降解反应在 323K 以下是零级反应，而 323K 以上为一级反应；维生素 C 在 323～343K 的热降解反应，浓度高于 14mg/ml 时为零级反应，低于 14mg/ml 时为一级反应。

五、速率常数

在速率方程式（6-12）中，比例常数 k 称为**反应速率常数**（reaction rate constant）或**比反应速率**（specific reaction rate），简称速率常数或比速率。k 是与各反应物浓度无关的比例系数，其物理意义为：参加反应的物质浓度均为单位浓度时反应速率的数值。k 的数值与反应条件如温度、催化剂、溶剂等有

ER6-3　化学
反应的速率方程
（微课）

关。k 的数值可以表示反应速率的快慢、难易。对于不同级数的反应，k 的量纲不同。

第三节　简单级数反应

虽然反应速率方程的微分形式可以表达反应速率随反应物浓度变化的情况，但无法给出浓度随反应时间的变化情况。在实际应用中，若需要获得浓度随时间的变化规律，通常可以对微分式进行积分，得到速率方程的积分形式。

一、一级反应

一级反应（first order reaction）是指反应速率与反应物浓度的一次方成正比的反应。例如，放射性元素的衰变、多数的热分解反应、部分药物在体内的代谢、分子内部的重排反应及异构化反应等。

若反应 $A \rightarrow P$ 为一级反应，则反应速率方程为

$$r_A = -\frac{dc_A}{dt} = k_A c_A \qquad \text{式（6-13）}$$

式中，c_A 为反应物在 t 时刻的浓度，将式（6-13）作定积分

$$\int_{c_{A,0}}^{c_A} -\frac{dc_A}{c_A} = \int_0^t k_A dt \qquad \text{式（6-14）}$$

式中，$c_{A,0}$ 为反应物的初始浓度，即在 $t=0$ 时刻的浓度，将上式进行积分可得

$$\ln \frac{c_{A,0}}{c_A} = k_A t \text{ 或 } \ln c_A = \ln c_{A,0} - k_A t \qquad \text{式（6-15）}$$

设反应物 A 转化率为 $x_A = \dfrac{c_{A,0} - c_A}{c_{A,0}}$，那么 $c_A = c_{A,0}(1-x_A)$，代入式（6-15）可得

$$\ln \frac{1}{1-x_A} = k_A t \qquad \text{式（6-16）}$$

通常将反应物消耗一半所需的时间称为**半衰期**（half life），用 $t_{1/2}$ 表示，一级反应的半衰期通过将 $c_A = \dfrac{c_{A,0}}{2}$ 代入式（6-15）中，可得

$$t_{1/2} = \frac{\ln 2}{k_A} \qquad \text{式（6-17）}$$

对于给定的一级反应，由于反应速率常数为定值，故半衰期也是定值。研究药物降解反应时，常用降解 10% 所需的时间称为十分之一衰期，记作 $t_{0.9}$。恒温下，一级反应的 $t_{0.9}$ 也是与浓度无关的常数。

$$t_{0.9} = \frac{1}{k_A} \ln \frac{10}{9} \qquad \text{式（6-18）}$$

一级反应的特点如下。

（1）一级反应速率常数 k 的量纲是[时间]$^{-1}$（h^{-1}，min^{-1}，s^{-1}）。

（2）一级反应的半衰期与速率常数成反比，与反应物起始浓度无关。对于一级反应所有分数衰期也是与起始物浓度无关的常数。

（3）由速率方程 $\ln c_A = \ln c_{A,0} - k_A t$ 可以看出 $\ln c_A$ 与 t 呈线性关系，其斜率为 $-k_A$，截距为 $\ln c_{A,0}$。

例 6-1 药物进入人体后，一方面在血液中与体液建立平衡，另一方面由肾排出。药物在血液中的消除速率可用一级反应速率方程表示。在某人体内注射 0.5g 四环素，然后在不同时间测定其在血液中的浓度，所得数据如表 6-1 所示。

表 6-1 不同时间四环素在血液中的浓度

t/h	c/(mg/100ml)
4	0.48
8	0.31
12	0.24
16	0.15

（1）四环素在血液中的半衰期。

（2）若要求血液中此药物浓度不低于 0.37mg/100ml，须间隔几小时注射第二次？

解：（1）为计算一级反应的速率常数，先将浓度 c 换算成 $\ln c$，结果如下，如表 6-2 所示。

表 6-2 不同时间四环素在血液中的浓度 c 及 $\ln c$

t/h	c/(mg/100ml)	$\ln c$
4	0.48	-0.73
8	0.31	-1.17
12	0.24	-1.43
16	0.15	-1.90

以 $\ln c$ 对 t 作线性回归得图 6-2，图中直线的斜率为 $-0.093\ 6\ h^{-1}$，因此

$$k = 0.093\ 6\ h^{-1}, t_{1/2} = \frac{\ln 2}{k} = 7.4\ h$$

（2）根据直线的截距为 $\ln c_0$，根据线性回归的结果可知初始浓度为 $c_0 = 0.69$ mg/100ml。因此，血液中四环素的浓度降为 0.37mg/100ml 所需时间为

$$t = \frac{1}{k} \ln \frac{c_0}{c} = 6.7\ h$$

因此，欲使血液中四环素的浓度不低于 0.37mg/100ml，应间隔约 6 小时注射第二次。

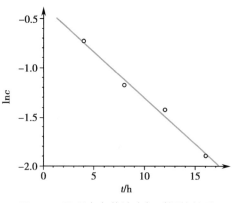
图 6-2 四环素血药浓度与时间的关系

例 6-2 某药物的分解为一级反应，将它制成水溶液后，留样观察到 100 天后测得其浓度为原始浓度的 40%。求此药物的下列数据。

（1）分解的速率常数。

（2）分解的半衰期。

（3）有效期规定为多少天（此药物含量不低于原来的80%为有效）？

解：（1）根据式（6-16），$\ln\dfrac{1}{1-x}=kt$，$\ln\dfrac{1}{1-60\%}=k\times100$，$k=0.009\ 2\mathrm{d}^{-1}$

（2）$t_{1/2}=0.693/k=75.3\mathrm{d}$

（3）$t=\dfrac{\ln\dfrac{1}{1-x}}{k}=\dfrac{\ln\dfrac{1}{1-0.2}}{0.009\ 2}=24.3\mathrm{d}$

二、二级反应

二级反应（second order reaction）是指反应速率与反应物浓度的二次方成正比的反应。在溶液中许多有机化学反应属于二级反应，如一些加成、分解、取代反应等。二级反应常见的两种类型有：①$2\mathrm{A}\rightarrow\mathrm{P}$；②$\mathrm{A}+\mathrm{B}\rightarrow\mathrm{P}$。在②类型中，如果 A 和 B 的初始浓度相等，即 $c_{\mathrm{A},0}=c_{\mathrm{B},0}$，则反应进行至任意时刻都有 $c_{\mathrm{A}}=c_{\mathrm{B}}$，速率方程表达式与类型①相同。

$$r_{\mathrm{A}}=-\frac{\mathrm{d}c_{\mathrm{A}}}{\mathrm{d}t}=k_{\mathrm{A}}c_{\mathrm{A}}^2 \qquad \text{式（6-19）}$$

上式整理后对等式两端作定积分，$\displaystyle\int_{c_{\mathrm{A},0}}^{c_{\mathrm{A}}}-\frac{\mathrm{d}c_{\mathrm{A}}}{c_{\mathrm{A}}^2}=\int_0^t k_{\mathrm{A}}\mathrm{d}t$，可得

$$\frac{1}{c_{\mathrm{A}}}-\frac{1}{c_{\mathrm{A},0}}=k_{\mathrm{A}}t \text{ 或 } \frac{1}{c_{\mathrm{A}}}=\frac{1}{c_{\mathrm{A},0}}+k_{\mathrm{A}}t \qquad \text{式（6-20）}$$

将 $c_{\mathrm{A}}=\dfrac{c_{\mathrm{A},0}}{2}$ 代入式（6-20）中，可得半衰期 $t_{1/2}$

$$t_{1/2}=\frac{1}{k_{\mathrm{A}}c_{\mathrm{A},0}} \qquad \text{式（6-21）}$$

对于②类型的反应，如果反应物 A 和 B 初始浓度不相等，即 $c_{\mathrm{A},0}\neq c_{\mathrm{B},0}$，则在任意时刻 $c_{\mathrm{A}}\neq c_{\mathrm{B}}$。微分速率方程可写作

$$r_{\mathrm{A}}=-\frac{\mathrm{d}c_{\mathrm{A}}}{\mathrm{d}t}=k_{\mathrm{A}}c_{\mathrm{A}}c_{\mathrm{B}} \qquad \text{式（6-22）}$$

经过 t 时间后，设反应物 A 和 B 消耗的浓度为 x，则该时刻各物质浓度可表示为

$$
\begin{array}{ccccc}
& \mathrm{A} & + & \mathrm{B} & \longrightarrow & \mathrm{P} \\
t=0 & c_{\mathrm{A},0} & & c_{\mathrm{B},0} & & 0 \\
t=t & c_{\mathrm{A},0}-x & & c_{\mathrm{B},0}-x & & x
\end{array}
$$

$\mathrm{d}c_{\mathrm{A}}=\mathrm{d}(c_{\mathrm{A},0}-x)=-\mathrm{d}x$ 代入式（6-22）中，可得

$$\frac{\mathrm{d}x}{\mathrm{d}t}=k_{\mathrm{A}}(c_{\mathrm{A},0}-x)(c_{\mathrm{B},0}-x) \qquad \text{式（6-23）}$$

上式移项后对其两端进行定积分

$$\int_0^x \frac{\mathrm{d}x}{(c_{\mathrm{A},0}-x)(c_{\mathrm{B},0}-x)}=\int_0^t k_{\mathrm{A}}\mathrm{d}t$$

积分可得

$$\frac{1}{(c_{A,0}-c_{B,0})}\ln\frac{c_{B,0}(c_{A,0}-x)}{c_{A,0}(c_{B,0}-x)}=k_A t \qquad \text{式（6-24）}$$

$$\frac{1}{(c_{A,0}-c_{B,0})}\ln\frac{c_{B,0}c_A}{c_{A,0}c_B}=k_A t \qquad \text{式（6-25）}$$

二级反应的特点如下。

（1）二级反应的速率常数 k 的量纲是[浓度]$^{-1}$·[时间]$^{-1}$，k_A 的数值与浓度和时间的单位都有关。

（2）对于只有一个反应物或两个反应物初始浓度相等（$c_{A,0}=c_{B,0}$）的二级反应，其半衰期与反应物初始浓度成反比，对于有两个反应物初始浓度不相等（$c_{A,0}\neq c_{B,0}$）的二级反应，A 和 B 的半衰期不同，对整个反应没有半衰期的概念。

（3）对于只有一个反应物或两个反应物初始浓度相等（$c_{A,0}=c_{B,0}$）的二级反应，由 $\frac{1}{c_A}=\frac{1}{c_{A,0}}+k_A t$ 可知 $\frac{1}{c_A}$ 与 t 呈线性关系，其斜率为 k_A，截距为 $\frac{1}{c_{A,0}}$。

对于两个反应物初始浓度不相等的二级反应，根据式（6-25）可知，以 $\ln\frac{c_{B,0}c_A}{c_{A,0}c_B}$ 对 t 作图，可得一过原点的直线，直线的斜率为 $(c_{A,0}-c_{B,0})k_A$。

例 6-3 乙酸乙酯在 298.15K 时的皂化为二级反应

$$CH_3COOC_2H_5 + NaOH \longrightarrow CH_3COONa + C_2H_5OH$$

假设乙酸乙酯与氢氧化钠的初浓度都是 0.010 0mol/L，反应 20 分钟后，碱的浓度减少了 0.005 66mol/L。求：此皂化反应的速率常数和半衰期 $t_{1/2}$。

解：（1）$k=\frac{1}{t}\left(\frac{1}{c}-\frac{1}{c_0}\right)=\frac{1}{20}\left(\frac{1}{0.010\ 0-0.005\ 66}-\frac{1}{0.010\ 0}\right)=6.52\,L/(mol\cdot min)$

（2）$t_{1/2}=\frac{1}{kc_0}=\frac{1}{6.52\times0.010\ 0}=15.3\,min$

例 6-4 在一定温度条件下，二级反应 $CH_3COOC_2H_5 + NaOH \longrightarrow CH_3COONa + C_2H_5OH$ 的速率常数为 0.11L/(mol·s)。已知 NaOH 和 $CH_3COOC_2H_5$ 的初始浓度分别为 $c_{A,0}=0.05mol/L$ 和 $c_{B,0}=0.10mol/L$，求当反应 10min 时 NaOH 和 $CH_3COOC_2H_5$ 的浓度各为多少？

解：由 $\frac{1}{(c_{A,0}-c_{B,0})}\ln\frac{c_{B,0}(c_{A,0}-x)}{c_{A,0}(c_{B,0}-x)}=k_A t$ 可知

$$x=\frac{c_{A,0}c_{B,0}\left[e^{(c_{B,0}-c_{A,0})kt}-1\right]}{c_{B,0}e^{(c_{B,0}-c_{A,0})kt}-c_{A,0}}$$

将已知数据代入上式中，则有

$$x=\frac{0.05\times0.10\times\left[e^{(0.10-0.05)\times0.11\times10\times60}-1\right]}{0.10e^{(0.10-0.05)\times0.11\times10\times60}-0.05}=0.049mol/L$$

所以

$$c_A=c_{A,0}-x=0.05-0.049=0.001mol/L$$

$$c_B = c_{B,0} - x = 0.10 - 0.049 = 0.051 \text{mol/L}$$

反应 10min 时，NaOH 和 $CH_3COOC_2H_5$ 的浓度分别为 0.001mol/L 和 0.051mol/L。

三、零级反应

反应速率与反应物浓度无关的反应为**零级反应**（zero order reaction）。常见的零级反应有某些光化学反应、电解反应、表面催化反应等。温度一定时，零级反应的速率为一个常数

$$r_A = -\frac{dc_A}{dt} = k_A \qquad \text{式（6-26）}$$

积分得

$$c_{A,0} - c_A = k_A t \qquad \text{式（6-27）}$$

将 $c_A = \dfrac{c_{A,0}}{2}$ 代入式（6-27）中，可得半衰期 $t_{1/2}$

$$t_{1/2} = \frac{c_{A,0}}{2k_A} \qquad \text{式（6-28）}$$

式（6-27）可写成如下形式

$$c_A = c_{A,0} - k_A t \qquad \text{式（6-29）}$$

零级反应的特点如下。

（1）零级反应的速率常数 k 的量纲是[浓度]·[时间]$^{-1}$，零级反应的反应速率为一个常数，即速率常数。

（2）零级反应的半衰期与反应物初始浓度成正比。

（3）由式（6-29）可知 c_A 与 t 呈线性关系，其斜率为 $-k_A$，截距为 $c_{A,0}$。

例 6-5 已知在 25℃时 α- 氨苄西林的溶解度为 1.2g/100ml。现有一份浓度为 2.5g/100ml 的该药物的混悬液，其零级降解的速率常数为 2.2×10^{-7}g/（100ml·s），求该混悬液的有效期 $t_{0.9}$。

解：由零级反应方程式 $c_{A,0} - c_A = k_A t$，可知 $t_{0.9} = \dfrac{c_{A,0}}{10k}$，将已知数据代入后可得

$$t_{0.9} = \frac{2.5}{10 \times 2.2 \times 10^{-7}} = 1.14 \times 10^6 \text{s} = 13.2\text{d}$$

四、n 级反应

n 级反应的速率方程可表示为

$$-\frac{dc_A}{dt} = k_A c_A^n \qquad \text{式（6-30）}$$

式（6-30）中，n 为任意值，$n=1$ 时，对式（6-30）积分可得式（6-15）。

$n \neq 1$ 时，对式（6-30）进行积分

$$-\int_{c_{A,0}}^{c_A} \frac{dc_A}{c_A^n} = \int_0^t k_A dt \qquad \text{式（6-31）}$$

得

$$\frac{1}{n-1}\left(\frac{1}{c_A^{n-1}} - \frac{1}{c_{A,0}^{n-1}}\right) = k_A t \qquad \text{式（6-32）}$$

式（6-32）可以改写成如下形式

$$\frac{1}{c_A^{n-1}} = (n-1)k_A t + \frac{1}{c_{A,0}^{n-1}} \qquad \text{式（6-33）}$$

将 $c_A = \dfrac{c_{A,0}}{2}$ 代入式（6-32）中，可得半衰期 $t_{1/2}$

$$t_{1/2} = \frac{2^{n-1}-1}{(n-1)k_A c_{A,0}^{n-1}} \qquad \text{式（6-34）}$$

n 级反应特点如下。

（1）n 级反应的速率常数 k 的单位：$[浓度]^{1-n} \cdot [时间]^{-1}$。

（2）n 级反应（$n \neq 1$）的半衰期与 $c_{A,0}^{n-1}$ 成反比。

（3）根据式（6-33）可知，$\dfrac{1}{c_A^{n-1}}$ 与 t 呈线性关系，其斜率为 $(n-1)k_A$，截距为 $\dfrac{1}{c_{A,0}^{n-1}}$。

五、简单级数反应的速率方程与特征

一些典型的简单级数反应的速率方程和特征总结于表 6-3。表中 n 级反应只列出了微分速率方程为 $-\dfrac{dc_A}{dt} = k_A c_A^n$ 的一种简单形式。

表 6-3　简单级数反应的速率方程与特征

n	微分速率方程	积分速率方程	半衰期	线性关系	k 的量纲
0	$-\dfrac{dc_A}{dt} = k_A$	$c_{A,0} - c_A = k_A t$	$\dfrac{c_{A,0}}{2k_A}$	$c_A \sim t$	$[浓度] \cdot [时间]^{-1}$
1	$-\dfrac{dc_A}{dt} = k_A c_A$	$\ln\dfrac{c_{A,0}}{c_A} = k_A t$	$\dfrac{\ln 2}{k_A}$	$\ln c_A \sim t$	$[时间]^{-1}$
2	$-\dfrac{dc_A}{dt} = k_A c_A^2$	$\dfrac{1}{c_A} - \dfrac{1}{c_{A,0}} = k_A t$	$\dfrac{1}{k_A c_{A,0}}$	$\dfrac{1}{c_A} \sim t$	$[浓度]^{-1} \cdot [时间]^{-1}$
2	$-\dfrac{dc_A}{dt} = k_A c_A c_B$	$\dfrac{1}{(c_{A,0}-c_{B,0})}\ln\dfrac{c_{B,0}c_A}{c_{A,0}c_B} = k_A t$	对 A 和 B 不同	$\ln\dfrac{c_{B,0}c_A}{c_{A,0}c_B} \sim t$	$[浓度]^{-1} \cdot [时间]^{-1}$
n （$n \neq 1$）	$-\dfrac{dc_A}{dt} = k_A c_A^n$	$\dfrac{1}{n-1}\left(\dfrac{1}{c_A^{n-1}} - \dfrac{1}{c_{A,0}^{n-1}}\right) = k_A t$	$\dfrac{2^{n-1}-1}{(n-1)k_A c_{A,0}^{n-1}}$	$\dfrac{1}{c_A^{n-1}} \sim t$	$[浓度]^{1-n} \cdot [时间]^{-1}$

第四节 反应级数的确定

建立反应的速率方程,得到相应的动力学参数如速率常数 k 和反应级数 n,是化学动力学研究中重要的一步。通常情况下,化学反应的微分速率方程可以表示如下

$$r_A = -\frac{dc_A}{dt} = k_A c_A^\alpha c_B^\beta c_C^\gamma \cdots\cdots$$

反应级数为 $n = \alpha + \beta + \gamma + \cdots$,常用的确定反应级数的方法有微分法、积分法、孤立法等。

一、微分法

若化学反应的微分方程具有式(6-30)的简单形式,将其等式两端取对数后可得

$$\ln\left(-\frac{dc_A}{dt}\right) = \ln k_A + n \ln c_A$$

以 $\ln\left(-\dfrac{dc_A}{dt}\right)$ 对 $\ln c_A$ 作图为一条直线,直线的斜率为 n,截距为 $\ln k_A$。

通过实验测定不同时刻某反应物或生成物的浓度,绘制 c_A-t 曲线,如图 6-3(a)所示。在不同浓度处作曲线的切线,切线斜率的绝对值即为该浓度下的反应速率 $\left(r = -\dfrac{dc_A}{dt}\right)$。再以 $\ln r$ 对 $\ln c_A$ 作图,如图 6-3(b)所示。通过所得直线的斜率和截距可分别求得反应级数和速率常数,此法称为**微分法**(differential method)。无论反应级数是整数还是分数,微分法计算反应级数都适用。

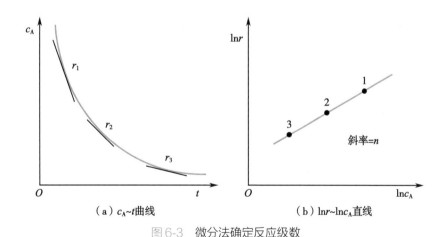

（a）c_A~t曲线　　　（b）$\ln r$~$\ln c_A$直线

图6-3 微分法确定反应级数

二、积分法

积分法(integration method)是确定反应级数的常用方法,包括尝试法、作图法和半衰期法。

1. 尝试法 在不同时刻测量反应物浓度,将测得数据分别代入各反应级数的积分速率

方程中,如果按某积分速率方程计算的速率常数 k 基本为一常数,则积分速率方程所对应的级数即为该反应级数。例如,将各组数据代入二级反应的积分速率方程中求得的 k 值基本相等,则该反应为二级反应。否则,需要尝试将数据代入其他反应级数的方程式。尝试法是通过逐个尝试,一般计算量较大,如果反应级数是简单整数时,该方法是有效的方法。如果级数为分数时,很难尝试,该方法则不适用。

2. 作图法　依据各级数反应的特点,将相应浓度的某种函数对时间作图,用以获得直线。例如,若以 $\dfrac{1}{c_A}$ 对 t 作图得一条直线,表明该反应是二级反应。

3. 半衰期法　半衰期法(half life method)也属于一种积分法。若反应微分速率方程为

$$-\frac{dc_A}{dt} = k_A c_A^n$$

则当 $n \neq 1$ 时半衰期 $t_{1/2}$ 与反应物初始浓度的关系为

$$t_{1/2} = \frac{2^{n-1}-1}{(n-1)k_A c_{A,0}^{n-1}} = Kc_{A,0}^{1-n}$$

对于指定温度时的指定反应,K 为常数。将上式两边取对数可得

$$\ln t_{1/2} = (1-n)\ln c_{A,0} + \ln K$$

如果以两个初始浓度不同 $c_{A,0}$ 和 $c_{A,0}'$ 的溶液进行实验,测得其半衰期分别为 $t_{1/2}$ 和 $t_{1/2}'$ 则有

$$n = 1 + \frac{\ln(t_{1/2}/t_{1/2}')}{\ln(c_{A,0}'/c_{A,0})}$$

依据上式有两组数据即可求得反应级数 n。如果数据较多,则用作图法更为准确。用 $\ln t_{1/2}$ 对 $\ln c_{A,0}$ 作图,由直线的斜率即可计算反应级数 n。该方法不限于使用 $t_{1/2}$ 求算反应级数,也可用 $t_{1/4}$、$t_{1/3}$ 等任意分数的时间代替公式中的 $t_{1/2}$ 来进行计算。

三、孤立法

如果影响反应速率的反应物不止一种,可选用孤立法确定反应级数。**孤立法**是指除某一反应物外,设法使其他参与反应的物质浓度在反应过程中基本不变。

例如,某一反应,反应物分别为 A、B、C⋯⋯其微分速率方程可表示为

$$r_A = -\frac{dc_A}{dt} = k_A c_A^\alpha c_B^\beta c_C^\gamma \cdots$$

反应时使反应物 A 的浓度远低于其他反应物的浓度(一般相差 40 倍以上),那么其他反应物的浓度可视为常数。速率方程可表示为 $r_A = k_A' c_A^\alpha$,再运用前述各种方法求得反应物 A 的级数 α。利用同样处理方法,可分别求得反应物 B、C 的级数 β、γ,以此类推。反应的总级数 $n = \alpha + \beta + \gamma + \cdots$。

例 6-6　25℃下,对溶液中发生某一反应 A + B $\xrightarrow{k}$ P 进行动力学研究。第一次实验中,$c_{A,0} = 0.1\text{mol/L}$,$c_{B,0} = 1\text{mol/L}$,依据所测数据以 $\ln c_A$ 对 t 作图得一条直线,并已知 A 反应掉一半所需时间为 15s;第二次实验中,$c_{A,0} = 0.1\text{mol/L}$,$c_{B,0} = 0.1\text{mol/L}$,以 $\ln c_A$ 对 t 作图也得一条

直线。已知该反应的速率方程形式为 $r = kc_A^\alpha c_B^\beta$，求 α，β 及反应速率常数 k 值。

解：第一次实验中 $c_{B,0} \gg c_{A,0}$，故速率方程可表示为

$$r = kc_A^\alpha c_B^\beta = k'c_A^\alpha，其中 kc_B^\beta = k'$$

实验测得 $\ln c_A$ 对 t 作图得一条直线，这是一级反应的特征，所以 $\alpha = 1$。依据一级反应半衰期与速率常数的关系，$t_{1/2} = \dfrac{\ln 2}{k'}$，得 $k' = 0.046\ 2\text{s}^{-1}$。第二次实验 $c_{A,0} = c_{B,0}$，A 与 B 的反应计量系数均为 1，因此任意时刻 $c_A = c_B$。

由于 $\alpha = 1$，故其速率方程可化为：$r = kc_A^\alpha c_B^\beta = kc_A c_B^\beta = kc_A^{\beta+1}$，实验测得 $\ln c_A$ 对 t 作图也得一条直线，表示该反应依然为一级反应，即 $\beta + 1 = 1$，所以 $\beta = 0$。因此，该反应速率方程为

$$r = kc_A^\alpha c_B^\beta = kc_A，\alpha = 1，\beta = 0$$

反应速率常数

$$k = \frac{k'}{c_B^\beta} = k' = 0.046\ 2\text{s}^{-1}$$

第五节　温度对反应速率的影响

依据反应速率微分方程可知，反应物浓度影响反应速率。上述已讨论恒温时反应物浓度与反应速率的关系，对大多数反应，温度对反应速率的影响更为明显。在讨论温度对反应速率的影响时，应排除浓度的影响，通常探讨速率常数与温度的关系。

一、阿伦尼乌斯经验公式

温度升高时，绝大多数反应的速率加快。1889 年，阿伦尼乌斯（Arrhenius）根据大量实验数据提出了速率常数与温度之间的经验关系式，即**阿伦尼乌斯公式**（Arrhenius equation）。

$$k = Ae^{-\frac{E_a}{RT}} \tag{式（6-35）}$$

式中，A 称为频率因子或指前因子，它表示单位时间、单位体积内分子的碰撞次数，单位：J/mol；R 为摩尔气体常数，$R = 8.314\text{J}/(\text{mol·K})$；$T$ 为热力学温度；E_a 称为表观活化能，简称**活化能**（activation energy），单位：J/mol。一般化学反应的活化能介于 $40\sim400\text{kJ/mol}$ 之间。在其他条件不变的情况下，活化能越大，该反应的反应速率越小，反之亦然。

式（6-35）也可以表达为对数形式

$$\ln k = -\frac{E_a}{RT} + \ln A \tag{式（6-36）}$$

由式（6-36）可知，$\ln k$ 与 $\dfrac{1}{T}$ 呈线性关系，直线的斜率为 $-\dfrac{E_a}{R}$，截距为 $\ln A$。

将式（6-36）两边对 T 微分，可得微分形式

$$\frac{\text{dln}k}{\text{d}T} = \frac{E_a}{RT^2} \qquad \text{式(6-37)}$$

由式(6-37)可知，$\ln k$ 随 T 的变化率与活化能成正比。对于活化能不同的反应，温度升高时反应速率均增加，活化能大的反应速率随温度的变化倍率则越大，反之亦然。如果几个活化能不同的反应同时进行，升高温度对活化能大的反应相对有利；反之，降低温度则对活化能小的反应相对有利。

对式(6-37)作定积分，可得积分形式

$$\ln \frac{k_2}{k_1} = -\frac{E_a}{R}\left(\frac{1}{T_2} - \frac{1}{T_1}\right) \qquad \text{式(6-38)}$$

式(6-35)到式(6-38)为阿伦尼乌斯公式的几种表达形式。运用式(6-38)，若已知温度 T_1 和 T_2 下的反应速率常数 k_1 和 k_2，可计算反应的活化能 E_a。若已知 E_a 和某一温度 T_1 下的速率常数 k_1，可求另一温度 T_2 下的速率常数 k_2。

例 6-7 $CO(CH_2COOH)_2$ 水解，在 333.15K，$k_1 = 5.484 \times 10^{-2} \text{s}^{-1}$，在 283.15K，$k_2 = 1.080 \times 10^{-4} \text{s}^{-1}$，计算：该反应的活化能和在 303.15K 下的速率常数 $k_{303.15}$。

解： 根据阿伦尼乌斯方程 $\ln \dfrac{k_2}{k_1} = -\dfrac{E_a}{R}\left(\dfrac{1}{T_2} - \dfrac{1}{T_1}\right)$

得

$$E_a = \frac{R\ln(5.484 \times 10^{-2}/1.080 \times 10^{-4})}{(1/283.15 - 1/333.15)} = 97.73\text{kJ/mol}$$

$$k_{303.15} = k_{283.15}\text{e}^{-\frac{E_a}{R}\left(\frac{1}{303.15} - \frac{1}{283.15}\right)} = 1.670 \times 10^{-3}\text{s}^{-1}$$

对于不同类型的反应，温度对反应速率的影响不同，并非所有反应都符合阿伦尼乌斯公式，如图6-4所示，速率常数与温度的关系大致有如下几种类型，本文仅讨论一般反应的情形。

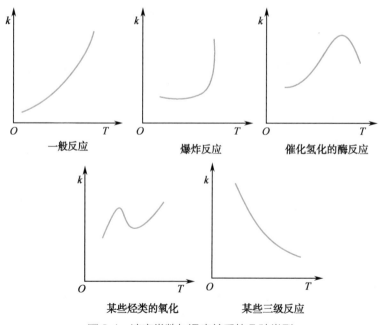

图6-4   **速率常数与温度关系的几种类型**

二、活化能

阿伦尼乌斯公式中的 E_a 称为活化能,是影响反应速率的主要内在因素。发生化学反应的首要条件是反应物之间相互碰撞,然而不是任何一次碰撞都是有效的,只有少数能量足够高的分子碰撞后才能发生反应,这些少数能量高的分子称为活化分子。活化分子的平均能量与反应物分子的平均能量之差称为**阿伦尼乌斯活化能**,简称**活化能**。活化分子的平均能量与反应物分子的平均能量都随温度的升高而升高,二者之差近似为常数。

阿伦尼乌斯把活化能 E_a 看作是化学反应时须越过的一个能峰(能垒),超过这一特定的能量的分子即为活化分子。化学反应的能量变化如图 6-5 所示,反应系统中反应物的能量在图中表示为状态 I,而反应后系统生成物的能量表示为状态 II。如图所示,正反应(I→II)的热效应为 $\Delta H = H_2 - H_1$,此反应若要顺利进行,反应物分子必须越过一个能峰,达到活化状态,即活化分子比反应物分子的平均能量高出 E_{a1}(正反应的活化能)。活化分子与生成物分子的平均能量之差 E_{a2} 为逆反应的活化能。由图 6-5 可知,正反应的热效应 $\Delta H = E_{a1} - E_{a2}$。

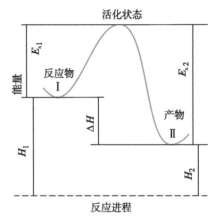

图 6-5　活化能示意图

阿伦尼乌斯公式和活化能概念的提出,大大促进了化学动力学的发展。但还须对其作两点说明:①在阿伦尼乌斯公式中,将活化能看作是与温度无关的常数,但实际上它是与温度有关的,所以,严格讲 E_a 是温度的函数。②阿伦尼乌斯活化能只对基元反应才具有明确的物理意义。对于总反应,阿伦尼乌斯活化能仅表示一个表观参数(表观活化能),它是构成总反应的各基元反应活化能的特定组合。表观活化能虽无明确的物理意义,但依然可以看作阻碍反应进行的一个能量因素。例如,某总反应的速率常数 $k = k_1 k_2^{\frac{1}{2}} k_3^{-\frac{1}{2}}$,则表观活化能 $E_a = E_{a1} + \dfrac{E_{a2}}{2} - \dfrac{E_{a3}}{2}$。

ER6-4　温度对反应速率的影响及活化能介绍(微课)

三、药物贮存期预测

药物在贮存过程中常因发生水解、氧化等反应而使其含量逐渐降低,甚至失效,因而有效预测药物贮存期就显得尤为重要。预测药物贮存期通常采用留样观察法和加速试验法。留样观察法是将药物或制剂在室温条件下贮存,定期测定药物含量来确定有效期。该预测方法相对准确,但对于放置几年而含量变化不大的稳定药物,该方法测定有效期耗时过长。针对新制剂、新药物有效期的考察,往往采用加速试验法更加有效。加速试验法是应用化学动力学的原理,在其他条件不变情况下,在较高温度下进行试验,使药物加速降解,经过数学处理后推算药物在室温下的贮存期。加速试验法可分为恒温法和变温法,恒温法又分为经典恒温法、温度系数法以及温度指数法,本节只讨论经典恒温法。

经典恒温法预测药物的有效期,主要依据不同药物的稳定程度选取几个较高温度,测定各温度下药物浓度随时间的变化,用以确定药物降解反应的级数,从而计算出在各试验温度条件下的反应速率常数 k。然后根据阿伦尼乌斯公式,以 $\ln k$ 对 $\frac{1}{T}$ 作图,利用外推方法求得药物在室温下的速率常数 $k_{298.15}$。或 $\ln k$ 对 $\frac{1}{T}$ 作线性回归,将 $T = 298.15K$ 代入线性回归方程中计算 $k_{298.15}$。将计算所得室温下的速率常数代入相应级数的积分公式中,计算在室温下药物含量降低至合格限所需要的时间,即为有效贮存期。经典恒温法推算结果方便快捷,但通常试验工作量较大,并且须保证药物在升温分解过程中级数不能改变。

例 6-8 某药物的分解为一级反应,分解 30% 即为失效。测得 323.15K、333.15K 以及 343.15K 的速率常数分别为 $7.08 \times 10^{-4}h^{-1}$、$1.70 \times 10^{-3}h^{-1}$ 和 $3.55 \times 10^{-3}h^{-1}$。计算此药物在 298.15K 的有效期。

解:

T/K	$(1/T) \times 10^3$	$k \times 10^4/h^{-1}$	$\ln k$
323.15	3.10	7.08	-7.254
333.15	3.00	17.0	-6.379
343.15	2.92	35.5	-5.642
298.15	3.36		

以 $\ln k$ 对 $\frac{1}{T}$ 作图,由直线外推得 $\ln k_{298.15} = -9.56$,则 $k_{298.15} = 7.05 \times 10^{-5}h^{-1}$,298.15K 时此药物的有效期为

$$t = \frac{1}{k} \ln \frac{1}{1-x} = \frac{1}{7.05 \times 10^{-5}} \ln \frac{1}{1-0.3} = 5.06 \times 10^3 h \approx 211d$$

变换阿伦尼乌斯公式(6-36),在不考虑反应级数以及各温度下的速率常数,也可求得药物的贮存期。因为在各级反应中,药物分解一定百分数所需要的时间 t_a 都与速率常数 k 成反比,那么

$$\ln t_a = 常数 - \ln k \qquad\qquad 式(6-39)$$

将式(6-39)代入式(6-36)可得

$$\ln t_a = \frac{E_a}{RT} + 常数'$$

根据浓度对应的某种函数 $f(c)$ 或与浓度有关的物理量(如吸光度、旋光度等)对 t 作图,在图上找出不同温度下的 t_a。以 $\ln t_a$ 对 $\frac{1}{T}$ 作线性回归,将 $T = 298.15K$ 代入线性回归方程中,可求得该温度下的 t_a,即室温条件下的贮存期。该方法试验工作量并未减少,但数据处理方面相对简化。

例 6-9 雷公藤甲素注射液分别在 338.15K、348.15K、358.15K、368.15K 四个温度下进行稳定性加速试验,测定不同时间的浓度,确定雷公藤甲素注射液的降解为一级反应。求出了各温度下雷公藤甲素降解的速率常数 k 以及降解 10% 所需时间 $t_{0.9}$,试求 298.15K 时药物的 $t_{0.9}$。

T/K	$(1/T) \times 10^3/K^{-1}$	$k \times 10^3/h^{-1}$	$t_{0.9}/h$	$\ln t_{0.9}$
338.15	2.957	1.723	61.17	4.114
348.15	2.872	4.077	25.85	3.252
358.15	2.792	8.714	12.10	2.493
368.15	2.716	18.79	5.61	1.725

解: 以 $\ln t_{0.9}$ 对 $\dfrac{1}{T}$ 作线性回归, 得直线方程

$$\ln t_{0.9} = \frac{9\,871}{T} - 25.08 \text{ 相关系数 } r = 0.999\,9$$

将 $T = 298.15K$ 代入上式中可得

$$t_{0.9} = 3\,041h \approx 127d$$

案例6-1

药物降解速率的影响因素

药物的内在结构和客观的外界环境等均会对药物的稳定性产生影响, 可以采用化学反应动力学方法研究药物的稳定性, 建立化学反应过程中反应速率与时间的关系, 研究影响药物降解的因素并探讨药物的降解机制以及预测药物的有效期等。

例如: 头孢呋辛酯发生碱水解或胺解时, 通常会生成以 7- 位侧链为主的降解产物, 碱性条件会加速其降解。头孢呋辛酯对光、热和水分比较敏感, 易发生异构化反应及 β- 内酰胺环开环和侧链水解。

问题: 头孢呋辛酯降解速率的影响因素有哪些?

分析: 相关实验结果表明, 头孢呋辛酯丙酮溶液的降解基本表现为一级反应。在 pH 值 <9.54 时比较稳定, 随着 pH 值的升高 k 值显著增大, 即碱性越强降解速率越快。此外, 随着温度不断升高, 头孢呋辛酯变得越来越不稳定, $\lg k$ 值呈指数上升。因此, 在头孢呋辛酯的生产过程中, 要适当降低溶液温度, 并使溶液的 pH 值尽可能低于 9.54, 否则药物在短时间内会产生更多的降解产物。

第六节 典型的复杂反应

复杂反应是由两个或两个以上基元反应组成的, 根据其不同的组合方式, 可以构成不同类型的复杂反应, 如对峙反应、平行反应和连续反应等。

一、对峙反应

正逆两个方向都能进行的反应称为**对峙反应**(opposing reaction),又名对行反应或可逆反应。此处的可逆反应仅仅指该反应可以双向进行,与热力学中的可逆过程存在本质上的区别。严格而论,任何反应都无法完全进行到底,都属于对峙反应的范畴,但通常会将偏离平衡态太远的逆向反应忽略不计。本章节所讨论的是正、逆反应速率相差不大的对峙反应。

当正、逆反应都是一级反应时,这样的对峙反应称为1-1级对峙反应。如

$$A \underset{k_2}{\overset{k_1}{\rightleftharpoons}} G$$

正反应速率和逆反应速率分别为

$$r_{正} = k_1 c_A \quad r_{逆} = k_2 c_G$$

总反应速率为正、逆反应速率之差

$$-\frac{dc_A}{dt} = r_{正} - r_{逆} = k_1 c_A - k_2 c_G \qquad 式(6-40)$$

令 $c_{A,0}$ 为反应物的初始浓度,代入式(6-40),可得

$$-\frac{dc_A}{dt} = k_1 c_A - k_2 (c_{A,0} - c_A) = (k_1 + k_2) c_A - k_2 c_{A,0} \qquad 式(6-41)$$

当反应达到平衡态时,正逆反应速率相等,总反应速率为零,此时 A 和 G 的平衡浓度分别趋于常数 $c_{A,eq}$ 和 $c_{G,eq}$,那么

$$k_1 c_{A,eq} = k_2 c_{G,eq} = k_2 (c_{A,0} - c_{A,eq})$$

简化可得

$$(k_1 + k_2) c_{A,eq} = k_2 c_{A,0}$$

代入式(6-41),可得含有平衡浓度的微分速率方程

$$-\frac{dc_A}{dt} = (k_1 + k_2)(c_A - c_{A,eq}) \qquad 式(6-42)$$

将 $\dfrac{dc_A}{dt} = \dfrac{d(c_A - c_{A,eq})}{dt}$ 代入式(6-42),整理后可得,

$$\ln \frac{c_{A,0} - c_{A,eq}}{c_A - c_{A,eq}} = (k_1 + k_2) t \qquad 式(6-43)$$

式(6-43)即为1-1级对峙反应的积分速率方程,以 $\ln(c_A - c_{A,eq})$ 对 t 作图可得一条直线,由直线斜率可求得 $(k_1 + k_2)$,再由平衡常数 $K = \dfrac{k_1}{k_2}$,计算可得 k_1 和 k_2。常见的对峙反应有许多分子内重排或异构化反应、醇与酸的酯化反应等。

对峙反应的特点:①反应的总速率等于正、逆反应速率之差;②反应达到平衡时,反应的总速率等于零;③正、逆反应的速率常数之比等于反应的平衡常数。

许多分子内的重排与异构化反应属于1-1级对峙反应,物质浓度与时间的关系曲线可由图6-6表示。如图所示,当反应时间足够长时,反应物与产物的浓度都趋向定值,此时反应达到平衡,正、逆反应的速率相等。可见,对峙反应不可能进行完全。

例 6-10 某对峙反应 $A \underset{k_2}{\overset{k_1}{\rightleftharpoons}} G$，其中 $k_1 = 0.006 \text{min}^{-1}$，$k_2 = 0.002 \text{min}^{-1}$。如果反应开始时系统中只有 A，求达到 A 和 G 的浓度相等需多长时间？

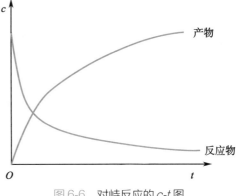

图 6-6 对峙反应的 c-t 图

解: 先求出 $c_{A,eq}$，再求出 $c_A = c_G = \dfrac{c_{A,0}}{2}$ 所需时间 t。

由 $K = \dfrac{k_1}{k_2} = \dfrac{c_{G,eq}}{c_{A,eq}} = \dfrac{c_{A,0} - c_{A,eq}}{c_{A,eq}} = \dfrac{0.006}{0.002} = 3$，

因此

$$c_{A,eq} = \frac{1}{4} c_{A,0}$$

将 $c_{A,eq} = \dfrac{1}{4} c_{A,0}$ 和 $c_A = \dfrac{c_{A,0}}{2}$ 代入式（6-43）得

$$\ln \frac{c_{A,0} - \dfrac{1}{4} c_{A,0}}{\dfrac{1}{2} c_{A,0} - \dfrac{1}{4} c_{A,0}} = (0.006 + 0.002) t$$

解上式可得 $t = 137 \text{min}$。

二、平行反应

一种或几种反应物同时进行几个不同的反应，称为**平行反应**（parallel reaction）。一般将产率较大的或生成目的产物的反应称为主反应，而将其他反应称为副反应。

平行反应可以是具有相同级数的反应，也可以是级数不同的反应，在这里我们只讨论由两个一级反应组成的平行反应。

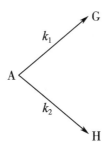

两个平行反应的速率分别为

$$\frac{dc_G}{dt} = k_1 c_A \qquad\qquad 式（6-44）$$

$$\frac{dc_H}{dt} = k_2 c_A \qquad\qquad 式（6-45）$$

A 的总反应速率可以表示为两者之和

$$-\frac{\mathrm{d}c_A}{\mathrm{d}t} = k_1 c_A + k_2 c_A = (k_1 + k_2)c_A$$

其积分速率方程为

$$c_A = c_{A,0}\,\mathrm{e}^{-(k_1+k_2)t} \tag{式(6-46)}$$

将式(6-46)分别代入式(6-44)和式(6-45),整理后做定积分,可得

$$c_G = \frac{k_1}{k_1+k_2}c_{A,0}\{1 - \mathrm{e}^{[-(k_1+k_2)t]}\} \tag{式(6-47)}$$

$$c_H = \frac{k_2}{k_1+k_2}c_{A,0}\{1 - \mathrm{e}^{[-(k_1+k_2)t]}\} \tag{式(6-48)}$$

图6-7为一级平行反应中反应物和产物的c-t曲线。将式(6-47)和式(6-48)相除得

$$\frac{c_G}{c_H} = \frac{k_1}{k_2} \tag{式(6-49)}$$

由式(6-49)可知,在任一时刻,各反应产物浓度之比等于各个支反应的速率常数之比。若已知某一时刻的反应物和各产物的浓度,则根据式(6-46)和式(6-49)可分别求出k_1和k_2。此外,改变反应温度能够改变平行反应中各支反应的相对反应速率,从而增加目的产物的产量。升高反应温度相对有利于活化能大的反应;反之则相对有利于活化能小的反应。

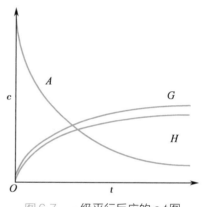

图6-7　一级平行反应的c-t图

平行反应的特点: ①平行反应的总速率等于各支反应的速率之和;②速率方程和动力学方程与同级数的简单反应的速率方程相似,只是速率常数为各个反应速率常数之和;③当各产物的初始浓度为零时,在任一时刻,产物的浓度之比等于速率常数之比;④在反应的任意时刻都有$c_A + c_G + c_H = c_{A,0}$。

例6-11　在高温时,醋酸的分解反应按下式进行。

$$CH_3COOH \nearrow^{k_1} CH_4 + CO_2$$
$$\searrow_{k_2} CH_2{=\!=\!=}CO + H_2O$$

在1 189K时,$k_1 = 3.74\mathrm{s}^{-1}$,$k_2 = 4.65\mathrm{s}^{-1}$,试计算醋酸分解99%所需的时间。

解: 醋酸分解99%时,$c_A = 0.01c_{A,0}$,将c_A及k_1、k_2代入式(6-46)中

$$0.01c_{A,0} = c_{A,0}\,\mathrm{e}^{-(3.74+4.65)t}$$

解得$t = 0.549\mathrm{s}$。

三、连续反应

一个反应需要经历几个连续的中间步骤,并且前一步的产物是后一步的反应物,则该反

应是**连续反应**（consecutive reaction）。

最简单的连续反应为一级连续反应，$A \xrightarrow{k_1} G \xrightarrow{k_2} H$。两步反应的速率分别为

$$-\frac{\mathrm{d}c_A}{\mathrm{d}t} = k_1 c_A \qquad \text{式（6-50）}$$

$$\frac{\mathrm{d}c_G}{\mathrm{d}t} = k_1 c_A - k_2 c_G \qquad \text{式（6-51）}$$

最终产物 H 由第二步反应生成：$\dfrac{\mathrm{d}c_H}{\mathrm{d}t} = k_2 c_G$，式（6-50）积分可得

$$c_A = c_{A,0}\, \mathrm{e}^{-k_1 t} \qquad \text{式（6-52）}$$

结合以上几式，可得

$$c_G = \frac{k_1}{k_2 - k_1} c_{A,0} (\mathrm{e}^{-k_1 t} - \mathrm{e}^{-k_2 t}) \qquad \text{式（6-53）}$$

再由反应的计量方程式可得

$$c_{A,0} = c_A + c_G + c_H$$

将式（6-52）和式（6-53）代入得

$$c_H = c_{A,0}\left[1 - \frac{1}{k_2 - k_1}(k_2 \mathrm{e}^{-k_1 t} - k_1 \mathrm{e}^{-k_2 t}) \right] \qquad \text{式（6-54）}$$

根据 c_A、c_G 和 c_H 与时间 t 的曲线关系（图 6-8），反应物 A 的浓度随着时间延长而减小；最终产物浓度 c_H 随着时间延长而增大；中间产物浓度 c_G 开始时随着时间增长而增大，经过某一极大值后随着时间增长而减小，这是连续反应中间产物浓度的变化特征。连续反应的另一个特征是总反应的速率取决于速率最慢的步骤，即速控步骤。

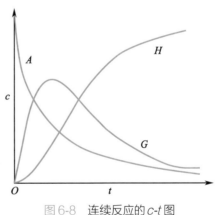

图 6-8 连续反应的 c-t 图

中间产物浓度所能达到的极大值记作 $c_{G,m}$，相应的反应时间记为 t_m，将 c_G 对 t 求导并令其等于零，可得

$$\frac{\mathrm{d}c_G}{\mathrm{d}t} = \frac{k_1}{k_2 - k_1} c_{A,0}(k_2 \mathrm{e}^{-k_2 t} - k_1 \mathrm{e}^{-k_1 t}) = 0$$

解上式可得

$$t_m = \frac{\ln(k_2/k_1)}{k_2 - k_1} \qquad \text{式（6-55）}$$

$$c_{G,m} = c_{A,0}\left(\frac{k_1}{k_2} \right)^{[k_2/(k_2 - k_1)]} \qquad \text{式（6-56）}$$

由此可知，如果中间产物 G 是目的产物，则最佳结束反应的时间是 t_m，此时达到最大浓度。

例 6-12 已知某药物口服后在体内的吸收和消除均符合一级动力学，测得吸收和消除速率常数分别为 $4.5 \times 10^{-3} \mathrm{min}^{-1}$ 和 $2.5 \times 10^{-5} \mathrm{min}^{-1}$。求药物在体内的达峰时间 t_m。

解: 药物在体内的吸收和消除可以看作是一个连续反应。

$$t_m = \frac{\ln(k_2/k_1)}{k_2 - k_1} = \frac{\ln\left(\dfrac{2.5 \times 10^{-5}}{4.5 \times 10^{-3}}\right)}{(2.5 \times 10^{-5} - 4.5 \times 10^{-3})} = 1\ 160\,\text{s} \approx 19\,\text{min}$$

第七节　复杂反应的近似处理

在研究复杂反应的速率时,特别是包含连续反应的复杂反应,求解比较困难,为了重点研究控制总反应速率的主要反应步骤,常会忽略一些次要的因素,常用的近似处理方法有**速控步骤近似法**(rate controlling process approximation)、**稳态近似法**(steady state approximation)和**平衡态近似法**(equilibrium state approximation)。

一、速控步骤近似法

在讨论连续反应时曾指出,其总反应速率取决于速率最慢的步骤,这种处理方法即为速控步骤近似法。速控步骤与其他各串联步骤的速率相差越大,所得的结果越准确。例如在前面讨论的连续反应 $A \xrightarrow{k_1} G \xrightarrow{k_2} H$ 中,最终产物 H 浓度随时间的关系式是

$$c_H = c_{A,0}\left[1 - \frac{1}{k_2 - k_1}\left(k_2 e^{-k_1 t} - k_1 e^{-k_2 t}\right)\right]$$

当 $k_1 \ll k_2$ 时,上式可以简化为

$$c_H = c_{A,0}\left(1 - e^{-k_1 t}\right) \tag{式(6-57)}$$

此结果是基于 $k_1 \ll k_2$ 的条件,求微分方程的解析解得到的。

如果采用速控步骤近似法进行处理,该求解过程可以大大简化,因为 $k_1 \ll k_2$,那么第一步反应为速控步骤,所以反应总速率方程为

$$-\frac{dc_A}{dt} = k_1 c_A \tag{式(6-58)}$$

积分式(6-58)可得 $c_A = c_{A,0} e^{-k_1 t}$,由于 $c_{A,0} = c_A + c_G + c_H$,在 $k_1 \ll k_2$ 的情况下,G 不可能积累,故 $c_G \approx 0$, $c_H = c_{A,0} - c_A$,因此 $c_H = c_{A,0}\left(1 - e^{-k_1 t}\right)$。

可见采用速控步骤近似法能够使求解过程更简单,并且也能得到与精确解简化后相同的结果。

二、稳态近似法

在连续反应 $A \xrightarrow{k_1} G \xrightarrow{k_2} H$ 中,如果 $k_2 \gg k_1$,例如在中间产物 G 为活泼的自由原子或

自由基等的反应中，则可认为中间产物 G 一旦生成，就立即参与下一步反应生成最终产物 H。在该过程中，中间产物的生成和消耗速率几乎相等，G 的浓度近似为常数，处于一个稳定的状态，即 $\dfrac{dc_G}{dt} = 0$，利用这种近似得到总反应速率方程的方法称为稳态近似法。

对上述连续反应，求解微分方程得到的中间产物 G 浓度与时间的关系式为

$$c_G = \frac{k_1}{k_2 - k_1} c_{A,0} \left(e^{-k_1 t} - e^{-k_2 t} \right) \qquad \text{式}(6\text{-}59)$$

当 $k_2 \gg k_1$ 时，式（6-59）可简化为 $c_G = \dfrac{k_1}{k_2} c_{A,0} \, e^{-k_1 t} = \dfrac{k_1}{k_2} c_A$，并且 $k_2 \gg k_1$ 时，中间产物 G 的浓度很小，并且不随时间而改变，按照稳态近似法，可得

$$\frac{dc_G}{dt} = k_1 c_A - k_2 c_G = 0 \qquad \text{式}(6\text{-}60)$$

则

$$c_G = \frac{k_1}{k_2} c_A \qquad \text{式}(6\text{-}61)$$

由此可见，根据稳态近似法得到的结果与解微分方程化简后得到的结果一致，并且很好地避免了解微分方程的麻烦。

例 6-13 某物质 A 在有催化剂 K 存在时发生分解，得产物 G。若用 X 表示 A 和 K 所生成的活化络合物，并假设该反应按下列步骤进行

$$A + K \xrightarrow{k_1} X$$
$$X \xrightarrow{k_2} A + K$$
$$X \xrightarrow{k_3} K + G$$

达稳态后，$\dfrac{dc_X}{dt} = 0$，求下列内容。

（1）反应速率 $-\dfrac{dc_A}{dt}$ 的一般表达式（式中不含 X 项）。

（2）$k_2 \gg k_3$ 的反应速率简化表达式。

（3）$k_3 \gg k_2$ 的反应速率简化表达式。

解：（1）稳态时 $\dfrac{dc_X}{dt} = k_1 c_A c_K - k_2 c_X - k_3 c_X = 0$

$$\text{则 } c_X = \frac{k_1 c_A c_K}{k_2 + k_3}$$

$$-\frac{dc_A}{dt} = k_1 c_A c_K - k_2 c_X = k_1 c_A c_K - k_2 \frac{k_1 c_A c_K}{k_2 + k_3} = \frac{k_1 k_3}{k_2 + k_3} c_A c_K$$

（2）$k_2 \gg k_3$ 时，$-\dfrac{dc_A}{dt} = \dfrac{k_1 k_3}{k_2} c_A c_K$

（3）$k_3 \gg k_2$ 时，$-\dfrac{dc_A}{dt} = k_1 c_A c_K$

三、平衡态近似法

在连续反应 $A \underset{k_{-1}}{\overset{k_1}{\rightleftharpoons}} G \overset{k_2}{\longrightarrow} H$ 中，如果 $k_1 \gg k_2$，并且第一步反应是对峙反应，则可认为反应物和中间产物在第一步反应中很快建立了平衡，中间产物在第二步反应中消耗速率很小，不至于破坏第一步的平衡，则总反应速率等于速控步骤速率。总反应速率方程常含有中间产物，则可利用对峙反应的平衡常数 K 与反应物浓度的关系，求出中间产物的浓度，从而得到不含中间产物浓度项的总速率方程。这种近似的处理方法称为平衡态近似法。

例 6-14 实验测得反应 $2NO + O_2 \longrightarrow 2NO_2$ 为三级反应，$\dfrac{dc_{NO_2}}{dt} = kc_{NO}^2 c_{O_2}$，已知反应机制为

$$NO + NO \underset{k_2}{\overset{k_1}{\rightleftharpoons}} N_2O_2 \text{（快速平衡）} \qquad\qquad 反应（1）$$

$$N_2O_2 + O_2 \overset{k_3}{\longrightarrow} 2NO_2 \text{（慢反应）} \qquad\qquad 反应（2）$$

试推导速率方程，并与实验结果相比较。

解： 反应（2）为速控步骤，这时反应（1）的平衡能够维持，保证平衡能很快建立。根据速控步骤近似法，总反应速率可表示为

$$\frac{dc_{NO_2}}{dt} = k_3 c_{N_2O_2} c_{O_2}$$

用平衡态近似法处理，则反应（1）的平衡常数为

$$K_c = \frac{k_1}{k_2} = \frac{c_{N_2O_2}}{c_{NO}^2}$$

可得 $c_{N_2O_2} = \dfrac{k_1}{k_2} c_{NO}^2$，代入总反应速率方程中

$$\frac{dc_{NO_2}}{dt} = \frac{k_1 k_3}{k_2} c_{NO}^2 c_{O_2} = k' c_{NO}^2 c_{O_2}$$

式中，k' 为表观速率常数，$k' = \dfrac{k_1 k_3}{k_2}$。

由此可见，利用速控步骤和平衡态近似法，可以简单地从反应机制得出速率方程，并且与实验结果基本一致。

速控步骤近似法、稳态近似法、平衡态近似法都是处理化学动力学过程的近似法，对于复杂的反应机制，恰当地选择上述方法，可以方便求出与实验结果相符合的速率方程。

四、链反应及其速率方程

链反应（chain reaction），又称连锁反应，是一类常见的又有其特殊规律的复杂反应。链反应是由大量的、反复循环的连续反应组成的，通常有自由原子或自由基参加。自由原子或自

由基是含有未成对电子的原子或基团,例如 H·、Cl·、OH·、CH$_3$·、CH$_3$CO·等。它们具有很高的化学活性,因而不能稳定地存在,一经生成则立刻同其他物质发生反应。许多有机化合物在空气中的氧化、燃料的燃烧、不饱和烃的聚合等,都属于链反应。

链反应通常分为三个阶段,分别是**链引发**(chain initiation)、**链传递**(chain propagation)和**链终止**(chain termination)。

1. **链引发**　产生自由基或者自由原子的过程称为链引发,是链反应中最难进行的一步。该过程需要很大的活化能,通常在 200~400kJ/mol 之间,反应物分子需要获得足够的能量才能产生自由基或自由原子。获取能量的方式通常为加热、光照或者其他高能辐射,如 α、β、γ 或 X 射线。也可通过加入化学引发剂来产生自由基或自由原子,如碱金属、卤素、有机氮化合物和过氧化物等。

2. **链传递**　自由基或自由原子很活泼,一经生成就立即同其他物质发生反应,在反应的过程中又可以产生新的自由基或自由原子,如此连续循环进行,构成了链传递过程。链传递是链反应的主体,是链反应中最活跃的过程。链传递反应的活化能很小,一般小于 40kJ/mol,因此该过程一般进行得很快。

3. **链终止**　链终止是链反应的最后阶段,是自由基或自由原子的销毁过程。链终止的活化能很小或为零。自由基销毁的过程一般有两种形式:第一种是自由基相互结合成稳定分子,将能量传递给系统中其他分子或者以光量子的形式放出;第二种是与器壁碰撞而失去活性。链反应速率与器壁形状、表面涂料和填充料等都有关系,这种器壁效应是链反应的特点之一。相对增加器壁表面积、减小容器体积或加入固体粉末,都可以使链反应的速率减小或终止。

例 6-15　甲烷与氯气的反应如下

$$CH_4 + Cl_2 \longrightarrow CH_3Cl + HCl$$

实验结果给出这个反应对 Cl$_2$ 是 0.5 级,并给出如下反应机制

$$Cl_2 \xrightarrow{k_1} 2Cl\cdot$$
$$Cl\cdot + CH_4 \xrightarrow{k_2} HCl + CH_3\cdot$$
$$CH_3\cdot + Cl_2 \xrightarrow{k_3} CH_3Cl + Cl\cdot$$
$$Cl\cdot + Cl\cdot \xrightarrow{k_4} Cl_2$$

试推导反应速率方程。

解: 生成 HCl 的速率方程为

$$\frac{\mathrm{d}c_{HCl}}{\mathrm{d}t} = k_2 c_{Cl\cdot} c_{CH_4} \qquad 式(1)$$

自由基 Cl·、CH$_3$·的速率方程分别表示如下,并分别采用稳态近似

$$\frac{\mathrm{d}c_{Cl\cdot}}{\mathrm{d}t} = 2k_1 c_{Cl_2} - k_2 c_{Cl\cdot} c_{CH_4} + k_3 c_{CH_3\cdot} c_{Cl_2} - 2k_4 c_{Cl\cdot}^2 = 0 \qquad 式(2)$$

$$\frac{\mathrm{d}c_{CH_3\cdot}}{\mathrm{d}t} = k_2 c_{Cl\cdot} c_{CH_4} - k_3 c_{CH_3\cdot} c_{Cl_2} = 0 \qquad 式(3)$$

由式(3)得

$$c_{CH_3} = \frac{k_2 c_{Cl} \cdot c_{CH_4}}{k_3 c_{Cl_2}} \qquad\qquad 式（4）$$

将式（4）代入式（2）中有

$$2k_1 c_{Cl_2} - k_2 c_{Cl} \cdot c_{CH_4} + k_3 \left(\frac{k_2 c_{Cl} \cdot c_{CH_4}}{k_3 c_{Cl_2}} \right) c_{Cl_2} - 2k_4 c_{Cl}^2 = 2k_1 c_{Cl_2} - 2k_4 c_{Cl}^2 = 0$$

$$c_{Cl} = \left(\frac{k_1 c_{Cl_2}}{k_4} \right)^{\frac{1}{2}} \qquad\qquad 式（5）$$

将式（5）代入式（1）得

$$\frac{dc_{HCl}}{dt} = k_2 \left(\frac{k_1}{k_4} \right)^{\frac{1}{2}} c_{CH_4} c_{Cl_2}^{\frac{1}{2}} \qquad\qquad 式（6）$$

所得结果与实验得到的 Cl_2 是 0.5 级相一致。

第八节　反应速率理论简介

当人们发现化学反应速率的一些规律后，就希望能从理论上对这些规律加以解释，并利用这些理论来预测化学反应速率。初期的反应速率理论更多地是以解释和完善阿伦尼乌斯经验公式有关。本节对反应速率理论只简单介绍气体反应的碰撞理论及过渡态理论。各种反应速率理论均以基元反应为研究对象。

一、碰撞理论

1918 年路易斯（W. C. M. Lewis）在阿伦尼乌斯提出的活化能概念的基础上，结合气体分子运动理论，建立了反应速率的**碰撞理论**（collision theory）。

碰撞理论有如下基本假定：①分子必须经过碰撞才能发生反应，但并非每次碰撞都能发生反应。②相互碰撞的分子所具有的平动能必须足够高，并超过某一临界值才能发生反应。这样的分子称为活化分子，活化分子的碰撞称为有效碰撞。③单位时间单位体积内发生的有效碰撞次数即为化学反应的速率。

以双分子气相反应为例

$$A + B \longrightarrow C$$

其中，A、B 为反应物，C 为产物。令单位时间单位体积内 A 和 B 的碰撞总次数为 Z_{AB}，称为**碰撞频率**（collision frequency）。有效碰撞次数所占的比例称为**有效碰撞分数**（effective collision fraction），这一分数等于活化分子数 N_i 在总分子数 N 中所占的比值 N_i/N。则根据碰撞理论，反应速率为

$$-\frac{dN_A}{dt} = Z_{AB} \frac{N_i}{N} \qquad\qquad 式（6-62）$$

式（6-62）中，N 为单位体积中的反应分子数。碰撞理论就是要通过气体分子运动论计算出 Z_{AB} 和 N_i/N，进而求得反应速率和速率常数。

Z_{AB} 和 N_i/N 与分子的形状和分子之间的相互作用情况有关。为了简化计算，在简单碰撞理论中有如下假设：①分子为无内部结构的刚性球体。②分子之间除了在碰撞的瞬间外，没有其他相互作用。③在碰撞的瞬间，两个分子的中心距离为他们的半径之和。

这样的分子模型称为**硬球分子模型**（molecular model of hard sphere）。硬球分子毕竟不同于真实分子，所以简单碰撞理论得到的定量结果与实验事实会有差距。

根据气体分子运动论，两种硬球分子 A 和 B 在单位时间单位体积内的分子碰撞次数为

$$Z_{AB} = N_A N_B (r_A + r_B)^2 \sqrt{\frac{8\pi RT}{\mu}} \qquad \text{式（6-63）}$$

式中，N_A、N_B 分别为单位体积内 A、B 分子的个数；r_A、r_B 分别为 A、B 分子的半径；μ 为 A、B 分子的折合摩尔质量，$\mu = \dfrac{M_A M_B}{M_A + M_B}$，$M_A$、$M_B$ 分别为 A、B 分子的摩尔质量；T 为热力学温度。Z_{AB} 的单位是 m^{-3}/s。

根据波兹曼能量分布定律，气体中平均动能超过某一临界值 E_c 的分子，即活化分子，在总分子中所占的比例为

$$\frac{N_i}{N} = e^{\frac{-E_c}{RT}} \qquad \text{式（6-64）}$$

式中，E_c 为气体分子的临界平动能，单位是 J/mol。

将式（6-63）和式（6-64）代入式（6-62）中，并将其中单位体积内气体分子数 N 用物质的量浓度 c 来表示，$c = \dfrac{N}{L}$，L 为阿伏伽德罗常数，可得反应速率方程

$$-\frac{dc_A}{dt} = L c_A c_B (r_A + r_B)^2 \sqrt{\frac{8\pi RT}{\mu}} e^{-\frac{E_c}{RT}} \qquad \text{式（6-65）}$$

式（6-65）与由质量作用定律得到的双分子反应速率方程（$-\dfrac{dc_A}{dt} = k_A c_A c_B$）比较，可得双分子反应速率常数

$$k_A = L(r_A + r_B)^2 \sqrt{\frac{8\pi RT}{\mu}} e^{-\frac{E_c}{RT}} \qquad \text{式（6-66）}$$

对于特定的反应，r_A、r_B 和 μ 都是常数，恒温下 $L(r_A + r_B)^2 \sqrt{\dfrac{8\pi RT}{\mu}}$ 也为常数，令其为 $Z_{AB}^\ominus$，与式（6-63）相比较，可得

$$Z_{AB}^\ominus = \frac{Z_{AB}}{L c_A c_B}$$

则式（6-66）可写为

$$k = k_A = Z_{AB}^\ominus e^{-\frac{E_c}{RT}} \qquad \text{式（6-67）}$$

$Z_{AB}^\ominus$ 称为频率因子，它的物理意义是当反应物为单位浓度时，在单位时间、单位体积内以物质

的量表示的 A、B 分子相互碰撞次数，单位是 $m^3/(mol\cdot s)$，E_c 为临界能，是活化分子应具有的最低能量。在碰撞理论中，E_c 也称为活化能。

式(6-67)与阿伦尼乌斯公式 $k = Ae^{-E_a/RT}$ 在形式上非常相似。频率因子 $Z_{AB}^{\ominus}$ 相当于阿伦尼乌斯公式中的指前因子 A，E_c 相当于阿伦尼乌斯公式中的活化能 E_a。这样，阿伦尼乌斯公式中的指前因子 A 也被赋予了一定物理意义，即可被看作当反应物为单位浓度时，在单位时间单位体积内以物质的量表示的 A、B 分子相互碰撞次数。值得注意的是，虽然 $Z_{AB}^{\ominus}$ 与 E_c 在形式上分别与 A 和 E_a 相当，但是其物理意义并非完全一致，在阿伦尼乌斯公式中，A 是与温度无关的常数，但是在碰撞理论中，$Z_{AB}^{\ominus}$ 正比于 $\sqrt{T}$。将 $Z_{AB}^{\ominus}$ 表示为 $Z_{AB}^{\ominus} = Z'\sqrt{T}$，则上式可写为

$$k = Z'\sqrt{T}e^{\frac{-E_c}{RT}} \qquad\qquad 式(6-68)$$

将式(6-68)两边取对数，并对 T 进行微分，可以得到 $\dfrac{\mathrm{d}\ln k}{\mathrm{d}t} = \dfrac{RT/2 + E_c}{RT^2}$，而阿伦尼乌斯公式的微分形式为 $\dfrac{\mathrm{d}\ln k}{\mathrm{d}t} = \dfrac{E_a}{RT^2}$，二者相比较可得 $E_a = E_c + \dfrac{RT}{2}$

通常 E_a 和 E_c 都远大于 $\dfrac{RT}{2}$，因此可认为 $E_a \approx E_c$。

由以上可知，碰撞理论不但解释了阿伦尼乌斯公式中 $\ln k$ 与 $\dfrac{1}{T}$ 的线性关系，而且，若以 $\ln\dfrac{k}{\sqrt{T}}$ 对 $\dfrac{1}{T}$ 作图，将得到更好的直线，实验结果也证实了这一点。但是碰撞理论没有考虑碰撞时分子内部结构及能量的变化细节，因此存在一些不可避免的缺陷，如临界能 E_c 不能由理论计算得出，频率因子 $Z_{AB}^{\ominus}$ 的计算值与实验结果有较大的差距等。

二、过渡态理论

有效碰撞理论直观明了地说明了反应速率与活化能的关系，但没有从分子内部即原子如何重新结合的角度来揭示活化能的物理意义。随着人们对反应中原子如何重新结合的认识不断深化，1935 年，埃林(Eyring)、波兰尼(Polanyi)等人在统计力学和量子力学发展的基础上提出来反应速率的**过渡态理论**(transition state theory)。该理论克服了碰撞理论的一些不足之处，并在原则上只需要知道分子的一些基本性质，如振动频率、质量、核间距离等，即可计算反应速率常数。

过渡态理论认为化学反应并非通过反应物分子间的简单碰撞而完成的，而是在反应物分子生成生成物分子的过程中，经过一个不稳定的中间过渡状态，即形成活化络合物，然后活化络合物再进一步分解为生成物。活化络合物的特点是原有的化学键已经松弛，新的化学键正在形成，处于一种具有相当高的能量，不稳定的过渡状态，一旦形成很快就会分解生成产物。

例如，在 CO 与 NO_2 的反应中，当具有较高能量的 CO 与 NO_2 分子彼此以适当的取向相互靠近到一定程度时，它们的价电子云便互相穿透而形成一种活化络合物[ON⋯O⋯CO]，当该络合物中靠近 C 原子的 N⋯O 键完全断开，新形成的 O⋯C 键进一步强化，便形成了生成物

NO 和 CO_2，此时整个系统能量降低，反应完成。

$$NO_2 + CO \xrightleftharpoons{} ON \cdots O \cdots CO \xrightleftharpoons{} NO + CO_2$$

图 6-9 为上述反应过程中的势能图。图中 A 点表示反应物体系的平均势能，高峰 B 点表示活化络合物的势能，C 点表示生成物体系的平均势能，E_a、E'_a 分别是正、逆反应的活化能。此时，活化能指的是活化络合物比反应物分子的平均能量高出的额外能量。在正逆反应进行的过程中，反应物分子的能量都必须越过同一活化络合物的能垒，反应才能完成。可见反应活化能的物理意义就是反应物形成生成物过程中的能量障碍。不同物质的分子结构不同，它们在各种化学反应中的反应机制和重组化学键时所需的能量也不同，因而不同的化学反应具有不同的活化能和反应速率。正反应的活化能(E_a)与逆反应

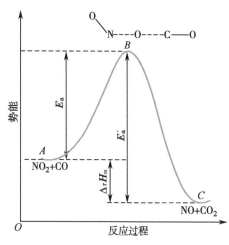

图 6-9　放热反应的势能图

的活化能(E'_a)之差就是化学反应的等压反应热 $\Delta_r H_m$，$\Delta_r H_{m,正} = E_a - E'_a$。上图中，$E_a < E'_a$，所以正反应的 $\Delta_r H_m$ 为负值，属放热反应；而逆反应的 $\Delta_r H_{m,逆} = E'_a - E_a$，为正值，属吸热反应，两者符号相反，数值相等。由图可知，在可逆反应中，若正反应放热，则逆反应必定吸热，吸热反应的活化能必定大于放热反应的活化能。

过渡态理论吸取了有效碰撞理论的合理内容，并且深入分子内部的微观结构，将化学反应与化学键联系起来，并揭示了活化能的本质。从理论上讲，只要知道活化络合物的结构，借助统计力学的方法，就能将活化能及反应速率常数计算出来，然而在实际应用中，确定活化络合物的结构比较困难，因此该理论在应用中也存在不少困难。

第九节　溶液中的反应

在溶液中进行的反应有很多，许多药物的生产与使用也都是在溶液中进行的。与气相反应相比，发生在溶液中的化学反应更为常见。同一个反应在气相中进行和在液相中进行可有不同的速率，也可有不同的反应机制及生成不同的产物，这些都是溶剂效应引起的。溶剂效应对溶液中的化学反应的影响可以分为两类：物理效应和化学效应。物理效应指的是由于溶剂化而使反应物具有离解、传能与传质作用以及溶剂的介电性质对离子反应物的相互作用。化学效应是指溶剂分子的催化作用以及溶剂分子作为反应物或产物直接参加化学反应。因此，研究溶剂效应对化学反应的影响就成为研究溶液反应动力学的主要内容。

一、溶剂与反应组分无明显相互作用

由于溶剂的存在，溶液中的反应比气相中的反应要复杂得多。最简单的情况是溶剂只是

作为介质,对反应物分子是惰性的。这时溶液中反应的动力学参数与气相反应中的相近。

在低压或中等压力的气相中,分子在反应体系的空间里彼此远离并自由运动。而在溶液中的分子之间的空隙很小,分子不能自由运动,溶液中每个分子的运动都受到相邻分子的阻碍,每个反应物分子都可视为被周围的溶剂分子包围着,即被关在由周围溶剂分子构成的"笼子"中,偶然冲出一个笼子后又很快进入到另一个笼子中,这种现象称为"**笼效应**"(cage effect)。笼效应的存在显然减少了不同笼子中反应物分子之间的碰撞机会。然而,当两个反应物偶然间进入同一个笼子之后,则被关在笼中反复碰撞,即增加了在同一个笼子中反应物分子相互碰撞的机会。据粗略估算,在水溶液中,一对无相互作用的分子被关在同一笼子中的持续时间为 $10^{-12} \sim 10^{-11}$s,在此期间会进行 $100 \sim 1\,000$ 次碰撞。就单位时间单位体积内反应物分子之间的总碰撞次数而言,溶液中的反应与气相反应大致相当。反应物分子穿过笼子所需要的活化能(扩散活化能)一般小于 20kJ/mol,小于大多数化学反应的活化能(40~400kJ/mol),故扩散作用一般不影响化学反应速率。但是对于溶液中某些离子反应、自由基复合反应等活化能很小的反应,则反应速率取决于分子的扩散速率。

二、溶剂与反应组分有明显相互作用

在许多情况下,溶剂分子与反应物分子之间存在着明显的相互作用,使得溶液中的反应与气相反应相比,其动力学参数有显著改变。影响溶液中反应速率的因素主要包含以下几种。

1. 溶剂的极性 实验表明,如果产物的极性大于反应物的极性,则在极性溶剂中的反应速率比在非极性溶剂中的大;如果产物的极性小于反应物的极性,则在极性小的溶剂中反应速率大。例如在反应(1)中,产物的极性小于反应物的极性,因此随着溶剂极性增强,其反应速率常数降低。在反应(2)中,由于产物的极性大于反应物的极性,随着溶剂极性的增强,其速率常数也增加。

$$(CH_3CO)_2O + C_2H_5OH \longrightarrow CH_3COOC_2H_5 + CH_3COOH \qquad 反应(1)$$
$$(C_2H_5)_3N + C_2H_5I \longrightarrow (C_2H_5)_4NI \qquad 反应(2)$$

2. 溶剂的介电常数 **介电常数**(dielectric constant)是衡量介质对静电相互作用屏蔽程度的一个物理量,根据库仑定律,介质的介电常数越大,电荷间的库仑作用力就越小。因此,对于离子或极性分子之间的反应,溶剂的介电常数将影响离子或极性分子之间的引力或斥力,从而影响反应速率。溶剂的介电常数越大,溶液中离子之间的相互作用力就越小。因此,对于同号电荷离子之间的反应,溶剂的介电常数越大,反应速率也越大;反之,对异号电荷离子之间的反应或对离子与极性分子之间的反应,溶剂的介电常数越大,反应速率就越小。

例如,OH⁻催化巴比妥类药物在水中的水解是同种电荷离子之间的反应。如果加入介电常数比水小的物质,例如甘油、乙醇等,将使反应速率常数减小。

3. 溶剂化的影响 物质的溶剂化将使其能量降低,因此反应物与过渡态的溶剂化将影响反应的活化能。如果过渡态的溶剂化作用比反应物大,则反应的活化能降低,从而增大反应速率常数。反之,如果反应物的溶剂化作用大于过渡态,则反应的活化能升高,从而减小反应速率常数。

4. 离子强度　　向溶液中加入电解质会改变溶液的离子强度,实验表明,溶液的离子强度的变化会导致离子之间的反应速率常数的变化。可以证明,在稀溶液中,离子反应的速率常数与溶液离子强度之间的关系如下

$$\ln k = \ln k_0 + 2z_A z_B A\sqrt{I} \qquad \text{式}(6\text{-}69)$$

式(6-69)中,z_A、z_B 分别表示 A、B 的离子电荷数,I 为离子强度,k_0 为离子强度为 0,即无限稀释时的速率常数,A 为与溶剂和温度有关的常数,在 25℃的水溶液中,$A = 1.172$。

由式(6-69)可知,对同号电荷离子之间的反应,溶液的离子强度越大,反应速率常数也越大;对于异号电荷离子之间的反应,溶液的离子强度越大,其反应速率常数就越小;若任一反应物不带电荷,则 $z_A z_B$ 等于 0,此时溶液的离子强度与反应速率无关。

第十节　催化反应

一、催化剂和催化作用

一种或多种少量的物质,能使得化学反应的速率显著增大,而这些物质本身的质量及化学性质在反应前后保持不变。这种现象称为**催化作用**(catalysis)。起催化作用的物质称为**催化剂**(catalyst)。按物相均一性,催化作用可分为三类:单相(均相)催化、复相(多相)催化和酶催化(生物催化)。

催化剂可以是有意识加入反应系统的物质,也可以是在反应过程中自发产生的。后者是一种(或几种)反应产物或中间产物,称为**自催化剂**(autocatalyst)。这种现象称为**自催化作用**(autocatalysis)。例如,$KMnO_4$ 与草酸反应时生成的 Mn^{2+} 就是该反应的自催化剂。有时反应系统中一些偶然的杂质、尘埃或反应容器器壁等,也有催化作用。

据粗略估计,世界上 85% 的化学制品都要依靠催化反应获得。对新催化剂的研制,是化学领域的一个重要课题。

催化剂的基本特征如下。

(1)反应过程中催化剂的变化。催化剂在反应前后的数量及化学性质虽然不变,但有些物理性质,特别是外观、晶型等在反应前后会发生变化。

(2)催化剂参与反应并改变反应历程,显著降低反应的活化能。催化剂能显著地改变化学反应的速率,但它不影响化学平衡,只能缩短到达平衡的时间。由此可知,对于一个对峙反应,催化剂在加速正反应的同时,也会使逆反应加速相同的倍数。如果有些正反应不易进行,就可以利用容易进行的逆反应去寻找合适的催化剂。

(3)催化剂不能改变反应的方向。催化剂只能在热力学所允许($\Delta_r G_m < 0$)的反应中发挥作用,不能使热力学中所不允许($\Delta_r G_m > 0$)的反应发生。

(4)催化剂具有选择性。不同类型的反应需要不同的催化剂。有的催化剂选择性较强,如酶的选择性最强;有的催化剂选择性较弱,如金属催化剂及酸碱催化剂。工业中常用式(6-70)

来表达催化剂的选择性

$$选择性 = \frac{转化为目的产物的原料量}{原料转化总量} \times 100\% \qquad 式（6-70）$$

（5）催化剂对某些杂质很敏感。某些杂质对催化剂的催化作用有极大的影响，能增强催化剂的活性、选择性、稳定性的称为**助催化剂**（catalytic accelerator），减弱上述催化功能的则称为**阻化剂**或**抑制剂**（inhibitor）。作用很强的阻化剂只要极微的量就能严重阻碍催化反应的进行，这些物质称为催化剂的**毒物**（poison）。例如，铂催化反应 $H_2 + \frac{1}{2}O_2 \longrightarrow H_2O$ 中，极少量的 CO 就会使铂中毒，使之完全丧失催化活性。催化剂的中毒可以是永久性的，也可以是暂时性的。后者只要将毒物除去，催化剂的功能可以恢复。

二、催化机制

催化剂的催化机制随不同的催化剂和催化反应而异。通常情况下，是催化剂与反应物分子之间形成了不稳定的中间化合物或配合物，或发生了物理或化学的吸附作用，从而改变了反应途径，大幅度地降低了反应的活化能 E_a，使反应速率显著增大。而在这些不稳定的中间产物继续反应后，催化剂又被重新复原。催化剂生成中间产物的反应机制，可用以下通式表示。设有催化反应

$$A + B \xrightarrow{C} AB$$

式中，C 为催化剂，其催化机制可表达为

$$A + C \underset{k_2}{\overset{k_1}{\rightleftharpoons}} AC \qquad\qquad 反应（1）$$

$$AC + B \xrightarrow{k_3} AB + C \qquad\qquad 反应（2）$$

反应（1）和反应（2）中 AC 为反应物与催化剂生成的中间产物。反应（1）为一快速平衡，反应（2）为速控步骤，其反应速率方程式为

$$\frac{dc_{AB}}{dt} = \frac{k_1 k_3}{k_2} c_C c_A c_B = k' c_A c_B \qquad 式（6-71）$$

表观速率常数、表观活化能和表观指前因子分别为

$$k' = \frac{k_1 k_3}{k_2} c_C = \left(\frac{A_1 A_3}{A_2} c_C \right) e^{\frac{-(E_{a1} + E_{a3} - E_{a2})}{RT}} \qquad 式（6-72）$$

$$E_a' = E_{a1} + E_{a3} - E_{a2} \qquad 式（6-73）$$

$$A' = \frac{A_1 A_3}{A_2} c_C \qquad 式（6-74）$$

催化剂降低反应的活化能的示意图如图 6-10 所示。图中 E_a 为非催化反应的活化能，E_{a1} 为反应（1）的活化能，E_{a2} 为反应（2）的活化能，催化剂存在下，E_{a1} 和 E_{a2} 均小于 E_a。应当指出，在正向反应活化能降低的同时，逆向反应活化

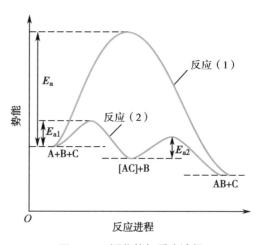

图 6-10　活化能与反应途径

能也同样降低,故逆向反应也同样得到加速。通常使用适宜的催化剂能够显著降低反应活化能,见表6-4。

表6-4 催化反应与非催化反应活化能比较

反应	非催化反应	催化反应	
	$E_a/(kJ \cdot mol^{-1})$	催化剂	$E_a/(kJ \cdot mol^{-1})$
$2HI \rightleftharpoons H_2 + I_2$	184.5	Au	104.6
		Pt	58.58
$2NH_3 \longrightarrow N_2 + 3H_2$	326.4	W	163.2
		Fe	159~176
$2SO_2 + O_2 \longrightarrow 2SO_3$	251.04	Pt	62.76
蔗糖在盐酸溶液中的分解反应	107.1	转化酶	39.3

三、酸碱催化

酸碱催化是液相中研究得最多、应用最广泛的一类催化反应,酯、淀粉、蛋白质的水解,醇醛缩合,烷基化反应等均属于这种催化。酸碱催化反应通常是离子型反应,一般认为是首先通过质子传递形成离子型中间化合物,然后再解离成生成物。

酸碱催化可以分为**专属酸碱催化**(specific acid-based catalysis)和**广义酸碱催化**(general acid-based catalysis)。专属酸碱催化指的是以 H^+ 或 OH^- 为催化剂的反应。广义酸碱催化是根据 Brönsted 定义的广义酸碱为催化剂的催化反应。

根据 Brönsted 的广义酸碱概念,能给出质子的物质称为广义酸,凡是能接受质子的物质称为广义碱,它们可以是离子,也可以是中性分子。

广义酸催化反应的机制通常可以用下列通式表示

$$S + HA \longrightarrow SH^+ + A^- \longrightarrow P + HA$$

式中,HA 为广义酸催化剂,给出质子。S 是反应物,是接受质子的广义碱。P 为产物。

广义碱催化反应的机制通常可以用下列通式表示

$$HS + B \longrightarrow S^- + HB^+ \longrightarrow P + B$$

式中,B 为广义碱催化剂,接受质子。HS 是反应物,是给出质子的广义酸。

由此可以看出,酸碱催化的主要特征就是质子的转移,质子转移过程很快,酸碱催化剂在反应中起到了提供或接受质子的作用,因而具有催化作用。

四、酶催化

酶是由生物或微生物产生的具有催化能力的特殊蛋白质,以酶为催化剂的反应称为**酶催化反应**(enzyme catalysis)。几乎所有在生物体内发生的化学反应都是在酶的催化作用下实现的。可以说,没有酶的催化作用就没有生命现象。酶催化反应在生活和工业生产中都有广泛的应用,例如用淀粉发酵酿酒,微生物发酵法制备抗生素等。

酶是一种摩尔质量在 $10 \sim 1\,000\text{kg/mol}$ 之间的蛋白质,其分子大小在 $10 \sim 100\text{nm}$ 范围内。在酶催化过程中,**底物**(substrate)与酶形成了中间产物,也可认为在酶的表面上先进行底物吸附,进而发生化学反应。酶催化剂的特点是具有高活性和选择性,对系统所处条件如温度、pH 和某些杂质非常敏感。

对于同一化学反应,酶的催化活性要比其他催化剂高好几个数量级,相应的酶催化反应的活化能也比其他催化反应的活化能低得多。

酶具有极高的选择性,有的酶只催化某一特定的化学反应,只要反应物分子中有一个基团、一个双键、一个原子的增减或空间取向的改变,就能被这些酶识别出来。例如,从酵母中分离出来的乳酸脱氢酶,只催化 L-乳酸脱氢生成丙酮酸,而对 D-乳酸并无影响。也有一些酶的选择性稍低,可以催化某一类型的反应。例如胃蛋白酶能催化各种水溶性蛋白质中肽键的水解。

酶是一种蛋白质,过高的温度会使其变性而失活,因而酶催化反应一般需要在室温或稍高于室温的条件下进行,温度过高或过低都会使反应速率减小。由于蛋白质可形成两性离子,酶催化作用对溶液的 pH 很敏感,pH 过大或过小都会降低酶的催化活性。酶的催化作用还会受到一些杂质的抑制。例如,氰化物或砷化物就是许多酶催化剂的毒物,CN^- 可与酶分子中的过渡金属络合,使酶丧失催化活性,从而造成生物体的死亡。

米恰利(Michaelis)和门顿(Menten)通过研究酶催化反应动力学,提出了酶催化的反应机制,即 Michaelis-Menten 机制,指出酶(E)先与底物(S)结合形成中间产物(ES),然后中间产物(ES)转变成产物(P),并释放出酶(E)。通常第二步反应,即中间产物(ES)分解为产物(P)的速率很小,控制了总反应的速率。

$$E + S \underset{k_2}{\overset{k_1}{\rightleftharpoons}} ES \overset{k_3}{\longrightarrow} E + P$$

由于酶的催化活性很高,通常在酶催化反应中,酶的浓度都很低,一般为 $10^{-10} \sim 10^{-8}\text{mol/L}$。这样,即使大部分酶都以中间产物(ES)的形式存在,中间产物的浓度仍然很低,因此,可以按稳态近似法处理

$$\frac{\mathrm{d}c_{ES}}{\mathrm{d}t} = k_1 c_S c_E - k_2 c_{ES} - k_3 c_{ES} = 0 \qquad \text{式}(6\text{-}75)$$

$$c_{ES} = \frac{k_1 c_E c_S}{k_2 + k_3} = \frac{c_E c_S}{K_M} \qquad \text{式}(6\text{-}76)$$

式(6-76)称为米氏公式,K_M 称为**米氏常数**(Michaelis constant)。表示如下

$$K_M = \frac{k_2 + k_3}{k_1} = \frac{c_E c_S}{c_{ES}} \qquad \text{式}(6\text{-}77)$$

米氏常数可以看作是反应 $E + S \rightleftharpoons ES$ 的不稳定常数。

设酶的初始浓度为 $c_{E,0}$,则 $c_{E,0} = c_E + c_{ES}$,代入式(6-76),整理后得

$$c_{ES} = \frac{c_{E,0} c_S}{K_M + c_S}$$

总反应速率,即产物的生成速率为

$$r = \frac{\mathrm{d}c_p}{\mathrm{d}t} = k_3 c_{ES} = \frac{k_3 c_{E,0} c_S}{K_M + c_S} \qquad \text{式}(6\text{-}78)$$

式(6-78)即为酶催化反应的速率方程。

当底物浓度很小时，$c_S \ll K_M$，式(6-78)可简化为 $r = \dfrac{dc_p}{dt} = \dfrac{k_3}{K_M} c_{E,0} c_S$，对底物为一级反应。

当底物浓度很大时，$c_S \gg K_M$，式(6-78)可简化为 $r = \dfrac{dc_p}{dt} = k_3 c_{E,0}$，对底物为零级反应。

当 $c_S \to \infty$ 时，反应速率趋于最大值 $r_m = k_3 c_{E,0}$，此时所有的酶都与底物结合而生成中间化合物。将 $r_m = k_3 c_{E,0}$ 代入式(6-78)，得

$$r = \frac{r_m c_S}{K_M + c_S} \text{ 或 } \frac{r}{r_m} = \frac{c_S}{K_M + c_S} \qquad \text{式(6-79)}$$

当 $r = r_m/2$ 时，$K_M = c_S$。即当反应速率为最大速率的一半时，底物的浓度等于米氏常数。图6-11为反应速率 r 与底物浓度 c_S 的关系。

K_M 是酶催化反应的特性常数，不同的酶 K_M 不同，同一种酶催化不同的反应时 K_M 也不同。大多数纯酶的 K_M 值在 $10^{-4} \sim 10^{-1}$ mol/L 之间，其大小与酶的浓度无关。

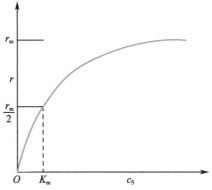

图6-11　典型的酶催化反应速率曲线

知识拓展

酶催化的高效性

酶是动植物和微生物产生的具有催化能力的一类特殊的蛋白质，其催化效率比非酶催化一般高 $10^6 \sim 10^{10}$ 倍。酶高效催化的根本原因是它能充分降低反应的活化能，且不同的酶催化效能不同。如食物中蛋白质的水解(即消化)，在体外须在浓的强酸(或强碱)条件下煮沸相当长的时间才能完成，但在人体内正常体温37℃时，在胃蛋白酶的作用下短时间内即可完成。又如存在于血液中的碳酸酐酶能催化 H_2CO_3 分解为 CO_2 和 H_2O，1 个碳酸酐酶分子在 1min 内可以催化 1.9×10^7 个 H_2CO_3 分子分解。正因为血液中存在如此高效的催化剂，才能及时完成排放 CO_2 的任务，以维持正常的生理 pH。

第十一节　光化学反应

普通的化学反应可称为**热反应**(thermal reaction)，热反应中涉及的分子、原子等物质处于基态。由光照射而引起的化学反应称为光化学反应，简称为**光化反应**(photochemical reaction)。光化学反应是在反应物吸收光量子、处于激发态时进行的反应。这里的光包括紫外线、可见光和近红外线，波长在 $100 \sim 1\,000$nm 之间。由波长更短的电磁辐射或其他高能离

子辐射所引起的化学反应称为**辐射化学反应**。

光化学反应的现象非常常见,植物在阳光下进行光合作用将 CO_2 和 H_2O 变为糖类化合物和氧气,这一叶绿素参与的光化学反应是人类赖以生存的基础。摄影胶片上卤化银的分解,药物在光照下的分解变质都属于光化学反应。

一、光化学反应的特征

1. 反应方向与吉布斯能增减的关系　根据热力学第二定律,在等温等压和不做非体积功的条件下,热反应总是向着使系统的吉布斯能降低的方向进行。在光化学反应中,环境以光的形式对系统做了非体积功,因此,光化学反应进行的方向与系统的吉布斯能增减没有必然的联系。例如,前述的光合作用就是一个吉布斯能升高的反应,而光化链反应如 $H_2 + Cl_2 \longrightarrow 2HCl$ 是吉布斯能降低的反应。在切断光源后,反应总是向着吉布斯能降低的方向进行,只是在常温常压下其速率可能慢得难以察觉。

2. 反应温度与反应速率的关系　热反应的速率一般随温度升高而增大,光化学反应的速率主要取决于光的照度而受温度影响较小。一般来说温度升高 10℃,光化学反应的速率增大 $0.1\sim1$ 倍,也有负温度系数的光化学反应。

3. 光化学反应的选择性　相比一般化学反应,光化学反应通常具有更高的选择性。光化学反应的活化能来源于光量子,而物质是选择性地吸收光量子,特定的物质只能吸收特定频率的光量子,因此不同频率的光会选择性地引发不同化学反应。

4. 入射光对反应的影响　入射光的波长与强度一般不影响热反应的平衡,而对光化学反应有很大的影响。

二、光化学基本定律

1. 光化学第一定律　只有被系统吸收的光才可能引起分子的光化学反应,此即为光化学第一定律。

根据光化学第一定律,没有被分子吸收的光是不能引起化学反应的,然而被吸收的光也并非都能引起化学反应,有时分子、原子吸收光后,又会以光的形式将能量放出,而不发生任何化学反应。分子或原子吸收一个特定波长的光量子后,会从低能级跃迁到高能级而成为活化分子,这个过程是光化学反应的**初级过程**(primary process)。初级过程必须在光的照射下才能进行。

2. 光化学第二定律　在光化学反应的初级过程中,被活化的分子或原子数等于被吸收的光量子数,这就是光化学第二定律。

光化学第二定律是在由斯塔克(J. Stark)和爱因斯坦(A. Einstein)分别在 1908 年和 1912 年提出的,一个光子的能量为 $h\nu$(h 是普朗克常数, ν 是光的频率),根据光化学定律,如果要对 1mol 分子进行活化,就需要吸收 1mol 光量子,这 1mol 光量子所具有的能量称为摩尔光量子能量,用符号 E_m 表示。其值与光的频率或波长有关。

$$E_{\mathrm{m}} = Lh\nu = \frac{Lhc}{\lambda} = \frac{6.022 \times 10^{23} \times 6.626 \times 10^{-34} \times 2.998 \times 10^{8}}{\lambda} = \frac{0.119\ 6}{\lambda}\ (\mathrm{J/mol})$$

式中，L 为阿伏伽德罗常数，λ 的单位为 m。

光化定律只适用于光化学反应的初级阶段，在初级过程中，一个光量子活化一个分子或原子，被活化后的分子或原子之后进行的一系列过程称为光化学反应的**次级过程**（secondary process）。次级过程不需要受到光照，是一系列热反应，每个活化分子或原子在次级过程中，可能引发一个或多个分子发生反应，也可能不发生反应而以各种形式释放出能量而重回基态。因此，引入**量子效率**（quantum efficiency）来衡量光能的利用率，将物质实际发生反应的分子数与被吸收的光子数之比称为量子效率，用 Φ 表示。

$$\Phi = \frac{实际反应的分子数}{被吸收的光子数} = \frac{实际反应的物质的量}{吸收光子的物质的量} \qquad 式（6-80）$$

例 6-16 肉桂酸在光照下溴化生成二溴肉桂酸。在温度为 303.6K，用波长 435.8nm、强度为 1.4×10^{-3}J/s 的光照射 1 105s 后，有 7.5×10^{-5}mol 的溴发生了反应。已知溶液吸收了入射光的 80.1%，试求量子效率。

解： 入射光的摩尔光量子能量为

$$E = \frac{0.119\ 6}{\lambda} = \frac{0.119\ 6}{435.8 \times 10^{-9}} = 2.744 \times 10^{5}\ \mathrm{J/mol}$$

吸收的光量子的物质的量为

$$\frac{1.4 \times 10^{-3} \times 1\ 105 \times 80.1\%}{2.744 \times 10^{5}} = 4.515 \times 10^{-6}\ \mathrm{mol}$$

量子效率为

$$\Phi = \frac{7.5 \times 10^{-5}}{4.515 \times 10^{-6}} = 16.6$$

三、光化学反应机制及速率方程

光化学反应的速率方程比一般反应更复杂，其初级反应与入射光的频率、强度（I_0）有关。根据量子效率的不同，光化学反应分为链反应和非链反应。这里只介绍链反应。

假设有光化学反应 $\mathrm{A_2} \xrightarrow{h\nu} 2\mathrm{A}$，其反应机制如下

$$\mathrm{A_2} + h\nu \xrightarrow{I_0} \mathrm{A_2^*} \quad 初级过程 \qquad\qquad 反应（1）$$

$$\mathrm{A_2^*} \xrightarrow{k_2} 2\mathrm{A} \quad 解离过程 \qquad\qquad 反应（2）$$

$$\mathrm{A_2^*} + \mathrm{A_2} \xrightarrow{k_3} 2\mathrm{A_2} \quad 失活过程 \qquad\qquad 反应（3）$$

生成产物 A 的反应只有反应（2），则总反应速率为

$$\frac{\mathrm{d}c_{\mathrm{A}}}{\mathrm{d}t} = 2k_2 c_{\mathrm{A_2^*}} \qquad\qquad 式（6-81）$$

根据光化第二定律，光化学反应的初级反应速率只与入射光强度有关，等于吸收光子的速率 I_{a}（即单位体积、单位时间吸收光子的数目），而与反应物浓度无关，因此初级反应对反应物呈

现零级反应。可知在反应(1)中,A_2^*的生成速率等于I_a,A_2^*的消耗速率由反应(2)和反应(3)决定。对A_2^*作稳态近似处理,可得

$$\frac{dc_{A_2^*}}{dt} = I_a - k_2 c_{A_2^*} - k_3 c_{A_2^*} c_{A_2} = 0 \qquad \text{式(6-82)}$$

则$c_{A_2^*} = \dfrac{I_a}{k_2 + k_3 c_{A_2}}$,将此式代入总反应速率方程,得到

$$\frac{dc_A}{dt} = \frac{2k_2 I_a}{k_2 + k_3 c_{A_2}}$$

四、光对药物稳定性的影响

有的药物在光作用下很不稳定,会发生分解,这种情况不仅会使药效降低,更有甚者会产生对人体有剧毒的物质。因此,对新原料药和新药制剂进行光稳定性的考察非常重要,避免光解产物对人体造成危害。此外,通过考察药物的光解速率,以确定药物是否需要避光,并结合其他稳定性研究,确定药物的贮存期。在这里着重讨论光照下药物贮存期的计算。

在光照作用下,药物贮存期主要取决于光照量。在光源一定时,药物在光照射下的含量下降的程度与入射光的照度E与时间t的乘积Et,即**累积光量**(cumulative illuminance)有关。研究药物在光照下的稳定性和预测贮存期,需要在较高的照度下测定药物含量的变化,找出药物含量c与累积光量Et的关系,由此计算出在自然贮存条件下,药物含量下降至合格限所需的时间,即药物贮存期。药物在光照下的降解速率不仅与光照强度有关,还与光源的波长相关。因此,要预测药物在室内自然光线下的贮存期,应该以自然光为光源。自然光由于照度不稳定,累积光量用照度时间的积分值$\int_0^t E dt$来表示,测定这一积分值目前常用的方法是脉冲计数法,即采用仪器将光转换成为频率与照度成正比的电脉冲,再对这些脉冲进行累加计数并直接显示出累积光量。

知识拓展

光动力学疗法

光动力学作用可使生物细胞、组织或机体在光的作用下发生机能或形态变化,甚至可使生物组织损伤或坏死,在医学癌症的治疗中已得到广泛应用。将血卟啉衍生物(HpD,光敏剂)静脉注射如病人体内,几小时后,HpD 分布于脑以外的所有软组织中,48~72h 后,健康组织中的大部分 HpD 已被清除,而肿瘤细胞对 HpD 显示出很强的亲和力,大约 3 天后,肿瘤细胞中的 HpD 大约是健康细胞中的 30 倍,通常在注射 3~7 天内进行激光照射,这时肿瘤细胞很敏感,因此可以选择性地杀死肿瘤细胞。某些光敏物质具有肿瘤亲和性,给癌症患者注射这种光敏物质,经过一定时间后,在病变部位照射激光,可以选择性的破坏癌细胞。光敏物质在正常组织中代谢较快,若有残留物则会引起光线过敏反应。

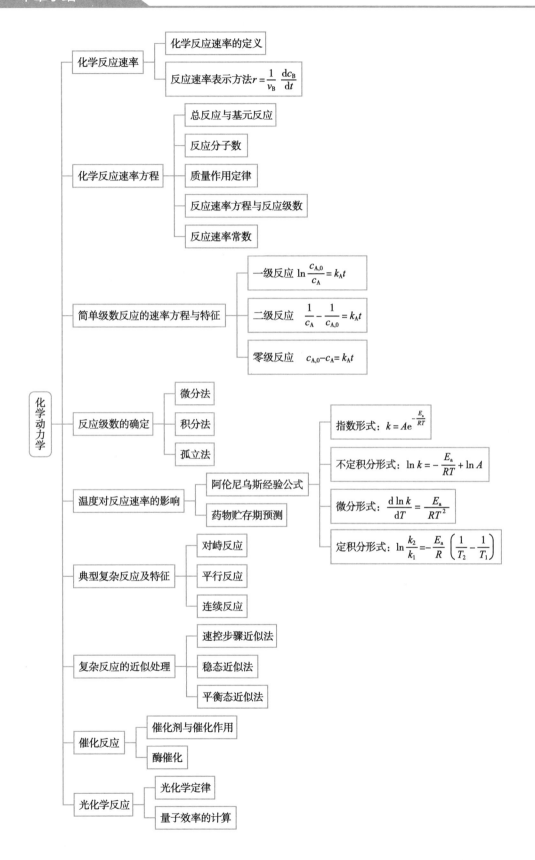

ER6-5　第六章　目标测试

本章习题

一、简答题.

1. 零级反应、一级反应和二级反应各有哪些特征,平行反应、对峙反应和连续反应又有哪些特征?

2. 零级反应是否是基元反应,具有简单级数的反应是否一定是基元反应?

3. 已知平行反应 $A \xrightarrow{E_{a,1}} B$ 和 $A \xrightarrow{E_{a,2}} C$,且 $E_{a,1} > E_{a,2}$,为提高 B 的产量,应采取什么措施?

4. 说明阿伦尼乌斯公式的适用条件。对于基元反应和复杂反应,E_a 的含义有何不同?

5. 某反应在一定条件下的平衡转化率为 30%,当加入催化剂时反应速率增加了 20 倍,若保持其他条件不变,其转化率为多少?

6. 复杂反应的速率取决于其中最慢一步反应的速率,这种说法是否正确,为什么?

7. 从反应机制推导速率方程时通常有哪几种近似方法,各有什么适用条件?

8. 溶剂对反应速率的影响主要表现在哪些方面,什么叫笼效应?

9. 对于一级反应,列式表示当反应物反应掉 $1/n$ 所需要的时间 t 是多少? 试证明一级反应的转化率分别达到 50%、75%、87.5% 所需的时间分别为 $t_{1/2}$、$2t_{1/2}$、$3t_{1/2}$。

10. 在基元反应中,实验活化能 E_a 的物理意义是什么?

11. 在合成某药物时发生副反应,已知主反应的活化能大于副反应的活化能,假设两个反应的指前因子相等,则应采取何种方法提高主反应的速率?

12. 合成氨的反应是一个放热反应,降低反应温度有利于提高平衡转化率,但实际生产中这一反应都是在高温高压和有催化剂存在的条件下进行,为什么?

13. 实验得反应 $H_2 + I_2 \longrightarrow 2H_2$ 的速率方程为: $r = kc_{H_2}c_{I_2}$,有人提出该反应的历程为:

$$I_2 + M_{(高能)} \underset{k_{-1}}{\overset{k_1}{\rightleftharpoons}} 2I\cdot + M_{(低能)} （快速反应） \qquad 反应（1）$$

$$2I\cdot + H_2 \xrightarrow{k_2, 放热} 2HI（慢反应） \qquad 反应（2）$$

试问: 该历程合理吗?

14. 任何反应的速率常数都可以用碰撞理论或过渡态理论的有关公式计算,此说法是否正确?

15. 请描述链反应与一般反应的区别。

二、计算题

1. N_2O_5 在 298.15K 时的分解反应半衰期为 5.7h,且与 N_2O_5 的初始浓度无关。求 N_2O_5 分解 90% 所需要的时间。

2．某一级反应 A → B 的半衰期为 10min。求 1h 后剩余 A 的分数。

3．某物质 A 的分解是二级反应，在某温度下分解 1/3 所需的时间是 2min，再分解同样 A 还需要多少时间？

4．某一级反应，反应进行 10min 后，反应物反应掉 30%。问反应掉 50% 需多少时间？

5．某反应的动力学方程为直线方程，其截距为 2L/mol。若在 8s 内反应物浓度降低 1/4，求该反应的速率常数。

6．已知浓度低于 3.3g/L 的阿司匹林水溶液的降解为一级反应，其一级反应的速率常数为 $5 \times 10^{-7} s^{-1}$。阿司匹林混悬液的浓度为 130g/L，其饱和溶解度为 3.3g/L，求阿司匹林混悬液降解的零级速率常数和 $t_{0.9}$。

7．含有相同物质的量的 A，B 溶液，等体积混合，发生反应 A + B ⟶ C，在反应经过 1.0h，A 已消耗了 75%；当反应时间为 2.0h 时，在下列情况下，A 还有多少未反应？

（1）当该反应对 A 为一级，对 B 为零级时。

（2）当对 A、B 均为一级时。

（3）当对 A、B 均为零级时。

8．某药物分解为一级反应，其半衰期在 27℃时为 5 000s，在 37℃时为 1 000s，求反应的活化能。

9．在 780K 及 $p_0 = 100$kPa 时，某碳氢化合物的气相热分解反应的半衰期为 2s。若 p_0 降为 10kPa 时，半衰期为 20s。求该反应的级数和速率常数。（用半衰期法求反应级数和速率常数）

10．某药物在水溶液中的分解为一级反应，在 60℃和 10℃时的速率常数分别为 $5.484 \times 10^{-2} s^{-1}$ 和 $1.080 \times 10^{-4} s^{-1}$，求该反应的活化能和在 30℃时的速率常数 k。

11．5-氟尿嘧啶的分解为一级反应，已知在 80℃和 60℃时的速率常数分别为 $9.60 \times 10^{-7} s^{-1}$ 和 $1.08 \times 10^{-7} s^{-1}$，求下列内容。

（1）该药物分解反应的活化能。

（2）该药物在 25℃时的速率常数。

（3）该药物在 25℃时的有效期 $t_{0.9}$。

12．茵栀黄注射液是茵陈、栀子、黄芩和金银花经提取后制成的复方静脉注射液。注射液中黄芩不稳定，所以以其主要成分黄芩苷的含量作为质量控制标准。用薄层色谱法结合紫外分光光度法测定含量。加速试验在 100℃、90℃、80℃和 70℃遮光下进行。茵栀黄注射液在不同温度下、不同时间 t，与含量 c 的结果如下表所示。已知注射液降解至 10% 即失效，降解反应为一级反应，求该注射液在室温（25℃）下的贮存期 $t_{0.9}$。

100℃		90℃		80℃		70℃	
t/h	$c/\%$	t/h	$c/\%$	t/h	$c/\%$	t/h	$c/\%$
0	100.00	0	100.00	0	100.00	0	100.00
1	94.80	6	85.93	12	92.06	24	94.67
3	86.42	10	82.10	24	82.56	36	92.11
5	77.12	20	67.74	36	78.03	55	88.20
7	69.23	25	61.32	48	71.84	72	84.74
10	58.14			60	66.24	96	80.62

13. 某药物制剂在40℃、50℃、60℃、70℃四个温度下进行加速实验,已知该药物的降解为一级反应,各温度的速率常数分别为 $2.66 \times 10^{-5} h^{-1}$、$7.94 \times 10^{-5} h^{-1}$、$22.38 \times 10^{-5} h^{-1}$、$56.50 \times 10^{-5} h^{-1}$,试计算此药物制剂在室温(25℃)下的有效期 $t_{0.9}$。

14. 反应在 $A \underset{k_2}{\overset{k_1}{\rightleftharpoons}} D$ 298K 时的 $k_1 = 2.0 \times 10^{-2} min^{-1}$,$k_2 = 5.0 \times 10^{-3} min^{-1}$,温度增加到310K 时,$k_1$ 增加为原来的4倍,k_2 增加为原来的2倍,计算下列内容。

(1)298K 时反应的平衡常数。

(2)310K 时反应的平衡常数。

(3)根据(1)和(2)的计算结果说明该反应是吸热反应还是放热反应。

15. 某平行反应

在某温度下的速率常数 k_1 和 k_2 分别为 $12.74 s^{-1}$ 和 $3.65 \times 10^{-2} s^{-1}$,已知反应开始时只有反应物 A,求任一时刻产物的浓度之比。

16. α-氨苄西林在35℃时的溶解度为11g/L,悬浮液的浓度为25g/L,悬浮液的零级降解速率常数为 $2.2 \times 10^{-6} g/(L \cdot s)$,求该悬浮液的有效期 $t_{0.9}$。

17. 某药物的分解为一级反应,速率常数 $k(h^{-1})$ 与温度 $T(K)$ 的关系为:$\ln k = -8\,938/T + 20.40$

(1)求30℃时的速率常数。

(2)若此药物分解30%即无效,问在30℃保存,有效期为多少?

(3)欲使有效期延长到2年以上,保存温度不能超过多少?

18. 某药物的有效成分若分解掉30%即为失效。276K 时,保存期为2年。如果将该药物在298K 时放置14天,试通过计算说明此药物是否已失效。已知分解活化能 $E_a = 130kJ/mol$,并设该药物分解百分数与浓度无关。

19. 青霉素 G 分解为一级反应,由下列实验结果求反应的活化能和频率因子。

T/K	310	316	327
$t_{1/2}/h$	32.10	17.10	5.80

20. 某药物分解30%即为失效,由加速试验法测得313.15K 时的速率常数为 $1.1 \times 10^{-4} h^{-1}$,323.15K 时的速率常数为 $2.8 \times 10^{-4} h^{-1}$,试求298.15K 时此药物分解的速率常数 k 和有效期。

21. 血药浓度通常与药理作用密切相关,血药浓度过低不能达到治疗效果,血药浓度过高又可能发生中毒现象。已知卡那霉素最大安全治疗浓度为35μg/ml,最低有效浓度为10μg/ml。以7.5mg/kg 的剂量静脉注射入人体后1.5h 和3h 测得其血药浓度分别为17.68μg/ml 和12.50μg/ml,药物在体内的消除可按一级反应处理。求下列内容。

(1)速率常数。

（2）经过多长时间注射第二针。

（3）允许的最大初次静脉注射的剂量。

22. 复合磺胺制剂溶液中加入微量染料，由染料的褪色程度可以衡量其分解情况，根据 $A=0.47-kt$，当溶液的吸光度 A 降为 0.225 时，该药物即为失效。由加速试验法测得数据如下：

T/K	313	323	333	343
$k \times 10^3/h^{-1}$	0.11	0.28	0.82	1.96

求下列内容。

（1）298.15K 时的速率常数 k。

（2）298.15K 时此制剂的有效期？

23. 蔗糖在 H^+ 催化下可分解成葡萄糖和果糖。0.3mol/L 的蔗糖溶液中含有 1mol/L 的盐酸，测得在 48℃时经 20min 有 32% 的蔗糖发生水解。已知蔗糖的水解为准一级反应，求下列内容。

（1）反应的速率常数。

（2）30min 时蔗糖的浓度。

24. 某药物 A 在一定温度下每小时的分解率与物质的浓度无关，其分解反应的速率常数与温度的关系为 $\ln(k_A/h^{-1}) = -\dfrac{8\,938}{T/K} + 20.40$，则此药物分解所需的活化能 E_a 为多少？药物分解达 30% 即为失效，欲使此药物有效期延长到 2 年以上，保存温度上限是多少？（1 年以 365 天计算）

25. 某溶液中含有 NaOH 和 $CH_3COOC_2H_5$，浓度均为 0.01mol/L。在 298K 时，反应经 10min 有 39% 的 $CH_3COOC_2H_5$ 分解，而在 308K 时，反应 10min 有 55% 的 $CH_3COOC_2H_5$ 分解。试计算下列内容。

（1）298K 和 308K 时反应的速率常数。

（2）反应的活化能。

（3）293K 时，若有 50% 的 $CH_3COOC_2H_5$ 分解所需的时间。

三、计算题答案

1. 18.9h

2. 1.56%

3. 6min

4. 19.4min

5. 0.083 3L/(mol·s)

6. 1.65×10^{-6}g/(L·s)；91.2 天

7.（1）0.062 5；（2）0.143；（3）A 已作用完毕

8. 124kJ/mol

9. 该反应为二级反应；$k_p = 5.0 \times 10^{-3}(kPa·s)^{-1}$

10. 97.72kJ/mol；$1.672 \times 10^{-3}s^{-1}$

11.（1）106.86kJ/mol；（2）$1.16 \times 10^{-9}s^{-1}$；（3）2.88 年

12. 2.07 年

13. 2.63 年

14.（1）4;（2）8;（3）正向吸热反应

15. 349

16. 13.2 天

17.（1）$1.14 \times 10^{-4} h^{-1}$;（2）130d;（3）13℃

18. 已失效。在 298K 时只能保存 11.1 天。

19. $E_a = 87.8 kJ/mol$，$A = 1.31 \times 10^{13} h^{-1}$

20. $2.41 \times 10^{-5} h^{-1}$; 616.16d

21.（1）$0.231 h^{-1}$;（2）3.97h;（3）注射剂量为每千克体重 10.5mg

22.（1）$2.04 \times 10^{-5} h^{-1}$;（2）500.41d

23.（1）$0.019\ 3 min^{-1}$;（2）0.168mol/L

24. 74.31kJ/mol; 286.5K

25.（1）6.39L/（mol·min），12.22L/（mol·min）;（2）49.47kJ/mol;（3）22min

ER6-6　第六章　习题详解（文档）

（卫　涛）

第七章 表面化学

ER7-1 第七章
表面化学(课件)

表面现象(surface phenomena)是自然界中普遍存在的一种自然现象,在日常生活生产中经常遇到,例如铺展、润湿、吸附、乳化以及毛细现象等,这些在相界面上发生的物理化学变化皆称表面现象。表面现象是物理化学研究的重要内容之一,对生命科学、材料学等学科的发展有重要支撑作用,涉及制药、建材、环保等诸多领域。制药工业中的液体制剂的增溶、混悬剂的助悬、片剂与丸剂的润湿、气雾剂的乳化、栓剂基质的改善以及外用药透皮吸收等都与表面现象密切相关。因此,深入了解表面现象产生的原因有助于我们理解事物变化的本质规律,更好地解决现实中遇到的相关问题。

ER7-2 第七章
内容提要(文档)

第一节 表面吉布斯能与表面张力

两相之间的接触面称为**界面**(interface),这里的界面并非几何平面,而是约几个分子厚度的一个薄层。根据两物相的不同,界面有固 - 液、固 - 气、液 - 液、液 - 气和固 - 固界面。习惯上,其中一相为气相的界面称为**表面**(surface),其他称界面,也可以统称为界面,在本教材中,界面与表面没有严格区分。表面层的特性会影响物质其他方面的性质,对一定量的物质而言,分散程度越高,粒径越小,表面现象就越明显。

一、比表面

比表面(specific surface area)指单位质量物质所具有的表面积或单位体积物质所具有的表面积,用来衡量物质分散程度的大小,用公式表示如下:

$$a_m = \frac{A}{m} \ \text{或} \ a_V = \frac{A}{V}$$

式中,a 为比表面,单位分别为 m^2/kg 或 m^{-1};A 为物质的总表面积,m 为物质的质量,V 为物质的总体积。

对一定量物质而言,粒径越小,其表面积就越大,比表面也越大,分散程度就越高。例如,将一滴半径为 $r = 10^{-3}m$ 的球形水滴分散至 $r = 10^{-10}m$ 的球形水滴时,其表面积和比表面增加了一千万倍,如表 7-1 所示。

表 7-1　球形水滴分散程度与比表面积的关系

分散后液滴数	r/m	A/m^2	a/m^{-1}
1	10^{-3}	1.257×10^{-5}	3×10^3
10^3	10^{-4}	1.257×10^{-4}	3×10^4
10^6	10^{-5}	1.257×10^{-3}	3×10^5
10^9	10^{-6}	1.257×10^{-2}	3×10^6
10^{12}	10^{-7}	1.257×10^{-1}	3×10^7
10^{15}	10^{-8}	1.257×10^{0}	3×10^8
10^{18}	10^{-9}	1.257×10^{1}	3×10^9
10^{21}	10^{-10}	1.257×10^{2}	3×10^{10}

二、比表面吉布斯能和表面张力

（一）比表面吉布斯能

表面分子与内部分子受力不均是表面现象产生的本质原因,以单组分气液两相平衡系统为例,见图 7-1。处在液体内部的分子受力均匀,合力为零;而处在表面层的分子,由于气体分子与表面层液体分子间作用力小于液体分子间作用力,表面层分子受到了一个垂直于表面指向液体内部的合力,这个力促使表面分子自发地向液体内部运动,所以液体有自动缩小其表面积的趋势。

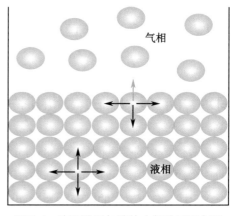

图 7-1　表面分子与液体内部分子受力图

要将处于液体内部的分子拉到表面层,环境必须对其做功(表面功 W'),在等温、等压条件下,可逆地增加表面积 dA 环境所做的表面功($\delta W'_r$)等于系统吉布斯能的增量 dG,这种由于新表面的增加而引起的吉布斯能的增加量,称为表面吉布斯能。

考虑到表面积 A 的变化对吉布斯能的影响,结合多组分系统热力学,吉布斯能 G 可以表示为

$$G = f(T, p, n_1, n_2, \ldots, A) \qquad \text{式(7-1)}$$

对式(7-1)全微分

$$dG = \left(\frac{\partial G}{\partial T}\right)_{p, n_i, A} dT + \left(\frac{\partial G}{\partial p}\right)_{T, n_i, A} dp + \sum_B \mu_B dn_B + \left(\frac{\partial G}{\partial A}\right)_{T, p, n_i} dA \qquad \text{式(7-2)}$$

公式中,n_i 为系统中各组分的物质的量,均保持不变,令

$$\sigma = \left(\frac{\partial G}{\partial A}\right)_{T, p, n_i} \qquad \text{式(7-3)}$$

在等温、等压条件下

$$dG = \sum_B \mu_B dn_B + \sigma dA \qquad \text{式(7-4)}$$

在系统组成确定时

$$dG = \sigma dA \qquad \qquad 式（7\text{-}5）$$

σ 称为**比表面吉布斯能**，简称**比表面能**，其物理意义是在等温、等压和系统组成确定的条件下，增加单位表面积引起的系统吉布斯能的增加量，其 SI 单位为 J/m^2。

对于组成恒定的系统在等温、等压条件下，表面吉布斯能为

$$G_{T,p} = \sigma A \qquad \qquad 式（7\text{-}6）$$

对式（7-6）全微分

$$dG_{T,p} = d(\sigma A) = \sigma dA + A d\sigma \qquad \qquad 式（7\text{-}7）$$

根据吉布斯能判据，在等温、等压条件下，过程自发进行的条件是 $dG<0$。对于单组分系统而言，由于 σ 为定值，过程自发进行的方向是 $dA<0$，即只能向着表面积减小的方向进行，这也是常见到的露珠、汞滴等呈现近似球型的原因；对多组分系统而言，由于 σ 会随着组成的变化而变化，故过程自发进行的方向是朝着 $dA<0$ 或 $d\sigma<0$，即朝着表面积减小或比表面吉布斯能减小的方向进行；若表面积 A 不变，过程只能向比表面吉布斯能减小的方向进行，即通过表面吸附改变溶液表面层的浓度（详见本章第四节）来降低比表面吉布斯能；若 σ 不变，过程只能向表面积减小的方向进行。

（二）表面张力

将一根可以自由移动的金属杆 AB 置于 U 型金属框上，将其浸入到肥皂液中取出，在金属框区域会形成液膜，由于液体会自动缩小表面积而降低其表面能，在忽略金属杆与 U 型框架摩擦力条件下，金属杆 AB 会自动向左移动，如图7-2所示。

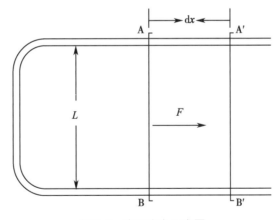

图7-2　表面张力示意图

若使 AB 可逆地向右移动 dx 距离，则必须在 AB 上施加一个额外的力 F，此过程中环境对系统做功为 $\delta W' = Fdx$，该表面功转变为吉布斯能的增量，即 $\delta W' = dG = \sigma dA$，两式联立有

$$Fdx = \sigma dA$$

由于金属框的液膜有两个面，即 $dA = 2Ldx$，所以

$$Fdx = 2L\sigma dx$$

$$\sigma = \frac{F}{2L} \qquad \qquad 式（7\text{-}8）$$

因此，σ 也可理解为沿液体表面垂直作用于单位长度上的收缩力，即表面张力，单位为 N/m。对平液面来说，表面张力的方向与表面平行；对曲液面来说，表面张力的方向与界面切线方向一致。

比表面吉布斯能与表面张力数值相等，量纲相同，但物理意义不同，表面吉布斯能是从热力学角度研究采用的物理量，而表面张力是从力学角度研究采用的物理量，这是对同一现象不同角度看待问题的结果。通常考虑界面性质热力学问题时，常采用比表面吉布斯能；而考虑界面相互作用时采用表面张力较方便。

三、影响表面张力大小的因素

某液体的表面张力通常是指该液态物质与含该物质饱和蒸气的空气相接触形成的界面的张力。凡能影响液体性质的因素，都会影响表面张力，现分别阐述如下。

（一）与物质本性有关

表面张力 σ 是一个强度量，其值与物质的本性有关，是分子之间作用的结果，所以物质不同，分子间作用力不同，表面张力也不同。一般来说，分子极性越大，分子间作用力越大，表面张力也越大。见表 7-2。

表 7-2 293.15K 时某些物质的表面张力

物质 / 空气	$\sigma \times 10^2/(N \cdot m^{-1})$	物质 / 空气	$\sigma \times 10^2/(N \cdot m^{-1})$
橄榄油	3.58	丙酮	2.37
棉籽油	3.54	乙醇	2.23
蓖麻油	3.98	甘油	6.30
汞	48.4	水	7.28

（二）与接触相有关

在一定条件下，对同一物质而言，接触相分子不同，表面分子受力也不同，所以表面张力与接触相有关，见表 7-3。

表 7-3 293.15K 不同接触相时一些物质的界面张力

物质 / 空气	$\sigma \times 10^2/(N \cdot m^{-1})$	物质 / 水	$\sigma \times 10^2/(N \cdot m^{-1})$
正己烷	0.184	正己烷	5.11
正辛烷	2.18	正辛烷	5.08
苯	2.89	苯	3.50
汞	48.4	汞	37.5

（三）与温度有关

由于温度会影响液体、气体的体积和分子间距离，使表面层分子的受力发生变化，所以表面张力随之改变，通常表面张力随着温度升高逐渐降低，见表 7-4。这是因为温度升高，分子的热运动加剧，动能增加，液体分子间的引力减弱。同时，升高温度会使两相密度差减小。这两种因素在宏观上均表现为温度升高，表面张力降低。当温度达到临界温度 T_c 时，密度相等，气 - 液界面消失，表面张力趋近于零。许多物质的表面张力 σ 与温度呈线性关系，例如 CCl_4，在 $0\sim270℃$ 的范围内，表面张力与温度的关系几乎是线性的。但少部分物质随着温度升高表面张力增大，出现"反常"现象，如 Cd、Fe、Cu 及其合金等，这一现象目前还没有一致的解释。

表 7-4　不同温度时液体 / 空气的表面张力 $\sigma \times 10^2 (N \cdot m^{-1})$

液体	273.15K	293.15K	313.15K	333.15K	353.15K	373.15K
水	7.56	7.28	6.96	6.62	6.26	5.89
甲苯	3.07	2.84	2.61	2.38	2.15	1.94
苯	3.16	2.89	2.63	2.37	2.13	
丙酮	2.62	2.37	2.12	1.86	1.62	

不仅液体具有表面张力，固体也有表面张力。由于固体粒子间的作用力远大于液体，所以固体物质的表面张力一般比液体物质大得多。

一般情况下，在温度、表面积一定时，高压下液体的表面张力比常压下要大，但压力对液体和固体微粒间作用力影响很小，所以可以忽略压力对液体和固体表面张力的影响。

四、表面热力学基本公式

考虑到做表面功时（非体积功），多组分系统的热力学函数基本关系式可以表示为

$$dU = TdS - pdV + \sigma dA + \sum_B \mu_B dn_B \qquad 式（7-9）$$

$$dH = TdS + Vdp + \sigma dA + \sum_B \mu_B dn_B \qquad 式（7-10）$$

$$dF = -SdT - pdV + \sigma dA + \sum_B \mu_B dn_B \qquad 式（7-11）$$

$$dG = -SdT + Vdp + \sigma dA + \sum_B \mu_B dn_B \qquad 式（7-12）$$

则

$$\sigma = \left(\frac{\partial U}{\partial A}\right)_{S,V,n_B} = \left(\frac{\partial H}{\partial A}\right)_{S,p,n_B} = \left(\frac{\partial F}{\partial A}\right)_{T,V,n_B} = \left(\frac{\partial G}{\partial A}\right)_{T,p,n_B} \qquad 式（7-13）$$

由式（7-13）可以看出：σ 是在指定相关变量和组成恒定的条件下，增加单位表面积时的热力学能 U、焓 H、亥姆霍兹能 F 以及吉布斯能 G 的增量。

对于组成不变的等容系统，式（7-9）和式（7-11）可分别表示为

$$dU_{V,n_B} = TdS + \sigma dA \qquad 式（7-14）$$

$$dF_{V,n_B} = -SdT + \sigma dA \qquad 式（7-15）$$

由式（7-15）可知 S 和 σ 也是 T 和 A 的函数，根据全微分的欧拉倒易关系，得

$$\left(\frac{\partial S}{\partial A}\right)_{T,V,n_B} = -\left(\frac{\partial \sigma}{\partial T}\right)_{A,V,n_B} \qquad 式（7-16）$$

由式（7-14），可得

$$\left(\frac{\partial U}{\partial A}\right)_{T,V,n_B} = \sigma + T\left(\frac{\partial S}{\partial A}\right)_{T,V,n_B} \qquad 式(7\text{-}17)$$

将式(7-16)代入式(7-17)可得

$$\left(\frac{\partial U}{\partial A}\right)_{T,V,n_B} = \sigma - T\left(\frac{\partial \sigma}{\partial T}\right)_{A,V,n_B} \qquad 式(7\text{-}18)$$

同理,对于组成不变的等压系统,可得

$$\left(\frac{\partial H}{\partial A}\right)_{T,p,n_B} = \sigma - T\left(\frac{\partial \sigma}{\partial T}\right)_{A,p,n_B} \qquad 式(7\text{-}19)$$

式(7-18)和式(7-19)称为表面吉布斯 - 亥姆霍兹公式。

$\left(\dfrac{\partial U}{\partial A}\right)_{T,V,n_B}$ 为组成不变的定容系统在形成单位表面积时的表面热力学能增量,包括以下两部分。

(1)为形成单位表面积,环境对系统所做的功,即 σ。

(2)因为表面积增加表面熵也增加,即 $\left(\dfrac{\partial S}{\partial A}\right)_{T,V,n_B} > 0$,所以在等温、等容条件下形成新的表面时,系统从环境吸热,其值为 $T\left(\dfrac{\partial S}{\partial A}\right)_{T,V,n_B}$。由式(7-16)可知,$\left(\dfrac{\partial \sigma}{\partial T}\right)_{A,V,n_B} < 0$,表示表面张力随温度升高而减小。

第二节　弯曲液面的表面现象

一、弯曲液面的附加压力——杨 - 拉普拉斯方程

(一)弯曲液面的附加压力

将一根粗玻璃管插入到水和汞中,管内液面呈平面且与管外液面高度相平,说明除了大气压外,无任何作用力作用于液面。但是,将一根玻璃毛细管插入到水中,达到平衡时,毛细管内液面为凹面且高于管外液面;如果将毛细管插入汞中,平衡时毛细管内液面为凸面且低于管外液面,这种现象是由弯曲液面产生的。

在液体的表面取一个圆形区域,其在截面图上的圆弧用 AB 表示(图 7-3 中的虚线)。对于圆形区域,表面张力作用在 AB 上,力的方向和液面相切并且和 AB 相垂直。当液体表面是水平面时,表面张力的作用方向也是水平的,作用在 AB 圆弧周边各方向的表面张力相互抵消,合力为零,如图 7-3(a)所示。如果液体表面是弯曲的,作用在圆弧 AB 周边上的表面张力不在一个水平面上,因而产生一个垂直于液体表面的合力。对于凸液面,合力的方向指向液体内部,见图 7-3(b),此时液体内部分子受到的压力大于外部压力;对于凹液面,表面张力的合力指向液体外部,见图 7-3(c),此时液体内部分子受到的压力小于外部的压力。弯

曲液面内外的压力差称为**附加压力**（excess pressure），定义为 $\Delta p = p(1) - p(\mathrm{g})$，用符号 Δp 表示，方向指向弯曲液面的曲率中心。吹肥皂泡时，如果将管口松开，气泡很快会收缩变小，这一现象就是由于弯曲液面产生的压力差引起的。此外，附加压力也是产生**毛细现象**（capillary phenomenon）的原因。

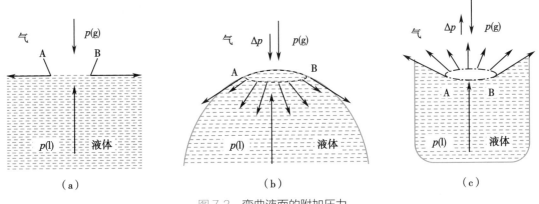

图 7-3　弯曲液面的附加压力

（二）杨-拉普拉斯方程

一般而言，描述一个曲面需要两个曲率半径，只有曲面为球面时，两个曲率半径才相等。

在一个任意曲面上取一小块长方形 $ABCD$，其面积为 xy；在曲面上任意选取两个互相垂直的正截面，它们的交线为 Oz。设曲面边缘 AB 和 BC 弧对应的曲率半径分别为 r_1 和 r_2。假定曲面 $ABCD$ 无限缓慢地移动了 $\mathrm{d}z$ 距离，移到 $A'B'C'D'$，面积扩大为 $(x+\mathrm{d}x)(y+\mathrm{d}y)$，如图 7-4 表示，移动后曲面面积的变化 $\mathrm{d}A$ 为

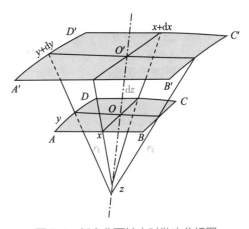

图 7-4　任意曲面扩大时做功分析图

$$\mathrm{d}A = (x+\mathrm{d}x)(y+\mathrm{d}y) - xy$$
$$= x\mathrm{d}y + y\mathrm{d}x + \mathrm{d}x\mathrm{d}y$$
$$\approx x\mathrm{d}y + y\mathrm{d}x$$

由于 $\mathrm{d}G = \sigma\mathrm{d}A$，所以新形成表面的表面吉布斯能增量为

$$\mathrm{d}G = \sigma(x\mathrm{d}y + y\mathrm{d}x)$$

由于弯曲表面上附加压力 Δp 的存在，表面积增加时系统需要克服附加压力对环境做功 $\Delta p\mathrm{d}V$，$\mathrm{d}V$ 是曲面移动时所经过的体积，$\mathrm{d}V \approx xy\mathrm{d}z$，则

$$\delta W = \Delta p\mathrm{d}V \approx \Delta p xy\mathrm{d}z$$

当表面达到力学平衡时，系统所做的功等于表面吉布斯能的增量 $\mathrm{d}G$ 即

$$xy\mathrm{d}z = \sigma(x\mathrm{d}y + y\mathrm{d}x) \qquad\qquad 式（7-20）$$

由相似三角形原理

$$\frac{x+\mathrm{d}x}{r_1+\mathrm{d}z} = \frac{x}{r_1} \quad 得 \quad \mathrm{d}x = \frac{x}{r_1}\mathrm{d}z$$

$$\frac{y + \mathrm{d}y}{r_2 + \mathrm{d}z} = \frac{y}{r_2} \quad 得 \quad \mathrm{d}y = \frac{y}{r_2}\mathrm{d}z$$

将上两式代入式(7-20),可得

$$\Delta p = \sigma\left(\frac{1}{r_1} + \frac{1}{r_2}\right) \qquad\qquad 式(7-21)$$

这就是著名的**杨-拉普拉斯方程**(Yong-Laplace equation),是研究弯曲表面上附加压力的基本公式。当两个曲率半径 $r_1 = r_2 = r$ 时,曲面变为球面,拉普拉斯方程形式变为 $\Delta p = \frac{2\sigma}{r}$;当两个曲率半径 r_1、r_2 趋向无穷大,此时曲面趋向平面,附加压力 $\Delta p = 0$,即平液面没有附加压力。对于圆柱型曲面,$r_1 = \infty$,则 $\Delta p = \frac{\sigma}{r}$;对于悬浮在空气中的肥皂泡,由于液膜与内、外气相接触,存在两个界面,而这两个曲面的曲率半径近似地相等,所以气泡内外的压力差即附加压力 $\Delta p = \frac{4\sigma}{r}$。

由杨-拉普拉斯方程可知:①附加压力与表面张力成正比,表面张力越大,附加压力越大;②附加压力与曲率半径大小成反比,曲率半径越小,附加压力越大;③附加压力的正负号只代表方向,不表示大小,附加压力的方向是指向曲率中心。例如:凹液面的曲率半径为负值,附加压力也是负值,其表示凹液面下的液体受到的压力比平液面下的液体受到的压力小。

空气栓塞

液体在细管中流动时,如果管内液体中混有气泡,液体的流动将会受到阻碍,当气泡数量过多时,可能造成管道堵塞,液体无法流动的现象称为**空气栓塞**(air embolism)。临床上肌内注射、输液、颈静脉受伤、外科手术等过程都可能使气体进入血液引起栓塞,造成血管堵塞、血液流动不畅,严重时可能危及生命。

问题:血液中为什么不能存在大量气泡?

分析:当血液中的气泡很小时,可通过血液循环由肺部排出。当血液中的气泡半径大于血管半径就会影响血液流动,甚至造成空气栓塞。空气栓塞形成的主要原因是来自血管中气泡表面上的液体的表面张力。血液流动过程中,血管不断变细或分支,如果血液中有大量气泡,气泡两端曲率半径不同,细端或分支端气泡液面曲率半径小,附加压力大,而另一端曲率半径大,附加压力小。由于气泡两端的附加压力大小不同且方向相反,合力方向与血液流动方向相反,造成血液流动不畅,形成空气栓塞。

二、弯曲液面对蒸气压的影响

在等温、等压条件下,纯液态物质具有一定的饱和蒸气压,这只针对平液面而言,没有考虑到液体的分散度对饱和蒸气压的影响。若将平液面水喷洒在玻璃板上形成微小液滴,用玻璃罩将其罩上密闭,在等温、等压条件下保持一段时间,会发现小液滴逐渐变小,大液滴逐渐变大,说明二者的蒸气压不同,实验表明微小液滴的蒸气压不仅与物质的本性、温度及外压有关,还与液滴的大小有关。

根据热力学气、液两相平衡原理,物质的饱和蒸气压与液滴曲率半径的关系推导如下。

设在温度 T 下,某纯液体与其蒸气呈两相平衡

$$\mu_l(T, p) = \mu_g(T, p^*)$$ 式(7-22)

p 为液体所受的压力,p^* 为纯液体在温度 T 时的饱和蒸气压

$$\mu_l(T, p) = \mu_g(T, p^*) = \mu_g^\ominus(T) + RT \ln \frac{p^*}{p^\ominus}$$ 式(7-23)

在等温、等压下,如果液体由平液面分散成半径为 r 的微小液滴,弯曲液面产生附加压力 Δp,相应地,液体的饱和蒸气压 p^* 也将发生变化,当重新建立平衡时,化学势的变化量之间满足如下关系

$$d\mu_l(T, p) = d\mu_g(T, p^*)$$ 式(7-24)

式(7-24)左边为等温下由于压力改变而引起的液体化学势的条件改变,因为是纯液体,则

$$d\mu_l(T, p) = dG_{l,m}^* = -S_{l,m}^* dT + V_{l,m}^* dp = V_{l,m}^* dp$$ 式(7-25)

式(7-24)右边为等温下气体化学势的变化,将蒸气视为理想气体,则

$$d\mu_g(T, p^*) = V_{g,m}^* dp^* = RT d\ln p^*$$ 式(7-26)

式(7-24)可写为

$$V_{l,m}^* dp = RT d\ln p^*$$ 式(7-27)

当液体由平液面分散成半径为 r 的微小液滴,液滴所受的压力由 p 变为 $p+\Delta p$,与其呈平衡的饱和蒸气压由 p_0^* 变为 p_r^*,积分上式可得

$$V_{l,m}^* \int_p^{p+\Delta p} dp = \int_{p_0^*}^{p_r^*} RT d\ln p^*$$

$$V_{l,m}^* \Delta p = RT \ln \frac{p_r^*}{p_0^*}$$ 式(7-28)

$V_{l,m}^*$ 代表纯液体的摩尔体积,$V_{l,m}^* = \dfrac{M}{\rho}$,$M$ 为液体的摩尔质量,ρ 为液体的密度。液滴的附加压力有

$$\Delta p = \frac{2\sigma}{r}$$

代入式(7-28)整理得

$$\ln \frac{p_r^*}{p_0^*} = \frac{2\sigma M}{RT \rho r}$$ 式(7-29)

这就是著名的**开尔文公式**(Kelvin equation),该公式表明在指定温度下液体的蒸气压与曲率半径之间的关系,即液面的弯曲度越大或曲率半径越小,其蒸气压相对正常蒸气压变化

越大。对凸液面的液体(如小液滴),$r>0$,其蒸气压大于正常蒸气压,曲率半径越小,蒸气压越大。对凹液面的液体(如小气泡内部),$r<0$,其蒸气压小于正常蒸气压,曲率半径绝对值越小,蒸气压越小。

例 7-1 293K 时,水的饱和蒸气压为 2 306Pa,密度为 1 000kg/m³,表面张力为 $7.29×10^{-2}$N/m。试分别计算圆球形小水滴及在水中的小气泡(内部)的饱和蒸气压 p_r^*,小水滴和小气泡的半径为 $1.0×10^{-6}$m。已知 $M(H_2O)=1.80×10^{-2}$kg/mol。

解: 小水滴的半径取正值

$$\ln\frac{p_r^*}{p_0^*}=\frac{2\sigma M}{RT\rho r}=\frac{2×7.29×10^{-2}×1.80×10^{-2}}{8.314×293×1\ 000×(1.0×10^{-6})}=1.08×10^{-3}$$

所以 $\qquad\qquad\qquad\qquad p_r^*=2\ 308Pa$

对于水中的小气泡,半径取负值

$$\ln\frac{p_r^*}{p_0^*}=\frac{2\sigma M}{RT\rho r}=\frac{2×7.29×10^{-2}×1.801\ 5×10^{-2}}{8.314×293×1\ 000×(-1.0×10^{-6})}=-1.07×10^{-3}$$

所以 $\qquad\qquad\qquad\qquad p_r^*=2\ 304Pa$

298.15K 时,不同半径的小水滴和水中小气泡内部的饱和蒸气压值如表 7-5 所示。

表 7-5　298.15K 小水滴、小气泡半径与蒸气压的关系

r/m	小水滴 p_r^*/Pa	小水滴 p_r^*/p^*	小气泡 p_r^*/Pa	小气泡 p_r^*/p^*
$1.0×10^{-5}$	2 338.0	1.000	2 337.6	0.999 9
$1.0×10^{-6}$	2 340.1	1.001	2 335.2	0.998 9
$1.0×10^{-7}$	2 363.5	1.011	2 313.7	0.989 7
$1.0×10^{-8}$	2 604.3	1.114	2 098.6	0.897 7
$1.0×10^{-9}$	6 866.1	2.937	796.0	0.340 5

由表中数据可见,在一定温度下,液滴半径越小,其饱和蒸气压越大。当液滴半径减小到 10^{-9}m 时,其饱和蒸气压几乎为平液面的 3 倍,这时相应蒸发速度也越快,这就是制药工业常用的**喷雾干燥法**(spray drying)的理论依据。表中数据还表明,水中气泡半径越小,其内部的饱和蒸气压越小。因此,液体加热时常出现过热、暴沸现象。

三、弯曲液面对溶解度的影响

根据亨利定律溶液中溶质的分压与溶解度的关系

$$p_r=ka_r,\ p_0=ka_0 \qquad\qquad 式(7-30)$$

式中,a_r 为小粒子的溶解度,a_0 为大粒子的溶解度;p_r 为小粒子的饱和蒸气压,p_0 为大粒子的饱和蒸气压。将其带入式(7-29),可得到开尔文公式的另外一种形式

$$\ln\frac{a_r}{a_0}=\frac{2\sigma M}{RT\rho r} \qquad\qquad 式(7-31)$$

式中,σ 为固 - 液界面张力,ρ 为晶体的密度,r 为微小晶体颗粒的半径,M 是晶体的摩尔质量。

由式(7-31)可知,小晶体的溶解度大于一般晶体的溶解度,小晶体的半径越小,溶解度越大,这也是实验中常常形成过饱和溶液的原因。

四、亚稳定状态

我们在日常生活和科学研究中,经常会碰到系统处于一种不稳定状态,这种状态是热力学上的非稳定态,但在一定条件下能稳定存在一段时间,称为**亚稳定状态**(metastable state),简称亚稳态。亚稳定状态的存在主要是因为系统中形成新相时,往往是少数分子形成聚集体,再以此为中心长大成新相的种子,然后新相种子逐渐长大成为新相。由此可知,新相生成面临诸多困难。首先要有足够的能量去克服把之前相对自由的分子束缚到一起所必须跃过的能垒;其次,新生相还将给系统带来巨大的表面能;再次,由于新生成相在初始阶段曲率半径很小,由开尔文公式可知,这些新相粒子的蒸气压(溶解度)与正常状态下有很大不同,这将使新相的生成更加困难。亚稳状态包括过饱和蒸气、过热液体、过冷液体和过饱和溶液,下面分别加以讨论。

(一)过饱和蒸气

在高空中如果没有灰尘,水蒸气可达到相当高的过饱和程度而不能凝结成水。此时蒸气压力虽然对平液面的水来说已经是过饱和状态,但对将要形成的微小水滴来说则尚未饱和,导致形成**过饱和蒸气**(supersaturated vapor)。过饱和蒸气的化学势虽比同温度的平面液体高,但比生成的微小液滴的化学势低,处于亚稳状态。此时向云层中喷撒微小的 AgI 或干冰颗粒,AgI 或干冰颗粒就成为水的凝结中心,使新水滴生成时所需的过饱和程度大大降低,云层中的水蒸气就容易凝结成水滴落下,这就是人工降雨的原理。

(二)过热液体

加热表面光洁容器中的纯净液体,当温度升至液体的沸点时,由于液体内生成的微小蒸气泡曲率半径很小,凹液面上的附加压力使气泡难以生成,只有继续加热液体,使其蒸气压达到或大于外界压力时,液体才会沸腾。这种温度高于沸点但仍不沸腾的液体称为**过热液体**(super-heated liquid)。

例 7-2 在 101.325kPa、373.15K 的纯水中,离液面 0.02m 处有一个半径为 10^{-6}m 的气泡。已知水的密度为 958.4kg/m³,表面张力为 58.9×10^{-3}N/m,水的汽化热为 40.66kJ/mol,$M(H_2O) = 1.80 \times 10^{-2}$kg/mol。试求下列内容。

(1)气泡内水的蒸气压 p_r^*。

(2)气泡受到的压力。

(3)设水在沸腾时形成的气泡半径为 10^{-6}m,试估算水的沸腾温度。

解:(1)开尔文公式

$$\ln \frac{p_r^*}{p_0^*} = \frac{2\sigma M}{RT\rho r}$$

$$\ln \frac{p_r^*}{101.325} = \frac{2 \times 58.9 \times 10^{-3} \times 1.80 \times 10^{-2}}{8.314 \times 373.15 \times 958.4 \times (-10^{-6})}$$

$$p_r^* = 101.253 \text{kPa}$$

凹液面引起水的蒸气压下降,使其在正常沸点不能沸腾。

(2)气泡受到的压力有大气压 $p_{大气}$、水柱的静压力 $p_{静}$ 及凹液面引起的附加压力 Δp:$p_{静}=\rho gh=958.4\times9.81\times0.02\times10^{-3}=0.188kPa$

$$\Delta p=\frac{2\sigma}{r}=\frac{2\times58.9\times10^{-3}}{10^{-6}}\times10^{-3}=117.8kPa$$

气泡存在所需克服的压力

$$p=p_{大气}+p_{静}+\Delta p=101.325+117.8+0.188=219.31kPa$$

由上面的计算可以看出,当气泡很小时,主要是由于凹液面的存在,形成的附加压力使气泡受到的压力远远大于气泡内的蒸气压,因此气泡不可能存在。若水在沸腾时最初生成气泡半径为 10^{-6}m,则水在373.15K不可能沸腾,必须升高温度使气泡内的蒸气压等于气泡所受到的压力时,水才开始沸腾。

(3)根据克劳修斯-克拉珀龙方程 $\ln\dfrac{p_2}{p_1}=\dfrac{-\Delta_{vap}H_m}{R}\left(\dfrac{1}{T_2}-\dfrac{1}{T_1}\right)$

$$
\begin{aligned}
T_2 &=\left(\frac{R\ln(p_2/p_1)}{-\Delta_{vap}H_m}+\frac{1}{T_1}\right)^{-1}\\
&=\left(\frac{8.314\times\ln(219.31/101.253)}{-40.67\times10^3}+\frac{1}{373.15}\right)^{-1}\\
&=396.53K
\end{aligned}
$$

根据题目所给条件,水在396.53K,即高于正常沸点23.4K才会沸腾。

平时烧开水时很少会出现过热现象,这是由于容器表面不够光滑,同时水中溶有少量气体。过热液体不稳定,侵入气泡或杂质时,会产生剧烈的沸腾,并伴有爆裂声,即发生**暴沸**(bumping)。加热蒸馏液体试剂等纯净液体时,为防止暴沸,可加入一些沸石、素烧瓷片或玻璃毛细管,加热时可提供一些小气泡作为新相种子,成为气化的核心,使过热程度较小时即能沸腾,防止过热现象发生。

(三)过冷液体

一定压力下,当温度低于凝固点而不析出晶体的现象称为过冷现象,低于凝固点而不析出晶体的液体称为**过冷液体**(super-cooling liquid)。产生过冷现象的原因是微小晶体的凝固点低于普通晶体凝固点。在开尔文公式的推导过程中,将液体的化学势变为固体的化学势,

开尔文公式同样成立,因此,式(7-29)也可用于计算微小晶体的饱和蒸气压,即微小晶体的饱和蒸气压大于同温度下一般晶体的饱和蒸气压。如图7-5所示,对微小晶体而言,粒径减小,蒸气压升高,与液态蒸气压相等(液-固平衡)的温度即熔点 T' 相应下降,低于普通晶体的熔点 $T_{普}$。例如,金的正常熔点为1 064K,当直径为4nm时,熔点降至727K,而直径减小到2nm时,熔点仅为327K。

对于过冷水,由于即将形成的微小冰晶的饱

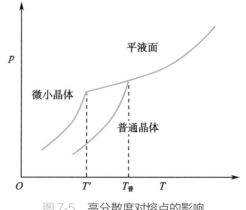

图7-5 高分散度对熔点的影响

和蒸气压大于同温度下一般晶体的饱和蒸气压,故新相微小晶体的凝固点 T_f' 低于普通晶体的凝固点 T_f。在正常凝固点 T_f 时,液体的饱和蒸气压或化学势等于普通晶体的饱和蒸气压或化学势,但小于微小晶体的饱和蒸气压或化学势,故微小晶体不可能存在,凝固不能发生。温度在 $T_f \sim T_f'$ 之间的过冷液体处于亚稳状态。过冷现象有普遍应用,在用重结晶方法提纯物料时,为了避免过冷现象,常加入这种物质的小晶体作为"晶种",它们成为凝固的核心,使液体在过冷程度很小时就能结晶或凝固。剧烈地搅拌或用玻璃棒摩擦器壁常可破坏过冷状态,可能是因为搅拌带入灰尘或摩擦时产生的玻璃微粒成了结晶的核心。

(四)过饱和溶液

过饱和溶液(super-saturated solution)指已经达到或超过饱和浓度仍不析出晶体的溶液。微小晶体的溶解度大于正常溶解度,如有一热溶液,让其自然缓慢冷却,当温度降到饱和点时,本应有晶体开始析出,但因即将凝成的微小晶粒溶解度很大,溶液远未饱和,但对普通晶体而言已达饱和或过饱和状态。过饱和溶液处于亚稳状态,只要稍受外界干扰,如加入晶种,加以搅拌,或摩擦容器壁等都能促进新相种子的生成,使晶体尽快析出。结晶实验中,晶体往往大小不均,利用小晶体溶解度大,大晶体溶解度小的特点进行"陈化"操作,使小晶体溶解,大晶体逐渐长大,使晶体大小趋于均匀,便于过滤和洗涤。

前面叙述的过饱和、过热、过冷等现象都是热力学不稳定状态,但是它们又能在一定条件下较长时间内稳定存在,这些状态都称为亚稳定状态。综上所述,亚稳定状态出现在新相生成时,是由于新相种子生成困难而引起的。为即将形成的新相提供种子或核,可以解除系统所处的亚稳定状态。

第三节 铺展与润湿

一、铺展

液体在另一种与其互不相溶的液体表面上自动展开成膜的过程称为**铺展**(spreading)。从界面能的观点入手可以帮助认识铺展过程的本质。设一滴油滴在水面上,产生了一个油-水界面与一个油-气表面,同时原水-气表面消失,若铺展单位面积时,铺展过程的吉布斯能的变化为

$$\Delta G = \sigma_{油-水} + \sigma_油 - \sigma_水 \qquad 式(7-32)$$

根据吉布斯能判据,在等温、等压条件下,只有 $\Delta G < 0$ 时过程自发,油滴才能自动铺展。

实际应用中,常用**铺展系数**(spreading coefficient)S 判断一种液体是否在另一种与之不互溶的液体表面上铺展,定义 $S = -\Delta G$,则

$$S_{油-水} = \sigma_水 - \sigma_油 - \sigma_{油-水} \qquad 式(7-33)$$

显然,只有当 $S > 0$,相应地 $\Delta G < 0$,铺展才可以发生,且 S 越大,铺展性能越好;当 $S < 0$,$\Delta G > 0$,则不能铺展。

哈金斯(Harkins)从另一角度来考虑铺展问题,见图 7-6(a),设想沿某一高度将截面积为

$1m^2$ 的纯液体(油)液柱切割成两段,将产生两个新界面油 - 气界面,则所做的功为

$$W_c = 2\sigma_{油}$$

W_c 称内聚功,指克服同种液体分子间吸引力所做的可逆功。再设想此液柱为油水柱,从界面处将其切割成两段,即消失了一个油 - 水界面,而产生了一个油 - 气表面和一个水 - 气表面,见图 7-6(b),所做的功为

$$W_a = \sigma_{油} + \sigma_{水} - \sigma_{油-水}$$

W_a 称为黏附功,指克服异种液体分子间吸引力所做的可逆功。当 $W_a > W_c$,表明油本身分子间引力小于油 - 水分子间的引力,结果油就能在水面上铺展;反之,当 $W_a \leqslant W_c$,则油滴就不能在水面上铺展。

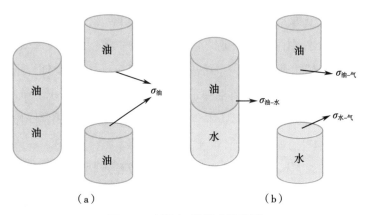

图 7-6　内聚功、黏附功示意图

上面讨论的是两种液体开始接触时的情况,经过一段时后,两种液体自发进行部分互溶,形成彼此互相饱和的两个共轭溶液,引起表面张力的变化,$\sigma_{油}$、$\sigma_{水}$ 变成了 $\sigma'_{油}$、$\sigma'_{水}$,相应地铺展系数 $S_{油-水}$ 变成最终的铺展系数 $S'_{油-水}$。

例 7-3　在 293.15K,一滴油酸滴在洁净的水面上,已知有关界面张力为 $\sigma_{水} = 7.3 \times 10^{-2} N/m$,$\sigma_{油酸} = 3.2 \times 10^{-2} N/m$,$\sigma_{油酸-水} = 1.2 \times 10^{-2} N/m$,互相饱和后,$\sigma'_{油酸} = \sigma_{油酸}$,$\sigma'_{水} = 4.0 \times 10^{-2} N/m$,据此推测,油酸在水面上开始与终了的形状。相反,如果把水滴在油酸表面上其形状又如何?

解:

$$\begin{aligned} S_{油酸-水} &= \sigma_{水} - \sigma_{油酸} - \sigma_{油酸-水} \\ &= (7.3 - 3.2 - 1.2) \times 10^{-2} = 2.9 \times 10^{-2} N/m > 0 \end{aligned}$$

$$\begin{aligned} S'_{油酸-水} &= \sigma'_{水} - \sigma'_{油酸} - \sigma_{油酸-水} \\ &= (4.0 - 3.2 - 1.2) \times 10^{-2} = -4.0 \times 10^{-3} N/m < 0 \end{aligned}$$

由计算结果可知,开始时油酸在水面上能自动铺展形成油膜,但随后相互溶解而饱和,油酸又不能在水面铺展,缩成椭圆球状。

如果将水滴到油酸上,则

$$\begin{aligned} S_{水-油酸} &= \sigma_{油酸} - \sigma_{水} - \sigma_{油酸-水} \\ &= (3.2 - 7.3 - 1.2) \times 10^{-2} = -5.3 \times 10^{-2} N/m < 0 \end{aligned}$$

$$\begin{aligned} S'_{水-油酸} &= \sigma'_{油酸} - \sigma'_{水} - \sigma_{油酸-水} \\ &= (3.2 - 4.0 - 1.2) \times 10^{-2} = -2.0 \times 10^{-2} N/m < 0 \end{aligned}$$

所以水在油酸上不能铺展,始终呈椭圆球状。

以上讨论可推广至液体在固体表面上的铺展。如果以 $S_{液-固}$ 表示液体在固体表面上的铺展系数，则

$$S_{液-固} = \sigma_{固} - \sigma_{液} - \sigma_{液-固}$$ 式（7-34）

当 $S_{液-固} \geq 0$ 时，表示液滴在固体表面上能铺展；当 $S_{液-固} < 0$ 时，表示液滴在固体表面上不能铺展。

铺展在日常生活生产中具有重要实用意义，例如，要制备一种稳定的乳剂，就须在油滴表面铺展一层合适的表面活性物质薄膜；为了提高膏剂在皮肤上的铺展，需要在膏基质的处方中考虑改善铺展效果；普通药物难以透过细胞膜进入细胞内，在处方中加入与细胞膜成分类似的磷脂等脂质成分，制成脂质体，可大大增加药物的渗透性。

二、润湿

广义上讲，固体表面的**润湿**（wetting）是指表面上一种流体被另一种流体所取代的过程。通常，润湿是指固体表面的气体被液体取代，或一种液体被另一种液体取代。若固、液两相接触后可使系统表面张力降低者即能润湿，表面张力降低得越多，则越易润湿；反之，固、液两相接触后使系统表面张力增大，则不能润湿。

润湿程度可通过测定固体与液体之间的接触角来衡量。将一滴液体滴在水平放置的固体表面上，达到平衡时剖面图如图 7-7 所示。

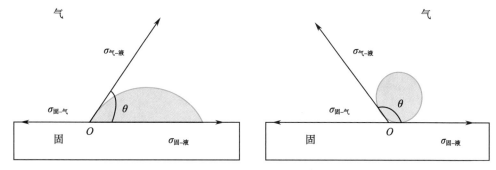

图 7-7　液体在固体表面的润湿

图中 O 点为气、液、固三相会合点，过此点作液面的切线，则此切线和固 - 液界面之间的夹角 θ 称为**接触角**（contact angel）或**润湿角**（wetting angel）。O 点处的液体分子同时受到三种力的作用：$\sigma_{固-气}$ 力图把液体分子拉向左方，以覆盖更多的气 - 固界面；$\sigma_{气-液}$ 力图把 O 点处的液体分子拉向液面的切线方向，以缩小气 - 液界面；$\sigma_{固-液}$ 力图把 O 点处的液体分子拉向右方，以缩小固 - 液界面。当系统处于平衡状态时，水平方向上的力存在下列关系

$$\sigma_{固-气} = \sigma_{固-液} + \sigma_{气-液} \cos\theta$$ 式（7-35）

或

$$\cos\theta = \frac{\sigma_{固-气} - \sigma_{固-液}}{\sigma_{气-液}}$$ 式（7-36）

1805 年杨氏（T. Young）得到上式，故称其为**杨氏方程**（Young equation）。由上式可知，在

等温、等压下可得下列结论。

（1）当 $\theta = 90°$，$\cos\theta = 0$，$\sigma_{固-气} = \sigma_{固-液}$，液滴处于润湿与否的分界线。

（2）当 $\theta > 90°$，$\cos\theta < 0$，$\sigma_{固-气} < \sigma_{固-液}$，液滴趋于缩小固-液界面，称为不润湿。

（3）当 $\theta < 90°$，$\cos\theta > 0$，$\sigma_{固-气} > \sigma_{固-液}$，液滴趋于自动地扩大固-液界面，故称润湿。

（4）当 θ 趋于 0°，$\cos\theta$ 趋于 1，$\sigma_{固-气} \approx \sigma_{固-液} + \sigma_{气-液}$，液滴将覆盖更多的固-气界面，称为完全润湿或铺展润湿。

（5）当 θ 趋于 180°，$\cos\theta$ 趋于 -1，$\sigma_{固-气} + \sigma_{气-液} \approx \sigma_{固-液}$，称为完全不润湿。

由杨氏方程可知，凡是能够影响任一界面张力变化的因素都可能影响接触角 θ，进而影响润湿性。可见，只要测出了接触角即可以判断润湿状态。讨论液体对固体的润湿性时，一般将 90° 的接触角作为是否润湿的标准：$\theta < 90°$ 为润湿；$\theta \geqslant 90°$ 为不润湿。

粉末状物质可通过固-气、固-液界面张力的大小关系来判断能否润湿。如将某个粉末药物投到液体中，如粉末药物能被液体润湿，则固-气界面张力（$\sigma_{固-气}$）消失，产生一个新的固-液界面张力（$\sigma_{固-液}$），假设粉末药物与液体接触面积为 dA，所以

$$dG = \sigma_{固-液}dA - \sigma_{固-气}dA = (\sigma_{固-液} - \sigma_{固-气})dA < 0$$

dG 越负，即 $\sigma_{固-气}$ 远大于 $\sigma_{固-液}$，过程越易自发，润湿程度越高。

润湿在生产实际有广泛应用，如在制剂生产中，通过加入表面活性剂降低表面张力提高片剂的润湿性；为使安瓿内的注射液较完全地抽入注射器内，要在安瓿内涂上一层不润湿的高聚物增大接触角；农业上，农药喷洒在植物上，若能增加药物在叶片上及虫体上润湿，将明显提高杀虫效果；浇注工艺中，熔融金属和模子若润湿性太强，金属容易进入模型缝隙导致表面不光滑，可在钢中加入适量硅以降低润湿程度。

知识拓展

荷叶效应

荷叶效应（lotus effect）指荷叶表面具有超疏水性以及自洁的现象。由于荷叶具有超疏水的表面，水与叶面的接触角接近 180°，叶面上的雨水因表面张力作用形成水珠，只要叶面稍微倾斜，水珠滑落叶面带走灰尘污泥，使荷叶表面保持干燥洁净。这种现象产生的原因是荷叶表面具有 5～15μm 的细微突起表皮细胞，细胞上又覆盖着一层直径约 1nm 的蜡质结晶，结晶本身的化学结构具有疏水性，当水与这类表面接触时，不平的表面与水之间有一薄层空气，使水与叶面的接触面积变小而接触角变大，接近 180° 成为超疏水表面。同时，超疏水表面也降低了污染颗粒对叶面的附着力，更易达到自洁的效果。荷叶效应主要应用在防污、防尘上，通过人工合成的方式，将特殊的化学成分加入涂料、建材和衣料内等，以增加其疏水性。如科学家受荷叶效应的启发发明的纳米自清洁的衣料，具有一定的自洁功能，以实现疏水、防尘和免洗的目的；建筑和装饰用的石料疏水性增加使其具有一定的自洁、疏水和防尘的功能，可以保持建筑物的明亮洁净。

三、毛细现象

毛细现象是自然界普遍存在的一种现象,可以用杨-拉普拉斯方程来解释。当液体可以润湿毛细管壁时,液体在毛细管中形成凹液面,如图 7-8 所示,将半径为 r 的玻璃毛细管插入到水中,在附加压力的作用下,毛细管内液面上升,直到上升的液柱的静压力等于附加压力时达到平衡,此时液面上升的高度为 h,凹面的曲率半径为 r_1。

平衡时有

$$\Delta p = \frac{2\sigma}{r_1} = \rho g h \qquad \text{式（7-37）}$$

$$\cos\theta = \frac{r}{r_1} \qquad \text{式（7-38）}$$

将式（7-38）代入式（7-37）,整理得

$$h = \frac{2\sigma\cos\theta}{\rho g r} \qquad \text{式（7-39）}$$

式（7-39）中,σ 为液体表面张力,ρ 为液体密度,g 为重力加速度,h 为液面上升的高度。由式（7-39）可知,当 $\theta > 90°$,液体不能润湿毛细管,形成凸面,$h < 0$;当 $\theta = 90°$,处于润湿与不润湿的分界线,形成平面,$h = 0$;当 $\theta < 90°$,液体能润湿毛细管,形成凹面,$h > 0$。液面上升(或下降)的高度与表面张力成正比,与毛细管的半径成反比。

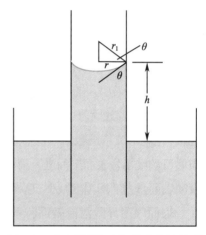

毛细现象与日常生活、生产密切相关,灌溉过的田地,形成很多与地表相通的毛细管,增加了水分的蒸发,通过松动地表的土壤,切断地表的毛细管,可以起到保墒的作用。大树就是依靠皮部的毛细管将土壤中的水分和营养物质源源不断地输送到树冠的。地基中形成的毛

图 7-8　曲率半径与毛细管半径的关系

细管会造成室内潮湿,通过在地基上面铺油毡,可防止毛细现象造成室内潮湿。

第四节　溶液的表面吸附

一、溶液的表面吸附现象

溶液的表面张力不但与温度、压力、溶剂的性质等因素有关,还与溶质的种类及浓度有关。**表面张力等温线**(surface tension isotherm curve)指在等温下,表面张力与溶液中溶质浓度之间变化关系的曲线。溶质的浓度对溶液表面张力的影响大致可分为三种类型,如图 7-9 所示。

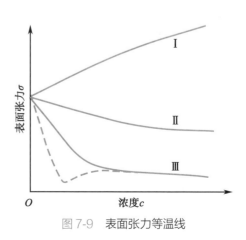

图 7-9　表面张力等温线

曲线 I 表明,随着溶质浓度的增加,溶液的表面张力稍有升高,这类物质称为**非表面活性物质**(non-surface-active substance)。对于水溶液而言,属于此类溶质有无机盐类,非挥发酸、碱和多羟基有机化合物,如蔗糖、甘油等物质。

曲线 II 表明随着溶质浓度的增加,溶液的表面张力缓慢地下降,这类物质称为表面活性物质,属于这类物质的有:大部分低级脂肪酸、醇、醛等。

曲线 III 表明,在水中加入少量溶质就可以显著降低溶液表面张力,至某一浓度之后,溶液的表面张力几乎不再随浓度的增加而变化,属于此类的化合物可以表示为 RX,其中 R 代表含 8 个以上碳原子的烃基,X 代表极性基团或离子基团,如—OH、—COOH、—CN、—CONH$_2$、—COOR、—SO$_3^-$、—NH$_3^+$、—COO$^-$ 等。这类曲线有时会出现如图所示的虚线部分,这可能是由于某种杂质的存在而引起的。溶质使溶剂的表面张力降低的性质称为**表面活性**(surface activity)。具有表面活性的物质称为**表面活性物质**(surface active substance),如第二种和第三种溶质。第二种溶质具有较弱的表面活性。第三种溶质能在较低的浓度下显著降低表面张力,即具有较强的表面活性,这类物质称为**表面活性剂**(surfactant)。

实验表明,溶液的表面层分子由于受力不均,会自发吸附溶液中的溶质分子,降低其表面张力和表面吉布斯能,导致溶质在溶液表面层的浓度和溶液内部不同的现象称之为溶液**表面吸附**(surface adsorption)。在等温、等压条件下,当表面积一定时,过程只能自发地向着表面张力减小的方向进行,当加入的溶质能够使表面张力降低,则溶质会自动地从溶液本体中向溶液表面富集,导致表面浓度大于本体浓度,表面浓度增大,使溶液的表面张力降低得更多,形成的系统更稳定,这就形成了正吸附,如曲线 II 和 III;相反,如果加入的溶质使表面张力增加,则表面上的溶质会自动地离开表面层而进入溶液本体之中,导致表面浓度小于本体浓度,表面浓度减小,使溶液的表面张力增加幅度减小,这样也会使表面吉布斯能较低,这就是负吸附,如曲线 I 的情况。

表面吸附导致溶液表面和本体浓度产生浓度差,浓度差又必然引起溶质分子的扩散,促使浓度趋于均匀,当两种作用达到平衡时,单位面积的表面层中物质的量与本体等量溶剂中溶质物质的量的差即为**表面吸附量**(surface adsorption quantity),用符号 Γ 来表示。表面吸附量的大小,可用吉布斯吸附等温式来计算。

二、吉布斯吸附等温式及其应用

(一)吉布斯吸附等温式

吉布斯(Gibbs)用热力学方法推导出吉布斯吸附等温式,得出在等温下,溶液的浓度、表面张力和吸附量之间的定量关系式

$$\Gamma = -\frac{c}{RT}\left(\frac{\partial \sigma}{\partial c}\right)_T \qquad\qquad 式(7\text{-}40)$$

式(7-40)中,c 为达吸附平衡时的溶液浓度,σ 为溶液的表面张力;Γ 为表面吸附量,单位为 mol/m^2。

(二)吉布斯吸附等温式的证明

设在等温下,某二组分溶液达到吸附平衡后,若系统发生了某一微小变化,按式(7-12),吉布斯能变为

$$dG = -SdT + Vdp + \sigma dA + \sum_B \mu_B dn_B$$

在等温、等压条件下,将上式用于二组分溶液的表面层,则

$$dG_s = \sigma dA + \mu_1^s dn_1^s + \mu_2^s dn_2^s \qquad 式(7\text{-}41)$$

式中,μ_1^s 及 μ_2^s 分别为表面层中溶剂及溶质的化学势,n_1^s 及 n_2^s 分别为溶剂及溶质在表面层中的物质的量。在 T、p、σ、μ 恒定的情况下,对式(7-41)进行积分,可得

$$G_s = \sigma A + \mu_1^s n_1^s + \mu_2^s n_2^s$$

表面吉布斯能是状态函数,它具有全微分的性质。所以

$$dG_s = \sigma dA + A d\sigma + \mu_1^s dn_1^s + n_1^s d\mu_1^s + \mu_2^s dn_2^s + n_2^s d\mu_2^s \qquad 式(7\text{-}42)$$

式(7-41)与式(7-42)相比较,可得适用于表面层的吉布斯-杜安方程,即

$$A d\sigma = -(n_1^s d\mu_1^s + n_2^s d\mu_2^s) \qquad 式(7\text{-}43)$$

溶液本体的吉布斯-杜安方程应为

$$n_1 d\mu_1 + n_2 d\mu_2 = 0 \qquad 式(7\text{-}44)$$

式中,μ_1 及 μ_2 分别为溶液本体中溶剂及溶质的化学势,n_1 及 n_2 分别为溶剂及溶质在溶液本体中的物质的量。式(7-44)也可写成

$$d\mu_1 = -\frac{n_2}{n_1} d\mu_2 \qquad 式(7\text{-}45)$$

当吸附达到平衡后,同一种物质在表面层及溶液本体中的化学势应相等。所以

$$d\mu_1^s = d\mu_1 = -\frac{n_2}{n_1} d\mu_2$$

$$d\mu_2^s = d\mu_2$$

将上述二式代入式(7-43),整理后可得

$$A d\sigma = -\left(n_2^s - \frac{n_1^s}{n_1} n_2\right) d\mu_2 \qquad 式(7\text{-}46)$$

将吸附量的定义式 $\Gamma_2 A = n_2^s - \dfrac{n_1^s}{n_1} n_2$ 代入上式可得

$$\Gamma_2 = -\left(\frac{\partial \sigma}{\partial \mu_2}\right)_T \qquad 式(7\text{-}47)$$

因为 $d\mu_2 = RT d\ln a_2 = \left(\dfrac{RT}{a_2}\right) da_2$,所以

$$\Gamma_2 = -\frac{a_2}{RT}\left(\frac{\partial \sigma}{\partial a_2}\right)_T \qquad 式(7\text{-}48)$$

对于理想溶液或稀溶液,以浓度 c 代替活度 a,并略去代表溶质的下标"2",即得到吉布斯吸附等温式

$$\Gamma = -\frac{c}{RT}\left(\frac{\partial \sigma}{\partial c}\right)_T$$

由上式可知,在等温度下,当溶液的表面张力随浓度的增加而减小时,即$\left(\dfrac{\partial\sigma}{\partial c}\right)_T<0$时,$\Gamma>0$,即为正吸附;当溶液的表面张力随着浓度的增加而增大时,即$\left(\dfrac{\partial\sigma}{\partial c}\right)_T>0$时,$\Gamma<0$,即为负吸附;当溶液的表面张力不随浓度的变化而变化时,即$\left(\dfrac{\partial\sigma}{\partial c}\right)_T=0$时,$\Gamma=0$,即无吸附现象。所以,$\left(\dfrac{\partial\sigma}{\partial c}\right)_T$可以表示表面活性的大小,其绝对值愈大,表明溶质的浓度对溶液表面张力的影响愈大。

例 7-4　在298.15K 时,乙醇水溶液的表面张力与乙醇浓度的关系为
$$\sigma=72.88-0.5c+0.2c^2$$
求 $c=0.4$mol/L 时,乙醇水溶液的表面层中乙醇的表面吸附量。

解: $\left(\dfrac{\partial\sigma}{\partial c}\right)_T=-0.5+0.4c$

$$\begin{aligned}\Gamma&=-\frac{c}{RT}\left(\frac{\partial\sigma}{\partial c}\right)_T\\&=-\frac{0.4}{8.314\times298.15}(-0.5+0.4\times0.4)=5.5\times10^{-5}\,\text{mol/m}^2\end{aligned}$$

例 7-5　291.15K 时,丁酸水溶液的表面张力与浓度的关系可表示为 $\sigma=\sigma_0-a\ln(1+bc)$,式中 σ_0 为纯水的表面张力,a、b 为常数,c 为丁酸的浓度。

(1)试求该溶液中丁酸的表面吸附量 Γ 和浓度 c 之间的关系。

(2)已知 $a=0.013\ 1$N/m,$b=19.62$L/mol,$c=0.10$mol/L,试计算 Γ。

(3)$bc\gg1$ 时达到饱和吸附,计算饱和吸附量 Γ_∞ 是多少? 设达到饱和吸附时表面层上丁酸呈单分子层吸附,试计算丁酸分子的截面积。

解:(1)$\sigma=\sigma_0-a\ln(1+bc)$

上式微分得　　$\left(\dfrac{\partial\sigma}{\partial c}\right)_T=-\dfrac{ab}{1+bc}$

将其代入吉布斯吸附等温式,得　　$\Gamma=\dfrac{abc}{RT(1+bc)}$

(2)将已知数据代入上式,得

$$\Gamma=\frac{0.013\ 1\times19.62\times0.10}{8.314\times291.15\times(1+19.62\times0.10)}=3.58\times10^{-6}\,\text{mol/m}^2$$

(3)$bc\gg1$ 时,则 $1+bc\approx bc$

$$\Gamma_\infty=\frac{abc}{RT(1+bc)}=\frac{a}{RT}=\frac{0.013\ 1}{8.314\times291.15}=5.411\times10^{-6}\,\text{mol/m}^2$$

Γ_∞ 为吸附达饱和时每单位面积 1m² 表面上吸附溶质的摩尔量,1m² 表面上吸附的分子数为 $\Gamma_\infty N_A$(N_A 为阿伏伽德罗常数),设每个丁酸分子的截面积为 S,则

$$S=\frac{1}{\Gamma_\infty N_A}=\frac{1}{5.411\times10^{-6}\times6.023\times10^{23}}=3.07\times10^{-19}\,\text{m}^2$$

第五节　表面活性剂

一、表面活性剂的结构和分类

表面活性剂（surfactant）分子是由极性的亲水基团和非极性的疏水基团组成的两亲性分子。表面活性剂的疏水基团一般由非极性或弱极性的长链烃基构成，而亲水基团种类繁多，一般是由极性或强极性基团构成，可以带电，也可以不带电。如硬脂酸钠分子（$C_{17}H_{35}COONa$）中—$C_{17}H_{35}$为憎水基，—COO^-为亲水基。根据表面活性剂分子溶于水后是否电离，可分为离子型和非离子型两类。

（一）离子型表面活性剂

在水中电离产生电性相反、大小不同的两部分离子的表面活性剂为离子型表面活性剂。根据电离后起作用部分电性不同可分为阴离子型、阳离子型和两性表面活性剂。

1. 阴离子型表面活性剂　电离后起作用的大离子是阴离子的表面活性剂。主要包括羧酸盐、磺酸盐、硫酸脂盐、磷脂类等，如硬脂酸钠（$C_{17}H_{35}COONa$）、十二烷基磺酸钠（$C_{12}H_{25}SO_3Na$）、油酸正丁酯硫酸钠[$CH_3(CH_2)_8CH(OSO_3Na)(CH_2)_7COOC_4H_9$]等。

2. 阳离子型表面活性剂　电离后起作用的大离子是阳离子的表面活性剂。主要包括铵盐类，因伯、仲、叔胺盐溶解度太小，不易做表面活性剂，故以季铵盐为主。如应用于护发素、焗油膏的调理剂十八烷基三甲基氯化铵，具有杀菌作用的苯扎氯铵（洁尔灭）、苯扎溴铵（新洁尔灭）、杜米芬，全氟丁基阳离子表面活性剂和强乳化能力的松香基阳离子 Gemini 表面活性剂等。阳离子表面活性剂对细胞膜有特殊的吸附能力，能杀菌，不受 pH 影响，与阴离子表面活性剂不可混用。

$$\left[C_{18}H_{37}-\overset{\overset{\displaystyle CH_3}{|}}{\underset{\underset{\displaystyle CH_3}{|}}{N}}-CH_3 \right]^+ Cl^-$$

十八烷基三甲基氯化铵

$$\left[\langle\!\!\!\bigcirc\!\!\!\rangle-CH_2-\overset{\overset{\displaystyle CH_3}{|}}{\underset{\underset{\displaystyle CH_3}{|}}{N}}-C_{12}H_{25} \right]^+ Br^-$$

苯扎溴铵

3. 两性表面活性剂　分子中的亲水基由电性相反的两个基团构成。此类表面活性剂随溶液 pH 的变化表现出不同的性质，如氨基酸型（$RNHCH_2CH_2COOH$）、甜菜碱型[$RN^+(CH_3)_2CH_2COO^-$]等都是两性表面活性剂。

（二）非离子型表面活性剂

非离子型表面活性剂在水中不电离，因其在溶液中以分子形式存在，故稳定性高，不怕硬水，也不受溶液 pH 和无机酸、碱、盐的影响，可与离子型表面活性剂混用，也不易在固体上强烈吸附，与离子型表面活性剂相比，性能更优越，可以与各种药物配合使用，故在药剂学中获得广泛应用。

非离子型表面活性剂主要分为两大类：一类是以羟基—OH 作为亲水基，一类是以醚键—O—作为亲水基，由于—OH 和—O—的亲水性弱，只靠一个羟基或醚键不能将很大的憎水基溶于水中,必须有多个亲水基才能使分子呈现两亲性。

按亲水基团不同,非离子型表面活性剂主要分为聚氧乙烯型和多元醇型,两者性能和用途有较大的差异,如前者易溶于水,后者大多不溶于水。

1. 聚氧乙烯型 聚氧乙烯型非离子表面活性剂是以含活泼氢原子的化合物同环氧乙烷进行加成反应制成的。如—OH、—COOH、—NH$_2$ 和—CONH$_2$ 等基团中的氢原子,这些氢原子有很强的化学活性,容易与环氧乙烷发生反应,生成聚氧乙烯型表面活性剂,结构中均含有易溶于水的聚氧乙烯基—(CH$_2$CH$_2$O)$_n$—长链,例如以下几类。

(1)高级脂肪醇、烷基酚、脂肪酸与环氧乙烷加成物

$$RO-H \ + \ n \ \overset{CH_2-CH_2}{\underset{O}{\triangle}} \longrightarrow RO-(CH_2CH_2O)_nH$$

所用高级脂肪醇主要有月桂醇、油醇、鲸蜡醇,烷基酚主要有壬基酚、辛基酚等,脂肪酸可为硬脂酸、月桂酸、油酸等。

(2)高级脂肪胺、高级脂肪酰胺与环氧乙烷加成物

$$R-NH_2 \ + \ (m+n) \ \overset{CH_2-CH_2}{\underset{O}{\triangle}} \longrightarrow R-N\overset{(CH_2CH_2O)_mH}{\underset{(CH_2CH_2O)_nH}{}}$$

$$\overset{O}{\overset{\|}{RC}}-NH_2 \ + \ (m+n) \ \overset{CH_2-CH_2}{\underset{O}{\triangle}} \longrightarrow \overset{O}{\overset{\|}{RC}}-N\overset{(CH_2CH_2O)_mH}{\underset{(CH_2CH_2O)_nH}{}}$$

另外,环氧丙烷也与上述物质进行加成反应,形成聚氧丙烯链,但因位阻过大,不易形成氢键,故水溶性很小,适于作憎水基原料。

2. 多元醇型 多元醇型非离子型表面活性剂可分为多元醇类、氨基醇类、糖类及烷基糖苷类等,如甘油、山梨醇、失水山梨醇属于多元醇类。失水山梨醇与高级脂肪酸酯化,得到的非离子型表面活性剂,商品名为司盘(Span),根据酯化所用的脂肪酸不同,编成不同型号,如表 7-6 所示。司盘类主要用作乳化剂,但因自身不溶于水,很少单独使用,若与其他水溶性表面活性剂混合使用,可发挥良好的乳化力。

表 7-6　失水山梨醇与聚氧乙烯失水山梨醇的酯类

醇	酯化用酸			
	月桂酸 $R=C_{11}H_{23}$	棕榈酸 $R=C_{15}H_{31}$	硬脂酸 $R=C_{17}H_{35}$	油酸 $R=C_{17}H_{33}$
失水山梨醇	司盘 20	司盘 40	司盘 60	司盘 80
聚氧乙烯失水山梨醇	吐温 20	吐温 40	吐温 60	吐温 80

司盘

吐温

吐温(Tween)类是司盘的二级醇基与聚氧乙烯基相连的一类化合物(司盘与环氧乙烷加成制得),也可以看作是聚氧乙烯型非离子表面活性剂。和司盘一样,吐温也有不同的型号,见表7-6。吐温类亲水性比司盘类强,随聚氧乙烯基数量增多,氧原子与水形成氢键能力增强,亲水性增强。这种氢键对温度极为敏感,温度升高即被破坏,起脱水作用。当温度升高时,非离子型表面活性剂突然由透明变为混浊的现象称为**起昙现象**,出现混浊时的温度称为**昙点**或**浊点**(cloud point)。起昙现象一般来说是可逆的,当温度降低后,溶液仍可恢复澄清。

表面活性剂在药学中有广泛应用,药物在经皮给药过程中会受到皮肤角质层的屏障作用的阻碍,因此促进药物的渗透是给药的关键。如非离子型的聚氧乙烯烷基醚、吐温、泊洛沙姆等均能够在经皮给药制剂中作为渗透促进剂;带负电的磷脂类表面活性剂能够缩短药物在皮肤中的滞留时间。

二、表面活性剂的特性

(一)亲水亲油平衡值

表面活性剂既有亲水的极性基团,又有亲油的非极性基团。亲水基团代表其溶于水的能力,亲油基团代表与油互溶的能力。亲水性越强,溶于水的能力越强,溶于油的能力越弱。相反,亲油性越强,溶于油的能力越强,溶于水的能力越弱。亲水性和亲油性的相对强弱对表面活性剂的应用有很大的影响。格里芬(Griffin)提出了用**亲水亲油平衡值**(hydrophile and lipophile balance value, HLB 值)来表示表面活性剂的亲水性和亲油性的相对强弱。HLB 值的规定方法是将疏水性的石蜡的 HLB 值规定为 0,亲水性聚乙二醇的 HLB 值规定为 20,十二烷基硫酸钠的 HLB 值规定为 40,其他的非离子表面活性剂的 HLB 值则介于 0~20 之间。HLB 值越大表示表面活性剂的亲水性越强,而亲油性越弱;HLB 值越小表示表面活性剂的亲油性越强,而亲水性越差。例如,聚乙二醇的 HLB=20,表明其亲水能力较强,而石蜡 HLB=0,表明其亲油能力强。HLB 值实验测定方法很多,主要有乳化法、浊点法、临界胶束浓度法、分配系数法、溶解度法等。除了实验测定,HLB 值还可以进行理论估算。

1. 质量分数法 非离子型表面活性剂的亲水性可用亲水基的质量分数来表示,HLB 值计算公式为

$$HLB值 = \frac{亲水基质量}{亲水基质量 + 亲油基质量} \times 20 \qquad 式(7-49)$$

据式(7-49)可知,HLB 值愈大,亲水性愈强;相反,HLB 值愈小,亲油性愈强。

2. 戴维斯法 1957 年戴维斯(Davies)提出把表面活性剂结构分解为一些基团,每个基团对 HLB 值都有各自的贡献,各基团的 HLB 值见表7-7。计算公式为

$$HLB值 = 7 + \sum 各基团的HLB值$$

即组成表面活性剂的各基团的 HLB 值的代数和加上 7。例如,求肥皂硬脂酸钠 $C_{17}H_{35}COONa$ 的 HLB 值:$19.1 + 17 \times (-0.475) + 7 = 18.0$。

表 7-7 各基团 HLB 值

亲水基团	HLB 值	疏水基团	HLB 值
—OSO₃Na	38.7	苯环	−1.662
—COOK	21.1	$\overset{\displaystyle |}{-CH-}$	
磺酸盐	约 11.0	—CH₂—	
—N（叔胺 R₃N）	9.4	—CH₃	−0.475
酯（山梨糖醇酐环）	6.8	—CH=	
酯（自由的）	2.4	—CF₂—	−0.870
—COOH	2.1	—CF₃	−0.870
—OH（自由的）	1.9	—（CH₂-CH₂-CH₂-O）—	
—O—	1.3	$-CH_2-\overset{\displaystyle CH_3}{\underset{\displaystyle |}{CH}}-$	−0.15
—OH（山梨糖醇酐环）	0.5		
—（CH₂—CH₂—O）—	0.33		

3. HLB 值具有加和性 当两种或两种以上的表面活性剂混合时，混合表面活性剂的 HLB 值等于各表面活性剂 HLB 值的权重之和，即

$$HLB值 = \frac{[HLB]_A \times m_A + [HLB]_B \times m_B}{m_A + m_B} \qquad 式（7\text{-}50）$$

式（7-50）中，$[HLB]_A$ 和 $[HLB]_B$ 分别表示表面活性剂 A 和 B 的 HLB 值，m_A 和 m_B 分别表示表面活性剂 A 和 B 的质量。例如 30% 的司盘 20（HLB 值 = 8.6）和 40% 的吐温 60（HLB 值 = 14.9）相混合，其混合 HLB 值 = 8.6 × 0.30 + 14.9 × 0.40 = 8.54。

HLB 值不同，表面活性剂的用途也不同，见表 7-8。

表 7-8 一些不同 HLB 值表面活性剂及其用途

HLB 值	实例（HLB）	应用
1～3	石蜡（0）、油酸（1）、司盘 65（2.1）	消泡剂
3～6	司盘 80（4.7）、司盘 40（6.7）	W/O 乳化剂
7～9	阿拉伯胶（8.0）、司盘 20（8.6）	润湿剂
8～18	阿拉伯胶（8.0）、明胶（9.8）、吐温 80（15）、吐温 20（16.7）	O/W 乳化剂
13～15	油酸三乙醇胺（12）	洗涤剂
15～18	吐温 20（16.7）、油酸钠（18）	增溶剂

（二）胶束的形成

表面活性剂由于其分子结构的特点，容易定向吸附在水溶液表面，只需很小的浓度就可以极大地降低溶液的表面张力。当达到一定浓度后，浓度的增加不再引起表面张力的继续降低。很显然，此时的表面活性剂分子在溶液中的存在状态已经发生了变化。在低浓度的水溶液中，表面活性剂主要是以单个分子或离子的状态存在的，同时还可能存在一些二聚体、三聚体。当浓度达到某一定值时会在溶液中发生定向排列，形成一种球状聚集体，称为**胶束**

（micelle），也称胶团，如图 7-10 所示。这是因为表面活性剂为了减少水与疏水基团的接触面，降低表面能而采取了两种排列方式：一是处在表面层中的分子尽可能把亲水基伸在水中，憎水基伸向空气定向排列，在溶液的表面形成单分子膜，降低了表面张力；二是进入溶液内部的表面活性剂分子疏水基互相靠在一起，以减小疏水基与水的接触面积，这样就形成了胶束。

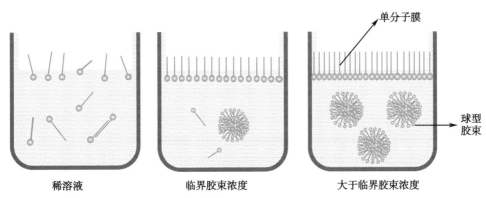

图 7-10　胶束形成与溶液浓度关系

　　一般胶束大约由几十个到几百个双亲分子组成，平均半径大约几个纳米。并且随着表面活性剂浓度的增加，溶液中形成的胶束数目也在增加。形成胶束所需的表面活性剂的最低浓度称之为**临界胶束浓度**（critical micelle concentration，CMC）。CMC 值一般有一个范围，在 CMC 值以下，通常不能形成胶束，但也可有少数（如 10 个以下）的表面活性剂的分子聚集成缔合体；当达到 CMC 值时，形成球状胶束；浓度继续增大时，通过 X 射线实验证实得到的胶束是层状结构，再继续增大，得到的胶束是棒状结构，并且亲水基向外，憎水基向内定向排列，见图 7-11。

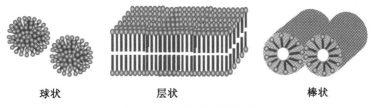

图 7-11　各种胶束的形状

球状　　　　　层状　　　　　棒状

　　CMC 值与表面活性剂的种类和外部条件有关。若亲油基的碳氢链长且直，分子间引力就大，有利于胶束形成，CMC 值就较小；相反，碳氢链短且支链多，则空间阻力大，不利于胶束形成，CMC 值就大。一般形成胶束的 CMC 值为 0.001～0.02mol/L，如在 298.15K 的水溶液中，十六烷基三甲基氯化铵的 CMC 值为 9.2×10^{-4}mol/L、十二烷基苯磺酸钠的 CMC 值为 1.6×10^{-3}mol/L。

　　在 CMC 附近，表面活性剂溶液的理化性质会发生明显改变，如表面张力、溶解度、渗透压、电导率、去污能力等，见图 7-12，原因主要与在 CMC 附近形成胶束有关。利用表面活性剂溶液某些理化性质的突变，可测定临界胶束浓度。

ER7-3　临界胶束浓度的测定方法（文档）

ER7-4　表面张力法测定临界胶束浓度（微课）

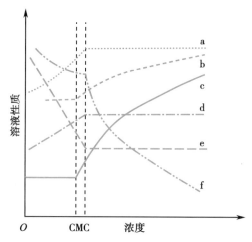

a 去污能力；b 电导率；c 增溶作用；d 渗透压；e 表面张力；f 摩尔电导率。

图 7-12 CMC 值与系统性质

三、表面活性剂的作用

表面活性剂的应用十分广泛，涉及工农业生产和日常生活的方方面面，被誉为"工业味精"。这里简要介绍一下与制药有关的几个重要作用。

（一）增溶作用

难溶性药物分子可以进入胶束内部，分布在胶束疏水区域，使其溶解度明显提高，这种现象称为**增溶作用**（solubilization）。增溶与溶解不同，增溶是药物分子进入胶束中的过程，与胶束的形成有关，溶液的依数性无明显变化；而溶解过程是溶质以分子或离子状态分散在溶剂中，因而溶液的依数性有明显的变化。增溶与助溶也不相同，助溶指难溶性药物与加入的第三种物质在溶剂中形成可溶性络合物、复盐或缔合物等，增加了药物在溶剂（主要是水）中的溶解度。增溶与乳化亦不相同，增溶过程吉布斯能降低，形成稳定的系统，而乳化形成的是多相不稳定的乳状液。

下面以非离子型表面活性剂吐温为例，说明不同极性物质的增溶作用，见图 7-13。若被增溶的物质为非极性分子如苯、甲苯等，则"溶解"在胶束的烃基中心区域；若为弱极性分子，如水杨酸，则亲水基向外，憎水基向内，定向排列在胶束中；如果是强极性分子，如对羟基苯甲酸，则完全分布在栅状层区域，即聚氧乙烯链之间。由此可见，不溶物分子首先被吸附或"溶解"在胶束中，然后再分散到水中变为胶体分散状态而"溶解"了。

增溶作用的应用相当广泛，某些液体制剂的制备需要加入增溶剂，如氯霉素在水中只能溶解 0.25% 左右，加入 20% 的吐温 80 后，溶解度可增大到 5%；薄荷油与水不互溶，但加入吐温 20 后，二者的互溶程度逐渐增加，最后完全互溶。增溶作用在消化过程中也起到重要作用，人食用脂肪后，需要胆汁帮助消化，胆汁中的胆盐是由胆固醇合成的，进入胆管后形成含有卵磷脂和胆固醇的混合胶束，脂肪在酸性胃液中乳化、消化，并在酶的作用下水解成脂肪酸，脂肪酸在胃液中溶解并增溶于混合胶束，然后才能被小肠吸收。

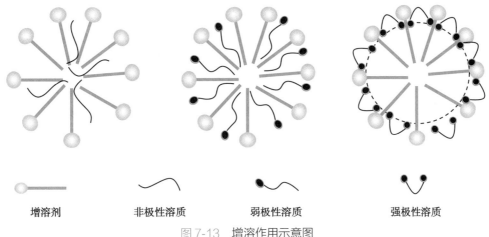

| 增溶剂 | 非极性溶质 | 弱极性溶质 | 强极性溶质 |

图 7-13　增溶作用示意图

（二）乳化作用

一种或几种液体分散在另一种与其不互溶的液体中形成的高度分散系统称为**乳状液**（emulsion）。外相为连续相，即分散介质，内相为非连续相，即分散相。由于两相间存在较大的界面张力，所以乳状液一般都不稳定。制备稳定的乳状液必须加入的第三种物质称为**乳化剂**（emulsifier）。乳化剂促进互不相溶的液体形成乳状液的效应称为**乳化作用**（emulsification）。表面活性剂可降低界面张力，使乳状液稳定，因此表面活性剂具有乳化作用，可作为乳化剂，而且是最重要的一类乳化剂。乳化剂可以是阴离子型、阳离子型或非离子型表面活性剂，其中阴离子型应用最普遍，非离子型因其毒性低、不怕硬水及不受介质 pH 的限制，近年来发展很快。

乳化剂使乳状液稳定的原因主要有以下几方面。

（1）降低表面张力：乳化剂大多是表面活性物质，能吸附在两相的界面上，降低分散相和分散介质之间的界面张力，减少液滴聚结而使乳状液稳定。

（2）生成坚固的保护膜：保护膜能阻碍液滴的聚集，大大提高了乳状液的稳定性，这是乳状液稳定的最重要原因。

（3）液滴带有电荷：根据柯恩经验规则，两相接触（摩擦）时，介电常数较大的物质带正电，介电常数较小的物质带负电，带电荷的液滴存在彼此排斥力，阻止了液滴聚集，从而增加了乳状液的稳定性。

乳化剂可分成两类：一类是亲水性乳化剂，如 HLB 值为 8～18 表面活性剂（如吐温类），可用作水包油型（O/W）乳状液的乳化剂；另一类是亲油性乳化剂，HLB 值为 3～6 或亲油性较强的表面活性剂（如司盘类）可用作油包水型（W/O）乳状液的乳化剂，加入之后可使 W/O 型乳状液稳定。

实际生产过程中，常常因形成乳状液而使操作困难，就需要破坏乳状液，以达到两相分离的目的，这就是**破乳**（emulsion breaking）。可采用加热、加压、离心或加无机酸、碱、盐等，增大两相界面张力、破坏保护膜、消除液滴电荷等途径达到破乳目的。

（三）润湿作用

在生产和生活中，有时需要改变某液体对固体的润湿程度，将不润湿的表面变为可润湿的，有时则恰好相反，这些都可以借助表面活性剂改变接触角达到预期的目的。如将硫粉洒在水中，由于表面张力 $\sigma_{\text{硫-水}} > \sigma_{\text{硫-气}}$，故水不能将硫粉润湿，硫粉聚集悬浮在水的表面，此时若加入表面活性剂降低 $\sigma_{\text{硫-水}}$，使其满足 $\sigma_{\text{硫-水}} < \sigma_{\text{硫-气}}$，水就可以将硫粉润湿，硫粉就会分散在水中。这里加入的表面活性剂称之为**润湿剂**（wetter），润湿剂所起的作用称为**润湿作用**（wetting action）。润湿剂广泛应用于药物制剂中，酚类消毒剂中加入润湿剂如磺基琥珀酸辛酯钠，可以增加杀菌剂向细菌细胞壁的渗透，提高疗效；复方硫黄洗剂制备过程中加入润湿剂如吐温 -80，能使硫黄被水润湿，阻止硫黄微粒之间的聚集，产生较好的分散效果。外用膏剂中的表面活性剂使软膏基质能很好地润湿皮肤，增加接触面积，有利于药物吸收。

（四）发泡与消泡

1. **发泡** 不溶性气体分散在液体中形成的高度分散系统称为**泡沫**（foam）。泡沫属于热力学不稳定系统。要得到稳定的泡沫，必须加入**发泡剂**（foaming agent）。发泡剂常常是一些表面活性剂，如合成洗涤剂、皂素类、蛋白质等。发泡剂加到溶液中，会在液膜表面自动定向排列，降低了气 - 液界面张力和系统的表面吉布斯能，从而使泡沫可以长时间稳定存在；作为发泡剂的表面活性剂分子链长、分子间力大，可形成具有一定强度的膜，保护泡沫不因碰撞而破灭；同时，发泡剂分子链越长，黏度越大，流动性越差，减缓了由于表面液体流动导致气泡壁变薄破裂。例如，用玻璃棒搅拌水溶液，在表面会形成气泡，停止搅拌后泡沫快速破裂消失，若加入聚乙烯醇，可使泡沫稳定存在。泡泡水吹出的气泡可以稳定存在也是基于这个原理。除了表面活性剂，一些固体粉末，比如石墨等，由于能形成固体粉末粒子膜，也能使泡沫稳定。

2. **消泡** 工业生产过程中的发酵、蒸发，中草药的提取、浓缩等过程中往往会产生大量泡沫，这些泡沫对生产带来安全隐患。加入消泡剂可以破坏泡沫，消泡剂大多是一些表面活性强、溶解度较小、分子链较短或有支链的表面活性剂。这样的消泡剂容易在气泡液膜表面吸附，置换原来的发泡剂。由于消泡剂碳链短不能形成坚固的吸附膜，故泡内气体外泄，导致泡沫破坏而起到消泡作用。常用消泡剂有①天然油脂类：如棉籽油、豆油、玉米油、米糠油等；②短链醇、醚、酯类：如辛醇、磷酸三丁酯等；③聚醚类：如聚氧乙烯氧丙烯丙二醇。

（五）洗涤作用

洗涤过程及其所处的系统是一个庞大复杂的多相系统，因为污渍有固体污渍、液体油脂污渍区分，系统中存在多种界面。表面活性剂的洗涤作用是由润湿、吸附、乳化、机械作用等诸多作用共同完成的。例如，液体油脂黏附在固体织物上面，加入表面活性剂（洗洁精，肥皂等），在润湿、乳化等作用下，降低了液体油脂与织物表面的黏附力，形成 O/W 型乳滴进入水相，最终达到去污的目的。最后，表面活性剂分子在洁净的固体表面形成吸附膜而防止污物重新沉积。近几十年来，以烷基硫酸盐、烷基芳基磺酸盐及聚氧乙烯型非离子表面活性剂为原料，各种合成洗涤剂的生产迅速发展。

第六节　固 - 气界面吸附

当气体与固体表面相接触时，固体表面能捕集气体分子，使气体自动富集在固体表面的现象，称为固 - 气表面吸附。被吸附的气体称**吸附质**（adsorbate），具有吸附作用的固体物质称

吸附剂(adsorbent)。如在充满二氧化氮气体的玻璃瓶中加入一些活性炭,可看到瓶中的红棕色气体逐渐消失,这就是二氧化氮的气体分子被活性炭吸附的结果。防毒面具就是利用固体对气体的吸附原理设计的。

由于固体表面的分子处于力的不平衡状态,具有很大的表面吉布斯能。又由于固体不具流动性,不能自动减小表面积来降低系统的表面吉布斯能,因而固体只能通过吸附气体分子降低表面分子受力不均的程度,使气体分子在固体表面上发生相对聚集,从而降低固体的表面吉布斯能,使系统变得比较稳定。

显然,吸附是发生在固体表面的,在一定的温度和压力下,当吸附剂和吸附质的种类一定时,被吸附气体的量将随吸附表面的增加而加大。因此,为提高吸附剂的吸附能力,必须尽可能增大吸附剂的表面积。常用的吸附剂如硅胶、活性炭、分子筛等,因为具有很大的比表面,都是良好的吸附剂。

吸附按固体表面分子与被吸附气体分子间作用力的性质可分为**物理吸附**(physical adsorption)和**化学吸附**(chemical adsorption)两类。

一、物理吸附和化学吸附

物理吸附是由分子间作用力即范德华力引起的,作用力较弱,吸附速率和解吸速率都较快,易达平衡,在低温下进行的吸附多为物理吸附。物理吸附无选择性,被吸附的分子可形成单分子层,也可形成多分子层。一般来说,易液化的气体容易被吸附,如同气体被冷凝于固体表面一样,吸附放出的热与气体的液化热相近,为20~40kJ/mol。

化学吸附中,吸附剂和吸附质之间产生了化学键力,往往伴随有电子的转移、原子的重排、化学键的破坏与形成等,因此吸附具有选择性,即某一吸附剂只对某些吸附质发生化学吸附,且只能是单分子层吸附,如氢气能在钨或镍的表面上发生单分子层化学吸附,但在铝或铜的表面则不能发生化学吸附。化学吸附常在较高温度下进行,生成化学键,作用力较强,不易吸附和解吸,平衡慢,如吸附时生成表面化合物,就不可能解吸。化学吸附放出的热很大,为40~400kJ/mol,接近于化学反应热。

物理吸附和化学吸附常可同时发生,例如氧气在金属钨上的吸附有三种情况:有些以原子状态被吸附(化学吸附),有些以分子状态被吸附(物理吸附),还有一些氧气分子被吸附在已吸附的氧原子上面(物理吸附),形成多分子层吸附。

二、吸附等温线

吸附量是指在吸附达平衡时,单位质量固体吸附剂所吸附气体的物质的量或标准状态下的体积。如质量为 m kg 的吸附剂,吸附气体物质的量为 x mol 或标准状态下的体积 V 达到吸附平衡,则吸附量为 $\Gamma = \dfrac{x}{m}$ 或 $\Gamma = \dfrac{V}{m}$。

对一定量固体吸附剂,吸附达平衡时,其吸附量与温度及气体的压力有关,$\Gamma = f(T, p)$,

实际上往往固定一个变数,求出其他两个变量之间的关系:在吸附量恒定下,绘制温度与压力的变化曲线称为吸附等量线;在恒压下,测定不同温度下的吸附量,得到的曲线称为吸附等压线;恒温下,测定不同压力下的吸附量所得的曲线称为**吸附等温线**(absorption isotherm curve)。如图 7-14 所示即为 NH_3 在木炭上的吸附等温线,由图可知,在低压部分,压力的影响很显著,吸附量与气体压力呈线性关系;当压力升高时,吸附量的增加渐趋缓慢,当压力足够高时,曲线接近于一条平行于横轴的直线,图中 -23.5℃的吸附等温线最为典型。由图还可知,当压力一定时,温度升高吸附量下降。

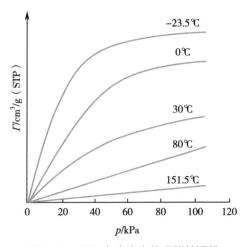

图 7-14　NH_3 在木炭上的吸附等温线

从实验测定的大量吸附等温线中,归纳出五种类型的曲线,如图 7-15 所示。图中第一种类型为单分子层吸附,其余均为多分子层吸附。由这些吸附等温线导出的一系列解析方程,称作吸附等温式。

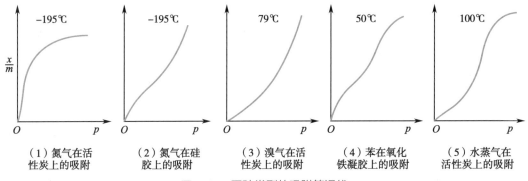

图 7-15　五种类型的吸附等温线

三、弗仑因德立希吸附等温式

由于固体表面情况的复杂性,在处理固体表面吸附时,多使用经验公式。描述单分子层吸附的经验公式较多,其中比较常用的是**弗仑因德立希吸附等温式**(Freundlich absorption isotherm),即

$$\frac{x}{m} = kp^{\frac{1}{n}} \qquad 式(7\text{-}51)$$

式中,p 为吸附平衡时气体的压力,k 和 n 是与吸附剂、吸附质种类以及温度等有关的经验常数,k 值随温度升高而减小。

式(7-51)两边取对数,得

$$\ln \frac{x}{m} = \ln k + \frac{1}{n} \ln p \qquad 式(7\text{-}52)$$

以 $\ln\dfrac{x}{m}$ 对 $\ln p$ 作图应得一条直线, 由直线的截距与斜率可分别求出 k 和 n 的值; 斜率 $\dfrac{1}{n}$ 的值在 0~1 之间, 其值愈大, 吸附量随压力变化也愈大。弗仑因德立希吸附等温式形式简单、使用方便, 但仅适用于图 7-15 中第(1)类型吸附等温线的中间部分(即中等压力范围), 其经验式中的 k 和 n 也没有明确的物理意义。

四、单分子层吸附理论——兰格缪尔吸附等温式

兰格缪尔(Langmuir)在研究低压下气体在金属上的吸附时, 根据实验数据发现了一些规律, 并基于动力学观点提出了单分子层吸附理论。这一理论的基本假设如下。

(1)固体具有吸附能力是因为吸附剂表面的分子存在剩余力场, 气体分子只有碰撞到尚未被吸附的空白表面才能发生吸附作用并放出吸附热。当固体表面已覆盖满一层吸附分子之后, 剩余力场得到饱和不再发生吸附作用, 因此吸附是单分子层的。

(2)吸附平衡为动态平衡。即达到吸附平衡时, 吸附质在吸附剂表面上的吸附速率等于解吸速率。

(3)吸附剂固体表面是均匀的, 即各个位置的吸附能力是相同的, 且已被吸附的分子之间无作用力。

一定温度下, 固体表面已被吸附分子覆盖的分数称为固体的**表面覆盖率**(coverage of surface), 用 θ 表示, 则未被覆盖的分数为 $1-\theta$。按气体分子运动论, 每秒钟碰撞到单位面积的气体分子数与气体压力 p 成正比, 因此气体在固体表面上的吸附速率 v_1 为

$$v_1 = k_1 p(1-\theta) \qquad \text{式(7-53)}$$

另一方面, 气体从固体表面上的解吸速率 v_2 为

$$v_2 = k_2 \theta \qquad \text{式(7-54)}$$

式中, k_1 和 k_2 为比例常数。当吸附达动态平衡时

$$k_1 p(1-\theta) = k_2 \theta \qquad \text{式(7-55)}$$

$$\theta = \frac{k_1 p}{k_2 + k_1 p} \qquad \text{式(7-56)}$$

令 $b = \dfrac{k_1}{k_2}$, 上式可写为

$$\theta = \frac{bp}{1+bp} \qquad \text{式(7-57)}$$

式中, b 为**吸附系数**(adsorption coefficient), 即吸附作用平衡常数, 其值与吸附剂、吸附质的本性及温度有关, b 值越大, 表示吸附能力越强。一般情况下, 高温不利于吸附, b 值较小。式(7-57)称为**兰格缪尔吸附等温式**(Langmuir adsorption isotherm), 表示达到吸附平衡时固体表面覆盖率 θ 与气体压力 p 之间的定量关系。

等温条件下, 设 Γ(或 V)表示一定量吸附剂在压力 p 时的吸附量(或实际吸附气体体积); 以 Γ_∞(或 V_∞)表示最大吸附量(或饱和吸附时气体体积), 即当吸附剂表面全部被一层吸附质

分子覆盖时的饱和吸附量(或最大气体体积),则

$$\theta = \frac{\Gamma}{\Gamma_\infty} \quad 或 \quad \theta = \frac{V}{V_\infty} \qquad\qquad 式(7-58)$$

$$\frac{\Gamma}{\Gamma_\infty} = \frac{bp}{1+bp} \quad 或 \quad \frac{V}{V_\infty} = \frac{bp}{1+bp} \qquad\qquad 式(7-59)$$

式(7-59)即为**兰格缪尔吸附等温式**,它能较好地说明图 7-16 所示的吸附等温线:①在低压情况下,$bp \ll 1$,$1+bp \approx 1$,$\Gamma = \Gamma_\infty bp$,因 $\Gamma_\infty b$ 为常数,故吸附量 Γ 与 p 成正比;②在中压范围符合式(7-59),保持曲线形式;③在高压情况下,$bp \gg 1$,$1+bp \approx bp$,则 $\Gamma = \Gamma_\infty$,相当于吸附剂表面已全部被单分子层的吸附质分子覆盖,所以压力增加时,吸附量不再增加。

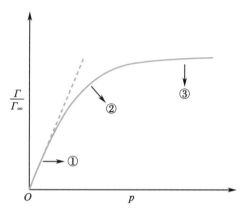

图 7-16　兰格缪尔吸附等温线

式(7-59)两边取倒数,再乘以 p/Γ_∞,整理后得

$$\frac{p}{\Gamma} = \frac{1}{\Gamma_\infty b} + \frac{p}{\Gamma_\infty} \qquad\qquad 式(7-60)$$

以 $\frac{p}{\Gamma}$ 对 p 作图得一条直线,斜率为 $\frac{1}{\Gamma_\infty}$,截距为 $\frac{1}{\Gamma_\infty b}$,故可由斜率和截距求得 Γ_∞ 及 b。

兰格缪尔吸附等温式只适用于单分子层吸附情况,并能较好地解释图 7-15 中第(1)类吸附等温线,对多分子层吸附的其他类型吸附等温线则不能解释。兰格缪尔最先研究了固体表面的吸附机制,为吸附理论的发展奠定了基础。

ER7-5　物理化学家兰格缪尔(文档)

ER7-6　表面张力及分子横截面积测定(微课)

例 7-6　用活性炭吸附 $CHCl_3$ 时,在 273.15K 时的饱和吸附量为 $93.8 \times 10^{-3} m^3/kg$。已知 $CHCl_3$ 的分压为 13 374.9Pa 时的平衡吸附量为 $82.5 \times 10^{-3} m^3/kg$。求下列内容。

(1)兰格缪尔公式中的 b 值。

(2)$CHCl_3$ 的分压为 6 667.2Pa 时平衡吸附量为多少?

解:(1)由 $\frac{\Gamma}{\Gamma_\infty} = \frac{bp}{1+bp}$

$$\frac{82.5 \times 10^{-3}}{93.8 \times 10^{-3}} = \frac{13\ 374.9b}{1+13\ 374.9b}$$

$$b = 5.459 \times 10^{-4}\ Pa^{-1}$$

(2)$\dfrac{\Gamma}{93.8 \times 10^{-3}} = \dfrac{5.549 \times 10^{-4} \times 6\ 667.2}{1+5.549 \times 10^{-4} \times 6\ 667.2}$

$$\Gamma = 0.073\ 6 m^3/kg$$

五、多分子层吸附理论——BET 吸附等温式

1938 年，布鲁诺尔（Brunauer）、埃米特（Emmet）和特勒（Teller）三人提出了多分子层气固吸附理论，简称 BET 吸附理论。该理论认为分子吸附主要靠范德华力，不仅是吸附剂与气体分子之间，而且气体分子之间均有范德华力。因此，气体分子若撞在一个已被吸附的分子上也有可能被吸附。也就是说，吸附是多分子层的。各相邻吸附层之间存在着动态平衡，并不一定等一层完全吸附满后才开始下一层吸附，即吸附平衡在各层分别建立。第一层吸附是靠固体表面分子与吸附质分子之间的引力，第二层以上的吸附则靠吸附质分子间的引力，由于两者作用力不同，吸附热也不同。

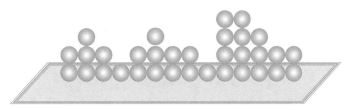

图 7-17　BET 多分子层吸附模型

图 7-17 为 BET 吸附模型，设裸露的固体表面积为 S_0，吸附了单分子层的表面积为 S_1，第二层面积为 S_2……S_0 吸附了气体分子则成为单分子层 S_1，S_1 吸附的气体分子脱附则又成为裸露表面，平衡时裸露表面的吸附速率和单分子层的脱附速率相等；同样，单分子层再吸附气体分子形成双分子层，双分子层脱附形成单分子层，平衡时单分子层的吸附速率与双分子层的脱附速率相等，依此类推……假定吸附层为无限层，经数学处理后可得到如下的 BET 吸附等温式

$$\frac{p}{\Gamma(p_0 - p)} = \frac{1}{\Gamma_\infty C} + \frac{C-1}{\Gamma_\infty C} \cdot \frac{p}{p_0} \qquad\qquad 式（7-61）$$

式中，p 表示被吸附气体的气相平衡分压，p_0 表示被吸附气体在该温度下的饱和蒸气压，C 表示与温度及吸附热有关的常数，Γ 表示在压力 p 时的吸附量，Γ_∞ 表示每千克固体吸附剂表面全部被一单分子层吸附质分子覆盖时的饱和吸附量。

由式（7-61）可知，以 $\frac{p}{\Gamma(p_0-p)}$ 对 $\frac{p}{p_0}$ 作图，可得一条直线，其斜率为 $\frac{C-1}{\Gamma_\infty C}$，截距为 $\frac{1}{\Gamma_\infty C}$。从斜率和截距的值可求出 Γ_∞，即 $\Gamma_\infty = \dfrac{1}{斜率 + 截距}$。

C 和 Γ_∞ 为常数，故亦将式（7-61）称为二常数式。此式适用于相对压力 $\dfrac{p}{p_0}$ 在 0.05～0.35 范围内的系统，超出此范围则误差较大，其原因主要是没有考虑表面的不均匀性，以及同一层上被吸附分子之间的相互作用力。也有人认为误差主要来源于未考虑毛细管凝结作用，所谓毛细管凝结，指被吸附的气体在多孔性吸附剂的孔隙中凝结为液体的现象，这样，吸附量将随压力增加而迅速增加，这就是图 7-15 中第（2）类吸附等温线在 $\dfrac{p}{p_0}$ 达 0.4 以上时曲线向上弯曲的原因。用 BET 吸附等温式可以对图 7-15 中的（1）类到（3）类吸附等温线做出解释。

根据由 BET 吸附等温式求出的饱和吸附量 Γ_∞，再结合吸附质分子的截面积，即可求出固体吸附剂的比表面积。固体（如催化剂、药物粉体等）比表面积的测定方法有多种，但目前公认的经典方法仍是 BET 法。

第七节　固 - 液界面吸附

固体在溶液中的吸附是最常见的吸附现象之一。固 - 液界面吸附与固 - 气界面吸附不同。首先，由于溶液中存在溶质和溶剂，吸附剂既可以吸附溶质，也可以吸附溶剂，溶质分子和溶剂分子相互制约；其次，固体吸附剂表面结构较复杂，孔径大小不同，被吸附分子进入较难、速度慢，故达平衡所需时间较长；最后，吸附剂吸附的物质既可以是中性分子，也可以是离子，所以，固 - 液界面吸附可以分为分子吸附和离子吸附。

一、分子吸附

分子吸附（molecular adsorption）指固体吸附剂在非电解质或弱电解质溶液中对分子的吸附。这类吸附与溶质、溶剂及固体吸附剂三者的性质有关。单位质量吸附剂吸附的溶质质量称为表观吸附量 $\Gamma_{表观}$，可表示为

$$\Gamma_{表观} = V \frac{\rho_{B1} - \rho_{B2}}{m} \qquad\qquad 式（7\text{-}62）$$

m 为吸附剂的质量，V 为溶液的体积，ρ_{B1}、ρ_{B2} 分别为吸附前和吸附平衡时溶液的浓度。由于在计算中未考虑吸附剂对溶剂的吸附，导致测量值 ρ_{B2} 偏大，故依据式（7-62）计算的吸附量值偏低。

固体在稀溶液中的吸附等温线有四种主要类型（图 7-18），最常见的是 L 型（兰格缪尔型）和 S 型（BET 型），Ln 型（直线型）和 HA 型（强吸附型）则比较少见。L 型可用兰格缪尔吸附等温式来描述，但吸附模型与固 - 气吸附有所不同，即在稀溶液中，固体表面上对溶质和溶剂分子都有吸附作用，只是程度不同，而且吸附作用限于固体表面被吸附的溶质和溶剂分子间的作用力，被吸附溶质分子间的作用力一般较小，溶质被吸附的能力较强，并易于取代吸附剂表面上所吸附的溶剂，所以可以看成单分子层吸附。S 型吸附等温线常常可借用 BET 吸附公

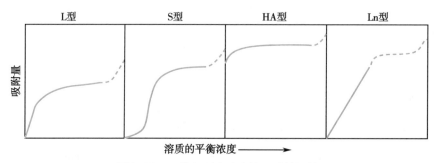

图 7-18　固体在稀溶液中的吸附等温线

式来描述,其中相对浓度 c/c_0 相当于固 - 气吸附的相对压力 p/p_0,多分子层中同时存在着溶质和溶剂,在低浓度时,溶剂有强烈的竞争吸附,所以溶质不易吸附,到一定浓度后吸附才比较明显。

固 - 液界面吸附等温式也可分别用弗仑因德立希经验式、兰格缪尔吸附等温式、BET 吸附等温式来表示,只须用浓度 c 代替压力 p。从式(7-51)可得

$$\frac{x}{m} = kc^{\frac{1}{n}} \qquad \text{式(7-63)}$$

由式(7-59)可得

$$\Gamma = \Gamma_\infty \frac{bc}{1+bc} \qquad \text{式(7-64)}$$

但应指出,这是纯经验性的,各项常数并无明确的含义。

由于固 - 液吸附比较复杂,影响固 - 液吸附的因素较多,其吸附机制尚不清楚。以下是一些经验规律。

(1)使固体表面吉布斯能降低较多的溶质吸附量较大。如活性炭吸附水中的脂肪酸,含碳多的脂肪酸可以使活性炭与溶液的表面吉斯能降低得更多,所以含碳多的脂肪酸更容易被吸附。

(2)极性吸附剂容易吸附极性溶质,非极性吸附剂容易吸附非极性溶质。例如,活性炭能脱去水中色素而不易吸附水,就是因为活性炭是非极性吸附剂,而水是强极性,色素的极性与活性炭更接近,所以活性炭能使溶液脱色。相反,硅胶是极性的吸附剂,故适宜吸附有机溶剂中的极性溶质。

(3)溶解度小的溶质易被吸附。溶解度越小,说明溶质与溶剂的亲和力越弱,溶质逃离溶剂的趋势越大,故而易被固体吸附剂吸附。

(4)温度的影响:吸附为放热过程,温度高,不利于吸附,吸附量低。

二、离子吸附

离子吸附是指强电解质溶液中的吸附,包括专属吸附和离子交换吸附。

(一)专属吸附

吸附剂对离子的吸附通常具有选择性,往往优先吸附溶液中的某种正离子或负离子,被吸附的离子又通过静电引力作用再吸附一部分带相反电荷的离子,形成双电层结构,这种吸附现象称为**专属吸附**(specialistic adsorption)。

(二)离子交换吸附

如果吸附剂吸附一种离子的同时,本身又释放出另一种带相同符号电荷的离子到溶液中去,这种吸附称为**离子交换吸附**(ion exchange adsorption)。常见的离子交换剂是人工合成的树脂,称为**离子交换树脂**(ion-exchange resin),由三部分组成:网状结构的高分子骨架、连接在骨架上的功能基团和功能基所带相反电荷的可交换离子。根据功能基的特性,离子交换树脂可分为阳离子交换树脂、阴离子交换树脂和其他树脂。带有酸性功能基、并能与阳离子进

行交换的称为阳离子交换树脂,如含有—SO_3H 等功能基的;带有碱性功能基、并能与阴离子进行交换的称为阴离子交换树脂,如含有—$N(CH_3)_3OH$、—NH_2 等功能基的。离子交换吸附具有交换吸附是可逆的、同电性离子等量交换、吸附平衡是动态平衡、交换吸附的速率较慢、达到平衡需要一定时间等特点。

基于功能基酸、碱性的强弱,离子交换树脂大致分为强酸性、弱酸性、强碱性和弱碱性。一般来说,强碱性溶质应选用弱酸性树脂,若用强酸性树脂,则解吸困难;弱碱性溶质应选用强酸性树脂,若用弱酸性树脂,则不易吸附。使用过的离子交换树脂一般用适当浓度的无机酸或碱进行洗涤,恢复到原状态而重复使用。阳离子交换树脂可用稀盐酸、稀硫酸等溶液淋洗;阴离子交换树脂可用氢氧化钠等溶液进行处理。

三、固体吸附剂

固体吸附剂应用广泛,下面简要介绍几种常用的固体吸附剂。

(一)活性炭

活性炭是一种具有多孔结构并对气体等有很强吸附能力的非极性吸附剂,优先从溶液中吸附非极性溶质或溶解度小、摩尔质量大的物质。活性炭使用前必须活化,活化的目的在于净化表面、去除杂质、畅通孔隙、破坏晶格使之发生缺陷或错位,以增加晶格不完整性,增加比表面积,提高吸附能力。活性炭在药物生产中常用于脱色、精制、提取某些药理活性成分。如果活性炭的含水量增加,吸附能力会下降。

ER7-7 固体吸附剂-活性炭（文档）

(二)硅胶

硅胶是一种多孔透明或乳白色的极性吸附剂,分子式可表示为 $x\text{SiO}_2 \cdot y\text{H}_2\text{O}$,表面上有很多硅羟基。制备方法如下:将适量的水玻璃 Na_2SiO_3 溶液与 H_2SO_4 溶液混合,经喷嘴喷出成小球状,凝固成型后进行老化,使网状结构坚固,并洗去所含的盐,加热至300℃经4h干燥,即得小球状的硅胶。为判断其是否仍具有吸水活性,制备时加少量钴盐,干燥后呈现蓝色,吸水饱和后呈现粉红色。硅胶使用前应在120℃加热活化24h。根据含水量的不同硅胶可分为 Ⅰ～Ⅴ级,含水量越高,等级越高,吸附能力越小。硅胶广泛用于色谱分析,在中药研究中常用硅胶来提取强心苷、生物碱、甾体类等活性成分。硅胶还可以作为干燥剂用于气体干燥等。

(三)氧化铝

氧化铝也称活性矾土,是吸附能力较强的多孔性极性吸附剂,市售商品一般呈白色球状,粒度均匀,表面光滑,机械强度大,吸湿性强,吸水后不胀裂保持原状。按含水量的不同可分为 Ⅰ～Ⅴ级,含水量越低,吸附活性越好。氧化铝吸附剂无毒、无味、无臭,不溶于水及有机溶剂,可用于层析分离中药的某些有效成分,饮用水及工业装置的除氟、脱砷、污水脱色、除臭等。

(四)分子筛

分子筛也称人造沸石,是模仿天然沸石的基本组成和结构,以 SiO_2 和 Al_2O_3 为主要成分合成的结晶硅铝酸盐,化学组成经验式为 $M \cdot Al_2O_3 \cdot x\text{SiO}_2 \cdot y\text{H}_2\text{O}$（M 为金属）。其基本结构单元是硅氧四面体和铝氧四面体,具有微孔结构,这些微孔尺寸与被吸附分子直径大小差不多,具备筛分不同大小分子的性能,故称分子筛。分子筛有天然和合成两种,天然分子筛如泡沸石是铝硅酸盐的多水化合物,具有蜂窝状结构;人工合成的分子筛根据硅、铝的含量和合成条件不同,分为不同型号。不同型号的分子筛孔径大小不同,能将比筛孔小的分子吸附到空穴内部,而把比筛孔大的分子排斥在外,从而将不同大小的分子分开。

(五)大孔吸附树脂

大孔吸附树脂是一类不含交换基团且有大孔结构的高分子吸附树脂,一般呈白色球状颗粒,粒度为20~60目。大孔吸附树脂按其极性大小和所选用的单体分子结构不同,可分为非极性、中极性和极性三类。非极性大孔吸附树脂适于由极性溶剂吸附非极性物质。中等极性大孔吸附树脂既可在极性溶剂中吸附非极性物质,又可在非极性溶剂中吸附极性物质。极性大孔吸附树脂通过静电作用易吸附极性物质。大孔吸附树脂具有选择性好、吸附速率快、理化性质稳定的优点,不溶于酸、碱及有机溶剂,不受无机盐类及低分子化合物的影响,近年来,我国已广泛用于中草药有效成分的提取、分离和纯化工作中。

ER7-8 粉体的吸湿性(文档)

(张光辉)

本章小结

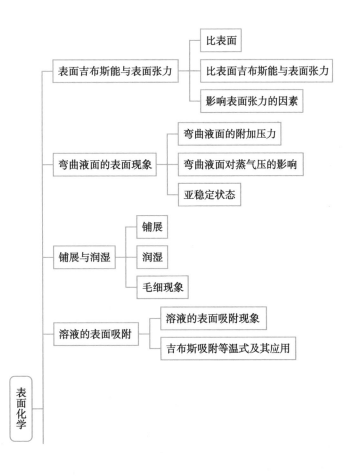

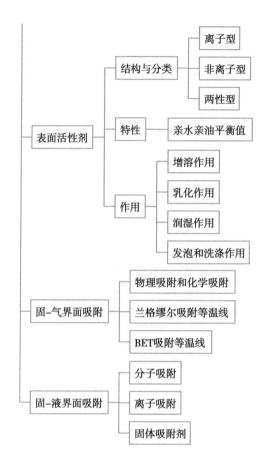

ER7-9　第七章　目标测试

本章习题

一、简答题

1. 表面现象产生的本质是什么?

2. 表面张力与比表面吉布斯能有何区别?

3. 有一杀虫剂粉末,使其分散在一适当的液体中制成悬浮喷洒剂。今有三种液体;测得它们与药粉及虫体表皮之间的界面张力关系如下。选择哪一种液体最合适,为什么?

（1）$\sigma_{粉} > \sigma_{液I-粉}$　　$\sigma_{表皮} < \sigma_{表皮-液I} + \sigma_{液I}$

（2）$\sigma_{粉} < \sigma_{液II-粉}$　　$\sigma_{表皮} > \sigma_{表皮-液II} + \sigma_{液II}$

（3）$\sigma_{粉} > \sigma_{液III-粉}$　　$\sigma_{表皮} > \sigma_{表皮-液III} + \sigma_{液III}$

4. 将一根经常使用的绣花针用镊子夹住,小心地放在水面,绣花针可以将水面压弯而不沉,为什么?

5. 用纸折成一只小船放在水面,向船尾处水面滴上几滴表面活性剂,船会怎么移动?

6. 装有部分液体的毛细管,当在一端加热时,润湿性液体向毛细管哪一端移动,不润湿性液体向哪一端移动？请说明理由。

7. 产生毛细现象的原因是什么？灌溉过的土地进行松土，为什么可保持土壤水分？

8. 如图 7-19 所示，将 a、b、c 三根半径不同玻璃毛细管插入到水里（毛细管插入水中深度相同，露出水面高度为 H），已知 a 管的半径是 b 管的二分之一，是 c 管半径的 2 倍。当 a 管液面上升的高度为 h 时，b、c 管液面上升高度与 a 管液面上升高度有什么关系？如果在水里加入 NaCl 形成稀溶液，各毛细管液面高度如何变化？

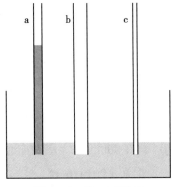

图 7-19　第 8 题附图

9. 为什么泉水、井水都有比较大的表面张力？将泉水小心注入干燥的杯子，泉水会高出杯面，这时加一滴肥皂液将会发生什么现象？

10. 在一个表面光滑的玻璃表面撒上大小不同的水珠，用玻璃罩罩上密闭，试问经过长时间的恒温放置之后，将会出现什么现象？

11. 人工降雨的基本原理是什么？

12. 在有机合成过程中，加热液体时为什么要加入沸石？结合开尔文公式解释。

13. 化学吸附和物理吸附有何异同？

14. 为什么气体吸附在固体表面一般是放热的？

15. 纯液体、溶液和固体，它们各采用什么方法来降低表面能以达到稳定状态？

二、计算题

1. 在 293K 时，把半径为 10^{-3} m 的水滴分散成半径为 10^{-6} m 的小水滴，比表面增加了多少倍，表面吉布斯能增加了多少，完成这个变化环境至少需要做多少功？已知 293K 时水的表面张力为 0.072 88N/m。

2. 温度为 300K 时，大颗粒碳酸钙在水中的溶解度为 15.33×10^{-33} mol/L，半径为 3×10^{-7} m 的碳酸钙微粒的溶解度为 18.2×10^{-3} mol/L，若固体碳酸钙的密度为 2.96×10^{3} kg/m³，试求固体碳酸钙与水的界面张力约为多少？

3. 在 293K 时，通过最大气泡法测定丁醇溶液表面张力。测得该温度下丁醇溶液的最大气泡压力为 0.421 7kPa，纯水的最大气泡压力为 0.547 2kPa，已知 293K 时水的表面张力为 72.88×10^{-3} N/m，求丁醇溶液的表面张力。

4. 已知 373.15K 时，水的表面张力 58.85×10^{-3} N/m，密度为 1 000kg/m³。在 373.15K、101 325Pa 压力下的纯水中，假设在水面下形成一个半径 10^{-8} m 的小气泡。

（1）小气泡需要承受哪些力的作用，大小是多少？

（2）小气泡内水的蒸气压为多大？

（3）由以上数据说明液体过热的原因。

5. 已知 293K 时水的表面张力为 7.28×10^{-2} N/m，汞的表面张力为 4.83×10^{-1} N/m，汞 - 水表面张力为 3.75×10^{-1} N/m，计算铺展系数 S，并判断水能否在汞的表面铺展。

6. 氧化铝瓷件上需覆盖银，当烧至 1 273K 时，求接触角 θ 并判断液态银能否润湿氧化铝瓷表面?(已知在1 273K时界面张力数据 $\sigma_{气-Al_2O_3(s)}=1N/m$, $\sigma_{气-Ag(1)}=923\times10^{-3}N/m$, $\sigma_{Ag(1)-Al_2O_3(s)}=1\,770N/m$)

7.在两块平行而又能完全被润湿的正方形玻璃板之间滴入水,形成一薄水层,试分析在垂直玻璃平面的方向上想把两块玻璃分开较为困难的原因。今有一薄水层,其厚度 $\delta=1\times10^{-6}m$,设水的表面张力为 $72\times10^{-3}N/m$,玻璃板的边长 $l=1m$,求两板之间的作用力。

8.在298K、101.325kPa下,将直径1μm的毛细管插入水中,在管内需加多大压强才能防止水面上升,若不加额外压强,则管内液面能升多高?已知该温度下 $\sigma_{H_2O}=72.75\times10^{-3}N/m$, $\rho_{H_2O}=1\,000kg/m^3$,重力加速度 $g=9.8m/s^2$。

(1)接触角 $\theta=0°$。

(2)若接触角 $\theta=30°$,结果又如何?

9.在298.15K时,某表面活性剂B的稀水溶液在浓度 $c_B<0.05mol/L$ 的范围内,其表面张力随浓度的增加而线性下降符合如下公式: $\sigma=0.072\,14-0.350c$。试求下列内容。

(1)表面吸附量 Γ 与浓度 c 的关系式。

(2)当浓度 $c_B=0.010mol/L$ 时的吸附量 Γ。

10.在291K时,测得各种脂肪酸水溶液浓度 c 与表面张力 σ 的关系符合 $\sigma=\sigma_0-\dfrac{\alpha}{2.303}\ln(1+\beta c)$,已知对各种脂肪酸水溶液来说,常数 α 均为 $29.8\times10^{-3}N/m$,常数 β 对不同的酸有不同的值。在一定的温度下,该水溶液表面吸附关系式类似吉布斯等温方程式。

(1)计算饱和吸附量 Γ_∞。

(2)脂肪酸分子的横截面积 S。

11.288K时,0.125mol/L和2.25mol/L丁酸溶液的表面张力分别为 $5.71\times10^{-2}N/m$ 和 $3.91\times10^{-2}N/m$,求当丁酸平衡浓度为1.187mol/L时溶液表面丁酸的吸附量。

12.配制某表面活性剂的水溶液,其稀溶液的表面张力随溶液浓度的增加而线性下降,当表面活性剂的浓度为 $10^{-4}mol/L$ 时,表面张力下降了 $3\times10^{-3}N/m$。请计算293K下该浓度下溶液的表面吸附量和表面张力。(已知293K下纯水的表面张力为 $7.275\times10^{-2}N/m$)

13.设稀油酸钠水溶液的表面张力与溶质的浓度呈线性关系 $\sigma=\sigma_0-bc$,式中 σ_0 为纯水的表面张力。已知298.15K时 $\sigma_0=7.288\times10^{-2}N/m$, b 为常数,实验测得表面吸附油酸钠的表面吸附量 $\Gamma=4.33\times10^{-6}mol/m^2$,试计算该溶液的表面张力。

14.有一表面活性剂的稀溶液,测得物质的量浓度与表面张力之间的关系为 $\sigma=72.88\times10^{-3}-1.92\times10^{-3}c$(σ 的单位为N/m),计算293.15K时,该溶液在0.01mol/L时的表面吸附量(mol/m²)并判断是正吸附还是负吸附。

15.溶液中某物质在硅胶上的吸附作用服从弗仑因德立希经验式,式中 $k=6.8$, $\dfrac{1}{n}=0.5$,吸附量的单位为mol/kg,浓度单位为mol/L。试问若把0.01kg硅胶加入l00ml浓度为0.1mol/L的该溶液中,在吸附达平衡后溶液的浓度为多少?

16. 473K 时研究 O_2 在某催化剂的催化作用,当 O_2 的平衡压力为 0.10MPa 及 1.00MPa 时,测得每克催化剂吸附的 O_2 的量在标准状态下分别为 2.5ml 及 4.2ml。设吸附符合兰格缪尔吸附等温式,计算当 O_2 的吸附量达到饱和吸附量的一半时,相应的 O_2 的平衡压力。

17. 气体 A 在某固体表面上的吸附符合兰格缪尔吸附等温式。在 273.15K 时,其饱和吸附量为 93.8L/kg,若 A 的分压为 13 375Pa 时,吸附量为 82.5L/kg。试求 A 的分压为 7 093Pa 时的吸附量。

18. 在 273.15K 下,不同平衡压力下的 CO 气体,在活性炭表面上的吸附量(已换算成标准状态下的体积)如下。

p/kPa	13.466	25.065	42.633	57.329	71.994	89.326
$V \times 10^3$/($m^3 \cdot kg^{-1}$)	8.54	13.1	18.2	21.0	23.8	26.3

根据兰格缪尔吸附等温式,求 CO 的饱和吸附量 Γ_∞,吸附系数 b 及每千克活性炭表面所吸附 CO 的分子数。

19. 298K 时,在下列各不同浓度的醋酸溶液中各取 0.1L,分别放入 2.0×10^{-3}kg 的活性炭,分别测得吸附达平衡前后醋酸溶液的浓度如下。

$c_{前}$/($mol \cdot L^{-1}$)	0.177	0.239	0.330	0.496	0.785	1.151
$c_{后}$/($mol \cdot L^{-1}$)	0.018	0.031	0.062	0.126	0.268	0.471

根据上述数据绘制出吸附等温线,并分别以弗仑因德立希等温式和兰格缪尔吸附等温式进行拟合,何者更合适?

20. 在 77.2K 时硅酸铝吸附 N_2,测得每千克吸附剂的吸附量 V(已换算成标准状况)与 N_2 的平衡压力数据如下。

p/kPa	8.699 3	13.639	22.112	29.924	38.910
V/($m^3 \cdot kg^{-1}$)	0.115 58	0.126 30	0.150 69	0.166 38	0.184 42

已知 77.2K 时 N_2 的饱和蒸气压为 99.125kPa,每个氮分子的截面积为 $16.2 \times 10^{-20}m^2$,试用 BET 公式计算该催化剂的比表面。

三、计算题答案

1. (1)10^3;(2)9.153×10^{-4}J;(3)-9.153×10^{-4}J

2. 1.397N/m

3. 56.17×10^{-3}N/m

4. (1)1.19×10^7Pa;(2)94.3kPa;(3)计算表明小气泡内水的蒸气压远远小于小气泡承受的压力,因此小气泡不能存在,只有系统温度升高,表面张力降低,则弯曲界面附加压力减小,同时温度升高,气泡中蒸气压增大,液体才能沸腾。

5. $S = 2.52 \times 10^{-2} > 0$,水能在汞的表面铺展。

6. $\theta = 146.5° > 90°$,液态银不能润湿氧化铝瓷表面。

7. 1.44×10^5N

8. (1)29.69m;(2)25.71m

9. (1)$\Gamma = 0.000\ 141\ 2c$;(2)1.412×10^{-6}mol/m²

10. (1) $\Gamma_\infty = \dfrac{\alpha}{2.303RT}$; (2) $S = \dfrac{2.303RT}{\alpha N_A}$

11. $4.20 \times 10^{-4}\,\text{mol/m}^2$

12. (1) $1.21 \times 10^{-6}\,\text{mol/m}^2$; (2) $0.069\,8\,\text{N/m}$

13. $6.215 \times 10^{-2}\,\text{N/m}$

14. 正吸附; $7.878 \times 10^{-6}\,\text{mol/m}^2$

15. $1.546 \times 10^{-2}\,\text{mol/L}$

16. $82\,\text{kPa}$

17. $74.54\,\text{L/kg}$

18. $\Gamma_\infty = 0.042\,2\,\text{m}^3\text{/kg}$; $b = 17.88$; 分子数为 1.134×10^{24}

19. 弗仑因德立希等温式更合适

20. $4.99\,\text{m}^2\text{/kg}$

ER7-10　第七章　习题详解（文档）

（张光辉）

第八章　胶体分散系统

ER8-1　第八章
胶体化学（课件）

　　分散系统无处不在，严格来说整个自然界都是由分散系统构成的。所谓分散系统是指一种或几种物质以一定分散度分散在另一种物质中形成的系统。其中以非连续相形式存在的被分散的物质称为**分散相**（disperse phase），以连续相形式存在的物质称为**分散介质**（disperse medium）。根据分散相粒子的大小，可将分散系统分为分子分散系统（大分子除外）、胶体分散系统和粗分散系统（见表 8-1）。这种分类方法能够反映不同系统的一些特性，但是仅仅从粒子大小来进行分类，忽略了系统的其他一些性质。例如，大分子溶液属于分子分散系统（真溶液），但是其粒径落在胶体分散系统的范围（1～100nm 之间），又具有胶体的一些特性，例如扩散慢、不能透过半透膜、有丁铎尔（Tyndall）效应等，所以有关大分子溶液的知识我们在第九章中单独介绍，本章的分子分散系统指小分子溶液。

ER8-2　第八章
内容提要（文档）

表 8-1　分散系统按分散相粒子大小分类

分散相粒径	分散系统类型	实例	主要特征
<1nm	分子分散系统	分子（离子）溶液、混合气体	能通过滤纸、扩散快、能渗析，在普通显微镜和超显微镜下都看不见
1～100nm	胶体分散系统	溶胶、大分子溶液、胶束溶液	能通过滤纸、扩散较慢，在普通显微镜下看不见，在超显微镜下能看见
>100nm	粗分散系统	乳状液、悬浮液	不能通过滤纸、不扩散、不渗析，在普通显微镜下能看见，目测浑浊

　　胶体（colloid）是指分散相粒径在 1～100nm 范围内的分散系统。根据分散相和分散介质之间亲和力的不同，即是否存在相界面，胶体可分为**疏液胶体**（lyophobic colloid）、**亲液胶体**（lyophilic colloid）和**缔合胶体**（association colloid）。疏液胶体简称**溶胶**（sol），指分散相在分散介质中不能溶解、具有相界面的胶体；能相互溶解的大分子溶液称为亲液胶体；缔合胶体指表面活性物质分散于介质中缔合形成的胶束溶液。

　　胶体化学是研究胶体、大分子溶液及乳状液等分散系统的性质及规律的一个学科分支。胶体化学涉及化学中最基础的理论，又具有广泛的实用性，并且与油田、农业、材料、生物、医学等学科密切相关。如人体的血液、体液、细胞质等是典型的胶体系统，人体的很多生理机能和病理变化与胶体性质有关。同时药物新剂型的设计，如乳剂、混悬剂、微乳等的制备及评价等都离不开胶体化学的基本原理。因此，掌握胶体的基本概念、基本理论与技术，对药学工作者非常重要。

ER8-3　胶体的
介绍（文档）

第一节　溶胶的分类及基本特性

一、溶胶的分类

根据分散介质聚集状态的不同,溶胶可分为**气溶胶**(aerosol)、**液溶胶**(lyosol)和**固溶胶**(solidsol)。每类溶胶根据分散相聚集状态而呈现出不同的性状,如气、液、固分散在液体中分别形成泡沫、乳状液、悬浮液等(见表8-2)。

表8-2　按物质的聚集状态对溶胶进行分类

分散相	分散介质	名称	实例
气	气体	气溶胶	—
液			雾
固			烟、尘
气	液体	液溶胶	泡沫、喷雾剂
液			乳状液、微乳液
固			混悬液、油漆、泥浆
气	固体	固溶胶	浮石、泡沫塑料
液			珍珠、某些宝石
固			某些合金、有色玻璃

二、溶胶的基本特性

溶胶与小分子溶液、大分子溶液及粗分散系统相比具有三个基本特性,即高分散性、多相性和热力学不稳定性。

1. **高分散性**　溶胶粒子大小在 $1\sim100nm$ 之间,具有高度的分散性,这是溶胶的根本特性,也是引起其他特性的原因。如与小分子相比扩散慢、不能通过半透膜、有强乳光;与粗分散系统相比,具有较强的布朗运动、能保持动力稳定性。

2. **多相性**　溶胶粒子在分散介质中不溶或溶解度很小,当它以纳米级的粒子分散时,是超细微粒的多相系统,与介质之间存在明显的相界面,比表面积大。

3. **热力学不稳定性**　溶胶由于分散相粒径小、比表面大、表面能高,是热力学不稳定系统。因此,溶胶粒子具有自发降低表面能即自发聚结的趋势。为防止其聚集,制备时需加入**稳定剂**(stabilizing agent)。大分子溶液没有相界面,是热力学稳定系统。

溶胶的许多性质都可以从以上基本特性得到解释。确定一个分散系统是否为溶胶,也必须同时满足上述基本特性。

第二节　溶胶的制备和净化

一、溶胶的制备

制备溶胶的关键是让分散相的粒径落在胶体分散系统的范围内。同时,由于溶胶具有聚结不稳定性,欲使其稳定存在必须加入适当的稳定剂,通常是适量的电解质。溶胶的制备方法可概括为两种(如图8-1所示),一种是将粗粒变小的**分散法**(dispersed method),另一种是将溶质分子凝聚成胶粒的**凝聚法**(condensed method)。实际制备时可能是分散和凝聚兼而有之,物理过程和化学过程同在。

图8-1 溶胶的制备方法

(一)分散法

在稳定剂存在的情况下将大块的物质分散成胶体粒子大小的方法,可采用研磨法、气流粉碎法、超声波粉碎法等。

1. 研磨法 用机械方法将一些干脆而易碎的物质粉碎,若是柔韧性的物质可先用液态空气等进行硬化处理,然后再分散,一般采用的设备为**胶体磨**(colloidal mill)。胶体磨的形式很多,其分散能力因构造和转速的不同而不同。图8-2是转速为10 000~20 000r/min 的盘式胶体磨,两磨盘的间隙一般可以调整,物料被注入磨盘间隙后在强大的切应力作用下被粉碎,粒子可磨细到1μm 左右。若为较脆性的材料,如活性炭、难溶性药物,采用球磨机可使其粒径小到100nm 以下。目前,国内外多家公司采用该设备制备化学类以及生物类药物。

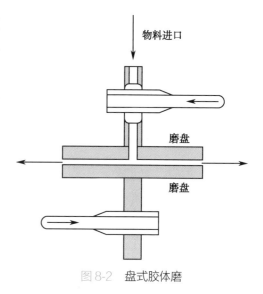

图8-2 盘式胶体磨

2. 超声分散法 用频率高于1 000Hz 的超声波产生的能量将分散相分散的方法,如图8-3所示。该方法主要用于乳状液的制备。

3. 气流粉碎法 其主要部件是在粉碎室的边缘上,装有与周边成一定角度的高压喷嘴,分别将高压空气及物料以接近或超过音速的速率喷入粉碎室,这两股高速旋转的气流在粉碎室相遇,形成涡流,由于粒子间相互碰撞、摩擦及剪切作用而被粉碎。由于旋转的离心作用,较大的粒子被抛向周边而继续被粉碎,细小微

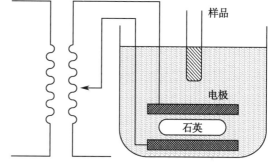

图8-3 超声波分散法示意图

粒则随气流走向中心,受到挡板的拦截而落入布袋中。粉碎程度可达10^{-6}m 以下,见图8-4。

4. 胶溶法 它不是使粗分散系统分散成溶胶,而是将暂时集聚起来的分散相又重新分散,也称为解胶法。许多新鲜沉淀经洗涤除去杂质,再加入少量稳定剂后,即可以制成溶胶。这种作用称为胶溶作用。例如,$Fe(OH)_3$ 新鲜沉淀分散在$FeCl_3$ 溶液中即可制备溶胶$Fe(OH)_3$。但如果放置时间过长,沉淀老化,则无法得到溶胶。

5. 电分散法 主要用于制备金属(如Au、Ag、Hg 等)水溶胶,包括先分散、后凝聚两个过程。以金属为电极,通以直流电,调节两电极之间的距离,使之相互靠近产生电弧,并使电极表面金属气化分散,之后金属蒸气遇水冷却凝聚成胶粒。

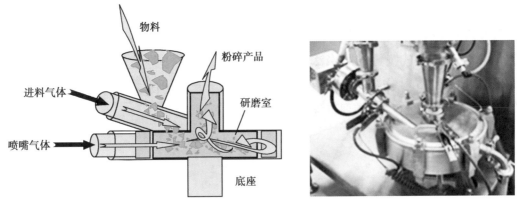

图 8-4　气流粉碎机示意图

（二）凝聚法

凝聚法是将分子分散状态凝聚为胶体分散状态的一种方法。一般是先将难溶性物质制成过饱和溶液,然后相互聚结形成溶胶。通常有物理凝聚法和化学凝聚法两种。

1. **物理凝聚法**　利用适当的物理过程,如蒸气骤冷的方法,使小分子聚集成胶体粒子大小。例如,将汞蒸气通往冷水中就可以得到汞溶胶,而高温下汞蒸气与水接触时生成的少量氧化物对溶胶起稳定作用。又如制备钠的苯溶胶时,将钠和苯在特制的仪器(如图 8-5)中蒸发,使苯和钠的蒸气在冷却管壁上凝聚,然后将冷却管升温熔化得到钠的苯溶胶。

2. **化学凝聚法**　利用可以形成不溶性物质的化学反应,使生成物呈过饱和状态,控制析晶过程,使粒子大小控制在胶体范围内,这种获得溶胶的方法,称为化学凝聚法。原则上过饱和度大、温度低有利于胶核的大量形成而减缓胶核的长大速率,可以防止聚沉,从而得到理想的溶胶。As_2S_3 溶胶的制备是一个典型的化学凝聚法制备溶胶的例子。在 As_2O_3 的稀溶液中,缓缓通入 H_2S 气体,即可生成淡黄色 As_2S_3 溶胶,HS^- 为稳定剂,胶粒带负电。其反应式如下:

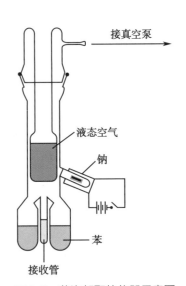

图 8-5　蒸汽凝聚的仪器示意图

$$As_2O_3 + 3H_2O \longrightarrow 2H_3AsO_3$$

$$2H_3AsO_3 + 3H_2S \longrightarrow As_2S_3(溶胶) + 6H_2O$$

贵金属溶胶可通过其化合物的还原制备。如还原氯金酸制备金溶胶,反应式如下:

$$2HAuCl_4(稀溶液) + 3HCHO(少量) + 11KOH \longrightarrow 2Au(溶胶) + 3HCOOK + 8KCl + 8H_2O$$

铁、铝、铬、铜、钒等金属的氢氧化物溶胶,可以通过其盐类的水解制备。如在不断搅拌的条件下,将 $FeCl_3$ 稀溶液滴入沸腾的水中,即可生成棕红色、透明的 $Fe(OH)_3$ 溶胶。反应式如下:

$$FeCl_3 + 3H_2O(热) \longrightarrow Fe(OH)_3(溶胶) + 3HCl$$

硫溶胶可以通过将硫的化合物进行氧化还原来制备,反应式为:

$$2H_2S + SO_2 \longrightarrow 2H_2O + 3S(溶胶)$$

$$Na_2S_2O_3 + 2HCl \longrightarrow 2NaCl + H_2O + SO_2 + S(溶胶)$$

以上例子都没有额外加入稳定剂,事实上是胶粒表面吸附了过量的、溶剂化的反应物离子作为稳定剂，增加了溶胶的稳定性。

3. 改变溶剂法　通过改变溶剂使溶质的溶解度骤降，溶质从溶液中分离出来凝聚成溶胶。如取少量的硫溶于乙醇中，将该溶液倾入水中，由于溶剂改变，硫的溶解度突然变小而生成硫溶胶。改换溶剂法常用来制备难溶于水的树脂、脂肪等的水溶胶，也用来制备难溶于有机溶剂的物质的有机溶胶。

（三）均分散胶体的制备及应用

通常条件下制得的胶体颗粒，其形状和尺寸大小都是不均匀的，尺寸分布范围较广，属多级分散系统。但是，严格控制条件可以制备出形状、尺寸相差不大的胶体，称之为**均分散胶体**（monodispersed colloid）。胶体粒子生成经历两个阶段：晶核生成和粒子长大。原则上讲，制备均分散胶体须满足爆发性成核以及晶核同步长大两个条件。所以在制备过程中，首先制得过饱和溶液，保证在极短时间内生成许多晶核，同时已生成的晶核会不断变大。这时就须抑制晶核的生长速度，保证其均匀生成。该方法可用于制备水溶胶、非水溶胶以及气溶胶。影响均分散胶体形成的因素有：反应物浓度、pH、温度、搅拌速度以及外加特定的离子等。制备方法包括沉淀法、相转移法、多组分阳离子法、粒子"包封"法、气溶胶反应法和微乳法等。

均分散胶体在理论和实际应用中都具有重要的意义。比如，许多基本理论需要形状和尺寸相同的颗粒来进行验证，如非球形颗粒的散射公式、扩散定律、布朗运动等均可以借助于均分散颗粒这种近似于理想的模型来验证或求出其数值。同时，均分散颗粒在航天技术、计算机部件、传感器、超导和磁性材料等领域有广泛应用。如均分散颗粒已成为理想的磁记录材料，录磁带的质量好坏，决定于磁带与 $\gamma\text{-}Fe_2O_3$ 粒子大小的均匀性；均分散的感光材料可以改善胶片的质量，提高感光速度。在医药领域，纳米药物传递系统的设计、生物膜孔径大小与分布的测定、网状内皮组织系统及血清诊断研究都离不开均分散胶体的理论及技术。

二、溶胶的净化

在制得的溶胶中常含有一些电解质，通常除了形成胶团所需的少量电解质以外，过多电解质的存在会破坏溶胶的稳定性，必须除去。常用的方法如下。

1. 渗析法（dialysis method）　由于溶胶粒子不能透过半透膜，而小分子、离子能通过，故可把溶胶放在半透膜容器内，膜外放纯溶剂。由于膜内外浓度差的存在，膜内的小分子会向膜外扩散。浓度梯度越大，渗析速度越快，因此膜外的溶剂应不断更换，如图 8-6（a）所示。常用的半透膜有羊皮纸、动物膀胱膜、硝酸纤维、醋酸纤维等。渗析技术目前被广泛应用于污水处理、海水淡化、纯净水制备等领域。治疗肾衰竭的血液透析仪即人工肾，也是利用这种原理设计的。如图 8-6（b），血液在体外经过循环渗析除去因代谢产生的废物（如尿素、尿酸或其他有害的小分子），然后再输入体内。为提高渗析速率，可采取增加半透膜的面积、加大膜两边的浓度梯度、升高渗析温度等方法。除了普通渗析之外也可采取外加电场的方法，通过增大离子迁移速率而提高渗析速率，这种方法称为**电渗析**（electro dialysis），其工作原理见图 8-7。

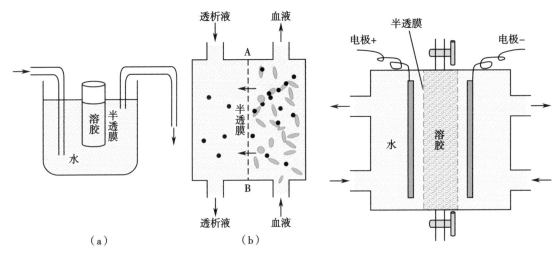

图 8-6　渗析装置　　　　　　　　　　　图 8-7　电渗析原理示意图

（a）普通渗析；（b）血液渗析仪（AB 为半透膜）。

2. 超过滤法（ultrafiltration method）　用孔径细小的半透膜（10～300nm），在加压或抽滤的条件下使胶粒与介质分开，这种方法称为超滤法。在此过程中，可溶性杂质随介质一起透过滤膜达到净化的目的。如果一次超滤达不到要求，可以将第一次超过滤得到的胶粒再分散到纯的分散介质中，反复加压过滤。最后得到的胶粒，应立即分散在新的分散介质中，以免聚结成块。为了提高净化速率，可在半透膜的两边安放电极，以提高离子的迁移速度，这种方法实际上是电渗析和超过滤法的联合使用，称电超滤法，如图 8-8 所示。

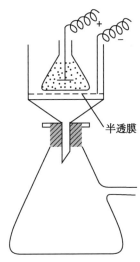

超滤法不仅可以纯化溶胶，在生物化学中还可用于测定蛋白质分子、酶分子以及病毒和细菌的大小。在中药注射剂生产中，超滤技术常用来除去中草药中的淀粉、多聚糖等高分子杂质。

图 8-8　电超过滤示意图

第三节　溶胶的动力性质

溶胶的**动力性质**（dynamic properties）主要是指溶胶中粒子的不规则运动以及由此而产生的扩散、渗透和在重力场下浓度随高度的分布平衡等性质。

一、布朗运动

1827 年，英国植物学家布朗（Brown）用显微镜观察到悬浮在液面上的花粉粉末不停地做不规则的折线运动，后来发现许多其他物质，如煤化石、金属等的粉末也有类似的现象。人们把微粒的这种运动称为**布朗运动**（Brown motion）。但在很长一段时间中，这种现象的本质并没有得到阐明。

1903 年发明了超显微镜，通过超显微镜可以清楚地观察到溶胶粒子不停

ER8-4　布朗运动（动画）

地做不规则的"之"字运动（如图 8-9 所示），从而能够测定出在一定时间内粒子的平均位移。齐格蒙第（Zsigmondy）观察了一系列溶胶后得出结论：粒子越小，布朗运动越激烈，且运动的激烈程度随温度升高而增加。

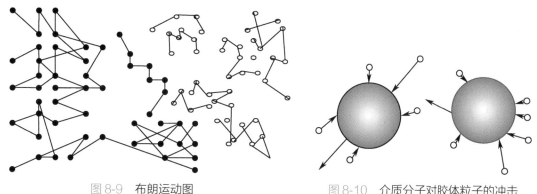

图 8-9　布朗运动图　　　　　　　　图 8-10　介质分子对胶体粒子的冲击

爱因斯坦（Einstein）和斯莫鲁霍夫斯基（Smoluchowski）分别于 1905 年和 1906 年提出布朗运动的理论，其基本假定认为：布朗运动和分子的运动类似，胶体微粒的平均动能与介质分子一样都等于 $\frac{3}{2}kT$。布朗运动的本质是不断运动的介质分子对胶粒冲击的结果。粒径远大于介质分子的微粒，由于受到不同方向、不同速度的液体分子的冲击，其所受到的力不平衡（如图 8-10 所示），因而时刻以不同方向、不同速度做不规则的运动。每隔相同的时间，通过超显微镜所观察到的粒子位置的变化在平面上的投影如图 8-9 所示。虽然粒子的运动是不规则的，但是在一定条件下，在一定时间内粒子所移动的平均位移却有一定的数值。爱因斯坦假设胶体粒子是球形的，利用分子运动理论的一些基本概念和公式得到了布朗运动的公式为

$$\bar{x} = \sqrt{\frac{RT}{L} \cdot \frac{t}{3\pi\eta r}} \qquad\qquad 式（8-1）$$

式中，$\bar{x}$ 是在观察时间 t 内粒子沿 x 轴方向所移动的平均位移，r 为微粒的半径，η 为介质的黏度，L 为阿伏伽德罗（Avogadro）常数。此式也称为爱因斯坦 - 布朗运动公式。爱因斯坦公式把粒子的位移与粒子的大小、介质黏度、温度以及观察的时间等联系起来，所以布朗运动的本质就是分子的热运动。平均位移 $\bar{x}^2$ 与粒径 r 成反比，当粒径 r 很大时，$\bar{x}$ 小到观测不到，粒子几乎静止不动，这是因为它被足够多的介质分子撞击，合力约等于零；而小分子的运动无法用肉眼分辨；只有胶体尺度的粒子，才能被观察到布朗运动，并可从 $\bar{x}$ 求粒子的大小，所以布朗运动是溶胶的特征。

珀林（Perrin）和斯威德伯格（Svedberg）等用不同的溶胶粒子进行实验，测定的 $\bar{x}$ 或计算的 L 均与理论值吻合。这不仅证明了爱因斯坦 - 布朗运动公式的准确性，同时也使分子运动论这一无法直接观察的现象或假说得到了实验证实，在科学发展史上具有重大的意义和贡献。

二、扩散

溶胶和稀溶液中的粒子一样具有热运动，也具有扩散作用和渗透压。由于分子热运动和胶粒的布朗运动导致胶粒在介质中由高浓度区自发地向低浓度区迁移，即为**扩散作用**

（diffusion）。扩散过程中，物质由化学势高的区域向化学势低的区域转移，系统的吉布斯能降低。扩散的结果，系统趋于均态，无序度增加，熵值增大，因此扩散是自发进行的过程。

溶胶粒子的扩散与溶液中溶质的扩散相似，也可以用**菲克第一定律**（Fick's first law）来描述：在 dt 时间内，沿着 x 方向通过截面积（A）的粒子扩散量 dn 与截面积处的浓度梯度 dc/dx 成正比（图 8-11），存在式（8-2）的关系式

$$\frac{dn}{dt} = -DA\frac{dc}{dx} \qquad 式（8-2）$$

式中，dn/dt 的单位是 mol/s 或 kg/s；D 是**扩散系数**（diffusion coefficient），单位是 m^2/s，其物理意义是在单位浓度梯度下，单位时间内通过单位截面积的粒子的量。式中，负号源于扩散方向与浓度梯度方向相反，即扩散向着浓度降低的方向进行。菲克第一定律表明，浓度梯度的存在是发生扩散作用的前提。

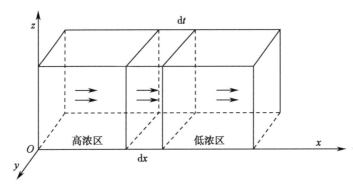

图 8-11 扩散作用

通常以扩散系数大小衡量物质扩散能力。对于球形粒子，扩散系数 D 可根据**爱因斯坦-斯托克斯方程**（Einstein-Stokes equation）计算，即

$$D = \frac{RT}{6L\pi r\eta} \qquad 式（8-3）$$

式（8-3）表明，粒子半径越小、介质黏度越小、温度越高，粒子越容易扩散。实验表明一般分子或离子的扩散系数 D 的数量级为 $10^{-9}\,m^2/s$，而溶胶粒子为 $10^{-13}\sim10^{-11}\,m^2/s$，相差 2～4 个数量级，这是因为溶胶粒子的半径比小分子大 2～4 个数量级，扩散作用比小分子弱得多。

整理式（8-1）与式（8-3）可得到

$$\bar{x}^2 = 2Dt \qquad 式（8-4）$$

以 $\bar{x}^2$ 对 t 作图得一条直线，由直线的斜率可求扩散系数 D。

若粒子为球形，则其摩尔质量为

$$M = \frac{4}{3}\pi r^3\rho L$$

代入式（8-3），整理得

$$M = \frac{4}{3}\pi r^3\rho L = \frac{\rho}{162(L\pi)^2}\left(\frac{RT}{D\eta}\right)^3 \qquad 式（8-5）$$

因此，通过测定一定时间内布朗运动的平均位移，可计算出溶胶粒子的扩散系数 D，在已

知介质的黏度η、分散相粒子的密度ρ的条件下,由式(8-5)即可求出球形粒子的摩尔质量。

菲克第一定律适用于浓度梯度不变的稳态扩散。通常情况下,伴随扩散过程浓度梯度随时间不断减小,这是非稳态扩散。**菲克第二定律**(Fick's second law)可处理非稳态扩散,其关系式为

$$\frac{\mathrm{d}c}{\mathrm{d}t} = D\frac{\mathrm{d}^2c}{\mathrm{d}x^2} \qquad\qquad 式(8\text{-}6)$$

例8-1 金溶胶浓度为2g/L,介质黏度为0.001Pa·s。已知胶粒半径为1.3nm,金的密度为$19.3\times10^3\mathrm{kg/m^3}$。计算金溶胶在298K时的下列内容。

(1)扩散系数。

(2)布朗运动移动0.5mm的时间。

(3)渗透压。

解:(1)扩散系数按式(8-3)直接计算

$$D = \frac{RT}{6L\pi r\eta} = \frac{8.314\times298}{6.023\times10^{23}\times6\times3.14\times0.001\times1.3\times10^{-9}} = 1.679\times10^{-10}\,\mathrm{m^2/s}$$

(2)由式(8-4)得,$t = \dfrac{\overline{x}^2}{2D} = \dfrac{(0.5\times10^{-3})^2}{2\times1.679\times10^{-10}} = 744\mathrm{s}$

(3)将浓度2g/L转换为体积摩尔浓度,有

$$c = \frac{n}{V} = \frac{W}{VM} = \frac{W}{V\cdot\dfrac{4}{3}\pi r^3\rho L}$$

$$= \frac{2}{1\times\dfrac{4}{3}\times3.14\times(1.3\times10^{-9})^3\times19.3\times10^3\times6.023\times10^{23}} = 0.018\ 70\,\mathrm{mol\cdot m^3}$$

$$\varPi = cRT = 0.018\ 70\times8.314\times298 = 46.33\mathrm{Pa}$$

计算结果表明,溶胶粒子的渗透压很小。

三、沉降与沉降平衡

多相分散系统中的分散相粒子在外力场作用下的定向移动称为**沉降**(sedimentation)。而布朗运动所引起的扩散作用使粒子趋于均匀分布,因此扩散作用与沉降作用相反。两种作用会呈现三种结果,当粒子较小,受重力影响可忽略时,主要表现为扩散,如真溶液;当粒子较大,受重力影响占主导作用时,主要表现为沉降,如泥浆等粗分散系统;当粒子大小相当,沉降作用和扩散作用相近时,构成**沉降平衡**(sedimentation equilibrium)。

(一)重力沉降

在重力场中,一个体积为V,密度为ρ的粒子,在密度为ρ_0的介质中所受的力F_1应等于重力F_g与浮力F_b之差,即

$$F_1 = F_g - F_b = V(\rho - \rho_0)g \qquad\qquad 式(8\text{-}7)$$

当$F_g > F_b$时,粒子下沉,反之则上浮。粒子在介质中下沉或上浮时会受到介质的阻碍作用,根据**斯托克斯定律**(Stokes' law),这一阻滞力F_2为

$$F_2 = 6\pi\eta r v \qquad \text{式（8-8）}$$

式中，η 为介质黏度，v 为粒子的运动速度。当 $F_1 = F_2$ 时，粒子匀速下降，其速率为

$$v = \frac{2r^2(\rho - \rho_0)g}{9\eta} \qquad \text{式（8-9）}$$

式（8-9）为重力沉降速度公式。由公式可知，欲使悬浮体稳定或减慢粒子的沉降速度，必须减小粒子的半径和粒子与介质之间的密度差，或者增加介质的黏度。该式适用于粒子小于 100μm 的粗分散系统，对于小于 100nm 的分散系统必须考虑扩散的影响。沉降速度公式是沉降法测定粗分散系统粒子大小的基础。药物制剂中的混悬剂、乳剂等皆属于粗分散系统，为了制备稳定的混悬剂，一般在设计处方时加入润湿剂使介质能够渗透并润湿药物粒子，促进不溶性药物粉末在介质中分散；或者加入助悬剂减小两相的密度差，同时增加介质的黏度防止药物沉降；或者加入高分子或者表面活性剂防止药物粒子长大而沉降。

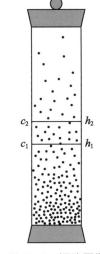

图 8-12　沉降平衡

（二）重力沉降平衡与高度分布

半径小于 100nm 胶体粒子的布朗运动十分明显，讨论沉降时要考虑它对重力的对抗作用。沉降的结果使系统下层粒子的浓度变大，当胶粒下降产生的浓度梯度被扩散作用所补偿时，系统处于平衡状态。从沉降力与扩散力的平衡可以导出沉降平衡时粒子的分布规律。如图 8-12 所示，在容器的高度为 h_1、h_2 处粒子的浓度为 c_1、c_2，根据范特霍夫公式，产生的渗透压差为 $\mathrm{d}\Pi = RT\mathrm{d}c$，扩散力等于渗透力，方向相反。

设容器的截面为 $1\mathrm{m}^2$，则扩散力为 $1 \times \mathrm{d}\Pi = RT\mathrm{d}c$，在 $\mathrm{d}h$ 区域中含有的粒子数为 $1 \times \mathrm{d}h \times cL$，$L$ 为阿伏伽德罗（Avogadro）常数。因此，每个粒子的扩散力

$$F_{\text{扩}} = -\frac{RT}{cL} \cdot \frac{\mathrm{d}c}{\mathrm{d}h}$$

式中，负号是因为浓度随高度而降低。当 $F_{\text{扩}} = F_{\text{沉}}$ 时，有

$$-\frac{RT}{cL} \cdot \frac{\mathrm{d}c}{\mathrm{d}h} = \frac{4}{3}\pi r^3(\rho - \rho_0)g$$

整理得

$$RT\frac{\mathrm{d}c}{c} = -\frac{4}{3}\pi r^3(\rho - \rho_0)gL\mathrm{d}h$$

分别对浓度和高度作定积分，得

$$RT\ln\frac{c_2}{c_1} = -\frac{4}{3}\pi r^3(\rho - \rho_0)gL(h_2 - h_1) \qquad \text{式（8-10）}$$

式（8-10）就是粒子在重力场中的高度分布公式，与气体随高度分布的公式完全相同。该式表明，溶胶粒子沿容器高度分布是不均匀的，容器底部浓度最大，随高度 h_2 增大，浓度 c_2 呈指数逐渐下降；粒子质量越大（即 r 或 ρ 越大），其平衡浓度随高度下降越快。表 8-3 列出了一些分散系统粒子浓度降低一半时需要的高度。表中数据说明，粒径增大，分布高度越低；对于粒径为同一数量级的金溶胶（186nm 和 230nm）和藤黄溶胶，分布高度相差可达 150 倍，这是

由于两者密度相差悬殊所致。此外,应用式(8-10)还可从平衡分布求粒径,进而求胶粒的摩尔质量,或用来验证阿伏伽德罗常数。

表 8-3 一些分散系统的高度分布情况

分散系统	粒子直径 d/nm	粒子浓度下降一半时的高度 h/m
氧气	0.27	5 000
高度分散时的金溶胶	1.86	2.15
超微金溶胶	8.35	2.5×10^{-2}
粗分散金溶胶	186	2×10^{-7}
藤黄的悬浮体	230	3×10^{-5}

例 8-2 试计算 293K 时,粒子半径分别为 $r_1 = 10^{-4}$m, $r_2 = 10^{-7}$m, $r_3 = 10^{-9}$m 的某溶胶粒子下沉 0.1m 所需的时间和粒子浓度降低一半的高度。已知分散介质的密度 ρ_0 为 10^3kg/m³,粒子的密度 ρ 为 2×10^3kg/m³,溶液的黏度 η 为 0.001Pa•s。

解: 将 $r_1 = 10^{-4}$m 代入重力沉降速度公式(8-9),得

$$\frac{0.1}{t} = \frac{2r^2(\rho - \rho_0)g}{9\eta} = \frac{2 \times (10^{-4})^2 \times (2-1) \times 10^3 \times 9.8}{9 \times 0.001}$$

计算得 $t = 4.59$s,即为 $r_1 = 10^{-4}$m 的溶胶粒子下沉 0.1m 所需的时间。

将 $r_1 = 10^{-4}$m 代入高度沉降公式(8-10),得

$$8.314 \times 293 \times \ln\frac{1}{2} = -\frac{4}{3} \times 3.14 \times (10^{-4})^3 \times (2-1) \times 10^3 \times 9.8 \times 6.023 \times 10^{23} \times (h - 0)$$

计算得 $h = 6.83 \times 10^{-14}$m,即为 $r_1 = 10^{-4}$m 的溶胶粒子浓度下降一半的高度。

同理,将 $r_2 = 10^{-7}$m, $r_3 = 10^{-9}$m 分别代入式(8-9)和式(8-10),可计算出粒子沉降 0.1m 的时间分别为 4.59×10^6s 和 4.59×10^{10}s;浓度降低一半的高度分别为 6.83×10^{-5}m 和 68.3m。

上述计算表明,对于粗分散系统粒子,沉降作用强烈,扩散完全不起作用,所以粗分散系统是动力学不稳定系统。对于溶胶系统,粒子的扩散作用可以抗衡沉降,形成一定的平衡分布,当粒子很小时,沉降完全消失,系统是均匀分散的。事实上,由于温度变化引起的对流、机械振荡等因素干扰,沉降不易发生。例如,直径为 8.35nm 的金溶胶,在高度升高 2.5cm 时浓度应该降低一半,但实际上在相当高的容器中也观察不到浓度有任何变化。所以,许多溶胶在重力场中可以维持几年都不会明显沉降,是因为高度分散的溶胶具有相对动力稳定性。

(三)离心力场中的沉降和沉降平衡

胶体分散系统由于分散相的粒子很小,在重力场中沉降的速度极为缓慢,实际无法测定其沉降速度。1923 年斯威德伯格(Svedberg)成功制造离心机,把离心力提高到地心引力的 5 000 倍。现在的高速离心机可达到 10^6g 的离心力场,显著扩大了测定的范围,使其在测定溶胶胶团的摩尔质量或大分子物质的摩尔质量方面得到重要应用。超离心技术是药学、生物学中研究蛋白质、核酸、病毒等大分子化合物的重要手段,也是分离提取各种细胞器的有力工具。在临床诊断中,使用超离心机可以发现和检查病变血清蛋白质,从而对某些疾病起到诊断或辅助诊断的作用。相关内容我们将在大分子溶液一章讲述。

第四节 溶胶的光学性质

溶胶的高分散性和多相性导致其具有独特的光学性质。对溶胶光学性质的研究,不仅可以解释溶胶的光学现象,还有助于研究溶胶粒子的大小、形状及其运动规律。

一、溶胶的光散射现象

1869年丁铎尔(Tyndall)发现,若令一束会聚的光通过溶胶,从侧面(即与入射光垂直的方向)可观察到有一个发光的圆锥体,这就是丁铎尔效应(图8-13)。丁铎尔效应在生活中是比较常见的,例如,夜晚的路灯或者放映机所发出的光线,在通过空气中的灰尘微粒时会产生丁铎尔现象;清晨,茂密的森林中常常可以看到从枝叶间透过的一道道光柱,这是光照射在云、雾或者烟尘等胶体上引起的**丁铎尔效应**(Tyndall effect)。

图8-13 丁铎尔效应

当光线射入分散系统时可能发生光的吸收、光的反射或折射以及光的散射三种情况。吸收主要取决于系统的化学组成,其颜色表现为吸收光的补色。反射或折射、散射则与粒子的大小有关。可见光的波长在400～750nm之间。

(1)若分散相粒子大于入射光波长,则发生光的反射或折射现象,表现为浑浊,粗分散系统属于这种情况。

(2)若分散相粒子小于入射光波长,则主要发生光的散射(light scattering)。此时光激发粒子发生电子的振动,使粒子成为二次波源,向各个方向发射与入射光频率相同的电磁波,即为散射光。溶胶粒子的粒径在1～100nm之间,小于可见光的波长,因此发生光散射作用而出现丁铎尔现象。

(3)小分子分散系统,因为溶液十分均匀,散射光因相互干涉而完全抵消,观察不到散射光。

因此,丁铎尔效应是溶胶系统最主要的光学特征,是人们用于鉴别溶胶与其他分散系统最简便的方法。

二、溶胶的颜色

溶胶的外观颜色取决于其对光的吸收和散射两个因素。

当溶胶对光有吸收时,微弱的光散射被掩盖,表现出鲜亮的特定颜色,并与观测方向无关。如果溶胶对可见光中某一波长的光有较强的选择性吸收,则透过光中该波长段将变弱,这时透射光将呈现该波长光的补色光。例如,红色金溶胶对 500～600nm 波长的绿色光有较强的吸收,而透过金溶胶后,光的颜色呈现其补色,所以显示红色。

当溶胶对光的吸收很弱时,则显现出散射光的颜色,并与观测的方向有关。例如 AgCl,AgBr 的溶胶,在光透过的方向观察,呈浅红色;而在与光垂直的方向观测时,则呈淡蓝色,也称为丁铎尔蓝。

溶胶对光的选择性吸收主要取决于其化学结构,但粒子的大小不同也能引起颜色的变化。例如,金溶胶的粒子大小不同时会呈现不同的颜色。当分散度很高,粒子很小时,金溶胶呈红色,吸收峰在 500～550nm,这是由于散射很弱的缘故。当粒子增大后,散射增强,系统的最大吸收峰波长逐渐向长波长方向移动,溶胶的颜色也将由红色逐渐变成蓝色,这种颜色的变化是由于粒子大小不同而引起系统的散射有所不同,而不是由于系统的吸收引起的。

三、瑞利散射公式

1871 年瑞利(Rayleigh)研究了光散射作用,得出非导体、不吸收光的球形粒子散射光的规律,导出溶胶系统散射光强度 I 的公式为

$$I = I_0 \frac{kvV^2}{\lambda^4} \left(\frac{n^2 - n_0^2}{n^2 + 2n_0^2} \right)^2 \qquad \text{式（8-11）}$$

式中,λ 是入射光波长;v 是单位体积内的粒子数,即粒子浓度;V 是单个粒子的体积;n 和 n_0 分别是分散相和分散介质的折射率;k 为常数;I_0 为入射光强度。从上述**瑞利散射公式**可得出下述结论。

（1）散射光强度与入射光波长的四次方成反比,入射光的波长越短,散射光越强。例如,白光中蓝光与紫光波长最短,故白光照射溶胶(例如,硫溶胶和乳香胶等)时,侧面的散射光呈现淡蓝色,而透过光呈现其补色——橙红色。长波长的光具有更强的透过性。因此,旋光仪中的光源用的是黄色的钠光,警示信号灯采用红光。而天空是蔚蓝色是散射光的贡献,朝霞和落日的余晖是橙红色的是观察到的透射光的缘故。

（2）分散相与分散介质的折射率相差越大,粒子散射越强。溶胶的分散相与分散介质之间有明显的相界面,两者折射率相差很大,散射光很强。而大分子溶液是均相系统,溶质与溶剂之间有亲和力,溶质被一层溶剂分子裹住,使溶质和溶剂的折射率相差不大,散射光也就很弱。因此可根据散射强弱来区别溶胶与大分子溶液。

（3）散射光强度与粒子体积的平方成正比,即与分散度有关。真溶液的分子体积很小,因而散射光很微弱,用肉眼无法分辨。粗分散系统粒径大于可见光波长,无光散射,只有反射光。因此,丁铎尔效应是鉴别溶胶、真溶液和粗分散系统的简便而有效的方法。

（4）散射光强度与溶胶粒子的浓度成正比。由此可以通过散射光的强度来求算溶胶的浓度。用来测定散射光强度的仪器称为乳光计,检测的是乳光强度,又称浊度。

在相同的条件下,比较两种不同浓度的溶胶,若用 $c/\rho = vV$（c 为质量浓度,ρ 为粒子密度）,代入瑞利散射公式,令 $K = \frac{24\pi^2 A^2}{\lambda^4 \rho} \left(\frac{n_1^2 - n_2^2}{n_1^2 + 2n_2^2} \right)^2$,可得

$$I = KcV$$ 式（8-12）

该式表明乳光强度与粒子浓度成正比。

若粒子大小相同而浓度不同,且其中一个浓度已知,另一个浓度就可以根据式（8-12）计算出来。

$$\frac{I}{I_0} = \frac{c}{c_0}$$

若粒子为球形,且两溶胶的浓度相同,则根据（8-12）可得

$$\frac{I}{I_0} = \frac{r^3}{r_0^3}$$

因此,通过与对照品的乳光强度比较,可以计算待测样品的浓度或粒子大小。

瑞利公式对于非金属溶胶是适用的,但对于金属溶胶,由于它不仅有散射作用,还有光被吸收的现象,所以关系要复杂得多。

案例 8-1

天空的色彩与瑞利散射

问题: 为什么晴朗的天空呈现蓝色而阴雨天一片白茫茫,为什么在日出、日落时能看到火红的朝霞与晚霞?

分析: 空气中存在灰尘微粒或小液滴,可以看作气溶胶。在晴朗的天气颗粒的粒径较小,当太阳光照射时光线中波长较短的蓝光、紫光被颗粒散射后的散射光较强,我们看到的主要是散射光,所以天空呈现蓝色。而阴雨天颗粒粒径较大,云层较厚,对光主要发生反射作用,所以我们看到白茫茫一片。

日出、日落时太阳更接近地平线,需要穿过厚厚的大气层,所以短波长的蓝光、紫光被微粒散射掉了,剩下透过率较强的红光与橙色光,所以我们在日出、日落时能看到火红的朝霞与晚霞。

四、溶胶粒径的测定方法

溶胶粒径太小,不能直接用显微镜进行观察,但可以用超显微镜、电子显微镜进行测定。

1. **超显微镜法** 普通光学显微镜的分辨率为200nm,难以直接对溶胶粒子进行观察。1903 年齐格蒙第利（Zsigmondy）发明了超显微镜,其原理是在黑暗背景下用普通显微镜来观察粒子的丁铎尔现象,即观察个别粒子的散射光影（图 8-14）。由于观察的是散射的光点,而光点要比粒子大很多倍,

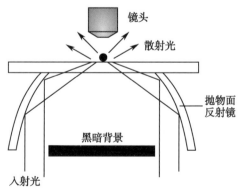

图 8-14 超显微镜的光路结构

因此,在超显微镜视野中可以看到5～150nm大小闪烁光点的活动情况。这虽然不是直接显示粒子本身的大小和形状,但结合其他数据可间接计算粒子的大小并推断其形状。

溶胶粒子大小可以通过对发光点的计数来计算。其方法如同显微镜下的血细胞计数,得到一定体积中粒子数。设测得的粒子数为n,粒子的总质量为m,密度为ρ,对于体积为V的球形粒子,很容易通过下式计算出粒子的半径r,即

$$m = Vn\rho = \frac{4}{3}\pi r^3 n\rho \qquad\qquad 式(8\text{-}13)$$

溶胶粒子的形状可以通过发光点的不同表现来推测。例如,根据超显微镜视野中光点亮度的差别来估计溶胶粒子的大小是否均一;根据光点闪烁的特点,可推测粒子的形状:如果粒子的结构是不对称的(如片状、棒状等),当粒子大的一面向光时,光点很亮,而小的一面向光时,光点变暗,由于粒子的布朗运动,光点在不停地明暗交替,这称为**闪光现象**(flash phenomenon),如果粒子结构是对称的(如球形、正四面体、正八面体等),闪光现象就不明显。此外,超显微镜还可以用来研究溶胶粒子的聚沉、沉降和电泳等行为。

2. 电子显微镜法 1934年电子显微镜诞生,其基本特点是用电子束代替光学显微镜的可见光束,物像显示在荧光屏上。电子显微镜分辨率极高,当放大到3.6×10^5倍时可以看到粒径小到3×10^{-9}m的胶粒。用电子显微镜不仅可以直接观察胶粒的大小和形状,有时还能观察到胶粒表面的结构。

3. 激光散射法 近年来,随着激光技术的迅速发展,利用激光光源特有的性质,设计出了用激光散射法测定溶胶颗粒大小及分布的仪器,已用于大气尘埃的监测,可以测定3×10^{-7}～5×10^{-6}m之间粒径的分布。

第五节　溶胶的电学性质

粒子表面带电是溶胶系统最重要的性质,它直接影响溶胶的动力性质、光学性质、流变性质,而且是保持溶胶稳定存在的最主要原因。实验发现,在外电场的作用下,固、液两相可发生相对运动;反过来,在外力作用下,迫使固、液两相进行相对运动时,又可产生电势差,人们把溶胶这种与电势差有关的相对运动称为电动现象。电动现象是粒子表面带电的外在表现。

一、电动现象

这里介绍四种电动现象:电泳、电渗、流动电势、沉降电势。

1. 电泳 在外加电场作用下,胶体粒子在分散介质中定向移动的现象称为**电泳**(electrophoresis)。中性粒子在外加电场中不可能定向移动,所以电泳现象可以证明胶体粒子的带电情况。

图8-15是测定电泳的简单装置。根据接通电源后溶胶界面移动的方向和相对速度,确定分散系统中胶体粒子所带电荷的符号和电动电势的大小。

如果溶胶本身是有颜色的,可直接观测到界面的移动。若溶胶本身无色,则可在仪器的侧面用光照射,通过所产生的丁铎尔现象来判断胶粒的移动方向和速度。实验证明,$Fe(OH)_3$ 和 $Al(OH)_3$ 等溶胶的颗粒向负极移动,证明其带正电荷;而 Au、Ag、Al、As_2S_3、H_2SiO_3、淀粉及微生物等溶胶的颗粒向正极移动,说明它们带负电荷。若在溶胶中加入电解质,则对电泳会有显著影响。随外加电解质的增加,电泳速度常会降低甚至变为零,外加电解质还能够改变胶粒带电的符号。

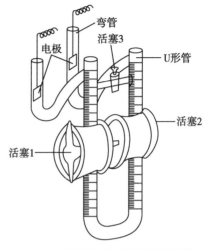

图 8-15　界面移动电泳装置示意图

带电物质在电场中的运动速度与带电量有关,也与粒子的大小、形状结构等有关,因此通过对带电物质电泳的测定,不仅可以得到带电物质的电荷量,还可以利用不同物质在电场中的不同电动速度进行分离,用于定性鉴定或定量计算。在科学研究中,电泳已经成为常用的测试手段,各种电泳仪也不断更新,成为胶体、大分子化学和生命科学研究的必备工具。

测定电泳的仪器和方法多种多样,大致可归纳为界面移动电泳、显微电泳和区域电泳三类。界面移动电泳是观测溶胶与电泳辅助液间的界面在电场中的移动,界面的移动速度即为胶粒的电泳速度(图 8-15)。对于在显微镜下可分辨的粗颗粒悬浮体、乳状液等,可用显微电泳,它是直接对粒子运动的测定(图 8-16)。如果电泳实验在各种支持介质(如各种滤纸、醋酸纤维素薄膜、淀粉凝胶、琼脂糖凝胶和聚丙烯酰胺凝胶等)中进行,称为区带电泳。

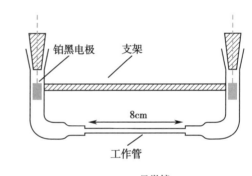

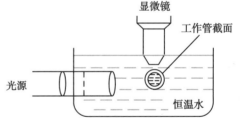

图 8-16　显微电泳装置示意图

电泳的应用相当广泛,生物化学中常用电泳来分离各种氨基酸和蛋白质等,医学中利用血清的纸上电泳协助诊断患者是否有肝硬化。按图 8-17 所示装置,将血清样品点在用缓冲溶液润湿的滤纸条上,通电后,血清中带负电荷的清蛋白以及 α、β、γ 三种球蛋白,由于其分子量和电荷密度不同,向正极的泳动速度不同,故可将它们分离。各蛋白在滤纸上分离后,再经显色等处理,便可获得如图 8-18 所示的谱带状电泳图谱。

近年来,用醋酸纤维膜、淀粉凝胶、聚丙烯酰胺凝胶和琼脂多糖等代替早期滤纸,显著提高了分离能力。特别是利用凝胶作支撑体,由于其具

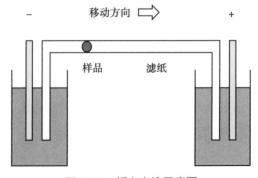

图 8-17　纸上电泳示意图

有三维网状结构,故混合物中的物质因分子大小和形状不同被分离时,除有电泳作用外,还有筛分作用,可以提高电泳的分辨能力。目前,凝胶电泳在医学和生物化学中已被广泛应用。

2. 电渗　在外加电场中,可以观察到分散介质会通过多孔性物质(如素瓷片或固体粉末压制成的多孔塞)而移动,即胶体粒子不动而介质定向移动的现象,称为**电渗**(electroosmosis),如图 8-19所示。当在电极上施以适当的外加电压时,从刻度毛细管中液体弯液面的移动可以观察到液体的移动。实验表明,液体移动的方向因多孔塞的性质而异。例如,当用滤纸、玻璃或棉花等构成多孔塞时,介质向负极移动,表明此时分散介质带正电荷;而当用氧化铝、碳酸钡等物质构成多孔塞时,则介质向正极移动,此时分散介质带负电荷。电渗现象说明,溶胶介质是带电的,且所带电荷的符号取决于胶体粒子的电性。和电泳一样,外加电解质对电渗速度的影响很显著,随电解质浓度的增加电渗速度降低,甚至会改变介质流动的方向。

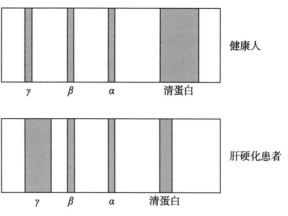

图 8-18　健康人和肝硬化患者血清蛋白的电泳图

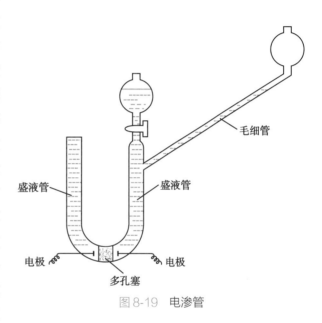

图 8-19　电渗管

3. 沉降电势　分散相粒子在重力场或离心力场的作用下迅速移动时,在移动方向的两端所产生的电势差称为**沉降电势**(sedimentation potential)。电泳是带电胶粒在电场作用下作定向移动,是因电而动;而沉降电势是在胶粒沉降时产生的电动势,是因胶粒移动而产生电。贮油罐中的油内常含有水滴,水滴的沉降常形成很高的沉降电势,甚至达到危险的程度。常用的解决办法是向油罐中加入有机电解质,以增加介质的导电性。

4. 流动电势　在外力作用下,液体流经毛细管或多孔塞时,多孔塞两侧产生的电势差称为**流动电势**(streaming potential)。显然,流动电势是电渗作用的逆过程。毛细管的表面是带电的,如果外力迫使液体流动,由于扩散层的移动,液体将双电层的扩散层中的离子带走,因而与固体表面产生电势差,从而产生了流动电势(如图 8-20)。在生产实际中要考虑流动电势的存在。例如,用泵输送液体燃料时,燃料沿管壁流动的过程中会产生流动电势,高压下易产生火花。由于此类液体易燃,故应采取相应的防护措施,如将油管接地

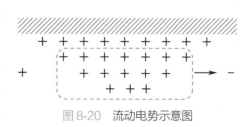

图 8-20　流动电势示意图

或加入油溶性电解质,增加介质的电导,减小流动电势。流动电势的测量如图 8-21 所示,图中 V_1、V_2 为液槽,N_2 为加压气体,E_1、E_2 为紧靠多孔塞 M 上下两端的电极,P 为电势差计。

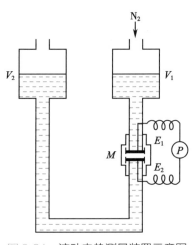

图 8-21　流动电势测量装置示意图

四种电动现象中,电泳和电渗最重要。通过对电泳和电渗的研究,可以进一步了解胶体粒子的结构以及外加电解质对溶胶稳定性的影响。

二、溶胶粒子表面电荷的来源

电动现象证明了溶胶粒子是带电的,其表面电荷的来源主要有以下几个方面。

1. 吸附　溶胶粒子通过吸附介质中的离子带电,大多数溶胶带电属于这种情况。吸附的机制分为选择性吸附和非选择性吸附两种。对于选择性吸附,实验表明,凡是与溶胶粒子中某一组成相同的离子会优先被吸附,这一规律称为**法金斯规则**(Fajans rule)。利用这一规则可判断胶粒的带电符号,例如用 $AgNO_3$ 与 KI 溶液反应制备 AgI 溶胶时,若 $AgNO_3$ 过量,胶粒表面吸附 Ag^+ 而带正电荷;若 KI 过量,则吸附 I^- 而带负电荷。因而 AgI 溶胶的荷电情况由 Ag^+ 或 I^- 何者过量而定。溶液中的其他离子,如 K^+、NO_3^- 被表面吸附的能力比 Ag^+ 或 I^- 弱得多,对 AgI 溶胶属于不相干离子。如果介质中没有与溶胶粒子组成相同的离子存在时,吸附是非选择性的。非选择性吸附与离子水化能力有关,水化能力弱的离子易被吸附,水化能力强的离子易留在溶液中。通常阳离子的水化能力比阴离子强,因此通过非选择性吸附机制带电的溶胶往往带负电,这也是带负电溶胶居多的原因。

2. 电离　当溶胶粒子本身带有可电离基团时,通过自身电离而带电。例如硅胶粒子表面的 SiO_2 分子,水化后形成 H_2SiO_3,在酸性条件下可电离出 OH^- 使溶胶粒子带正电,在碱性条件下可电离出 H^+ 使溶胶粒子带负电,反应式如下。

酸性条件下:$H_2SiO_3 \xrightarrow{H^+} HSiO_2^+ + OH^- \xrightarrow{H^+} HSiO_2^+ + H_2O$

碱性条件下:$H_2SiO_3 \xrightarrow{OH^-} HSiO_3^- + H^+ \xrightarrow{OH^-} HSiO_3^- + H_2O$

大分子电解质蛋白质也是通过电离带电,且电离过程与 pH 有关。

3. 同晶置换　同晶置换是黏土粒子带电的原因之一。黏土矿物,如高岭土,主要由铝氧四面体和硅氧四面体组成,而 Al^{3+} 与周围 4 个氧的电荷不平衡,要吸附一些 H^+ 或 Na^+ 等正离子来平衡电荷。这些正离子在介质中会电离并扩散而离开表面,所以就使黏土微粒带负电。如果再有晶格中的 Al^{3+}(或 Si^{4+})被低价 Mg^{2+} 或 Ca^{2+} 同晶置换,则黏土微粒带的负电荷会更多。

4. 摩擦带电　在非水介质中,溶胶粒子的电荷来源于它与介质分子的摩擦。一般来说,两种非导体构成的分散系统,介电常数 ε_r 较大的一相带正电,另一相带负电。例如,玻璃($\varepsilon_r = 15$)在水($\varepsilon_r = 81$)中带负电,而在苯($\varepsilon_r = 2$)中带正电。

ER8-5　双电层
理论(微课)

三、双电层理论和电动电势

溶胶粒子通过吸附或者电离作用，使得粒子和介质带有相反的电荷，从而在界面上形成了**双电层**（electric double layer）结构。双电层理论的提出对解释溶胶的电学行为至关重要。下面简要介绍几个有代表性的双电层理论和电动电势的概念。

1. 亥姆霍兹平板双电层模型　亥姆霍兹（Helmholtz）于 1879 年提出了平板双电层模型，认为粒子表面带有的电荷与介质中带相反电荷的离子（反离子）构成平行的两层，称为双电层。其距离约等于一个离子大小，很像一个平板电容器。粒子表面与本体溶液之间的电势差称为表面电势 φ_0（即热力学电势），在双电层内 φ_0 呈直线下降，如图 8-22(a)所示，图中 δ 是双电层的厚度。在电场作用下，带电胶粒和反离子分别向相反的方向运动。这种模型虽然对电动现象给予了说明，但比较简单，其关键问题是忽略了离子的热运动。离子在溶液中的分布，不仅取决于固体表面上定位离子的静电吸引，同时也取决于力图使离子均匀分布的热运动，这两种相反的作用力，使离子在固液界面附近建立一定的分布平衡，因而它不可能形成完整的平板双电层结构。

2. 古埃 - 查普曼扩散双电层模型　1910 年古埃（Gouy）和 1913 年查普曼（Chapman）修正了平板模型，提出了扩散双电层模型。他们认为由于静电吸引和热运动两种效应的结果，溶液中的反离子只有一部分紧密地排列在固体表面上，为 1~2 个离子的厚度，称为吸附层或者紧密层；另一部分反离子则从紧密层一直分散到本体溶液中，称为扩散层，形成反离子内多外少的分布，见图 8-22(b)。扩散层中反离子的分布符合玻耳兹曼（Boltzmann）分布（用电势表示为 $\varphi = \varphi_0 e^{-kx}$），即反离子的数量随与胶粒表面距离 x 的增大呈指数下降。在电场作用下，当溶胶粒子移动时，紧密层的反离子跟随粒子一起移动，扩散层的反离子留在原处，两者之间存在一个分界面（AB 面），称为滑动面或者切动面，滑动面处与溶液本体之间的电势差称为**电动电势**（electrokinetic potential）或称为 **ζ 电势**（zeta potential）。显然，表面电势 φ_0 与 ζ 电势是不同的，ζ 电势是表面电势 φ_0 的一部分。通电时，溶胶粒子和介质做反向移动发生电动现象，出现粒子与介质之间的电学界面，ζ 电

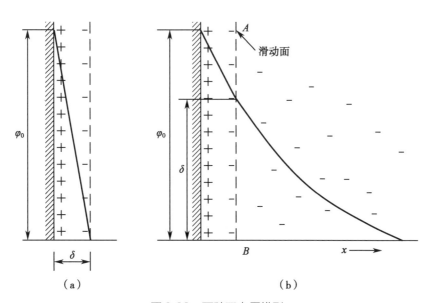

图 8-22　两种双电层模型

（a）亥姆霍兹平板双电层模型；（b）古埃 - 查普曼扩散双电层模型。

势才显示出来,所以ζ电势又称为电动电势。因此体现粒子有效电荷的是ζ电势而不是表面电势。随着电解质浓度增加,或电解质价型增加,双电层厚度减小,ζ电势也减小。

古埃和查普曼的扩散双电层模型解释了电动现象,提出了与实际相符的反离子扩散状分布,区分了表面电势φ_0和电动电势ζ。虽然扩散双电层模型克服了亥姆霍兹平板双电层模型的缺陷,但并未能赋予ζ电势更为明确的物理意义。根据古埃和查普曼模型,ζ电势随离子浓度的增加而减少,但永远与表面电势符号相同,其极限值为零。但实验中发现有时ζ电势会随离子浓度的增加而增加,甚至有时可与φ_0符号相反,这些现象都是无法依靠古埃和查普曼模型解释的。

3. 斯特恩吸附扩散双电层模型 1924 年,斯特恩(Stern)对古埃和查普曼模型作了进一步的修正,提出了吸附扩散双电层模型。他认为,紧密层(也称 Stern 层)由强烈吸附在离子表面上的反离子和一定数量的溶剂分子构成,有 1～2 个分子层厚度。反离子紧密吸附在表面上,相当于兰格缪尔(Langmuir)单分子层吸附,这种吸附称为**特性吸附**(specific adsorption),它决定了粒子表面电荷的符号和表面电势φ_0的大小。在紧密层中,反离子的电性中心称为斯特恩平面,见图 8-23(a),在斯特恩层内电势的变化情形与亥姆霍兹平板模型一样,φ_0直线下降到斯特恩平面的φ_δ。由于离子的溶剂化作用,紧密层结合了一定数量的溶剂分子,在电场作用下,它和胶体粒子作为一个整体一起移动。因此,滑动面的位置略比斯特恩层靠右,见图 8-23(b),ζ电势也相应略低于φ_δ。扩散层中反离子排布符合 Boltzmann 公式。

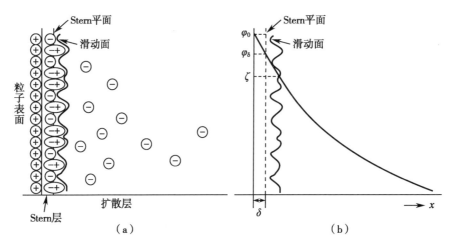

图 8-23 斯特恩吸附扩散双电层模型

斯特恩吸附扩散双电层模型赋予了ζ电势明确的物理意义,即ζ电势是滑动面至本体溶液的电势差。由图 8-23 可知,ζ电势只是φ_δ的一部分。对于足够稀的溶液,由于扩散层分布范围较宽,电势随距离的增加变化缓慢,可以近似地把ζ电势与φ_δ电势等同看待。但是,如果溶液浓度很高,这时扩散层范围变小,电势随距离的变化很显著,ζ电势与φ_δ电势的差别明显,则不能再把它们视为等同了。

斯特恩模型可解释电解质对双电层电势的影响。外加电解质对ζ电势有显著的影响,如图 8-24(a)中,随着电解质浓度的增加,ζ电势的数值降低,甚至可以改变符号。δ 为固体表面所束缚的溶剂化层的厚度。d 为没有外加电解质时扩散双电层的厚度,其大小与电解质的浓度、价数及温度均有关系。随着外加电解质浓度的增加,有更多与固体表面离子符号相反的离子进入溶剂化层,同时双电层的厚度变薄(从 d 变化到 d′……),ζ电势下降(从ζ变化到

ζ'……)。当双电层被压缩到与溶剂化层叠合时,ζ电势可降到极限零。

斯特恩模型同时可以解释高价反离子或同号大离子对双电层的影响。如图 8-24(b)所示,如果外加电解质中反离子的价数很高,或者其吸附能力特别强,则在溶剂化层内可能吸附了过多的反离子,这样可使 ζ 电势改变符号;同样,某些同号大离子也会因其强烈的范德华引力而进入吸附层,使 φ_{δ} 增大,导致斯特恩电势 φ_{δ} 高于表面电势 φ_{0}。

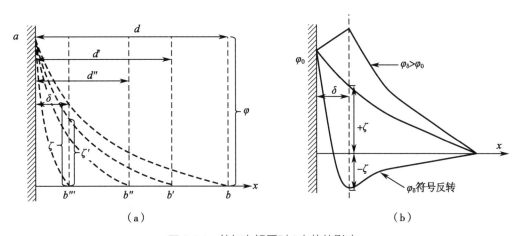

图 8-24　外加电解质对 ζ 电势的影响
(a)电解质对双电层的影响;(b)高价反离子或同号大离子对双电层的影响。

4. ζ 电势的测定　由上述讨论可知,ζ 电势是关系溶胶是否稳定的重要因素。只有胶粒与分散介质相对运动时,ζ 电势才有意义。因此,一般采用电泳或电渗方法测定 ζ 电势。电泳过程中,当粒子所受的电场力与泳动阻力平衡时,粒子匀速泳动,按静电学知识可以得到 ζ 电势的计算公式,即

$$\zeta = \frac{K\eta v}{4\varepsilon_0 \varepsilon_r E} \qquad\qquad 式(8\text{-}14)$$

式中,η 为介质黏度,单位为 Pa·s;v 为粒子运动速度,单位为 m/s;E 为电势梯度,单位为 V/m;ε_r 为介质的相对介电常数,水的 ε_r 为 81;ε_0 为真空介电常数,$\varepsilon_0 = 8.85 \times 10^{-12} C^2/(N\cdot m^2)$;$K$ 为常数,对于球形粒子为 6,对于棒形粒子为 4。实验测定表明,大多溶胶的 ζ 电势在 0.03~0.06V 之间。其符号由所带电荷的性质决定。

第六节　溶胶的稳定性与聚沉

溶胶在一定条件下能相对稳定存在,改变条件则会聚沉。本节将对胶团结构、溶胶的稳定性和聚沉的条件进行进一步的讨论,这对溶胶的实际应用具有重要意义。

一、胶团的结构

根据吸附扩散双电层模型,溶胶的胶团结构可以分为三层(如图 8-25 所示)。结构中心称

为**胶核**(colloidal nucleus),它是由数千个分子或原子聚集而成的,一般仍保持其原有的晶体结构。胶核周围是吸附在核表面上的定位离子、部分反离子及溶剂分子组成的吸附层,吸附层以溶胶的滑动面为界[包含斯特恩(stern)层],此处的电势即为电动电势,对溶胶的稳定性起重要作用。胶核和吸附层组成**胶粒**(colloidal particle)。吸附层以外的剩余反离子为扩散层,扩散层外缘的电势为零。胶核、吸附层和扩散层总称为胶团,整个胶团是电中性的。

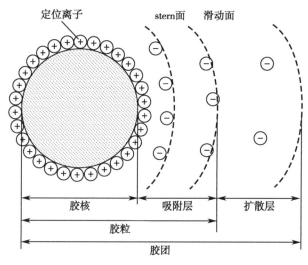

图 8-25　胶团的结构模型

以 AgI 溶胶为例,当 $AgNO_3$ 的稀溶液与 KI 的稀溶液作用时,假设其中有任何一种适当过量,就能制成稳定的 AgI 溶胶。胶核由 m 个 AgI 单位所构成,当 $AgNO_3$ 过量时,它的表面吸附 n 个 Ag^+ 离子,由于静电作用,吸附部分反离子,有 $(n-x)$ 个 NO_3^- 离子进入紧密层,余下 x 个构成扩散层,从而制得带正电的 AgI 溶胶,其胶团结构为

$$[(AgI)_m \cdot nAg^+ \cdot (n-x)NO_3^-]^{x+} \cdot xNO_3^-$$

当 KI 过量时,它的表面吸附 n 个定位离子 I^-,由于静电作用吸附部分反离子,使 $(n-x)K^+$ 吸附进入紧密层,余下 x 个 K^+ 构成扩散层,从而制得带负电的 AgI 溶胶。其胶团结构为

$$[(AgI)_m \cdot nI^- \cdot (n-x)K^+]^{x-} \cdot xK^+$$

再看硅酸溶胶的结构。硅酸溶胶的电荷来源是胶核本身表面层的电离。在酸性条件下,定位离子为 $HSiO_2^+$,胶核表面带正电,形成正溶胶,胶团结构为

$$[(H_2SiO_3)_m \cdot nHSiO_2^+ \cdot (n-x)OH^-]^{x+} \cdot xOH^-$$

在碱性条件下,定位离子为 $HSiO_3^-$,形成负溶胶,胶团结构为

$$[(H_2SiO_3)_m \cdot nHSiO_3^- \cdot (n-x)H^+]^{x-} \cdot xH^+$$

在同一个溶胶中,每个固体微粒所含有的分子个数 m 是个不等的数值,即同一种溶胶的胶核也有不同大小,其表面所吸附的离子个数 n 也不相同。

二、溶胶稳定性

溶胶的稳定性对于其在工业生产和科学试验中的应用非常重要,如照相用的底片须涂一层稳定的 AgBr 溶胶;染色过程的有机染料大多以胶体状态稳定地分散在水中。但在应用中有时却不希望溶胶产生,例如在定量分析中,用 $AgNO_3$ 溶液滴定 KCl 时,为了防止生成 AgCl 溶胶,就须加入其他电解质,如 HNO_3;水净化时需要破坏各种物质形成的水溶胶等。因此,只有了解溶胶稳定的原因,才能选择适当条件,使胶体稳定或破坏其稳定。

溶胶是热力学不稳定系统,但有些溶胶却能在相当长的时间内稳定存在,溶胶稳定的原

因可归纳为如下几点。

（一）动力稳定性

由于溶胶粒子很小，布朗运动较强，能够克服重力影响而保持均匀分散，这种性质称为溶胶的动力稳定性。根据布朗位移公式[式(8-1)]，影响溶胶的动力稳定性的主要因素是分散度。分散度越大，胶粒越小，布朗运动越剧烈，扩散能力越强，胶粒就越难下沉，溶胶的动力稳定性就越好。

另外，根据重力沉降速度公式[式(8-9)]，介质黏度和密度对溶胶动力稳定性也有影响，介质黏度越大，胶粒越难聚沉，溶胶的动力稳定性越好；但黏度越大时扩散越弱，不利于溶胶的稳定，因此应当保持适宜的黏度值。当介质密度与胶粒密度相差越小时，胶粒越难聚沉，溶胶的动力稳定性越好。

（二）胶粒带电的稳定作用

根据扩散双电层模型，胶粒周围存在着反离子扩散层，这些反离子环绕胶粒形成带异号电荷的离子氛。当带有相同电荷的胶粒相互靠近到一定程度时，离子氛发生重叠，胶粒间产生静电排斥力，阻止粒子间的聚集，保持了溶胶的稳定性。因此，胶粒具有足够大的 ζ 电势是溶胶稳定的主要原因。

（三）反离子溶剂化的稳定作用

溶胶的胶核在溶剂中是难溶的，但它吸附的离子和反离子都是溶剂化的。因此，溶剂化作用会使胶粒的比表面能降低，增加胶粒的稳定性。此外，溶剂化离子在胶粒周围形成溶剂化层（若溶剂为水，称为水化层或水化外壳），水化层具有一定的弹性，当胶粒相互靠近时，水化膜被挤压变形，水化膜的弹性成为胶粒接近时的机械阻力，防止了溶胶的聚沉。胶粒的带电多少和溶剂化层厚度，是影响电势的重要因素，ζ 电势的大小表明反离子在紧密层和扩散层中的分配比例。ζ 电势越大，说明反离子进入紧密层少而扩散层多，这样胶粒带电多，溶剂化层厚，溶胶就比较稳定。因此，ζ 电势的大小也是衡量胶体稳定性的尺度。

通过上面讨论可以看出溶胶之所以能够稳定存在是由于溶胶的布朗运动、胶粒带电产生的静电斥力以及溶剂化所引起的机械阻力所造成的。这三种因素中，以带电因素最为重要。

三、溶胶的稳定性理论

胶体稳定性现代理论是捷亚金（Deitjaguin）和兰道（Landau）于 1937 年首先提出来的，后来维韦（Verwey）和弗比克（Overbeek）也独立地得出了类似的结论，以上结论被合称为 DLVO 理论。它是目前对胶体稳定性及电解质聚沉作用解释得比较完善的理论。该理论从胶体粒子间的相互吸引力和排斥力出发，认为当粒子相互靠近时，这两种相反作用力的总结果决定了溶胶的稳定性。DLVO 理论中的定量计算很复杂，这里简单介绍 DLVO 理论。

（一）胶粒之间的作用力和势能曲线

胶粒之间同时存在两种相互对抗的作用力——吸引力和排斥力。溶胶粒子间的吸引力在本质上和分子间的范德华引力相同，只是溶胶为许多分子组成的粒子团之间的相互吸引，其吸引力是各个分子所贡献的总和。引力势能 V_a 与粒子之间的距离 H 成反比，粒子相互靠近时，势能降低。

$$V_a \propto -\frac{1}{H} \qquad\qquad 式（8-15）$$

　　胶粒之间的排斥力来源于胶粒表面的双电层结构。当粒子间距离较大,双电层未重叠时,无排斥作用;而当粒子靠得很近,双电层部分重叠时,则在重叠部分中离子的浓度比正常分布时大(图8-26),这时扩散层中反离子的分布平衡被破坏,过剩的反离子向未重叠区域扩散,渗透压力将阻碍粒子的靠近,因而产生排斥作用;同时,过剩的反离子也破坏了双电层的静电平衡,导致两胶团之间产生静电斥力。排斥作用形成的势能 V_r 与粒子的表面电势 φ_0、相互间距离 H 及其他因素有关,若不考虑其他因素,则

$$V_r \propto \varphi_0^2 e^{-\kappa H} \qquad\qquad 式（8-16）$$

式中,κ 是双电层厚度的倒数。斥力势能随表面电势增大而呈平方增加,随距离增大而呈指数下降。

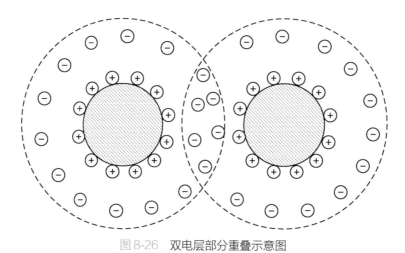

图 8-26　双电层部分重叠示意图

　　粒子之间总势能 V 为引力势能和斥力势能之和,即 $V=(V_a+V_r)$,总势能与距离 H 之间的关系如图 8-27 所示。当距离较大时,双电层未重叠,远程吸引力起作用,因此总势能为负值。当粒子靠近到一定距离双电层重叠时,排斥力起主要作用,势能显著增加,与此同时,粒子之间的吸引力也随距离的缩短而增大。当距离缩短到一定程度后,吸引力又占优势,势能又随之下降,整个势能曲线存在一个势垒。溶胶粒子要

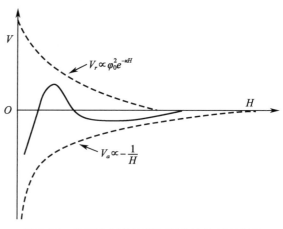

图 8-27　粒子之间总势能与距离的关系示意图

相互聚集在一起,必须克服这一能垒,这是稳定的溶胶中粒子不相互聚沉的原因。

（二）DLVO 理论对溶胶稳定性的解释

　　1. 溶胶稳定性的原因　由图 8-27 可以看出,粒子要互相聚集在一起,必须克服一定的势垒,一般情况下其值在 15～20kJ/mol 之间,这是溶胶稳定程度的标志。溶胶粒子布朗运动的平均动能为 $3/2kT$,即常温下的动能只有 3.7kJ/mol,不足以跨越势垒而聚集,这就是溶胶能在一定时间内稳定存在的原因。要使溶胶聚沉,需要降低势垒的高度。

2. 表面电势对稳定性的影响 由式(8-16)可知,增加表面电势,会增加斥力势能的贡献,提高势垒的高度,有利于溶胶的稳定。反之,减少表面电势,会降低势垒高度,甚至不能形成势垒,此时溶胶的聚沉是必然的。

3. 电解质对溶胶稳定性的影响 溶胶中过量的电解质会压缩双电层厚度,使式(8-16)中的 κ 值增大,斥力势能降低。当电解质的浓度增加到一定程度,势垒降为零时,即为电解质的聚沉值。

4. 反离子价数对稳定性的影响 DLVO 理论推导了当总势能 V 为零时电解质的浓度 c 与其价数 z 的关系式,得到 $c \propto 1/z^6$ 的结果,因而舒尔策 - 哈代规则得到理论验证,同时 DLVO 理论也得到实验证实。

四、溶胶的聚沉

溶胶中的分散相微粒相互聚结,颗粒变大,进而发生沉淀的现象,称为**聚沉**(coagulation)。溶胶是热力学不稳定系统,一旦稳定的条件被破坏,溶胶会发生聚沉。影响溶胶聚沉的因素是多方面的,如电解质的作用、溶胶系统的相互作用、溶胶的浓度、温度、机械作用等。下面简单讨论电解质对溶胶聚沉作用的影响、胶体系统间的相互作用以及大分子化合物对溶胶稳定性的影响。

(一)电解质对溶胶稳定性的影响

适量的电解质是溶胶稳定的必要条件,是溶胶带电、形成电动电势的物质基础,因而溶胶的制备过程中不可净化过度。然而过多的电解质又是引起溶胶不稳定的主要原因,它可以压缩胶粒周围的扩散层,使双电层变薄,水化膜弹性变弱,ζ 电势降低,因而稳定性变差。当扩散层中反离子全部被压入吸附层时,ζ 电势降为零,这时胶粒呈电中性,处于最不稳定的状态。

溶胶对电解质的影响非常敏感,通常用**聚沉值**(coagulation value)来表示电解质的聚沉能力。聚沉值定义为使一定量的溶胶在一定的时间内完全聚沉所需电解质的最小浓度,又称为临界聚沉浓度。常用聚沉值的倒数表示聚沉能力。显然,电解质的聚沉能力越大,聚沉值越小。表 8-4 列出了不同电解质对某些溶胶的聚沉值。

表 8-4 不同电解质的聚沉值   单位:mol/m^3

As$_2$S$_3$ 负溶胶		AgI 负溶胶		Al$_2$O$_3$ 正溶胶	
电解质	聚沉值	电解质	聚沉值	电解质	聚沉值
LiCl	58	LiNO$_3$	165	NaCl	43.5
NaCl	51	NaNO$_3$	140	KCl	46
KCl	49.5	KNO$_3$	136	KNO$_3$	60
KNO$_3$	50	RbNO$_3$	126		
KAc	110	AgNO$_3$	0.01		
CaCl$_2$	0.65	Ca(NO$_3$)$_2$	2.4	K$_2$SO$_4$	0.30
MgCl$_2$	0.72	Mg(NO$_3$)$_2$	2.6	K$_2$Cr$_2$O$_7$	0.63
MgSO$_4$	0.81	Pb(NO$_3$)$_2$	2.43	K$_2$C$_2$O$_4$	0.69
AlCl$_3$	0.093	Al(NO$_3$)$_3$	0.067	K$_2$[Fe(CN)$_6$]	0.08
1/2Al$_2$(SO$_4$)$_3$	0.096	La(NO$_3$)$_3$	0.069		
Al(NO$_3$)$_3$	0.095	Ce(NO$_3$)$_3$	0.069		

根据一系列实验结果,电解质对溶胶的聚沉能力总结出如下规律。

(1)聚沉能力主要取决于反离子的价数。电解质中能使溶胶聚沉的离子主要是反离子,随着反离子价数的增高,聚沉能力迅速增加。对于给定的溶胶,反离子为1、2、3价时,其聚沉值与反离子价数的6次方成反比,即

$$M^+ : M^{2+} : M^{3+} = (1/1)^6 : (1/2)^6 : (1/3)^6 = 100 : 1.6 : 0.14$$

这一结论称为**舒尔策-哈代(Schulze-Hardy)规则**。

(2)价数相同的反离子聚沉能力也有所不同。例如,不同碱金属的一价阳离子所生成的硝酸盐对负溶胶的聚沉能力可以排成如下次序:

$$H^+ > Cs^+ > Rb^+ > NH_4^+ > K^+ > Na^+ > Li^+$$

而不同的一价阴离子所形成的钾盐,对正溶胶的聚沉能力则有如下次序:

$$F^- > Cl^- > Br^- > NO_3^- > I^-$$

同价离子聚沉能力的这一次序称为**感胶离子序**(lyotropic series),与离子的水化半径从小到大的次序大致相同。这可能是水化半径越小,越容易靠近胶体粒子的缘故。

(3)有机化合物的离子都具有很强的聚沉能力,这可能与其具有很强的吸附能力有关。例如,对 As_2S_3 负溶胶的聚沉值,KCl 为 49.5,而氯化苯胺只有 2.5,氯化吗啡更小,为 0.4mol/m³。吸附能力很强的无机离子也有类似情况,如表 8-4 所示,$AgNO_3$ 对 AgI 负溶胶的聚沉值只有 0.01mol/m³,这是 AgI 强烈吸附 Ag^+ 使表面电荷急剧下降所致。

(4)同号离子的稳定作用:电解质的聚沉作用是正负离子作用的总和,当电解质中反离子相同时,应考虑与胶粒具有相同电荷的离子的影响,这可能与这些同号离子的吸附作用有关。同号离子进入吸附层,有利于增大 ζ 电势,从而增加溶胶的稳定性。通常同号离子价数越高,该电解质的聚沉能力越低。例如,对亚铁氰化铜负溶胶,一价的 KBr 的聚沉值为 27.5,二价的 K_2SO_4 为 47.5,而四价的 $K_4[Fe(CN)_6]$ 可增加到 260mol/m³。有机化合物的同号离子对溶胶的稳定作用更强,例如对 As_2S_3 负溶胶的聚沉值,KCl 为 49.5,而 KAc 增大至 110mol/m³,这是因其有较强的吸附作用。因此,只有在同号离子吸附作用极弱的情况下,才能近似地认为溶胶的聚沉作用是反离子单独作用的结果。

(5)不规则聚沉:在逐渐增加电解质浓度的过程中,溶胶发生聚沉、分散、再聚沉的现象称为**不规则聚沉**(irregular coagulation),见图 8-28。不规则聚沉往往是溶胶粒子对高价反离子强烈吸附的结果。少量电解质使溶胶聚沉,但吸附过多高价反离子后,胶粒改变电荷符号,形成电性相反的新双电层,溶胶又重新分散。再加入电解质,压缩新的双电层,重新发生聚沉。

生活中很多电解质使胶体聚沉的实例,如将含有 Ca^{2+}、Mg^{2+}、Na^+ 等离子的卤水加到荷负电的豆浆中,豆浆胶体发

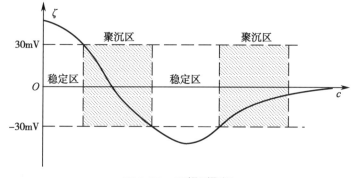

图 8-28 不规则聚沉

生聚沉成为豆腐。江河中带负电的土壤胶体颗粒遇到海水中的盐发生聚沉后,使接界处出现清晰的清水与浊水的界面,江河入海口的三角洲就是土壤胶体聚沉后的产物。

（二）溶胶的相互聚沉作用

带相反电荷的溶胶相互混合,也会发生聚沉,聚沉的程度与两者用量有关。当两种溶胶所带电荷全部中和时才会完全聚沉,否则可能不完全聚沉,甚至不聚沉。相互聚沉作用在水的净化方面得到广泛应用,如水中的悬浮物通常带负电,而明矾的水解产物 $Al(OH)_3$ 溶胶则带正电,利用两种电性相反的溶胶相互吸附而聚沉使水得以净化。

（三）大分子化合物的稳定和絮凝作用

有些大分子化合物易吸附到溶胶粒子的表面,从而对溶胶的稳定性产生影响,加入的大分子化合物的量不同会产生不同的结果。

1. 大分子化合物的保护作用　若在溶胶中加入足够量的大分子化合物,多个大分子的一端吸附在同一个溶胶粒子的表面,或环绕在粒子的周围,形成水化外壳,对溶胶起保护作用,见图 8-29(a)。这时大分子会增加粒子对介质的亲和力,由疏液变成相对亲液,降低粒子的表面能,使溶胶不易聚沉。例如,用白明胶保护的金溶胶浓度可以达到很高而不聚沉,而且烘干后仍然可以重新分散到介质中。具有保护作用的大分子化合物结构具有两种性质的基团,与胶粒有较强亲和力的吸附基团和与介质有良好亲和力的稳定基团,而且两者的比例要适当。

大分子化合物对溶胶的保护作用有着重要的实际应用,例如墨汁用动物胶保护、颜料用酪素保护、照相乳剂用明胶保护、杀菌剂蛋白银(银溶胶)用蛋白质保护等。

2. 大分子化合物的絮凝作用　在胶粒或悬浮体内加入极少量的可溶性大分子化合物,可导致溶胶迅速沉淀,沉淀呈疏松的棉絮状,这类沉淀称为**絮凝物**(floccule),这种现象称为**絮凝作用**(flocculation)或**敏化作用**(sensitization)。能产生絮凝作用的大分子称为**絮凝剂**(flocculating agent)。

絮凝作用的机制可从搭桥效应、脱水效应、电中和效应三个方面解释。搭桥效应是絮凝的主要机制,即一个长链大分子化合物同时吸附在许多个分散的胶粒上,通过它的"搭桥",把许多个胶粒连接起来,通过本身的链段旋转和运动(相当于本身的"痉挛"作用),将固体粒子聚集在一起而产生沉淀,见图 8-29(b)。与电解质引起的聚沉不同,电解质所引起的聚沉过程比较缓慢,所得到的沉淀颗粒紧密、体积小,是由于电解质压缩溶胶粒子的扩散双电层引起的。脱水效应是因大分子化合物对水有更强的亲和力,争夺胶体粒子水化层中的水分子,使胶粒失去水化膜而聚沉。电中和效应是带相反电荷的离子型大分子化合物吸附在胶粒上,中和了溶胶粒子的表面电荷,使粒子失去电性而聚沉。作为一个好的大分子絮凝剂,应该是相对摩尔质量很大、具有良好吸附基团、线状直链的聚合物,目前用得最多的絮凝剂为丙烯酸胺类及其衍生物,其相对摩尔质量可达几百万。

絮凝作用比聚沉作用有更大的应用价值。因为絮凝作用具有迅速、彻底、

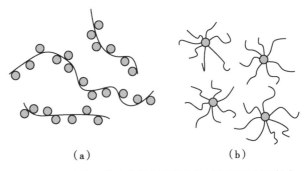

图 8-29　大分子化合物的保护作用(a)和絮凝作用(b)

沉淀疏松、过滤快、絮凝剂用量少（用量一般仅为无机聚合剂的 1/200～1/30 ）等优点，尤其对于颗粒较大的悬浮体尤为有效。这对于污水处理、钻井泥浆、选择性选矿以及化工生产流程的沉淀、过滤、洗涤等操作都有重要的作用。

第七节　乳状液及微乳液

前面几节主要介绍固 - 液溶胶及其基本性质，这些性质对于其他分散系统也是适用的。本节将对液 - 液分散的乳状液和微乳液以及它们在药物制剂等方面的应用做简单介绍。

一、乳状液

（一）乳状液的类型

一种或几种液体分散在另一种与之不相溶的液体中形成的分散系统称为**乳状液**（emulsion）。通常分散相称为内相，分散介质称为外相。

乳状液通常一相为水，另一相为不溶于水的有机液体（统称为油）。水与油可以形成不同类型的乳状液。其中水为分散介质，油为分散相分散在水中形成水包油型乳状液，用 O/W 表示，见图 8-30(a)；另一种是油为分散介质，水为分散相分散在油中即油包水型乳状液，用 W/O 表示，见图 8-30(b)。乳状液的类型主要与形成乳状液所用乳化剂的性质有关，还与油相和水相的性质、体积比以及温度有关。此外，还有一种多重乳剂，又称为复乳，它是 W/O 型（或 O/W 型）乳状液分散在水（或油）中形成的分散系统，用 W/O/W（或 O/W/O）表示。乳状液在生产和生活中广泛存在，如牛奶、乳化农药等是 O/W 型的，原油是 W/O 型的。

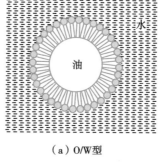
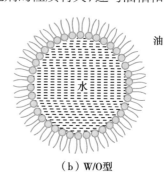

（ a ）O/W 型　　　　（ b ）W/O 型

图 8-30　乳状液的类型

W/O 型和 O/W 型乳状液在外观上并无多大区别，可根据以下几种简单方法进行鉴别。

（1）稀释法：乳状液能被外相所稀释，若能被水相稀释，则为 O/W 型；若能被油相稀释，则为 W/O 型。

（2）染色法：用微量油溶染料（如苏丹红）加到乳状液中，若整个乳状液显色，说明外相为油相，即 W/O 型；若只有小液珠染色，则是 O/W 型。若用水溶性染料（如亚甲蓝）加到乳状液中，则情况正好相反。

（3）电导法：以水为外相的 O/W 型乳状液有较好的导电性能，而 W/O 型乳状液的导电性能则差。

（二）决定乳状液类型的因素

（1）乳化剂的界面张力：乳化剂可以看成是定向排列在油 - 水界面形成的膜，比较膜与水的

界面张力 $\sigma_{膜-水}$ 和膜与油的界面张力 $\sigma_{膜-油}$，若前者大，膜向水相弯曲，减少膜和水相的表面积，从而降低表面能，易形成 W/O 型乳状液；反之若后者大，膜向油相弯曲，易形成 O/W 型乳状液。

（2）乳化剂的溶解度：一定温度下，将乳化剂在水相和油相中的溶解度之比定义为分配系数。实验表明，分配系数比较大时，易得到 O/W 型乳状液；反之，易形成 W/O 型乳状液。

综合以上两点，亲水性的表面活性剂，在水相中的溶解度大，与水构成界面的张力小，适合作为 O/W 型乳化剂。常用的这类表面活性剂的 HLB 值为 8～18，如吐温（Tween）类、卵磷脂等。亲油性的表面活性剂，在油相中的溶解度大，与油构成界面的张力小，适合作为 W/O 型乳化剂。这类表面活性剂的 HLB 值为 3～8，如高级醇类、司盘（Span）类等。制备乳状液时如果缺少合适 HLB 值的乳化剂，也可用两种乳化剂复配。

（3）乳化剂的分子结构：乳化剂的稳定作用与其分子的构型即空间结构密切相关。如带有一条碳氢链的一价金属皂，由于水溶性较强形成 O/W 型乳状液；但是带有两条碳氢链的二价皂，由于空间障碍，非极性碳氢链向外才能排列得整齐稳定，因此往往形成 W/O 型乳状液。

（4）油 - 水的相体积比：一般而言，体积分数大的液体倾向于作外相，体积分数小的倾向于作内相。

（三）乳化剂的选择

选择乳化剂的原则如下。

（1）有良好的表面活性，能降低表面张力，在欲形成的乳状液外相中有良好的溶解能力。

（2）乳化剂在油 - 水界面上能形成稳定紧密排列的界面膜。

（3）水溶性和油溶性乳化剂混合使用有更好的乳化效果。

（4）乳化剂应能适当增大外相黏度，减小液滴的聚集速度。

（5）满足乳化系统的特殊要求。如食品和药物系统的乳化剂要求无毒甚至有一定的药理性能等。

（6）乳化剂浓度小、成本低，乳化效果好，工艺简单。

（四）乳状液的破坏

乳状液完全破坏，成为不混溶两相的过程称为破乳。例如，原油脱水、污水中除油珠、牛奶中提炼奶油等都是破乳过程。乳状液的破坏一般要经过分层、转相和破乳等不同阶段。破乳原理归根结底是破坏乳化剂的保护作用，最终使油、水分离。常用的破乳方法如下。

（1）电解质破乳：以双电层起稳定作用的稀乳状液可以用电解质破坏，这是工业上常用的破乳方法。电解质的破乳作用也符合舒尔茨 - 哈代规则，即与液滴电性相反离子的价数越高，其破乳能力越强。

（2）改变乳化剂的类型破乳：由于一价金属皂可稳定 O/W 型乳状液，高价金属皂可以稳定 W/O 型乳状液，因此，如果把足量的钙盐加到由钠型表面活性剂为乳化剂形成的 O/W 型乳状液中时，由于表面活性剂中金属离子的置换可以使乳状液转相，利用 O/W 型向 W/O 型转变过程中的不稳定性使之破坏。

（3）破坏保护膜破乳：由坚韧保护膜稳定的乳状液可以选用表面活性更强，但碳氢链较短，不能形成坚韧保护膜的表面活性剂取代原乳化剂，以破坏保护膜而使乳状液破坏。这是当前重要的破乳的方法，常用的表面活性剂是低级醇或醚，如异戊醇等。

（4）破坏乳化剂破乳：加入能与乳化剂发生反应的试剂，使乳化剂破坏或沉淀。例如，向皂类稳定的乳状液中加入无机酸,使之变成脂肪酸析出,从而破乳等。

（5）其他破乳方法如加热破乳、高压电破乳、离心破乳、过滤破乳等。

（五）药物乳状液

将杀虫药、灭菌药制成乳剂使用,不但药物用量少,而且能均匀地在植物叶面上铺展,提高杀虫、灭菌效率。也有将农药与乳化剂溶在一起制成乳油,使用时配入水中即成乳状液。

牛乳和豆浆是天然的 O/W 型乳状液,其中的脂肪以细小液滴分散在水中,乳化剂均是蛋白质,故它们易被人体消化吸收。根据这一原理,人们制造了"乳白鱼肝油",它是鱼肝油分散在水中的一种 O/W 型乳状液。由于鱼肝油为内相,口服时无腥味,便于儿童服用。

临床上给严重营养缺乏患者使用的静脉滴注用脂肪乳剂,主要是含有精制豆油、豆磷脂和甘油的 O/W 型乳状液。药房中许多用作搽剂的药膏,以往多以凡士林为基质,使用时易污染衣物,目前常制成霜剂,为浓的 O/W 型乳状液,极易被水清洗。

二、微乳液

一般乳状液液滴的粒径在 0.1～10μm,属于粗分散系统,是热力学不稳定系统。若液滴小于 100nm 时,称为**微乳状液**(microemulsion),简称微乳液。微乳液一般由油相、表面活性剂、助表面活性剂和水自发形成的,粒径在 10～100nm 之间的透明或半透明的热力学稳定的各向同性的系统。分为 O/W 型、W/O 型和双连续型三种类型。微乳液中乳化剂用量较大,占总体积的 20%～30%,通常需要加入一些极性的有机物(短链或中长链的醇类物质)作助乳化剂。

微乳液与乳状液的显著区别如下。

1. 微乳液是热力学稳定系统 由于制备时表面活性剂用量大,且有助表面活性剂的辅助作用,可使油水界面的张力大大降低,甚至趋于零。另一方面,微乳中油相的用量很少,一般不大于总质量的 3%,这样形成的乳滴粒径非常小,如同表面活性剂的胶束缔合胶体,是热力学稳定系统,即使离心也不能使之破乳。

2. 微乳液可自发形成 乳状液制备时需要高速搅拌以使之分散,但微乳液属热力学稳定系统,能够自发形成。制备微乳液时,关键的是要确定微乳区域,一般通过准三元相图来确定。

3. 微乳液是外观均匀的透明或半透明液体 液滴粒径大小不同对光的吸收、反射和散射作用也不同,因而乳状液与微乳液外观上有较大的差异。乳状液属粗分散系统,对光主要起反射作用而呈乳白色,乳状液由此而得名。微乳液液滴较小,对光的散射作用增强,所以微乳液一般呈透明的状态或浅蓝色的半透明状态。

近年来微乳液在三次采油中的应用研究发展很快,它可以使采油率提高 10% 以上。同时,微乳液作为新型给药系统近年来被用于多种药物制剂的开发。微乳液可以增溶药物、促进药物吸收、提高其生物利用度、减少过敏反应等。如抗肿瘤药物喜树碱乳化后溶解度提高 2～3 倍,环孢素的口服微乳生物利用度可增加 2～3 倍,胰岛素微乳透皮给药的皮肤透过率明显提高,氟比洛芬微乳注射剂在病变部位的浓度可提高 7 倍。微乳液作为给药载体具有热力学稳定、易于制备和保存、黏度低(O/W 型微乳一般低于 200mPa·s)、注射时不会引起疼痛、对于易降解的药物制成 W/O 型微乳可起到保护作用等特性。因而,微乳液已经成为新型递药系统的研究热点。

第八节　气溶胶

一、气溶胶的分类与性质

（一）气溶胶的分类

气溶胶是以液体或固体为分散相，以气体为分散介质形成的胶体分散系统。例如，烟、尘是固体分散在气体中形成的气溶胶，云、雾是液滴分散在气体中的气溶胶。气溶胶主要来源于客观自然现象和人类的生活、生产活动。

按照不同的分类方式，气溶胶有不同的类型。例如，按照分散相相态的不同，可以分为固体气溶胶和液体气溶胶；按照气溶胶形成方式的区别，可以分为分散气溶胶和凝聚气溶胶；按照气溶胶荷电情况的不同，可以分为荷正电气溶胶、荷负电气溶胶和中性气溶胶。常见的气溶胶有烟、雾、霾等。

（二）气溶胶的性质

气溶胶粒子具有特定的电性、化学反应特性、光学特性、溶解度等，简单介绍如下。

1. 空气动力学特性　气溶胶粒子在空气中最显著的特征是扩散和沉降。溶胶粒子的沉降速度与颗粒大小、形状、密度等因素有关。直径大于 $10\mu m$ 的粒子在空气中加速沉降。分散度较高，在空气中匀速沉降的粒子可以用重力沉降公式[式（8-9）]计算其沉降速度。

2. 光学性质　气溶胶的光散射作用服从瑞利散射公式，所以在除尘净化中可以利用尘粒的光学特性来测定气溶胶的浓度和分散度。日常生活中，缕缕上升的炊烟呈淡蓝色就是太阳光被烟尘散射的结果。

3. 电学性质　气溶胶粒子的电学性质主要指荷电性质与电势大小。气溶胶的电荷来源于与介质的摩擦、粒子间的撞击、天然辐射、外界离子或电子附着等，所带电荷的电性和电荷量随外界条件的不同而不同。由于气溶胶荷电，所以飞机在穿过雨雪和风暴时会有强烈的静电干扰。与溶胶不同的是，气溶胶没有扩散双电层，粒子之间更容易发生碰撞、聚结，所以气溶胶是不稳定的胶体分散系统，但布朗运动又使其具有相对的稳定性。

4. 自燃性和爆炸性　当物体被研磨成粉末时，总表面积增加，表面能增大，颗粒的化学活性增加，特别是提高了其氧化产热的能力，会发生自燃或爆炸。发生爆炸时粉尘的最低浓度称为粉尘的爆炸下限。粉尘在空气中的浓度达到或高于爆炸下限时，遇到明火会发生爆炸；下限越低，能够发生爆炸的温度越低，发生爆炸的危险性越高。例如，煤炭粉末的爆炸下限为 $114.0g/cm^3$，面粉的为 $30.2g/cm^3$，硫矿粉的为 $13.9g/cm^3$，所以同等条件下，硫矿粉更易发生爆炸。

> **案例 8-2**
>
> **分析气溶胶的环境效应**
>
> 气溶胶的环境效应主要包括气候效应和空气质量效应。
>
> 首先，气溶胶粒子通过对太阳短波辐射和地球长波辐射的散射和吸收，影响

地球 - 大气圈辐射平衡,从而直接影响气候。例如,黑碳类吸收型气溶胶可以吸收太阳辐射使得大气增暖,到达地面的太阳辐射减少,地面降温。其次,人类生产导致的矿物尘、硫酸盐、硝酸盐、有机碳氢化合物等粒子的排放,使雾霾出现的频率增加,空气质量明显恶化。

造成大气污染的气溶胶还包括光化学烟雾和硫酸烟雾等二次污染物。光化学烟雾是汽车尾气中的氮氧化物、碳氢化合物在阳光照射下发生一系列光化学反应而生成的蓝色烟雾。硫酸烟雾是大气中二氧化硫等硫化物发生一系列化学反应或光化学反应而生成的硫酸或硫酸盐气溶胶。著名的伦敦烟雾就是由各种污染物的协同作用形成的硫酸烟雾。

此外,生物气溶胶也是影响空气质量的重要因素之一,它指含有微生物或生物大分子等生命活性物质的微粒(包括细菌、真菌、孢子、病毒、尘螨、花粉以及动植物碎片等)作为分散相的气溶胶。生物气溶胶不仅会引发人类的急慢性疾病以及动植物疾病,也会间接影响全球环境和气候变化。

二、气溶胶的应用

气溶胶在工业、农业、国防和医药等领域均有着广泛的应用。例如,将农药制成乳剂并利用喷洒设备喷成雾状使用,可以提高药效、降低药物的用量;将成核物质制成气溶胶用于人工降雨,可缓解旱情;在国防军事上可以利用气溶胶的吸收和散射特征来制造信号弹和烟幕弹;在制药领域,气溶胶可用做肺部、腔道、皮肤给药的有效剂型,并应用于制备工艺(如喷雾干燥)等方面。下面简要介绍药物制剂中三种经典的气溶胶剂型:**气雾剂**(aerosols)、**喷雾剂**(sprays)和**粉雾剂**(powder aerosols)。

1. **气雾剂**　气雾剂是指将药液与抛射剂封装于具有特制阀门系统的耐压容器中制成的制剂。使用时借助抛射剂的压力,将内容物定量或非定量地喷出,喷出的药物多为雾状气溶胶,其雾滴一般小于 50μm。根据医疗用途的不同,气雾剂可以分为呼吸道吸入用气雾剂、皮肤和黏膜用气雾剂、消毒和杀虫用气雾剂。常用的抛射剂有氟氯烷烃、碳氢化合物以及压缩气体三类。

2. **喷雾剂**　喷雾剂是指将含药溶液、乳状液、混悬液填充于特制的装置中,使用时借助手动泵的压力、高压气体、超声波震动或其他方法将内容物以雾状等形态喷出的制剂。由于喷雾剂的雾粒粒径较大,不适用于肺部吸入,多用于舌下、鼻腔黏膜给药。喷雾剂与气雾剂最大的区别在与前者靠借助外力喷射,后者借助内压及抛射剂喷出。

3. **粉雾剂**　粉雾剂是指微粉化药物采用特制的干粉吸入装置,由患者主动吸入雾化药物至肺部的制剂,也称**吸入粉雾剂**(powder aerosols for inhalation)或**干粉末吸入剂**(dry powder inhalers)。吸入粉雾不受定量阀门的限制,最大剂量一般高于气雾剂,也不存在气雾剂在使用中阀门揿压与吸入动作必须同步的问题。

粉雾剂的吸入效果很大程度上受药物粒径大小、外观形态、荷电性、吸湿性等性质的影响。一般认为供肺部给药合适的粒径是 1～5μm;药物粒径过大,不能顺利通过支气管,粒径太小会随着患者气流呼出,小于2μm的粒子易包埋在肺泡中。因此,吸入粉雾剂中药物粒径大小应控制在10μm以下,大多数在5μm左右。

第九节　纳米粒子和纳米技术在制药领域中的应用

纳米粒子通常是指尺寸在1~100nm之间的粒子,属于胶体粒子的范畴。大小处于原子簇和宏观物体之间的过渡区,具有一系列特殊的物理化学性质,因而针对纳米粒子的研究得到了蓬勃的发展。1990年7月在美国巴尔的摩召开的第一届国际纳米科学技术(Nanoscale Science and Technology, NST)会议,标志着这一全新的科技——纳米科技的正式诞生。目前,纳米技术已经在新型材料、催化剂、生物医学检测、分子识别、有序组装及航天工业等诸多领域得到了广泛应用。

一、纳米粒子的结构和特性

纳米粒子的特性与粒子尺度紧密相关。当物质的尺度减小到一定程度时,表面原子数与内部原子数的比值迅速增大,表面能迅速增大。当达到纳米尺度时,此种变化就会反馈到物质结构和性能上,从而显现出许多特异的效应。

(1)表面效应:物质的比表面随着颗粒变小而迅速增加,表面原子数占总原子数的比例也急剧增加。例如,粒径5nm的物质其比表面积约为180m^2/g,表面上原子所占的比例约为50%;而粒径为2nm的物质其比表面积约为450m^2/g,表面原子所占的比例为82%。由于表面原子受力不均匀,具有很高的表面能,故具有很大的化学活性,常用于制造新型催化剂。

(2)热力学不稳定系统:纳米微粒由有限数量的原子和分子组成,是热力学不稳定系统。因此纳米粒子易于自发地聚集以降低其表面能,久置需要加稳定剂对其进行保护。

(3)小尺寸效应:当纳米粒子的晶体尺寸足够小时,晶体表面周期性的边界条件将被破坏,表面层及其附近的原子密度减小,使材料的光、电、磁、热、力学等性能发生改变。例如,材料的光吸收率明显加大,吸收峰发生位移,非电导材料会出现导电现象,磁有序态向无序态转化,金属的熔点明显降低等。

(4)量子尺寸效应:当粒子尺寸达到纳米级时,金属费米子(Fermion)能级附近的电子能级由连续变为离散,并有能隙变宽的现象,这就是纳米材料的量子尺寸效应。简而言之,就是电子能级由连续变为不连续。这一现象导致纳米金属与普通金属的性质完全不同。例如,纳米银为导体,而粒径小于20nm的纳米银却是绝缘体。当电子能级间隔变宽时,粒子的发射能量增加,同时当吸收能量时则向短波长方向移动,直观上表现为样品颜色的变化。例如,金属铂是银白色金属(俗称白金),而纳米级的金属铂是黑色的,俗称铂黑。

(5)宏观量子隧道效应:微观粒子具有贯穿势垒的能力,被称为隧道效应。近年来,人们发现微观粒子的一些宏观性质,例如磁化强度、量子相干器件中的磁通量以及电荷等具有隧道效应,它们可以穿越宏观系统的势垒而产生变化,故称为宏观量子隧道效应。这可以解释金属镍的超细微粒在低温下可以继续保持超顺磁性。又例如，具有铁磁性的磁铁，当粒子尺寸达到纳米级时，即由铁磁性转变为顺磁性。

二、纳米粒子的制备方法

纳米粒子与疏液溶胶的粒度范围一致，其制备方法与溶胶的制备方法基本相同，主要包括物理法和化学法。也有人根据制备时分散相物质的相态将纳米粒子的制备方法分为气相法、液相法和固相法。

（1）气相法：用物理的手段，如电弧、高频、等离子体等使块状物体受热分散成气态，再骤冷成纳米粒子，称为物理气相沉积法。此法主要用于制备金属、合金及个别金属氢氧化物的纳米粒子。将金属化合物蒸发，在气相中进行化学反应以制备纳米粒子的方法，称为化学气相沉积法，其优点是产物纯度高、分散性好、粒度分布窄等。

（2）液相法：使均相溶液中的某种或几种组分通过物理或者化学手段形成微小粒子，并使之与溶剂分离得到纳米粒子。常用的液相法有沉淀法、水解法、氧化还原法、微乳法、乳状液法、溶胶-凝胶和软硬模板法等。

（3）固相法：将块状固体用机械法粉碎，或通过固-固相间化学反应、热分解等方法形成纳米粉体的方法。

三、纳米技术在制药领域中的应用

纳米技术在医学领域，尤其是药物制剂领域被广泛应用。许多药物分子由于溶解度低、稳定性差、分子量大、生物利用度低以及毒副作用强等问题限制了其临床应用，纳米技术已经成为解决以上问题的有效办法。纳米技术在药物递送领域的应用如下。

（1）提高难溶性药物的溶解度和溶出度：当药物颗粒减小到纳米级时，颗粒比表面积显著增大，溶解度大大增加；另外，随着比表面积的增加，药物与体液的有效接触面积增加，药物的溶出速率也随之提高。因此，将难溶性药物纳米化是提高其利用度的有效方法。

（2）保护药物透过人体各种屏障：将药物或者蛋白质类的生物大分子封装在纳米粒中，可以降低药物与胃酸或蛋白酶等接触的机会，防止药物水解，提高药物在胃肠道中的稳定性；通过对纳米粒子的改性，可以改变膜运转机制，增加药物对生物膜及血脑屏障等的通透性。

（3）增强靶向性，实现药物可控释放：靶向纳米递送系统能够选择性地靶向作用对象，在到达特定的器官、组织或细胞之后智能性释放药物，保证药物在靶位的有效浓度和足够长的作用时间。减少了药物在全身其他部位的分布，从而增强疗效，减少不良反应。

目前，已上市的纳米给药系统有脂质体、纳米乳、胶束等。例如盐酸多柔比星脂质体注射液和紫杉醇白蛋白纳米粒。脂质体是目前进入市场最多的纳米制剂，已被广泛用于抗肿瘤药物、抗真菌药物、镇痛药、疫苗等多种类药物的递送。

ER8-6 脂质体的介绍（微课）

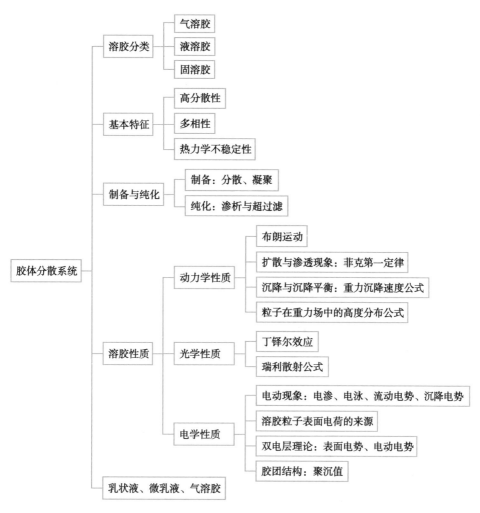

ER8-7　第八章　目标测试

本章习题

一、简答题

1. 有 A、B 两种液体,其中一种是大分子溶液,另一种是溶胶,可用哪些方法鉴别,如果一种为真溶液,另一种为溶胶,又可用哪些方法进行鉴别?

2. 溶胶是热力学不稳定系统,为什么它能在相当长时间内稳定存在?

3. 为什么晴天的天空呈蓝色,晚霞呈红色?

4. 为什么在新生成的 $Fe(OH)_3$ 沉淀中加入少量的稀 $FeCl_3$ 溶液,沉淀会溶解? 再加入一定量的硫酸盐溶液,为什么又会析出沉淀?

5. 试从渗透压角度探讨水肿产生的原因。

6. 江河入海处为什么常形成三角洲?

7. 用同一支钢笔在不同墨水瓶中吸水后,钢笔被堵,为什么?

8. 明矾为什么能使浑浊的水变澄清?

9. 大分子化合物在什么情况下对溶胶具有保护作用和絮凝作用,为什么?

10. 何谓乳状液,有哪些类型? 乳化剂为何能使乳状液稳定存在? 通常鉴别乳状液的类型有哪些方法,其根据是什么? 何谓破乳,何谓破乳剂,有哪些常用的破乳方法?

11. 重金属离子中毒的病人为什么喝了牛奶可使症状减轻?

12. 卤水点豆腐的原理是什么?

13. 为何说观察到的布朗运动不是胶粒真实的运动情况?

14. 什么是 ζ 电势,影响 ζ 电势数值的因素有哪些,ζ 电势大小与溶胶的稳定性有什么关系?

15. 何为纳米粒子,纳米粒子有哪些特性?

二、计算题

1. 某溶胶胶粒的平均直径为 5.6nm,设介质黏度为 1.2×10^{-3} Pa·s,试计算下列内容。

(1) 30℃时胶粒的扩散系数。

(2) 在 2s 内由于布朗运动,粒子沿 x 轴方向的平均位移。

2. 贝林(Perrin)实验观测藤黄混悬液的布朗运动,实验测得时间 t 与平均位移 $\bar{x}$ 数据如下。

时间 t/s	30	60	90	120
$\bar{x} \times 10^6$/m	6.9	9.3	11.8	13.9

已知藤黄粒子半径为 2.12×10^{-7} m,290K 混悬液黏度为 1.10×10^{-3} Pa·s,试计算阿伏伽德罗常数 L。

3. 在内径为 0.02m 的管中盛油,使直径 $d = 2.195$ mm 的球从其中落下,下降 0.2m 需 16.7s。已知油和球的密度分别为 $\rho_0 = 960$ kg/m^3 和 $\rho = 8\,250$ kg/m^3。试计算在实验温度时油的黏度。

4. 密度为 $\rho_{粒} = 2.252 \times 10^3$ kg/m^3 的某球形粒子,在密度为 $\rho_{介} = 1.625 \times 10^3$ kg/m^3,黏度为 $\eta = 8.75 \times 10^{-4}$ Pa·s 的介质中沉降,在 100s 的时间里下降了 0.037 8m,计算此球形粒子的半径。

5. 试计算 293K 时,在地心力场中使粒子半径分别为 $r_1 = 10^{-5}$ m,$r_2 = 10^{-8}$ m,$r_3 = 1.5 \times 10^{-9}$ m 的金溶胶粒子下降 0.01m,分别所需的时间。已知分散介质的密度 ρ_0 为 10^3 kg/m^3,粒子的密度 ρ 为 1.93×10^4 kg/m^3,溶液的黏度 η 为 0.001Pa·s。

6. 已知 298.15K 时,分散介质及金的密度分别为 1.0×10^3 kg/m^3 及 19.32×10^3 kg/m^3。试求半径为 1.0×10^{-8} m 的金溶胶的摩尔质量及高度差为 1.0×10^{-3} m 时粒子的浓度之比。

7. 在实验室中,用相同的方法制备两份不同的硫溶胶,测得两份硫溶胶的散射光强度之比为 $I_1/I_2 = 10$。已知第一份溶胶的浓度 $c_1 = 0.10$ mol/L,设入射光的频率和强度等实验条件都相同,试求第二份溶胶的浓度 c_2。

8. 将过量 H_2S 通入足够稀的 As_2O_3 溶液中制备 As_2S_3 溶胶。请写出该胶团结构式,指明胶粒的电泳方向,比较电解质 NaCl、$BaSO_4$、$BaCl_2$ 对该溶胶聚沉能力的大小。

9. 混合等体积的 0.1mol/L 的 KCl 溶液与 0.12mol/L 的 $AgNO_3$ 溶液混合制备 AgCl 溶胶,试比较电解质 $CaCl_2$、Na_2SO_4、$MgSO_4$ 的聚沉能力。

10. 用 $FeCl_3$ 在热水中水解来制备 $Fe(OH)_3$ 溶胶,试写出该溶胶的胶团结构,指明胶粒的电泳方向,比较电解质 K_3PO_4、K_2SO_4、KCl 对该溶胶聚沉能力的大小。

11. 在负电的 As_2S_3 溶胶中加入等体积、等摩尔浓度的几种电解质溶液,LiCl、NaCl、$CaCl_2$、$AlCl_3$,哪种电解质使溶胶的聚沉速度最快,为什么?

12. 将等体积的 0.01mol/L 的 KI 溶液与 0.012mol/L 的 $AgNO_3$ 溶液混合制备 AgI 溶胶。(1)试比较 3 种电解质 $MgSO_4$、$K_3[Fe(CN)_6]$、$AlCl_3$ 的聚沉能力。(2)若将等体积的 0.012mol/L 的 KI 溶液与 0.01mol/L 的 $AgNO_3$ 溶液混合制备 AgI 溶胶,上述 3 种电解质的聚沉能力又将如何?

13. 在某负电性溶液中加入电解质使之发生聚沉,若已知 KCl 对该溶胶的聚沉值为 500mmol/L,估算 K_2SO_4、$MgCl_2$ 的聚沉值大约为多少。

14. 球形胶体铋在 20℃的 ζ 电势为 +0.016V,求在电势梯度为 1V/m 时的电泳速度。已知水在室温时 $\eta = 0.001Pa\cdot s$,$\varepsilon_r = 81$,$\varepsilon_0 = 8.854 \times 10^{-12} C^2/(N\cdot m^2)$。

15. 由电泳实验测知,某溶胶(设为球形粒子)在 210V 电压下,两极间距离为 0.325m 时通电 36min 12s,溶液界面向正极移动 $3.02 \times 10^{-2}m$。已知分散介质的介电常数 $\varepsilon_r = 81$ $[\varepsilon_0 = 8.85 \times 10^{-12} C^2/(N\cdot m^2)]$,黏度 $\eta = 1.03 \times 10^{-3} Pa\cdot s$,求算溶胶的 ζ 电势。

三、计算题答案

1. (1) $D = 6.604 \times 10^{-11} m^2/s$;(2) $\bar{x} = 2.039 \times 10^{-5} m$

2. $L = 6.72 \times 10^{23}$

3. $\eta = 1.597 Pa\cdot s$

4. $r = 1.56 \times 10^{-5} m$

5. $t_1 = 2.51s$、$t_2 = 2.51 \times 10^6 s$、$t_3 = 1.12 \times 10^8 s$

6. $M = 48\ 735 kg/mol$,$c_2/c_1 = 0.833$

7. $c_2 = 0.01 mol/L$

8. 结构式:$[(As_3S_2)_m \cdot nHS^- \cdot (n-x)H^+]^{x-} \cdot xH^+$,在电场中向正极移动。聚沉能力:$BaCl_2 > BaSO_4 > NaCl$。

9. $Na_2SO_4 > MgSO_4 > CaCl_2$

10. 结构式:$[(Fe(OH)_3)_m \cdot nFeO^+ \cdot (n-x)Cl^-]^{x+} \cdot xCl^-$,在电场中向负极移动。聚沉能力:$K_3PO_4 > K_2SO_4 > KCl$。

11. $AlCl_3$ 最快,聚沉能力主要取决于反离子的价数,随着反离子价数的增高,聚沉能力迅速增加。

12. (1) $K_3[Fe(CN)_6] > MgSO_4 > AlCl_3$;(2) $K_3[Fe(CN)_6] < MgSO_4 < AlCl_3$

13. K_2SO_4 的聚沉值为 250mmol/L,$MgCl_2$ 的聚沉值约为 7.812 5mmol/L

14. $v = 7.65 \times 10^{-9} m/s$

15. $\zeta = 0.046\ 42V$

ER8-8 第八章 习题详解(文档)

(栾玉霞)

第九章　大分子溶液

ER9-1　第九章
大分子溶液（课件）

所谓**大分子**（macromolecule），通常是指平均摩尔质量大于 10kg/mol 的化合物，包括天然大分子（如蛋白质、核酸、淀粉、琼脂、蚕丝等）和人工合成大分子（如塑料、酚醛树脂、人造毛、有机玻璃、医用黏合剂等）。人工合成的大分子化合物通常也称为高分子化合物、聚合物或高聚物。在本章中，如无特殊说明，则不做区分，统称为大分子化合物，简称大分子。

ER9-2　第九章
内容提要（文档）

大分子溶液在本质上是真溶液，属于热力学稳定系统，但其分子大小又介于胶体范围，因此大分子溶液的特征与小分子溶液以及溶胶的特征既相似又不同，具有一定的双重性。例如，大分子溶液的分散相粒子能够自动分散到分散介质中形成溶液，分散相与分散介质之间没有相界面，遵守相律和化学平衡准则，是热力学稳定的均相系统，这些性质与小分子溶液相似。从分散相粒子的粒子大小角度看，大分子化合物的分子大小在胶体分散系统范围内（1～100nm），属于胶体分散系统，因此大分子溶液又具有类似胶体的性质，如不能通过半透膜。由此，大分子溶液又称亲液胶体。大分子溶液与小分子溶液以及溶胶的主要性质比较详见表 9-1。

表 9-1　大分子溶液与小分子溶液及溶胶的性质比较

性质	小分子溶液	大分子溶液	溶胶
粒子大小	小于 1nm	1～100nm	1～100nm
分散相粒子	单个小分子或小离子	单个大分子或大离子	胶粒（分子、离子或原子的聚集体）
热力学性质	单相稳定系统	单相稳定系统	多相不稳定系统
丁铎尔现象	很微弱	微弱	明显
能否通过半透膜	能	不能	不能
扩散速率	快	慢	慢
黏度大小	小，与溶剂相似	大	小，与分散介质相似
对外加电解质的敏感程度	不敏感	不太敏感，大量电解质将导致盐析	敏感，少量电解质将导致聚沉

大分子化合物在医药领域中的应用十分广泛，从人工器官到医疗用品，从大分子药物到医药助剂都离不开医用大分子材料。例如，常见的采血管、高分子绷带等一次性使用的医用大分子材料；用于人工血管、人工心脏瓣膜、人工肾等的植入、介入类材料；用于药物载体的大分子材料等。作为药物辅料时，大分子材料本身是惰性的，不参与药物作用，也没有药理活性，只起增稠、表面活性、崩解、黏合、赋形、润滑和包装等作用，或在人体内起"药库"作用，使药物缓慢放出而延长药物作用时间。以惰性水溶性聚合物作分子载体，将低分子药物与其共价连接，亦可制成聚合物药物。

第一节 大分子的概述

大分子是由若干个碳原子通过共价键连接而成的长链结构,其平均摩尔质量很大,且具有多分散性。

一、大分子的结构

对于天然生物大分子,如蛋白质和核酸,结构比较复杂,常以一级结构、二级结构和三级结构来体现其结构的多层次和错综复杂的基本特点。随着对蛋白质分子结构知识的积累,又增加了四级结构,并在二级结构和三级结构之间增加了超二级结构和结构域的概念。所谓的一级结构即是指构成蛋白质或核酸的基本单元(如氨基酸和核苷酸)的排列顺序,是基本结构或初级结构,而二级及以上级别的结构则可统称为空间结构或高级结构,是大分子链(macromolecular chain)在三维空间折叠和盘曲所构成的特有的空间构象。

对于人工合成大分子,尤其是高聚物,则以**近程结构**(又称为一级结构)和**远程结构**(又称为二级结构)加以描述。与描述天然大分子结构的基本单元的概念相近,近程结构是研究大分子聚合物时最基本的结构,是大分子化合物重复单元的化学结构和立体结构的合称。其中,化学结构包括分子中的原子种类、原子排列、取代基和端基的种类、支链的类型和长度等,而立体结构(即构型)是指组成大分子的所有原子(或取代基)在空间的排布,包括几何异构、键接异构和立体异构,反映了分子中原子(或取代基)与原子(或取代基)之间的相对位置。

近程结构从根本上影响着大分子化合物的物理性质(如溶解性、密度、黏度、黏附性、玻璃化温度等)和化学性质(如反应性)。远程结构体现整个大分子链的大小和形状。远程结构是大分子特有的结构(小分子不存在远程结构),决定着大分子链的**柔顺性**(flexibility)。合成大分子的主链主要是由碳原子以共价键结合起来的碳链,由于单键可以自由旋转,使线型长链大分子在旋转的影响下,整个分子保持直线状态的概率极低,致使大分子有各种不同的构象,通常处于自然卷曲的状态,这就是大分子具有柔顺性的原因。一般认为,主链为全 C—C 键构成的大分子化合物具有较好的柔顺性;当分子主链含有双键时,由于双键使相邻的单键更易内旋转而使得双烯烃类大分子具有较好的柔顺性;杂链大分子,即主链含有 C—O、C—N、Si—O 的大分子的柔顺性较好,但主链有芳环存在时,大分子化合物的柔顺性则会变差。除了主链结构是影响大分子柔顺性的重要因素之外,侧链基团的结构、分子链的规整度、支化和交联、分子量的大小以及分子间作用力等均会影响大分子化合物的柔顺性。

二、大分子的平均摩尔质量

大分子化合物的分子大小并不均一,其摩尔质量具有一定的分布,故常采用**平均摩尔质量**(average molecular weight)来反映大分子的某些特性。比如,从平均摩尔质量的分布情况可以研究大分子化合物聚合和解聚过程的机理和动力学。在研究人工合成大分子化合物的性能与结构的关系时也需要知道其平均摩尔质量及其分布情况。例如,含有短链分子多的纤维素不适于做纺织原料；含低摩尔质量多的天然橡胶，其生胶的硫化效果不佳。

大分子化合物平均摩尔质量的大小随其测定方法的不同而不同，所得的平均摩尔质量的涵义也有所差异。常用的平均摩尔质量的表示方法有如下几种。

1. **数均摩尔质量**（number average molecular weight, $\overline{M}_n$）　设大分子化合物溶液中含有 i 种组分，各组分的分子数分别为 N_1、N_2……N_i，相应的摩尔质量分别为 M_1、M_2……M_i，若样品的摩尔质量按照分子数进行统计分析，记为数均摩尔质量 $\overline{M}_n$，则 $\overline{M}_n$ 为

$$\overline{M}_n = \frac{N_1M_1 + N_2M_2 + \cdots + N_iM_i}{N_1 + N_2 + \cdots + N_i} = \frac{\sum\limits_i N_iM_i}{\sum\limits_i N_i} \qquad 式（9-1）$$

数均摩尔质量可采用依数性测定法、**端基分析法**或电子显微镜法测定。

ER9-3　端基分析法测定大分子平均摩尔质量（文档）

2. **质均摩尔质量**（mass average molecular weight, $\overline{M}_m$）　单个分子质量为 M_i 的组分 i 的质量为 $N_iM_i = m_i$，若按所占质量进行统计分析，则质均摩尔质量 $\overline{M}_m$ 为

$$\overline{M}_m = \frac{m_1M_1 + m_2M_2 + \cdots + m_iM_i}{m_1 + m_2 + \cdots + m_i} = \frac{\sum\limits_i N_iM_i^2}{\sum\limits_i N_iM_i} \qquad 式（9-2）$$

用**光散射法**测得大分子的平均摩尔质量为质均摩尔质量。在很多资料中，质均摩尔质量也被称为重均摩尔质量，用 $\overline{M}_w$ 表示。

ER9-4　光散射法测定大分子平均摩尔质量（文档）

3. **Z 均摩尔质量**（Z-average molecular weight, $\overline{M}_z$）　设 $Z_i = m_iM_i$，则当大分子的摩尔质量按 Z_i 进行统计分析时称之为 Z 均摩尔质量，用 $\overline{M}_z$ 表示如下

$$\overline{M}_z = \frac{\sum\limits_i N_iM_i^3}{\sum\limits_i N_iM_i^2} = \frac{\sum\limits_i m_iM_i^2}{\sum\limits_i m_iM_i} = \frac{\sum\limits_i Z_iM_i}{\sum\limits_i Z_i} \qquad 式（9-3）$$

用超速离心法测得的大分子摩尔质量为 Z 均摩尔质量。

4. **黏均摩尔质量**（viscosity average molecular weight, $\overline{M}_\eta$）　采用黏度法测定的摩尔质量称为黏均摩尔质量，用 $\overline{M}_\eta$ 表示如下

$$\overline{M}_\eta = \left(\frac{\sum\limits_i N_iM_i^{(\alpha+1)}}{\sum\limits_i N_iM_i} \right)^{\frac{1}{\alpha}} = \left(\frac{\sum\limits_i m_iM_i^\alpha}{\sum\limits_i m_i} \right)^{\frac{1}{\alpha}} \qquad 式（9-4）$$

式中，α 是指 $[\eta] = KM^\alpha$ 公式中的指数。当 $\alpha = 1$ 时，$\overline{M}_\eta = \overline{M}_m$；但大多情况下，$\alpha$ 介于 $0\sim1$ 之间，此时 $\overline{M}_n < \overline{M}_\eta < \overline{M}_m$。黏度法能够测定的平均摩尔质量范围较宽，方法操作简便，但需要用其他测定方法来确定特性黏度与平均摩尔质量之间的关系。

一般而言，若大分子样品是均匀的单聚物，则 $\overline{M}_n = \overline{M}_m = \overline{M}_z = \overline{M}_\eta$；如果是多聚物的同

系物,则 $\overline{M}_n < \overline{M}_\eta < \overline{M}_m < \overline{M}_z$,分子大小越不均匀,这四种测定方法得到的平均摩尔质量的差别也越大。另外,$\overline{M}_n$ 对大分子化合物中摩尔质量较低的部分比较敏感,而 $\overline{M}_m$ 和 $\overline{M}_z$ 则对摩尔质量较高的部分比较敏感。

三、大分子的摩尔质量分布

影响大分子性能的指标不仅是摩尔质量,其分布也影响大分子的性能。即使数均摩尔质量相同的样品,由于其摩尔质量分布不同在性能上也会有差别。由于大分子化合物的多分散性,使 $\overline{M}_n < \overline{M}_m$,且分散程度越大,二者的差距越大。分散程度可用以下两种方式表示。

1. 分布指数 表示摩尔质量分布宽度的参数 D,称为分布指数。表示为

$$D = \frac{\overline{M}_m}{\overline{M}_n} \qquad\qquad 式(9\text{-}5)$$

$D = 1$ 时,表明大分子的摩尔质量分布均一;$D > 1$ 时,表明大分子是多分散的,并且 D 的数值越大,其摩尔质量分布越宽,多分散性程度越大。

2. 摩尔质量分布曲线 利用大分子溶液分级沉淀法或凝胶渗透色谱,可以测定不同摩尔质量组分所占的质量分数,即可作出如图 9-1 的摩尔质量分布曲线。$\overline{M}_n$、$\overline{M}_m$、$\overline{M}_z$ 和 $\overline{M}_\eta$ 的相对大小也可在图中表示出来。

要深入了解大分子的平均摩尔质量,最好知道每种摩尔质量的大分子在试样中占的比例,即了解其摩尔质量的分布情况,这样对改进大分子材料的性能、控制聚合反应的程度都有实际意义。

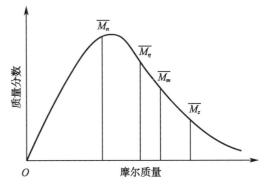

图 9-1　大分子化合物摩尔质量分布示意图

第二节　大分子溶液的形成

大分子的溶解过程与小分子的溶解过程类似,都是溶质与溶剂之间相互渗透的过程,只是大分子的溶解过程更加复杂。

一、大分子的溶解特征

大分子的溶解包括**溶胀**(swelling)和**溶解**两个过程。所谓溶胀,是指溶剂分子渗入大分子结构的空隙中使之膨胀的过程。大分子化合物在溶剂中首先与溶剂分子发生溶剂化作用,溶剂分子向大分子内部扩散、渗透,从而使大分子体积逐渐胀大。由于溶剂分子填充了大分子间隙,所以溶胀后的大分子之间的相互作用力(范德华力)减弱,如此,大分子能够在溶剂中自由运动并充分伸展。这一过程称为大分子化合物的溶解。

大分子化合物在溶剂中溶胀和溶解过程的快慢取决于大分子化合物的结构和分子量等性质,且与溶剂的性质、溶剂量以及温度、是否搅拌等条件有关。在良性溶剂(即与溶质亲和性好的溶剂)中,线型大分子能无限吸收溶剂直到完全溶解成均匀的溶液,该溶解过程可以看作是"**无限溶胀**"的结果;而体型大分子则不然,在良性溶剂中溶胀到一定程度后其吸收的溶剂量达到"饱和",整个系统处于两相平衡态,这种现象称为"**有限溶胀**"。换言之,体型大分子在良性溶剂中只能溶胀而不能溶解,其溶胀程度取决于大分子化合物的交联度。一般而言,大分子化合物的交联度越大,其溶胀度越小。

大分子化合物由溶胀到溶解通常需要较长的时间,不同大分子化合物溶胀的条件也不尽相同。例如,淀粉遇水立即膨胀,但溶胀成淀粉浆的过程需要在 $60\sim70℃$ 完成。再如胃蛋白酶,其有限溶胀和无限溶胀过程都很快,故在制备胃蛋白酶合剂时先将其撒于水面,待自然溶胀后再搅拌形成溶液,如果将胃蛋白酶撒于水面后立即搅拌,则胃蛋白酶易形成包裹溶剂化膜的团块,进而粘在搅拌棒及容器壁上,使溶剂分子难以进入胃蛋白酶内部,影响溶胀过程。

二、溶剂的选择

根据理论分析和实际经验,溶解大分子时可按以下几个原则选择溶剂。

1. 极性相似原则 根据相似相溶原理,溶质、溶剂的极性(电偶极性)大小越相近,其溶解性越好。即极性大分子化合物易溶于极性溶剂中,且极性大的大分子化合物易溶于极性大的溶剂,极性小的大分子化合物易溶于极性小的溶剂;而非极性大分子化合物则易溶于非极性溶剂中。例如,非极性的天然橡胶、丁苯橡胶等能溶于非极性的碳氢化合物溶剂,如石油醚、己烷、苯、甲苯等;又如,分子链含有极性基团的聚乙烯不溶于苯而溶于水;再如,汽车漆中极性比较高的氨基漆一般选择极性比较高的丁醇作溶剂。

2. 溶度参数或内聚能密度相近原则 **内聚能密度**(cohesive energy density)是指单位体积内 1mol 凝聚体为克服分子间作用力气化时所需要的能量,主要反映分子基团间的相互作用。一般来说,分子中所含基团的极性越大,分子间的作用力就越大,则相应的内聚能密度就越大;反之亦然。当溶质的内聚能密度同溶剂的内聚能密度相近时,体系中两类分子的相互作用力彼此差不多,建立大分子和溶剂分子相互作用所需的能量最低,此时大分子易于发生溶解,因此要选择与大分子内聚能密度相近的小分子做溶剂。在判断大分子与溶剂的互溶性时,常用**溶度参数**(δ)来衡量。在数值上,δ 等于内聚能密度的平方根,是选择溶剂或稀释剂的重要参数。一般来说,大分子与溶剂间的 $\Delta\delta<1.5$ 时,溶解过程方能进行;若大分子与溶剂的 δ 相等,则二者可互溶形成理想溶液;若 $\Delta\delta>1.5$,则难溶甚至不溶。例如,天然橡胶($\delta=16.6$),它可溶于四氯化碳($\delta=17.6$)和甲苯溶液($\delta=18.2$)中,不溶于乙醇溶液($\delta=26.0$);再如,醋酸纤维素($\delta=22.3$)可溶于丙酮($\delta=20.4$),而不溶于甲醇($\delta=29.6$)。常见溶剂的溶度参数(δ)数值参见表9-2。

除了单独使用某种溶剂外,还可以选择两种或多种溶剂混合使用。有时在单一溶剂中不能溶解的大分子化合物在混合溶剂中可发生溶解。混合溶剂的溶度参数可按下式进行估算

$$\delta_{混合} = \phi_1\delta_1 + \phi_2\delta_2 + \cdots + \phi_i\delta_i$$

式中,ϕ_i 为溶剂 i 在混合溶剂中所占的体积分数;δ_i 为纯溶剂 i 的溶度参数。

表 9-2　常见溶剂的溶度参数值 δ　　　　　　　　　　　　　　　　　　　　　　　　单位:(J/cm³)$^{1/2}$

溶剂	δ	溶剂	δ	溶剂	δ
水	47.4	三氯甲烷	19.0	吡啶	21.9
甲醇	29.6	二氯乙烷	20.0	乙酸乙酯	18.6
乙醇	26.0	四氯乙烷	21.3	二氧六环	20.4
正丁醇	23.1	正己烷	14.9	二硫化碳	20.4
苯	18.7	环己烷	16.8	二甲基亚砜	27.4
甲苯	18.2	正庚烷	15.2	四氢呋喃	20.2
对二甲苯	17.9	甲酸	27.6	间甲酚	24.3
氯代苯	19.4	丙酮	20.5	二甲基甲酰胺	24.7

　　一般而言,溶度参数相近原则适用于判断非极性或弱极性非晶态聚合物的溶解度,但不适用于溶剂与大分子化合物之间有强偶极作用或有氢键生成的情况。例如,聚丙烯腈和二甲基甲酰胺的 δ 值分别为 31.4 和 24.7,按溶度参数相近原则二者似乎不相溶,但实际上聚丙烯腈在室温下可溶于二甲基甲酰胺,这是两者分子间可形成强氢键的缘故。这种情况应考虑广义酸碱作用原则,或称溶剂化原则。

　　3. 溶剂化原则　溶剂化是指当溶剂分子与溶质分子间的相互作用力大于溶质分子的内聚力时,溶质分子彼此分开溶于溶剂中的过程。具体而言,极性大分子化合物的亲核基团与溶剂分子的亲电基团相互作用,极性大分子化合物的亲电基团与溶剂分子的亲核基团相互作用,这种溶剂化作用能够促进大分子化合物的溶解。需要注意的是,大分子化合物与溶剂分子的亲电、亲核强度要相当,即弱对弱,强对强。所谓溶剂化作用,实质上就是广义酸与广义碱的相互作用。

　　实际上溶剂的选择相当复杂,除满足大分子溶解外还要考虑溶剂的挥发性、毒性、溶液的用途、溶剂对制品性能的影响以及溶剂对环境的影响等因素。如在医药方面应用,溶剂本身应为药理惰性,不与药物发生化学反应,且要求无毒性、无致敏性、无致热性、无刺激性以及无溶血性等。

三、大分子在溶液中的形态

　　大分子溶液的性质与小分子溶液既有相似又有不同,因为大分子溶液的某些性质不仅与分子的数量有关,还与其分子大小及在溶液中的形态有关(图 9-2)。一般而言,大分子的直径不到 1 纳米,而长度则可以有几百到几万纳米,大分子中成千上万个 C—C 键围绕固定键角不断内旋形成无数个形态,并时刻变化,且各种构象的出现概率不均等。通常,在溶液中大分子呈现卷曲构象的概率最大,呈现直线构象的概率最小。实际上大分子都是卷曲的,分子链的柔顺性越好,其越容易卷曲形成无规则线团(无规则线团链)。例如,多核苷酸和螺旋状多肽

无规则线团链

螺旋状结构链

折叠链

图 9-2　大分子在溶液中的形态

都是简单的螺旋状结构,球蛋白是缠绕紧密的球形构象;分子链的刚性越强,大分子越不容易卷曲,极端情况下还可成为棒状(折叠链)。

第三节　大分子溶液的黏度及流变性

　　溶液状态下,大分子在外力作用下发生黏性流动和形变的性质,称为大分子溶液的**流变性**(rheological property)。流体流动时产生的内摩擦力的大小通常用**黏度**(viscosity)来衡量。研究大分子溶液的流变行为具有重要实用价值。例如,血液黏度的变化可作为许多疾病诊断、鉴别、疗效观察、预后判断及复发预测的重要指标。在药剂学中,流变学理论不仅广泛应用于混悬剂、乳剂、软膏剂等传统药物制剂,而且在纳米凝胶、纳米乳等新型药物递送系统的制备和应用过程中也有涉及。此外,在制剂生产过程中,通过研究原料药和辅料的流变性质,充分了解它们的流变学性质及其影响,可以较好地解决工艺放大过程中产生的各种问题。流变学的研究在理论上也有意义,例如,通过研究大分子溶液的黏度可以帮助了解质点的大小、形状以及质点间的相互作用等。

一、黏度与黏度公式

　　流变学研究的对象往往具有双重性质,它们既具有液体的流动性质又具有固体弹性变形的性质。液体受剪切应力作用产生流动,黏度是液体流动时所表现出来的内摩擦。液体的黏度不同,流动速度也不同。如图9-3所示,在两块面积很大的平行板间放置某种液体,若下板固定,上板施加外力F,并以速度v向x方向匀速运动。如果将液体沿y方向分成无数平行的薄层,则各液层向x方向的流速随y的方向逐渐变化。用带有箭头的平行线段表示各层液体的速度,液体流动时有速度梯度$\dfrac{\mathrm{d}v}{\mathrm{d}y}$存在,运动较慢的液体阻滞较快层液体的运动,由此产生流动阻力。

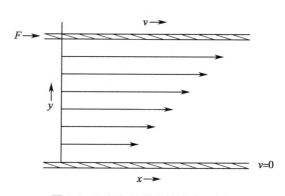

图9-3　平板间液体黏性流动示意图

　　流体的这种形变称为**切变**(shearing),上板施加的恒定外力F称为剪切力或**切力**(shearing force)。设板的面积为A,则切力F的大小与A及$\dfrac{\mathrm{d}v}{\mathrm{d}y}$成正比,即

$$F = \eta \cdot A \cdot \frac{\mathrm{d}v}{\mathrm{d}y} \qquad\qquad 式(9\text{-}6)$$

式(9-6)中,比例系数η称为该液体的黏度系数,简称黏度,单位为(N/m^2)•s 或 Pa•s。其物理意义是作用于单位面积,相隔单位距离,且相差单位速度的两液层之间的内摩擦力。若令τ表示单位面积上的切力,即$\tau = F/A$;速度梯度$\dfrac{\mathrm{d}v}{\mathrm{d}y}$亦是切速率,若用符号$D$表示,则式(9-6)可写为

$$\tau = \eta \cdot D \qquad\qquad\qquad 式（9-7）$$

式（9-6）和式（9-7）称为**牛顿黏度公式**。其特点是，η 只与温度有关，对指定的流体，在某一确定温度下有定值，不因 τ 或 D 的不同而改变。

上述稳定的流动称为层流，在同一层上流速相同，不随时间而改变。当速度超过某一限度时，层流变成湍流，有不规则的或随时间而变的漩涡发生，此时的流体性质就不再遵循牛顿黏度公式。

二、流变曲线与流型

根据流变学特性通常把流体分为两类：一类是遵循牛顿黏度公式的**牛顿流体**（Newtonian fluid），另一类是不遵循牛顿黏度公式的**非牛顿流体**（non-Newtonian fluid）。流变学中常以切速率 D 为纵坐标，以切力 τ 为横坐标绘制**流变曲线**（rheological curve），用以描述流体的流变特性。不同的流体有不同的流变曲线。牛顿流体的黏度不随切力而变，定温下有定值，τ 与 D 成正比，所以流变曲线是通过原点的直线[如图 9-4（a）所示]，即在任意小的外力作用下液体就能流动。对于非牛顿流体，τ 与 D 的比值不再是常数，可用**表观黏度**（η_a, apparent viscosity）表示此时的 τ/D，其流变曲线依照 $\tau = f(D)$ 函数的不同形式，可分为塑性流体、假塑性流体（伪塑性流体）以及胀流性流体。正常人的血清或血浆符合牛顿流体的流变曲线，但血液则表现为非牛顿流体的流变曲线特点，主要与血红细胞的大小、形态、聚集状态和变形能力有关。下面简要介绍几种非牛顿流体。

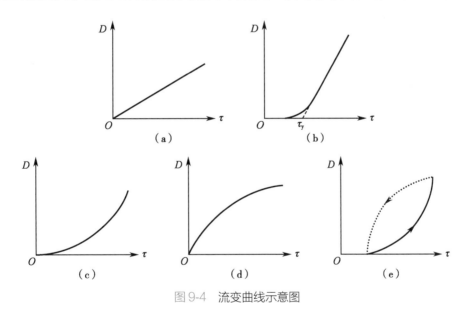

图 9-4　流变曲线示意图

1. **塑性流体**（plastic fluid）　又称 Bingham 流体，如图 9-4（b）所示，这种流体的特点是切力存在临界值 τ_y，也称**塑变值**（yield value）。在 $\tau < \tau_y$ 时，系统只发生弹性形变但不流动；当 $\tau > \tau_y$ 时，系统开始流动，此时系统的变形是永久性的，表现为可塑性，故称为塑性流体。其流变曲线为一条不通过原点的曲线，与切力相交于 τ_y 处，当切力超过塑变值后，切速率 D 与切力 τ 之间呈现线性关系，符合牛顿流体的流变曲线。塑性流体的流变行为可用下式来描述

$$\tau - \tau_y = \eta_p \cdot D \qquad\qquad\qquad 式（9-8）$$

式（9-8）中，η_p 称为塑性黏度，数值上等于流变曲线直线部分斜率的倒数。η_p 和 τ_y 是描述塑性

流体的流变性质的特征参数。牙膏、油漆以及一些药用硫酸钡胶浆等都属于塑性流体。

2. 假塑性流体（pseudo plastic fluid） 大分子溶液大多属于假塑性流体,如淀粉、明胶、橡胶、羧甲基纤维素、海藻酸钠溶液以及某些乳剂等。血液在高切速时是牛顿流体,但在低切速时则表现为假塑性流体。如图9-4(c)所示,假塑性流体的流变曲线是一条通过原点的凹形曲线,特点有:第一,系统没有塑变性;第二,黏度不是一个固定不变的常数,它随切速率 D 的增加而减少,即具有**切稀**（shear thinning）作用。随着 D 值的增加,溶液中不对称质点沿流线定向的程度提高,因而黏度下降,表现为流体流动越快显得越稀。该类流体的流变行为可用下式来描述

$$\tau = K \cdot D^n \quad (0 < n < 1) \qquad \text{式(9-9)}$$

式(9-9)中, K 和 n 视不同流体而异, K 是液体稠度的量度, K 值越大则液体越稠。

3. 胀流型流体（dilatant fluid） Reynold最早发现有些固体粉末的高浓度浆状体在搅动时其体积和刚性都有所增加,由此提出胀性流体的概念。胀性流体的流变曲线是一条通过原点的凸形曲线[图9-4(d)],与假塑性流体的流变曲线相似,但弯曲方向相反。胀性流体的特点是:第一,没有塑变值;第二,其黏度随着切速率的增大而增加,即流体流动越快显得越黏稠,这种现象称为**切稠**（shear thickening）。该类流体的流变行为也可用指数形式表示,只是此时 $n > 1$ 。对胀性流体性质的认识具有重要意义,例如,在钻井时所产生的泥浆,出现很强的胀性流体时易发生重大钻井事故。

$$\tau = K \cdot D^n \quad (n > 1) \qquad \text{式(9-10)}$$

当式(9-9)和式(9-10)中的 n 越接近1时,流体越接近牛顿流体;当 n 与1偏离越大,则非牛顿流体行为越显著,通常用 n 与1的偏离程度作为非牛顿流体的量度。

上述几种非牛顿流体都有一个共同的特点,就是其流变曲线都可以用 $\tau = f(D)$ 函数关系来描述,其中都不包括时间因素,即与流体发生切变的时间长短无关。但实际上,有些流体的黏度不仅与切变速度大小有关,且与系统遭受切变的时间长短有关,它们是时间依赖性流体。此种流体又可分为**触变性**（thixotropy）流体和**震凝性**（rheopexy）流体两大类。绝大多数时间依赖性流体都是触变性流体,其特点是静置时呈现半固体状态,当振摇或搅拌时呈流体状。在用转筒式黏度法测量触变性流体的切速率 D 随切力 τ 的变化曲线时,增加切变速率的上行线与降低切变速率的下行线形成不重合的**滞后环**（hysteresis loop）,滞后环面积的大小反映了触变性的大小[如图9-4(e)]。震凝性系统在去除外切力后仍保持凝固状态,至少有一段时间呈凝聚状态,然后再稀化。这点与胀性系统的黏度在去除外切力后即刻降低而产生的"稀化"大不相同。

三、大分子溶液的黏度与平均摩尔质量的测定

大分子溶液的黏度较一般溶胶或小分子溶液的黏度大得多,如图9-5所示,当大分子溶液的质量浓度增加时,其黏度随之急剧上升,而溶胶则变化缓慢。大分子溶液的黏度不仅与溶质分子大小、形状、浓度、温度有关,且与溶质分子与溶剂分子间的相互作用等因素有关。在温度确定后,大分子溶液的黏度仅与大分子化合

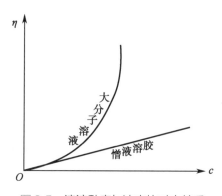

图9-5 溶液黏度与浓度的对应关系

物的大小及溶液的浓度有关。

（一）大分子溶液黏度的表示方法

黏度是大分子溶液的一个重要特征。在大分子溶液中，常用的表示方法有如下几种。

1. 相对黏度（relative viscosity，η_r） 相对黏度用溶液黏度η与溶剂黏度η_0的比值表示，即

$$\eta_r = \frac{\eta}{\eta_0} \qquad\qquad 式（9-11）$$

2. 增比黏度（specific viscosity，η_{sp}） 增比黏度表示溶液黏度比纯溶剂黏度增加的相对值，即

$$\eta_{sp} = \frac{\eta - \eta_0}{\eta_0} = \eta_r - 1 \qquad\qquad 式（9-12）$$

3. 比浓黏度（reduced viscosity，η_c） 比浓黏度又称折合黏度，表示单位质量浓度的溶质对该溶液黏度的贡献，其数值随质量浓度的增加而增加[如式（9-13）]，其单位为 m^3/kg。

$$\eta_c = \frac{\eta_{sp}}{c} \qquad\qquad 式（9-13）$$

4. 特性黏度（intrinsic viscosity，$[\eta]$） 特性黏度是溶液无限稀释时的比浓黏度，表示单个大分子对溶液黏度的贡献，其数值不随浓度的增加而改变，只与溶液中大分子的结构、形态及分子质量大小有关，故又称结构黏度。

$$[\eta] = \lim_{c \to 0} \frac{\eta_{sp}}{c} = \lim_{c \to 0} \frac{\ln \eta_r}{c} \qquad\qquad 式（9-14）$$

（二）影响黏度的因素

1. 温度 液体的黏度η与绝对温度T的关系可用式（9-15）表示，随着温度升高，黏度降低。

$$\eta = A \cdot e^{\Delta E/RT} \qquad\qquad 式（9-15）$$

式（9-15）中，A 及 ΔE 为常数，R 为气体常数。

2. 分散相 溶液黏度与分散相的浓度、形状、离子大小等有关。

3. 分散介质 溶液黏度受分散介质的化学组成、极性、pH 及电解质浓度等因素影响。

（三）黏度法测定大分子的平均摩尔质量

由上述内容可知，影响大分子溶液黏度的因素比较复杂，想从理论上得到黏度与相对分子质量的关系是不容易的，故此常用经验公式来进行求算。

Huggins 和 Kraemer 从实验中得到线型大分子稀溶液的增比黏度及相对黏度与质量浓度的关系式如下

$$\frac{\eta_{sp}}{c} = [\eta] + \beta_1 [\eta]^2 c \qquad\qquad 式（9-16）$$

$$\frac{\ln \eta_r}{c} = [\eta] - \beta_2 [\eta]^2 c \qquad\qquad 式（9-17）$$

式（9-16）、式（9-17）中，β_1 和 β_2 为比例常数。当 $c \to 0$ 时，两式的极限值均为$[\eta]$。在不同浓度下测定大分子溶液的黏度，并以η_{sp}/c-c、$\ln\eta_r/c$-c作图，用外推法即可求得$[\eta]$值（如图9-6）。

在一定温度下，大分子的平均摩尔质量越大，表现出的特性黏度也就越大。特性黏度和

大分子平均摩尔质量之间的经验关系式为

$$[\eta] = K\overline{M}^{\alpha} \qquad\qquad\qquad 式(9\text{-}18)$$

式(9-18)中，$\overline{M}$ 为大分子平均摩尔质量，K 值和 α 值是与温度、大分子化合物以及溶剂性质有关的特征常数。K 值受温度的影响较明显，一般在 $(0.5\sim20)\times10^{-5}\,\mathrm{m^3/kg}$。$\alpha$ 值主要取决于大分子线团在某温度下、某溶剂中舒展的程度。线团舒展，摩擦增大，α 值就大，接近于 1；线团紧缩，发生摩擦的机会减小，α 值就小，在极限的情况下，接近 0.5，所以一般 α 介于 $0.5\sim1$ 之间。K 和 α 的数值是由实验测定的，即先通过其他绝对方法确定（例如渗透压法、光散射法等）测定大分子化合物的平均摩尔质量 $\overline{M}$，并测定溶液的特性黏度 $[\eta]$，然后根据式(9-18)，以 $\ln[\eta]$ 对

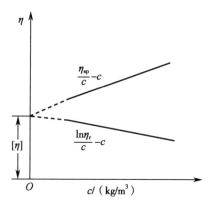

图 9-6　大分子溶液特性黏度与浓度的关系

$\ln\overline{M}$ 作图，求出 K 和 α 值。如在 25℃时，右旋糖酐水溶液的 $K = 9.8\times10^{-5}\,\mathrm{m^3/kg}$，$\alpha = 0.50$；聚乙烯醇溶液的 $K = 2.0\times10^{-5}\,\mathrm{m^3/kg}$，$\alpha = 0.76$。表 9-3 给出了其他一些大分子溶液的 K 和 α 值。

表 9-3　一些大分子溶液的 K 和 α 值

大分子化合物	平均摩尔质量	溶剂	温度/℃	$K/(10^{-5}\mathrm{m^3 \cdot kg^{-1}})$	α
天然橡胶	40 000~1 500 000	甲苯	25	5.0	0.67
醋酸纤维素	11 000~130 000	丙酮	25	0.19	1.03
聚苯乙烯	32 000~1 300 000	苯	25	1.0	0.74
聚苯乙烯	2 500~1 700 000	丁酮	25	3.9	0.58
聚异丁烯	1 000~3 150 000	苯	24	8.3	0.50
聚异丁烯	600~3 150 000	环己烷	30	2.6	0.70

用黏度法测定的平均摩尔质量为黏均摩尔质量。从黏均摩尔质量的定义可知，当 $\alpha = 1$ 时，$M_\eta = M_m$；当 $\alpha < 1$ 时，$M_n < M_\eta < M_m$。大多数大分子溶液符合后者关系。

例 9-1　一定温度下测得甲苯溶液中平均摩尔质量为 $3.26\times10^5\,\mathrm{kg/mol}$ 的天然橡胶的 $[\eta] = 0.348\,\mathrm{m^3/kg}$，平均摩尔质量为 $7.82\times10^5\,\mathrm{kg/mol}$ 的天然橡胶的 $[\eta] = 0.631\,\mathrm{m^3/kg}$。试求该温度下平均摩尔质量为 $1.08\times10^5\,\mathrm{kg/mol}$ 的天然橡胶-甲苯溶液的 $[\eta]$。

解：将已知数据带入经验公式 $[\eta] = K\overline{M}^{\alpha}$ 可得如下两个方程式

$$0.348 = K\times(3.26\times10^5)^{\alpha} \qquad\qquad 方程式（1）$$

$$0.631 = K\times(7.82\times10^5)^{\alpha} \qquad\qquad 方程式（2）$$

将方程式（1）和方程式（2）联立可求得

$$K = 6.20\times10^{-5}\,\mathrm{m^3/kg},\ \alpha = 0.68$$

于是该温度下的天然橡胶-甲苯溶液符合经验公式 $[\eta] = 6.20\times10^{-5}\overline{M}^{0.68}$，当 $\overline{M} = 1.08\times10^5\,\mathrm{kg/mol}$ 时，可求得此时天然橡胶-甲苯溶液的

$$[\eta] = 6.2\times10^{-5}\times(1.08\times10^5)^{0.68} = 0.164$$

该温度下平均摩尔质量为 $1.08\times10^5\,\mathrm{kg/mol}$ 的天然橡胶-甲苯溶液的 $[\eta]$ 为 0.164。

第四节 大分子在超离心力场下的沉降

第八章"胶体分散系统"中介绍过溶胶分散系统在重力场中的沉降和沉降平衡问题。实际上,胶体分散系统由于分散相的粒子很小而在重力场中的沉降速度极为缓慢,甚至无法测定其沉降速度。但自从瑞典科学家 Theodor Svedberg 成功地将离心力替换重力开发了超速离心技术,大分子质点在溶液中的沉降系数、扩散系数、流体力学半径和摩尔质量等性质得以揭示。目前,超速离心技术已广泛应用于生物大分子、细胞、细胞器等的分离和纯化,是生物化学和分子生物学不可缺少的技术手段。

超速离心分离技术在应用上可分为制备型超速离心和分析型超速离心两大类。其中,制备型超速离心是浓缩与纯化各种颗粒的最常用方法,而分析型超速离心主要是为了研究生物大分子的沉降特性和结构。

分析超速离心技术基于不同的原理,有两种实验模式,即沉降速率实验和沉降平衡实验。沉降速率实验是基于流体动力学理论,实验中样品被高速旋转,质点向样品池底部移动,通过记录的数据来测定质点运动的速率。运动速率用沉降系数表示,它取决于相对分子质量、分子形状或构象。与沉降速率实验原理相反,沉降平衡是基于热力学理论,实验一般在较低的转速下进行($8\,000 \sim 20\,000\text{r/min}$),当沉降作用与扩散作用达到平衡时,可以测定分子平衡浓度的分布。

一、沉降速率法

假设大分子质点在溶液中为球形,那么其在离心力场中将同时受到离心力、浮力和黏滞力三种力的作用。在强离心力场中,当净离心力等于质点在介质中运动的摩擦阻力时,质点均速沉降,为此,该方法称为速率法。此法同样可以用来测定大分子的平均摩尔质量,得

$$M = \frac{SRT}{D(1 - \rho_0 V_B)} \tag{式(9-19)}$$

式(9-19)中,M 为质点的平均摩尔质量;R 为气体常数;T 为绝对温度;D 为扩散系数;ρ_0 为分散介质的密度;V_B 为被分散质点的偏比容(又称偏微分比容,即当加入 1g 固体物质到无限大体积的分散介质中时,溶液体积的增量);S 为沉降系数,表示在单位离心力作用下的沉降速率。实验时从超离心机的光学系统测出 t_1 和 t_2 时质点离轴的距离 r_1 和 r_2 及 ω 值,即可以通过式(9-20)求出 S 值

$$S = \frac{\ln(r_2/r_1)}{\omega^2(t_2 - t_1)} \tag{式(9-20)}$$

影响沉降速率的因素很多,其中除 S 值明显与大分子的大小、形状和伸展状态有关以外,分子浓度、分子间的作用力等对 S 和 D 也有影响。沉降速率法因浓度因素引起的偏差可以用外推法来消除,即测定不同浓度下的 S 值和 D 值,作图经外推 $c \to 0$ 得到沉降系数 S_0 和扩散系数 D_0,由此求出 M

$$\frac{S_0}{D_0} = \frac{M(1 - \rho_0 V)}{RT} \tag{式(9-21)}$$

式（9-21）消除了大分子间的相互作用和摩擦阻力的影响，但 S_0 值和 D_0 值对温度较为敏感，因此需要在同一条件下进行比较。

二、沉降平衡法

在较弱的离心力场下，大分子的离心沉降与扩散形成一个平衡，沿转轴不同距离处的浓度按一定值分布。即在平衡状态下，浓度的分布只决定于质量，而与分子的形状无关。因此，可以根据平衡时的浓度分布来求算大分子的平均摩尔质量，故称为沉降平衡法。大分子的平均摩尔质量可通过如下公式进行求算

$$M = \frac{2RT}{(1-V_B\rho_0)\,\omega^2} \cdot \frac{\ln(c_2/c_1)}{(r_2^2 - r_1^2)} \qquad 式（9-22）$$

式（9-22）中，c_1 和 c_2 是距离旋转轴心 r_1 和 r_2 处的大分子的浓度，该值可通过离心机上的光学系统测得；ω 为离心转子转动的角速度。

理论上，由于沉降平衡法求大分子的平均摩尔质量时不需要求算扩散系数 D，故该方法比沉降速率法精确。但沉降平衡需要较长的时间，因此不适用于平均摩尔质量较大的大分子。

第五节　大分子溶液的渗透压

ER9-5　大分子在超离心力场下的沉降（文档）

一、大分子非电解质溶液的渗透压

理想稀溶液的渗透压（如图 9-7 所示）满足 Van't Hoff 公式，即

$$\Pi = c_B RT = \frac{c}{M} RT$$

式中，Π 为渗透压（Pa）；c_B 为溶质的物质的量浓度（mol/m^3）；c 为溶质的质量浓度（kg/m^3）；M 为溶质的摩尔质量（kg/mol）。当将上式应用于大分子溶液时，由于大分子的柔性和溶剂化，其 Π/c 往往不是常数，而是随 c 的不同而变化。鉴于此，McMillan 和 Mayer 于 1945 年提出了适用于大分子非电解质溶液渗透压的修正公式，即

$$\Pi = RT(A_1 c + A_2 c^2 + A_3 c^3 + \cdots) \qquad 式（9-23）$$

式（9-23）中，A_1、A_2、A_3 称为维里（Virial）系数。与 Van't Hoff 公式对照，$A_1 = 1/M$，A_2、A_3 等代表非理想程度，反映大分子与大分子之间、大分子与溶剂分子之间的相互作用力。其中，A_2 是大分子链段之间、大分子与溶剂分子之间相互作用的一种量度。一般情况下，在良溶剂中大分子与溶剂分子相互作用强烈、大分子线团舒展、链段间的相互作用主要表现为斥力时，$A_2 > 0$，此时，大分子更"喜欢"溶剂而非它本身，趋于停留在稳定溶液中。随着温度的降低或不良溶剂的加入，大分子链紧缩，当链段间的作用力以引力为主时，$A_2 < 0$，此时，大分子更"喜欢"它本身而非溶剂，因此可能会聚集，在一定条件下甚至会沉淀析出。当大分子链段之间的斥力和引力作用平衡时，大分子溶液表现得像理想溶液，此时，$A_2 = 0$。

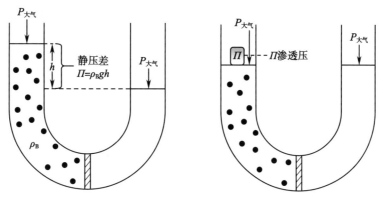

图 9-7　渗透压示意图

对大分子稀溶液,式(9-23)第三项以后可以略去,由此可简化为

$$\Pi/c = RT/M + A_2 RT\, c \qquad\qquad 式(9\text{-}24)$$

等温下,若以 $\Pi/c\text{-}c$ 作图,在低浓度范围内为一条直线,外推至 $c=0$ 处可得其截距为 RT/M,据此计算得到的 M 是数均摩尔质量 $\overline{M}_n$;从上述直线的斜率 $A_2 RT$ 可求出维里系数 A_2。

例 9-2　已知 298K 时,某大分子化合物在苯溶液中测得各浓度的渗透压数据如下。

$c/(\text{kg·m}^{-3})$	0.05	0.10	0.125	0.15	0.20
Π/Pa	49.45	100.94	127.75	154.84	210.70

试求该大分子化合物的平均摩尔质量和维里系数 A_2。

解:由已知数据处理可得如下数据。

Π/Pa	$c/(\text{kg·m}^{-3})$	$\Pi/c\times10^{-2}/(\text{Pa·m}^3\text{·kg}^{-1})$
49.45	0.05	9.890
100.94	0.10	10.094
127.75	0.125	10.220
154.84	0.15	10.323
210.70	0.20	10.535

由公式 $\Pi/c = RT/M + A_2 RT\, c$ 可知,在低浓度范围内,以 $\Pi/c\text{-}c$ 作图为一条直线,外推至 $c=0$,可得其截距为 $RT/M=9.67$,斜率$=A_2 RT=4.328$,据此可计算该大分子化合物的平均摩尔质量和维里系数 A_2,得

$$M = \frac{RT}{9.67} = \frac{8.314\times298}{9.67} = 256\,\text{kg/mol}$$

$$A_2 = \frac{4.328}{RT} = \frac{4.328}{8.314\times298} = 1.747\times10^{-3}$$

渗透压法测定大分子平均摩尔质量的范围是 $10\sim10^3\text{kg/mol}$。平均摩尔质量太小时,大分子化合物容易通过半透膜,制膜困难;而当平均摩尔质量太大时,大分子溶液的渗透压太低,测定误差大。此外,渗透压法测定的是数均摩尔质量,即每个分子不论大小其贡献相同,故采用该方法进行测量时需要将大分子进行分级处理。渗透压法除了能测定数均摩尔质量 $\overline{M}_n$ 和维里系数 A_2 外还可以推算大分子溶液热力学性质的一些基本数据,如测定不同温度 T 时的渗透压,可推算稀释热和稀释熵。

二、大分子电解质溶液的渗透压

（一）大分子电解质溶液概述

大分子电解质（macromolecular electrolyte）是指在极性溶剂（一般指水溶液）中能够电离成带电离子的大分子化合物，通常具有高摩尔质量和高电荷密度的特点。大分子电解质溶液既具有小分子电解质溶液的性质（如导电性），又具有大分子溶液的特性（如黏度、渗透压和光散射等）。

大分子电解质的分类方法有多种，若按大分子电解质分子链上解离基团所带电荷的电性进行分类，可将其分为以下三类。

（1）阳离子型大分子电解质：电离后大分子离子带正电荷，如血红素、聚乙烯胺、聚氨烷基丙烯酸甲酯等。

（2）阴离子型大分子电解质：电离后大分子离子带负电荷，如阿拉伯胶、果胶、肝素、海藻糖硫酸酯、聚丙烯酸钠、羧甲基纤维素钠、西黄蓍胶等。

（3）两性大分子电解质：电离后大分子离子既带正电荷又带负电荷，如明胶、胃蛋白酶、血纤维蛋白原、卵清蛋白、γ 球蛋白、鱼精蛋白等。

如若按照大分子电解质的分子结构进行分类，则可以将其分为刚性大分子电解质和柔性大分子电解质。

（二）大分子电解质溶液的电学性质

1. 弱导电性　通常，平均摩尔质量在 20 000 以下的大分子电解质，在介质中能较好地伸展，电荷均匀分布在整个分子的周围，其溶液的电导稍大些；而平均摩尔质量在 20 000 以上的大分子电解质，在介质中易卷曲，使一部分反离子被束缚在长链网状结构中，失去原来的活动性，加之大分子离子本身运动速率较慢，故其导电性与一般弱电解质溶液的导电性相似。

2. 高电荷密度和高度水化　在水溶液中，一方面，大分子电解质分子链上带有相同电荷，其电荷密度较高，分子链上带电基团之间产生相互排斥作用；另一方面，大分子电解质分子链上荷电的极性基团通过静电作用，使水分子紧密排列在基团周围，形成特殊的"电缩"水化层。不仅极性基团可以水化，而且部分疏水链也能结合一部分水分子形成"疏水"水化层，这种高度水化对大分子电解质具有稳定作用。由于大分子电解质的上述两种特性，使其在水溶液中分子链相互排斥，易于伸展，对外加电解质十分敏感，若加入酸、碱、盐或者改变溶液 pH，均可使大分子电解质分子链上电性相互抵消。

3. 大分子电解质溶液的电黏效应（electroviscous effect）　由于大分子电解质分子链上的高电荷密度和高度水化，在溶液中链段间的相互排斥力增大，使得分子链扩展舒张，溶液黏度迅速增加，这种现象称为"电黏效应"。电黏效应将导致大分子电解质溶液的 $\eta_{sp}/c\text{-}c$ 不再像大分子非电解质溶液那样呈现线性关系，而是呈曲线关系，无法采用外推法求算 $[\eta]$。如图 9-8 所示，Ⅰ所示的是果胶酸钠 $\eta_{sp}/c\text{-}c$ 的关系曲线，在溶液浓度较稀时，果胶酸钠的电离度较大，分子链伸展，溶液黏度较大，但随着果胶酸钠溶液浓度的增大，果胶酸钠的电离度下降，链段间互斥力减小，分子链由直变曲，溶液黏度随之下降。当向果胶酸钠溶液加入足够量的中性电解质（如 NaCl）消除原溶液的电黏效应后 [图 9-8（Ⅱ）]，$\eta_{sp}/c\text{-}c$ 则呈现线性关系，此时则可采用外推法求算[η]。

pH 对两性蛋白质溶液的黏度的影响也很明显。图 9-9 表示的是 0.2% 蛋白胨溶液的黏度与 pH 之间的关系。在 pH = 3 和 pH = 11 左右电黏效应最明显，因此出现两个高峰。当 pH 在 4.8 左右，即接近蛋白胨的等电点时，分子链上正负电荷数目相等，分子链因斥力减小而高度卷曲，溶液黏度出现极小值。

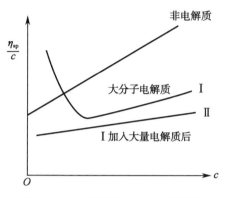

图 9-8　大分子溶液 η_{sp}/c-c 示意图

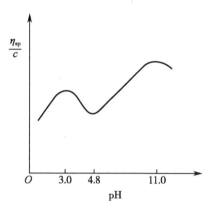

图 9-9　pH 对两性蛋白质溶液的黏度影响示意图

案例 9-1

大分子溶液的电黏效应

卡波姆（carbomer）是一类由丙烯酸与烯丙基蔗糖或烯丙基季戊四醇交联的大分子聚合物，按黏度不同分为卡波姆 934、卡波姆 940 和卡波姆 941 等。以卡波姆为基质的凝胶剂具有释药快、无油腻性、易于涂展、润滑舒适、对皮肤和黏膜无刺激性等优点。卡波姆含有 56%～68% 的羧酸基团，其水溶液的 pH 为 3.0，因此在制备卡波姆凝胶剂时常用三乙醇胺、氢氧化钠等来调节其 pH。

问题： 在人体可接受的 pH 范围内（6～12），为什么将卡波姆水溶液的 pH 调整至 8 左右？

分析： 当卡波姆水溶液的 pH < 3 或 pH > 12 时，溶液离子强度大，黏度很低；当 pH 在 6～12 时，溶液较为黏稠，但在 pH 为 8 时，卡波姆水溶液的电荷密度最大，黏度也最大。因此，在应用卡波姆凝胶剂时常将其 pH 调整至 8 左右。

4. 大分子电解质溶液的电泳现象　第八章讲过，在外电场作用下带电颗粒向着与其所带电荷相反的电极移动的现象称为电泳。带电颗粒在电场中移动的速度不仅取决于它所带净电荷的多少以及颗粒的大小及形状，还与溶液 pH、离子强度等有关。大部分生物大分子都同时具有阳离子基团和阴离子基团，大分子的净电荷取决于溶液 pH，且 pH 也影响大分子的迁移速度。离子强度则决定大分子质点的电动电势。因此，溶液 pH 和离子强度的选择对电泳参数的设置非常关键。例如，不同的蛋白质，氨基酸组成不同、等电点不同，在相同 pH 条件下，所带净电荷不同，在同一电场中它们移动的方向、速率均不同，故可借此进行分离、纯化。

（三）大分子电解质溶液的唐南平衡与渗透压

在第二章推导稀溶液的依数性时讨论的是非电解质溶液，一个溶质分子在溶液中只存在一个质点，但对于电解质溶液而言，一个强电解质 $A^{\nu^+}B^{\nu^-}$ 分子则可以解离出 $(\nu^+ + \nu^-)$ 个质点。因此，将非电解质溶液的依数性公式应用于电解质溶液时往往出现偏差，需要加以修订。例如，本节"（一）大分子电解质溶液概述"中讨论的大分子溶液的渗透压公式[式（9-23）、式（9-24）]只适用于大分子非电解质稀溶液或处于等电点的蛋白质水溶液，而对于大分子电解质稀溶液或非等电状态的蛋白质水溶液，由式（9-23）、式（9-24）得到的分子摩尔质量往往偏低，这是由于大分子离子具有唐南效应的缘故。

1. 唐南平衡（或唐南效应）的定义 若用一种只能透过小分子而不能透过大分子的半透膜，把容器分隔成两部分（如图 9-10），膜的左侧放有大分子电解质 Na_zR 水溶液，膜的右侧放有 NaCl 稀溶液，平衡后发现 NaCl 在膜两侧溶液中的浓度并不相等。这种由于大分子离子的存在而导致在达到渗透平衡时小分子电解质在半透膜两侧分布不均匀的现象称为**唐南效应或唐南平衡**（Donnan equilibrium）。它是由英国物理化学家 Frederick George Donnan 于 1911年基于热力学观点提出的离子的膜平衡理论，在医学和生物学上起着重要的作用。

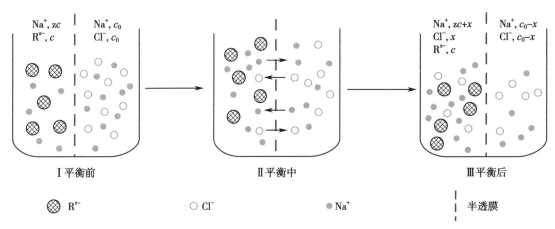

图 9-10　唐南平衡示意图（半透膜两侧体积相等）

2. 唐南平衡的数学表达式 以大分子钠盐为例。大分子电解质 Na_zR 在溶液中按下式完全解离

$$Na_zR(aq) = zNa^+(aq) + R^{z^-}(aq)$$

即 1 个大分子电解质产生 $(z+1)$ 个离子。若用只允许溶剂小分子（如 H_2O）和 Na^+ 离子可以透过的半透膜将 Na_zR 溶液与纯水隔开并达到渗透平衡，那么，大分子电解质溶液产生的渗透压可以近似为

$$\Pi = (z+1)cRT \qquad\qquad 式（9-25）$$

此时，实验测定的大分子电解质溶液的渗透压是相同浓度大分子非电解质溶液的渗透压的 $(z+1)$ 倍。因此，利用上式求出的大分子电解质的摩尔质量仅为其实际摩尔质量的 $\dfrac{1}{z+1}$。

为了解决此问题，常在缓冲溶液或在加盐的情况下进行可解离大分子化合物摩尔质量的测定，其原理如下。

如图9-10(Ⅰ)所示,开始时,把浓度为c的蛋白质Na_zR溶液置于半透膜的左侧,浓度为c_0的NaCl溶液置于半透膜的右侧。由于Cl^-可以自由穿梭于半透膜,故Cl^-可以由半透膜的右侧进入到半透膜的左侧,而每有一个Cl^-自半透膜右侧移动至左侧,必然同时有一个Na^+跟随Cl^-自半透膜右侧移动至左侧,以维持半透膜两侧溶液的电中性,直至达到渗透平衡。当然,该过程中,Na_zR溶液中的Na^+也会自由穿梭于半透膜两侧,但最终的结果仍是取决于有多少Cl^-从半透膜右侧移动至左侧。渗透平衡时半透膜两侧的溶液必然为电中性。设达到半透膜平衡时有浓度为x的NaCl从半透膜右侧进入左侧,如此,渗透平衡时半透膜两侧各离子的浓度如图9-10(Ⅲ)所示。

在渗透平衡时,NaCl在半透膜两侧的化学势必然相等,即

ER9-6　唐南平衡(动画)

$$\mu_{左}(NaCl) = \mu_{右}(NaCl)$$

又因

$$\mu(NaCl) = \mu^{\ominus}(NaCl) + RT\ln\alpha(NaCl)$$

故有

$$\alpha_{左}(NaCl) = \alpha_{右}(NaCl)$$

即

$$\alpha_{左}(Na^+) \cdot \alpha_{左}(Cl^-) = \alpha_{右}(Na^+) \cdot \alpha_{右}(Cl^-)$$

对于稀溶液,活度可以用浓度来代替,则上式可以写为

$$c_{左}(Na^+) \cdot c_{左}(Cl^-) = c_{右}(Na^+) \cdot c_{右}(Cl^-) \qquad 式(9\text{-}26)$$

由此可知,在渗透平衡时,半透膜右边的Na^+浓度与Cl^-浓度的乘积与半透膜左边的Na^+(包括大分子钠盐解离出来的Na^+)浓度与Cl^-浓度的乘积相等。此关系称为唐南平衡。

依据图9-10(Ⅲ),将渗透平衡时半透膜左右两侧各离子浓度代入式(9-26),可得

$$(zc + x) \cdot x = (c_0 - x) \cdot (c_0 - x)$$

整理可求得

$$x = \frac{c_0^2}{zc + 2c_0} \qquad 式(9\text{-}27)$$

平衡时膜两侧NaCl浓度比为

$$\frac{c_{NaCl,右}}{c_{NaCl,左}} = \frac{c_0 - x}{x} = \frac{zc + c_0}{c_0} \qquad 式(9\text{-}28)$$

当$z = 1$,即阴离子和阳离子均为一价时,式(9-28)可以变换为

$$\frac{c_{NaCl,右}}{c_{NaCl,左}} = \frac{c + c_0}{c_0} = 1 + \frac{c}{c_0} \qquad 式(9\text{-}29)$$

由式(9-28)和式(9-29)所表示的唐南平衡关系式,可引出如下结论。

(1)平衡时NaCl在膜两边的浓度是**不相等**的,不含大分子电解质一侧的浓度较大。

(2)若开始时$c_0 \ll c$,即膜右侧NaCl浓度远小于膜左侧大分子电解质的浓度,则上式的比值很大,说明平衡时NaCl几乎都在膜右侧溶液中。

(3)若开始时$c_0 \gg c$,即上式的比值趋近于1,表明当膜右侧NaCl浓度远大于膜左侧大分

子电解质的浓度时，NaCl 几乎均等地分布在膜的两侧。

（4）膜两侧小分子电解质分布不均，会产生额外的渗透压，这就是唐南效应造成的结果，测定大分子电解质溶液的渗透压时应予以注意。

3. 大分子电解质溶液的渗透压 大分子电解质溶液的渗透压差是因半透膜左右两侧溶液的渗透浓度不同引起的，唐南平衡的存在势必产生一附加压力。这会影响大分子电解质溶液渗透压的准确测定，给大分子平均摩尔质量的测定带来误差。为此，在利用渗透压法测定大分子电解质溶液渗透压时，应设法消除唐南效应的影响。如图 9-10（Ⅲ）所示，当大分子电解质与小分子离子在膜两侧达到唐南平衡时，膜左右两侧的渗透压分别为

$$\Pi_{左} = \sum c_{B,左} RT = (zc + x + x + c)RT$$

$$\Pi_{右} = \sum c_{B,右} RT = (c_0 - x + c_0 - x)RT$$

膜两侧的渗透压作用方向相反，故而体系总的渗透压为

$$\begin{aligned}\Pi &= \left(\sum c_{B,左} - \sum c_{B,右}\right)RT \\ &= [(zc + x + x + c) - (c_0 - x + c_0 - x)]RT \\ &= (zc + c - 2c_0 + 4x)RT\end{aligned}$$

将式（9-27）代入可得

$$\Pi = \frac{z^2c^2 + 2cc_0 + zc^2}{zc + 2c_0}RT = \left(c + \frac{z^2c^2}{zc + 2c_0}\right)RT \qquad 式（9-30）$$

下面讨论一下式（9-30）的两种极限情况。

（1）当 $c_0 \ll c$ 时，即半透膜右侧 NaCl 的浓度远小于左侧大分子电解质的浓度时，式（9-30）中 c_0 项可以忽略，此时

$$\Pi = \frac{z^2c^2 + zc^2}{zc}RT = (z+1)cRT$$

（2）当 $c_0 \gg c$ 时，即半透膜右侧 NaCl 的浓度远大于左侧大分子电解质的浓度时，式（9-30）中 c 项可以忽略，此时

$$x = \frac{c_0^2}{zc + 2c_0} \approx \frac{1}{2}c_0$$

$$\Pi = \frac{2cc_0}{2c_0}RT = cRT$$

由上面的讨论可知，第一种极限情况下（半透膜右侧加入的盐的浓度很低），体系的渗透压公式简化成了式（9-25），表示此时体系的渗透压与半透膜右侧没有盐存在的情况等同。而在第二种极限情况下（半透膜右侧加入的盐的浓度很高），即当膜右侧的 NaCl 约有 1/2 移向膜左侧时，体系的渗透压公式可以简化成理想稀溶液的渗透压公式。通过以上分析，可以得出如下结论：在半透膜右侧加入足够的盐可以消除唐南效应对大分子电解质平均摩尔质量测定的影响，唐南效应消除后即可采用最简单的理想稀溶液的渗透压公式计算大分子电解质的平均摩尔质量。

例 9-3 在 298K 时，将 0.25mol/L 的 NaCl 水溶液中间用半透膜等体积隔开，将平均摩尔质量为 65kg/mol 的大分子化合物 Na_6R 置于膜的左侧，使其质量浓度为 0.05kg/L，试求半透膜

两侧到达渗透平衡时 Na^+ 和 Cl^- 的浓度以及此时的渗透压。

解：0.05kg/L 的大分子化合物 Na_6R 的物质的量的浓度为

$$0.05/65 = 7.692 \times 10^{-4} \, mol/L$$

设达到渗透平衡时，由右侧进入左侧的 $c(Cl^-) = x$，那么同时有相同数量的 Na^+ 跟随进入膜的左侧。此时

膜左侧：$c_左(R^{6-}) = 7.692 \times 10^{-4} \, mol/L$

$c_左(Na^+) = (0.25 + 6 \times 7.692 \times 10^{-4} + x) \, mol/L$

$c_左(Cl^-) = (0.25 + x) \, mol/L$

膜右侧：$c_右(Na^+) = c_右(Cl^-) = (0.25 - x) \, mol/L$

又根据平衡时

$$c_左(Na^+) \cdot c_左(Cl^-) = c_右(Na^+) \cdot c_右(Cl^-)$$

即

$$(0.25 + 6 \times 7.692 \times 10^{-4} + x) \times (0.25 + x) = (0.25 - x)^2$$

解得 $x = -1.148 \times 10^{-3} \, mol/L$，说明在此种情况下，唐南平衡时有部分 Na^+ 和 Cl^- 从左侧进入右侧。

此时

$c_左(R^{6-}) = 7.692 \times 10^{-4} \, mol/L$

$c_左(Na^+) = 0.25 + 6 \times 7.692 \times 10^{-4} - 1.148 \times 10^{-3} = 0.253 \, 5 mol/L$

$c_左(Cl^-) = 0.25 - 1.148 \times 10^{-3} = 0.248 \, 8 mol/L$

$c_右(Na^+) = c_右(Cl^-) = 0.25 + 1.148 \times 10^{-3} = 0.251 \, 1 mol/L$

$\Pi = \Delta cRT$

$= (7.692 \times 10^{-4} + 0.253 \, 5 + 0.248 \, 8 - 2 \times 0.251 \, 1) \times 8.314 \times 298$

$= 8.692 \times 10^{-4} \times 8.314 \times 298$

$= 2.154 Pa$

　　唐南平衡是大分子电解质电荷效应的一种表现，其实质是当有大分子离子存在时，易于扩散的小分子分布规律的问题，而不在于有无半透膜。唐南平衡理论在离子交换机制、大分子的渗透净化、渗透压测定等许多方面具有重要意义，尤其在生物学、医学等研究领域中，对生物膜与物质运转、电解质在体液中的分配等都有重要的作用。例如，红细胞膜可以让 Cl^- 自由透过，但细胞膜内 Cl^- 浓度只是细胞外血浆中 Cl^- 浓度的 70%，其原因是红细胞内的蛋白质阴离子（主要是血红蛋白）浓度较高。唐南平衡可以解释能透过细胞膜的同一种离子在细胞膜内外的浓度的不同，也可以部分解释细胞膜有时允许一些离子透过，有时又不允许这些离子透过。唐南平衡对于控制生物体内的离子分布和信息传递非常重要，使一些具有生物活性的小离子在细胞内外保持一定的比例，以维持机体正常的生理功能。

ER9-7　大分子电解质溶液的渗透压（微课）

第六节　大分子溶液的稳定性

一、大分子溶液的盐析

前面曾讨论过电解质对于溶胶的聚沉作用。溶胶对(小分子)电解质是很敏感的,但对于大分子溶液来说,加入少量电解质时,它的稳定性并不会受到影响,到了等电点也不会聚沉,直到加入更多的电解质,才能使之发生聚沉。大分子溶液在电解质作用下发生这种聚沉的现象称为大分子溶液的**盐析**。盐析的主要原因是去溶剂化作用。大分子化合物的稳定性主要来自高度的水合作用,当加入大量电解质时,除中和大分子化合物所带电荷外,更重要的是电解质离子发生强烈的水合作用,使原来高度水合的大分子化合物去水合,使其失去稳定性而沉淀出来。

有些大分子化合物中存在着可以解离的极性基团,由于解离可使大分子带电荷,对于这样的大分子溶液,少量电解质的加入可以引起电动电势降低,但这并不能使之失去稳定性,这时大分子化合物的分子仍是高度水化的,只有继续加入较多的电解质,才会出现盐析现象。盐析能力的大小与离子的种类有关。

阴离子盐析能力顺序为:

$$柠檬酸 > 酒石酸 > SO_4^{2-} > 乙酸 > Cl^- > NO_3^- > ClO_3^-$$

阳离子盐析能力顺序为:

$$Li^+ > K^+ > Na^+ > NH_4^+ > Mg^{2+}$$

如同电解质造成溶胶聚沉存在"感胶离子序"一样,电解质对大分子溶液的盐析大小也存在一定的规律,这种离子盐析能力的顺序也可以称为"感胶离子序",只是二者的作用机制不同,"感胶离子序"也各不相同。不过,离子盐析能力的顺序与其水化程度极为一致。

盐析是日常生活中常见的方法。例如"卤水点豆腐",即是利用卤水(含有 $MgCl_2$、$CaSO_4$ 等电解质的溶液)中的阳离子使豆浆(含有蛋白质的负电溶胶系统)中的蛋白溶胶发生盐析作用而沉淀。又如 $(NH_4)_2SO_4$ 是盐析蛋白质常用的盐析剂,常用于分离血清中的球蛋白和血清蛋白。

二、pH 对两性大分子电解质荷电性质的影响

两性大分子电解质的荷电性质与溶液的 pH 有关。以蛋白质为例,蛋白质分子链上带有许多可解离的基团,如氨基、羧基、酚羟基、咪唑基等,因此蛋白质是两性电解质,与酸碱均可发生作用。溶液中蛋白质的带电情况与其所处环境的 pH 相关。调节溶液的 pH,可以使其带正电或带负电或不带电。

pH 高时,带负电:

$$-R\begin{matrix}COOH\\NH_2\end{matrix} + OH^- \longrightarrow -R\begin{matrix}COO^-\\NH_2\end{matrix} + H_2O$$

pH 低时,带正电:

$$-R\begin{matrix}COOH\\NH_2\end{matrix} + H_3O^+ \longrightarrow -R\begin{matrix}COOH\\NH_3^+\end{matrix} + H_2O$$

在某一 pH 时,蛋白质分子中所带的正电荷和负电荷数目相等,即净电荷为零,此时溶液的 pH 即为该蛋白质的**等电点**(isoelectric point, IP)。不同蛋白质由于氨基酸组成不同,其等电点也各不相同(表 9-4)。

表 9-4　一些蛋白质的等电点(IP)

蛋白质	IP	蛋白质	IP
胃蛋白酶	1.0	血红蛋白	6.8
卵清蛋白	4.6	肌红蛋白	7.0
血清蛋白	4.9	胰凝乳蛋白酶原	9.5
脲酶	5.0	细胞色素 c	10.7
β 乳球蛋白	5.2	溶菌酶	11.0

在等电状态的蛋白质分子,其物理性质有所改变。如等电点时,蛋白质分子链卷曲最大,溶解度和黏度出现最小值。当 pH 偏离等电点时,净电荷数量增加,互斥力使分子链舒展,溶液的溶解度和黏度均会增大。若要削弱大分子电解质溶液的溶解度和黏度对 pH 的依赖性,可在溶液中加入盐,随着溶液离子强度的增大,大分子分子链上净电荷的作用力会被逐渐削弱。

三、外加絮凝剂

适当的**非溶剂**(non-solvent)(指大分子化合物不能溶解于其中的液体)也可使大分子化合物絮凝出来。例如,乙醇对蛋白质溶液就具有很强的絮凝作用。由于大分子溶液具有多分散性,且平均摩尔质量不同的组分,溶解度也各不相同,故向大分子溶液中分步加入絮凝剂,可使各组分(即按其平均摩尔质量由大到小的顺序)先后絮凝,由此实现大分子化合物分级的目的。

四、大分子电解质溶液的相互作用

带相反电荷的两种大分子电解质溶液混合时,由于相反电荷中和会产生絮凝,而电性相同的大分子电解质溶液混合时则不会发生絮凝,对于两性蛋白质混合液,可通过调节 pH 来控制其是否发生絮凝。例如,血清蛋白的等电点在 4.6～4.7 之间,而谷类蛋白的等电点在 6.5 左右。当把二者混合液的 pH 调解在 5～6 之间时,血清蛋白带负电,谷类蛋白带正电,此时混合液产生絮凝;而当混合液的 pH ＜ 4 或 pH ＞ 7,即两种蛋白同时带有正电荷或负电荷时,混合液则不会发生絮凝。同一种蛋白质,即使带有不同电荷,也不会产生絮凝。

第七节　凝胶

大分子溶液或溶胶(如硅胶、氢氧化铁溶胶)在适当条件下,可出现黏度逐渐变大,而后失去流动性形成弹性半固体物质的情况,把这个过程称之为**胶凝**(gelation),把这种弹性半固体物质称之为**凝胶**（gel）。胶凝形成的过程中，大分子化合物有如大量弯曲的细线，相互联结形成立体网状结构，使得充斥在大分子网状骨架间的溶剂分子不能自由流动，而构成网状骨架的大分子化合物仍具有一定的柔顺性，所以整体系统表现出弹性半固体状态。液体含量较多的凝胶也称为胶冻，如血块、鱼冻、豆腐、琼脂等。分散介质为水的凝胶还可以称之为**水凝胶**（hydrogel）。

凝胶是介于固体和液体之间的一种特殊状态，一方面显示有弹性、强度、屈服值和无流动性等固体的理学性质，但又具有不同于固体的物理特性，如凝胶的网状结构强度较弱，在温度、介质组成、pH 及外力等条件变化时，其网状结构往往变形，甚至被破坏而产生流动；另一方面，凝胶又保留了某些液体的特点。例如，离子在水凝胶中的扩散速率与其在水溶液中相接近。实际上，凝胶中分散相和分散介质都是连续的，凝胶是由固 - 液或固 - 气两相组成的分散系统。

凝胶和胶凝过程在医学和生物学上具有重要意义。动物体中的肌肉组织、皮肤以及毛发等都是凝胶。没有凝胶，生物体就会像液体或石头一样不能兼有保持一定形状和物质交换的双重功能。由此可以说，没有凝胶就没有生命。

一、凝胶的分类

凝胶可以根据其分散相质点、分散介质、组成成分、来源和交联方式等进行分类。根据分散相质点的性质以及形成凝胶结构时质点联结的结构强度，凝胶可以分为**刚性凝胶**（rigid gel）和**弹性凝胶**（elastic gel）；根据分散介质的不同可将凝胶分为**水凝胶**（hydrogel）、**有机凝胶**（organogel）与**气凝胶**（aerogel）；根据交联方式不同则可以分为化学凝胶和物理凝胶；根据组成成分的不同又可分为大分子凝胶和小分子凝胶。这里简要介绍一下刚性凝胶和弹性凝胶。

1. 刚性凝胶　由刚性分散相质点交联成网状结构的凝胶称为刚性凝胶，也称为非弹性凝胶或脆性凝胶。刚性凝胶的分散相质点多为无机物，如 SiO_2、TiO_2、Al_2O_3、Fe_2O_3、V_2O_3 等，其粒子间的交联强刚性，网状骨架坚固，干燥后网状骨架中的液体可驱出，但其体积和外形可以保持几乎不变。刚性凝胶在脱除分散介质后，一般不能再吸收分散介质重新变为凝胶，故也称为不可逆凝胶。

2. 弹性凝胶　由柔性线型大分子化合物形成的凝胶一般都是弹性凝胶，如肉冻、琼脂、橡胶、明胶等。弹性凝胶脱除分散介质后只剩下分散相质点构成的网状结构且外表完全成固体状态时，称为**干凝胶**（xerogel）。例如明胶、阿拉伯胶、硅胶、毛发等。有些干凝胶对分散介质的吸收具有选择性，如明胶只能吸收水而不能吸收苯。弹性凝胶经干燥后体积明显变小，但若将干凝胶再放到适当的溶剂中还可以自动吸收溶剂而使体积变大，即发生溶胀，因此弹性凝胶又可称可逆凝胶。

二、凝胶的结构

凝胶内部具有三维网状结构，大致有如下几种情况：①球形质点相互联结，由质点联成的链排成三维的网状骨架,如 TiO_2、SiO_2 等凝胶。②棒状或片状质点的顶端之间相互接触,联结成网状骨架结构,如 V_2O_5 凝胶、白土凝胶等。③线型大分子在骨架中一部分分子链有序排列,构成微晶区,整个网状结构是微晶区与无定形区相互间隔的形式,如明胶凝胶、纤维素凝胶等。④线型大分子通过化学交联形成网状结构,如硫化橡胶、聚苯乙烯凝胶等。

三、凝胶的制备

溶液或固体(干凝胶)都能形成凝胶。从干凝胶制备凝胶比较简单,可以通过**分散法**获得,即干凝胶吸收适宜的分散介质使体积膨胀,质点通过分散碰撞形成凝胶。分散法形成的凝胶通常为弹性凝胶。

从溶液制备凝胶须满足两个基本条件:第一,降低溶解度,使大分子或溶胶从分散介质中成"胶体分散态"析出;第二,析出的分散相质点既不沉降,也不自由移动,而是搭成骨架形成连续的网状结构。相较于"分散法",这种方法可称之为"**凝聚法**"。具体制备方法如下。

(1)改变温度:有些大分子化合物在热的分散介质中溶解,当温度降低时溶解度减小,分散相质点析出后相互联结形成凝胶。如 0.5% 琼脂溶液冷却到 35℃ 即可形成凝胶。也有些大分子溶液在升温过程中分散相发生交联,从而形成凝胶。如 2% 的甲基纤维素水溶液升温至 50~60℃ 时即可形成凝胶。

(2)改换溶剂:将大分子溶液或溶胶中的分散相介质改换成分散相溶解度小的溶剂。例如,果胶水溶液中加入乙醇即可形成凝胶。

(3)加入电解质:在大分子溶液中加入高浓度电解质溶液[如 V_2O_5、$Fe(OH)_3$ 等]可以形成凝胶。电解质对胶凝作用的影响主要表现在阴离子上,其能力大小与 Hofmeister 感胶离子序大致相同。

(4)化学反应:利用化学反应使分子链相互联结是大分子溶液形成凝胶的主要手段。例如,血液凝结是血纤维蛋白在相关酶的作用下发生的胶凝过程。此外,有些化学反应产生不溶物,控制反应条件可得凝胶,如硅胶的制备。

四、凝胶的性质

1. 凝胶的溶胀　干燥的弹性凝胶吸收分散介质体积增大的现象称为溶胀。溶胀是弹性溶胶特有的性质。弹性溶胶的溶胀与大分子化合物的溶胀概念类似,也可根据其在分散介质中溶胀的程度分为有限溶胀和无限溶胀。如果凝胶只能吸收有限的分散介质而使其网状结构只被胀大但不解体,这类溶胀被称为"有限溶胀"。如果溶胀作用没有上限,直至凝胶的网状骨架完全消失,最后完全分散成为溶液,这种溶胀则被称为"无限溶胀"。凝胶溶胀的程度除了取决于其结构以外,还与温度、介质的 pH 以及溶液中的电解质等因素有关。此外,弹性溶胶的溶胀对溶剂具有选择性。

溶胀时溶胀物体积增大的同时还伴随热交换,这种热可称之为"**溶胀热**",大多情况下,溶胀都是放热的。在溶胀物溶胀时,体系会对外界产生一定的压力,这种压力可称之为"**溶胀压**"。

溶胀压

溶胀物溶胀时可产生渗透压,如浓度为 46% 明胶的溶胀压为 206kPa,当明胶浓度为 66% 时,其溶胀压可增加到 4 400kPa。

问题: 上述例子说明溶胀压在某些情况下可能很大,那么在生活或生理过程中溶胀有什么用呢?

分析: 古埃及人很早就知道在岩石裂缝中间塞入木楔,再注入大量的水,利用木质纤维发生溶胀产生的溶胀压来分裂岩石,依此法开采建造金字塔的石头,此即所谓的"湿木裂石"。在生理过程中,溶胀起着相当重要的作用。例如,皮肤衰老出现皱纹以及血管硬化等都是机体溶胀能力下降的结果;植物的种子也只有在溶胀之后才能发芽等。

2. **结合水**　凝胶溶胀吸收的水中,有一部分与凝胶结合得很牢固,这部分水称之为"结合水"。与普通水的性质不同,比如,结合水在 0℃时并不凝结成冰,在 100℃时也不沸腾;再如,结合水的介电常数仅为 2.2,远远小于普通水的介电常数 81。

生物体系中结合水对于生命活动是十分重要的。例如,心肌含水量高达 79%,其中结合水占主要部分,这是心脏具有坚实形态的主要原因;DNA 的双股螺旋、胶原蛋白的三股螺旋、蛋白质分子向折叠的转化以及类脂双分子膜的稳定等均与结合水的存在密切相关。此外,有研究表明,肿瘤的发生、发展亦与组织中结合的水量及状态相关;衰老过程中组织可塑性的衰减也可能与蛋白质大分子结合水的能力有关。

3. **离浆作用**　凝胶在放置时一部分液体自动渗出并逐渐汇集成一个液相,与此同时,凝胶本身体积缩小且乳光度增加。这种使凝胶分为两相的过程被称为"离浆"或"脱水收缩"。脱水收缩后,凝胶体积虽变小,但仍能保持最初的几何形状。离浆可以认为是溶胀的逆过程,是分散相粒子在形成凝胶结构后链段间的相互作用继续进行的结果。离浆现象十分普遍,如皮肤老化出现皱纹、果浆脱水收缩、新鲜的豆腐在放置过程中脱液等现象都属于离浆现象。

4. **触变现象**　有些凝胶(如低浓度的明胶、生物细胞中的原形质及可塑性黏土等)的网状结构不稳定,可因机械力(如摇动或振动等)变成有较大流动性(稀化)的溶液状态,去掉外力静置后又恢复成凝胶状态(重新稠化),这种现象称为凝胶的"触变"现象。触变现象在自然界和工业生产中常遇到,例如,草原上的沼泽地、可塑性黏土、混凝土注浆等的触变。

5. **凝胶中的扩散**　湿凝胶中的分散介质是连续相,构成网状结构的分散相也是连续相,从这个角度看,湿凝胶可看作半液体状态的介质。因此,各种物理和化学过程都可以在其中进行。例如,物质可以在凝胶中扩散,其扩散速率与凝胶的浓度、结构及扩散物质的性状有关。小分子在低浓度凝胶介质中的扩散速率与其在纯液体中几乎没有区别,所以在电动势测定中用琼脂凝胶来制备 KCl 盐桥,使得 KCl 的电导与纯水中差不多。但随着凝胶浓度的增加,其扩散速率减小。大分子在凝胶中的扩散速率明显降低,在浓凝胶中尤为显著。因此,利用已知大小的胶粒的扩散作用,可以确定凝胶中空隙的大小,反之,也可以判断扩散质点的大小。

凝胶骨架中的孔结构与分子筛(结晶硅铝酸盐)类似,可以筛分不同大小的分子,凝胶色谱和凝胶电泳就是利用凝胶的筛分作用建立起来的实验技术。天然的和人工的半透膜大多是凝胶膜,其渗析作用也是利用凝胶孔状结构的筛分作用。当膜带电时,如离子交换膜、蛋白质膜等,因孔壁上含有许多可电离的基团而使得离子有选择性地通过。膜带正电时,负离子能通过;膜带负电时,正离子能通过。

6. 化学反应　凝胶中也可以发生化学反应,但与溶液中反应不同,反应物之间没有对流与混合,只靠扩散来进行反应,在凝胶中化学反应生成的沉淀物呈现周期性分布。早在1896 年,Leisegang 研究了 $K_2Cr_2O_7$ 与 $AgNO_3$在凝胶中发生的沉淀反应。他将胶凝溶于$K_2Cr_2O_7$ 热的稀溶液(质量分数小于 0.1%)中,然后倒入一个圆形浅盘中,冷却后形成明胶凝胶(明胶的质量分数约为 25%)。在盘中心

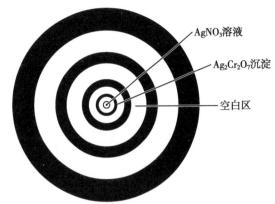

图9-11　Leisegang 环示意图

滴一定量的 $AgNO_3$ 浓溶液,一定时间后发现盘中的明胶凝胶出现了以盘中心为圆心,由近及远、由深及浅,且间距逐渐加大的砖红色的 $Ag_2Cr_2O_7$ 同心环,称为 Leisegang 环(图9-11)。

Leisegang 环的形成并不限于凝胶中,在具有毛细管、多孔介质或其他无对流存在的环境中也可以形成 Leisegang 环。自然界中也有很多类似的现象。例如,一些矿物如玛瑙、玉石中的环状花纹,树木的年轮以及动物的胆、肾等器官内结石的层状结构等,都具有这种周期性的特征。

知识拓展

Leisegang 环的成因

Leisegang 环的成因尚无一致的观点。按上面所举的例子可以认为是沉淀反应造成了浓差。当高浓度的 $AgNO_3$ 在中央与 $K_2Cr_2O_7$ 相遇后,一部分生成砖红色 $Ag_2Cr_2O_7$ 沉淀,另一部分向周围扩散。沉淀形成后对周围的 $Cr_2O_7^{2-}$ 有吸附作用,这些负离子向沉淀靠拢,使得沉淀周围 $Cr_2O_7^{2-}$ 浓度极低,无沉淀生成,因而出现空白带。$AgNO_3$ 通过空白带继续向外围扩散,与周围的 $Cr_2O_7^{2-}$ 相遇发生反应形成第二个沉淀环,该沉淀环又促使 $Cr_2O_7^{2-}$ 向沉淀靠拢……以此类推,就形成了这种环状沉淀。离中心越远,Ag^+ 的浓度也越来越低,所以形成的沉淀环越来越少,造成 Leisegang 环越来越淡、越来越宽,沉淀带的间隔也越来越大。

五、智能水凝胶在药学中的应用

智能水凝胶是能够通过接触外部环境的刺激而做出相应的智能响应的水凝胶。它们能

够通过感应外部温度、光照、pH、磁场、电场等的变化或接触到特定的小分子而改变自身结构或溶胀特性，从而发挥出某种特殊功能。

智能水凝胶具有功能丰富、制备工艺简单等特点，因而被广泛应用于医疗、药剂学、传感器、污水治理等诸多领域。例如，聚氧乙烯和聚氧丙烯嵌段共聚物 Pluronic F127 制备的温度敏感型水凝胶在高于体温时为溶液状态，该凝胶与硫化铜纳米点混合制成的均匀混合物在 37℃时由溶胶状态转变为凝胶状态，对用于癌症光热治疗的硫化铜纳米点有较好的包覆和缓释作用。再如，由聚 N- 异丙基丙烯酰胺和聚 N- 羟乙基丙烯酰胺制备的双层水凝胶材料能够同时对温度和乙醇 / 水混合溶剂有响应，这种材料在实现两个方向的弯曲和复原的同时还具有准确的可调控性。这种有多种类响应性的水凝胶驱动装置具有在软性机器人和人工肌肉等更复杂系统中应用的巨大潜力。

此外，形状记忆水凝胶是一种特殊的智能水凝胶，它们具有保持临时改变形状的能力。当受到外部环境的刺激时，形状记忆水凝胶可以改变形状并维持这一临时形状，当外部环境恢复到初始状态时，它们的形状也能变为原样。例如，在 Pluronic F127 丙烯酸酯以及丙交酯和乙交酯的共聚物形成的混合交联产物中引入了具有近红外光敏感性的氧化石墨烯，可以制备具有良好机械性能且具有近红外光响应的形状记忆水凝胶。利用 3D 打印技术将这种强韧的水凝胶制成多种形状后，在近红外光的刺激下可实现形状的变化，有望用于给药系统和组织工程。

除去常见的温度、光照、pH、磁场及电场敏感性水凝胶外，部分智能水凝胶也可以对溶液中盐离子或特定的小分子的种类和浓度做出响应。

案例 9-3

微乳凝胶

微乳凝胶（microemulsion-based gels，MBGs）是药物的一种新剂型，是将油相、水相、表面活性剂、助表面活性剂所制得的微乳加入至大分子材料组成的凝胶基质中，形成透明、均质、稳定的凝胶网状结构，网状结构中含有微乳液滴。微乳凝胶不仅有增加难溶性药物的溶解度、提高药物稳定性、降低皮肤的扩散屏障、增加药物的经皮渗透量等优点，而且还改善了微乳与皮肤的黏附性和涂展性，因此可使药物维持更长的作用时间。

问题：微乳凝胶利用了凝胶的什么性质改善了微乳作为经皮给药载体的缺点？

分析：虽然微乳能增加药物的溶解度和经皮渗透量、提高药物稳定性、延长药物作用时间等，但微乳流动性强，作为经皮给药载体黏附性差。依据凝胶良好的黏附性，将微乳进一步制备成微乳凝胶，可解决微乳作为经皮给药载体黏附性差、皮肤上涂展性差、滞留作用时间短等问题。

ER9-8　超分子凝胶（文档）

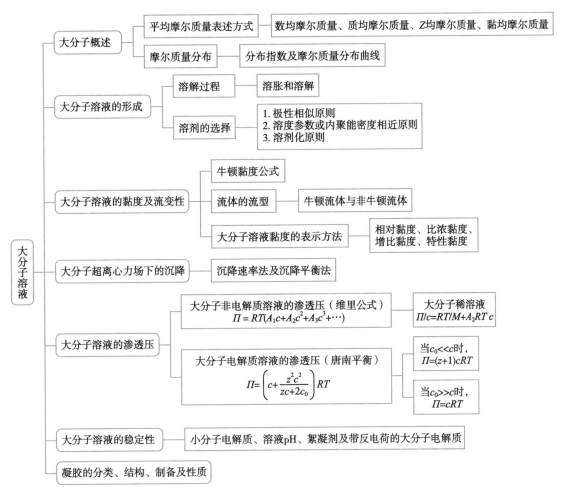

ER9-9　第九章　目标测试

本章习题

一、简答题

1. 大分子溶液与小分子溶液有何异同?

2. 大分子溶液与溶胶有何异同?

3. 从大分子结构分析,影响大分子柔顺性的主要因素有哪些?

4. 大分子化合物的溶解有何特征,溶解时如何选择溶剂?

5. 黏度的表示方法有哪些,有何物理意义?

6. 小分子电解质溶液是否具有唐南效应,为什么?

7. 大分子非电解质溶液是否具有唐南效应,为什么?

8. 采用渗透压法测定大分子电解质溶液的渗透压时，为何要消除唐南平衡，如何消除？

9. 电解质是如何影响大分子溶液的稳定性的？

10. 凝胶有哪些性质？举例说明凝胶在医药领域中的应用。

二、计算题

1. 某大分子化合物中含有平均摩尔质量为 10kg/mol 的分子有 5mol，平均摩尔质量为 100kg/mol 的分子有 5mol，试求其各种平均摩尔质量 $\overline{M}_n$、$\overline{M}_m$、$\overline{M}_z$ 及 $\overline{M}_\eta$（设 $\alpha = 0.5$）。

2. 298.15K 时，测得不同浓度的异丁烯聚合物 - 苯溶液的渗透压如下，试求该聚合物的平均摩尔质量和维里系数 A_2。

$c/(\text{kg} \cdot \text{m}^{-3})$	0.25	0.50	1.00	2.00	5.00
Π/Pa	10.66	21.38	42.94	86.64	222.3

3. 把 1.0g 平均摩尔质量为 200kg/mol 的某大分子化合物溶于 0.1L 有机溶剂中，试计算 298K 和 333K 时该大分子溶液的渗透压，并考察温度对大分子溶液渗透压的影响。

4. 298K 时，测得某聚苯乙烯 - 甲苯溶液的特性黏度为 $[\eta] = 0.0578\text{m}^3/\text{kg}$。已知该体系的 $K = 2.02 \times 10^{-3}\text{m}^3/\text{kg}$，$\alpha = 0.62$，试根据特性黏度和大分子平均摩尔质量间的经验关系式求算其黏均摩尔质量。

5. 298.15K 时，具有不同平均摩尔质量的同一大分子化合物溶解在有机溶剂中的特性黏度如下，试求该体系的 α 值和 K 值。

$\overline{M}/(\text{kg} \cdot \text{mol}^{-1})$	38	77	102	320
$[\eta]/(\text{m}^3 \cdot \text{kg}^{-1})$	0.279	0.444	0.534	1.138

6. 298.15K 时，半透膜的一侧放入浓度为 0.10mol/L 的大分子有机化合物 RCl（设 RCl 能全部电离，且 R^+ 离子不能透过半透膜），半透膜的另一侧放入浓度为 0.75mol/L 的 NaCl 溶液，计算达到唐南平衡后各离子的浓度及渗透压。

7. 半透膜两边离子的起始浓度（单位为 mol/L）如下（膜两侧溶液体积相等）：

K^+	P^-	Na^+	Cl^-
0.01	0.01	0.1	0.1

其中 P^- 是不能透过半透膜的大分子离子。试求算下列内容。

（1）膜平衡条件。

（2）膜平衡时各小离子在膜两侧的浓度。

8. 298.15K 时，在半透膜的一边放置 0.1L 水溶液，某 0.5g 某大分子 Na_6P 化合物，膜的另一侧是 $1.0 \times 10^{-7}\text{mol/L}$ 的稀 NaCl 溶液，测得渗透压为 7 215Pa。试求该大分子的数均摩尔质量。

9. 将浓度为 0.10mol/m^3 的大分子化合物 Na_3P 与浓度为 1.50mol/m^3 的 NaCl 溶液分别置于半透膜两侧，设 Na_3R 能全部电离，R^{3-} 离子不能透过半透膜，且膜两侧溶液体积相等。试求算下列内容。

（1）平衡后半透膜两侧各离子的浓度。

（2）298.15K 时产生的渗透压。

（3）若用该渗透压计算大分子的平均摩尔质量将会产生多大的误差？

10．298.2K 时，在半透膜内放置浓度为 0.1mol/m³ 的 K_3P 大分子电解质水溶液，同时在半透膜外放置等体积的 KCl 水溶液，试计算下列内容。

（1）KCl 浓度分别为 0.5mol/m³ 和 3.0mol/m³ 时，溶液所产生的渗透压。

（2）在这两种情况下用渗透压测定大分子的平均摩尔质量那个误差更大，如何消除？

三、计算题答案

1．55、91.8、99.1 和 88.0

2．平均摩尔质量为 58.26kg/mol，维里系数 $A_2 = 1.53 \times 10^{-4}$

3．298K 和 333K 时该大分子溶液的渗透压分别为 123.9Pa 和 138.4Pa；大分子化合物溶液的黏度随着温度的升高而增大。

4．224kg/mol

5．$K = 0.025\ 3$ 和 $\alpha = 0.659$

6．唐南平衡后膜左侧的 R^+、Na^+ 和 Cl^- 的浓度分别为 0.10、0.35 和 0.45mol/L；右侧的 NaCl 浓度为 0.40mol/L；此时的渗透压为 1.80kPa。

7．（1）膜平衡条件为 $[Na^+]_{左} \times [Cl^-]_{左} = [Na^+]_{右} \times [Cl^-]_{右}$，且 $[K^+]_{左} \times [Cl^-]_{左} = [K^+]_{右} \times [Cl^-]_{右}$；

（2）膜平衡时各小离子在膜两侧的浓度为：

$[K^+]_{左} = 5.24 \times 10^{-3}$mol/L，$[K^+]_{右} = 4.76 \times 10^{-3}$mol/L；

$[Na^+]_{左} = 5.24 \times 10^{-2}$mol/L，$[Na^+]_{右} = 4.76 \times 10^{-2}$mol/L；

$[Cl^-]_{左} = 4.76 \times 10^{-2}$mol/L，$[Cl^-]_{右} = 5.24 \times 10^{-2}$mol/L

8．11.96kg/mol

9．（1）膜平衡后膜左侧的 P^{3-}、Na^+ 和 Cl^- 的浓度分别为 0.10、0.98 和 0.68mol/L；右侧的 NaCl 浓度为 0.82mol/L。

（2）298.15K 时产生的渗透压为 297.46Pa。

（3）用该渗透压计算大分子的平均摩尔质量产生的误差为 20%。

10．（1）当 KCl 浓度分别为 0.5mol/m³ 时，$\Pi = 419.6$Pa；当 KCl 浓度分别为 3.0mol/m³ 时，$\Pi = 283.3$Pa。

（2）当膜右侧 KCl 浓度较小时所测渗透压值偏离理论值较大，即此时的测定误差较大。继续增大膜右侧 KCl 浓度可进一步削弱唐南效应，减小测定误差。

ER9-10　第九章　习题详解（文档）

（宋玉光）

参考文献

1. 李三鸣. 物理化学. 8版. 北京: 人民卫生出版社, 2016.

2. 崔黎丽, 赵先英. 物理化学. 北京: 高等教育出版社, 2018.

3. 张藜. 德文《物理化学杂志》的创刊及影响. 化学通报, 1996, 12: 47-49.

4. 王立斌, 袁园, 李俊昆. 21世纪物理化学的发展趋势展望. 通化师范学院学报, 2007, 28(12): 70-73.

5. 莫凤奎. 物理化学. 2版. 北京: 中国医药科技出版社, 2009.

6. 刘建兰, 李冀蜀, 郭会明, 等. 物理化学. 北京: 化学工业出版社, 2013.

7. 朱元强, 余宗学, 柯强. 物理化学. 北京: 化学工业出版社, 2018.

8. 刘立, 李代禧, 潘琦, 等. 含巯基小分子药物抗氧化活性及机理研究. 计算机与应用化学, 2015, 32(6): 661-664.

9. 裴玲, 李峰. 亚胺白藜芦醇抗氧化性质的理论研究. 化学研究与应用, 2019, 31(4): 612-618.

10. 张玉军. 物理化学. 2版. 北京: 化学工业出版社, 2014.

11. 天津大学物理化学教研室. 物理化学. 6版. 北京: 高等教育出版社, 2017.

12. 李三鸣. 物理化学学习指导与习题集. 4版. 北京: 人民卫生出版社, 2016.

13. 瞿俊雄, 刘鹏, 童叶翔. 物理化学经典习题及解答. 广州: 中山大学出版社, 2018.

14. 刘幸平. 物理化学习题集. 3版. 北京: 中国中医药出版社, 2019.

15. 范崇正, 杭瑚, 蒋淮渭. 物理化学概念辨析·解题方法·应用实例. 5版. 合肥: 中国科学技术大学出版社, 2016.

16. 梁淑君, 周生研, 杨思彤, 等. 柚皮素－异烟酰胺共晶形成热力学的研究. 药学学报, 2017, 52(4): 625-633.

17. 吴正红, 周建平. 工业药剂学. 北京: 化学工业出版社, 2021.

18. 柳闽生, 王南平. 物理化学. 南京: 南京大学出版社, 2014.

19. 张龙. 绝对零度的思考. 大学化学, 2008, 23(3): 50-52.

20. LEANHARDT A E, PASQUINI T A, SABA M, et al. Cooling bose-einstein condensates below 500 picokelvin. Science, 2003, 301: 1513-1515.

21. ATKINS P, PAULA J D. 物理化学. 11版. 侯文华等(译). 北京: 高等教育出版社, 2021.

22. JIN M, XU Z, BAO Y, et al. Ternary phase diagrams and solvate transformation thermodynamics of omeprazole sodium in different solvent mixtures. Chinese Journal of Chemical Engineering, 2019, 27: 362-368.

23. 沈文霞, 王喜章, 许波连. 物理化学核心教程. 3版. 北京: 科学出版社, 2016.

24. 崔福德. 药剂学. 7版. 北京: 人民卫生出版社, 2011.

25. 郑旭煦, 杜长海. 化工原理. 2版. 武汉: 华中科技大学出版社, 2017.

26. 姜茹, 魏泽英. 物理化学. 北京: 科学出版社, 2017.

27. 印永嘉, 奚正楷, 张树永, 等. 物理化学简明教程. 4版. 北京: 高等教育出版社, 2007.

28. 印永嘉, 王雪琳, 奚正楷. 物理化学简明教程例题与习题. 2版. 北京: 高等教育出版社, 2009.

29. 杜清枝, 杨继舜. 物理化学. 2版. 重庆: 重庆大学出版社, 2005.

30. 傅玉普. 物理化学考研重点热点导引与综合能力训练. 大连: 大连理工大学出版社, 2002.

31. 吴文健. 物理化学典型题解析与实战模拟. 长沙: 国防科技大学出版社, 2003.

32. 沈文霞. 物理化学学习及考研指导. 北京: 科学出版社, 2007.

33. 徐金煜, 刘艳. 物理化学. 北京: 北京大学医学出版社, 2005.

34. 谢吉民, 濮良忠. 物理化学. 4 版. 北京: 人民卫生出版社, 2017.

35. 徐开俊. 物理化学. 3 版. 北京: 中国医药科技出版社, 2019.

36. 夏少武, 任志华. 物理化学. 北京: 科学出版社, 2018.

37. 牛春燕, 姜辉, 张欣. 物理化学. 长春: 吉林大学出版社, 2016.

38. 李晓燕, 崔国辉. 物理化学. 北京: 北京大学医学出版社, 2007.

39. 杜凤沛, 高丕英, 沈明. 简明物理化学. 2 版. 北京: 高等教育出版社, 2009.

40. 胡英. 物理化学. 5 版. 北京: 高等教育出版社, 2007.

41. 沈文霞, 淳远, 王喜章. 物理化学核心教程学习指导. 2 版. 北京: 科学出版社, 2016.

42. 张哲凡, 刘宝树, 韩康, 等. 头孢呋辛酯在丙酮溶液中的降解动力学研究. 河北科技大学学报, 2020, 41 (4): 341-348.

43. 崔黎丽, 刘毅敏. 物理化学. 北京: 科学出版社, 2011.

44. 刘雄, 王颖莉. 物理化学. 5 版. 北京: 中国中医药出版社, 2021.

45. 李松林, 冯霞, 刘俊吉, 等. 物理化学. 5 版. 北京: 高等教育出版社, 2017.

46. 徐飞. 物理化学. 2 版. 武汉: 华中科技大学出版社, 2020.

47. 孙丽华, 余孟兰, 赵文桐. 气体栓塞的机制讨论. 河南师范大学学报(自然科学版), 2003, 01: 116-117.

48. 段云飞, 杨雨, 施龙青, 等. 腹腔镜肝切除术中二氧化碳栓塞的原因与处理. 中华肝胆外科杂志, 2018, 24(02): 79-82.

49. 孙德坤, 沈文霞, 姚天扬, 等. 物理化学学习指导. 北京: 高等教育出版社, 2022.

50. 朱传征, 褚莹, 许海涵. 物理化学. 2 版. 北京: 科学出版社, 2008.

51. 石朝周. 物理化学. 北京: 中国医药科技出版社, 2002.

52. 王秀芳, 王慧云. 物理化学(案例版). 北京: 科学出版社, 2017.

53. 何畅. 水凝胶的最新研究进展. 当代化工, 2020, 49(1): 249-252.

54. 李玉芳, 刘君瑜, 王翔宇, 等. 智能水凝胶药物控释系统的研究进展. 口腔医学, 2020, 40(10): 951-954.

附　录

附录1　部分气体的摩尔等压热容与温度的关系 $C_{p,m}=a+bT+cT^2$

气体名称	气体化学式	a	10^3b	10^6c	温度范围
		J/(K·mol)	J/(K²·mol)	J/(K³·mol)	K
氢气	H_2	29.09	0.836	−0.326 5	273～3 800
氯气	Cl_2	31.696	10.144	−4.038	300～1 500
溴气	Br_2	35.241	4.075	−1.487	300～1 500
氧气	O_2	36.16	0.845	−0.749 4	273～3 800
氮气	N_2	27.32	6.226	−0.950 2	273～3 800
氯化氢	HCl	28.17	1.810	1.547	300～1 500
水蒸气	H_2O	30.00	10.7	−2.022	273～3 800
一氧化碳	CO	26.537	7.683	−1.172	300～1 500
二氧化碳	CO_2	26.75	42.258	−14.25	300～1 500
甲烷	CH_4	14.15	75.496	−17.99	298～1 500
乙烷	C_2H_6	9.401	159.83	−46.229	298～1 500
乙烯	C_2H_4	11.84	119.67	−36.51	298～1 500
丙烯	C_3H_6	9.427	188.77	−57.488	298～1 500
乙炔	C_2H_2	30.67	52.81	−16.27	298～1 500
丙炔	C_3H_4	26.50	120.66	−39.57	298～1 500
苯	C_6H_6	−1.71	324.77	−110.58	298～1 500
甲苯	$C_6H_5CH_3$	2.41	391.17	−130.65	298～1 500
甲醇	CH_3OH	18.40	101.56	−28.68	273～1 000
乙醇	C_2H_5OH	29.25	166.28	−48.898	298～1 500
二乙醚	$(C_2H_5)_2O$	−103.9	1 417	−248	300～400
甲醛	HCHO	18.82	58.379	−15.61	291～1 500
乙醛	CH_3CHO	31.05	121.46	−36.58	298～1 500
丙酮	$(CH_3)_2CO$	22.47	205.97	−63.521	298～1 500
甲酸	HCOOH	30.7	89.20	−34.54	300～700
三氯甲烷	$CHCl_3$	29.51	148.94	−90.734	273～773

附录2　部分物质的标准摩尔生成焓、标准摩尔熵、标准摩尔生成吉布斯能及摩尔等压热容（$p^\ominus=100kPa$，298.15K）

物质	$\Delta_f H_m^\ominus$	$S_m^\ominus$	$\Delta_f G_m^\ominus$	$C_{p,m}^\ominus$
	kJ/mol	J/(K·mol)	kJ/mol	J/(K·mol)
Ag(s)	0	42.55	0	25.351
AgBr(s)	−100.37	107.1	−96.90	52.38

物质	$\Delta_f H_m^{\ominus}$	$S_m^{\ominus}$	$\Delta_f G_m^{\ominus}$	$C_{p,m}^{\ominus}$
	kJ/mol	J/(K·mol)	kJ/mol	J/(K·mol)
AgCl(s)	-127.068	96.2	-109.789	50.79
AgI(s)	-61.84	115.5	-66.19	56.82
Al$_2$O$_3$(s,刚玉)	-1 675.7	50.92	-1 582.3	79.04
Br$_2$(l)	0	152.231	0	75.689
Br$_2$(g)	30.907	245.463	3.110	36.02
C(s,石墨)	0	5.74	0	8.527
C(s,金刚石)	1.895	2.377	2.90	6.113
CO(g)	-110.525	197.674	-137.168	29.142
CO$_2$(g)	-393.509	213.74	-394.359	37.11
CS$_2$(g)	117.36	237.84	67.12	45.40
CaC$_2$(s)	-59.8	69.96	-64.9	62.72
CaCO$_3$(s,方解石)	-1 206.92	92.9	-1 128.79	81.88
CaCl$_2$(s)	-795.8	104.6	-748.1	72.59
CaO(s)	-635.09	39.75	-604.03	42.80
Cl$_2$(g)	0	223.066	0	33.907
CuO(s)	-157.3	42.63	-129.7	42.30
F$_2$(g)	0	202.78	0	31.30
H$_2$(g)	0	130.684	0	28.824
HBr(g)	-36.40	198.695	-53.45	29.142
HCl(g)	-92.307	186.908	-95.299	29.12
HF(g)	-271.1	173.779	-273.2	29.12
HI(g)	26.48	206.594	1.70	29.158
HCN(g)	135.1	201.78	124.7	35.86
HNO$_3$(l)	-174.10	155.60	-80.71	109.87
HNO$_3$(g)	-135.06	266.38	-74.72	53.35
H$_2$O(l)	-285.83	69.91	-237.129	75.291
H$_2$O(g)	-241.818	188.825	-228.572	33.577
H$_2$O$_2$(l)	-187.78	109.6	-120.35	89.1
H$_2$O$_2$(g)	-136.31	232.7	-105.57	43.1
H$_2$S(g)	-20.63	205.79	-33.56	34.23
H$_2$SO$_4$(l)	-813.989	156.904	-690.003	138.91
HgCl$_2$(s)	-224.3	146.0	-178.6	
I$_2$(s)	0	116.135	0	54.438
I$_2$(g)	62.438	260.69	19.327	36.90
KCl(s)	-436.747	82.59	-409.14	51.30
KI(s)	-327.90	106.32	-324.892	52.93
N$_2$(g)	0	191.61	0	29.12
NH$_3$(g)	-46.11	192.45	-16.45	35.06
NH$_4$Cl(s)	-314.43	94.6	-202.87	84.1
(NH$_4$)$_2$SO$_4$(s)	-1 180.85	220.1	-901.67	187.49
NaCl(s)	-411.153	72.13	-384.138	50.59
NaNO$_3$(s)	-467.85	116.52	-367.00	92.88
NaOH(s)	-425.609	64.455	-379.494	59.54
O$_2$(g)	0	205.138	0	29.355
O$_3$(g)	142.7	238.93	163.2	39.20
PCl$_3$(g)	-287.0	311.78	-267.8	71.84
PCl$_5$(g)	-374.9	364.58	-305.0	112.80
S(s,正交)	0	31.80	0	22.64
SO$_2$(g)	-296.83	248.22	-300.194	39.87
SO$_3$(g)	-395.72	256.76	-371.06	50.67
Zn(s)	0	41.63	0	25.40
ZnCO$_3$(s)	-812.78	82.4	-731.52	79.71
ZnCl$_2$(s)	-415.05	111.46	-369.398	71.34
ZnO(s)	-348.28	43.64	-318.30	40.25

物质	$\Delta_f H_m^\ominus$	$S_m^\ominus$	$\Delta_f G_m^\ominus$	$C_{p,m}^\ominus$
	kJ/mol	J/(K·mol)	kJ/mol	J/(K·mol)
CH₄(g)甲烷	−74.81	186.264	−50.72	35.309
C₂H₆(g)乙烷	−84.68	229.60	−32.82	52.63
C₃H₈(g)丙烷	−103.85	270.02	−23.37	73.51
C₄H₁₀(g)正丁烷	−126.15	310.23	−17.02	97.45
C₄H₁₀(g)异丁烷	−134.52	294.75	−20.75	96.82
C₅H₁₂(g)正戊烷	−146.44	349.06	−8.21	120.21
C₅H₁₂(g)异戊烷	−154.47	343.20	−14.65	118.78
C₆H₁₄(g)正己烷	−167.19	388.51	−0.05	143.09
C₇H₁₆(g)庚烷	−187.78	428.01	8.22	165.98
C₈H₁₈(g)辛烷	−208.45	466.84	16.66	188.87
C₂H₄(g)乙烯	52.26	219.56	68.15	43.56
C₃H₆(g)丙烯	20.42	267.05	62.79	63.89
C₄H₈(g)1-丁烯	−0.13	305.71	71.40	85.65
C₄H₆(g)1,3-丁二烯	110.16	278.85	150.74	79.54
C₂H₂(g)乙炔	226.73	200.94	209.20	43.93
C₃H₄(g)丙炔	185.43	248.22	194.46	60.67
C₃H₆(g)环丙烷	53.30	237.55	104.46	55.94
C₆H₁₂(g)环己烷	−123.14	298.35	31.92	106.27
C₆H₁₀(g)环己烯	−5.36	310.86	106.99	105.02
C₆H₆(l)苯	49.04	173.26	124.45	135.77
C₆H₆(g)苯	82.93	269.31	129.73	81.67
C₇H₈(l)甲苯	12.01	220.96	113.89	157.11
C₇H₈(g)甲苯	50.00	320.77	122.11	103.64
C₂H₆O(g)甲醚	−184.05	266.38	−112.59	64.39
C₃H₈O(g)甲乙醚	−216.44	310.73	−117.54	89.75
C₄H₁₀O(l)乙醚	−279.5	253.1	−122.75	
C₄H₁₀O(g)乙醚	−252.21	342.78	−112.19	122.51
C₂H₄O(g)环氧乙烷	−52.63	242.53	−13.01	47.91
C₃H₆O(g)环氧丙烷	−92.76	286.84	−25.69	72.34
CH₄O(l)甲醇	−238.66	126.8	−166.27	81.6
CH₄O(g)甲醇	−200.66	239.81	−161.96	43.89
C₂H₆O(l)乙醇	−277.69	160.7	−174.78	111.46
C₂H₆O(g)乙醇	−235.10	282.70	−168.49	65.44
C₃H₈O(l)丙醇	−304.55	192.9	−170.52	
C₃H₈O(g)丙醇	−257.53	324.91	−162.86	87.11
C₃H₈O(l)异丙醇	−318.0	180.58	−180.26	
C₃H₈O(g)异丙醇	−272.59	310.02	−173.48	88.74
C₄H₁₀O(l)丁醇	−325.81	225.73	−160.00	
C₄H₁₀O(g)丁醇	−274.42	363.28	−150.52	110.50
C₂H₅O₂(l)乙二醇	−454.80	166.9	−323.08	149.8
CH₂O(g)甲醛	−108.57	218.77	−102.52	35.40
C₂H₄O(l)乙醛	−192.30	160.2	−128.12	
C₂H₄O(g)乙醛	−166.19	250.3	−128.86	54.64
C₃H₆O(l)丙酮	−248.1	200.4	−133.28	124.73
C₃H₆O(g)丙酮	−217.57	295.04	−152.97	74.89
CH₂O₂(l)甲酸	−424.72	128.95	−361.35	99.04
C₂H₄O₂(l)乙酸	−484.5	159.8	−389.9	124.3
C₂H₄O₂(g)乙酸	−423.25	282.5	−374.0	66.53
C₄H₆O₃(l)乙酐	−624.00	268.61	−488.67	
C₄H₆O₃(g)乙酐	−575.72	390.06	−476.57	99.50
C₃H₄O₂(g)丙烯酸	−336.23	315.12	−285.99	77.78
C₇H₆O₂(s)苯甲酸	−385.14	167.57	−245.14	155.2
C₇H₆O₂(g)苯甲酸	−290.20	369.10	−210.31	103.47
C₄H₈O₂(l)乙酸乙酯	−479.03	259.4	−332.55	

物质	$\Delta_f H_m^\ominus$	$S_m^\ominus$	$\Delta_f G_m^\ominus$	$C_{p,m}^\ominus$
	kJ/mol	J/(K·mol)	kJ/mol	J/(K·mol)
$C_4H_8O_2$(g)乙酸乙酯	−442.92	362.86	−327.27	113.64
C_6H_6O(s)苯酚	−165.02	144.01	−50.31	
C_6H_6O(g)苯酚	−96.36	315.71	−32.81	103.55
C_5H_5N(l)吡啶	100.0	177.90	181.43	
C_5H_5N(g)吡啶	140.16	282.91	190.27	78.12
C_6H_7N(l)苯胺	31.09	191.29	149.21	199.6
C_6H_7N(g)苯胺	86.86	319.27	166.79	108.41
C_2H_3N(l)乙腈	31.38	149.62	77.22	91.46
C_2H_3N(g)乙腈	65.23	245.12	82.58	52.22
C_3H_3N(g)丙烯腈	184.93	274.04	195.34	63.76
CF_4(g)四氟化碳	−925	261.61	−879	61.09
C_2F_6(g)六氟乙烷	−1 297	332.3	−1 213	106.7
CH_3Cl(g)一氯甲烷	−80.83	234.58	−57.37	40.75
CH_2Cl_2(l)二氯甲烷	−121.46	177.8	−67.26	100.0
CH_2Cl_2(g)二氯甲烷	−92.47	270.23	−65.87	50.96
$CHCl_3$(l)三氯甲烷	−134.47	201.7	−73.66	113.8
$CHCl_3$(g)三氯甲烷	−103.14	295.71	−70.34	65.69
CCl_4(l)四氯化碳	−135.44	216.40	−65.21	131.75
CCl_4(g)四氯化碳	−102.9	309.85	−60.59	83.30
C_6H_5Cl(l)氯苯	10.79	209.2	89.30	
C_6H_5Cl(g)氯苯	51.84	313.58	99.23	98.03

附录 3 部分有机化合物的标准摩尔燃烧焓($p^\ominus$=100kPa, 298.15K)

物质名称	物质分子式	$-\Delta_c H_m^\ominus$	物质名称	物质分子式	$-\Delta_c H_m^\ominus$
		kJ/mol			kJ/mol
甲烷	CH_4(g)	890.31	正丁酸	C_3H_7COOH(l)	2 183.5
乙烷	C_2H_6(g)	1 559.8	丙二酸	$CH_2(COOH)_2$(s)	861.15
丙烷	C_3H_8(g)	2 219.9	丁二酸	$(CH_2COOH)_2$(s)	1 491.0
正丁烷	C_4H_{10}(g)	2 878.5	苯甲酸	C_6H_5COOH(s)	3 226.9
异丁烷	C_4H_{10}(g)	2 871.6	邻苯二甲酸	$C_6H_4(COOH)_2$(s)	3 223.5
正戊烷	C_5H_{12}(g)	3 536.1	甲醛	HCHO(g)	570.78
正戊烷	C_5H_{12}(l)	3 509.5	乙醛	CH_3CHO(l)	1 166.4
正己烷	C_6H_{14}(l)	4 163.1	丙醛	C_2H_5CHO(l)	1 816.3
环丙烷	C_3H_6(g)	2 091.5	苯甲醛	C_6H_5CHO(l)	3 527.9
环丁烷	C_4H_8(l)	2 720.5	丙酮	$(CH_3)_2CO$(l)	1 790.4
环戊烷	C_5H_{10}(l)	3 290.9	甲乙酮	$CH_3COC_2H_5$(l)	2 444.2
环己烷	C_6H_{12}(l)	3 919.9	苯乙酮	$C_6H_5COCH_3$(l)	4 148.9
乙烯	C_2H_6(g)	1 411.0	甲乙醚	$CH_3OC_2H_5$(g)	2 107.4
乙炔	C_2H_2(g)	1 299.6	二乙醚	$(C_2H_5)_2O$(l)	2 751.1
苯	C_6H_6(l)	3 267.5	甲酸甲酯	$HCOOCH_3$(l)	979.5
萘	$C_{10}H_8$(s)	5 153.9	苯甲酸甲酯	$C_6H_5COOCH_3$(l)	3 957.6
甲醇	CH_3OH(l)	726.51	乙酸酐	$(CH_3CO)_2O$(l)	1 806.2
乙醇	C_2H_5OH(l)	1 366.8	苯酚	C_6H_5OH(s)	3 053.5
正丙醇	C_3H_7OH(l)	2 019.8	蔗糖	$C_{12}H_{22}O_{11}$(s)	5 640.9
正丁醇	C_4H_9OH(l)	2 675.8	甲胺	CH_3NH_2(l)	1 060.6
甲酸	HCOOH(l)	254.6	乙胺	$C_2H_5NH_2$(l)	1 713.3
乙酸	CH_3COOH(l)	874.54	吡啶	C_6H_5N(l)	2 782.4
丙酸	C_2H_5COOH(l)	1 527.3	尿素	$(NH_2)_2CO$(s)	631.66

附录4 水溶液中一些常用电极的标准电极电势（$p^{\ominus}$=100kPa，298.15K）

电极	电极反应	$E^{\ominus}$/V
第一类电极		
$Li^+\mid Li$	$Li^+ + e^- \rightleftharpoons Li$	-3.045
$K^+\mid K$	$K^+ + e^- \rightleftharpoons K$	-2.925
$Ba^{2+}\mid Ba$	$Ba^{2+} + 2e^- \rightleftharpoons Ba$	-2.906
$Ca^{2+}\mid Ca$	$Ca^{2+} + 2e^- \rightleftharpoons Ca$	-2.866
$Na^+\mid Na$	$Na^+ + e^- \rightleftharpoons Na$	-2.714
$Mg^{2+}\mid Mg$	$Mg^{2+} + 2e^- \rightleftharpoons Mg$	-2.363
$H_2O, OH^-\mid H_2(g)\mid Pt$	$2H_2O + 2e^- \rightleftharpoons H_2(g) + 2OH^-$	$-0.828\,1$
$Zn^{2+}\mid Zn$	$Zn^{2+} + 2e^- \rightleftharpoons Zn$	$-0.762\,8$
$Cr^{3+}\mid Cr$	$Cr^{3+} + 3e^- \rightleftharpoons Cr$	-0.744
$Fe^{2+}\mid Fe$	$Fe^{2+} + 2e^- \rightleftharpoons Fe$	$-0.440\,2$
$Cd^{2+}\mid Cd$	$Cd^{2+} + 2e^- \rightleftharpoons Cd$	$-0.402\,8$
$Co^{2+}\mid Co$	$Co^{2+} + 2e^- \rightleftharpoons Co$	-0.277
$Ni^{2+}\mid Ni$	$Ni^{2+} + 2e^- \rightleftharpoons Ni$	-0.250
$Sn^{2+}\mid Sn$	$Sn^{2+} + 2e^- \rightleftharpoons Sn$	$-0.136\,6$
$Pb^{2+}\mid Pb$	$Pb^{2+} + 2e^- \rightleftharpoons Pb$	$-0.126\,5$
$Fe^{3+}\mid Fe$	$Fe^{3+} + 3e^- \rightleftharpoons Fe$	-0.036
$H^+\mid H_2(g)\mid Pt$	$2H^+ + 2e^- \rightleftharpoons H_2(g)$	$0.000\,0$
$Cu^{2+}\mid Cu$	$Cu^{2+} + 2e^- \rightleftharpoons Cu$	$+0.337$
$OH^-, H_2O\mid O_2(g)\mid Pt$	$O_2(g) + 2H_2O + 4e^- \rightleftharpoons 4OH^-$	$+0.401$
$Cu^+\mid Cu$	$Cu^+ + e^- \rightleftharpoons Cu$	$+0.522$
$I^-\mid I_2(s)\mid Pt$	$I_2(s) + 2e^- \rightleftharpoons 2I^-$	$+0.535$
$Hg_2^{2+}\mid Hg$	$Hg_2^{2+} + 2e^- \rightleftharpoons Hg$	$+0.795\,9$
$Ag^+\mid Ag$	$Ag^+ + e^- \rightleftharpoons Ag$	$+0.799\,4$
$Hg^{2+}\mid Hg$	$Hg^{2+} + 2e^- \rightleftharpoons Hg$	$+0.851$
$Br^-\mid Br_2(1)\mid Pt$	$Br_2(1) + 2e^- \rightleftharpoons 2Br^-$	$+1.065$
$H_2O, H^+\mid O_2(g)\mid Pt$	$O_2(g) + 4H^+ + 4e^- \rightleftharpoons 2H_2O$	$+1.229$
$Cl^-\mid Cl_2(g)\mid Pt$	$Cl_2(g) + 2e^- \rightleftharpoons 2Cl^-$	$+1.358\,0$
$Au^+\mid Au$	$Au^+ + e^- \rightleftharpoons Au$	$+1.68$
$F^-\mid F_2(g)\mid Pt$	$F_2(g) + 2e^- \rightleftharpoons 2F^-$	$+2.87$
第二类电极		
$SO_4^{2-}\mid PbSO_4(s)\mid Pb$	$PbSO_4(s) + 2e^- \rightleftharpoons Pb + SO_4^{2-}$	-0.356
$I^-\mid AgI(s)\mid Ag$	$AgI(s) + e^- \rightleftharpoons Ag + I^-$	$-0.152\,1$
$Br^-\mid AgBr(s)\mid Ag$	$AgBr(s) + e^- \rightleftharpoons Ag + Br^-$	$+0.071\,1$
$Cl^-\mid AgCl(s)\mid Ag$	$AgCl(s) + e^- \rightleftharpoons Ag + Cl^-$	$+0.222\,1$
氧化还原电极		
$Cr^{3+}, Cr^{2+}\mid Pt$	$Cr^{3+} + e^- \rightleftharpoons Cr^{2+}$	-0.41
$Sn^{4+}, Sn^{2+}\mid Pt$	$Sn^{4+} + 2e^- \rightleftharpoons Sn^{2+}$	$+0.15$
$Cu^{2+}, Cu^+\mid Pt$	$Cu^{2+} + e^- \rightleftharpoons Cu^+$	$+0.158$
$H^+, 醌, 氢醌\mid Pt$	$C_6H_4O_2 + 2H^+ + 2e^- \rightleftharpoons C_6H_4(OH)_2$	$+0.699\,3$
$Fe^{3+}, Fe^{2+}\mid Pt$	$Fe^{3+} + e^- \rightleftharpoons Fe^{2+}$	$+0.771$
$Tl^{3+}, Tl^+\mid Pt$	$Tl^{3+} + 2e^- \rightleftharpoons Tl^+$	$+1.247$
$Ce^{4+}, Ce^{3+}\mid Pt$	$Ce^{4+} + e^- \rightleftharpoons Ce^{3+}$	$+1.61$
$Co^{3+}, Co^{2+}\mid Pt$	$Co^{3+} + e^- \rightleftharpoons Co^{2+}$	$+1.808$

中英文名词对照索引

| Z 均摩尔质量 | Z-average molecular weight, $\overline{M}_z$ | 342 |
| ζ 电势 | zeta potential | 321 |

A

阿伦尼乌斯公式	Arrhenius equation	229
爱因斯坦 - 斯托克斯方程	Einstein-Stokes equation	310
奥斯特瓦尔德稀释定律	Ostwald dilution law	178

B

半衰期	half life	221
半衰期法	half life method	228
暴沸	bumping	272
比表面	specific surface area	261
比反应速率	specific reaction rate	220
比浓黏度	reduced viscosity, η_c	349
标准电池	standard cell	196
标准摩尔反应焓	standard molar enthalpy of reaction	31
标准摩尔键焓	standard molar enthalpy of bond	34
标准摩尔燃烧焓	standard molar enthalpy of combustion	33
标准摩尔熵	standard molar entropy	60
标准摩尔生成焓	standard molar enthalpy of formation	32
标准平衡常数	standard equilibrium constant	101
标准氢电极	standard hydrogen electrode	190
标准生成吉布斯能	standard Gibbs energy of formation	109
标准态	standard state	31
表观黏度	η_a, apparent viscosity	347
表面	surface	261
表面覆盖率	coverage of surface	291
表面活性	surface activity	278
表面活性剂	surfactant	278, 281
表面活性物质	surface active substance	278
表面吸附	surface adsorption	278
表面吸附量	surface adsorption quantity	278
表面现象	surface phenomena	261
表面张力等温线	surface tension isotherm curve	277
玻璃电极	glass electrode	200
不规则聚沉	irregular coagulation	328
不可逆过程	irreversible process	14
布朗运动	Brown motion	308

C

参比电极	reference electrode	187
敞开系统	open system	5
超电势	overpotential	207
超过滤法	ultrafiltration method	308
沉降	sedimentation	311
沉降电势	sedimentation potential	319
沉降平衡	sedimentation equilibrium	311
初级过程	primary process	252
触变性	thixotropy	348
次级过程	secondary process	253
催化剂	catalyst	247
催化作用	catalysis	247

D

大分子	macromolecule	340
大分子电解质	macromolecular electrolyte	354
大分子链	macromolecular chain	341
弹性凝胶	elastic gel	362
导体	conductor	167
德拜 - 休克尔极限公式	Debye-Hückel's limiting equation	183
等容过程	isochoric process	7
等温过程	isothermal process	7
等压过程	isobaric process	7
底物	substrate	250
第二类永动机	perpetual motion machine of the second kind	46
缔合胶体	association colloid	303
电池反应	reaction of cell	169
电导	conductance	171
电导池常数	cell constant	172
电导滴定	conductometric titration	179
电导率	conductivity	172
电动电势	electrokinetic potential	321
电动势	electromotive force	188
电化学	electrochemistry	167
电化学超电势	electrochemical overpotential	207
电化学极化	electrochemical polarization	207
电极	electrode	168
电极电势	electrode potential	189
电极反应	reaction of electrode	169
电极极化	polarization of electrode	207
电解池	electrolytic cell	168
电黏效应	electroviscous effect	354
电迁移	ionic electromigration	170
电渗	electroosmosis	319
电渗析	electro dialysis	307
电泳	electrophoresis	317
电子导体	electronic conductor	167
丁铎尔效应	Tyndall effect	314
动力性质	dynamic properties	308
动力学方程	kinetic equation	217
动作电位	action potential	205
毒物	poison	248
对峙反应	opposing reaction	234

E

| 二级反应 | second order reaction | 223 |

F

发泡剂	foaming agent	288
法金斯规则	Fajans rule	320
法拉第电解定律	Faraday's law of electrolysis	169
反渗透	reverse osmosis	91
反应分子数	molecularity of reaction	218
反应机理	reaction mechanism	218
反应级数	reaction order	220
反应进度	advancement of reaction	28
反应速率常数	reaction rate constant	220
范特霍夫方程	Van't Hoff equation	111
非表面活性物质	non-surface-active substance	278
非牛顿流体	non-Newtonian fluid	347
非溶剂	non-solvent	361
菲克第二定律	Fick's second law	311
菲克第一定律	Fick's first law	310
沸点升高常数	boiling point elevation constant, ebullioscopic constant	90
分解电压	decomposition voltage	206
分解压	dissociation pressure	106
分散法	dispersed method	305
分散介质	disperse medium	303
分散相	disperse phase	303
分子吸附	molecular adsorption	294
粉雾剂	powder aerosols	334
封闭系统	closed system	5
负极	negative electrode	168
附加压力	excess pressure	267

G

干粉末吸入剂	dry powder inhalers	334
干凝胶	xerogel	362
甘汞电极	calomel electrode	187, 191
感胶离子序	lyotropic series	328
刚性凝胶	rigid gel	362
功	work	8
汞齐电极	amalgam electrode	186
孤立系统	isolated system	5
固溶胶	solidsol	304
光化反应	photochemical reaction	251
广度性质	extensive property	5
广义酸碱催化	general acid-based catalysis	249
规定熵	conventional entropy	60
国际纯粹与应用化学联合会	International Union of Pure and Applied Chemistry, IUPAC	185
过饱和溶液	super-saturated solution	273
过饱和蒸气	supersaturated vapor	271
过程	process	7
过渡态理论	transition state theory	244
过冷液体	super-cooling liquid	272
过热液体	super-heated liquid	271

H

亥姆霍兹函数	Helmholtz function	62
亥姆霍兹能	Helmholtz energy	62
焓	enthalpy	16
赫斯定律	Hess's law	35
亨利定律	Henry's law	84
恒外压过程	constant external pressure process	8
化学动力学	chemical kinetics	215
化学反应速率	reaction rate	215
化学平衡	chemical equilibrium	97
化学势	chemical potential	79
化学吸附	chemical adsorption	289
环境	surroundings	4
活度	activity	85
活度系数	activity coefficient	85
活化极化	activation polarization	207
活化能	activation energy	229

J

积分法	integration method	227
基尔霍夫定律	Kirchhoff's law	37
基元反应	elementary reaction	218
吉布斯 - 亥姆霍兹方程	Gibbs-Helmholtz function	73
吉布斯函数	Gibbs function	63
吉布斯能	Gibbs energy	63
极化曲线	polarization curve	207
极限摩尔电导率	limiting molar conductivity	174
假塑性流体	pseudo plastic fluid	348
胶核	colloidal nucleus	324
胶粒	colloidal particle	324
胶凝	gelation	361
胶束	micelle	284
胶体	colloid	303
胶体磨	colloidal mill	305
焦耳 - 汤姆孙系数	Joule-Thomson coefficient	26
接触电势	contact potential	189
接触角	contact angel	275
接界电势	junction potential	186
节流膨胀	throttling expansion	25
节流膨胀系数	throttling expansion coefficient	26
介电常数	dielectric constant	246
界面	interface	261
金属电极	metal electrode	186
金属 - 难溶盐电极	metal-insoluble metal salt electrode	186
金属 - 难溶氧化物电极	metal-insoluble metal oxide electrode	187
紧密层	contact layer	189
静息电位	resting potential	205
聚沉	coagulation	327
聚沉值	coagulation value	327
绝热过程	adiabatic process	7
均分散胶体	monodispersed colloid	307

K

| 卡诺循环 | Carnot cycle | 47 |

可逆电池	reversible cell	184
可逆过程	reversible process	14
克劳修斯不等式	Clausius inequality	52
扩散层	diffusion layer	189
扩散电势	diffuse potential	189
扩散系数	diffusion coefficient	310
扩散作用	diffusion	309

L

拉乌尔定律	Raoult's law	83
兰格缪尔吸附等温式	Langmuir adsorption isotherm	291
累积光量	cumulative illuminance	254
离子导体	ionic conductor	167
离子独立迁移定律	law of independent migration of ions	174
离子氛	ionic atmosphere	183
离子交换树脂	ion-exchange resin	295
离子交换吸附	ion exchange adsorption	295
离子平均活度	mean activity of ions	181
离子平均活度系数	mean activity coefficient of ions	181
离子平均质量摩尔浓度	mean molality of ions	181
离子强度	ionic strength	182
连续反应	consecutive reaction	237
链传递	chain propagation	241
链反应	chain reaction	240
链引发	chain initiation	241
链终止	chain termination	241
量子效率	quantum efficiency	253
临界胶束浓度	critical micelle concentration, CMC	285
零级反应	zero order reaction	225
流变曲线	rheological curve	347
流变性	rheological property	346
流动电势	streaming potential	319
笼效应	cage effect	246

M

麦克斯韦关系	Maxwell's relation	66
毛细现象	capillary phenomenon	267
酶催化反应	enzyme catalysis	249
米氏常数	Michaelis constant	250
敏化作用	sensitization	329
膜电势	membrane potential	204
摩尔电导率	molar conductivity	172

N

内聚能密度	cohesive energy density	344
能斯特方程	Nernst equation	192
黏度	viscosity	346
黏均摩尔质量	viscosity average molecular weight, $\overline{M}_\eta$	342
凝固	solidification	26
凝固点降低常数	freezing point depression constant or cryoscopic constant	88
凝华	deposition	26
凝胶	gel	362
凝结	condensation	26

凝聚法	condensed method	305
牛顿流体	Newtonian fluid	347
浓差超电势	concentration overpotential	207
浓差电池	concentration cell	203
浓差极化	concentration polarization	207

O

| 耦合反应 | coupling reaction | 117 |

P

泡沫	foam	288
喷雾干燥法	spray drying	270
喷雾剂	sprays	334
碰撞理论	collision theory	242
碰撞频率	collision frequency	242
平衡态近似法	equilibrium state approximation	238
平均摩尔质量	average molecular weight	341
平行反应	parallel reaction	235
破乳	emulsion breaking	287
铺展	spreading	273

Q

气凝胶	aerogel	362
气溶胶	aerosol	304
气体电极	gas electrode	186
气雾剂	aerosols	334
迁移数	transference number	170
强度性质	intensive property	5
切变	shearing	346
切稠	shear thickening	348
切力	shearing force	346
切稀	shear thinning	348
亲水亲油平衡值	hydrophile and lipophile balance value，HLB	283
亲液胶体	lyophilic colloid	303
去极化	depolarization	208
去极化剂	depolarizer	208

R

热	heat	8
热反应	thermal reaction	251
热化学	thermochemistry	28
热机	heat engine	47
热机效率	efficiency of heat engine	47
热力学	thermodynamics	4
热力学第一定律	the first law of thermodynamics	9
热力学能	thermodynamic energy	8
热力学平衡常数	thermodynamic equilibrium constant	101
热力学平衡态	thermodynamic equilibrium state	7
热容	heat capacity	17
热容比	heat capacity ratio	22
溶胶	sol	303
溶胀	swelling	343

熔化	fusion	26
柔顺性	flexibility	341
乳化剂	emulsifier	287
乳化作用	emulsification	287
乳状液	emulsion	287,330
润湿	wetting	275
润湿剂	wetter	288
润湿角	wetting angel	275
润湿作用	wetting action	288

S

闪光现象	flash phenomenon	317
熵	entropy	51
熵增加原理	principle of entropy increasing	52
渗透	osmosis	90
渗透压	osmotic pressure	90
渗析法	dialysis method	307
升华	sublimation	26
生物电化学	bioelectrochemistry	205
生物能学	bioenergetics	116
疏液胶体	lyophobic colloid	303
数均摩尔质量	number average molecular weight, $\overline{M}_n$	342
双电层	electric double layer	189,321
水凝胶	hydrogel	362
斯托克斯定律	Stokes' law	311
速控步骤近似法	rate controlling process approximation	238
速率方程	rate equation	217
塑变值	yield value	347
塑性流体	plastic fluid	347

T

唐南效应或唐南平衡	Donnan equilibrium	356
特性黏度	intrinsic viscosity, $[\eta]$	349
特性吸附	specific adsorption	322
途径	path	7

W

微分法	differential method	227
微乳凝胶	microemulsion-based gels, MBGs	366
微乳状液	microemulsion	332
稳定剂	stabilizing agent	304
稳态近似法	steady state approximation	238
物理吸附	physical adsorption	289

X

吸附等温线	absorption isotherm curve	290
吸附剂	adsorbent	289
吸附系数	adsorption coefficient	291
吸附质	adsorbate	288
吸入粉雾剂	powder aerosols for inhalation	334
系统	system	4

系统的性质	the property of system	5
系统的状态	the state of system	6
相	phase	26
相对黏度	relative viscosity, η_r	349
絮凝剂	flocculating agent	329
絮凝物	floccule	329
絮凝作用	flocculation	329
循环过程	cyclic process	8

Y

亚稳定状态	metastable state	271
盐桥	salt bridge	184
阳极	anode	168
杨 - 拉普拉斯方程	Yong-Laplace equation	268
杨氏方程	Young equation	275
氧化还原电极	oxidation-reduction electrode	187
液溶胶	lyosol	304
液体接界电势	liquid junction potential	189
一级反应	first order reaction	221
逸度系数	fugacity coefficient	83
阴极	cathode	168
银 - 氯化银电极	silver-silver chloride electrode	187
硬球分子模型	molecular model of hard sphere	243
有机凝胶	organogel	362
有效碰撞分数	effective collision fraction	242
原电池	primary cell	168

Z

增比黏度	specific viscosity, η_{sp}	349
增溶作用	solubilization	286
胀流型流体	dilatant fluid	348
震凝性	rheopexy	348
蒸发	evaporation	26
正极	positive electrode	168
质均摩尔质量	mass average molecular weight, $\overline{M}_m$	342
质量作用定律	law of mass action	219
滞后环	hysteresis loop	348
助催化剂	catalytic accelerator	248
专属酸碱催化	specific acid-based catalysis	249
专属吸附	specialistic adsorption	295
状态方程	state equation	6
状态函数	state function	6
准静态过程	quasi-static process	13
浊点	cloud point	283
自催化剂	autocatalyst	247
自催化作用	autocatalysis	247
自发过程	spontaneous process	45
总反应	overall reaction	218
阻化剂或抑制剂	inhibitor	248
最小亥姆霍兹能原理	principle of minimization of Helmholtz energy	63
最小吉布斯能原理	principle of minimization of Gibbs energy	64